中 国 国 家 标 准 汇 编

421

GB 23634～23685

（2009 年制定）

中国标准出版社　编

中 国 标 准 出 版 社

北　京

图书在版编目（CIP）数据

中国国家标准汇编：2009年制定.421：GB 23634～23685/中国标准出版社编.—北京：中国标准出版社，2010

ISBN 978-7-5066-6016-7

Ⅰ.①中…　Ⅱ.①中…　Ⅲ.①国家标准-汇编-中国-2009　Ⅳ.①T-652.1

中国版本图书馆CIP数据核字（2010）第166446号

中国标准出版社出版发行
北京复兴门外三里河北街16号
邮政编码:100045

网址 www.spc.net.cn
电话:68523946　68517548
中国标准出版社秦皇岛印刷厂印刷
各地新华书店经销

*

开本 880×1230　1/16　印张 38.25　字数 1 120 千字
2010年10月第一版　2010年10月第一次印刷

*

定价 220.00 元

出 版 说 明

1.《中国国家标准汇编》是一部大型综合性国家标准全集。自1983年起,按国家标准顺序号以精装本、平装本两种装帧形式陆续分册汇编出版。它在一定程度上反映了我国建国以来标准化事业发展的基本情况和主要成就,是各级标准化管理机构,工矿企事业单位,农林牧副渔系统,科研、设计、教学等部门必不可少的工具书。

2.《中国国家标准汇编》收入我国每年正式发布的全部国家标准,分为"制定"卷和"修订"卷两种编辑版本。

"制定"卷收入上一年度我国发布的、新制定的国家标准,顺延前年度标准编号分成若干分册,封面和书脊上注明"20××年制定"字样及分册号,分册号一直连续。各分册中的标准是按照标准编号顺序连续排列的,如有标准顺序号缺号的,除特殊情况注明外,暂为空号。

"修订"卷收入上一年度我国发布的、修订的国家标准,视篇幅分设若干分册,但与"制定"卷分册号无关联,仅在封面和书脊上注明"20××年修订-1,-2,-3,……"字样。"修订"卷各分册中的标准,仍按标准编号顺序排列(但不连续);如有遗漏的,均在当年最后一分册中补齐。需提请读者注意的是,个别非顺延前年度标准编号的新制定的国家标准没有收入在"制定"卷中,而是收入在"修订"卷中。

读者配套购买《中国国家标准汇编》"制定"卷和"修订"卷则可收齐上一年度我国制定和修订的全部国家标准。

3.由于读者需求的变化,自1996年起,《中国国家标准汇编》仅出版精装本。

4.2009年我国制修订国家标准共3 158项。本分册为"2009年制定"卷第421分册,收入国家标准GB 23634～23685的最新版本。

中国标准出版社

2010年8月

目　　录

ICS 65.020.01;65.020.99
B 16

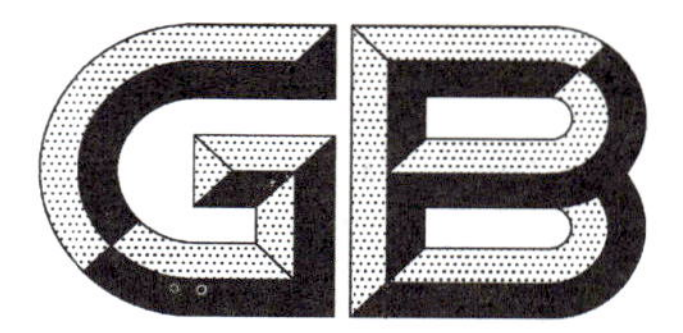

中华人民共和国国家标准

GB/T 23634—2009

红火蚁检疫规程

Rules for quarantine of *Solenopsis invicta* Buren

2009-04-27 发布　　　　2009-10-01 实施

中华人民共和国国家质量监督检验检疫总局
中国国家标准化管理委员会　发布

前言

本标准的附录 A、附录 B 均为资料性附录。

本标准由全国植物检疫标准化技术委员会提出并归口。

本标准起草单位:中华人民共和国深圳出入境检验检疫局、深圳市农业植物检疫站。

本标准主要起草人:陈志彝、余道坚、康林、焦懿、杨伟东、陈枝楠、张勤添。

红火蚁检疫规程

1 范围

本标准规定了红火蚁检疫操作程序和方法。

本标准适用于对产地、国内调运及出入境应检物红火蚁的检疫。

2 规范性引用文件

下列文件中的条款通过本标准的引用而成为本标准的条款。凡是注日期的引用文件，其随后所有的修改单(不包括勘误的内容)或修订版均不适用于本标准，然而，鼓励根据本标准达成协议的各方研究是否可使用这些文件的最新版本。凡是不注日期的引用文件，其最新版本适用于本标准。

GB 15569 农业植物调运检疫规程

GB/T 20477 红火蚁检疫鉴定方法

GB/T 20478 植物检疫术语

3 术语和定义

GB/T 20478 确立的以及下列术语和定义适用于本标准。

3.1

蚁道 ant path

在蚁巢周围土壤表面有多条觅食蚁道，可供蚁群活动、搬运食物，甚至作为避难逃生通道。

3.2

蚁巢 ant nest

由蚁丘及地下结构部分构成，是红火蚁的居住、活动场所。蚁巢内部结构呈蜂窝状，成熟蚁巢外面以碎土堆出高约 10 cm～30 cm、直径约 30 cm～50 cm 的蚁丘，新形成的蚁巢在 4 个月～9 个月后出现明显小土丘状蚁丘。

4 检疫准备

4.1 检疫工具

放大镜、剪刀、镊子、小铲、螺丝刀、凿子、锤子、体视显微镜、生物显微镜、昆虫解剖针、毛笔、培养皿、瓷盘、指形管、采样瓶、标本瓶、样品袋、聚氯乙烯薄膜、高筒水鞋、橡胶手套、工作服、帆布工作帽等。

4.2 试剂

诱饵(红火蚁引诱剂、火腿肠、其他肉类产品)、凡士林、滑石粉、70%酒精、甘油。

4.3 安全与防护措施

4.3.1 参加检疫工作人员应经过检疫操作与安全防护等方面的技术培训。

4.3.2 实施检疫前，身穿上厚布质工作服(以紧袖口式为宜)、脚穿上高筒水鞋、手戴好厚橡胶手套、头戴好帆布工作帽。

4.3.3 为了有效防止红火蚁等害虫钻入、叮咬伤害人体，在高筒水鞋和橡胶手套上部抹上一圈凡士林或滑石粉。

4.3.4 若遭红火蚁叮咬，应立即冰敷患部，并用肥皂和清水清洗；一般可以使用含类固醇的抗过敏外敷药膏或口服抗组织胺药来缓解搔痒和肿胀的症状(应在医生的指导下使用)。

5 现场检疫

5.1 应检物

盆景、苗木及其他带土植物;草皮、土壤及栽培介质土;木材、竹、藤、木质包装、铺垫材料及木屑;草捆、秸杆、肥料;纸箱、废旧电器、废纸、废品及垃圾;运输工具、集装箱、带土的推土机及其他运输工具等。

周围环境包括荒草地、农田、堤坝、路边、河边、草坪、公园、学校、庭院、公共绿地、建筑工地及垃圾堆等。

5.2 检疫申报

生产或拥有应检物品的单位或个人在生产过程中、输出或销售前1个月向当地农业或林业植物检疫机构申请产地检疫。

从红火蚁疫区向外调运应检物,调出单位或个人凭调入地植物检疫机构的检疫要求书,向当地县级以上植物检疫机构申报检疫。如无调入地植物检疫机构的检疫要求书,则由当地县级以上植物检疫机构根据调入地红火蚁存在情况决定是否进行检疫。

进出口应检物由货主或其代理人向出入境检验检疫机构申报检疫,并提供贸易合同或信用证、发票和装箱单等单证。

5.3 检疫方法

5.3.1 目测法

5.3.1.1 田间周围检查

申请单位或个人应协助植物检疫部门进行检疫,在应检物生产过程中及其周围环境检查是否有红火蚁发生,每年需进行两次产地检疫。

确定红火蚁发生区的主要依据是有效蚁巢,蚁巢外面特征是以碎土堆出成土丘状,当蚁巢受到干扰时,红火蚁会迅速出巢攻击入侵者。周围环境检查主要根据蚁丘特点及主动攻击的行为,迅速判断是否为红火蚁。如出现有新鲜碎土明显隆起的蚁丘时,用细木杆或竹杆轻轻扰动后60 s内有3头以上红火蚁爬出可认为是有效蚁巢。

检查生产场地及其周围环境1 km范围内,尤其是荒草地、农田、堤坝、路边、河边、草坪、公园、学校、庭院、公共绿地、建筑工地及垃圾堆等。采用步行目视法观察附近有无明显隆起的蚁丘,注意有新鲜碎土的有效蚁巢,计算蚁巢数量和测量蚁丘长、宽、高(以地面为基准),了解在检查范围内蚁巢分布情况及发生密度。

红火蚁发生程度按周围环境检查范围内,平均每100 m^2 发现的有效蚁巢个数分五级,分别定为非发生区、轻度发生区、中度发生区、中偏重发生区、严重发生区(参见附录A)。

5.3.1.2 应检物品检查

检疫程序参照GB 15569。

应检物与检查重点参见附录B。

5.3.1.2.1 种苗、盆栽或带土植物的检疫

现场检疫苗木时,首先观察植株携带的土壤/介质及其周围土壤中有无疑似红火蚁、蚁道或蚁巢,以及土壤/介质表面有无红火蚁活动的痕迹,然后观察树干、枝叶是否有疑似红火蚁。发现可疑现象用小铲挖开土壤/介质观察是否有疑似红火蚁。

产地检疫中抽查与取样数量参见表1。

表1 产地检疫中抽查与取样数量

总件数/件	抽查数/件	取样量/件
≤100	30	20
101～500	31～50	21～30

表 1（续）

总件数/件	抽查数/件	取样量/件
501～1 000	51～100	31～50
1 001～5 000	101～300	51～100
5 001～10 000	301～500	101～200
≥10 001	≥501	≥201

调运检疫中抽查与取样数量参见表 2。

表 2　调运检疫中抽查与取样数量

总件数/件	抽查数/件	取样量/件
≤100	30	10
101～500	31～50	11～20
501～1 000	51～100	21～30
1 001～5 000	101～200	31～50
5 001～10 000	201～300	51～100
≥10 001	≥301	≥101

出入境检疫中抽查与取样数量参见表 3。

表 3　出入境检疫中抽查与取样数量

总件数/件	抽查数/件	取样量/件
≤50	10	5
51～200	11～15	6～10
201～1 000	16～20	11～15
1 001～5 000	21～25	16～20
5 001～50 000	26～100	21～50
≥50 001	≥101	≥51

5.3.1.2.2　草皮的检疫

采用棋盘式方法检查草皮的上、中、下层，并注意对装载的集装箱、外包装箱或装载容器进行检查。首先观察草皮四周是否有疑似红火蚁或其活动的痕迹，然后翻开草皮观察草根部或土壤里是否有疑似红火蚁或其活动的痕迹。

5.3.1.2.3　木箱（含纸箱）的检疫

按随机方法抽样检查，开箱检查时要注意木箱与机器之间的尼龙薄膜或牛皮纸等保护层，查看货物外包装、铺垫材料、车船底面、四周及边角缝隙等部位。对密封程度差的木箱，开箱检查时，着重观察箱内边角和底部。

5.3.1.2.4　木材（含竹藤）的检疫

观察木材表面是否有疑似红火蚁或其活动的痕迹，注意观察可能隐藏红火蚁的一些裂缝，尤其是原木的孔洞。检验时用螺丝刀、凿子挖掘孔洞；发现有裂缝时可用锤子击打木材表面，震出缝隙内生物体。

5.3.1.2.5　废纸、废品及木屑的检疫

观察装载工具的周边和箱底是否有碎土、纸捆表面是否有疑似红火蚁或其活动的痕迹。发现蚁道可沿蚁道的方向寻找疑似红火蚁或蚁巢。对可疑的捆纸应拆开仔细检查。

5.3.1.2.6　土壤（栽培介质土）的检疫

首先观察装载工具的周边和箱底，然后观察土壤（介质土）包装表面是否有疑似红火蚁或其活动的痕迹。发现蚁道可沿蚁道的方向追查，对可疑的包装应拆开检查。倒出土壤时先在地面铺一层聚氯乙烯薄膜，然后将土倒出，用小铲拨开土壤仔细观察。

5.3.1.2.7 **集装箱及其他运输工具的检疫**

打开空集装箱或货柜车等运输工具后车门时注意观察周边和箱底是否有杂物、碎土及蚁道，然后用小铲铲开杂物或蚁道观察。

5.3.2 **诱饵法**

适用于气温 20 ℃～32 ℃、干燥的环境。

采用方格式设置诱饵，产地的应检物、周围环境每隔 10 m 放置 1 个，体积大的应检物应插入中部诱测；调运、出入境的应检物每隔 5 m 放置 1 个或每 1 m^3 或者 1 000 kg 应检物设置 1 个诱饵。将诱饵(可选择商品化的红火蚁引诱剂或火腿肠片，厚度 5 mm；或午餐肉块，大小 1 cm^3)放置在生产场地或应检物品表面诱集红火蚁，30 min 后检查诱饵上是否有疑似红火蚁。

5.3.3 **标本采集**

如仅发现蚁道，拨开蚁道收集疑似红火蚁或者沿蚁道方向寻找到蚁巢后用小铲挖开蚁巢。

发现疑似红火蚁时，在采样瓶开口的内缘处抹上一圈凡士林或准备盛有 70%酒精的标本瓶，用镊子收集标本或细木杆轻轻放在疑似红火蚁的活动处，待疑似红火蚁爬上后，迅速插入采样瓶或标本瓶中用力快速振动，使疑似红火蚁落入瓶中。标本保存于盛有 70%酒精的指形管或标本瓶中。

5.3.4 **样品送检**

5.3.4.1 将装虫样的采样瓶、指形管或标本瓶外面贴上标签，注明报检编号、品名、产地、日期及发现情况等。及时送实验室检疫鉴定。

5.3.4.2 发现可疑疫情的盆栽、苗木可用样品袋或聚氯乙烯薄膜将整个盆栽或苗木包裹密封好，贴上标签，注明报检编号、品名、产地、日期及发现情况等。及时送实验室检疫鉴定。

5.3.4.3 产地检疫、调运检疫的样品，应及时送至县级或县级以上农业或林业植物检疫机构实验室检疫鉴定；出入境检疫的样品，应及时送至出入境检验检疫机构植物检疫实验室检疫鉴定。

6 实验室检疫与鉴定

6.1 样品检查

产地检疫、调运检疫、出入境检疫送检的样品，需放置在边缘涂有一圈凡士林或滑石粉的大号瓷盘中以防红火蚁逃窜，然后解开样品袋或聚氯乙烯薄膜。首先观察表面是否有疑似红火蚁、蚁道或蚁巢，发现蚁道或蚁巢，用小铲将表层土铲开观察。

发现疑似红火蚁时，用蘸有甘油的镊子或细木杆进行粘蚁收集标本，然后放入盛有 70%酒精的标本瓶或培养皿中待鉴定。

6.2 虫样鉴定

参照 GB/T 20477 进行种类鉴定。并做好实验室检验、鉴定的原始记录。

6.3 复核与签发

具有相关资质的农艺师或以上职称技术人员复核标本，或送有关专家鉴定复核，由授权签字人签发检疫鉴定结果报告。

6.4 标本的保存

采集到的标本应妥善保存。红火蚁各虫态标本可保存在盛有 70%酒精的标本瓶内，蚁巢经干燥后放入干燥器内密封保存，并注明中文名、学名、采集人、采集时间、检疫物及产地等。

7 疫情报告

建立疫情报告制度，发现红火蚁疫情的应立即向有关部门如实报告，不得隐瞒、缓报或谎报。

8 检疫结果评定及处理

8.1 经检疫，受检物品、生产场地及周围环境未发现红火蚁的，判定为合格，出具植物检疫证书，准许生产、调运、出入境。

8.2 经检疫，在受检物品、生产场地及周围环境发现红火蚁的：

用有效灭除方法处理后，经检疫合格的，出具植物检疫证书，准许生产、调运、出入境；

未用有效灭除方法处理或无法处理的，判定为不合格，禁止生产、调运、出入境，作退货或销毁处理。

附 录 A
（资料性附录）
红火蚁发生区的划分

表 A.1 红火蚁发生程度

级别	蚁巢数量/个	发生区
一级	0	非发生区
二级	0.1～5.0	轻度发生区
三级	5.1～10.0	中度发生区
四级	10.1～15.0	中偏重发生区
五级	15 以上	严重发生区
注：蚁巢数量为在周围环境检查范围内，平均每 100 m^2 发现的有效蚁巢个数。		

附　录　B
（资料性附录）
应检物与检查重点

表 B.1　应检物与检查重点

序号	货物类别	检查重点
1	带土苗木、盆栽和植株	植株和土表面是否有疑似红火蚁、蚁道或蚁巢
2	草皮	草皮、草苗土表层和草根部土切面是否有疑似红火蚁或蚁道
3	木质包装	是否带有土壤、重点查看木箱表面是否有疑似红火蚁、蚁道
4	木材和竹藤柳草	是否带有土壤、重点查看货物表面、原木缝隙或空洞
5	废纸和纸箱	是否有筑巢的碎土、捆纸表面是否有疑似红火蚁、蚁道或活动痕迹
6	土壤和介质土	观察土壤(介质土)表面和内部是否有疑似红火蚁、蚁道或蚁巢
7	空集装箱和运输工具	是否带有土壤、筑巢的碎土、杂物和蚁道
8	废旧电器及其设备	是否带有筑巢的碎土、杂物和蚁道，重点查看线路盒
9	其他货物或器械	是否带有粘附土壤、筑巢的碎土、杂物和蚁道

ICS 65.020.01
B 16

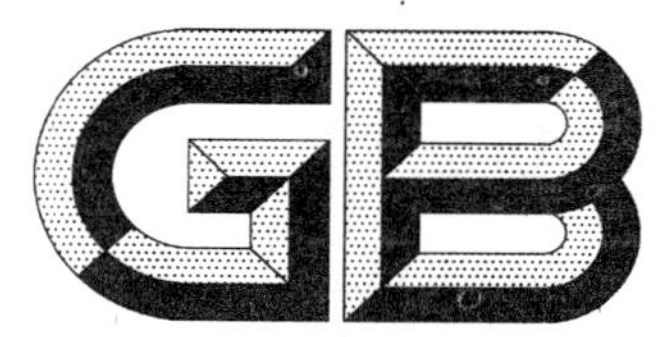

中华人民共和国国家标准

GB/T 23635—2009

限定性有害生物检测与鉴定规程的编写规定

Writing rules for detection and identification of regulated pests

2009-04-27 发布　　2009-10-01 实施

中华人民共和国国家质量监督检验检疫总局
中国国家标准化管理委员会　发布

前　言

本标准修改采用 FAO/IPPC 之 ISPM No. 27 标准《限定性有害生物的诊断规程》(英文版)。

本标准与 ISPM No. 27 标准相比，主要差异如下：

——删除了原标准的批准、背景、诊断规程的目标与致谢、诊断规程的出版等部分；

——删除了部分规范性引用文件；

——重新定义了范围；

——删除了原标准的“附录 I：制定诊断规程的主要步骤”。

本标准由全国植物检疫标准化技术委员会提出并归口。

本标准起草单位：中华人民共和国上海出入境检验检疫局、中国检验检疫科学研究院、中华人民共和国厦门出入境检验检疫局、全国农业技术推广服务中心、中华人民共和国辽宁出入境检验检疫局。

本标准主要起草人：印丽萍、叶军、林石明、朱水芳、于翠、郑建中、王福祥、王秀芬、安榆林。

限定性有害生物检测与鉴定规程的编写规定

1 范围

本标准规定了限定性有害生物的检测与鉴定规程编写的内容和结构，并规定了检测与鉴定方法的最低要求。

本标准适用于相关国际贸易和有害生物监测中限定性有害生物的检测与鉴定规程的编写。

2 规范性引用文件

下列文件中的条款通过本标准的引用而成为本标准的条款。凡是注日期的引用文件，其随后所有的修改单(不包括勘误的内容)或修订版均不适用于本标准，然而，鼓励根据本标准达成协议的各方研究是否可使用这些文件的最新版本。凡是不注日期的引用文件，其最新版本适用于本标准。

GB/T 1.1—2000 标准化工作导则 第1部分：标准的结构和编写规则

植物检疫术语表(ISPM 第5号，FAO，2007)

3 检测与鉴定规程编写原则和基本框架

3.1 原则

3.1.1 限定性有害生物检测与鉴定规程应为从事检测和鉴定相关有害生物的专家[1)]或受过专业培训的人员提供必需的方法和指导。

3.1.2 检测与鉴定规程中采用的检测与鉴定方法应经过灵敏度、特异性和再现性[2)]测试；所选用的有害生物诊断方法的技术资料应是公开发表的，并经过相关专家确认的，同时，这些方法的可操作性(包括操作的难易、花费时间和速度)以及对操作人员所应具备的相关知识和经验都应具有普遍适用性；选用的仪器以及对照样品、试剂等的获取都应具有普遍适用性。

3.1.3 每一项检测与鉴定规程应尽可能包括不止一种方法，以供不同检测能力的实验室和在不同情况下选用，不同情况也包括有害生物不同发育阶段需要不同的方法进行检测，还包括需通过几种方法对诊断结果进行确证的情况。

3.1.4 每一项检测与鉴定规程中应包括对有害生物的相关信息的描述，包括：分类信息、寄主、分布、生物学、保存记录和相应的科学文献。在许多情况下还可补充更多有助于检测与鉴定的信息。

3.1.5 检测与鉴定规程应提供为保证有害生物鉴定准确性而采用的参考物质(如阳性和阴性对照，标本)的来源及获得途径的相关信息。

3.1.6 检测与鉴定规程应包括诊断方法所采用的一些仪器、化学试剂等在使用时的安全警示；还应包括使用这些仪器、化学试剂并不排除其他合适的化学品或仪器在外的提示。

---

1) 专家指昆虫学家，真菌学家，病毒学家，细菌学家，线虫学家，杂草学家，分子生物学家等。

2) 再现性(reproducibility)指用相同的方法，同一试验材料，在不同的条件下获得的单个结果之间的一致程度。不同的条件指不同操作者，不同设备，不同实验室，不同或相同的时间。

3.2 基本框架

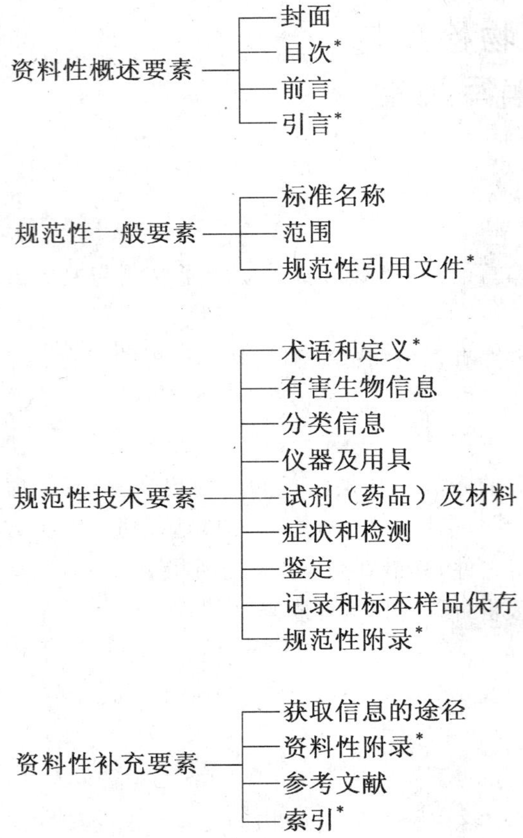

注：带 * 的为可选要素。

4 资料性概述要素编写基本内容

4.1 封面

封面应符合 GB/T 1.1—2000 中 6.1.1 的规定。

4.2 目次

这是可选要素。目次应符合 GB/T 1.1—2000 中 6.1.2 的规定。

4.3 前言

每个标准都应有前言，它由特定部分和基本部分组成。

特定部分适当给出下列信息：

——说明与对应的国际标准、导则、指南或其他文件的一致性程度，写出对应的国际文件的编号、文件名称的中文译文，并列出与所采用的国际标准的技术差异和所作的主要编辑性修改；

——说明标准代替或废除的全部或部分其他文件；

——说明与标准前一版本相比的重大技术变化；

——说明标准与其他标准或文件的关系；

——说明标准中的附录哪些是规范性附录，哪些是资料性附录。

基本部分适当给出下列信息：

——标准的提出与归口单位；

——标准的起草单位和起草人；

——标准所代替标准的历次版本发布情况。

4.4 引言

引言为可选要素，应符合 GB/T 1.1—2000 中 6.1.4 的规定。

5 规范性一般要素编写基本内容

5.1 标准名称

标准名称应按“限定性有害生物(现用学名及中文名)的检测与鉴定规程(或方法)”编写，并附英文名称。

5.2 范围

应明确标准的主要内容，采用下列用语：“本标准规定了……”，“本标准适用于……”。

限定性有害生物的检测和鉴定规程适用于鉴定或监测等目的，适用于官方或第三方实验室；其检测和鉴定可能与国际贸易有关，也可能与国内有害生物状况的确定有关。

5.3 规范性引用文件

这是可选要素。引用标准的原则和具体方法见 GB/T 1.1—2000 中 6.2.3。

6 规范性技术要素编写基本内容

6.1 术语和定义

这是可选要素。任何不是一看就懂或众所周知的术语，或在不同情况下可能有不同解释的术语或检测鉴定中重要的专业名词，均应给出定义予以明确。定义应由下列词句开头：“下列术语和定义适用于本标准。”有关检疫术语和定义内容可参照 ISPM 第 5 号。

6.2 有害生物信息

应提供有害生物的简要信息，包括有害生物的生活史，形态特征，[形态和(或)生物学的]变异，与其他相关种的关系，一般的寄主范围，对寄主的危害情况，现在和以前的地理分布(一般的)，传播和扩散蔓延的方式(包括媒介和途径)。该部分信息重要但不宜过多过长，不宜超过一页。

6.3 分类信息

内容主要包括：

a) 有害生物名称，包括现用学名、定名人及年份(真菌包括已知的无性世代和有性世代名)：
——同物异名，包括曾用名；
——公认的俗名，真菌的无性世代名(包括同物异名)；
——病毒和类病毒的缩略词；
——中文名，包括曾用名，俗名，病原物名，病害名等。

b) 分类地位，包括相关亚种分类信息。

6.4 仪器及用具

列出具体的诊断方法所需的仪器、用具。

6.5 试剂(药品)及材料

列出具体诊断方法所需的主要试剂(药品)、材料。

6.6 症状和检测

6.6.1 描述能携带或发现有害生物的寄主植物、植物产品以及其他商品的种类和部位。

6.6.2 描述寄主受有害生物侵害后所表现的症状或迹象，包括典型特征以及与其他原因引起症状的相同点和区别。必要时，附图片、照片、图解等图像资料。

6.6.3 描述检测到的有害生物的发育阶段，以及在寄主植物、植物产品和其他商品上(里)可能的存在部位和丰富度。

6.6.4 描述与有害生物有关的寄主发育阶段、气候条件和季节。

6.6.5 描述货物中有害生物的检测方法，如用目测或放大镜等。描述如何从感染寄主上正确采集和提取到有害生物。

6.6.6 描述无症状寄主或其他材料（如土壤、水、培养基）中有害生物的采集和提取方法。

6.6.7 描述检测到有害生物的活性。

6.6.8 描述该部分所有方法的灵敏度、特异性和再现性及试验中所使用的阳性、阴性质控物和参照物质。还应提供与其他原因引起的相似症状的区别之处。

6.7 鉴定

6.7.1 应提供可以单独使用的一种或多种鉴定有害生物的方法。当存在多种方法时，应给出这些方法的优缺点，以及方法单独使用和组合使用时的等效性。如果需要采用几种方法或有多种方法交替来鉴定有害生物，应绘制一张流程图（表）。

6.7.2 该部分方法，主要包括基于形态特征或形态数据特征、生物学特性（如毒性或寄主范围）以及生化和分子特性的方法。形态特征可以是直接或经分离培养后得出的。如果培养或分离是生化或分子方法中的必要步骤，应详细描述。

6.7.3 对于采用形态学和进行形态数据特征方法进行鉴定时，应提供如下信息：

——有害生物的制备，封片和检查方法（如光学、电子显微镜和测量技术）；

——鉴定检索表（科、属、种）；

——有害生物的形态或其菌落描述，包括形态鉴定特征的图片并说明观察特定结构的难点；

——相似种或相关种的比较；

——相关的参考标本或培养物。

6.7.4 对每种生物化学或分子鉴定方法（如血清学方法、电泳法、PCR法[3]、DNA条形码法、RFLP法[4]、DNA测序法），应分别进行详细（包括设备、试剂和耗材）的描述。并在方法后附带相关材料（如需使用的标准物质、试剂等）的参考资料。

6.7.5 当有一种以上的方法可以可靠使用时，其他合适的方法应作为选择或补充的方法列出，如：有可靠的形态学的方法，但也有合适的分子生物学方法。

6.7.6 应详细描述从无症状的寄主植物或植物产品（如检测潜在的侵染）中分离有害生物的方法，必要时，还应提供直接鉴定无症状材料的生物化学法或分子的方法。

6.7.7 对在有害生物鉴定中可能出现的现象、问题进行详细描述，必要时应提供对试验结果进行比对、复核的实验室联系方法。

6.8 记录和标本样品保存

6.8.1 经检疫鉴定的有害生物应保存的记录信息有：

a) 经鉴定的有害生物学名；

b) 有害生物标本的编号或参考编号（用于溯源）；

c) 感染材料的自然状态，可能的话，包括学名；

d) 被感染寄主货物的来源（包括地理位置），以及截获或检获有害生物的地点；

e) 有害生物的为害痕迹或为害状的描述（包括相关照片），没有症状也要说明；

f) 诊断所使用的方法，包括质控物，以及每种方法所获得的结果；

g) 如采用形态学或形态测量方法鉴定，保存相关的特征及测量数据、绘图或照片，以及有害生物发育阶段的描述；

---

3) 聚合酶链式反应法。

4) 限制性片段长度多态性法。

h) 如采用生物化学和分子方法鉴定，应保存相关文件化的试验结果，例如：鉴定结果所依据的凝胶照片或 ELISA 读出结果的打印单；

i) 寄主上为害的程度（发现多少有害生物个体，遭侵害组织和面积）的描述、统计；

j) 鉴定实验室的名字，包括负责人和（或）鉴定人的名字；

k) 有害生物标本收集、检疫及鉴定数据资料；

l) 可能的话，提供有害生物的状态，如存活或死亡、发育阶段的活性的描述。

6.8.2 应保存所有证据如有害生物培养物，核酸，保存或制作的标本或试验材料（如凝胶照片或 ELISA 等打印结果）。

6.8.3 样品、标本、记录按实际需要规定保存期限；一般标本、记录保存的期限至少 1 年。

6.9 规范性附录

这是可选要素。规范性附录给出标准正文的附加条款，按 GB/T 1.1—2000 中 6.3.8 编写。

7 资料性补充要素编写基本内容

7.1 获取信息的途径

检测与鉴定规程中应提供获取有害生物检疫、鉴定或其他详细信息的途径，包括专家、组织、机构等的详细联系方式，以便可就方法中的相关细节进行咨询。

7.2 资料性附录

这是可选要素。按 GB/T 1.1—2000 中 6.4.1 编写。

7.3 参考文献

参考文献置于最后一个附录之后。参考文献应包括为编写检测与鉴定规程而引用的有关文献信息资源。

7.4 索引

这是可选要素。按 GB/T 1.1—2000 中 6.4.3 编写。

ICS 29.220.20
K 84

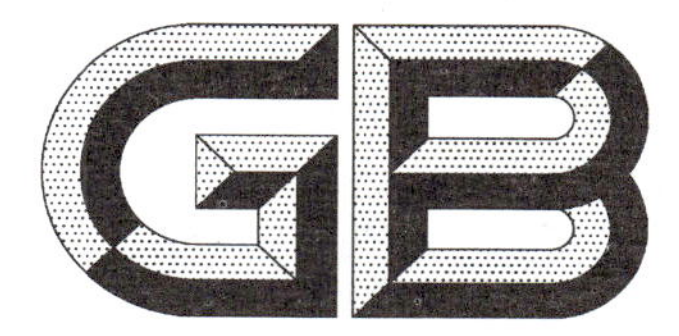

中华人民共和国国家标准

GB/T 23636—2009

铅酸蓄电池用极板

Plate for lead-acid battery

2009-04-21 发布 2009-11-01 实施

中华人民共和国国家质量监督检验检疫总局
中国国家标准化管理委员会 发布

前　言

本标准由中国电器工业协会提出。

本标准由全国铅酸蓄电池标准化技术委员会(SAC/TC 69)归口。

本标准起草单位:沈阳蓄电池研究所、浙江古越蓄电池有限公司、福建省安溪闽华电池有限公司、宁波东海蓄电池有限公司、浙江天能电池有限公司、浙江超威电源有限公司、浙江海久电池有限公司、常州轰达电源有限公司、昆明泰瑞通电源技术有限公司、长兴诺力电源有限公司、天津汤浅蓄电池有限公司、扬州欧力特电源有限公司。

本标准主要起草人:陈玉松、曹苗根、林金树、钱友良、周明明、杨元玲、朱俭、贾松、董捷、杨新明、侯景翔、庄雅静、袁朝勇。

铅酸蓄电池用极板

1 范围

本标准规定铅酸蓄电池用极板的产品分类、技术要求、试验方法、验收规则、标志、包装和贮存。

本标准适用于涂膏式负极板、涂膏式正极板、管式正极板。

2 规范性引用文件

下列文件中的条款通过本标准的引用而成为本标准的条款。凡是注日期的引用文件，其随后所有的修改单(不包括勘误的内容)或修订版均不适用于本标准，然而，鼓励根据本标准达成协议的各方研究是否可使用这些文件的最新版本。凡是不注日期的引用文件，其最新版本适用于本标准。

GB/T 625 化学试剂 硫酸(GB/T 625—2007,ISO 6353-2:1983,NEQ)

GB/T 626 化学试剂 硝酸(GB/T 626—2006,ISO 6353-2:1983,NEQ)

GB/T 631 化学试剂 氨水(GB/T 631—2007,ISO 6353-2:1983,NEQ)

GB/T 643 化学试剂 高锰酸钾(GB/T 643—2008,ISO 6353-2:1983,NEQ)

GB/T 676 化学试剂 乙酸(冰醋酸)(GB/T 676—2007,ISO 6353-2:1983,NEQ)

GB/T 694 化学试剂 无水乙酸钠

GB 1254 工作基准试剂 草酸钠

GB/T 1266 化学试剂 氯化钠(GB/T 1266—2006,ISO 6353-2:1983,NEQ)

GB/T 1294 化学试剂 L(+)-酒石酸(GB/T 1294—2008,ISO 6353-3:1987,NEQ)

GB/T 1400 化学试剂 六次甲基四胺

GB/T 6684 化学试剂 30%过氧化氢(GB/T 6684—2002,ISO 6353:1983,NEQ)

GB/T 6685 化学试剂 氯化羟胺(盐酸羟胺)(GB/T 6685—2007,ISO 6353-2:1983,NEQ)

GB/T 6782 食品添加剂 柠檬酸钠

GB/T 10111 随机数的产生及其在产品质量抽样检验中的应用程序

GB/T 15347 化学试剂 抗坏血酸(GB/T 15347—1994,neq ISO 6353-3:1987)

HG/T 3454 化学试剂 硫脲(HG/T 3454—1999,neq A. C. S. (1993))

3 术语和定义

下列术语和定义适用于标准。

3.1

干式荷电极板 dry-charged plate

极板为干态且处于高荷电状态的极板。

3.2

普通型极板 conventional plate

极板为干态且处于低荷电状态的极板。

3.3 涂膏式极板外观术语、定义

3.3.1

极板弯曲 plate buckling

极板弧状变形。

3.3.2

极板活性物质掉块 active material lump lost

极板上活性物质脱离板栅，且形成穿透性缺陷。

3.3.3

极板表面脱皮有气泡　peeling off and bubbling on plate surface

活性物质之间层状剥离，但未形成穿透性缺陷。

3.3.4

极板活性物质凹陷　active material sunken

极板上活性物质局部明显低于极板表面。

3.3.5

极板四框歪斜　plate frame distorted

极板对角线不相等。

3.3.6

极板活性物质酥松　active material loosing

活性物质之间或与板栅之间结合力变差。

3.4　管式极板外观术语、定义

3.4.1

丝管破裂　fibrous tubs splitted somewhere

丝管表面一处或多处相互脱离。

3.4.2

丝管散头　loosened end of firbrous tube

丝管顶端发散。

3.4.3

铅膏粘附　lead paste sticking on the fibrous tubs surface

丝管外表面粘附活性物质。

3.4.4

空管　unfilled tube

丝管与板栅骨架之间没有活性物质。

3.5　极板成分术语、定义

3.5.1

二氧化铅含量　leade dioxide content

正极板中二氧化铅量占全部活性物质量的百分数。

3.5.2

氧化铅含量　leade oxide content

负极板中氧化铅量占全部活性物质量的百分数。

3.5.3

硫酸铅含量　lead sulfate content

极板中硫酸铅量占全部活性物质量的百分数。

3.5.4

铁含量　iron content

极板中铁杂质量占全部活性物质量的百分数。

3.5.5

水分含量　wate content

极板中水的含量占全部活性物质量的百分数。

3.6　化学分析术语、定义

标准溶液　standard solution

标准溶液是指含有某一特定浓度的参数的溶液。

4 产品分类

4.1 极板制造过程分类

涂膏式负极板、涂膏式正极板、管式正极板。

4.2 极板荷电状态分类

干式荷电涂膏式负极板、干式荷电涂膏式正极板；

普通型负极板、普通型涂膏式正极板、普通型管式正极板。

5 技术要求

5.1 极板外形尺寸、质量与外观质量

5.1.1 极板外形尺寸、质量应符合产品图样规定。

5.1.2 极板外观质量要求

5.1.2.1 涂膏式极板外观质量(见表1)

表 1 涂膏式极板外观质量

序　　号	检查项目	标准范围
1	极板弯曲	极板弧形弯曲度(弧顶与最长弧底之比) ≤1.5%
2	极板活性物质掉块	每片极板不允许大于三个单格
3	极板表面脱皮有气泡	局部脱皮、有气泡,集中总面积 ≤5%
4	极板活性物质凹陷	深度与厚度之比 ≤1/3;面积 ≤4%
5	极板四框歪斜	对角线差 ≤1.4%
6	极板断裂	极板耳部;四框不允许断裂
7	极板活性物质酥松	按7.1.2测试,活性物质脱落不超过总面积10%

5.1.2.2 管式极板外观质量(见表2)

表 2 管式极板外观质量

序　　号	检查项目	标准范围
1	丝管破裂	不允许显露活性物质
2	丝管散头	不允许
3	铅膏粘附	不允许
4	空管	单根空管长度 ≤30 mm,分散空管长度 ≤10 mm,且根数少于四分之一
5	极板弯曲	极板弧形弯曲度(弧顶与最长弧底之比) ≤2%

5.2 极板成分

5.2.1 正极板成分(见表3)

表 3 正极板成分

项　　目	指　　标%		
二氧化铅含量	干式荷电极板	普通型极板	
		普通型涂膏式极板	普通型管式极板
	≥80.0	≥70.0	≥60.0
铁含量(杂质)	≤0.005 0	≤0.005 0	≤0.005 0
水分含量	≤0.60	≤1.0	≤1.0

5.2.2 负极板成分(见表4)

表4 负极板成分

项 目	指 标%	
	干式荷电极板	普通型极板
氧化铅含量	≤10.0	≤30.0
铁含量(杂质)	≤0.005 0	≤0.005 0
硫酸铅含量	≤3.50	
水分含量	≤0.50	≤0.50

6 试验条件

6.1 仪器设备

游标卡尺精度为0.05 mm;钢直尺精度为0.2 mm;称量极板质量衡器应具有±0.05%以上精度。

6.2 极板成分检测仪器设备及化学药品

——分析天平精度为0.1 mg;

——分光光度计;

——恒温干燥箱;

——恒温水浴;

——耐酸滤过漏斗G3;

——实验室玻璃仪器必须符合国家标准;化学药品纯度为分析纯(特殊指定除外)。

7 试验方法

7.1 极板外形尺寸、质量、外观质量

7.1.1 极板外形尺寸、质量

极板外形尺寸、质量按制造企业所提供图纸,使用卡尺或直尺及质量衡器进行检测。

7.1.2 极板外观质量

未特殊要求测定项目采用目测,但对于需要测量的项目可采用卡尺或直尺进行检查。

7.1.2.1 极板弯曲测定

将极板扣置在水平工作台上,然后用钢直尺与卡尺测量出弧顶高度和最长弧底的长度,进行计算。

7.1.2.2 极板活性物质酥松测定

将同批的两片极板从1 m高处,分别用不同面自由落在平坦的水泥地面上,测定破坏程度。

7.2 极板成分

7.2.1 二氧化铅含量测定

7.2.1.1 方法原理

在硝酸溶液中,二氧化铅可定量的氧化过氧化氢,而剩余的过氧化氢又被高锰酸钾定量氧化,根据高锰酸钾溶液的用量,计算出二氧化铅的含量。

7.2.1.2 试剂和溶液

——硫酸(GB/T 625);

——硝酸(GB/T 626):1+1溶液;

——过氧化氢(GB/T 6684):1+40溶液;

——草酸钠(GB 1254):基准试剂;

——高锰酸钾(GB/T 643):$c(1/5KMnO_4)=0.1$ moL/L标准溶液。

高锰酸钾标准溶液配制

a) 配制

称取 3.30 g(精确至 0.01 g)高锰酸钾，溶于 1 050 mL 蒸馏水中，缓和煮沸 20 min～30 min，于暗处放置 7 d，用耐酸滤过漏斗(G3)或玻璃棉过滤，滤液保存于棕色磨口瓶中。

b) 标定

称取于 105 ℃～110 ℃干燥 2 h 的基准草酸钠 0.2 g(精确至 0.000 1 g)，溶于 50 mL 蒸馏水中，加 8 mL 浓硫酸，用 $c(1/5KMnO_4)=0.1$ moL/L 的高锰酸钾溶液滴定至近终点时，加热至 70 ℃～80 ℃，继续滴定至溶液呈浅紫红色保持 30 s。

按以上方法同时做试剂空白试验。

c) 计算

高锰酸钾标准溶液浓度 $c(1/5KMnO_4)$按公式(1)计算：

$$c(1/5KMnO_4) = \frac{m}{V \times \dfrac{M(1/2Na_2C_2O_4)}{1\ 000}} \qquad \cdots\cdots(1)$$

式中：

m——称取草酸钠的质量的数值，单位为克(g)；

V——消耗高锰酸钾溶液的体积的数值，单位为毫升(mL)；

$M(1/2NaC_2O_4)$——草酸钠的摩尔质量的数值，单位为克每摩尔(g/mol)；

高锰酸钾$(1/5KMnO_4)=0.1$ mol/L 标准溶液。

7.2.1.3 分析步骤

7.2.1.3.1 二氧化铅测定

称取全部通过 120 目筛试样 0.4 g(准确至 0.000 1 g)，于 250 mL 三角杯中，加 1+1 硝酸 15 mL，用移液管准确加入 1+40 过氧化氢溶液 10 mL，在轻轻摇动下溶解 30 min，使试样溶解完全(试样中含有活性炭等填加剂不易判断时，可仔细观察无小气泡发生即示溶解完全)，用高锰酸钾标准溶液.滴定至呈浅红色(30 s 不变)。

按以上方法同时同条件做试剂空白试验。

7.2.1.3.2 分析结果的表述

二氧化铅含量以质量百分数表示，按公式(2)计算：

$$X = \frac{C_1(V_0 - V_1) \times 0.119\ 6 \times 100}{m_0} \qquad \cdots\cdots(2)$$

式中：

C_1——高锰酸钾标准溶液的实际浓度的数值，单位为摩尔每升(mol/L)；

V_0——空白高锰酸钾标准溶液的用量的数值，单位为毫升(mL)；

V_1——试样高锰酸钾标准溶液的用量的数值，单位为毫升(mL)；

m_0——试样质量的数值，单位为克(g)；

0.119 6——与 1 mL 高锰酸钾$[(1/5KMnO_4)=0.1$ mol/L]标准溶液相当的二氧化铅的质量的数值，单位为 g。

7.2.2 氧化铅含量测定

7.2.2.1 方法原理

试样中氧化铅易溶解于稀醋酸溶液中，所生成的二价铅离子，在 pH5～pH6 的溶液中，以醋酸钠和六次甲基四胺溶液做缓冲剂，二甲酚橙为指示剂，EDTA 络合滴定之。

7.2.2.2 试剂和溶液

——乙酸(GB/T 676)：5%溶液，5 mL 乙酸与 95 mL 水混合；

——氨水(GB/T 631)：1+1 溶液；

——无水乙酸钠(GB/T 694)：20%溶液，称取 20 g 无水醋酸钠溶于 98 mL 水中加 1 mL～2 mL 冰

乙酸调溶液至 pH5～pH6；

——六次甲基四胺(GB/T 1400)：20%溶液；

——二甲酚橙：0.5%溶液，加二滴氨水；

——EDTA：$c(C_{10}H_{14}N_2O_8Na_2 2H_2O)=0.05$ mol/L 标准溶液。

7.2.2.2.1 **标准溶液 EDTA 配制**

a) 称取 18.6 g 乙二胺四乙酸二钠，加热溶解于 500 mL 含有 1 g 氢氧化钠的水中，用快速滤纸过滤于 1 000 mL 容量瓶或磨口瓶中，用水稀释至 1 000 mL 混匀。

b) 标定

称取 0.4 g(准确至 0.000 1 g)纯铅(含铅 99.99%以上)于 300 mL 三角烧杯中，加 15 mL 1+4 硝酸溶液，低温加热溶解后，蒸发出去大部分酸，用水洗杯壁，加热赶尽氮氧化物，取下稍冷加水至 100 mL，用 1+1 氨水调整至溶液产生氢氧化铅沉淀又恰好溶解，加 5 mL 20%无水乙酸钠溶液，3 mL 20%六次甲基四胺溶液，三滴 0.5%二甲酚橙指示剂，在溶液的 pH5～pH6 用配制的 $c(C_{10}H_{14}N_2O_8Na_2 2H_2O)=0.05$ mol/L 标准溶液 EDTA 溶液滴定至溶液由紫红色变为亮黄色。

c) 计算

EDTA 标准溶液对氧化铅的滴定度(T)，按公式(3)计算：

$$T=\frac{m_1\times 1.077\,2}{V_2} \qquad \cdots\cdots(3)$$

式中：

m_1——称取纯铅的质量的数值，单位为克(g)；

V_2——EDTA 标准溶液的用量的数值，单位为毫升(mL)；

1.077 2——铅换算成氧化铅的系数。

7.2.2.2.2 **分析步骤**

称取 3 g(准确至 0.000 1 g)全部通过 120 目筛试样，于盛有 60 mL 5%醋酸的 250 mL 烧杯中，搅拌溶解 30 min，以慢速滤纸过滤于 250 mL 容量瓶中，用 5%的醋酸溶液洗净烧杯和残渣中的铅离子(整个过程残渣不得暴露于空气中，避免金属铅的氧化)，并洗至刻度处，摇匀。残渣保留分析硫酸铅。用移液管吸取 25 mL 于 250 mL 三角杯中，加水稀释至 80 mL～100 mL 用 1+1 氨水调溶液至 pH5～pH6，加 5 mL 20%醋酸钠溶液，3 mL 20%六次甲基四胺溶液，三滴 0.5%二甲酚橙指示剂，用 $c(C_{10}H_{14}N_2O_8Na_2 2H_2O)=0.05$ mol/L标准溶液滴定至溶液由紫红色变为亮黄色。

7.2.2.2.3 **分析结果的表述**

氧化铅含量 X_1 以质量百分数表示按公式(4)计算：

$$X_1=\frac{TV_3V_4\times 100}{m_2V_5} \qquad \cdots\cdots(4)$$

式中：

T——EDTA 标准溶液对氧化铅的滴定度的数值，单位为克每毫升(g/mL)；

V_3——EDTA 标准溶液的用量的数值，单位为毫升(mL)；

V_4——试液总体积的数值，单位为毫升(mL)；

V_5——分取试液的体积的数值，单位为毫升(mL)；

m_2——试样质量的数值，单位为克(g)。

7.2.3 **硫酸铅含量测定**

7.2.3.1 **方法原理**

硫酸铅在常温下可缓慢地溶解于含有较大浓度氯化钠的溶液中，所生成的二价铅离子，采用EDTA 铬合滴定之。

7.2.3.2 试剂和溶液

——氯化钠(GB/T 1266):25%溶液和10%洗液;

——乙酸(GB/T 676);

——抗坏血酸(GB/T 15347);

——硫脲(HG/T 3454);

——以下试剂同氧化铅(7.2.2)的分析。

7.2.3.3 分析步骤

分析氧化铅(7.2.2)保留之残渣立即收集于原杯中,加150 mL 25%的氯化钠溶液,连续搅拌溶解1 h或搅拌后放置过夜。用快速滤纸过滤于250 mL容量瓶中,加冰乙酸5 mL,用10%的氯化钠洗液洗涤烧杯,残渣至无铅离子,并洗至刻度处,摇匀。

用移液管吸取25 mL试液,于250 mL三角杯中,加水稀释至80 mL~100 mL,用1+1氨水调溶液至pH5~pH6,加5 mL 20%乙酸钠溶液,3 mL 20%六次甲基四胺溶液,3 mL饱和硫脲,0.1 g抗坏血酸,三滴0.5%二甲酚橙指示剂,用$c(C_{10}H_{14}N_2O_8Na_2 2H_2O)=0.05$ mol/L EDTA标准溶液滴定至溶液变为亮黄色。

7.2.3.4 分析结果的表述

硫酸铅含量X_2以质量百分数表示,按公式(5)计算:

$$X_2 = \frac{TV_6V_7 \times 100}{m_3V_8} \quad \cdots\cdots(5)$$

式中:

T——EDTA标准溶液对硫酸铅的滴定度的数值,单位为克每毫升(g/mL);

V_6——EDTA标准溶液的用量的数值,单位为毫升(mL);

V_7——试液总体积的数值,单位为毫升(mL);

V_8——分取试液的体积的数值,单位为毫升(mL);

m_3——试样质量的数值,单位为克(g)。

7.2.4 水分测定

7.2.4.1 分析步骤

以极板的四角和中心五点作为基点,取下总量不少于10 g的活性物质混合物,用分析天平称重(准确至0.01 g),然后放入温度105 ℃±5 ℃的恒温干燥箱内180 min后,取出放入干燥器内中冷却至室温,立刻用分析天平进行称重,记录烘干前后重量进行计算。

7.2.4.2 分析结果的表述

水分含量X_3以百分数表示,按公式(6)计算:

$$X_3 = \frac{m_4 - m_5}{m_4} \times 100\% \quad \cdots\cdots(6)$$

式中:

m_4——极板烘干前质量的数值,单位为克(g);

m_5——极板烘干后质量的数值,单位为克(g)。

7.2.5 铁含量(杂质)

7.2.5.1 方法原理

在pH4~pH6的溶液中二价铁与邻菲啰啉生成橙红色络合物,借此进行比色测定,铅及其他干扰素用EDTA酒石酸掩蔽。

7.2.5.2 试剂和溶液

——硝酸(GB/T 626):1+4溶液;

——酒石酸(GB/T 1294):20%溶液;

——EDTA：30%溶液，每100 mL中含15 mL浓氨水；
——柠檬酸钠(GB 6782)：30%溶液；
——盐酸羟胺(GB/T 6685)：10%溶液；
——氨水(GB/T 631)：1+1溶液；
——邻菲啰啉：0.1%溶液，加热溶解；
——铁标准贮存溶液，准确称取0.100 0 g纯金属铁丝(合铁99.95%以上)于100 mL烧杯中。加入10 mL 1+1硝酸溶液。低温加热溶解后，驱除氮氧化物，取下冷却移入1 000 mL容量瓶中，用7%硝酸溶液洗涤并稀释至刻度，摇匀。此溶液1mL含0.000 1 g铁；
——铁标准溶液：用移液管吸取10 mL铁标准贮存溶液于100 mL容量瓶中，用水稀释至刻度，摇匀，此溶液1 mL含0.000 01 g铁。

7.2.5.3 分析步骤

7.2.5.3.1 标准曲线的绘制

在六个50 mL容量瓶中依次加入0.00、1.00、2.00、3.00、4.00、5.00铁标准溶液，用水稀释至40 mL加3 mL 10%盐酸羟胺溶液用1+1氨水调溶液至pH4～pH6，加5 mL 0.1%邻菲啰啉溶液。用水稀释至刻度。摇匀在20 ℃以上室温放置30 min。

取部分溶液于3 cm比色皿。以试剂空白溶液为参比，在510 nm波长处，依次测量各溶液的吸光度，以铁含量为横座标，相应的吸光度为纵座标、绘制标准曲线。

7.2.5.3.2 试样的测定

称取0.5 g(准确至0.000 1 g)试样，于100 mL烧杯中，加1+4硝酸溶液10 mL；2 mL 20%酒石酸溶液，加热溶解，用水洗杯微沸除去氮氧化物，冷却。加5 mL 30%EDTA溶液；5 mL 30%柠檬酸钠溶液，3 mL 10%盐酸羟胺溶液，用1+1氨水调溶液至pH4～pH6，加5 mL 0.1%邻菲啰啉溶液，按以下操作绘制标准曲线。以试剂空白溶液为参比，测得的吸光度于标准曲线上查得相应的铁含量。

按以上方法同时做试剂空白试验。

7.2.5.4 分析结果的表述

铁含量X_4以质量百分数表示，按公式(7)计算：

$$X_4 = \frac{m_6}{m_7} \times 100\% \qquad (7)$$

式中：

m_6——自标准曲线上，查得的铁含量的数值，单位为克(g)；

m_7——称取试样质量的数值，单位为克(g)。

8 验收规则

8.1 极板批的形成、批量

8.1.1 极板批的形成

产品应汇集成可识别批，每批由同型号、同等极，同类、同尺寸和同成分，在基本相同时的时段和一致条件下制造的产品组成。

8.1.2 极板的批量

极板批按片计算。一批极板为(1 000～35 000)片。超过35 000片的形成两个以上批。

8.2 极板样品的抽取

同批极板采用简单随机抽样的方法抽取，随机抽样的方法采用GB/T 10111或由供需双方协商确定。

8.3 抽样方案

采用一次抽样方案，极板批的合格质量水平(AQL)为4.0，检查水平为特殊检验水平S-3，检查的严格度为正常检查。其抽样方案(见表5)。

表5　正常检查一次抽样方案(AQL-4.0)

极板批量件	极板样品片数 片	合格判定数 Ac 片	不合格判定数 Re 片
1 201～3 200	13	1	2
3 201～10 000	20	2	3
100 001～35 000	20	2	3

8.4　检验程序

8.4.1　极板外观质量检验(见表6)

8.4.2　极板成分检验(见表7)

表6　外观质量检验程序表

序号	检验项目		极板样品编号					
			1	2	3	4	5	n
1	涂膏式极板	极板弯曲	△	△	△	△	△	△
2		极板活性物质掉块	△	△	△	△	△	△
3		极板表面脱皮有气泡	△	△	△	△	△	△
4		极板活性物质凹陷	△	△	△	△	△	△
5		极板四框歪斜	△	△	△	△	△	△
6		极板断裂	△	△	△	△	△	△
7		极板活性物质酥松	△	△	△	△	△	△
8	管式极板	丝管破裂	△	△	△	△	△	△
9		丝管散头	△	△	△	△	△	△
10		铅膏粘附	△	△	△	△	△	△
11		空管	△	△	△	△	△	△
12		极板弯曲	△	△	△	△	△	△

注：n 为 6～13 或 6～20 极板样品编号。

表7　极板成分检验程序表

序　号	检验项目		极板样品编号				
			1	2	3	4	5
13	正极板	二氧化铅含量	△	△			
14		铁含量(杂质)			△		
15		水分含量				△	△
16	负极板	氧化铅含量	△	△			
17		铁含量(杂质)			△		
18		硫酸铅含量	△	△			
19		水分含量				△	△

注：普通型负极板不进行硫酸铅含量检测。

8.5 极板样品质量检查判定

8.5.1 样品外观性能检测判定

使用外观性能检测仪器设备对极板样品进行逐项检查，如其中某一项不符合5.1中标准或供货合同的规定，判该件极板为不合格品，若在极板样品中发现的不合格片数小于或等于表5所对应的合格判定数，则判该批极板质量合格；若在极板样品中发现的不合格品片数大于或等于表5所对应的不合格判定片数，需要加倍抽查，样品中仍不能满足上述要求，则判该批极板外观性能检测质量不合格。

8.5.2 极板成分检测判定

外观性能检测合格后方可进行极板成分，在表5中“极板样品片数”内抽取5片样品，根据产品分类，按5.2(极板成分检测要求)进行极板成分检测，最后计算出各平均值，其平均值若达到表3或表4技术要求，则判该批极板成分检测质量合格，否则为不合格。

8.5.4 极板检测最终结果

极板样品只有全部符合8.5.1(样品外观性能检测判定)和8.5.2(极板成分检测判定)，本批极板合格。

9 标志、包装和贮存

9.1 标志

9.1.1 包装箱

在包装箱中应有极板合格证、产品型号或规格、识别标记等标志，标志应清晰、耐久。

9.1.2 合格证

合格证内容包括：产品名称、产品型号、生产日期、检验日期、厂名、厂址、检验员签名或盖章。

9.2 包装

a) 企业内流通可以用周转箱包装，包装办法可根据企业实际情况制订。

b) 出厂极板必须用包装箱包装，在包装箱应标明产品名称、注册商标、数量、规格、包装箱体积(长×宽×高)、毛重、生产日期、防潮、防压、防震标志、含“镉”标志。

9.3 贮存

产品应贮存在干燥、通风场所，严防受潮，贮存期：干式荷电极板不能超过60 d；普通极板不能超过一年。

ICS 29.120.40
K 31

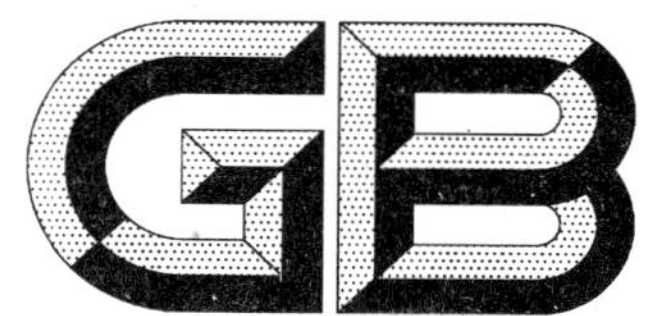

中华人民共和国国家标准

GB/T 23637—2009

船用主令控制器

Master controller in ships

2009-04-21 发布

2009-11-01 实施

中华人民共和国国家质量监督检验检疫总局
中国国家标准化管理委员会 发布

前　言

本标准由中国电器工业协会提出。

本标准由机械工业船用电机电器标准化技术委员会(CMIF/TC 9)归口。

本标准负责起草单位:上海电器科学研究所(集团)有限公司。

本标准参加起草单位:中国船级社上海规范所、中国船级社上海分社、中国船级社青岛分社、德州恒达利电器有限公司。

本标准主要起草人:华渭、葛诗慧、周春龙。

本标准参加起草人:孙武、孙戟、崔海洋、林成名。

本标准为首次发布。

船用主令控制器

1 范围

本标准规定了船用主令控制器(以下简称控制器)的技术要求、试验方法、标志、包装、运输、贮存等内容。

本标准适用于交流 50 Hz 额定电压 380 V 及以下，交流 60 Hz 额定电压 440 V 及以下和直流额定电压 220 V 及以下的控制器。

2 规范性引用文件

下列文件中的条款通过本标准的引用而成为本标准的条款。凡是注日期的引用文件，其随后所有的修改单(不包括勘误的内容)或修订版均不适用于本标准，然而，鼓励根据本标准达成协议的各方研究是否可使用这些文件的最新版本。凡是不注日期的引用文件，其最新版本适用于本标准。

GB/T 2423.1—2008 电工电子产品环境试验 第2部分：试验方法 试验A：低温(IEC 60068-2-1：2007，IDT)

GB/T 2423.2—2008 电工电子产品环境试验 第2部分：试验方法 试验B：高温(IEC 60068-2-2：2007，IDT)

GB/T 2423.4 电工电子产品环境试验 第2部分：试验方法 试验Db：交变湿热(12 h+12 h循环)(GB/T 2423.4—2008，IEC 60068-2-30：2005，IDT)

GB/T 2423.16—2008 电工电子产品环境试验 第2部分：试验方法 试验J和导则：长霉(IEC 60068-2-10：2005，IDT)

GB/T 2423.17—2008 电工电子产品环境试验 第2部分：试验方法 试验Ka：盐雾(IEC 60068-2-11：1981，IDT)

GB/T 2900.1 电工术语 基本术语

GB/T 2900.18 电工术语 低压电器

GB/T 3783—2008 船用低压电器基本要求

GB/T 4207—2003 固体绝缘材料在潮湿条件下相比电痕化指数和耐电痕化指数的测定方法(IEC 60112：1979，IDT)

GB 4208—2008 外壳防护等级(IP代码)(IEC 60529—2001，IDT)

GB/T 7094—2002 船用电气设备振动(正弦)试验方法

GB 14048.1—2006 低压开关设备和控制设备 第1部分：总则(IEC 60947-1：2001，MOD)

GB 14048.5—2008 低压开关设备和控制设备 第5-1部分：控制电路电器和开关元件 机电式控制电路电器(IEC 60947-5-1：2003，MOD)

3 术语和定义、符号、代号

3.1 术语和定义

GB/T 2900.1、GB/T 2900.18、GB 14048.5—2008 和 GB/T 3783—2008 确立的以及下列术语和定义适用于本标准。

3.1.1

自动复位装置 auto-resetter

能使手柄从工作位置自动复至“零”位的装置。

3.1.2

主令控制器 master controller

按照预定程序转换控制电路接线的主令电器。

3.1.3

主令电器 master switch

用作闭合或断开控制电路,以发出指令或作程序控制的开关电器。

3.2 符号、代号

3.2.1 符号

U 接通前电源电压

I 接通电流和分断电流

t 通电时间

U_i 额定绝缘电压(有效值)

U_e 额定工作电压

I_e 额定工作电流

P 直流电磁铁绕组稳态功率损耗

$T_{0.95}$ 电流上升到95%稳态值的时间

I_{th} 约定自由空气发热电流

I_{the} 约定封闭发热电流

$\cos\varphi$ 功率因数

3.2.2 代号

使用类别代号见表1。

表1 使用类别代号

电流种类	使用类别	典型用途
交流	AC—12	控制电阻性负载和光电耦合隔离的固态负载
	AC—13	控制具有变压器隔离的固态负载
	AC—14	控制小型电磁铁负载(≤72 VA)
	AC—15	控制电磁铁负载(>72 VA)
直流	DC—12	控制电阻性负载和光电耦合隔离的固态负载
	DC—13	控制电磁铁负载
	DC—14	控制电路中具有经济电阻的电磁铁负载

4 分类

4.1 按有无电流表分

a) 有电流表;

b) 无电流表。

4.2 按复位方式分

a) 自动复位式;

b) 非自动复位式。

4.3 按结构形式分

a) 固定式;

b) 移动式。

5 技术要求

5.1 特性

5.1.1 额定电压

5.1.1.1 额定工作电压(U_e)

额定工作电压是一个约定工作电流共同决定控制器使用条件的电压值,并且与使用类别有关。

控制器可以根据不同的工作制和使用类别规定许多组额定工作电压和额定工作电流的数值。

控制器的额定工作电压一般分为交流 50 Hz,36 V、220 V、380 V 和交流 60 Hz,110 V、220 V、440 V,直流 36 V、110 V、220 V。

5.1.1.2 额定绝缘电压(U_i)

额定绝缘电压与介电性能、电气间隙和爬电距离有关。在任何情况下,额定工作电压不应大于额定绝缘电压。对于未规定额定绝缘电压的控制器,可将最大额定工作电压作为控制器的额定绝缘电压。

控制器的额定绝缘电压(有效值)分 60 V、300 V、690 V。

5.1.2 额定电流

5.1.2.1 额定工作电流(I_e)

额定工作电流是决定控制器引用的电流值,此电流值由额定工作电压、电源的额定频率、使用类别以及电寿命等决定。

控制器的额定工作电流(或额定控制容量)应在具体产品标准中规定。

5.1.2.2 约定自由空气发热电流(I_{th})

约定自由空气发热电流是不封闭电器在自由空气中进行温升试验时的最大试验电流值。

约定自由空气发热电流值应至少等于封闭电器在八小时工作制下最大额定工作电流值。

自由空气应理解为在正常的室内条件下无通风和外部辐射的空气。

控制器的约定自由空气发热电流分 6 A、10 A、20 A。

注 1:约定自由空气发热电流值并非额定值,不强制在电器上标志;

注 2:不封闭电器是指制造厂不提供外壳的电器或制造厂提供的外壳是构成完整电器的一部分和预期不作为电器的防护外壳。

5.1.2.3 约定封闭发热电流(I_{the})

约定封闭发热电流由制造厂规定,用此电流对安装在规定外壳中的电器进行温升试验。有关温升试验见 GB 14048.1—2006 的 8.3.3.3,如果制造厂的样本中规定电器是封闭电器而且通常于一个或几个规定型式和尺寸的外壳结合使用时上述试验必须进行。

约定封闭发热电流值应至少等于封闭电器在八小时工作制下最大额定工作电流值。

如果电器一般不用在规定的外壳中且约定自由空气发热电流(I_{th})试验已经通过,则约定自由空气发热电流试验可以不必进行。在这种情况下,制造厂应提供约定封闭发热电流值或降容系数。

注 1:约定封闭发热电流不是额定值,可不必标在电器上。

注 2:约定封闭发热电流值,是对无通风器而言,试验时采用的外壳是制造厂规定的实际应用的最小尺寸的外壳。对有通风电器,该值可采用制造厂规定数据。

注 3:封闭电器是指一般用于规定的型式和尺寸的外壳中的电器或用于多个型式的外壳中的电器。

5.1.3 额定频率

控制器的电源额定频率是设计控制器且与其他特性值有关的电源频率。

控制器的额定频率分 50 Hz、60 Hz。

5.1.4 额定工作制

5.1.4.1 断续周期工作制(断续工作制)

此工作制指电器的主触头保持闭合的有载时间与无载时间有一确定的比例值,此两个时间都很短,不足以使电器达到热平衡。

断续工作制是用电流值、通电时间和负载因数来表征其特性，负载因数是通电时间与整个通断操作周期之比，通常用百分数表示。

负载因数的标准值为：15%、25%、40%和60%。

根据电器每小时能够进行的操作循环次数，电器可分为如下等级：

级别	每小时操作循环次数
12	12
30	30
120	120
300	300
600	600
1 200	1 200
3 000	3 000

对于每小时操作循环数很高的断续周期工作制，制造厂应规定实际操作次数（如已知的话）或根据制造厂规定的操作循环次数来给出额定工作电流值，并应满足下式：

$$\int_0^T i^2 \mathrm{d}t \leqslant I_{\mathrm{th}}^2 \times T \text{ 或 } I_{\mathrm{the}}^2 \times T$$

式中：

T——整个操作循环时间。

注：上述公式没有考虑通断时电弧能量。

5.1.4.2 短时工作制

短时工作制是指电器的主触头保持闭合的时间不足以使其达到热平衡，有载时间间隔被无载时间隔开，而无载时间足以使电器的温度恢复到与冷却介质相同的温度。

短时工作制的通电时间的标准值为：3 min、10 min、30 min、60 min 和 90 min。

5.2 正常工作条件

控制器应在表2规定的环境条件下正常工作。

表2 正常工作环境条件

环境条件	额定数据
环境空气温度最高值	+55 ℃(+70 ℃)[a]
环境空气温度最低值	+5 ℃(−25 ℃)[a]
海上潮湿空气影响	有
盐雾影响	有
霉菌影响	有
倾斜	≤22.5°
摇摆	≤22.5°
振动	有
冲击[b]	有

a 指露天甲板。

b 指船舶正常营运时产生的冲击。

5.2.1 污染等级

控制器的污染等级应符合 GB 14048.1—2006 中 6.1.3.2 规定的“污染等级 3”。

5.2.2 安装类别

控制器的安装类别应符合 GB 14048.1—2006 附录 H 规定“安装类别Ⅱ”。

5.3 结构要求

5.3.1 控制器的连接件和紧固件，应有防止其因受振动而松脱的措施。

5.3.2 控制器的金属零件除其本身有较好的耐蚀性能外，应有可靠的防护层。

5.3.3 铜或铝合金结构件与钢组合时，在它的连接处应采取相应的防止电腐蚀的措施。

5.3.4 控制器的导电零件均应采用铜质材料制造，其接触部分应有良好的导电性能。

5.3.5 控制器外壳如采用钢板焊接时，其外壳应有足够的强度，焊缝应平整无裂缝。

5.3.6 控制器的外形尺寸、安装尺寸、触头压力、开距、超程，以及进线形式、填料函结构，制造厂应在有关技术标准中规定。

5.3.7 外壳防护等级应符合 GB/T 3783—2008 的 7.1.11 表 12 规定。

5.3.8 控制器的操作手柄应有指示其作用、工作位置和动作方向的耐久标志。

手柄在控制器正面安装时，沿顺时针方向旋转时应为“上升”、“起锚”、“收缆”等。手柄在控制器侧面安装时，拉向操作者为“上升”，“起锚”，“收缆”，反之则为“下降”，“抛锚”，“放缆”等。

5.3.9 控制器中带电器件以外的所有可能被人体接触的金属部件均应能可靠接地。

5.3.10 控制器应贴有与控制器型号相一致的触头工作图表。

5.3.11 控制器应有紧急切断电源的开关。

5.3.12 控制器的绝缘部件一般应采用耐久、滞燃、耐潮和耐霉材料制造，不得采用有毒性的材料以及能释放出有毒性气体的材料。绝缘材料需要测定其相比电痕化指数(CTI 值)，采用的绝缘组别至少为Ⅲb，其 CTI 值应不小于 100。

5.3.13 最小电气间隙和最小爬电距离的数值应符合表 3 规定。

表 3 电气间隙和爬电距离

额定绝缘电压 U_i V	最小电气间隙 mm		最小爬电距离 mm
	L—L	L—A	
$60<U_i$	2	3	3
$60<U_i\leqslant 250$	3	5	4
$250<U_i\leqslant 400$	4	6	6
$400<U_i\leqslant 500$	6	8	10
$500<U_i\leqslant 690$	6	8	12

注 1：表中最小电气间隙的 L—L 栏为两个带电部件之间的电气间隙；L—A 栏为带电部件与裸露导电部件之间的电气间隙，带电部件与接地部件(不是裸露导电部件)之间的距离可用相应电压下的 L—L 值来规定。

注 2：当 L—A 的电气间隙值大于所规定的相应爬电距离值时，从带电部件到裸露导电部件的爬电距离值应等于电气间隙。

5.4 性能要求

5.4.1 动作性能

5.4.1.1 控制器应有零位机械锁定装置。

5.4.1.2 操作控制器所需的力(或力矩)应与其用途相适应，最小起动力(或力矩)应足够大以防止意外操作，例如：当电器外壳进行防护等级(IPX5 或 IPX6)试验时，不应受喷水冲击而动作。控制器操作力值应在产品使用说明书中标出。一般无自动复位的控制器其操作力不大于 50 N，有自动复位的控制器其操作力不大于 70 N。

5.4.1.3 控制器应能准确地固定在每一个工作位置，此时相应的触头须完全接通或断开。若具有自动复位装置，则应在任何位置均能自动复位至“零”位。对于限位装置，控制器应能承受 5 倍于实际最大操作力矩的能力。

5.4.2 温升

控制器的各部件的允许温升应不超过表 4 规定的极限值。高发热元件(如电阻元件、热元件等)连接处的极限允许温升由具体产品标准规定。

表 4 极限允许温升

<table>
<tr><th colspan="2">部件及材料型式</th><th>极限允许温升
K</th><th>测量方法</th></tr>
<tr><td rowspan="3">空气中触头</td><td>铜(断续周期,短时工作时)</td><td>60</td><td rowspan="11">热电偶法</td></tr>
<tr><td>银或镶银(镀银)</td><td>以不伤害相邻部件为限</td></tr>
<tr><td>所有其他金属或陶瓷冶金属</td><td>由所用材料决定,以不伤害相邻部件为限</td></tr>
<tr><td colspan="2">裸导线</td><td>以不伤害相邻部件为限</td></tr>
<tr><td colspan="2">起弹簧作用的金属部件</td><td>以不伤害材料弹性和不伤害相邻部件为限</td></tr>
<tr><td colspan="2">与绝缘材料接触的金属部件</td><td>以不伤害绝缘材料为限</td></tr>
<tr><td rowspan="2">与外部绝缘导体相连接的接线端子</td><td>有银防蚀层</td><td>65</td></tr>
<tr><td>有锡防蚀层</td><td>55</td></tr>
<tr><td rowspan="2">手动操作部件</td><td>金属材料</td><td>10</td></tr>
<tr><td>绝缘材料</td><td>20</td></tr>
</table>

5.4.3 绝缘性能

5.4.3.1 绝缘电阻

在正常大气条件下,所有带电部件与地之间冷态绝缘电阻值应不低于 20 MΩ。

5.4.3.2 介电性能

控制器应能耐受如下电压:

——按表 5 的规定进行工频耐受电压试验;

——或按表 6 的规定,采用过电压类别确定额定冲击耐受电压。

控制器的绝缘一般应能承受表 5 的介电强度试验电压(有效值)历时 1 min 而无击穿或闪络现象,介电强度试验电压应具有实际正弦波波形,其频率应在 45 Hz～62 Hz 之间。

表 5 介电强度试验电压 单位为伏特

额定绝缘电压 U_i	介电强度试验电压(交流有效值)
$U_i \leqslant 60$	1 000
$60 < U_i \leqslant 300$	2 000
$300 < U_i \leqslant 690$	2 500

表 6 额定冲击耐受电压 单位为伏特

额定工作电压对地最大值交流有效值或直流 V	在 0 m 处的额定冲击耐受电压(1.2/50 μs)kV
	安装类别Ⅱ(过电压类别)
50	0.55
100	0.91
150	1.75
300	2.95
600	4.80

5.4.4 接通与分断能力

控制器的接通与分断能力分为正常使用条件的通断能力和非正常使用条件下的通断能力，其试验参数分别按表7和表8所规定。

表7 正常使用条件的通断能力[a]

表7a

使用类别	接通[b]			分断[b]			最小通电时间
	I/I_e	U/U_e		I/I_e	U/U_e		周波(在50 Hz或60 Hz时)
AC			$\cos\varphi$			$\cos\varphi$	
AC—12	1	1	0.9	1	1	0.9	2
AC—13	2	1	0.65	1	1	0.65	2[c]
AC—14	6	1	0.3	1	1	0.3	2[c]
AC—15	10	1	0.3	1	1	0.3	2[c]
DC			$T_{0.95}$ ms			$T_{0.95}$ ms	时间 ms
DC—12	1	1	1	1	1	25	25
DC—13	1	1	$6\times P$[f]	1	1	$6\times P$[f]	$T_{0.95}$
DC—14	10	1	15	1	1	15	25[c]

表7b

操作顺序、操作次数及操作频率		
顺序[g]	操作次数	每分钟操作循环次数
1	50[d]	6
2	10	快速[e]
3	990	60
4	5 000	6

a 见GB 14048.5—2008中8.3.3.5.2。

b 试验量的允许误差见GB 14048.5—2008中8.3.2.2。

c 两次持续时间(接通和分断)至少为2个周波(或对DC—14为25 ms)。

d 头50次操作应在试验电压$1.1U_e$下进行，试验电流I_e首先在U_e下调整。

e 在确保触头闭合和断开的情况下尽可能快。

f “$6\times P$”值来自经验值，代表大多数直流电磁铁负载的上限为$P=50$ W，即$6\times P=300$ ms的经验关系中求得。对于功率消耗大于50 W的负载，可假定由较小的负载并联组成。因此，不论功率消耗值多少，300 ms可作为上限值。

g 对于各种使用类别的试验按顺序进行。

表 8 非正常使用条件下的通断能力[a]

使用类别	接通[b]			分断[b]			最小通电时间	接通和分断操作	
	I/I_e	U/U_e		I/I_e	U/U_e			操作循环次数	每分钟操作循环次数
AC			cosφ			cosφ	周波(在 50 Hz 或 60 Hz 时)		
AC—12									
AC—13[c]	10	1.1	0.65	1.1	1.1	0.65	2[d]	10	6
AC—14	6	1.1	0.7	6	1.1	0.7	2	10	6
AC—15	10	1.1	0.3	10	1.1	0.3	2	10	6
DC							时间 ms		
DC—12									
DC—13[c]	1.1	1.1	6×P[e]	1.1	1.1	6×P[e]	$T_{0.95}$	10	6
DC—14	10	1.1	15	1.0	1.1	15	25[d]	10	6

a 非正常使用条件是模拟被堵不能闭合的电磁铁，见 GB/T 14048.5—2008 中 8.3.3.5.3。

b 试验量的允许误差见 GB/T 14048.5—2008 中 8.3.2.2。

c 对于半导体开关电器，应使用制造厂规定的过载保护电器验证非正常条件。

d 两次持续时间(接通和分断)至少为 2 个周波(或对 DC—14 为 25 ms)。

e “6×P”值来自经验值，代表大多数直流电磁铁负载的上限为 P=50 W，即 6×P=300 ms 的经验关系中求得。对于功率消耗大于 50 W 的负载，可假定由较小的负载并联组成。因此，不论功率消耗值多少，300 ms 可作为上限值。

对于半导体开关电器，最大时间常数应为 60 ms，即 $T_{0.95}$=180 ms(3 倍时间常数)。

5.4.5 额定限制短路电流

控制器的额定限制短路电流为 1 000 A，电路功率因数为 0.5～0.7 之间。试验电压等于额定工作电压的 1.1 倍。

5.4.6 机械耐久性

控制器的机械耐久性以触头元件无负载时的操作循环次数来表示在整个机械寿命期间，除触头外，控制器不得进行任何维护、修理或更换零部件。

控制器的机械耐久性见表 9。

表 9 控制器的机械耐久性

每小时操作次数	机械耐久性次数
30	30×10^4
120	1×10^6
300	3×10^6
600	6×10^6
1 200	10×10^6
3 000	30×10^6

在特殊情况下，机械寿命次数可以不同于表 9 的规定，但是在确定的最高操作频率下，其最低机械寿命次数不得少于相当于操作时间 8 000 h 的操作循环数。

5.4.7　电气耐久性

控制器的电气耐久性的试验参数与表 7 正常使用条件下通断能力试验参数相同。但电气耐久性次数、操作频率等由制造商规定。

5.4.8　耐潮性能

控制器经 55 ℃交变湿热试验 2 周期后，其性能应符合下列规定：

a)　湿热试验后，所有带电部件与地之间的绝缘电阻值

——$U_i \leqslant 60$ V 应大于 1 MΩ；

——$U_i > 60$ V 应大于 10 MΩ。

b)　控制器的外观不应有变形和裂缝现象。

5.4.9　耐霉性能

控制器应具有耐霉性能，其外露于空气中的绝缘零部件经长霉试验后，长霉面积不得超过 GB 2423.16—2008 中规定的二级长霉。

5.4.10　耐盐雾性能

控制器应具有耐盐雾性能，经盐雾试验后，外表变化符合表 10 规定，试验周期为 96 h。

表 10　耐盐雾性能

镀层类别	底金属	合格要求
锌	碳 钢	主要表面无白色或灰黑色腐蚀物
镍	铜和铜合金	主要表面无灰色或浅绿色腐蚀物
银	铜和铜合金	主要表面无铜绿
锡	铜和铜合金	主要表面无灰黑色腐蚀物

5.4.11　耐低温性能

控制器在舱室内环境温度为＋5 ℃应能正常工作，对于安装于露天甲板的控制器在环境温度为－25 ℃下应能可靠工作。

5.4.12　耐高温性能

控制器在环境温度为＋55 ℃下应能正常工作，对于安装于露天甲板的控制器在环境温度为＋70 ℃下应能可靠工作。

5.4.13　耐振动性能

控制器应具有耐振动性能，振动参数按表 11，在振动试验时应无机械损坏和误动作，且动作性能仍应符合 5.4.1 规定的要求。

表 11　振动参数

频率范围/Hz	峰　　值
2～13.2	位移±1.0 mm
13.2～100	加速度±6.9 m/s^2

6　试验方法

6.1　一般规定

控制器试验分型式试验、常规试验、特殊试验：

型式试验应在典型的试品上进行；

常规试验应在按本标准和有关产品标准制造的控制器的每一台产品上进行；

电器的特殊试验由制造厂与用户的协议进行。

6.2 型式试验

型式试验是验证控制器的设计是否符合本标准和有关标准的要求。即：

a) 新产品制成或产品转厂生产时；

b) 控制器材料、工艺以及某些关键零部件设计有较大改变，可能影响产品性能时；

c) 常规试验结果与型式试验有较大差异时；

d) 国家质量监督机构或使用部门提出要求时；

e) 型式试验项目见表 12。

表 12 试验项目

序号	试验项目	要求的章条号	试验的章条号	型式试验	常规试验	特殊试验
1	检查控制器的外形尺寸、安装尺寸、装配质量、外观、铭牌等	5.3.1～5.3.11	6.4a)	√	√	
2	触头压力、开距、超程测量	5.3.6	6.4b)	√	√	
3	绝缘电阻测量	5.4.3.1	6.4c)	√	√	
4	电气间隙、爬电距离	5.3.13	6.4f)	√	√	
5	工频耐压试验	5.4.3.2	6.7.3	√	√	
6	绝缘材料相比电痕化指数(CTI值)的测定	5.3.12	6.6.1	√		
7	外壳防护性能试验	5.3.7	6.6.2	√		
8	动作性能试验	5.4.1.1、5.4.1.2	6.7.1 6.4e)	√	√[a]	
9	温升试验	5.4.2	6.7.2	√		
10	接通与分断能力试验	5.4.4	6.7.4	√		
11	额定限制短路电流试验	5.4.5	6.7.5	√		
12	机械耐久性试验	5.4.6	6.7.6			√
13	电气耐久性试验	5.4.7	6.7.7			√
14	耐潮性能试验	5.4.8	6.7.8	√		
15	耐霉试验	5.4.9	6.7.9	√		
16	盐雾试验	5.4.10	6.7.10	√		
17	低温试验	5.4.11	6.7.11	√		
18	高温试验	5.4.12	6.7.12	√		
19	耐振动性能试验	5.4.13	6.7.13	√		
[a] 操作力测定除外。						

6.3 型式试验规则

a) 被试控制器的每项试验或每一个完整的顺序试验应在新的清洁的产品上进行。在不影响试验结果的前提下，经制造厂同意，可在同一台产品上进行不同的试验项目。

试验时，在不影响试品性能的情况下，可适当提高操作频率进行试验。试验方法中未述及的试验细则，均按 GB/T 3783—2008 进行。

b) 对 6.2a)，用作型式试验的试品必须是正式的样品，每个试验项目应不少于 2 台，任一试验项目中，若有一台试验不合格，则认为型式试验不合格。试品经消除缺陷后，可再度进行型式试验，直至所有试验项目全部试验合格，方可认为型式试验合格。

c) 对6.2a)、b)、c)、d)，用作型式试验的控制器必须从出厂试验合格的成批产品中任意抽取，每个试验项目不少于2台，所有规定的型式试验项目都能通过，则认为型式试验合格。试验中若有一台一项不合格，允许复试，复试台数应按原抽样数加倍，复试通过，则仍认为试验合格，若仍出现一台不合格，则型式试验不合格。

6.4 常规试验

每台产品出厂前必须进行的各项试验。

常规试验项目及检验方法：

a) 用量具及目力观察方法检查控制器的外形尺寸、安装尺寸、装配质量、外观、铭牌等项目；

b) 用测力仪及量具进行触头压力、开距、超程测量；

c) 用兆欧表进行绝缘电阻测量；

d) 按6.7.3规定方法进行工频耐压试验(试验时间1 s)；

e) 按6.7.1规定方法进行动作性能试验；

f) 按GB 14048.1—2006附录A的规定测量电气间隙、爬电距离。

6.5 特殊试验

特殊试验根据制造厂和用户的协议进行。

特殊试验包括耐久性验证试验，试验方法按GB 14048.5—2008中8.1.5规定进行。

6.6 验证结构要求

6.6.1 绝缘材料相比电痕化指数(CTI值)的测定

按GB/T 4207—2003有关规定进行。

6.6.2 外壳防护试验

外壳防护的试验方法按GB 4208—2008中第13章、第14章的有关规定进行。

6.7 试验性能要求

6.7.1 动作性能试验

控制器在环境空气温度的最高值、最低值范围内，操作若干次触头应能良好地闭合与断开，并无卡住、阻塞以及动作不灵活等现象。用测力仪测量操作力，其值应符合5.4.1.2和5.4.1.3的规定。

6.7.2 温升试验

温升试验按GB 14048.5—2008中8.3.3.3的规定进行。

6.7.3 介电性能的验证

介电性能的验证按GB 14048.1—2006中8.3.3.4的规定进行。

6.7.4 接通与分断能力试验

6.7.4.1 试验方法

接通与分断能力试验按GB 14048.5—2008中的有关规定进行，试验参数及要求见表7和表8。AC—12、AC—13、AC—14、AC—15、DC—12、DC—13、DC—14使用类别的正常使用条件的接通与分断能力试验次数共6 050次。

6.7.4.2 试验结果的判断

试验期间，不得发生电气故障、机械故障、触头熔焊、持续燃弧或对外壳飞弧等情况。试验完成后，再按6.7.3进行工频耐压试验，但试验电压为两倍额定绝缘电压，工频耐压试验合格后。方认为接通与分断能力试验合格。

6.7.5 限制短路电流试验

限制短路电流试验按GB 14048.5—2008中8.3.4的规定进行。

6.7.6 机械耐久性试验

机械耐久性试验按 GB 14048.1—2006 中 8.3.3.7.1 的规定进行。

6.7.7 电气耐久性试验

电气耐久性试验参数与表 7 正常使用条件下通断能力试验参数相同。试验电路的选择按 GB 14048.1—2006 中 8.3.3.7.2 的规定。

触头的通电时间应介于一次操作时间的 10%～50%之间，但须注意接通电流的通电时间应不引起过热。操作频率不得小于规定值。

试验结果的判断：

如不发生触头熔焊、持续燃弧、接通时失败、断开时失败、对外壳飞弧，并能通过 5.4.3.2 规定的工频耐压试验，则认为试验通过。

6.7.8 耐潮性能试验

耐潮性能试验应按 GB/T 2423.4 中+55 ℃二周期进行。

6.7.9 耐霉性能试验

耐霉性能试验应按 GB/T 2423.16—2008 规定进行试验，试验周期 28 d。

如制造厂具有绝缘材料和涂料的防霉试验合格报告，在有效期内可免做试验。

6.7.10 耐盐雾性能试验

耐盐雾性能试验应按 GB/T 2423.17—2008 规定进行。

如制造厂具有金属镀层的零部件的盐雾试验合格报告，有效期内可免做试验。

6.7.11 耐低温性能试验

耐低温性能试验按 GB/T 2423.1—2008 中－25 ℃±3 ℃，持续时间 16 h 的条件进行试验。试验后仍应动作灵活，无任何卡住现象，零部件不应有永久性变形或损坏。

6.7.12 耐高温性能试验

耐高温性能试验按 GB/T 2423.2—2008 中+70 ℃，持续时间 2 h 的条件进行试验，试验后仍应动作灵活，无任何卡住现象，零部件不应有永久性变形或损坏。

6.7.13 耐振动性能试验

耐振动性能试验应按 GB/T 7094—2002 的有关规定进行。

7 标志、包装、运输、贮存

7.1 标志

控制器应在其明显位置安装一块用耐蚀、滞燃材料制成的耐久铭牌，铭牌上应标明：

a) 制造厂厂名或商标；
b) 型号、名称；
c) 额定工作电压；
d) 额定工作电流；
e) 额定频率；
f) 制造日期；
g) 船检标志；
h) 防护等级。

7.2 包装

每台控制器的运输包装应具有防雨或防潮性能，并能保护产品在运输时不受损坏，包装箱的外壁应有明显及耐久的文字标志，其内容应包括：

a) 制造厂厂名、地址；
b) 收货单位名称、地址；

c) 产品名称、型号、数量；

d) 产品重量，外形尺寸；

e) 标志“船用主令控制器”“包装年月”“向上”“小心轻放”“切勿受潮”等字样或符号，随产品装箱供应的技术文件有装箱单，产品合格证，产品安装使用说明书。

7.3 运输、贮存

包装箱在运输、贮存过程中均不得受到雨雪侵袭、产品应放置在空气流通和相对湿度不大于90%（20 ℃±5 ℃时），温度为－25 ℃～＋55 ℃之间，短时间内(24 h内)可达＋70 ℃的仓库里。

处于极端温度下而不操作的产品不应承受不可逆的损坏，在置于正常条件下控制器应能按规定正常操作。

ICS 29.220.20
K 84

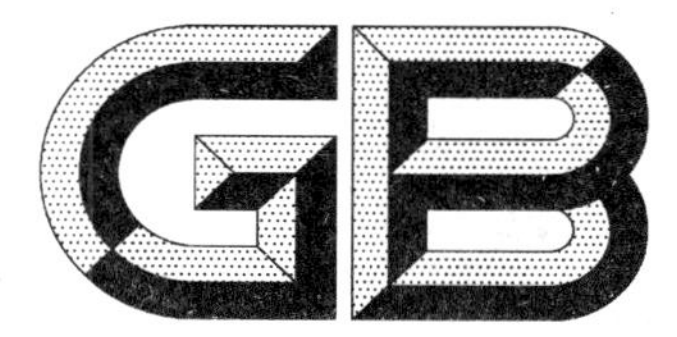

中华人民共和国国家标准

GB/T 23638—2009

摩托车用铅酸蓄电池

Lead-acid batteries for motorcycles

2009-04-21 发布 2009-11-01 实施

中华人民共和国国家质量监督检验检疫总局
中国国家标准化管理委员会 发布

前　言

附录 A 为资料性附录。

本标准由中国电器工业协会提出。

本标准由全国铅酸蓄电池标准化技术委员会(SAC/TC 69)归口。

本标准起草单位:沈阳蓄电池研究所、浙江古越蓄电池有限公司、绍兴汇同蓄电池有限公司、浙江上虞奥龙电源有限公司、浙江海久电池有限公司、四川美凌蓄电池有限公司、宁波东海蓄电池有限公司、广州市凯捷电源实业有限公司、广东猛狮电源科技股份有限公司、天津汤浅蓄电池有限公司、上海海宝特种电源有限公司、超威电源有限公司、浙江天能电池有限公司、广东省韶关市长江工业发展有限公司、天津市产品质量监督检测研究院。

本标准主要起草人:谢爽、曹苗根、孙云东、朱文武、董志根、朱俭、伍加洪、钱友良、王德喜、陈乐伍、侯景翔、陈延祥、周明明、杨元玲、钟宝权。

摩托车用铅酸蓄电池

1 范围

本标准规定了摩托车用铅酸蓄电池的术语、型号、结构、产品分类、技术要求、试验方法、检验规则以及包装、运输和贮存。

本标准适用于摩托车起动、点火、照明用的铅酸蓄电池(以下简称蓄电池)。

2 术语和定义、符号

2.1 术语和定义

下列术语和定义适用于本标准。

2.1.1

单体蓄电池 cell

由多个隔室构成的整体蓄电池的每个隔室称单体蓄电池。

2.1.2

阀控式铅酸蓄电池 valve-regulated lead-acid (VRLA) battery

带有阀的密封蓄电池,在电池内压超出预定值时允许气体逸出。

注:这种电池或电池组在正常情况下不能添加电解质。

2.2 符号

C_{10}——10 小时率额定容量,单位为安时(Ah)。

C_a——10 小时率实际容量,单位为安时(Ah)。

I_{10}——10 小时率放电电流,单位为安培(A),数值为 $C_{10}/10$。

I_{ca}——充电接受能力试验中充电到 10 min 时电流值,单位为安培(A)。

3 型号编制、结构尺寸、产品分类

3.1 型号编制

3.1.1 产品类型用汉字"摩"拼音的第一个大写字母"M"表示。具体命名见图 1。

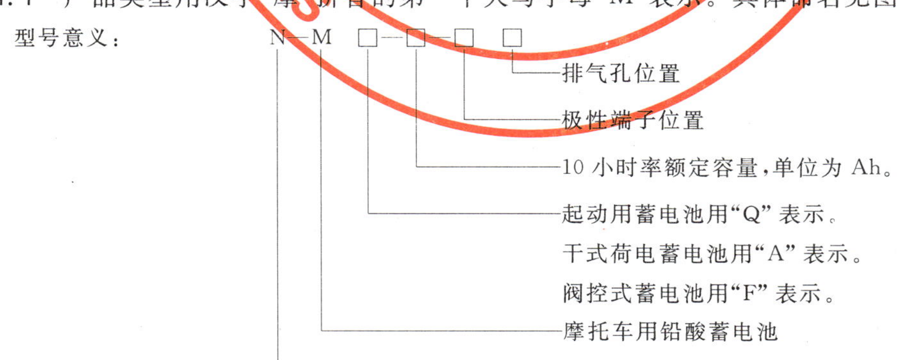

例如:6 个单体串联的额定容量为 7Ah 的阀控式起动干式荷电用摩托车用铅酸蓄电池的型号命名为 6-MFQA-7-1A。

图 1 型号命名示意图

3.1.2 标好端子(极性)、排气孔位置的标识。

3.1.3 企业可根据实际情况自行确定特征标识。

3.2 外形尺寸

3.2.1 结构外形尺寸见图2。

3.2.2 表1、表2中外形尺寸是指槽、盖的外形尺寸,不包括蓄电池液孔塞、排气口和端子突出部分。表1、表2中没有列出的特殊规格型号的蓄电池由制造商与用户协商确定。

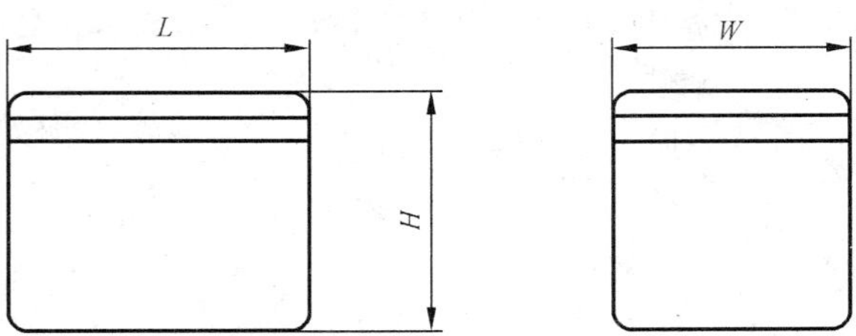

图2 结构尺寸示意图

3.3 产品分类

蓄电池按其功能分为非起动用蓄电池、起动用蓄电池,其型号、外形尺寸分类应符合表1、表2要求。(资料性附录A中的表A.1、表A.2为GB/T 23638—2009中产品分类与常见日本蓄电池型号对照表)

表1 非阀控式蓄电池产品分类

类别	型号	额定电压 V	额定容量 Ah	外形尺寸,±2 mm		
				L	*W*	*H*
非起动用蓄电池	3—M—2Ⅰ	6	2	60	55	105
	3—M—2Ⅱ			70	45	95
	3—M—2Ⅲ			70	45	105
	3—M—4Ⅰ	6	4	55	60	130
	3—M—4Ⅱ			60	55	130
	3—M—4Ⅲ			70	70	95
	3—M—4Ⅳ			70	70	105
	3—M—4Ⅴ			100	45	95
	3—M—5	6	5	100	45	95
	3—M—5.5Ⅰ	6	5.5	90	70	100
	3—M—5.5Ⅱ			100	70	100
	3—M—6Ⅰ	6	6	100	56	110
	3—M—6Ⅱ			100	56	120
	3—M—8	6	8	120	70	95
	3—M—11Ⅰ	6	11	120	60	130
	3—M—11Ⅱ			150	70	100
	3—M—12Ⅰ	6	12	105	75	140
	3—M—12Ⅱ			155	55	115

表 1（续）

类别	型号	额定电压 V	额定容量 Ah	外形尺寸，±2 mm		
				L	*W*	*H*
非起动用蓄电池	6—M—2.5	12	2.5	80	70	104
	6—M—3	12	3	100	55	110
	6—M—4Ⅰ	12	4	115	70	93
	6—M—4Ⅱ			120	70	93
	6—M—5Ⅰ	12	5	115	70	105
	6—M—5Ⅱ			120	60	130
起动用蓄电池	6—M—5Ⅰ	12	5	115	70	105
	6—M—5Ⅱ			120	60	130
	6—MQ—5.5Ⅰ	12	5.5	105	90	115
	6—MQ—5.5Ⅱ			135	60	130
	6—MQ—6Ⅰ	12	6	105	90	115
	6—MQ—6Ⅱ			135	70	95
	6—MQ—6Ⅲ			140	65	100
	6—MQ—6Ⅳ			140	75	107
	6—MQ—6Ⅴ			140	75	100
	6—MQ—6.5	12	6.5	140	70	100
	6—MQ—7Ⅰ	12	7	130	90	115
	6—MQ—7Ⅱ			135	75	120
	6—MQ—7Ⅲ			135	75	125
	6—MQ—7Ⅳ			135	75	135
	6—MQ—7Ⅴ			135	75	140
	6—MQ—7Ⅵ			135	75	150
	6—MQ—7Ⅶ			145	55	125
	6—MQ—7Ⅷ			150	60	130
	6—MQ—7Ⅸ			150	85	95
	6—MQ—7Ⅹ			150	90	100
	6—MQ—9Ⅰ	12	9	136	76	140
	6—MQ—9Ⅱ			148	88	110
	6—MQ—10Ⅰ	12	10	135	90	145
	6—MQ—10Ⅱ			135	90	155

表 1（续）

类别	型号	额定电压 V	额定容量 Ah	外形尺寸，±2 mm		
				L	W	H
起动用蓄电池	6—MQ—11	12	11	135	90	155
	6—MQ—12 Ⅰ	12	12	105	75	140
	6—MQ—12 Ⅱ			135	80	160
	6—MQ—12 Ⅲ			135	80	175
	6—MQ—12 Ⅳ			160	90	130
	6—MQ—12 Ⅴ			200	75	135
	6—MQ—14 Ⅰ	12	14	135	90	165
	6—MQ—14 Ⅱ			135	90	175
	6—MQ—16 Ⅰ	12	16	100	175	185
	6—MQ—16 Ⅱ			150	90	180
	6—MQ—16 Ⅲ			160	90	160
	6—MQ—16 Ⅳ			175	100	155
	6—MQ—16 Ⅴ			175	100	175
	6—MQ—16 Ⅵ			185	100	155
	6—MQ—16 Ⅶ			205	70	160
	6—MQ—18 Ⅰ	12	18	180	90	160
	6—MQ—18 Ⅱ			205	90	160
	6—MQ—19	12	19	175	100	155
	6—MQ—24	12	24	185	125	175
	6—MQ—28 Ⅰ	12	28	185	115	205
	6—MQ—28 Ⅱ			185	125	180
	6—MQ—30	12	30	170	130	175
	6—MQ—32 Ⅰ	12	32	195	130	160
	6—MQ—32 Ⅱ			205	130	165

注：表中型号一栏中的数学序号为同一额定电压、容量的蓄电池其外形尺寸不同时的代号。不作为型号命名的一部分。3.3 条型号意义中“A”、端子极性位置、排气孔位置可由生产企业自行标识。

表 2　阀控式蓄电池产品分类

类别	型号	额定电压 V	额定容量 Ah	外形尺寸，±2 mm		
				L	*W*	*H*
非起动用蓄电池	3—MF—4	6	4	85	70	95
	3—MF—6	6	6	100	55	110
	6—MF—1.5	12	1.5	80	70	105
	6—MF—2	12	2	100	55	110
	6—MF—2.3 Ⅰ	12	2.3	115	40	85
	6—MF—2.3 Ⅱ			115	50	85
	6—MF—2.5 Ⅰ	12	2.5	82	78	105
	6—MF—2.5 Ⅱ			115	40	85
	6—MF—3 Ⅰ	12	3	100	60	110
	6—MF—3 Ⅱ			115	70	85
	6—MF—3 Ⅲ			120	70	90
	6—MF—3.2	12	3.2	115	70	85
起动用蓄电池	6—MFQ—3.5	12	3.5	115	70	85
	6—MFQ—4 Ⅰ	12	4	115	70	90
	6—MFQ—4 Ⅱ			115	70	110
	6—MFQ—4 Ⅲ			120	60	130
	6—MFQ—5 Ⅰ	12	5	115	70	110
	6—MFQ—5 Ⅱ			120	60	135
	6—MFQ—5 Ⅲ			135	70	110
	6—MFQ—6 Ⅰ	12	6	115	70	130
	6—MFQ—6 Ⅱ			150	60	130
	6—MFQ—6 Ⅲ			150	90	95
	6—MFQ—6.5 Ⅰ	12	6.5	140	65	105
	6—MFQ—6.5 Ⅱ			150	65	120
	6—MFQ—6.5 Ⅲ			150	65	93
	6—MFQ—7 Ⅰ	12	7	115	70	135
	6—MFQ—7 Ⅱ			135	75	115
	6—MFQ—7 Ⅲ			150	60	130
	6—MFQ—7 Ⅳ			150	85	95
	6—MFQ—8 Ⅰ	12	8	135	75	140
	6—MFQ—8 Ⅱ			150	70	105
	6—MFQ—8 Ⅲ			150	85	105
	6—MFQ—9 Ⅰ	12	9	135	75	140
	6—MFQ—9 Ⅱ			150	85	110
	6—MFQ—10 Ⅰ	12	10	150	70	130
	6—MFQ—10 Ⅱ			150	85	130
	6—MFQ—12	12	12	150	87	145
	6—MFQ—14	12	14	150	87	161
	6—MFQ—18 Ⅰ	12	18	150	87	190
	6—MFQ—18 Ⅱ			175	87	155

注：表中型号一栏中的数学序号为同一额定电压、容量的蓄电池其外型尺寸不同时的代号。不作为型号命名的一部分。3.3 条型号意义中“A”、端子极性位置、排气孔位置可由生产企业自行标识。

3.4 蓄电池端子极性位置

蓄电池端子极性位置见表3。

表3 蓄电池端子极性位置

序号	端子极性位置(俯视)	序号	端子极性位置(俯视)
1	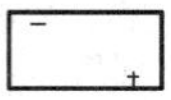 − +	2	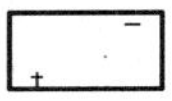 − +
3	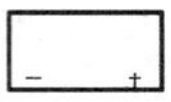 − +	4	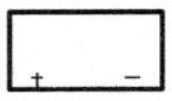 + −
5	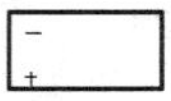 − +	6	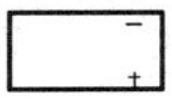 − +

3.5 蓄电池排气孔位置

蓄电池排气孔位置见表4。

表4 蓄电池排气孔位置

代号	排气孔位置(俯视)	代号	排气孔位置(俯视)
A		B	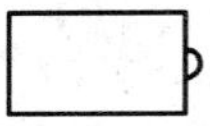
C	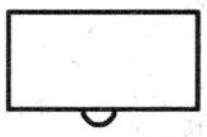	D	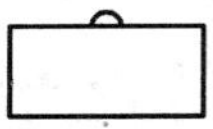
E	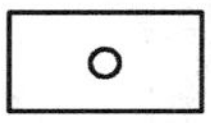	F	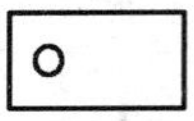
G	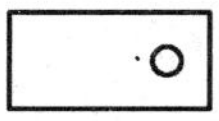		
注:排气孔位置需从蓄电池正端子、蓄电池长边面向操作者方向看到。			

4 要求

4.1 蓄电池结构

蓄电池由蓄电池槽、正极板、负极板、隔板、电解液、蓄电池盖、液孔塞、端子等组成。

4.2 外形尺寸

蓄电池外形尺寸应符合表1、表2要求。

4.3 外观

蓄电池表面颜色均匀、无裂纹及划痕、无明显变形且标志清晰。

4.4 端子极性

蓄电池端子极性位置应符合3.4中的规定。

4.5 气密性(仅适用于非带液蓄电池)

蓄电池按5.5试验时,应保持良好的气密性,并能承受20 kPa的正压或负压。

4.6 排气阀动作(适用于阀控式蓄电池)

蓄电池按5.6试验时,排气阀应在10 kPa~49 kPa范围内可靠地闭、开。

4.7 安全性

蓄电池按5.7试验时,外观不得出现漏液、开裂等异常现象。

4.8 容量

4.8.1 额定容量C_{10}应符合表1、表2要求。

4.8.2 按5.8试验时,按表6规定进行蓄电池容量试验,在第2项、第4项、第6项三次试验过程中有一次实际容量不低于 0.95C_{10}即为合格，试验结果取三次试验结果的最大值。

4.9 密封反应效率(仅适用于阀控式蓄电池)

蓄电池按 5.9 试验时，密封反应效率应不低于 95%。

4.10 低温起动能力(仅适用于起动用蓄电池)

4.10.1 按 5.10 试验时，以 80I_{10}电流放电 5 s 时，单体蓄电池平均电压应不低于 1.55 V；放电 90 s 时，单体蓄电池平均电压应不低于 1.00 V。

4.10.2 低温起动能力应在 2 次或 2 次之前的起动试验时符合 4.10.1 的要求。

4.11 充电接受能力

按 5.11 试验时，充电电流 I_{ca}与 C_a/10 的比值应不小于 1.5。

4.12 荷电保持能力

在 5.12 规定的试验条件下贮存 21 d。非起动蓄电池搁置后实际容量与搁置前实际容量的比值应不低于 80%；起动用蓄电池放电 5 s 时单体蓄电池平均电压应不低于 1.50 V，放电 45 s 时单体蓄电池平均电压应不低于 1.00 V。

4.13 循环耐久能力

按 5.13 试验时，蓄电池循环耐久能力应不低于 200 次。

4.14 电解液保持能力

按 5.14 试验时，蓄电池表面不得有电解液渗漏。

4.15 耐振动性能

按 5.15 试验时，蓄电池的实际容量应不低于 0.95C_{10}，且表面不得有机械损伤，无电解液渗漏。

4.16 干式荷电性能

4.16.1 非起动用干式荷电蓄电池首次容量性能

按 5.16 规定的试验条件，蓄电池的首次容量应不低于 0.75C_{10}。

4.16.2 起动用干式荷电蓄电池首次起动性能

按 5.16 规定的试验条件，放电 5 s 时单体蓄电池平均电压应不低于 1.55 V；放电 90 s 时，单体蓄电池平均电压应不低于 1.00 V。

4.17 干式荷电蓄电池贮存期

4.17.1 非起动用蓄电池在 7.4 规定的条件下贮存 1 a。按 5.16.2 要求激活后按 5.8.3 规定测其实际容量应不低于 0.60C_{10}。

4.17.2 起动用蓄电池在 7.4 规定的条件下贮存 0.5 a。按 5.16.2 要求激活后，以 80I_{10}电流放电，放电 5 s 时，其单体蓄电池平均电压应不低于 1.50 V；放电 45 s 时，其单体蓄电池平均电压应不低于 1.00 V。

5 试验方法

5.1 测量仪器

5.1.1 电压测量

测量电压用的仪表是应具有 0.5 级精度的电压表，电压表内阻不小于 300 Ω/V。指针式仪表读数应在量程的后三分之一范围内。

5.1.2 电流测量

测量电流用的仪表是应具有 0.5 级精度的电流表。指针式仪表读数应在量程的后三分之一范围内。

5.1.3 温度测量

测量温度用的温度计应具有适当的量程，其分度值不应大于 0.5 ℃。

5.1.4 时间测量

测量时间用的仪表应按时、分、秒分度，至少应具有每小时±1 s的精度。

5.1.5 尺寸测量

测量蓄电池外形尺寸的量具，应具有1 mm以上的精度。

5.1.6 压力测量

测量压力用的仪表应具有不低于1.0级的准确度等级。

5.1.7 密度测量

密度计应选用合适量程，分度值不应大于0.005 g/cm^3。

5.2 试验前蓄电池的预处理

5.2.1 用于试验用的注液后蓄电池在试验前应进行完全充电，干式荷电蓄电池要加入1.280 g/cm^3±0.010 g/cm^3(25 ℃)(或按制造厂推荐的密度加入)电解液进行恒流完全充电或按制造厂规定的方法进行。

恒流充电方法：在温度为25 ℃±5 ℃环境中用I_{10}电流或按制造厂规定的方法进行，充电末期，每隔30 min测定一次充电中蓄电池的端电压，当连续测定3次端电压值基本一致，则认为蓄电池充电完全。

5.2.2 阀控式蓄电池的充电以I_{10}电流充电或按制造厂规定的方法进行，充电中的单体蓄电池平均电压达到2.40 V时再以相同的电流连续充电4 h视为充电完全。

5.2.3 电解液液面高度应符合制造厂规定。

5.3 外观

用目视检查蓄电池的外观。

5.4 极性

使用具备分辨能力的仪器进行极性检验，看与端子极性标识是否一致。

5.5 气密性

5.5.1 取未加液蓄电池，与气源(干燥空气)、限压开关(20 kPa～40 kPa)、压力表等相关器件连接。

5.5.2 缓慢地向蓄电池内充入或抽出空气，待压力表读数上升至20 kPa时，关闭气源，保持3 s～5 s，检查压力有无变化。

5.6 排气阀动作

5.6.1 按图3所示方法将完全充电的蓄电池连接到测量装置，并置于水槽中，水槽液面至安全阀顶部的距离不超过5 cm。

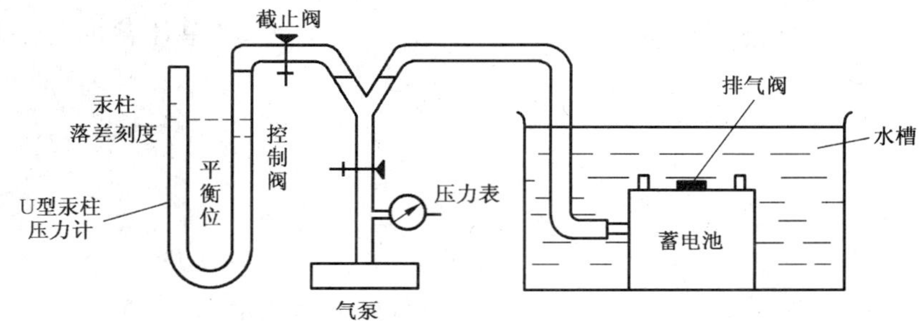

图3 排气阀动作试验系统

5.6.2 试验在25 ℃±5 ℃的环境中进行，先测记U形汞柱压力计的平衡位刻度值，启动气泵，将压力控制在1个大气压力，缓慢打开控制阀给蓄电池内部加压，这时U形汞柱压力计内的汞柱分别偏离平衡值，当加压至排气阀部位冒出气泡时刻，关闭截止阀，测记汞柱压力计连通大气压侧的刻度值，然后关闭控制阀及气泵，通过自然减压法观察排气阀处气泡产生情况，当无气泡冒出时，测记U形汞柱压力计汞柱连通大气压侧的刻度值。

5.6.3 开阀压力、闭阀压力的计算

开阀压力＝$(P_1-P_0)\times 2\times 0.1332$(kPa)

闭阀压力＝$(P_2-P_0)\times 2\times 0.1332$(kPa)

式中：

P_0——平衡位汞柱刻度值，单位为毫米(mm)；

P_1——开阀时汞柱刻度值，单位为毫米(mm)；

P_2——闭阀时汞柱刻度值，单位为毫米(mm)；

0.133 2——1 mm 汞柱(Hg)压力值，单位为千帕(kPa)。

5.7 安全性

蓄电池经完全充电后，在温度为 25 ℃±5 ℃环境下，以 $3I_{10}$ 电流连续充电 2 h，然后检查有无漏液，外观是否正常。

5.8 容量

5.8.1 将蓄电池放置在 25 ℃±2 ℃的水浴槽中，蓄电池上缘露出水面 10 mm～15 mm，蓄电池与蓄电池之间和蓄电池与水浴槽壁之间的距离不得小于 25 mm。

5.8.2 完全充电的带液蓄电池，当其电解液温度为 25 ℃±2 ℃时，按 I_{10} 电流放电到平均每单体蓄电池端电压为 1.75 V 终止，记录放电持续时间(t)和放电终止时(可拧下注液栓的蓄电池)中间单体蓄电池的电解液温度(阀控式蓄电池以水浴槽水温为准)(T)。

5.8.3 对于干式荷电蓄电池，取干式荷电性能试验符合标准要求的完全充电的蓄电池，按 5.8.2 进行容量试验。

5.8.4 蓄电池的实际容量(C_a)按公式(1)计算：

$$C_a = I_{10}\times t[1-0.01(T-25)] \qquad (1)$$

式中：

t——放电持续时间，单位为小时(h)；

T——放电终止时中间单体蓄电池的温度，单位为摄氏度(℃)。

5.8.5 试验结束后，蓄电池应立即充电至完全充电状态。

5.9 密封反应效率

蓄电池完全充电后，在温度为 25 ℃±5 ℃的环境中，以 $0.05I_{10}$ 电流连续充电 29 h，从开始充电的第 25 h 起开始收集气体 5 h。

气体收集装置如图 4。

单位为毫米

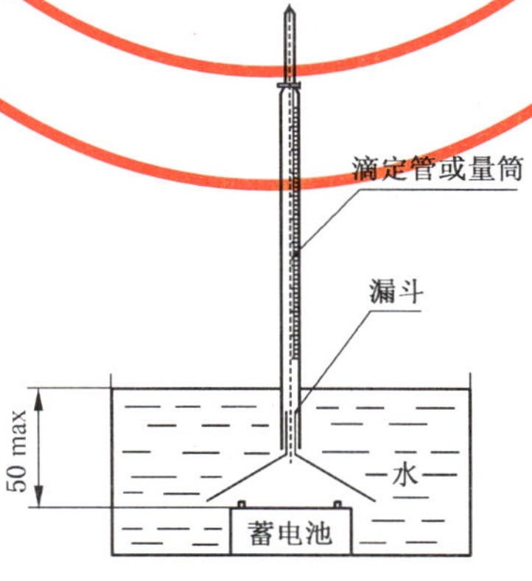

图 4 密封反应效率气体收集装置示意图

密封反应效率(η)按公式(2)、公式(3)计算：

$$V=\frac{P}{101.3}\times\frac{298}{(T+273)}\times\frac{V_1}{nQ} \qquad (2)$$

$$\eta = \left(1 - \frac{V}{684}\right) \times 100\% \qquad \cdots\cdots (3)$$

式中：

V——在标准状态下，蓄电池充入 1 Ah 电量所放出的气体量，单位为毫升每安时(mL/Ah)；

P——收集气体时的大气压，单位为千帕(kPa)；

T——滴定管或量筒的环境温度，单位为摄氏度(℃)；

V_1——收集的蓄电池放出的气体量，单位为毫升(mL)；

n——单体电池数；

Q——收集气体期间充入的电量，单位为安时(Ah)；

684——标准状态下，蓄电池充入 1 Ah 电量理论气体发生量，单位为毫升(mL)。

5.10 低温起动能力

5.10.1 取容量试验符合标准要求的完全充电的蓄电池，在完全充电后 1 h～5 h 内，非阀控式蓄电池调整好电解液密度和液面高度。

5.10.2 将蓄电池放入－10 ℃±1 ℃的低温箱内保持 15 h～20 h 后，取出蓄电池，在 1 min 内以 $80I_{10}$ 电流进行放电试验，记录放电过程中 5 s 及 90 s 时蓄电池端电压值。

5.10.3 试验结束后，待蓄电池恢复到环境温度后将其进行完全充电。

5.11 充电接受能力

5.11.1 完全充电的蓄电池在温度为 25 ℃±5 ℃的条件下，以 I_a 电流放电 5 h。

其中：$I_a = C_a/10$(A)

C_a 为按 5.8 进行的三次容量试验中的最大值。

5.11.2 放电结束后，立即将蓄电池放入温度为 0 ℃±1 ℃的低温室内 15 h～20 h。

5.11.3 蓄电池在低温室内取出 1 min 内，在室温下 6 V 蓄电池用恒压 7.20 V±0.05 V、12 V 蓄电池用恒压 14.40 V±0.10 V 充电，测量并记录充电 10 min 时的电流值 I_{ca}。

5.12 荷电保持能力

5.12.1 取容量试验符合标准要求的完全充电的蓄电池，(非阀控式蓄电池调整好电解液密度和高度，拧紧液孔塞)，开路搁置在 40 ℃±2 ℃的水浴中，水浴液面高度保持在蓄电池槽与盖交界线处允许正偏差 2 mm。连续搁置 21 d，然后从水浴中取出，待蓄电池恢复到环境温度 25 ℃±5 ℃后，在不补充电情况下，非起动用蓄电池按 5.8 要求进行放置后的实际容量试验。荷电保持能力(K)按公式(4)计算。

$$K = C_2/C_1 \times 100\% \qquad \cdots\cdots (4)$$

式中：

K——蓄电池荷电保持能力，以百分数表示(%)；

C_2——蓄电池搁置后的实际容量，单位为安时(Ah)；

C_1——蓄电池搁置前的实际容量，单位为安时(Ah)。

5.12.2 对于起动用蓄电池，将蓄电池放入－10 ℃±1 ℃的低温箱内保持 15 h～20 h 后，取出蓄电池，在 1 min 内以 $80I_{10}$ 电流进行放电试验，记录放电过程中 5 s 及 45 s 时蓄电池端电压值。

5.13 循环耐久能力

5.13.1 非起动用蓄电池取容量试验符合标准的完全充电的蓄电池进行循环耐久试验；起动用蓄电池取容量试验和低温起动试验符合标准的完全充电的蓄电池。

5.13.2 将蓄电池置于 40 ℃±2 ℃的水浴中，以 $3I_{10}$ 电流放电 1 h，再用 $0.75I_{10}$ 电流充电 5 h，为一个循环。连续 24 个循环后，取出蓄电池进行一次性能检验，并以 1 次计入循环次数。上述检验 25 次循环计为一个循环单元。

5.13.3 每循环单元的容量性能试验方法：取出蓄电池，待蓄电池温度恢复到环境温度 25 ℃±2 ℃后，以 $3I_{10}$ 电流放电至每单体蓄电池平均电压为 1.75 V 终止。记录放电时间，并按公式(5)计算实际放电容量(C'_a)。

$$C'_a = 3I_{10}t' \quad \cdots\cdots(5)$$

式中：

t'——每循环单元放电时间，单位为小时(h)。

5.13.4 每循环单元的低温起动性能试验方法：取出蓄电池将其放入－10 ℃±1 ℃的低温箱内保持15 h～20 h，取出蓄电池在1 min内以$80I_{10}$电流放电至单体蓄电池平均电压为1.00 V时停止，记录放电时间。

5.13.5 非起动用蓄电池，每一个循环单元只做容量试验。当蓄电池实际容量不低于$0.4C_{10}$时，继续转入下一循环单元试验；如果蓄电池实际容量低于$0.4C_{10}$时，蓄电池经完全充电后，再进行一次容量试验验证。如果验证实际容量不低于$0.4C_{10}$时，蓄电池经完全充电后继续转入下一个循环单元试验，该循环单元计入循环次数；如果验证放电实际容量仍低于$0.4C_{10}$，则循环耐久试验终止，该循环单元不计入循环次数。

5.13.6 起动用蓄电池，第一循环单元做容量性能试验，第二循环单元做低温起动性能试验，按此顺序交错进行试验。容量检验方法按5.13.3、5.13.5进行；低温起动试验按5.13.4进行，如果放电时间不低于60 s，蓄电池经完全充电后继续转入下一个循环单元；如果放电时间低于60 s，蓄电池经完全充电后，再进行一次低温起动性能试验验证。如果验证放电时间不低于60 s，蓄电池经完全充电后继续转入下一个循环单元试验，该循环单元计入循环次数；如果验证放电时间仍低于60 s，循环耐久试验终止，该循环单元不计入循环次数。

5.13.7 循环次数等于完成的循环单元数乘以25，再加上循环试验前容量和低温试验的次数。

5.14 电解液保持能力

5.14.1 将非阀控式蓄电池完全充电并调整好电解液密度及液面高度，拧紧液孔塞且开路搁置4 h(必要时可再次调整电解液液面)。

5.14.1.1 以I_{10}电流充电30 min，然后擦净蓄电池表面。

5.14.1.2 将蓄电池依次向前、后、左、右四个方向倾斜，条件如下：

a) 倾斜试验应在充电结束后15 min内完成；

b) 在1 s内由垂直位置倾斜0.8 rad，并在0.8 rad的倾斜位置上保持3 s；

c) 在1 s内由倾斜位置恢复到垂直位置；

d) 向四个方向倾斜的间隔时间不少于30 s。

5.14.1.3 目视检查蓄电池有无电解液渗漏。

5.14.2 阀控式蓄电池

5.14.2.1 将完全充电态的蓄电池，倒置在有隔离表面的一张吸墨纸上，在温度为25 ℃±5 ℃的环境中倒置6 h。

5.14.2.2 用目测法观察，在吸墨纸上应未见电解液痕迹。

5.15 耐振动性

5.15.1 取容量试验符合标准要求的完全充电的蓄电池，(非阀控式蓄电池调整好电解液密度和液面高度并拧紧液孔塞)。并在25 ℃±5 ℃环境下保持24 h以上。

5.15.2 用专用四框夹具夹压在蓄电池的上边缘，四角通过螺栓均匀固定在振动台上，夹具压紧蓄电池边缘的程度应一致，紧固时扭矩不小于5 N·m。

5.15.3 对蓄电池进行上下方向的简谐振动，振动频率为50 Hz，加速度最大值为68.6 m/s^2，振动时间2 h。

5.15.4 振动后，目视检查蓄电池是否有电解液渗漏及零部件机械损伤，然后不经补充电在25 ℃±5 ℃环境温度下，以I_{10}电流放电至单体蓄电池平均电压1.75 V时终止，记录放电时间，按5.8.4计算实际放电容量。

5.16 干式荷电性能

5.16.1 试验是在蓄电池生产后的60 d内进行，在这期间内，蓄电池应贮存在20 ℃±10 ℃，相对湿度不超过80%的环境中。

5.16.2 将试验用的蓄电池及密度为1.280 g/cm³±0.010 g/cm³(25 ℃)的电解液，放入温度为25 ℃±5 ℃的室内，贮存12 h后，将电解液注入蓄电池并静止20 min。(注：阀控式蓄电池加入的电解液可按制造厂推荐的密度加入。)

5.16.3 非起动用蓄电池在不补充电的情况下，在25 ℃±2 ℃环境中，以I_{10}电流放电至单体蓄电池平均电压1.75 V时为止。记录放电时间，按5.8.4计算实际放电容量。

5.16.4 起动用蓄电池在不补充电的情况下，在25 ℃±5 ℃环境中，以$80I_{10}$电流放电，分别记录放电5 s和放电90 s时单体蓄电池平均电压。

5.16.5 试验后蓄电池应立即进行完全充电。

5.17 干式荷电蓄电池贮存期试验

蓄电池在7.4规定的条件下贮存0.5 a。非起动用蓄电池按5.8.2做容量试验。起动用蓄电池以$80I_{10}$电流放电5 s和45 s时，记录单体蓄电池平均电压。

试验后蓄电池应立即进行完全充电。

6 检验规则

6.1 抽样规则

型式检验可选用某一规格的代表产品进行。

6.2 检验分类

检验分为出厂检验、周期检验和型式检验。

6.2.1 出厂检验、周期检验

凡提出交货的产品，必须按出厂检验项目和周期检验项目进行检验，检验项目及检验样品数量见表5。

表5 出厂检验和周期检验

序号	检验类别	试验项目	技术要求见条款	试验方法见条款	试验数量	试验周期
1	出厂检验	外形尺寸	4.2		1%	—
2		外观	4.3	5.3	全数	—
3		极性	4.4	5.4	全数	—
4		气密性	4.5	5.5	全数	—
5	周期检验	排气阀动作	4.6	5.6	各一只	每月一次
6		安全性	4.7	5.7		每月一次
7		容量	4.8	5.8		每月一次
8		密封反应效率	4.9	5.9		6个月一次
9		低温起动能力	4.10	5.10		每月一次
10		充电接受能力	4.11	5.11		3个月一次
11		荷电保持能力	4.12	5.12		6个月一次
12		循环耐久能力	4.13	5.13		6个月一次
13		电解液保持能力	4.14	5.14		3个月一次
14		耐振动性能	4.15	5.15		6个月一次
15		干荷电性能	4.16	5.16		1个月一次
16		贮存期	4.17	5.17		6个月一次

6.2.2 型式检验

遇有下列情况之一时，应抽样进行型式检验，做型式检验必须是出厂合格的产品。

a） 试制的新产品；

b） 产品结构、工艺配方或原材料有更改时；

c） 批量生产的产品进行的定期抽样检验；

d） 政府行为的检验。

6.3 型式检验项目与全项试验程序见表6。

表6 型式检验项目与全项试验程序

序号	试验项目		蓄电池编号									
			非起动用蓄电池					起动用蓄电池				
			1#	2#	3#	4#	5#	1#	2#	3#	4#	5#
试验前	外观、极性		V	V	V	V	V	V	V	V	V	V
	外形尺寸		V					V				
	气密性		V	V	V	V	V	V	V	V	V	V
1	干式荷电性能	首次起动试验						V	V	V	V	V
		首次容量试验	V	V	V	V	V					
2	容量试验		V	V	V	V	V	V	V	V	V	V
3	低温起动能力							V	V	V	V	V
4	容量试验		V	V	V	V	V	V	V	V	V	V
5	低温起动能力							V	V	V	V	V
6	容量试验		V	V	V	V	V	V	V	V	V	V
7	荷电保持能力		V					V				
7	充电接受				V					V		
7	循环耐久能力			V					V			
7	耐振动性能					V					V	
7	密封反应效率						V					V
7	排气阀动作						V					V
8	电解液保持能力		V					V				
8	安全性				V					V		
注：表中“V”为该编号蓄电池做相应的试验。												

6.4 判定准则

6.4.1 依检验现象评定的检验项目，以检验现象进行判定。

6.4.2 依检验数据评定的检验项目，以全部参试蓄电池的测试数据作为该项目的判定数据，若有一只参试蓄电池的测试数据不符合本标准要求时，可加倍复测该项目。如仍有一只达不到要求，则判定该批产品不合格。

6.5 蓄电池必须经制造厂检验部门检验合格方可出厂，并附有产品检验合格文件。

7 标志、包装、运输、贮存

7.1 标志

7.1.1 蓄电池产品上应有下列标志：

a) 制造厂名；

b) 产品型号或规格；

c) 制造日期；

d) 商标；

e) 极性符号；

f) 环境保护标识；

g) 必要的安全警示警告。

7.1.2 包装箱外壁应有下列标志：

a) 产品名称、型号规格、数量；

b) 产品标准编号；

c) 每箱的净重及毛重；

d) 标明防潮、不准倒置、小心轻放等标志；

e) 制造厂名。

7.2 包装

7.2.1 蓄电池的包装应符合防潮、防振的要求。

7.2.2 包装箱内应装入随同产品供应的文件。

a) 产品合格证；

b) 产品使用说明书。

7.3 运输

7.3.1 在运输过程中，产品不得受强烈的机械撞击和曝晒雨淋，不应倒置。

7.3.2 在装卸过程中，产品应轻搬轻放，严防摔掷，翻滚重压。

7.4 贮存

7.4.1 产品应贮存在温度为 5 ℃～40 ℃的干燥、清洁及通风良好的仓库内。

7.4.2 应不受阳光直射，离热源(暖气设备等)不得少于 2 m。

7.4.3 不得倒置及卧放，不得受任何机械冲击或重压。

7.4.4 制造厂家应提供蓄电池贮存的场所。

7.4.5 生产企业应提供蓄电池允许贮存时间。

附　录　A
（资料性附录）

表 A.1　非阀控式蓄电池产品型号编制与常见日本蓄电池型号对照表

类别	型号	额定电压 V	额定容量 Ah	外形尺寸(允许误差±2 mm)			对应日本型号
				L	*W*	*H*	
非起动用蓄电池	3—M—2Ⅰ	6	2.0	60	55	105	6N2B
	3—M—2Ⅱ			70	45	95	6N2
	3—M—2Ⅲ					105	6N2A
	3—M—4Ⅰ		4.0	55	60	130	—
	3—M—4Ⅱ			60	55		6N4A
	3—M—4Ⅲ			70	70	95	6N4
	3—M—4Ⅳ					105	6N4C
	3—M—4Ⅴ			100	45	95	6N4B
	3—M—5		5.0				—
	3—M—5.5Ⅰ		5.5	90	70	100	6N5.5
	3—M—5.5Ⅱ			100			—
	3—M—6Ⅰ		6.0		56	110	6N6
	3—M—6Ⅱ					120	6N6-3B
	3—M—8		8.0	120	70	95	6YB8
	3—M—11Ⅰ		10.0		60	130	6N11A
	3—M—11Ⅱ			150	70	100	6N11
	3—M—12Ⅰ		12.0	105	75	140	3MA12
	3—M—12Ⅱ			155	55	115	6N12A
	6—M—2.5	12	2.5	80	70	104	YB2.5
	6—M—3		3.0	100	55	110	YB3
	6—M—4Ⅰ		4.0	115	70	93	—
	6—M—4Ⅱ			120			12N4\YB4A
	6—M—5Ⅰ		5.0	115	70	105	XB5A
	6—M—5Ⅱ			120	60	130	12N5\YB5
	6—MQ—5.5Ⅰ		5.5	105	90	115	12N5.5A
	6—MQ—5.5Ⅱ			135	60	130	12N5.5
	6—MQ—6Ⅰ		6.0	105	90	115	—
	6—MQ—6Ⅱ			135	70	95	—
	6—MQ—6Ⅲ			140	65	100	YB6.5
	6—MQ—6Ⅳ				75	107	YB6.5A
	6—MQ—6Ⅴ					100	—

表 A.1（续）

类别	型号	额定电压 V	额定容量 Ah	外形尺寸（允许误差±2 mm）			对应日本型号
				L	*W*	*H*	
起动用蓄电池	6—MQ—6.5	12	6.5	140	70	100	12N6\YB6
	6—MQ—7Ⅰ		7.0	130	90	115	12N7C\YB7C
	6—MQ—7Ⅱ			135	75	120	12N7A
	6—MQ—7Ⅲ					125	—
	6—MQ—7Ⅳ					135	12N7
	6—MQ—7Ⅴ					140	—
	6—MQ—7Ⅵ					150	12N7D
	6—MQ—7Ⅶ			145	55	125	—
	6—MQ—7Ⅷ			150	60	130	12N7B\YB7B
	6—MQ—7Ⅸ				85	95	12N7E
	6—MQ—7Ⅹ				90	100	—
	6—MQ—9Ⅰ		9.0	136	76	140	12N9\YB9
	6—MQ—9Ⅱ			148	88	110	YB9B
	6—MQ—10Ⅰ		10.0	135	90	145	12N10
	6—MQ—10Ⅱ					155	—
	6—MQ—11		11.0				12N11
	6—MQ—12Ⅰ		12.0	105	75	140	—
	6—MQ—12Ⅱ			135	80	160	12N12A\YB12A
	6—MQ—12Ⅲ					175	12N12C\YB12C
	6—MQ—12Ⅳ			160	90	130	YB12B
	6—MQ—12Ⅴ			200	75	135	12N12
	6—MQ—14Ⅰ		14.0	135	90	165	12N14\YB14
	6—MQ—14Ⅱ					175	YB14A
	6—MQ—16Ⅰ		16.0	100	175	185	—
	6—MQ—16Ⅱ			150	90	180	—
	6—MQ—16Ⅲ			160		160	YB16B
	6—MQ—16Ⅳ			175	100	155	12N16
	6—MQ—16Ⅴ					175	—
	6—MQ—16Ⅵ			185		155	—
	6—MQ—16Ⅶ			205	70	160	YB16A
	6—MQ—18Ⅰ		18.0	180	90		—
	6—MQ—18Ⅱ			205			12N18\Y50-N18
	6—MQ—19		19.0	175	100	155	YB16
	6—MQ—24		24.0	185	125	175	12N24
	6—MQ—28Ⅰ		28.0		115	205	—
	6—MQ—28Ⅱ				125	180	Y60-N24
	6—MQ—30		30.0	170	130	175	YB30
	6—MQ—32Ⅰ		32.0	195		160	—
	6—MQ—32Ⅱ			205		165	YHD-12

注1：表中型号一栏中的数学序号为同一额定电压、容量的蓄电池其外型尺寸不同时的代号。不作为型号命名的一部分。

注2：表中对应日本型号中普通型（高性能型）蓄电池采用的是国内比较常见的YUASA品牌的产品型号，即用字母“YB”代替“BX”。

表 A.2　阀控式蓄电池产品型号编制与常见日本蓄电池型号对照表

类别	型号	额定电压 V	额定容量 Ah	外形尺寸(允许误差±2 mm) L	W	H	对应日本型号
非起动用蓄电池	3—MF—4	6	4.0	85	70	95	—
	3—MF—6		6.0	100	55	110	—
	6—MF—1.5	12	1.5	80	70	105	—
	6—MF—2		2.0	100	55	110	—
	6—MF—2.3Ⅰ		2.3	115	40	85	YT4B
	6—MF—2.3Ⅱ				50		YTR4A
	6—MF—2.5Ⅰ		2.5	82	78	105	—
	6—MF—2.5Ⅱ			115	40	85	—
	6—MF—3Ⅰ		3.0	100	60	110	—
	6—MF—3Ⅱ			115	70	85	YTX4\YT4
	6—MF—3Ⅲ			120		90	—
	6—MF—3.2		3.2	115		85	—
起动用蓄电池	6—MFQ—3.5	12	3.5	115	70	85	YTZ5S
	6—MFQ—4Ⅰ		4.0			90	—
	6—MFQ—4Ⅱ					110	—
	6—MFQ—4Ⅲ			120	60	130	—
	6—MFQ—5Ⅰ		5.0	115	70	110	YTZ6
	6—MFQ—5Ⅱ			120	60	135	—
	6—MFQ—5Ⅲ			135	70	110	—
	6—MFQ—6Ⅰ		6.0	115		130	YTX7
	6—MFQ—6Ⅱ			150	60		—
	6—MFQ—6Ⅲ				90	95	—
	6—MFQ—6.5Ⅰ		6.5	140	65	105	—
	6—MFQ—6.5Ⅱ			150		120	—
	6—MFQ—6.5Ⅲ					93	YT7B
	6—MFQ—7Ⅰ		7.0	115	70	135	—
	6—MFQ—7Ⅱ			135	75	115	—
	6—MFQ—7Ⅲ			150	60	130	—
	6—MFQ—7Ⅳ				85	95	—
	6—MFQ—8Ⅰ		8.0	135	75	140	—
	6—MFQ—8Ⅱ			150	70	105	YT9B
	6—MFQ—8Ⅲ				85		YTX9/YTR9
	6—MFQ—9Ⅰ		9.0	135	75	140	—
	6—MFQ—9Ⅱ			150	85	110	—
	6—MFQ—10Ⅰ		10.0		70	130	YT12B
	6—MFQ—10Ⅱ				85		YTX12
	6—MFQ—12		12.0		87	145	YTX14
	6—MFQ—14		14.0			161	YTX16
	6—MFQ—18Ⅰ		18.0			190	—
	6—MFQ—18Ⅱ			175		155	YTX20

注1：表中型号一栏中的数学序号为同一额定电压、容量的蓄电池其外型尺寸不同时的代号，不作为型号命名的。

注2：表中对应的日本型号采用的是国内比较常见的YUASA品牌的产品型号，即用字母“Y”代替“B”。

表 A.3 JIS D 5302:2004 中产品的命名办法

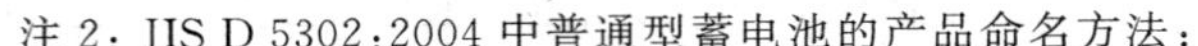
注2:JIS D 5302:2004 中普通型蓄电池的产品命名方法:

6 N 4A -4 D

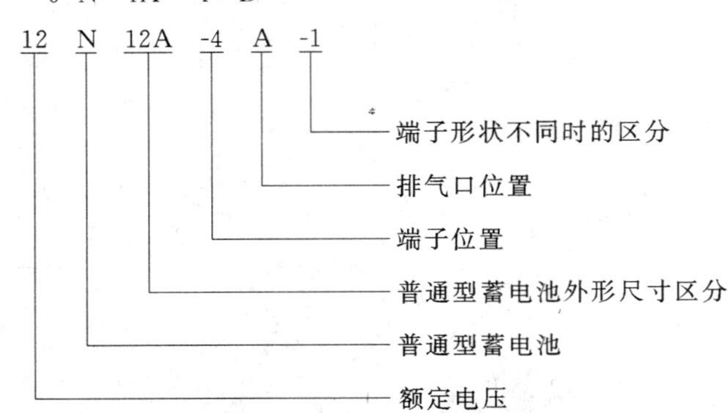

JIS D 5302:2004 中普通型(高性能型)蓄电池的产品命名办法:

6 BX 8 -3 B

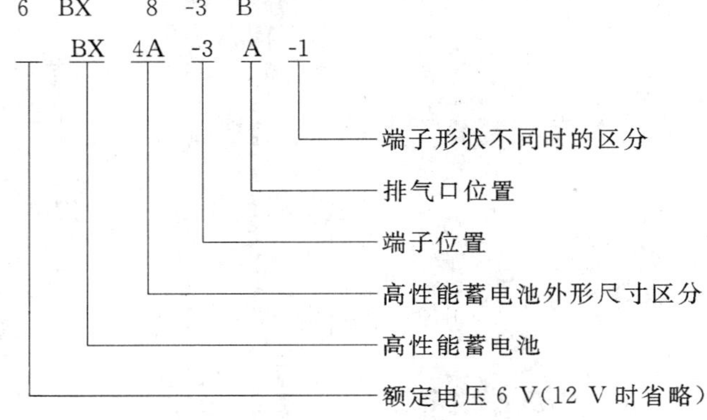

JIS D 5302:2004 中阀控式蓄电池的产品命名办法:

BT 4 -3 -BS

BT X 14 -4 -BS -1

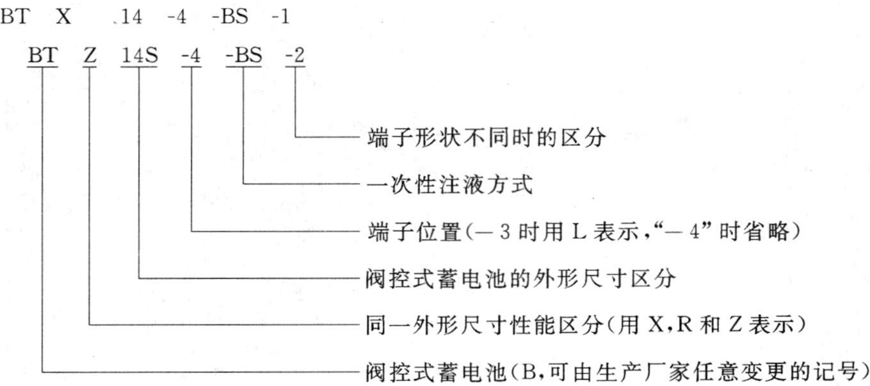

表 A.4 GB/T 23638—2009 与 JIS D 5302:2004 蓄电池性能试验不同点一览表

序号	试验项目		GB/T 23638—2009	JIS D 5302:2004
1	安全性试验	技术要求	外观不得出现漏液、开裂等异常现象。	—
2	容量	试验方法	蓄电池放置在25 ℃±2 ℃的水浴槽中，上缘露出水面10 mm～15 mm，蓄电池与蓄电池之间和蓄电池与水浴槽壁之间的距离不得小于25 mm。	—
			—	蓄电池完全充电后需静置1 h再开始试验。
			当蓄电池电解液温度为25 ℃±2 ℃时开始试验，记录放电持续时间(t)和放电终止时(可拧下注液栓的蓄电池)中间单体蓄电池的电解液温度(阀控式蓄电池以水浴槽水温为准)(T)。	放电中电解液温度或电池表面温度为25 ℃±2℃。
		技术要求	蓄电池在三次或三次之前测量的实际容量应不低于0.95C_{10}。	达到表A.5中容量的95%以上。但是在容量达不到表A.5的95%时，可连续测二次，合计进行三次。
3	密封反应效率	技术要求	不低于95%。	—
4	GB/T 23638—2009低温起动能力与JIS D 5302大电流放电特性对比	试验方法	在蓄电池完全充电后1 h～5 h内，非阀控式蓄电池调整电解液密度和液面高度。	—
			将蓄电池放入－10 ℃±1 ℃的低温箱内保持15 h～20 h后，取出蓄电池再开始试验。	蓄电池完全充电后在温度为－10 ℃±1 ℃的环境中放置10 h以上再开始试验。放电开始时的电解液温度或电池表面温度－10 ℃±1 ℃。
			在1 min内以80I_{10}电流进行放电试验，记录放电过程中5 s及90 s时蓄电池的端电压。	以表A.5中的电流放电，至每单格电池电压平均为1.00 V时止。
		技术要求	(仅适用于起动用蓄电池) 放电5 s时，单体蓄电池平均电压应不低于1.55 V；放电90 s时，单体蓄电池平均电压应不低于1.00 V。该试验应在两次或两次试验之前达到标准要求。	根据表A.5中的放电电流，测定放电开始5 s后的电压及达到放电终止电压的时间。如果没有达到表A.5的要求值时，可连续测定二次，合计三次。
5	充电接受能力	技术要求	充电电流I_{ca}与$C_a/10$的比值应不小于1.5。	—
6	荷电保持能力	技术要求	非起动用蓄电池搁置后实际容量与搁置前实际容量的比值应不低于80%；起动用蓄电池放电5 s时单体蓄电池平均电压应不低于1.50 V，放电45 s时单体蓄电池平均电压应不低于1.00 V。	—

表 A.4（续）

序号	试验项目		GB/T 23638—2009	JIS D 5302:2004
7	GB/T 23638—2009 循环耐久能力与 JIS D 5302:2004 重负荷寿命对比	试验方法	非起动用蓄电池取容量试验符合标准的蓄电池进行试验；起动用蓄电池取容量试验和低温起动试验符合标准的蓄电池。	使用容量试验和大电流放电试验结束的蓄电池进行试验。
			蓄电池置于 40 ℃±2 ℃的水浴中	试验中的环境温度为 40 ℃～45 ℃
			以 $3I_{10}$ 电流放电 1 h，再用 $0.75I_{10}$ 电流充电 5 h，为一个循环。	按照表 A.5 所示的电流先放电 1 h，再以表 A.5 所示的电流充电 5 h。这一充放电循环为一次寿命。
			连续 24 个循环后，取出蓄电池进行一次性能检验，并以一次计入循环次数。上述检验 25 次循环计为一个循环单元。	约每隔 25 次进行一次容量确认试验。
			非起动用蓄电池，每一循环单元只做容量试验。当实际容量不低于 $0.4C_{10}$ 时，蓄电池转入下一循环单元；如果实际容量低于 $0.4C_{10}$ 时，则再进行一次容量试验验证。如果验证实际容量不低于 $0.4C_{10}$ 时，蓄电池转入下一循环单元试验；如果验证放电实际容量仍低于 $0.4C_{10}$，则循环耐久试验终止，该循环单元不计入循环次数。	容量放电后计算实际容量低于表 A.5 中所示容量(10 小时率)的 40%，并确认不再上升时为试验终止。
			起动用蓄电池，第一循环单元做容量性能试验，第二循环单元做低温起动性能试验，按此顺序交错进行试验。容量试验检验方法同上，低温起动试验如果放电时间不低于 60 s，蓄电池转入下一循环单元；如果放电时间低于 60 s，则再进行一次低温起动性能试验验证。如果验证放电时间不低于 60 s，蓄电池转入下一循环单元试验；如果验证放电时间仍低于 60 s，循环耐久试验终止，该循环单元不计入循环次数。	确定起动性能时，可用大电流放电特性试验替代充放电约 50 次、125 次及以后每隔 75 次的容量确认试验。这时放电试验加到寿命次数中，并可省略容量确认试验。另外，这时的充电以每 100 A 放电电流用 2.5 A 充电电流的比例，及每放电 1 min 充电 1 h 的比例进行充电。
			容量性能试验方法：蓄电池温度恢复到环境温度 25℃±2 ℃后，以 $3I_{10}$ 电流放电至每单体蓄电池平均电压为 1.75 V 终止。记录放电时间，并计算实际放电容量。	按表 A.5 所示的重负荷寿命放电电流进行连续放电，直到每单格电池端电压降至平均为 1.70 V，测定放电持续时间，计算实际容量。
			低温起动性能试验方法：取出蓄电池将其放入−10 ℃±1 ℃的低温箱内保持 15 h～20 h，取出蓄电池在 1 min 内以 $80I_{10}$ 电流放电至单体蓄电池平均电压为 1.00 V 时停止，记录放电时间。	—
			循环次数等于完成的循环单元数乘以 25，再加上循环试验前容量和低温试验的次数。	寿命次数从次数与容量的关系曲线中求出。
			—	进行容量确认试验后，蓄电池开路状态放置时，以每放置 24 h 补充电 1 h 的比例，以表 A.5 重负荷寿命充电电流补充电后再继续试验。
			—	普通型蓄电池采用精制水进行补水，且在容量确认试验前不允许补水。
		技术要求	不低于 200 次。	(参考项) 应不低于表 A.5 的要求。

表 A.4（续）

序号	试验项目		GB/T 23638—2009	JIS D 5302:2004
8	轻负荷寿命	技术要求	—	（参考项） （仅适用于 VRLA 蓄电池）应不低于 4 000 次。
9	电解液保持能力	技术要求	蓄电池表面不得有电解液渗漏。	—
10	耐振动性能	试验方法	取容量试验符合标准要求的完全充电的蓄电池（非阀控式蓄电池调整好电解液密度和液面高度并拧紧液孔塞），并在 25 ℃±5 ℃环境下保持 24 h 以上。	—
			电池紧固时扭矩不小于 5 N·m。	—
			振动频率为 50 Hz，加速度最大值为 68.6 m/s^2。	振动频率从 50 Hz～500 Hz，然后从 500 Hz～50 Hz，按一定的时间比例（log 摆动）连续升降，这一往返循环为 10 min。
			振动后不经补充电，在 25 ℃±5 ℃环境温度下，以 I_{10} 电流放电至单体蓄电池平均电压 1.75 V 时终止，记录放电时间，计算放电容量。	—
		技术要求	蓄电池的实际容量应不低于 0.95C_{10}，且表面不得有机械损伤，无电解液渗漏。	不应出现电压异常下降，电池槽裂纹等。普通型蓄电池电解液不得溢出，VRLA 蓄电池电解液不得外漏。
11	干式荷电性能	技术要求	1. 非起动用干式荷电蓄电池首次容量应不低于 0.75C_{10}。 2. 起动用干式荷电蓄电池首次启动性能：放电 5 s 时单体蓄电池平均电压应不低于 1.55 V；放电 90 s 时，单体蓄电池平均电压应不低于 1.00 V。	—
12	干式荷电蓄电池贮存期	技术要求	1. 非起动用蓄电池在规定的条件下贮存 1 a。按要求激活后，做容量试验，测其实际容量应不低于 0.60C_{10}。 2. 起动用蓄电池在规定条件下贮存 0.5 a，按要求激活后，以 80I_{10} 电流放电，放电 5 s时，其单体蓄电池平均电压应不低于 1.50 V；放电 45 s 时，其单体蓄电池平均电压应不低于 1.00 V。	—
13	水损耗性能	技术要求	—	（参考项） （仅适用于 VRLA 蓄电池）应在 0.9 g/Ah以下。
14	保存性能	技术要求	—	（参考项） （仅适用于 VRLA 蓄电池）应在 7.20 V以上。

表 A.5 JIS D 5302:2004 部分蓄电池性能试验条件

区分	日本常见型号	对应 GB/T 23638—2009 的型号	容量（10 小时率）Ah	大电流放电特性			重负荷寿命(参考)		
				放电电流 A	持续时间 min	5 s 电压 V	放电电流 A	充电电流 A	寿命次
普通型蓄电池	6N2 *	3—M—2Ⅱ	2.0	—	—	—	1.00	0.25	200
	6N2A *	3—M—2Ⅲ							
	6N2B *	3—M—2Ⅰ							
	6N4 *	3—M—4Ⅲ	4.0						375
	6N4A *	3—M—4Ⅱ							
	6N4B *	3—M—4Ⅴ							
	6N5.5 *	3—M—5.5Ⅰ	5.5				2.50	0.63	225
	6N6 *	3—M—6Ⅰ	6.0						250
	6N11	3—M—11Ⅱ	11.0				5.00	1.25	225
	6N11A	3—M—11Ⅰ							
	6N12A	3—M—12Ⅱ	12.0						250
	12N5	6—M—5Ⅱ	5.0				2.50	0.63	200
	12N5.5	6—MQ—5.5Ⅱ	5.5	40.0	1.5	8.4			225
	12N5.5A	6—MQ—5.5Ⅰ							
	12N7	6—MQ—7Ⅳ	7.0	50.0	1.4	8.5			300
	12N7D	6—MQ—7Ⅵ							
	12N9	6—MQ—9Ⅰ	9.0	60.0	1.5	8.6			350
	12N10	6—MQ—10Ⅰ	10.0	70.0			5.00	1.25	200
	12N11	—	11.0	80.0					225
	12N12A	—	12.0	90.0		8.5			250
	12N12C	—							
	12N14	—	14.0	100.0					300
	12N18	—	18.0	130.0	1.6				350
普通型蓄电池（高性能型）	6YB8	3—M—8	8.0	—	—	—	2.50	0.63	300
	YB2.5 *	—	2.5				1.00	0.25	225
	YB3	6—M—3	3.0	15.0	1.5	9.4			275
	YB4A	6—M—4Ⅱ	4.0	25.0		9.3			375
	YB5	6—M—5Ⅱ	5.0	40.0			2.50	0.63	200
	YB6	—	6.0	50.0					275
	YB7	—	8.0	60.0		9.5			300
	YB7C	6—MQ—7Ⅰ	7.0			9.4			
	YB9	6—MQ—9Ⅰ	9.0	70.0		9.3			350
	YB9A	—							
	YB10	—	11.0	90.0		9.4	5.00	1.25	225
	YB10A	—							
	YB12A	—	12.0	100.0		9.3			250
	YB12C	—							
	YB14	—	14.0	110.0					300
	YB14A	—							
	YB16	—	19.0	130.0	1.8				325

表 A.5（续）

区分	日本常见型号	对应 GB/T 23638—2009 的型号	容量（10 小时率）Ah	大电流放电特性			重负荷寿命(参考)		
				放电电流 A	持续时间 min	5 s 电压 V	放电电流 A	充电电流 A	寿命次
普通型蓄电池（高性能型）	YB16A	—	16.0	120.0	1.5	9.3	5.00	1.25	325
	YB16B	—							
	YB16C	—	19.0	130.0	1.8				
	YB18	—	20.0	150.0					375
	YB18A	—	18.0		1.6	9.2			350
	YB18B	—	20.0		1.8	9.3			375
阀控式蓄电池	YT4	6—MT—3Ⅱ	3.0	30.0	1.0	9.2	1.00	0.25	275
	YTX4				1.8	10.0			
	YTR4A	6—MF—2.3Ⅱ	2.3		1.0	9.2			225
	YT4B	6—MF—2.3Ⅰ							
	YT5	—	4.0	40.0	0.9	9.5			375
	YTX5	—			1.2	9.8			
	YTZ5	—	4.5	50.0		10.0			
	YT6B	—	6.0	40.0	2.7	10.1	2.50	0.63	225
	YTX7	6—MFQ—6Ⅰ		50.0	1.7	9.7			
	YTX7A	—				9.6			
	YT7B	6—MFQ—6.5Ⅲ	6.5						
	YTZ7S	—	6.0		2.3	10.1			
	YTX9	6—MFQ—8Ⅲ	8.0	70.0	1.9	9.7			300
	YTR9								
	YT9B	6—MFQ—8Ⅱ							
	YTZ10S	—	8.6	100.0	1.6	9.4			
	YTX12	6—MFQ—10Ⅱ	10.0		2.0	9.5	5.00	1.25	200
	YT12A	—			1.7				
	YT12B	6—MFQ—10Ⅰ			1.8				
	YTZ12S	—	11.0		1.7	9.3			225
	YTX14	6—MFQ—12	12.0		2.2	9.6			250
	YT14B	—							
	YTZ14	—	14.0		2.8	10.3			300
	YTZ14S	—	11.2	120.0	1.7	9.3			225
	YTX16	6—MFQ—14	14.0	100.0	3.3	9.7			300
	YTZ16	—	18.0	150.0	2.1	10.0			350
	YTX20	6—MFQ—18Ⅱ			2.0	9.5			

注：蓄电池端子采取接线式。

ICS 29.120.10
K 65

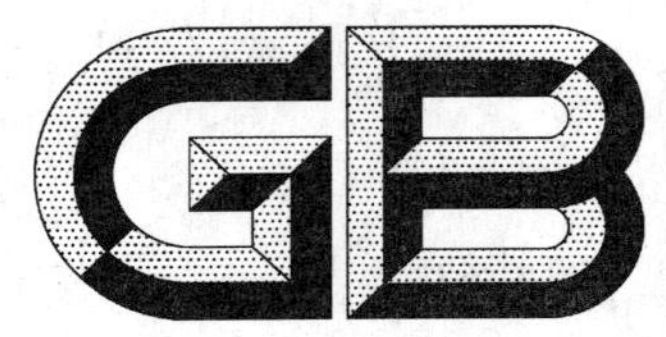

中华人民共和国国家标准

GB/T 23639—2009

节能耐腐蚀钢制电缆桥架

Energy conservation and corrosion-resistant steel-madecable support system

2009-04-21 发布　　2009-11-01 实施

中华人民共和国国家质量监督检验检疫总局
中国国家标准化管理委员会　发布

前　　言

本标准的附录 A、附录 B、附录 C、附录 D、附录 E、附录 F 为规范性附录；附录 G 为资料性附录。

本标准由中国电器工业协会提出。

本标准由全国电器附件标准化技术委员会(SAC/TC 67)归口。

本标准负责起草单位：镇江万奇电器设备有限公司。

本标准参加起草单位：扬中市产品质量监督检验所、大全集团桥架有限公司、江苏海纬集团公司、镇江市丰华电器制造有限公司、广州市番禺天虹工业开发有限公司。

本标准主要起草人：马纪财、江波涛、罗怀平、崔静、戴中怀、朱建军、谭俊甫、张跃进、姚永连、黎达坚。

引　言

为了应对全球气候变化和节能减排工作的极端重要性和紧迫性，为了大力推进节约能源资源技术进步，加快节能产品的推广使用，编制《节能耐腐蚀钢制电缆桥架》标准。

本标准规定的节能耐腐蚀钢制电缆桥架，设计上采用凹凸瓦楞结构等，在保证产品机械强度的基础上，降低了板材使用厚度，节省了大量的钢材；用于独特的构造，使散热面积增大，充分利用热传导和热交换技术来改善桥架内电缆运行的温度环境，降低了线路的损耗，达到了节能减排的目的；产品的表面防腐处理采用了金属覆盖层复合气相缓蚀（VCI）无机涂层等新技术，提高其耐腐蚀性能。

节能耐腐蚀钢制电缆桥架

1 范围

本标准规定了节能耐腐蚀钢制电缆桥架的术语和定义、分类、要求、试验方法、检验规则、标志、包装、运输和贮存。

本标准适用于工业与民用建筑敷设电缆用节能耐腐蚀钢制电缆桥架(以下简称桥架)。

本标准不适用于不锈钢制电缆桥架。

2 规范性引用文件

下列文件中的条款通过本标准的引用而成为本标准的条款。凡是注日期的引用文件,其随后所有的修改单(不包括勘误的内容)或修订版均不适用于本标准,然而,鼓励根据本标准达成协议的各方研究是否可使用这些文件的最新版本。凡是不注日期的引用文件,其最新版本适用于本标准。

GB/T 700—2006 碳素结构钢(ISO 630:1995,NEQ)

GB/T 912—1989 碳素结构钢和低合金结构钢热轧薄钢板及钢带

GB/T 1720—1979 漆膜附着力测定法

GB/T 1804—2000 一般公差 未注公差的线性和角度尺寸的公差

GB/T 4956—2003 磁性基体上非磁性覆盖层 覆盖层厚度测量 磁性法(ISO 2178:1982,IDT)

GB/T 9274—1988 色漆和清漆 耐液体介质的测定

GB/T 10125—1997 人造气氛腐蚀试验 盐雾试验

GB/T 11253—2007 碳素结构钢冷轧薄钢板及钢带

GB/T 16585—1996 硫化橡胶人工气候老化(荧光紫外灯)试验方法

GB/T 21762—2008 电缆管理 电缆托盘系统和电缆梯架系统(IEC 61537:2006,IDT)

3 术语和定义

下列术语和定义适用于本标准。

3.1

电缆桥架 cable support system

由托盘或梯架的直线段及其弯通、附件、支吊架三类部件构成支承电缆线路的具有连续刚性的结构系统(简称桥架)。

3.2

节能桥架 energy conservation cable support system

具有直接节能和/或间接节能效能的桥架。

3.3

直接节能 immediacy energy conservation

在相同承载能力的条件下,节省桥架制造的钢材用量,即直接节省了因钢材生产所需的能源和矿产资源,并减少了由此产生的碳、硫等有害气体排放和环境污染。

3.4

间接节能 indirect energy conservation

桥架支承电缆线路,在满足同样使用性能的条件下,桥架结构相比应更有利于扩大热传导、热交换,并使电缆线路通过良好的冷热空气自然交换的散热效果，从而降低线路导体运行所产生的温度，降低线路电阻和功率损耗，提高了电能利用率，达到节电。

3.5

耐腐蚀桥架　anti-erosion cable support system

适应各类大气环境条件下运行，并且经人工环境试验后，各项质量指标符合表4规定的桥架。

3.6

有孔托盘　hole cable tray

由带孔眼的底板和侧边构成或由整块钢板冲孔后弯制成的槽形部件。

3.7

无孔托盘　cable tray without hloe

由底板与侧边构成或由整块钢板弯制成的槽形部件。

3.8

组装托盘　compounding cable tray

可任意组合的用螺栓或插接方式连接成槽形的部件。

3.9

梯架　stair-type cable tray

由侧边与若干个横档构成的刚性梯形部件。

3.10

直通　straight-way

一段不变方向的托盘、梯架。

3.11

等径直通　equal radius straight-way

一段不变尺寸的直通。

3.12

变径直通　different radius straight-way

一段改变尺寸的直通。

3.13

弯通　bend-way cable tray

一段改变方向的托盘、梯架。

3.14

水平弯通　horizontal bend-way cable tray

在同一水平面改变托盘、梯架方向的部件。

3.15

水平三通　horizontal 3-way cable tray

在同一水平面以90°分开3个方向连接托盘、梯架的部件。

3.16

水平四通　horizontal 4-way cable tray

在同一水平面以90°分开4个方向连接托盘、梯架的部件。

3.17

上弯通　upper bend-way cable tray

使托盘、梯架从水平面改变方向向上的部件。

3.18

下弯通　down bend-way cable tray

使托盘、梯架从水平面改变方向向下的部件。

3.19

垂直三通　vertical 3-way cable tray

在同一垂直面以90°分开三个方向连接托盘、梯架的部件。

3.20

垂直四通　vertical 4-way cable tray

在同一垂直面以90°分开四个方向连接托盘、梯架的部件。

3.21

弯通的弯曲半径　bend-way radius

弯通的两条内侧直角边的内切圆半径(简称弯曲半径)。

3.22

折弯形弯通　fold-type bend-way cable tray

以弯通的两条内侧直角边的内切圆两切点的直线段制成的弯通。

3.23

圆弧形弯通　arc-type bend-way cable tray

以弯通的两条内侧直角边的内切圆两切点的圆弧段制成的弯通。

3.24

附件　accessories

用于托盘或梯架的直通之间、直通与弯通之间的连接,以构成连续刚性结构系统所必需的连接固定或补充直通、弯通功能的部件。

3.25

支吊架　support post

直接支承托盘或梯架的部件。

3.26

托臂　support arm

直接支承托盘、梯架且单端固定的刚性部件。

3.27

立柱　uprightly post

直接支承托臂的部件。

3.28

吊架　suspender

悬吊托盘、梯架的刚性部件。

3.29

额定均布载荷　rated uniformly distributed load

在一定跨距内,每米桥架能承受的最大的安全均布载荷。

3.30

瓦楞结构　corrugated configuration

波纹状的凹凸结构。

3.31

跨距　span

两个相邻支架中点之间的距离(3 m及以上为大跨距)。

4 分类

4.1 型号

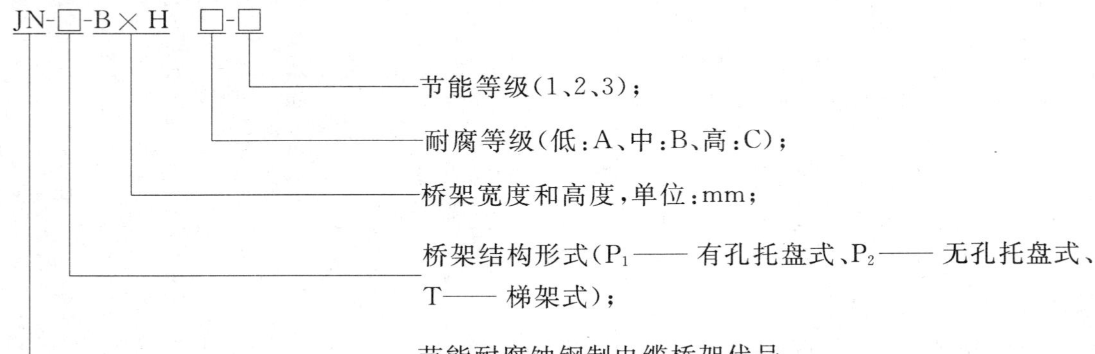

示例:JN-P_1-400×100 C-3 表示宽度为 400 mm、边高为 100 mm、耐腐等级为高级、节能等级为 3 级的有孔托盘式节能耐腐蚀钢制电缆桥架。

4.2 结构类型

4.2.1 桥架按结构型式分为有孔托盘式、无孔托盘式、梯架式三种。其示例图如下:

a) 无孔托盘直通(见图 1);
b) 无孔托盘弯通(见图 2);
c) 无孔托盘三通(见图 3);
d) 无孔托盘四通(见图 4);
e) 有孔托盘直通(见图 5);
f) 有孔托盘弯通(见图 6);
g) 有孔托盘三通(见图 7);
h) 有孔托盘四通(见图 8);
i) 梯架直通(见图 9);
j) 梯架弯通(见图 10);
k) 梯架三通(见图 11);
l) 梯架四通(见图 12);
m) 直通盖板(见图 13);
n) 弯通盖板(见图 14);
o) 三通盖板(见图 15);
p) 四通盖板(见图 16)。

4.2.2 桥架主体结构中的底板、侧板、盖板均采用瓦楞结构。

4.2.3 其他类型桥架主体的底板、侧板、盖板的结构由制造厂定。

4.3 基本结构参数

4.3.1 托盘、梯架的基本结构参数见表 1。

表 1 托盘、梯架的基本结构参数

单位为毫米

结 构	长 度	宽 度	高 度
尺寸	2 000、3 000、4 000、6 000	200、300、400、500、600、800、1 000	100、150、200
注:尺寸系列以外的特殊要求,可按供需双方协议制造。			

4.3.2 推荐板材厚度见表 2。

表 2 托盘、梯架推荐板材厚度

单位为毫米

宽 度	侧 板	底 板	盖 板
<300	≥1.2	≥0.7	≥0.5
≥300～<600	≥1.2	≥0.8	≥0.5
≥600	≥1.5	≥0.8	≥0.5
注：梯架横档板厚应按侧板要求选择。			

4.3.3 其他结构型桥架的基本参数由制造厂定。

5 要求

5.1 一般要求

5.1.1 桥架应按规定的图样和技术文件制造，并符合本标准的要求。

5.1.2 制造桥架所用材质应符合 GB/T 700—2006、GB/T 912—1989、GB/T 11253—2007 标准的有关规定。

5.1.3 桥架板材厚度的选择应能承受额定均布载荷和具有一定的抗腐蚀裕度。

5.1.4 桥架连接用附件的耐腐性能，不应低于桥架主部件的耐腐性能。

5.1.5 桥架加工成形后断面形状应规整，无弯曲、扭曲、边沿毛刺等缺陷。内表面应光滑、平整、无损伤电缆绝缘的凸起和尖角。

5.1.6 所有焊缝应均匀，不应有漏焊、裂纹、夹渣、烧穿、弧坑等缺陷。

5.2 防腐蚀层

5.2.1 金属无机复合涂层及复合有机涂层

金属无机复合涂层及复合有机涂层性能应符合表 3 的规定。

表 3 金属无机复合涂层及复合有机涂层性能

项 目	涂 层 性 能
涂层厚度	金属无机复合涂层≥30 μm，复合有机涂层≥55 μm
附着力	不低于 1 级
盐雾试验	金属无机复合涂层按表 5 要求试验，样品表面应无明显腐蚀现象
耐碱性浸泡	复合有机涂层按表 5 要求试验，样品表面应无明显变化
耐酸性浸泡	复合有机涂层按表 5 要求试验，样品表面应无明显变化
紫外线冷凝试验	按表 5 要求试验，样品表面无明显变化
注：利用有色金属覆盖层是延缓或阻止钢铁基体被腐蚀的有效办法。最常采用的是锌、铝及其合金，它们能从屏障阻隔和电化学作用两方面来保护钢铁。 用金属覆盖层复合气相缓蚀(VCI)无机涂层新技术可有效提高其使用寿命，在此基础上再封闭有机涂层是特别值得推荐的防腐体系。	

5.2.2 其他防腐蚀层

桥架表面处理的其他防腐蚀层由制造厂定。性能检验应符合表 4 的规定。

表 4 耐腐性等级

检 测 项 目	等 级		
	低	中	高
	A	B	C
金属无机复合涂层盐雾试验/h	≥96～≤240	>240～≤850	>850
复合有机涂层耐碱性试验/h	≥240	≥480	≥720
复合有机涂层耐酸性试验/h	≥240	≥480	≥720
紫外线冷凝试验/周期	20	30	40
试验结果	样品表面无明显腐蚀现象；光泽保持率不应低于原始值的 90%；色差值变化不得超过 3.0。		
注 1：紫外线冷凝试验　光照 60 ℃ 8 h　冷凝 50 ℃ 4 h　共 12 h 为 1 周期。 注 2：各检测项目的质量参数应同时具备。质量参数在不同等级时，按低等级确定。 注 3：各检测项目的质量参数应按规定通过试验得出。试验样品应是该产品类型中有代表性的样品，取宽度不小于 70 mm，长度不小于 160 mm 作为试样。			

5.3 节能性分级

5.3.1 托盘、梯架应具有直接节能和间接节能效能，节能桥架等级应符合表 5 的规定。

表 5 托盘、梯架节能性等级

检 测 项 目	等 级		
	1	2	3
直接节能 （节材率%）	≥15	≥20	≥30
间接节能 （节能率%）	≥0.8	≥1.5	≥2.0
注：直接节能和间接节能参数应同时具备。节能参数在不同等级时，按低等级确定。			

5.3.2 无孔托盘仅要求单项节材率大于或等于 30%定为节能 1 级。

5.3.3 直接节能的节材率按附录 D 规定测定得出。普通桥架用材见附录 G 表 G.1。

5.3.4 间接节能的节能率应按附录 C 的规定通过试验得出。

5.4 耐腐性分级

5.4.1 耐腐蚀桥架应适应各类大气环境条件下运行。耐腐蚀桥架等级应符合表 4 的规定。

5.5 机械性能

5.5.1 强度

5.5.1.1 桥架在额定均布载荷作用下，其最大弯曲应力应小于材料的许用应力[σ]。对 Q235AF 钢材来说，其最大弯曲应力为：

$$[\sigma] = \sigma_s / K = 235/1.5 \approx 160\ \text{MPa} \qquad \cdots\cdots(1)$$

式中：

σ_s——材料的屈服应力，单位为兆帕(MPa)；

K——安全系数为 1.5。

5.5.1.2 当桥架出现永久性变形，其载荷为最大试验均布载荷。额定均布载荷等于最大试验均布载荷除以安全系数。

5.5.2 刚度

桥架在额定均布载荷作用下，其最大的弹性挠度应小于跨距的 1/200。

5.5.3 稳定性

桥架在试验均布载荷作用下，侧板不能出现明显扭曲等失稳现象。

5.6 载荷等级

5.6.1 桥架在支吊跨距为 2 m、简支梁的条件下，托盘、梯架的额定均布载荷等级应符合表 6 的规定。

表 6 桥架载荷等级

载荷等级	A	B	C	D
额定均布载荷 kN/m	0.5	1.5	2.0	2.5

5.6.2 桥架的承载能力应按附录 A 载荷试验的规定予以验证。托盘、梯架在承受额定均布载荷时的相对挠度不应大于 1/200，并不出现永久性变形和失稳现象。

5.6.3 制造厂应提供各种型式规格托盘、梯架的不同跨距与允许均布载荷和相对挠度的关系曲线或数据表。

5.6.4 吊架或侧壁固定的托臂在承受托盘、梯架额定载荷时的最大挠度值与其长度之比，不应大于 1/100；

5.6.5 各种型式支吊架，应能承受托盘、梯架相应规格、层数的额定均布载荷及其自重，不发生永久性变形和裂纹。

5.6.6 连接板、连接螺栓等受力附件，应与托盘、梯架、托臂等本体结构强度相适应。

5.7 抗冲击性能

托盘、梯架应能承受能量为 5 J 的冲击，按附录 F 的规定进行冲击试验后，样品不应出现影响安全的裂痕和变形。

5.8 电气性能

桥架应具有可靠的电气连续性，以保证工程使用中的等电位连接和接地。当槽体间用连接板连接时，两槽体间的连接电阻不应大于 50 mΩ/m；无跨接处电阻不应大于 5 mΩ/m。

5.9 制造精度

5.9.1 桥架的长度允许偏差应符合下列要求：

a) 当长度小于或等于 2 000 mm 时，允许偏差为±2 mm；

b) 当长度大于 2 000 mm 时，允许偏差为±4 mm。

5.9.2 其余尺寸公差应符合 GB/T 1804—2000 中—V 级的规定。

注：盖宽取正偏差，槽体宽取负偏差。

5.9.3 桥架平面度允许偏差每平方米不应大于 4 mm。

注：桥架宽度不足 1 000 mm 者按 1 000 mm 计算。

6 试验方法

6.1 桥架载荷试验(机械加载法)

6.1.1 桥架载荷试验(机械加载法)按附录 A 的规定进行。

6.1.2 机械加载桥架载荷试验方法适用于产品型式试验及制造厂制作桥架载荷特性曲线。

6.2 桥架载荷试验(人工加载法)

6.2.1 桥架载荷试验(人工加载法)按附录 B 的规定进行。

6.2.2 人工加载桥架载荷试验方法适用于产品出厂前抽检。

6.3 桥架节能率试验

桥架节能率试验按附录 C 的规定。

6.4 桥架节材率测定

桥架节材率测定按附录 D 的规定。

6.5 盐雾试验

盐雾试验按 GB/T 10125—1997 的规定。

6.6 紫外线冷凝试验

紫外线冷凝试验按 GB/T 16585—1996 的规定。

6.7 耐碱性试验

耐碱性试验按 GB/T 9274—1988 中甲法(浸泡法)。

6.8 耐酸性试验

耐酸性试验按 GB/T 9274—1988 中甲法(浸泡法)。

6.9 桥架电气连续性试验

桥架电气连续性试验按附录 E 的规定。

6.10 桥架冲击试验

桥架冲击试验按附录 F 的规定。

6.11 防腐蚀层厚度测量

防腐蚀层厚度测量按 GB/T 4956—2003 的规定。

6.12 防腐蚀层附着力测量

防腐蚀层附着力测量按 GB/T 1720—1979 的规定。

6.13 外观及制造精度测量

外观及制造精度测量用通用量具和目测法检验。

7 检验规则

7.1 出厂检验

7.1.1 桥架须经制造厂质量检验部门检验合格,并附合格证后方可出厂。

7.1.2 出厂检验项目:

a) 涂层厚度,按 5.2.1 要求;

b) 制造精度,按 5.9 要求;

c) 外观,按 5.1.5、5.1.6 要求。

7.2 型式检验

7.2.1 具有下列情况之一时应进行型式检验:

a) 新产品定型鉴定时;

b) 结构、材料、工艺有较大改变,可能影响产品性能时;

c) 正常生产每四年进行一次;

d) 停产半年后恢复生产时;

e) 国家质量监督检验机构提出型式检验要求时。

7.2.2 型式检验项目为本标准第 5 章全部要求。

7.3 抽样

7.3.1 同材料、同工艺、同规格、同一生产批的产品为一批。

7.3.2 型式检验样品须从出厂检验合格品中,按一种类型同种规格每批抽取两件和附件一套。

7.4 判定规则

7.4.1 检验时,如有一项不合格,则应加倍抽样对不合格项进行复检,如仍不合格,则判该批产品不合格。

7.4.2 节能性等级按表 4 进行评定。

7.4.3 耐腐性等级按表 5 进行评定。

8 标志、包装、运输和贮存

8.1 标志

8.1.1 桥架主体应有清晰易读的产品标志,内容至少有:

a） 产品名称；

b） 型号代号；

c） 出厂日期；

d） 制造厂名、厂址；

e） 产品标准号。

8.1.2 在交货验收时，应提供下列技术资料和文件：

a） 产品安装使用说明书；

b） 产品合格证及出厂检验报告。

8.2 包装

8.2.1 桥架的包装按供需双方协议执行。

8.2.2 桥架的包装应能防止在运输过程中受到机械损伤。包装宜便于吊装搬运。

8.3 运输

桥架运输时，严防重压。

8.4 贮存

桥架应贮存在通风、干燥，有遮盖的场所。

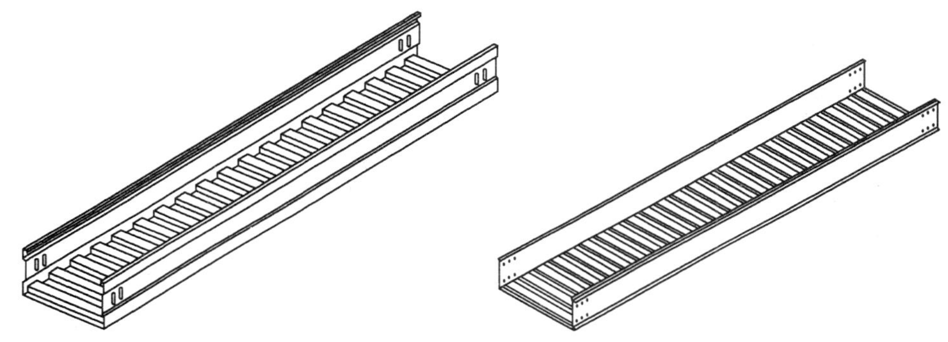

图1 无孔托盘直通示例

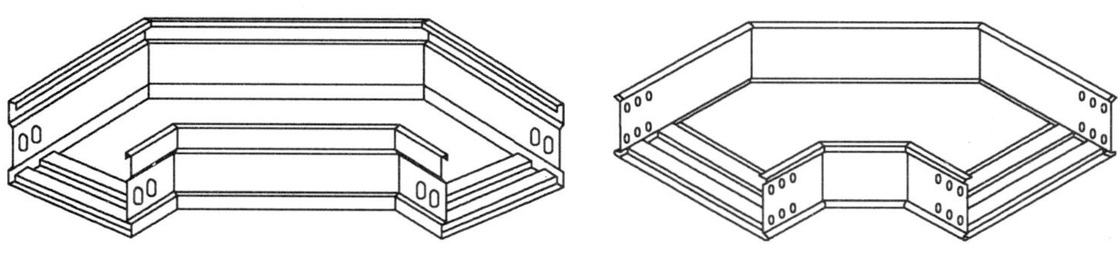

图2 无孔托盘弯通示例

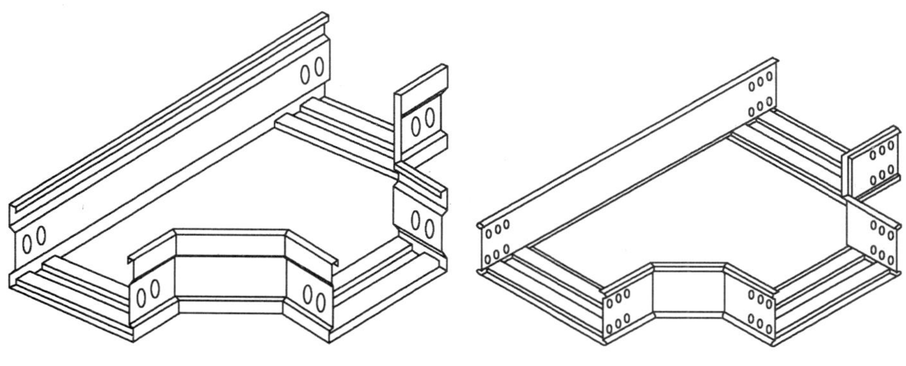

图3 无孔托盘三通示例

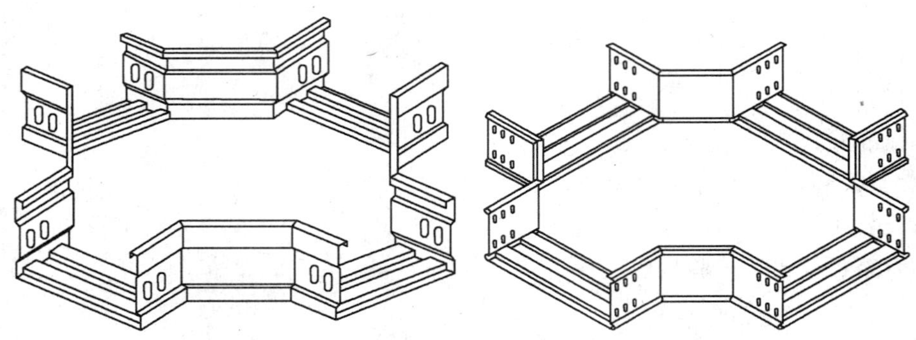

图 4　无孔托盘四通示例

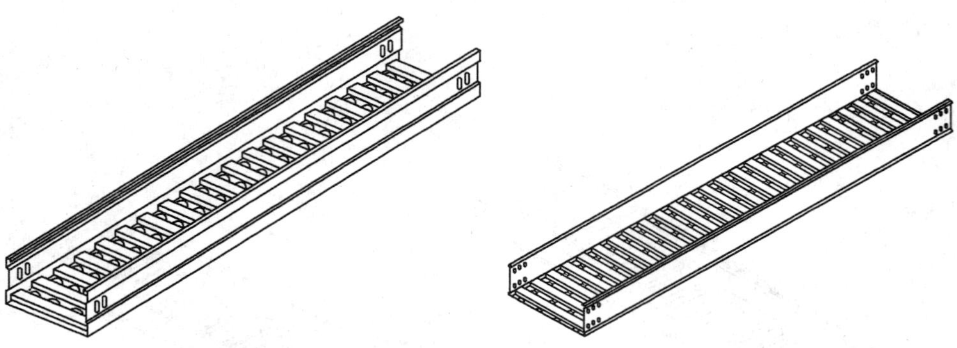

图 5　有孔托盘直通示例

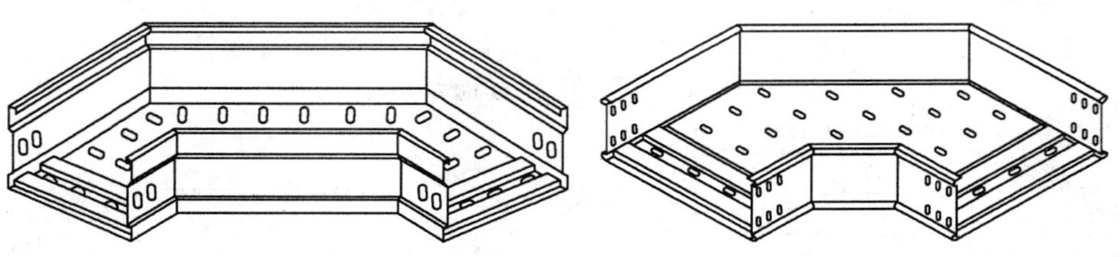

图 6　有孔托盘弯通示例

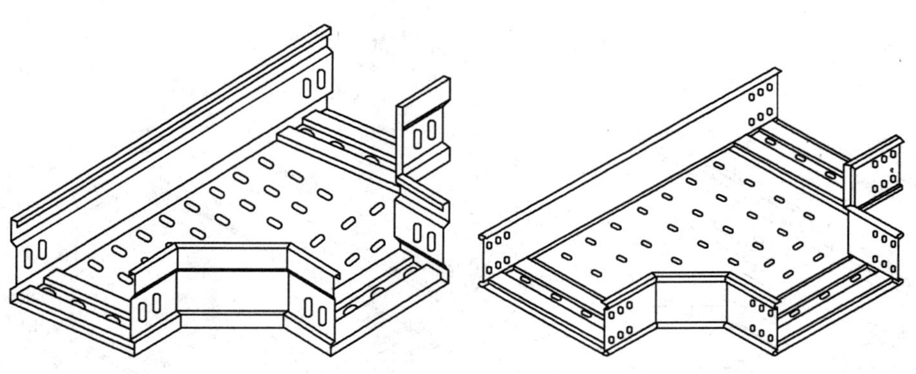

图 7　有孔托盘三通示例

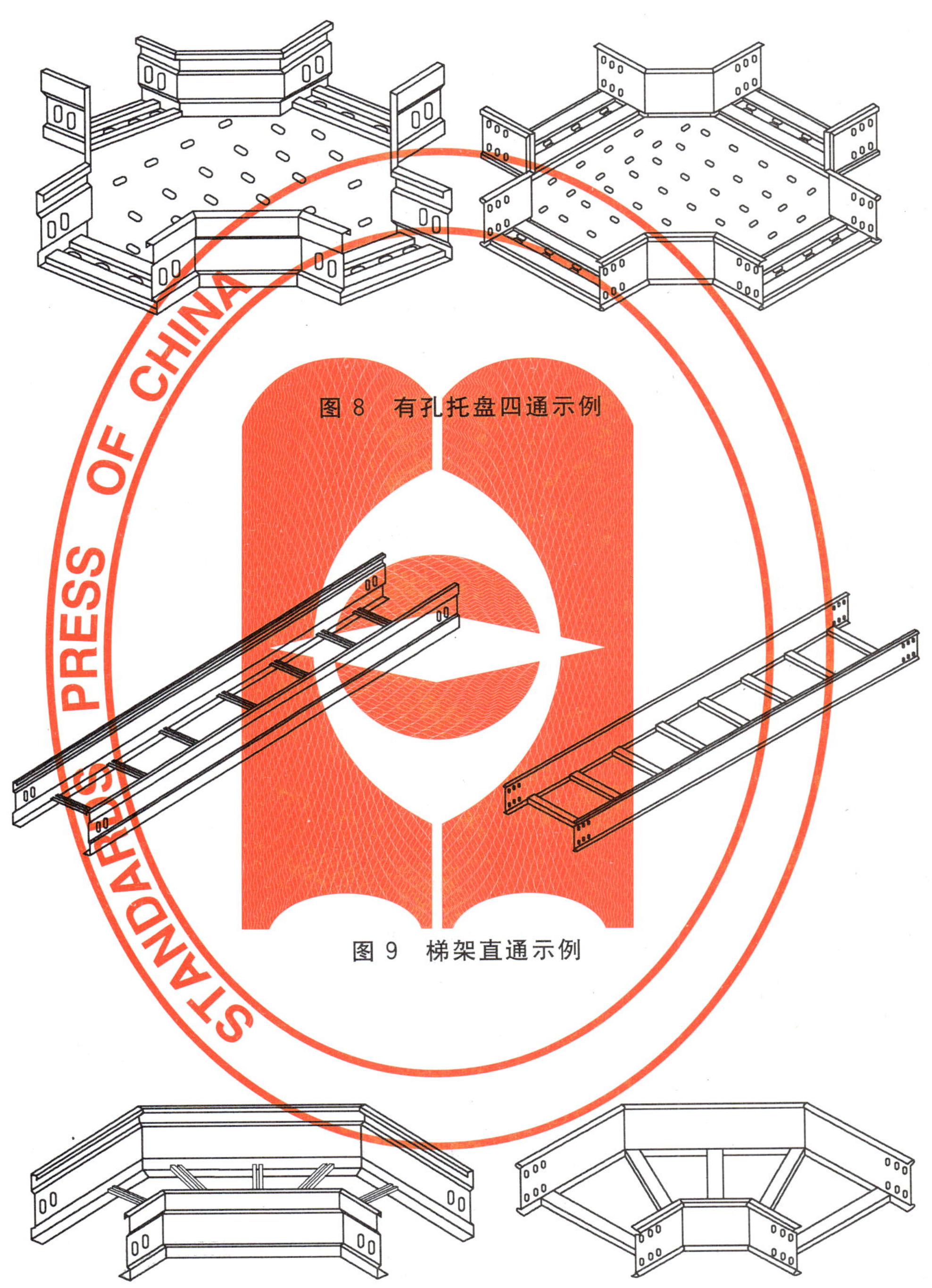

图 8　有孔托盘四通示例

图 9　梯架直通示例

图 10　梯架弯通示例

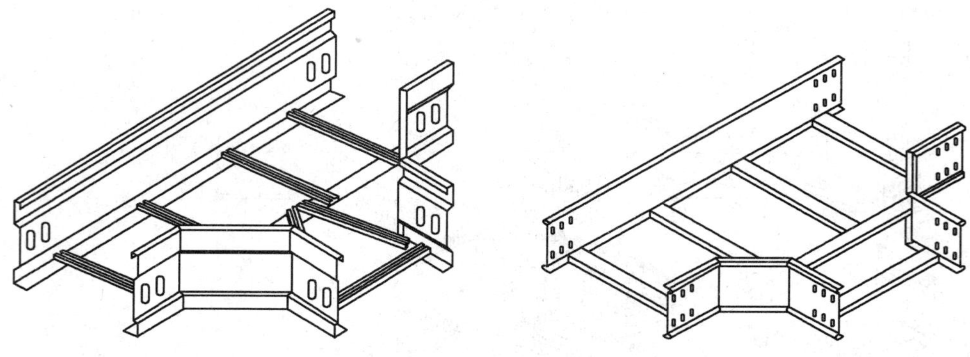

图 11　梯架三通示例

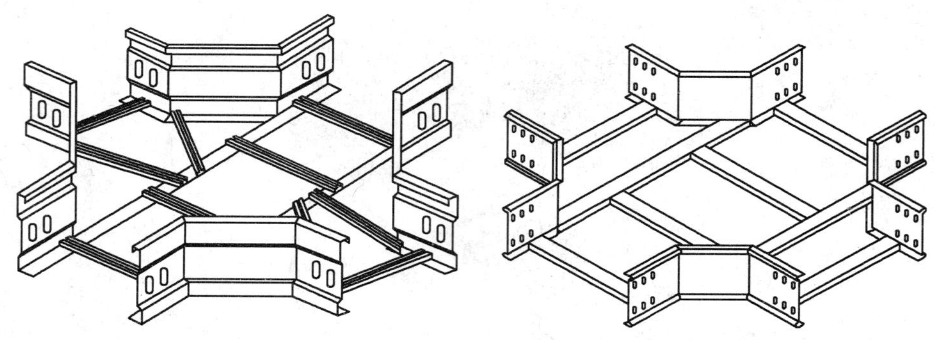

图 12　梯架四通示例

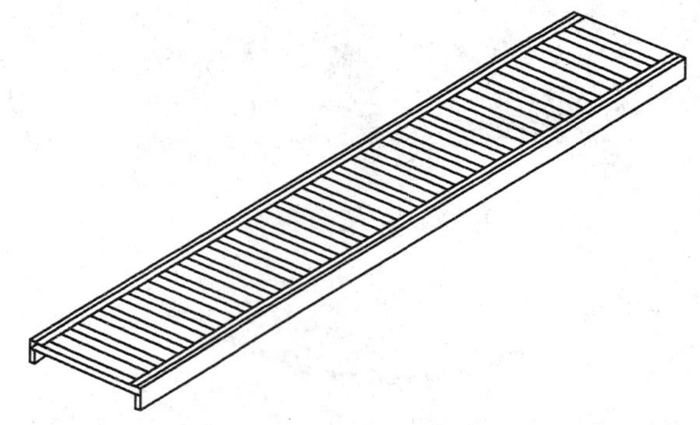

图 13　直通盖板示例

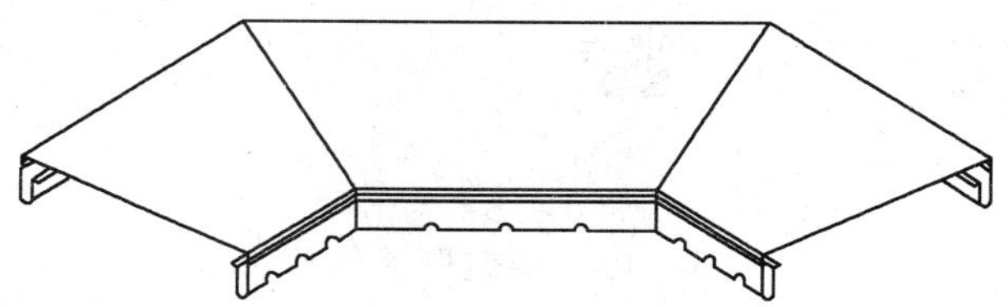

图 14　弯通盖板示例

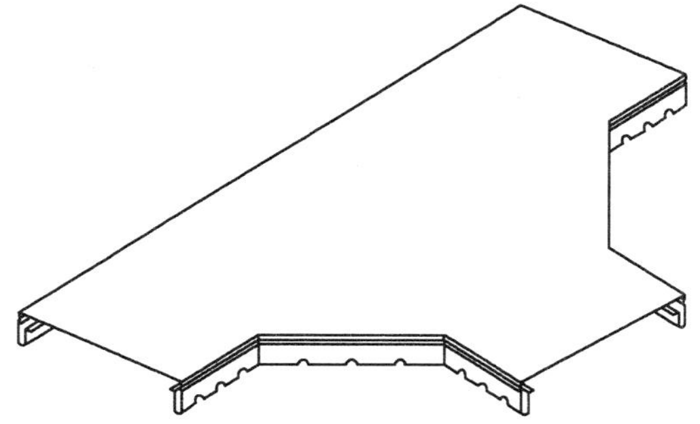

图 15 三通盖板示例

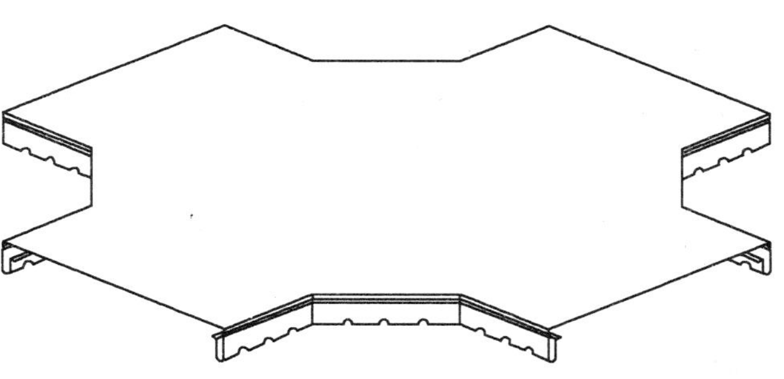

图 16 四通盖板示例

附 录 A
（规范性附录）
桥架载荷试验（机械加载法）

A.1 托盘、梯架载荷试验

目的：验证托盘、梯架在各种跨距条件下的允许均布载荷（额定均布载荷）。

适用：机械加载桥架载荷试验方法适用于产品型式试验及制造厂制作桥架载荷特性曲线。

A.1.1 试样

托盘、梯架板材厚度、侧边高度、横档或底板与侧边的连接或任何部件的外形不同，都构成不同的设计结构。对每一种结构的托盘、梯架取一件无拼接的直线段作为试样。

A.1.2 支承型式与跨距

A.1.2.1 试验支承型式为简支梁，托盘、梯架两端及两侧不受任何约束，如图 A.1 所示。

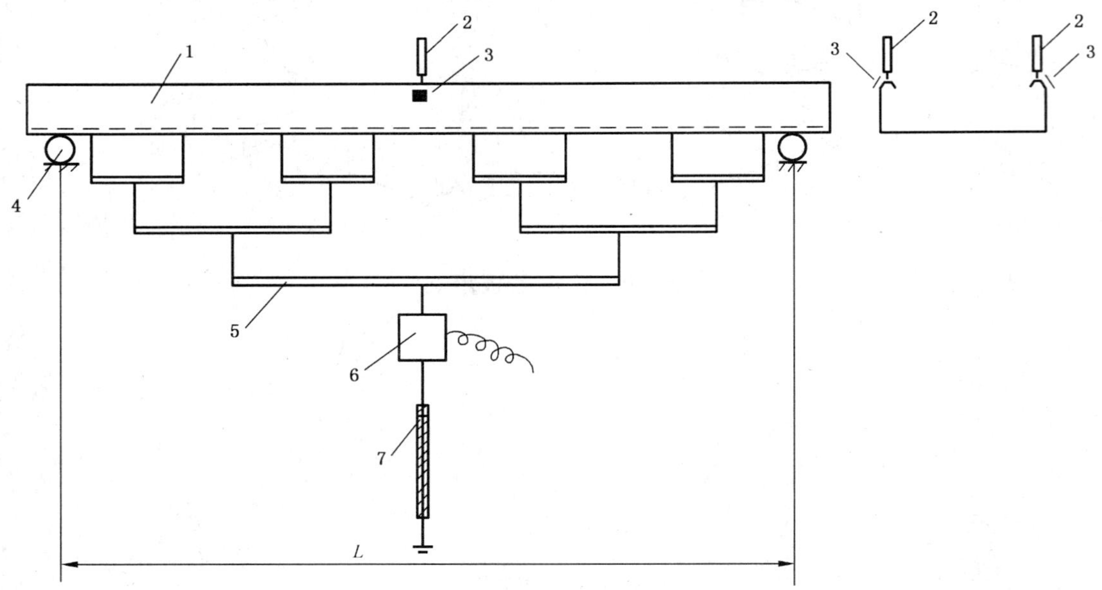

1——托盘梯架试件；
2——位移传感器；
3——电阻应变片；
4——钢性试验台；
5——杠杆系统；
6——拉力传感器；
7——螺旋加载器。

图 A.1 试验支承型式

A.1.2.2 支承跨距 L 为 1.0 m、1.5 m、2.0 m、2.5 m、3.0 m，允许偏差±30 mm。试件两端的外伸长度均为 100 mm。

A.1.3 试验装置

A.1.3.1 桥架以简支梁的形式布置在刚性很大的试验台上，加载系统由杠杆系统、拉力传感器和螺旋加载器所组成。

A.1.3.2 在桥架跨距中心两侧的截面上弯曲应力最大处，贴上电阻应变片，并配有电阻应变仪和预调平衡箱，用它们来测试桥架的最大弯曲应力。

A.1.3.3 为了测试桥架的弹性挠度和永久性挠度，在桥架跨距中心两侧的截面上弯曲应力最大处，设置二个位移传感器，并配有静态电阻应变仪。

A.1.4 加载量

A.1.4.1 通过杠杆系统分成若干相等的小集中力(每 250 mm 长度为一小集中力)作用在桥架上，以模拟作用在桥架上的匀布载荷。

A.1.4.2 使用螺旋加载器加载，加载量可按下列方法任选一种。加载次数宜在 5 次至 10 次之间选取。

a) 按 100 N、200 N、300 N……依次加载；

b) 按 500 N、700 N、900 N……依次加载；

c) 根据桥架规格大小，首次可试探加载量；依次递增量自定。

A.1.5 加载后记录

每次加载后，立即按表 A.1 要求在"载荷"栏、"最大应力"栏、"最大弹性挠度"栏记录所获取的试验数据。

表 A.1 桥架承载能力试验记录

桥架规格													
跨距/m													
序号	载荷 N	最大应力 MPa				最大弹性挠度 mm				永久性挠度 mm			
		应变片 1 με	应变片 2 με	平均 με	应力 MPa	位移计 1 με	位移计 2 με	平均 με	挠度 mm	位移计 1 με	位移计 2 με	平均 με	挠度 mm
结论													

A.1.6 卸载后记录

加载后记录完毕，立即卸载，然后按表 A.1 要求在"永久性挠度"栏记录所获取的试验数据。第一次加载试验完成。

A.1.7 依次加载试验

第一次加载试验完成后，依次进行第二次、第三次……加载、记录、卸载、记录各次加载量及其所获取的试验数据。

A.1.8 终止加载的条件

试验过程如遇到下列情况之一，应终止加载：

a) 最大应力超过 160 MPa；

b) 永久性挠度超过 1/200；

c) 侧板出现明显屈曲等不能正常承载时，即失稳现象。

A.1.9 试验顺序

第一种规格的桥架试验顺序：首先按 1.0 m 跨距试验完成后，依次进行 1.5 m、2.0 m、2.5 m、3.0 m 跨距的试验。各跨距试验全部完成，则第一种规格的桥架试验完成。

接着，进行第二种规格的桥架试验、第三种规格的桥架试验……直至全部规格的桥架试验完成。

A.1.10 整理试验数据

A.1.10.1 每个跨距试验完成后，应按表 A.1 要求，对所获取的试验数据进行初步分析，作出该跨距桥架的承载能力是由强度控制或是由刚度控制或是由稳定性控制的结论。此时，即可判断得出额定载荷和最大弹性挠度的数值。

A.1.10.2　全部规格的桥架试验完成后，应按表 A.2 要求及时整理和汇总试验数据。

表 A.2　桥架承载能力汇总表

序　号	桥架规格	跨距 m	额定载荷 N	额定匀布 载荷(初) N	额定匀布 载荷(调正) N	最大弹性挠度 mm	备　注

A.1.10.3　表 A.2 的额定匀布载荷的调正值，应根据桥架在该跨距试验中所获取的试验数据作出适当调正。

A.1.11　绘制桥架载荷特性曲线图

A.1.11.1　桥架载荷特性曲线图的格式如图 A.2 所示。

A.1.11.2　根据表 A.2 的汇总数据绘制在图 A.2 上，即得出桥架载荷特性曲线图。

A.1.11.3　每个品种规格的桥架都应单独绘制其载荷特性曲线图。

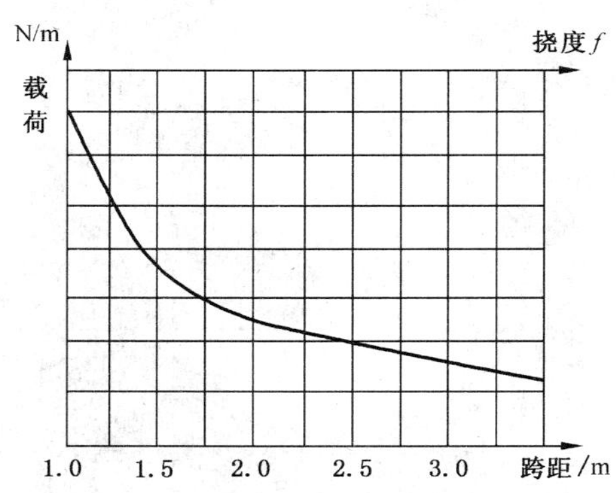

图 A.2　桥架载荷特性曲线图

A.2　托臂载荷试验

托臂的承载能力(额定载荷)是最大试验载荷除以安全系数 K(K=1.5)。在额定载荷下，托臂的相对挠度不大于 0.01。考虑到消除立柱的变形对托臂的影响，托臂的相对挠度的表达式如下：

$$\Delta f = f_B/L - f_A/L_0 \quad \cdots\cdots(A.1)$$

式中：

f_A——位移计 A 的位移，单位为毫米(mm)；

f_B——位移计 B 的位移，单位为毫米(mm)；

L——托臂的长度，单位为毫米(mm)；

L_0——立柱的高度，单位为毫米(mm)。

A.2.1　托臂固定体和试样定位

托臂被悬臂固定在立柱上，如图 A.3 所示。

单位为毫米

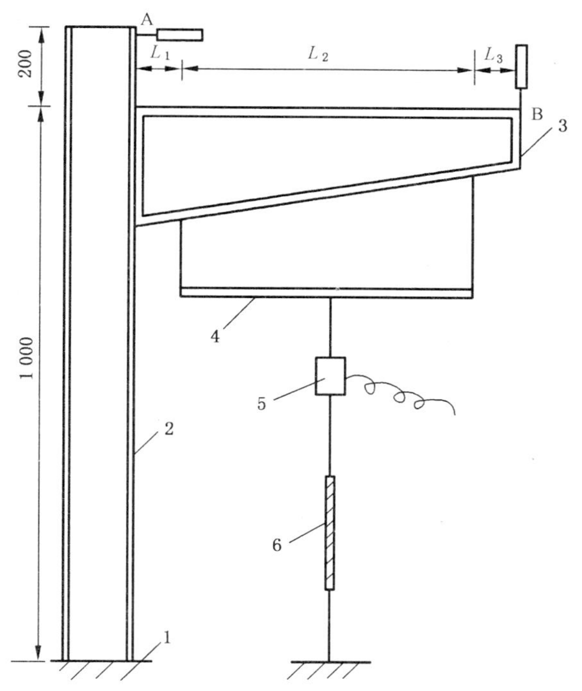

1——立柱固定体；
2——立柱；
3——托臂；
4——杠杆系统；
5——拉力传感器；
6——螺旋加载器。

图 A.3 托臂固定体和定位方式

A.2.2 试验装置

A.2.2.1 立柱布置在刚性很大的试验基台上，加载系统由杠杆系统、拉力传感器和螺旋加载器所组成。

A.2.2.2 通过一个杠杆产生二个相等的集中力来模拟作用在托臂上的均布载荷。为了测试托臂的相对挠度，在 A 和 B 两点分别设置一个位移传感器，并配有静态电阻应变仪。

A.2.2.3 托臂布置参数，如表 A.3 所示。根据托臂规格大小，参数 L_1 从 35 mm 至 55 mm、L_3 从 30 mm 至 35 mm 选择，杠杆 L_2 的数值等于托臂长度 L 减去 L_1 和 L_3 的数值。

表 A.3 托臂布置参数

单位为毫米

托臂规格						
L_1						
L_2						
L_3						

A.2.3 加载

使用螺旋加载器加载，加载量可按下列方法任选一种；加载次数宜在 5 次至 10 次之间选取。

a) 按 100 N、200 N、300 N………依次加载；

b) 按 500 N、700 N、900 N………依次加载；

c) 根据托臂规格大小，首次可试探加载量；依次递增量自定。

A.2.4 加载后记录

每次加载后,立即按表 A.4 要求记录所获取的试验数据。

表 A.4 托臂承载能力试验记录

托臂规格								
托臂长度 mm								
序号	载荷 N	位移计 A		位移计 B		f_B/L	f_A/L_0	$f_B/L-f_A/L_0$
		με	mm	με	mm			
结论								

A.2.5 依次加载试验

加载后记录完毕,立即卸载,第一次加载试验完成。依次进行第二次、第三次………加载、记录各次加载量及其所获取的试验数据。

A.2.6 终止加载的条件

试验过程如遇到下列情况之一,应终止加载:

a) 最大应力超过 160 MPa;

b) 永久性挠度超过 1/200;

c) 出现明显屈曲等不能正常承载时,即失稳现象。

A.2.7 试验顺序

第一种规格的托臂试验完成后,依次进行第二种规格、第三种规格……直至全部规格的托臂试验完成。

A.2.8 整理试验数据

A.2.8.1 每一种规格的托臂试验完成后,应对所获取的试验数据进行初步分析,作出该种规格托臂的承载能力的结论。

A.2.8.2 各种规格托臂全部试验完成后,应按表 A.5 要求及时整理和汇总试验数据。

表 A.5 托臂承载能力汇总表

序 号	托臂规格	托臂长度 mm	承载能力 N	备 注

附 录 B
（规范性附录）
桥架载荷试验（人工加载法）

B.1 托盘、梯架荷载试验

目的：验证托盘、梯架在各种跨距条件下的允许均布载荷（额定均布载荷）。

适用：人工加载桥架载荷试验方法适用于产品出厂前抽检。

B.1.1 试样

托盘、梯架板材厚度、侧边高度、横档或底板与侧边的连接或任何部件的外形不同，都构成不同的设计结构。对每一种结构的托盘、梯架取一件无拼接的直线段作为试样。

B.1.2 支承型式与跨距

试验支承型式为简支梁，托盘、梯架两端及两侧不受任何约束。支承跨距 L 为 1.0 m、1.5 m、2.0 m、2.5 m、3.0 m，允许偏差±30 mm。

B.1.3 试验支承型式

试验支承型式如图 B.1 所示。

圆钢 2 焊接在底座 3 上。

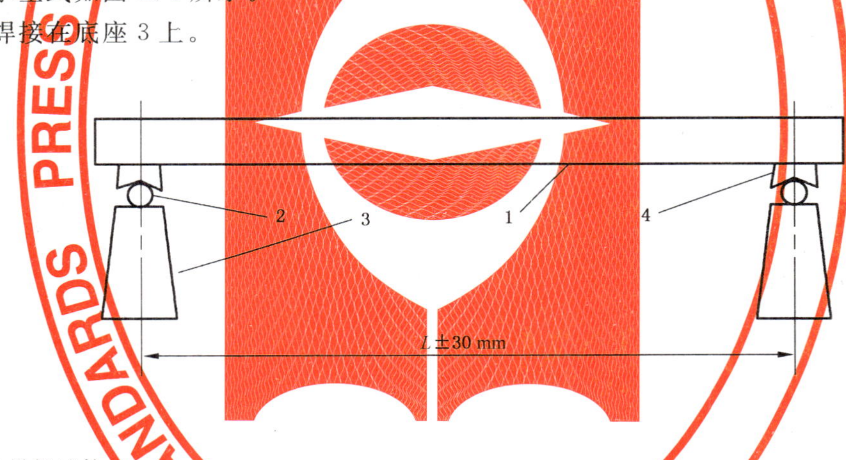

1——托盘梯架试件；

2——Φ25 圆钢；

3——钢支架底座；

4——V 形钢条（宽 30 mm、高 20 mm，开有深 5 mm、120°的 V 形槽）。

图 B.1 试验支承型式

B.1.4 试样定位

试样水平置放在支架上，两端用 V 字形钢条支撑，两个圆钢中心距离为试验跨距长度，试件两端的外伸长度均为 100 mm。

B.1.5 试验载荷材料

载荷材料可用钢条、铅锭或其他材料。钢条可用厚 3 mm、宽 30 mm～50 mm、长度不大于 1 m 的扁钢。其他载荷材料宽度不大于 125 mm，长度不大于 300 mm，最大重量不超过 5 kg。

为便于对梯架试样加载，允许用厚 1 mm，长度不大于 1 m 的钢板或网板置放在支架跨距内的横档上，两块钢板之间不能搭接，钢板重量应计入载荷总重量。

B.1.6 试验载荷

试验载荷按表 B.1 选择。

表 B.1 试验载荷

跨距/m		1.0	1.5	2.0	2.5	3.0
系数		4.0	1.8	1.0	0.64	0.44
载荷等级	A 500 N/m	3 000	1 350	750	480	330
	B 1 500 N/m	9 000	4 050	2 250	1 440	990
	C 2 000 N/m	12 000	5 400	3 000	1 920	1 320
	D 2 500 N/m	15 000	6 750	3 750	2 400	1 650

B.1.7 加载

a) 首次加载值＝试验载荷÷10 N/m；

b) 二次加载值＝首次加载值×2 N/m；

c) 三次加载值＝首次加载值×3 N/m；

其余依次类推。

试验载荷至少分 10 次加载，每次增载值相等。

B.1.8 测量

每次加载后，立即进行测量，并做好记录。

a) 采用游标高度尺或百分表等量具测量挠度，量具精度不低于 0.02 mm；

b) 挠度测量方向与托盘、梯架试样纵向轴线垂直，测点位于跨距中部两个侧边的中心，每次加载后，测量该两点读数的平均值，即为该载荷下的挠度值(挠度与跨距之比即为相对挠度)。

B.1.9 卸载

加载测量后，立即卸载，让桥架复原。再进行下一次加载、测量、记录。依次类推，直至产生永久变形。

B.1.10 试验顺序

首次，按 1.0 m 跨距试验完成后，依次进行 1.5 m、2.0 m、2.5 m、3.0 m 跨距的试验，直至全部试验完成。

B.1.11 允许均布载荷的确定

在试样上逐步加载，直至使梁的跨度中点产生跨距的 1/200 的永久变形，或者当翻边或侧边出现“塑性曲屈——皱折”现象时的试验均布荷载，除以安全系数 1.5 的数值，即为托盘、梯架的允许均布载荷(额定均布载荷)。

B.1.12 载荷特性及挠度曲线的建立

a) 均布载荷与跨距的关系曲线，应根据不少于 5 种跨距的测试数值绘制，跨距宜从 1 m 起，可按间隔 0.5 m 递增。桥架载荷特性曲线图的格式参见图 A.2；

b) 每个品种规格的桥架都应单独绘制其载荷特性曲线图。

B.2 支吊架载荷试验

B.2.1 试样

对每种型式、结构、规格的支吊架(包括托臂、立柱、吊杆、螺栓等附件)，各取一套作为试样。

B.2.2 支吊架固定体和试样定位

支、吊架固定体及试样定位方式，见图 B.2、图 B.3、图 B.4 所示。支吊架固定体应为刚性结构，并满足试验载荷要求。

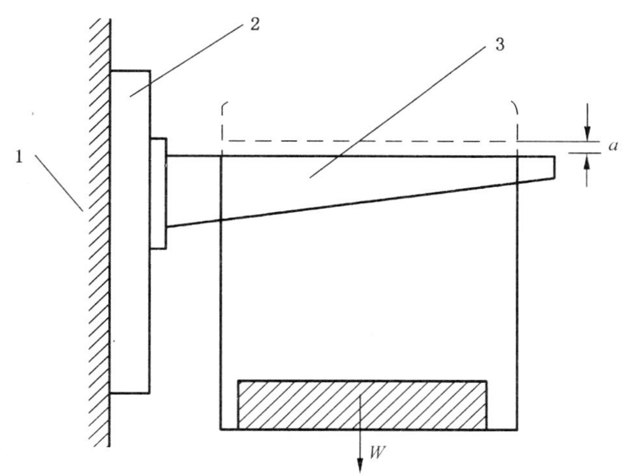

1——支架固定体；
2——支架；
3——托臂。

图 B.2 支架固定体和定位方式

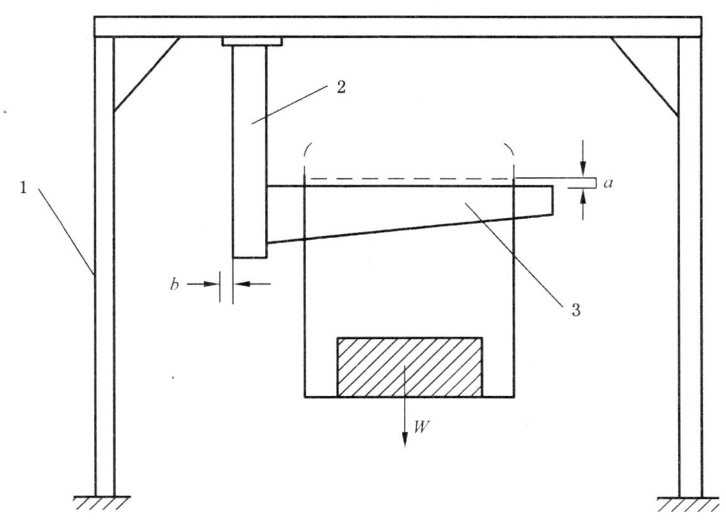

1——吊架固定体；
2——吊架；
3——托臂。

图 B.3 吊架固定体和定位方式一

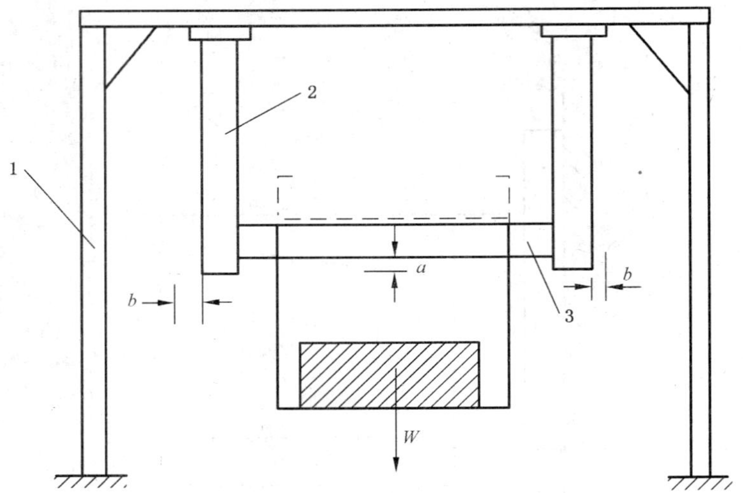

1——吊架固定体；

2——吊架；

3——托臂。

图 B.4　吊架固定体和定位方式二

B.2.3　托臂试验载荷按下式确定

$$W = AL(n_0 q_E + G) \qquad \cdots\cdots\cdots\cdots(B.1)$$

式中：

A——按两等跨梁的中间支、吊架所受的支承力最大，系数 A 取 1.25；

L——支、吊架相邻两侧等跨布置时的跨距；

q_E——每层托盘、梯架的额定均布载荷；

G——托盘、梯架及盖板、附件自重；

n_0——安全系数，取 1.5。

B.2.4　加载

a)　按托盘、梯架的两侧边在托臂上的位置吊挂载荷，载荷可用钢块、铅锭或其他比重较大的材料，盛装载荷材料的容器、吊具的重量应计入载荷总重量；

b)　试验时应不少于 5 次加载，每次加载量相等；

c)　当立柱或吊杆支承多层托臂时，以各层托臂同时承受各自的试验载荷进行整体试验。

B.2.5　测量与检查

a)　每次加载后，用百分表等量具测量 a、b 处的位移或变形量以及卸载后的残余变形量。量具精度不低于 0.02 mm；

b)　检查焊口或螺栓连接处有无裂纹、变形损坏，卡接式托臂有无下滑；

c)　列出载荷与位移或变形量的关系曲线或数据表。

附 录 C
（规范性附录）
桥架节能率试验

本试验是节能桥架和普通桥架在相同试验条件下的对比试验。

C.1 敷设方式

桥架架空敷设。同相电缆各导体串联，相同型号和相同规格的电缆以单层、两层或三层置于托盘或梯架内，相互接触呈平行排列，排列方式见图C.1。所有电缆的截面之和不应大于托盘或梯架横截面积的50%。

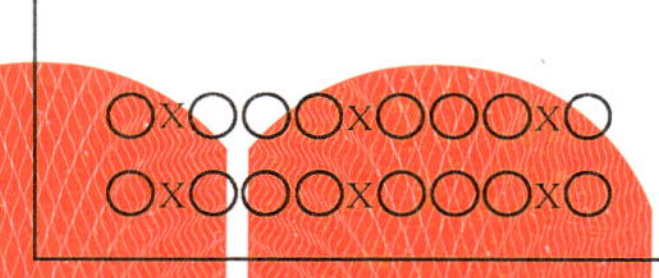

图C.1 试验电缆排列方式

C.2 试验托盘、梯架及电缆

试验托盘、梯架及电缆型号规格见表C.1。

表C.1 试验托盘、梯架及电缆型号规格

托盘、梯架规格/mm	电缆型号及规格/mm^2
300×100×12 000	YJV-3×70+1×35

C.3 电缆束加温

图C.1中“X”表示温度传感器的位置。使用三相四线电源对电缆施加一定电流，作为电缆束的加热源进行电缆的温升试验。

C.4 电缆导体温度测量

用热电偶测量槽盒中最高部位电缆导体的温度，电缆最热部位的发热电缆导体温度应达到90 ℃±1 ℃，稳定后测量电缆30 min电能损耗。

表C.2 普通型桥架与节能型桥架温度测量对比表

桥架型式	电缆		槽盒内导体温度[a]/℃							槽盒表面温度[a]/℃		环境温度 ℃	施加电流 A
	$c\times n$	占槽盒容积比	热电偶号						平均值	上盖	下底		
			1	2	3	4	5	6					
普通型	2×8												
节能型	2×8												

注：

c——层数。n——每层电缆根数（相同型号和规格）。

[a] 电缆槽中间最热部位。

C.5 节能率

桥架节能率按下列公式计算：

$$\Delta E = (P_1 - P_2)/P_1 = (t_1 - t_2)/(234.5 + t_1) \qquad (C.1)$$

式中：

ΔE——节能率，%；

P_1——普通桥架电缆通电稳定后 30 min 的电能损耗，单位为千瓦小时(kw·h)；

P_2——节能桥架电缆通电稳定后 30 min 的电能损耗，单位为千瓦小时(kw·h)；

t_1——普通桥架电缆通电稳定后的平均温度值，单位为摄氏度(℃)；

t_2——节能桥架电缆通电稳定后的平均温度值，单位为摄氏度(℃)；

234.5——温度修正系数。

附 录 D
（规范性附录）
桥架节材率测定

D.1 节材量测定

采用通用磅秤分别计量普通桥架和节能桥架的单位质量（kg/m）。

D.2 节材率

节材率按如下公式计算：

$$\Delta Q = (Q_1 - Q_2)/Q_1 \quad \cdots\cdots (D.1)$$

式中：

ΔQ——节材率，%；

Q_1——普通桥架单位质量，单位为千克每米（kg/m）；

Q_2——节能桥架单位质量，单位为千克每米（kg/m）。

附 录 E
（规范性附录）
桥架电气连续性试验

E.1 试验样品

每个试验样品应包括两个长度为 1 000 mm 的侧边、连接板或连接线以及连接螺栓等。

E.2 试验方法

按制造厂提供的说明，清除被试件接触点上的油污，待干燥后用连接板把每个试样连接在一起。电气连续性试验接线如图 E.1 所示。

用电压为 12 V、频率为 50 Hz、电流为 25 A±1 A 的交流电流恒流源通过试样，在距连接板两端各 50 mm 处的两个点上测量电压降；然后再测量接头一边距离 500 mm 的两个点之间的电压降。

根据电流和电压降计算出电阻值。

单位为毫米

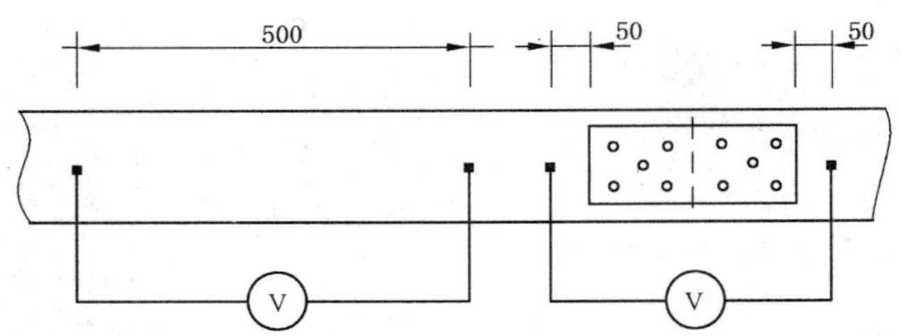

图 E.1 电气连续性试验接线

附 录 F
（规范性附录）
桥架冲击试验

F.1 试验条件

钢制桥架可在常温下试验。

F.2 试验方法

试品布置见图 F.1。三个试品分别做底部及两个侧边的冲击试验，冲击的位置分别为底部及两侧边的中部。

试品的安装应符合 GB/T 2423.55—2006 的规定。

严酷等级应符合 GB/T 2423.55—2006 的规定。按 5 J 能量级来考核，冲击次数各为一次。

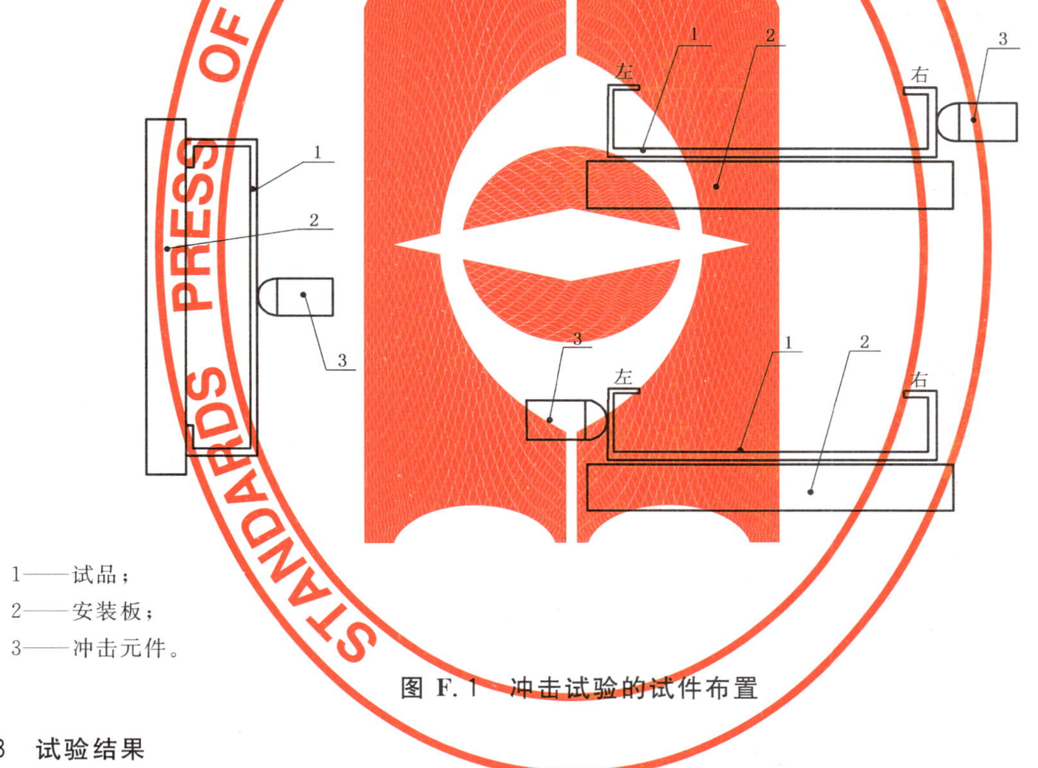

1——试品；
2——安装板；
3——冲击元件。

图 F.1 冲击试验的试件布置

F.3 试验结果

经冲击试验后，试品不出现影响安全使用的变形和裂纹。

附　录　G
（资料性附录）
普通桥架板材常用厚度

G.1　普通桥架板材常用厚度

普通桥架板材常用厚度见表G.1。

表G.1　普通桥架板材常用厚度

单位为毫米

托盘、梯架宽度	最小板材厚度
≤150	1.0
>150～≤300	1.2
>300～≤500	1.5
>500～≤800	2.0
>800	2.2

参 考 文 献

GB/T 2423.55—2006 电工电子产品环境试验 第2部分:试验方法 试验Eh:锤击试验
GB/T 15320—2001 节能产品评价导则
GB 16895.3—2004 建筑物电气装置 第5-54部分:电气设备的选择和安装 接地配置、保护导体和保护联结导体(IEC 60364-5-54:2002,IDT)
CECS 31:2006 钢制电缆桥架工程设计规范
ASTM A153:2003 钢铁制金属构件上镀锌层(热浸)标准规范
NEMA. VE1:1998 电缆托架系统

ICS 29.160.20
K 20

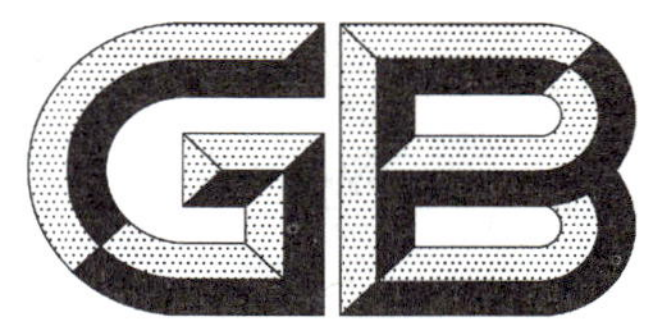

中华人民共和国国家标准

GB/T 23640—2009/IEC 60034-22:1996

往复式内燃机(RIC)驱动的交流发电机

AC generators for reciprocating internal combustion(RIC) engine driven generating sets

(IEC 60034-22:1996,IDT)

2009-04-21 发布 2009-11-01 实施

中华人民共和国国家质量监督检验检疫总局
中国国家标准化管理委员会 发布

前　言

本标准等同采用 IEC 60034-22：1996《往复式内燃机(RIC)驱动的交流发电机》，通过等同采用国际标准，既提高了国内此领域的技术水平，又符合国际间贸易，技术和经济交流的需要。

由于该 IEC 标准为 1996 年发布的，其中引用的旋转电机基础标准 IEC 60034-1：1996 已经改版为 IEC 60034-1：2004(等同转化为 GB 755—2008)，本次转化根据 GB 755—2008 的内容做了相应修改，同时为了使标准中一些术语的表达式与其在文中的应用前后一致，在等同采用的过程中也做了一些修改，改动部分如下：

a) 第 3.1.4 条，无功功率的单位符号由“VAa”改为“var”。

b) 第 3.1.5 条，额定转速 n_r 后加单位“r/s”。

c) 第 3.2.3 条，电压整定范围 ΔU_s 的表达式由原来 $\Delta U_s = \Delta U_{sup} + \Delta U_{sd0}$ 改为：$\Delta U_s = \Delta U_{sup} \sim \Delta U_{sd0}$。既符合电压整定范围的数学意义，又与表 1 运行限值中[±5]一致。否则按原来的公式 ΔU_s = 正数 + 负数，数值非常小，明显不符合。

d) 第 5.2 条中，鉴于生产中已不再或很少使用 A 级 E 级绝缘材料，故按照 GB 755—2008，取消了 A 级 E 级的内容规定。

e) 第 7.5 条，按 GB 755—2008，已将同步电动机电话谐波因数改用同步电机总谐波畸变量(THD)来表示，并修改了相应的内容。

f) 条款 9 的表 1 中，去掉“X＝”，因为此符号放置在此处无意义；表中最大电压恢复时间一栏中，负载由 0 到 100％变化时，功率因数变化范围的表述由“＞0≤0.4”改为“(0,0.4)”；表的列项前加“注：”。

g) 图 A.1 中卸载曲线两虚线间补尺寸线 t_{rec}，使图形完整。

本标准由中国电器工业协会提出。

本标准由全国旋转电机标准化技术委员会(SAC/TC 26)归口。

本标准负责起草单位为：上海电器科学研究所(集团)有限分司、中国北车集团永济电机厂、泰豪科技股份有限公司、兰州电机股份有限公司、上海强辉电机有限公司、福建福安闽东亚南电机有限公司、中船重工电机科技股份有限公司、卧龙电气集团股份有限公司、上海麦格特电机有限公司、上海电科电机科技有限公司、浙江金龙电机有限公司。

本标准主要起草人：李军丽、周卫江、康茂生、李杰、赵文钦、梁伯山、周效龙、叶月君、陈伯林、刘宇辉、叶锦武。

往复式内燃机(RIC)驱动的交流发电机

1 范围

本标准规定了在电压调节器控制下用于往复式内燃机(RIC)驱动的交流发电机的主要特性,是对GB 755—2008技术要求的补充。

本标准适用于陆地和船舶上使用的此类发电机,但不适用于航空或陆地车辆和机车上使用的发电机组。

注1:对于一些特殊的使用(如医院、高大建筑等的必备电源),附加要求可能是必要的。本标准中的条款应为这些附加要求的基础。

注2:应注意并记录不同规定方所坚持提出的附加规定和要求。当终端产品在要求的条件下使用时,这些附加规定和要求可能成为客户和制造商之间所签订协议的主要内容。

注3:制定规章的权威机构示例:

——为船舶上和近岸装备上使用的发电机组分类的组织;

——政府机构;

——检查机构,地方公共事业单位等。

附录A讨论了适用于本标准的发电机在负载突变时的性能。

2 规范性引用文件

下列文件中的条款通过本标准的引用而成为本标准的条款。凡是注日期的引用文件,其随后所有的修改单(不包括勘误的内容)或修订版均不适用于本标准,然而,鼓励根据本标准达成协议的各方研究是否可使用这些文件的最新版本。凡是不注日期的引用文件,其最新版本适用于本标准。

GB 755—2008 旋转电机 定额和性能(IEC 60034-1:2004,IDT)

GB 2820.1—1997 往复式内燃机驱动的交流发电机组 第1部分:用途、定额和性能(eqv ISO 8528-1:1993)

GB 4343.1—2003 电磁兼容 家用电器、电动工具和类似器具的要求 第1部分:发射(CISPR 14-1:2000+A1,IDT)

GB/T 11021—2007 电气绝缘 耐热性分级(IEC 60085:2004,IDT)

GB/T 13394—1992 电工技术用字母符号 旋转电机量的符号(eqv IEC 27-4:1985)

GB/T 17743—2007 电气照明和类似设备的无线电骚扰性能的限值和测量方法(CISPR 15:2005,IDT)

3 术语和定义

下列术语和定义适用于本标准。

注:本标准中,“额定值”用下标“N”表示,和电工技术用字母符号系列标准的用法一致,而在GB 2820.1—1997中是用下标“r”来表示“额定值”的。

3.1 额定功率和额定转速

3.1.1

额定输出(视在)功率 S_N rated output

额定电压有效值,额定电流有效值以及常数 m 的乘积,用伏安(VA)或它的十进位倍数来表示。

其中:

单相 $m=1$

两相 $m=\sqrt{2}$

三相 $m=\sqrt{3}$

3.1.2

额定有功功率 P_N rated active power

额定电压有效值，额定电流有效值的有功分量以及常数 m 的乘积，用瓦（W）或它的十进位倍数表示。

其中：

单相 $m=1$

两相 $m=\sqrt{2}$

三相 $m=\sqrt{3}$

3.1.3

额定功率因数 $\cos\phi_N$ rated power factor

额定有功功率与额定视在功率的比值。

$$\cos\phi_N = \frac{P_N}{S_N}$$

3.1.4

额定无功功率 Q_N rated reactive power

额定视在功率与额定有功功率的几何差，用乏（var）或它的十进位倍数表示。

$$Q_N = \sqrt{(S_N^2 - P_N^2)}$$

3.1.5

额定转速 n_N（r/s） rated speed of rotation

a） 同步发电机：产生额定频率下的电压所必需的转速。

$$n_N = \frac{f_N}{p}$$

其中：

p 是极对数；

f_N 是额定频率（根据负载要求）。

b） 异步发电机：产生额定频率下的额定输出所需的转速。

$$n_N = \frac{f_N}{p}(1 - s_N)$$

其中：

p 是极对数；

f_N 是额定频率（根据负载要求）；

s_N 是额定转差率。

3.1.6

额定转差率（异步发电机）s_N rated slip (of an asynchronous generator)

当发电机发出额定有功功率时，同步转速与额定转速之差除以同步转速。

$$s_N = \frac{\frac{f_N}{p} - n_N}{\frac{f_N}{p}}$$

3.2

电压术语 valtage terms

注：以下术语适用于在正常励磁和电压调节系统控制下，运行在恒定（额定）转速时的发电机。

3.2.1

额定电压 U_N rated voltage

发电机在额定频率和额定输出时接线端子处的线电压。

注：额定电压是制造商为规定电机工作特性所指定的参数。

3.2.2

空载电压 U_{n1} no-load voltage

发电机在额定频率和空载状态时接线端子处的线电压。

3.2.3

电压整定范围 ΔU_s range of voltage setting

额定频率下，发电机在空载与额定输出之间的任何负载下线电压可能上升和下降（用 ΔU_{sup} 和 ΔU_{sd0} 表示，其中 U_{sup} 是电压整定上限，U_{sd0} 是电压整定下限）的调节范围。

$$\Delta U_s = \Delta U_{sup} \sim \Delta U_{sd0}$$

电压整定范围用额定电压百分数表示。

a) 上升范围 ΔU_{sup}
$$\Delta U_{sup} = \frac{U_{sup} - U_N}{U_N} \times 100$$

b) 下降范围 ΔU_{sd0}
$$\Delta U_{sd0} = \frac{U_{sd0} - U_N}{U_N} \times 100$$

3.2.4

稳态电压容差带 ΔU[1] steady-state voltage tolerance band

突加或突卸规定负载后，在给定恢复时间内电压可达到稳态电压商定的电压带。

3.2.5

稳态电压调整率 ΔU_{st}[1] steady-state voltage regulation

不考虑交轴电流补偿压降的作用，而只考虑温度的影响时，电机在空载与额定输出之间的任一负载下稳态电压的变化。

注：初始整定电压通常是额定电压，但也可能是3.2.3中电压整定范围 ΔU_s 内的任意一个值。

稳态电压调整率用额定电压的百分数表示。

$$\Delta U_{st} = \frac{U_{st;max} - U_{st;min}}{U_N} \times 100$$

3.2.6

瞬态电压调整率 δ_{dynU}[1] transient voltage regulation

电压随负载突变而变化的最大值，用额定电压的百分数表示。

a) 突加负载

最大瞬态电压降 δ_{dynU}^-：初始电压为额定值的发电机突加一个对称负载引起的电压降，该负载在给定功率因数（或功率因数范围）和额定电压下吸收规定的电流。

$$\delta_{dynU}^- = \frac{U_{dyn;min} - U_N}{U_N} \times 100$$

b) 突卸负载

最大瞬态电压升 δ_{dynU}^+：突卸给定功率因数下的规定负载引起的电压升。

---

1) 为了解释这些术语，附录A给出了使用示例。

$$\delta_{\mathrm{dynU}}^{+}=\frac{U_{\mathrm{dyn:max}}-U_{\mathrm{N}}}{U_{\mathrm{N}}}\times 100$$

3.2.7

电压恢复时间 t_{rec}[1)]　voltage recovery time

从负载开始变化时刻(t_0)到电压恢复并保持在规定的稳态电压容差带内对应的时刻($t_{u,in}$)之间的时间间隔。

$$t_{\mathrm{rec}}=(t_{\mathrm{u,in}})-(t_0)$$

3.2.8

恢复电压 U_{rec}[1)]　recovery voltage

指在规定负载状况下最终的稳态电压。

注：通常情况下恢复电压用额定电压的百分数表示。当负载超过额定值时，恢复电压会受到饱和与励磁调节器强励能力的限制。

3.2.9

电压调制 $\hat{U}_{mod}$　voltage modulation

典型频率低于基波频率的稳态电压在准周期内(波峰到波谷)的电压变化，用额定频率和匀速时平均峰值电压的百分数表示，

$$\hat{U}_{\mathrm{mod}}=2\times\frac{\hat{U}_{\mathrm{mod:max}}-\hat{U}_{\mathrm{mod:min}}}{\hat{U}_{\mathrm{mod:max}}+\hat{U}_{\mathrm{mod:min}}}\times 100$$

3.2.10

电压不平衡度　voltage unbalance

a)　负序电压 U_2：指电压中负序分量与正序分量的比值。

b)　零序电压 U_0：指电压中零序分量与正序分量的比值。

电压不平衡度用额定电压的百分数表示。

3.3

电压调整特性　voltage regulation characteristics

在额定转速、一定功率因数的稳态条件下，不对电压调节系统进行任何手动调节时，线电压与负载电流之间的函数曲线。

4　定额

发电机的定额类型应符合 GB 755—2008 的规定。对于往复式内燃机驱动的交流发电机，连续定额(S1 工作制)或离散恒定负载和转速定额(S10 工作制)都适用。

本标准把基于 S1 工作制的连续定额最大值命名为基准连续定额(BR)。此外，对于 S10 工作制，有一个峰值连续定额(PR)，当发电机在此定额下运行时，它的允许温升按不同的热分级可增加一个规定的值。

注：对于 S10 工作制，运行在峰值连续定额(PR)时发电机绝缘结构会加速热老化。因此，用来表示绝缘结构相对预期热寿命因数 TL 就成为标示定额类型的一个重要参数(见 GB 755—2008 中 4.2.10)。

5　温度与温升限值

5.1　基准连续定额

发电机在整个运行条件范围内(即冷却介质温度从最小值到最大值)都能够以基准连续定额(BR)输出，此时，总温度不超过 40 ℃与 GB 755—2008 中表 7 所规定的温升限值之和。见下面注 1。

5.2　峰值连续定额

发电机运行在峰值连续定额时，总温度可能会增加下表所列的数值(见注 1 和注 2)

按 GB/T 11021—2007 热分级	定额＜5 MVA	定额≥5 MVA
130(B)或 155(F)	20 K	15 K
180(H)	25 K	20 K

环境温度低于 10 ℃时，总温度限值应按环境温度每低 1 ℃而降低 1 ℃。

注 1：内燃机的输出可随环境温度的改变而变化。当发电机运行时，它的总温度取决于初级冷却介质的温度，而初级冷介质的温度未必与 RIC 发动机入口处的空气温度有关。

注 2：发电机在如此高的温度下运行时，其绝缘结构的热老化速度是其运行在基准连续定额时热老化速度的 2～6 倍(取决于温度的增加值和规定的绝缘结构)。例如，发电机在峰值连续定额运行 1 h 的绝缘热老化程度大约相当于在基准连续定额运行 2 h～6 h 的绝缘热老化程度。由制造商确定的 TL 值按第 10 章 b)的方式标示在铭牌上是非常重要的。

6 并联运行

6.1 概述

发电机与其他发电机组或电源并联运行时，应该有措施来确保运行的稳定及无功功率的合理分配。通常最有效的措施是通过一个带有附加无功电流分量的信号电路使自动电压调节器动作来实现的。对于无功负载，这种措施会产生一个电压下降特性。

交轴电流补偿(QCC)压降 δ_{qcc} 的大小是指发电机单独运行时，空载电压 U_{n1} 与额定电流、零功率因数(滞后)时电压 U_Q 之间的差值，用额定电压百分数表示。

$$\delta_{qcc} = \frac{U_{n1} - U_Q}{U_N} \times 100$$

注 1：功率因数为 1 的负载实际是不会引起电压下降。

注 2：相同励磁系统完全相同的发电机，当励磁绕组用均压线连接时，在不要求电压下降的情况下可并联运行。当有功功率合理分配时，无功功率的分配能够达到均匀。

注 3：当发电机组的星点直接联在一起并联运行时就会产生环流，尤其是 3 次谐波电流。环流使得电流的有效值增加，这将降低绝缘结构相对预期热寿命。

6.2 机电振动以及频率的影响

发电机组制造商有责任保证其机组与其他机组并联运行稳定。发电机制造商应与其他机组制造商进行合作，以达到该要求。

如果不规则转矩的某个频率接近机电固有频率时就会发生共振。通常电气固有频率在 1 Hz～5 Hz 范围内，因此低转速(100 r/min～180 r/min)的往复式内燃机驱动的发电机组最易发生共振现象。

在发生共振的情况下，发电机组制造商应该给用户提供解决事故的建议，必要时帮助做系统分析，并且希望发电机制造商协助用户调查事故原因。

7 特殊负载条件

7.1 概述

电机除应适用于 GB 755—2008 中规定的负载条件外，也应适用于本标准 7.2～7.6 规定的要求。

注：考虑到本标准中这些要求与 GB 755—2008 不同，需要对特殊负载条件作规定。

7.2 不平衡负载电流

除容量不超过 1 000 kVA 的发电机在端线与中线之间加载时能够在负序电流不大于 10%额定电流条件下连续运行外，其他发电机不平衡负载电流限值应符合 GB 755—2008 中 7.2.3 的要求。

7.3 持续短路电流

发电机在短路状态下，可能需要一个最小的短路电流值(瞬间扰动停止后)持续足够的时间以确保系统保护装置动作。通过一个能够提供规定短路电流的励磁系统可以产生持续短路电流。持续短路电流的大小应该由客户和制造商双方协商来确定。

注：在采用专用继电器或其他装置或方法来达到局部保护的场合或不需要局部保护的场合，持续短路电流是不需要的。

7.4 偶然过电流能力

短时过电流能力应符合 GB 755—2008 中 9.3.2 的规定。

7.5 同步电机总谐波畸变量(THD)

同步电机总谐波畸变量(THD)的限值应符合 GB 755—2008 中 9.11.2 的要求。其线端电压总谐波畸变量(THD)应不超过 5%。

7.6 无线电干扰的抑制

连续或断续干扰的无线电干扰限值应该符合 GB 4343.1—2003 和 GB 17743—2007 的规定。无线电干扰抑制的程度包括端子电压、骚扰功率和场强。这些值应由客户和制造商双方协议来确定。

8 带励磁装置的异步发电机

8.1 概述

异步发电机需要无功功率才能发电。单机运行时，需要有专门的设备来提供励磁，该设备也供给异步发电机负载所需的无功功率。以下的术语和注释适用于异步发电机，此发电机所需的无功功率不是由电网提供，而是由专门内置的励磁设备提供的。

8.2 额定转速与额定转差率(术语和定义见 3.15 和 3.16)

8.3 持续短路电流(见 7.3)

仅当异步发电机带有专门安装的励磁电源时才产生偶然的持续短路电流。

8.4 电压整定范围(见 3.2)

需要一个专门的可控励磁设备对异步发电机电压进行一定范围的调节。

8.5 并联运行(见第 6 章)

带专门励磁设备的异步发电机并联运行时(并联对象为同类发电机或电网)，根据其励磁系统的容量，分配负载所需的无功功率。

异步发电机根据 RIC 发动机的转速，分配负载所需的有功功率。

9 运行限值

描述发电机特性的四个主要性能等级在表 1 中已给出，(性能等级的术语和定义见 GB/T 2820.1—1997 中的 7)

表 1 中的数值仅适用于恒定(额定)转速和从环境温度开始运行的发电机、励磁机和调节器。原动机转速的变化可能引起表格中的数值发生变化。

表 1 运行限值

参数	代号	单位	参考条款	负载变化	功率因数(滞后)	性能等级			
						G1	G2	G3	G4
电压整定范围	ΔU_s	%	3.2.3	1)	额定	≥【±5】 4)			AMP 3)
稳态电压调整率	ΔU_{st}	%	3.2.5	2)	额定	5	2.5	1	AMP
最大瞬态电压降 (6)(7)(8)	δ_{dynU}^{-}	%	3.2.6	0%～100% 5)	额定	−30	−20	−15	AMP

表 1（续）

参数	代号	单位	参考条款	负载变化	功率因数（滞后）	性能等级			
						G1	G2	G3	G4
最大瞬态电压升（6）（7）（8）	$\delta^{+}_{\mathrm{dynU}}$	%	3.2.6	100%～0 5)	额定	35	25	20	AMP
最大电压恢复时间（6）（7）	t_{rec}	s	3.2.7	0%～100% 5) 100%～0%	（0,0.4） 额定	2.5	1.5	1.5	AMP
最大电压不平衡度（9）	$\frac{U_2}{U_0}$	%	3.2.10	1)	额定	1.0	1.0	1.0	1.0

注 1：空载与额定输出（S_N）之间的所有负载。

注 2：空载与额定输出之间所有负载变化。

注 3：AMP＝按制造商与客户之间的协议。

注 4：如果不要求并联运行或固定的电压整定，此项不需要。

注 5：在额定电压，恒定阻抗负载下的负载电流。

注 6：其他功率因数和限值可按协议要求。

注 7：应该注意的是，选择一个较高的瞬态电压性能等级，会导致使用一台容量大很多的发电机，由于瞬态电压与次瞬态电抗之间存在一种相对恒定的关系，因此系统的故障水平也将会提高。

注 8：更高的值可能适用于额定输出大于 5 MVA 和转速不高于 600 r/min 的发电机。

注 9：并联运行时，这些值将会减到 0.5。

10 铭牌

发电机的铭牌应符合 GB 755—2008 的要求。此外，额定输出和功率因数以及定额类型应按如下方法组合标示。

a) 标出基于 S1 工作制的连续定额后，该额定输出应后续标记“BR”（基准连续定额）。例如：

$$S_N = 22\ \text{kVA}(\cos\phi 0.8\ \text{滞后}),\text{BR}$$

b) 标出基于 S10 工作制的离散恒定负载后，基于 S1 工作制的基准连续定额应按 a）中的方法标记。此外，最大额定输出应后续标记“PR”（峰值连续定额）、每年运行的最长时间（见 GB/T 2820.1—1997 中 13.3.2）和相对预期热寿命因数 TL。例如：

$$S_N = 22\ \text{kVA}(\cos\phi 0.8\ \text{滞后}),\text{PR},300\ \text{h},\text{TL} = 0.90$$

有要求时，发电机制造商应为机组制造商提供一条容量曲线或一组数据来表明发电机在冷却介质温度变化范围内运行时允许的输出功率。

附 录 A
（资料性附录）
负载突变时交流发电机的瞬态电压特性

A.1 概述

当发电机承受某种负载突变时，将会出现端电压随时间的某种变化。励磁调节系统的一个作用是检测端电压的这种变化，并且调节励磁使端电压得到恢复。端电压中的最大瞬态偏差是随下列因素变化的：

a) 突变负载的大小、功率因数以及变化的速度；

b) 初始负载的大小、功率因数以及电流与电压之间的关系特性；

c) 励磁调节系统的反应时间与强励能力；

d) 负载突变后，RIC 发动机的转速与时间关系曲线的变化。

瞬态电压性能是包括发电机、励磁机、调节器和内燃机的整个系统的性能特性，不可能只依据发电机的基本数据来确定。附录的内容只适用于发电机及其励磁调节系统。

选择或使用发电机时，经常要求或规定突加某一负载时的最大瞬态电压偏差（电压降）。当客户要求时，假定下列两种情况都适合的前提下，发电机制造商应给出预计的最大瞬态电压偏差。

——交流发电机制造商将发电机、励磁机和调节器作为整体装箱提供给用户；

——发电机制造商可以得到确定调节器（和励磁机，如果使用）瞬态性能的全部数据。

当提供预计的瞬态电压偏差时，以下条件假定是成立的，除非有其他的规定。

a) 恒定（额定）转速；

b) 发电机、励磁机、调节器从环境温度起动，起初在空载、额定电压下运行；

c) 规定使用恒定阻抗性线性负载。

注：预计的瞬态电压偏差是指在发电机机端各相电压变化的平均值，即不考虑由发电机制造商无法控制的因素引起的不对称性。

A.2 电压记录仪的性能

以下的要求是可以达到的：

a) 反应时间≤1 ms；

b) 灵敏度≥1%/mm。

注：使用峰值记录仪时，加载前和卸载后指示仪所读出的稳态机端电压应该用有效值表示，目的是确定瞬态电压的最小值（见图 A.2）。

A.3 示例

输出电压与时间的函数关系用带状图表示，表明负载突变时发电机、励磁机、调节器系统的瞬态性能。应该记录完整的电压包络线，以确定瞬态性能特性。

图 A.1 和图 A.2 给出了两种电压记录仪所记录的带状图。所标记的曲线和计算的范例应作为确定负载突变时发电机-励磁机-调节器系统性能的一个指南。

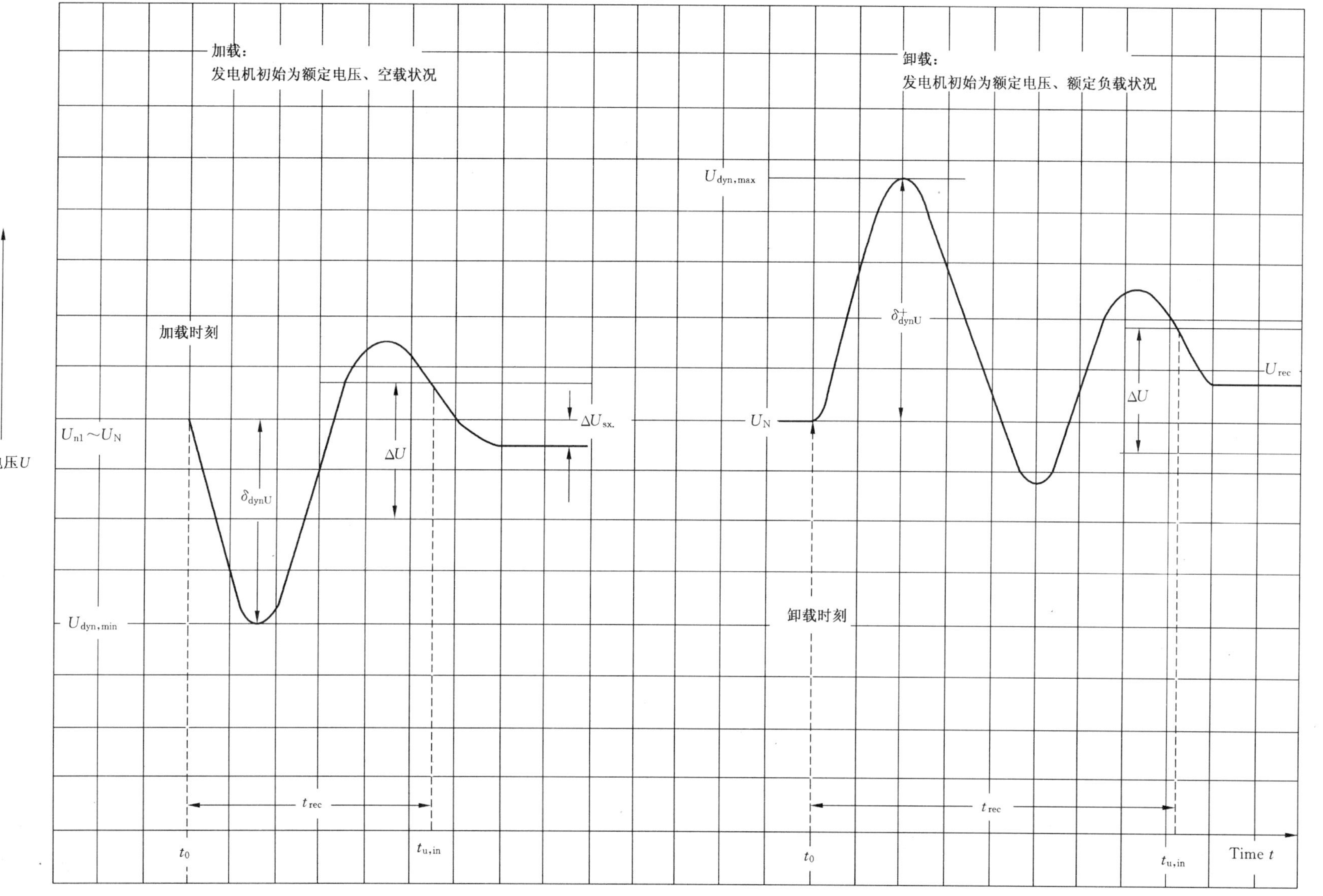

图 A.1 突加，突卸负载时，发电机瞬态电压与时间的关系曲线：电压有效值与时间

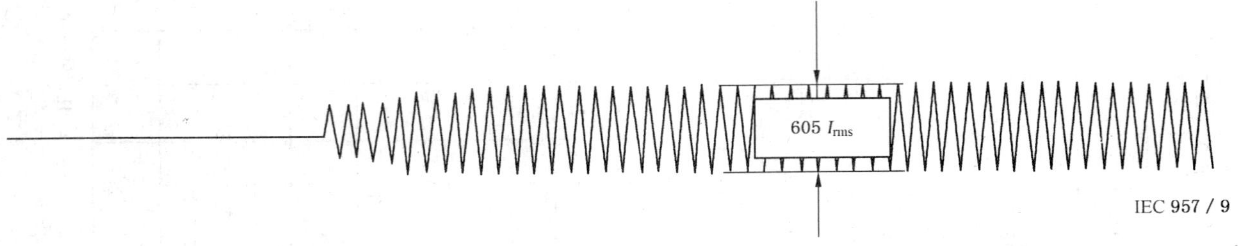

负载电流示波图

用额定电压修正后的负载电流

$$I'_L = I_L \times \frac{U_N}{U_{rec}}$$

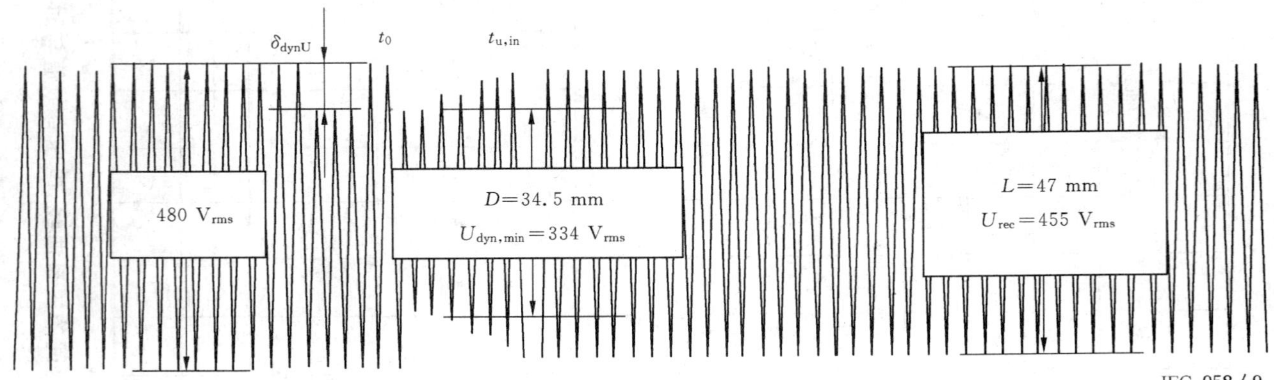

端电压示波图

图 A.2 突加负载时，发电机瞬时电压与时间的关系曲线：瞬时电压与时间

δ^-_{dynU}＝电压降；

U_N＝额定电压；

U_{n1}＝空载电压(电压表读数的有效值)；

L＝恢复电压正负峰间幅值的测量值(mm)；

I'_L＝用额定电压修正后的负载电流值；

I_L＝负载吸收的实际电流值；

U_{rec}＝电压表稳态时读出的恢复电压值(有效值)；

D＝ 最小瞬态电压正负峰间幅值的测量值(mm)；

$U_{dyn,min}$＝计算所得的最小瞬态电压值；

t_0＝加载时刻；

$t_{u,in}$＝电压恢复到指定范围的时刻。

示例：U_N＝480 V；U_{n1}＝480 V $\qquad U_{dyn,min}=\frac{D}{L}\times U_{rec}=\frac{34.5}{47}\times 455=334\ \text{V}$

$$\delta^-_{dynU}=\frac{U_{dyn,min}-U_N}{U_N}\times 100=\frac{334-480}{480}\times 100=-30.4\%$$

A.4 起动电动机负载

推荐以下试验条件以表明同步发电机、励磁机和调节器系统起动电动机的能力。

A.4.1 模拟负载

a) 恒定阻抗(不饱和无功负载)；

b) 功率因数≤0.4 滞后。

注：发电机端电压不能恢复到额定值时，模拟起动电动机负载吸收的电流应该用 U_N/U_{rec} 比值来修正。应该用修正后的电流值和额定电压值来确定实际负载的 kVA 值。

A.4.2 温度

试验应在发电机和励磁系统为环境温度时进行。

A.5 数据说明

瞬态电压调整特性曲线应绘制为电压降(用额定电压的百分数表示)与 kVA 负载(见图 A.3)之间的关系曲线。

对于电压调整范围宽的发电机,当在整个电压调整范围内运行时,工作特性将会发生很明显的变化。因此,为宽电压范围的发电机提供的百分数电压降与 kVA 负载之间的关系曲线应该包括发电机运行范围最端点处的性能,即 208 V~240 V/416 V~480 V。对于电压不连续的发电机,电压降与 kVA 负载之间的关系曲线应该表示出不同额定电压时的性能。

除非另有说明,电压降与 kVA 负载之间的关系曲线应表示某点电压至少恢复到额定电压 90%的状况。如果恢复电压低于额定值的 90%,远离电压降曲线的某一点应标示出来,或者单独提供一条恢复电压和 kVA 负载之间关系的曲线。

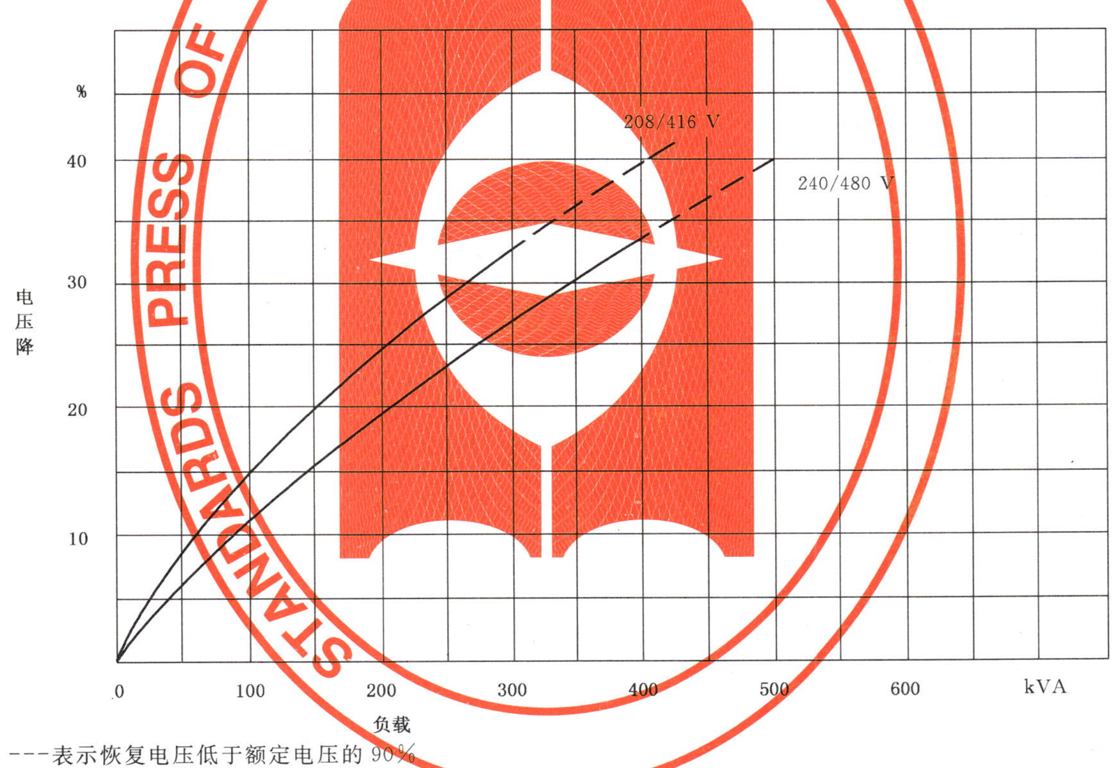

---表示恢复电压低于额定电压的 90%

图 A.3 性能曲线(阶跃负载)($\cos\phi \leqslant 0.3$)

ICS 29.035.20
K 15

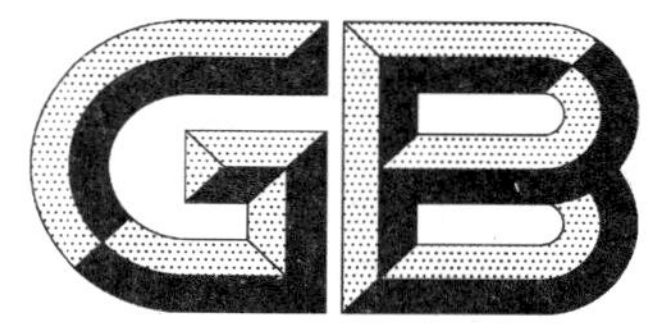

中华人民共和国国家标准

GB/T 23641—2009

电气用纤维增强不饱和聚酯模塑料（SMC/BMC）

Fiber reinforced unsaturated polyester moulding—compounds（SMC and BMC）for electrical purposes

2009-04-21 发布　　2009-11-01 实施

中华人民共和国国家质量监督检验检疫总局
中国国家标准化管理委员会　发布

前　言

本标准修改采用 EN 14598:2005《增强热固性模塑料　片状模塑料(SMC)和块状模塑料(BMC)》。EN 14598:2005 由如下三个部分组成:EN 14598-1　第 1 部分:分类;EN 14598-2　第 2 部分:试验方法和通用要求;EN 14598-3　第 3 部分:规范要求。本标准将 EN 14598:2005 的上述三部分整合成为一个标准。

本标准在编写格式及技术内容方面均与 EN 14598:2005 有所不同,主要差异如下:

a) 将 EN 14598 各部分的"规范性引用文件"一章中所列有关引用标准转化成国家标准并增加引用标准"GB/T 2547—2008　塑料　取样方法";

b) 将 EN 14598-2 中的表 3"性能和试验条件"进行了重新编辑,并将其做为规范性附录 A;

c) 删除了 EN 14598-3 中非电气用的六个 SMC 产品、四个 BMC 产品,并将 EN 14598-3 中的表 1.1～表 1.4 和表 2.1～表 2.4 合并成表 5.1～表 5.3,表 3.1～表 3.3 和表 4.1～表 4.3 合并成表 6.1～表 6.2;

d) 增加了对材料(SMC 和 BMC)"外观"和"温度指数(TI)"的要求;

e) 增加了对材料(SMC 和 BMC)"浸水后绝缘电阻"、"耐电痕化指数"和"耐电弧"的要求;

f) 增加了"检验、包装、标志、运输和贮存"一章。

本标准附录 A 为规范性附录。

本标准由中国电器工业协会提出。

本标准由全国绝缘材料标准化技术委员会(SAC/TC 51)归口。

本标准负责起草单位:桂林电器科学研究所。

本标准参加起草单位:浙江省乐清树脂厂、浙江南方塑胶制造有限公司、无锡斯菲特电器有限公司、四川东材科技集团股份有限公司、国家绝缘材料工程技术研究中心、北京福润德复合材料有限责任公司、金陵帝斯曼树脂有限公司、镇江育达复合材料有限公司、宁波华缘玻璃钢电器制造有限公司、乐清市中力树脂制品有限公司、乐清市华东树脂电器厂、常州晨光玻璃钢复合材料有限公司、宁波奇乐电器有限公司、江苏常熟市宏业塑料复合材料有限公司、无锡新宏泰电器有限责任公司。

本标准主要起草人:马林泉、徐贤开、陈永水、王井武、赵平、许自贵、张文波、祖向阳、鲁平才、张文武、林平、林文光、邹玉萍、冯嘉耀、徐林葆、夏宏伟。

本标准为首次发布。

电气用纤维增强不饱和聚酯模塑料（SMC/BMC）

1 范围

本标准规定了电气用纤维增强不饱和聚酯片状模塑料（SMC）和块状模塑料（BMC）的产品分类命名、性能要求、试验方法、检验规则、标志、包装、运输和贮存。

本标准适用于以不饱和聚酯树脂和乙烯基树脂为基体，以玻璃纤维为增强材料制成的电气用纤维增强片状模塑料（SMC）和块状模塑料（BMC）。

2 规范性引用文件

下列文件中的条款通过本标准的引用而成为本标准的条款。凡是注日期的引用文件，其随后所有的修改单（不包括勘误的内容）或修订版均不适用于本标准。然而，鼓励根据本标准达成协议的各方研究是否可使用这些文件的最新版本。凡是不注日期的引用文件，其最新版本适用于本标准。

GB/T 1033.1—2008 塑料 非泡沫塑料密度的测定 第1部分：浸渍法、液体比重瓶法和滴定法（ISO 1183-1:2004,IDT）

GB/T 1034—2008 塑料 吸水性的测定（ISO 62:2008,IDT）

GB/T 1040.1—2006 塑料 拉伸性能的测定 第1部分：总则（ISO 527-1:1993,IDT）

GB/T 1040.2—2006 塑料 拉伸性能的测定 第2部分：模塑和挤塑塑料的试验条件（ISO 527-2:1993,IDT）

GB/T 1040.4—2006 塑料 拉伸性能的测定 第4部分：各向同性和正交各向异性纤维增强复合材料的试验条件（ISO 527-4:1997,IDT）

GB/T 1043.1—2008 塑料 简支梁冲击性能的测定 第1部分：非仪器化冲击试验（ISO 179-1:2000,IDT）

GB/T 1408.1—2006 绝缘材料电气强度试验方法 第1部分：工频下试验（IEC 60243-1:1998,IDT）

GB/T 1409—2006 测量电气绝缘材料在工频、音频、高频（包括米波在内）下电容率和介质损耗因数的推荐方法（IEC 60250:1969,MOD）

GB/T 1410—2006 固体绝缘材料体积电阻率和表面电阻率试验方法（IEC 60093:1980,IDT）

GB/T 1411—2002 干固体绝缘材料 耐高电压、小电流电弧放电的试验（IEC 61621:1997,IDT）

GB/T 1447—2005 纤维增强塑料拉伸性能试验方法（ISO 527-4:1997,NEQ）

GB/T 1448—2005 纤维增强塑料压缩性能试验方法

GB/T 1449—2005 纤维增强塑料弯曲性能试验方法（ISO 14125:1998,NEQ）

GB/T 1634.2—2004 塑料 负荷变形温度的测定 第2部分：塑料、硬橡胶和长纤维增强复合材料（ISO 75-2:2003,IDT）

GB/T 1844.1—2008 塑料 符号和缩略语 第1部分：基础聚合物及其特征性能（ISO 1043-1:2001,IDT）

GB/T 1844.2—2008 塑料 符号和缩略语 第2部分：填充及增强材料（ISO 1043-2:2000,IDT）

GB/T 2035—2008 塑料术语及其定义（ISO 472:1999,IDT）

GB/T 2406.1—2008 塑料 用氧指数法测定燃烧行为 第1部分：导则（ISO 4589-1:1996,IDT）

GB/T 2547—2008 塑料 取样方法

GB/T 4207—2003 固体绝缘在潮湿条件相比电痕化指数和耐电痕化指数的测定方法(IEC 60112:1979,IDT)

GB/T 5169.12—2006 电工电子产品着火危险试验 第12部分:灼热丝/热丝基本试验方法 材料的灼热丝可燃性试验方法(IEC 60695-2-12:2000,IDT)

GB/T 5169.16—2008 电工电子产品着火危险试验 第16部分:试验火焰50 W水平与垂直火焰试验方法(IEC 60695-11-10:2003,IDT)

GB/T 5471—2008 塑料 热固性塑料试样的压塑(ISO 295:2004,IDT)

GB/T 6553—2003 评定在严酷环境条件下使用的电气绝缘材料耐电痕化和蚀损的试验方法(IEC 60587:1984,IDT)

GB/T 10064—2006 测定固体绝缘材料绝缘电阻的试验方法(IEC 60167:1964,IDT)

GB/T 11026.1—2003 电气绝缘材料 耐热性 第1部分:老化程序和试验结果的评价(IEC 60216-1:2001,IDT)

ISO 1172:1996 纺织玻璃纤维增强塑料 预浸料、模塑料和层压塑料 纺织玻璃纤维和矿物质填料含量的测定 煅烧法

ISO 1268-8 纤维增强塑料 加工试片方法 第8部分:SMC和BMC的压制模塑

ISO 1268-10 纤维增强塑料 加工试片方法 第10部分:BMC和其他长纤维模塑料的注射模塑 一般原则及多用途试样的模塑

ISO 1268-11 纤维增强塑料 加工试片方法 第11部分:BMC和其他长纤维模塑料的注射模塑 小片试样

ISO 2577 塑料 热固性模塑料 收缩率的测定

ISO 3167:2002 塑料 多用途试样

ISO 11359-2:1999 塑料 热力学分析(TMA) 第2部分:线性热膨胀系数和玻璃化转变温度的测定

ISO 11667:1997 纤维增强塑料 模塑料和预浸料 树脂、增强纤维和矿物质填料含量的测定 溶解法

ISO 14126:1999 纤维增强塑料 平面方向压缩性能的测定

IEC 60296:2003 电工流体 变压器和开关用的未使用过的矿物绝缘油

IEC 60707:1981 测定固体电气绝缘材料暴露在引燃源后燃烧性能的试验方法

3 术语和定义

GB/T 2035—2008确立的以及下列术语和定义适用于本标准。

3.1

片状模塑料(SMC) Sheet moulding compound (SMC)

热固性模塑料,片状。

3.2

块状模塑料(BMC) Bulk moulding compound (BMC)

热固性模塑料,块状。

3.3

UP-SMC或UP-BMC UP-SMC or UP-BMC

以不饱和聚酯树脂为基制成的增强热固性模塑料。

3.4

VE-SMC或VE-BMC VE-SMC or VE-BMC

以乙烯基树脂为基制成的增强热固性模塑料。

4 分类命名

4.1 总则

分类命名是基于纤维增强模塑料的形状描述、组成、加工/制造方法、典型性能或特殊性能进行的(见表1),并按上述顺序以字母代码组合而成,其中描述码与代码组1之间加“—”,其他各代码组之间加“,”。

表1 纤维增强模塑料(SMC和BMC)分类命名方法

描述代码 (SMC或BMC)	代码组1 (组成代码)	代码组2 (加工/制造工艺代码)	代码组3 (典型性能代码)

4.2 代码组1(组成代码)

共由4项组成,分别按下述顺序标识。

第1项:符合GB/T 1844.1—2008规定的基体树脂代号标识,例如UP或VE。

第2项:符合GB/T 1844.1—2008规定的增强材料和/或填料的种类代号标识(见表2)。

第3项:符合GB/T 1844.2—2008规定的增强材料和/或填料的形态代号标识(见表2)。

第4项:符合表2规定的增强材料和/或填料标称含量标识(见表2)。

混合材料和/或混合形态可通过用“+”将相关的代码组合在一起并整体放入括弧中来标识,例如由20%玻璃纤维(GF)和20%矿物粉(MD)的混合组成可标识为GF20+MD20或(GF+MD)20。

4.3 代码组2(加工/制造工艺代码)

见表3,例如模压成型用Q表示,注射成型用M表示,传递成型用T表示。

4.4 代码组3(典型性能代码)

共由2项组成,分别按下述顺序标识。

第1项:典型性能代码,见表4。

第2项:温度指数。

第1项与第2项按之间加“/”。

4.5 示例

示例1:

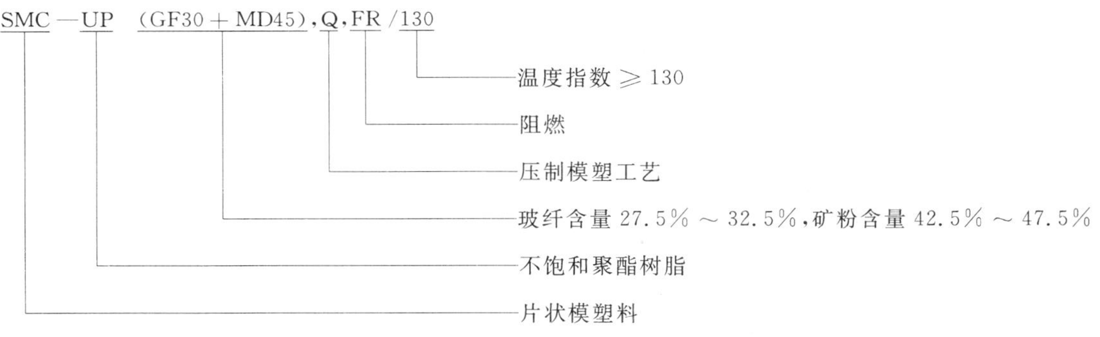

示例2:

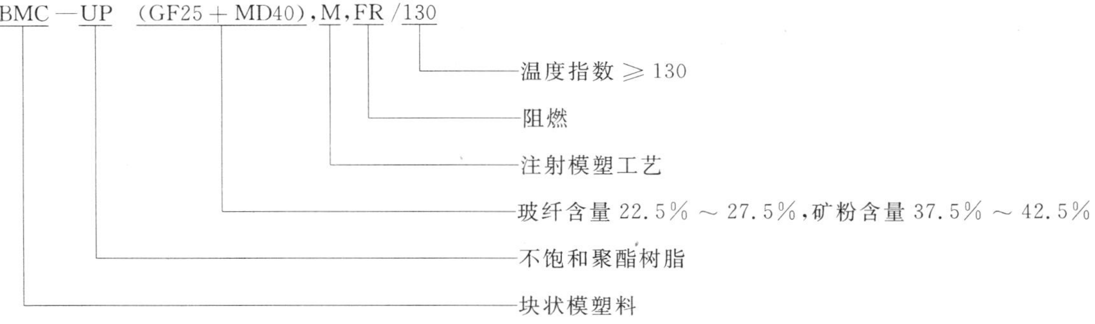

示例 3：

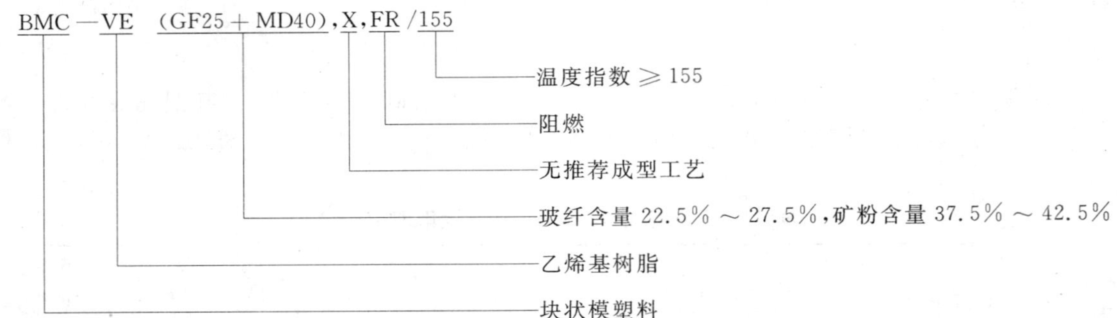

表 2 填料/增强材料的种类、形态、含量百分数代码

填料/增强材料的种类 GB/T 1844.2—2008		填料/增强材料的形态 GB/T 1844.2—2008		含量百分数代码	
A	芳香胺	B	球状；空心珠状；粒状	05	<7.5%
B	硼	C	碎片；切片	10	(7.5～12.5)%
C	碳	D	粉状；粉末	15	(12.5～17.5)%
D	三水合氧化铝	F	纤维	20	(17.5～22.5)%
E	粘土	F1	标准纤维	25	(22.5～27.5)%
G	玻璃	F2	短切纤维	30	(27.5～32.5)%
K	碳酸钙	G	谷粉	35	(32.5～37.5)%
L1	纤维素	K	编织品	40	(37.5～42.5)%
L2	棉	M1	机械法粘合连续毡	45	(42.5～47.5)%
M	矿物	M2	化学法粘合连续毡	50	(47.5～52.5)%
P	云母	M3	机械法粘合短切毡	55	(52.5～57.5)%
Q	二氧化硅	M4	化学法粘合短切毡	60	(57.5～62.5)%
R	再生材料	N	非织布	65	(62.5～67.5)%
S	合成有机物	P	纸	70	(67.5～72.5)%
T	滑石	S	鳞状、薄片	75	(72.5～77.5)%
W	木材	T	绳	80	(77.5～82.5)%
X	无表示	U	单向连续	85	(82.5～87.5)%
Z	其他	W	纺织品	90	(87.5～92.5)%
		X	无表示	95	(92.5～97.5)%
		Z	其他		

表 3 推荐的成型工艺方法代码

G	通用	T	传递模塑
M	注射模塑	X	无推荐成型工艺
Q	压制模塑	Z	其他

表 4 典型性能代码

C	化学性能	FR1	自熄性
C1	耐化学性	FR2	自熄性
C2	耐水解	M	机械性能
D	密度	N	食品级
E	电气性能	O	光学性能
E1	表面电阻率	S	表面性能
E2	介质损耗因数	S1	低收缩(LS)
E3	体积电阻率	S2	低轮廓(LP)
E4	防静电性	S3	低轮廓,A 级表面(LP-A)
E5	耐电痕化指数	T	耐温
E6	耐紫外线	R	含再生材料
FR	阻燃	UD	含连续纤维

5 要求

5.1 总则

符合本标准的片状模塑料、块状模塑料和成型后的试样应符合表 5.1 至表 5.3 和表 6.1 至表 6.2 中所列相关性能要求,其中带“*”者(共 22 项)为必须满足的性能要求,其余为可供选择的性能要求。

本标准在流变特性和工艺特性方面无特别的限定。但对于某些应用场合,为便于使用,应在合同中规定这方面相关的特性,例如固化时间、放热峰和流动性等,其试验方法及试验条件应由供需双方商定。

5.2 填料/增强材料的类型和含量

应与第 4 章规定的分类命名相一致。

5.3 再生材料的使用

所有的配方可包含再生的材料。值得注意的是当再生材料含量超过 10%时,一些性能或许会发生变化。

5.4 外观

成型后的标准试样应表面平整、光滑、色泽均匀,无气泡和裂纹。

5.5 性能要求

5.5.1 片状模塑料(SMC)

应符合表 5.1～表 5.3 的规定。

5.5.2 块状模塑料(BMC)

应符合表 6.1～表 6.2 的规定。

6 试样制备

6.1 总则

无论采取何种制样工艺(注射模塑或压制模塑),同批试样均应采用相同的工艺条件。

制样前、制样时应有预防措施以防止苯乙烯从材料中挥发。

6.2 材料的预处理

对于注射模塑,材料在加工前通常不需要处理,若需处理时应按制造商的说明进行。

对于压制模塑,材料应按 ISO 1268-8 规定进行。

表 5.1 SMC 性能要求

性能	单位	要求				
		UP-SMC				
		GF15,G	GF20,G	GF25,G	GF25,G	GF30,Q
1 机械性能						
1.1 拉伸弹性模量*	MPa	≥7 000	≥8 000	≥8 500	≥9 000	≥10 500
1.2 断裂拉伸应力*	MPa	≥40	≥45	≥50	≥55	≥70
1.3 断裂拉伸应变*	%	≥1.2	≥1.5	≥1.5	≥1.4	≥1.4
1.4 压缩弹性模量	MPa	≥8 000	≥8 500	≥9 000	≥9 500	≥10 500
1.5 压缩强度	MPa	≥140	≥140	≥160	≥160	≥165
1.6 弯曲弹性模量*	MPa	≥7 000	≥8 500	≥9 000	≥95 00	≥10 500
1.7 弯曲强度*	MPa	≥100	≥120	≥145	≥150	≥165
1.8 简支梁冲击强度（无缺口）*	kJ/m^2	≥35	≥40	≥50	≥60	≥70
2 热性能						
2.1 负荷变形温度（T_{ff}1.8）*	℃	≥180	≥180	≥180	≥190	≥200
2.2 线性热膨胀系数*	$10^{-6}/K$	≤18	≤18	≤18	≤18	≤18
2.3 温度指数(TI)*	—	≥130	≥130	≥130	≥130	≥130
3 电性能						
3.1 电气强度（常态油中）*	kV/mm	≥22	≥22	≥21	≥21	≥20
3.2 相对电容率(100 Hz)*	—	待定	待定	≤4.5	≤4.5	≤4.5
3.3 介质损耗因数(100 Hz)*	—	≤0.02	≤0.02	≤0.02	≤0.02	≤0.02
3.4 绝缘电阻* 常态	Ω	$\geq 1.0\times10^{13}$	$\geq 1.0\times10^{13}$	$\geq 1.0\times10^{13}$	$\geq 1.0\times10^{13}$	$\geq 1.0\times10^{13}$
3.4 绝缘电阻* 浸水后	Ω	$\geq 1.0\times10^{12}$	$\geq 1.0\times10^{12}$	$\geq 1.0\times10^{12}$	$\geq 1.0\times10^{12}$	$\geq 1.0\times10^{12}$
3.5 体积电阻率*	Ω·m	$\geq 1.0\times10^{11}$	$\geq 1.0\times10^{11}$	$\geq 1.0\times10^{12}$	$\geq 1.0\times10^{12}$	$\geq 1.0\times10^{12}$
3.6 表面电阻率*	Ω	$\geq 1.0\times10^{12}$	$\geq 1.0\times10^{12}$	$\geq 1.0\times10^{12}$	$\geq 1.0\times10^{12}$	$\geq 1.0\times10^{12}$
3.7 耐电痕化指数(PTI)*	—	≥600	≥600	≥600	≥600	≥600
3.8 耐电痕化	级	不低于 1A2.5	不低于 1A2.5	不低于 1A2.5	不低于 1A2.5	不低于 1A2.5
3.9 耐电弧*	s	≥180	≥180	≥180	≥180	≥180
4 可燃性和燃烧特性						
4.1 燃烧性*	级	不次于 HB-40	不次于 HB-40	不次于 HB-40	不次于 V1	不次于 V0
4.2 炽热棒*	级	不次于 BH2-95	不次于 BH2-95	不次于 BH2-95	不次于 BH2-30	不次于 BH2-10
4.3 氧指数	%	≥22	≥22	≥22	≥22	≥28
4.4 灼热丝可燃性试验	℃	≥650	≥650	≥650	≥850	≥850
5 理化性能						
5.1 密度*	g/cm^3	1.70～1.95	1.70～1.95	1.70～1.95	1.70～1.95	1.70～1.95
5.2 模塑收缩率*	%	≤0.15	≤0.15	≤0.15	≤0.14	≤0.12
5.3 吸水性	%	≤0.2	≤0.2	≤0.2	≤0.2	≤0.2
6 流变和工艺特性						
6.1 玻璃纤维含量*	%	15±2.5	20±2.5	25±2.5	25±2.5	32±2.5
7 附注						
7.1 特征		标准	标准	标准,E	LS,E,FR	LS,E,FR,M

表 5.2 SMC 性能要求

性　　能	单　位	要　　求				
		UP-SMC				
		GF30,Q	GF30,Q	GF25,Q、M、T	GF25,Q	GF25,Q
1 机械性能						
1.1 拉伸弹性模量[a]	MPa	≥10 500	≥10 000	≥10 000	≥90 00	≥9 000
1.2 断裂拉伸应力[a]	MPa	≥70	≥65	≥55	≥70	≥55
1.3 断裂拉伸应变[a]	%	≥1.4	≥1.5	≥1.4	≥1.5	≥1.5
1.4 压缩弹性模量	MPa	≥10 500	≥10 500	≥9 500	≥10 500	≥10 000
1.5 压缩强度	MPa	≥160	≥160	≥145	≥145	≥160
1.6 弯曲弹性模量[a]	MPa	≥10 500	≥9 500	≥9 500	≥9 000	≥9 000
1.7 弯曲强度[a]	MPa	≥165	≥155	≥140	≥160	≥155
1.8 简支梁冲击强度（无缺口）[a]	kJ/m²	≥70	≥55	≥55	≥70	≥60
2 热性能						
2.1 负荷变形温度（T_{ff}1.8）[a]	℃	≥200	≥190	≥180	≥200	≥200
2.2 线性热膨胀系数[a]	10^{-6}/K	≤16	≤16	≤17	≤16	≤14
2.3 温度指数（TI）[a]	—	≥130	≥130	≥130	≥130	≥130
3 电性能						
3.1 电气强度（常态油中）[a]	kV/mm	≥20	≥20	≥20	≥20	≥20
3.2 相对电容率（100 Hz）[a]	—	≤4.5	≤4.5	≤4.5	待定	待定
3.3 介质损耗因数（100 Hz）[a]	—	≤0.02	≤0.02	≤0.02	≤0.02	≤0.02
3.4 绝缘电阻[a] 常态	Ω	$\geq 1.0\times10^{13}$	$\geq 1.0\times10^{13}$	$\geq 1.0\times10^{13}$	$\geq 1.0\times10^{13}$	$\geq 1.0\times10^{13}$
3.4 绝缘电阻[a] 浸水后	Ω	$\geq 1.0\times10^{12}$	$\geq 1.0\times10^{12}$	$\geq 1.0\times10^{12}$	$\geq 1.0\times10^{12}$	$\geq 1.0\times10^{12}$
3.5 体积电阻率[a]	Ω·m	$\geq 1.0\times10^{12}$	$\geq 1.0\times10^{12}$	$\geq 1.0\times10^{12}$	$\geq 1.0\times10^{12}$	$\geq 1.0\times10^{12}$
3.6 表面电阻率[a]	Ω	$\geq 1.0\times10^{12}$	$\geq 1.0\times10^{12}$	$\geq 1.0\times10^{12}$	$\geq 1.0\times10^{12}$	$\geq 1.0\times10^{12}$
3.7 耐电痕化指数（PTI）[a]	—	≥600	≥600	≥600	≥600	≥600
3.8 耐电痕化	级	不低于 1A2.5	不低于 1A2.5	不低于 1A2.5	不低于 1A2.5	不低于 1A2.5
3.9 耐电弧[a]	s	≥180	≥180	≥180	≥180	≥180
4 可燃性和燃烧特性						
4.1 燃烧性[a]	级	不次于 V1	不次于 V0	不次于 V0	不次于 HB	不次于 V0
4.2 炽热棒[a]	级	不次于 BH2-30	不次于 BH2-10	不次于 BH2-10	不次于 BH2-95	不次于 BH1
4.3 氧指数	%	≥28	≥31	≥32	≥22	≥32
4.4 灼热丝可燃性试验	℃	≥850	≥960	≥960	≥650	≥960
5 理化性能						
5.1 密度[a]	g/cm³	1.70～1.95	1.70～1.95	1.70～1.95	1.70～1.95	1.80～2.00
5.2 模塑收缩率[a]	%	≤0.12	≤0.07	≤0.07	≤0.06	0.0
5.3 吸水性	%	—	—	—	≤0.2	≤0.2
6 流变和工艺特性						
6.1 玻璃纤维含量[a]	%	32±2.5	30±2.5	25±2.5	25±2.5	25±2.5
7 附注						
7.1 特征		LS,E,FR,M	LS,E,FR	LS,E,FR	LS,C	LP,高阻燃

表 5.3 SMC 性能要求

性　　能	单　位	要　　求					
		UP-SMC			VE-SMC		
		GF25,Q	GF30,Q	GF35,Q	GF25,Q	GF50,Q	GF50,Q
1 机械性能							
1.1 拉伸弹性模量(纵向/横向)*	MPa	≥10 500	≥10 000	≥18 000/9 000	≥9 500	≥13 000	≥25 000/11 000
1.2 断裂拉伸应力(纵向/横向)*	MPa	≥60	≥60	≥200/29	≥80	≥160	≥320/50
1.3 断裂拉伸应变(纵向/横向)*	%	≥1.4	≥1.2	≥1.7/0.8	≥1.4	≥1.8	≥1.5/0.9
1.4 压缩弹性模量(纵向/横向)	MPa	≥10 500	≥9 500	≥17 000/8 000	≥9 500	≥12 000	≥21 000/10 000
1.5 压缩强度(纵向/横向)	MPa	≥160	≥160	≥330/150	≥150	≥250	≥450/160
1.6 弯曲弹性模量(纵向/横向)*	MPa	≥10 500	≥9 000	≥18 000/5 500	≥9 500	≥12 000	≥24 000/9 000
1.7 弯曲强度(纵向/横向)	MPa	≥155	≥160	≥500/75	≥160	≥280	≥450/160
1.8 简支梁冲击强度(无缺口,纵向/横向)*	kJ/m^2	≥60	≥70	≥180/35	≥80	≥150	≥280/50
2 热性能							
2.1 负荷变形温度(T_{ff}1.8)*	℃	≥200	≥180	200	200	180	190
2.2 线性热膨胀系数(纵向/横向)*	$10^{-6}/K$	≤18	≤16	≤12/25	≤16	≤14	≤11/25
2.3 温度指数(TI)*	—	≥130	≥130	≥130	≥155	≥155	≥155
3 电性能							
3.1 电气强度(常态油中)*	kV/mm	≥20	—	≥18	≥20	≥18	≥18
3.2 相对电容率(100 Hz)*	—	≤4.5	—	≤4.5	≤5.0	≤5.0	≤5.0
3.3 介质损耗因数(100 Hz)*	—	≤0.02	—	≤0.02	≤0.02	≤0.02	≤0.02
3.4 绝缘电阻* 常态	Ω	$\geq 1.0\times 10^{15}$	$1.0\times 10^{6}\sim 1.0\times 10^{9}$	$\geq 1.0\times 10^{13}$	$\geq 1.0\times 10^{13}$	$\geq 1.0\times 10^{13}$	$\geq 1.0\times 10^{13}$
3.4 绝缘电阻* 浸水后	Ω	$\geq 1.0\times 10^{13}$	—	$\geq 1.0\times 10^{12}$	$\geq 1.0\times 10^{12}$	$\geq 1.0\times 10^{12}$	$\geq 1.0\times 10^{12}$
3.5 体积电阻率*	Ω·m	$\geq 1.0\times 10^{13}$	$1.0\times 10^{6}\sim 1.0\times 10^{9}$	$\geq 1.0\times 10^{12}$	$\geq 1.0\times 10^{12}$	$\geq 1.0\times 10^{12}$	$\geq 1.0\times 10^{12}$
3.6 表面电阻率*	Ω	$\geq 1.0\times 10^{14}$	$1.0\times 10^{7}\sim 1.0\times 10^{10}$	$\geq 1.0\times 10^{12}$	$\geq 1.0\times 10^{12}$	$\geq 1.0\times 10^{12}$	$\geq 1.0\times 10^{12}$

表 5.3（续）

性能	单位	要求					
		UP-SMC			VE-SMC		
		GF25,Q	GF30,Q	GF35,Q	GF25,Q	GF50,Q	GF50,Q
3.7 耐电痕化指数(PTI)*	—	≥600	—	≥600	≥600	≥600	≥600
3.8 耐电痕化	级	不低于 1A2.5	—	不低于 1A2.5	不低于 1A2.5	不低于 1A2.5	不低于 1A2.5
3.9 耐电弧*	s	≥180	—	≥180	≥180	≥180	≥180
4 可燃性和燃烧特性							
4.1 燃烧性*	级	不次于 HB-40	不次于 V0	不次于 HB-40	不次于 HB-40	不次于 HB-40	不次于 HB-40
4.2 炽热棒*	级	不次于 BH2-95	不次于 BH2-10	不次于 BH2-95	不次于 BH2-95	不次于 BH2-95	不次于 BH2-95
4.3 氧指数	%	≥22	≥22	≥22	≥22	≥23	≥24
4.4 灼热丝可燃性试验	℃	≥650	≥650	≥650	≥650	≥650	≥650
5 理化性能							
5.1 密度*	g/cm³	1.70～1.95	1.70～1.95	1.70～1.95	1.70～1.95	1.70～1.95	1.70～1.95
5.2 模塑收缩率*	%	≤0.03	≤0.14	≤−0.03/0.24	≤−0.05	≤0.03	≤−0.03/0.25
5.3 吸水性	%	≤0.2	≤0.2	≤0.2	≤0.2	≤0.2	≤0.2
6 流变和工艺特性							
6.1 玻璃纤维含量*	%	25±2.5	30±2.5	35±2.5	25±2.5	50±2.5	50±2.5
7 附注							
7.1 特征		LS,E3	LS,FR,E4	LS,M,UD	LS,M,T	LS,M,T	LS,M,T,UD

表 6.1 **BMC 性能要求**

性能	单位	要求				
		UP-BMC				
		GF10,G	GF15,G	GF20,G	GF20,G	GF20,G
1 机械性能						
1.1 拉伸弹性模量*	MPa	≥10 000	≥11 000	≥12 000	≥12 000	≥10 500
1.2 断裂拉伸应力*	MPa	≥20	≥25	≥30	≥25	≥25
1.3 断裂拉伸应变*	%	≥0.3	≥0.3	≥0.3	≥0.3	≥0.3
1.4 压缩弹性模量	MPa	≥10 000	≥10 000	≥10 000	≥10 000	≥10 500
1.5 压缩强度	MPa	≥120	≥120	≥160	≥160	≥145
1.6 弯曲弹性模量*	MPa	≥7 000	≥8 000	≥8 500	≥8 500	≥9 000
1.7 弯曲强度*	MPa	≥80	≥90	≥100	≥90	≥90
1.8 简支梁冲击强度(无缺口)*	kJ/m²	≥20	≥25	≥30	≥25	≥25

表 6.1（续）

性能	单位	要求				
		UP-BMC				
		GF10,G	GF15,G	GF20,G	GF20,G	GF20,G
2 热性能						
2.1 负荷变形温度（T_{ff}1.8）*	℃	≥180	≥180	≥180	≥180	≥180
2.2 线性热膨胀系数*	10^{-6}/K	≤18	≤18	≤18	≤18	≤18
2.3 温度指数（TI）*	—	≥130	≥130	≥130	≥130	≥130
3 电性能						
3.1 电气强度（常态油中）*	kV/mm	≥20	≥20	≥20	≥20	≥20
3.2 相对电容率（100 Hz）*	—	≤4.8	≤4.8	≤4.8	≤4.5	≤4.8
3.3 介质损耗因数（100 Hz）*	—	≤0.02	≤0.02	≤0.02	≤0.02	≤0.02
3.4 绝缘电阻* 常态	Ω	$\geq 1.0\times 10^{13}$	$\geq 1.0\times 10^{13}$	$\geq 1.0\times 10^{13}$	$\geq 1.0\times 10^{13}$	$\geq 1.0\times 10^{13}$
3.4 绝缘电阻* 浸水后	Ω	$\geq 1.0\times 10^{12}$	$\geq 1.0\times 10^{12}$	$\geq 1.0\times 10^{12}$	$\geq 1.0\times 10^{12}$	$\geq 1.0\times 10^{12}$
3.5 体积电阻率*	Ω·m	$\geq 1.0\times 10^{11}$	$\geq 1.0\times 10^{11}$	$\geq 1.0\times 10^{12}$	$\geq 1.0\times 10^{12}$	$\geq 1.0\times 10^{12}$
3.6 表面电阻率*	Ω	$\geq 1.0\times 10^{12}$	$\geq 1.0\times 10^{12}$	$\geq 1.0\times 10^{12}$	$\geq 1.0\times 10^{12}$	$\geq 1.0\times 10^{12}$
3.7 耐电痕化指数（PTI）*	—	≥600	≥600	≥600	≥600	≥600
3.8 耐电痕化	级	不低于 1A2.5	不低于 1A2.5	不低于 1A2.5	不低于 1A2.5	不低于 1A2.5
3.9 耐电弧*	s	≥180	≥180	≥180	≥180	≥180
4 可燃性和燃烧特性						
4.1 燃烧性*	级	不次于 HB-40	不次于 HB-40	不次于 HB-40	不次于 V0	不次于 V0
4.2 炽热棒*	级	不次于 BH2-95	不次于 BH2-95	不次于 BH2-95	不次于 BH2-10	不次于 BH2-10
4.3 氧指数	%	≥22	≥22	≥22	≥22	≥40
4.4 灼热丝可燃性试验	℃	≥650	≥650	≥650	≥850	≥850
5 理化性能						
5.1 密度*	g/cm^3	1.85～2.00	1.85～2.00	1.85～2.00	1.85～2.00	1.85～2.00
5.2 模塑收缩率*	%	≤0.15	≤0.15	≤0.15	≤0.14	≤0.12
5.3 吸水性	%	≤0.2	≤0.2	≤0.2	≤0.2	≤0.2
6 流变和工艺特性						
6.1 玻璃纤维含量*	%	10±2.5	15±2.5	20±2.5	20±2.5	20±2.5
7 附注						
7.1 特征		标准	标准	标准,E	LS,E,FR	LS,E,FR,M

表 6.2 BMC 性能要求

性能		单位	要求				
			UP-BMC				VE-BMC
			GF25,G	GF25,G	GF20,G	GF25,G	GF25,G
1 机械性能							
1.1 拉伸弹性模量*		MPa	≥12 500	≥10 500	≥11 000	≥12 500	≥11 000
1.2 断裂拉伸应力*		MPa	≥25	≥25	≥20	≥25	≥30
1.3 断裂拉伸应变*		%	≥0.3	≥0.3	≥0.3	≥0.3	≥0.4
1.4 压缩模量		MPa	≥10 500	≥9 500	≥10 500	≥10 500	≥9 000
1.5 压缩强度		MPa	≥160	≥145	≥130	≥120	≥100
1.6 弯曲弹性模量*		MPa	≥10 500	≥9 000	≥9 000	≥9 500	≥9 500
1.7 弯曲强度*		MPa	≥100	≥90	≥80	≥90	≥155
1.8 简支梁冲击强度(无缺口)*		kJ/m^2	≥25	≥25	≥18	≥20	≥30
2 热性能							
2.1 负荷变形温度(T_{ff}1.8)*		℃	≥180	≥180	≥190	≥180	≥160
2.2 线性热膨胀系数*		$10^{-6}/K$	≤16	≤17	≤10	≤18	≤17
2.3 温度指数(TI)*		—	≥130	≥130	≥130	≥130	≥155
3 电性能							
3.1 电气强度(常态油中)*		kV/mm	≥20	≥22	≥25	—	≥20
3.2 相对电容率(100 Hz)*		—	≤4.5	≤4.5	≤4.5	—	≤4.5
3.3 介质损耗因数(100 Hz)*		—	≤0.02	≤0.02	≤0.02	—	≤0.02
3.4 绝缘电阻*	常态	Ω	$\geq 1.0\times10^{13}$	$\geq 1.0\times10^{13}$	$\geq 1.0\times10^{14}$	$1.0\times10^{6}\sim1.0\times10^{9}$	$\geq 1.0\times10^{13}$
	浸水后		$\geq 1.0\times10^{12}$	$\geq 1.0\times10^{12}$	$\geq 1.0\times10^{13}$	—	$\geq 1.0\times10^{12}$
3.5 体积电阻率*		Ω·m	$\geq 1.0\times10^{12}$	$\geq 1.0\times10^{12}$	$\geq 1.0\times10^{15}$	$1.0\times10^{6}\sim1.0\times10^{9}$	$\geq 1.0\times10^{13}$
3.6 表面电阻率*		Ω	$\geq 1.0\times10^{12}$	$\geq 1.0\times10^{12}$	$\geq 1.0\times10^{12}$	$1.0\times10^{7}\sim1.0\times10^{10}$	$\geq 1.0\times10^{14}$
3.7 耐电痕化指数(PTI)*		—	≥600	≥600	≥600	—	≥600
3.8 耐电痕化		级	不低于 1A2.5	不低于 1A2.5	不低于 1A2.5	—	不低于 1A2.5
3.9 耐电弧*		s	≥180	≥180	≥180	—	≥180
4 可燃性和燃烧性							
4.1 燃烧性*		级	不次于 HB-40	不次于 HB-40	不次于 V0	不次于 V0	不次于 HB-40
4.2 炽热棒*		级	不次于 BH2-95	不次于 BH2-95	不次于 BH2-10	不次于 BH2-20	不次于 BH2-95
4.3 氧指数		%	≥31	≥22	≥38	≥30	≥22

表 6.2(续)

性　　能	单　位	要　　求				
		UP-BMC				VE-BMC
		GF25,G	GF25,G	GF20,G	GF25,G	GF25,G
4.4 灼热丝可燃性试验	℃	≥960	≥650	≥960	≥850	≥650
5 理化性能						
5.1 密度[a]	g/cm^3	1.80～1.95	1.80～1.95	1.75～1.90	1.75～1.90	1.85～2.00
5.2 模塑收缩率[a]	%	≤0.12	≤0.14	≤0.05	≤0.14	≤−0.03
5.3 吸水性	%	≤0.2	≤0.2	≤0.15	≤0.2	≤0.2
6 流变和工艺特性						
6.1 玻璃纤维含量[a]	%	30±2.5	25±2.5	20±2.5	25±2.5	25±2.5
7 附注						
7.1 特征		LS,C,M	LS,C2	LS,E,FR	LS,FR,E4	LS,M

6.3　注射模塑

注射模塑制样按 ISO 1268-10 和 ISO 1268-11 规定进行,推荐制样工艺条件见表 7。

6.4　压制模塑

压制模塑制样按 ISO 1268-8 规定进行,推荐制样工艺条件见表 8。

表 7　注射模塑制样工艺条件

模塑温度 ℃	平均注射速率 mm/s	固化时间 s
130～180	50～150	(见注)
注:可根据 SMC 和 BMC 的固化特性的函数关系,选择固化时间,并应确保所有试样均匀地、完全地固化。试验证明:当采用相同时间制备相同厚度样品时,其试验结果大体相同。		

表 8　压制模塑制样工艺条件

模塑温度 ℃	模塑压力 MPa	固化时间 s
130～180	4.0～20.0	每 mm 厚 20～60(见注)
注:可根据 SMC 或 BMC 的预处理条件,固化特性函数关系来选择固化时间,并确保所有试样均匀地、完全地固化。试验证明:当采用相同时间压制相同厚度样品时,其试验结果大体相同。也可按 ISO 1268-8 规定,将模塑片材进行机加工获得试样或按 GB/T 5471—2008 规定压制模塑成符合 ISO 1268-10 规定的通用 A 型试样。		

7　试验方法

7.1　试样预处理、条件处理及试验条件

7.1.1　试样预处理

除非另有规定,试样应在(23±2)℃,相对湿度(50±5)%的环境条件下处理 24 h。

7.1.2　条件处理

浸水处理应在(23±1)℃蒸馏水中处理 24 h。

7.1.3　试验条件

除非另有规定,试验应在(23±2)℃,相对湿度(50±5)%的环境条件下进行。

对于高温试验，试样应在规定温度下至少处理 30 min，然后再进行试验。其他规定见附录 A。

7.2 拉伸弹性模量、断裂拉伸应力及断裂拉伸应变

按 GB/T 1040.1—2006、GB/T 1040.2—2006、GB/T 1040.4—2006 规定进行，或按 GB/T 1447—2005 规定进行。采用长(250±1)mm、宽(25±0.2)mm、厚(4±0.2)mm 的条状试样。应优先选用 GB/T 1447—2005。

7.3 压缩弹性模量和压缩强度

按 ISO 14126:1999 或 GB/T 1448—2005 规定进行。

7.4 弯曲弹性模量及弯曲强度

按 GB/T 1449—2005 规定进行。

7.5 简支梁冲击强度

按 GB/T 1043.1—2008 规定进行无缺口贯层(f)冲击试验(即试样侧立)。

7.6 负荷变形温度

按 GB/T 1634.2—2004 规定进行 A 法平放试验。

7.7 线性热膨胀系数

按 ISO 11359-2:1999 规定进行，采用长(10±0.2)mm、宽(5±0.2)mm、厚(4±0.2)mm 的条状试样。

7.8 温度指数

按 GB/T 11026.1—2003 规定进行。其中，评定性能为弯曲强度，终点判定标准为弯曲强度降至起始值的 50%。

7.9 电气强度

按 GB/T 1048.1—2006 规定进行。其中，试验在常态变压器油中进行，升压方式为快速升压(2 kV/s)，电极为 Φ20 的球形电极。

7.10 100Hz 下电容率和介质损耗因数

按 GB/T 1409—2006 规定进行。其中，电极为三电极系统，试验电压为 AC 1 000 V。

7.11 绝缘电阻

按 GB/T 10064—2006 规定进行。其中，电极为锥销电极，试验电压为 DC 500 V，电化时间为 1 min。此外，对于浸水后试验，试样应在(23±1)℃蒸馏水中浸水 24 h，并在取出后的 5 min 内完成试验。

7.12 表面电阻率和体积电阻率

按 GB/T 1410—2006 规定进行。其中，试验电压为 DC 500 V，电化时间为 1 min。

7.13 耐电痕化指数(PTI)

按 GB/T 4207—2003 规定进行。其中，试验用污染液为 A 液。

7.14 耐电痕化

按 GB/T 6553—2003 中方法 1:恒定电痕化电压法及判断标准 A 的规定进行。

7.15 耐电弧

按 GB/T 1411—2002 规定进行。

7.16 燃烧性

按 GB/T 5169.16—2008 规定进行水平或垂直燃烧试验。

7.17 炽热棒燃烧试验

按 IEC 60707:1981 的规定进行。

7.18 灼热丝可燃性试验

按 GB/T 5169.12—2006 规定进行。

7.19 氧指数

按 GB/T 2406.1—2008 规定进行。

7.20 密度

按 GB/T 1033.1—2008 中 A 法规定进行。

7.21 吸水性

按 GB/T 1034—2008 中方法 1 规定进行。其中,试验结果以%表示。

7.22 模塑收缩率

按 ISO 2577 规定进行。

7.23 玻璃纤维含量

按 ISO 1172:1996 或 ISO 11667:1997 规定进行。若采用 ISO 1172:1996 煅烧法时,试样为成型后的模塑件,其质量不小于 20 g。若采用 ISO 11667:1997 溶解法时,试样为成型前的模塑料。

8 检验、包装、标志、运输和贮存

8.1 检验

8.1.1 出厂检验和型式检验的规定

8.1.1.1 本标准表 5.1～表 5.3 与表 6.1～表 6.2 中 1.7“弯曲强度”、1.8“简支梁冲击强度(无缺口)”、3.1“电气强度(常态油中)”、3.7“耐电痕化指数(PTI)”、5.1“密度”、5.2“模塑收缩率”、6.1“玻璃纤维含量”等七项为出厂检验项目。如经供需双方协商一致,可增加或减少出厂检验项目。

8.1.1.2 本标准表 5.1～表 5.3 与表 6.1～表 6.2 中除温度指数外的其余 21 项带“*”者为型式检验项目。有下列情况之一时,应进行型式检验:

a) 新产品或老产品转厂生产的试制定型鉴定;

b) 原材料或生产工艺有较大改变,可能影响产品性能时;

c) 停产半年以上恢复生产时;

d) 出厂检验结果与上次型式检验有较大差异时;

e) 上级质量监督机构或客户提出进行型式检验的要求时。

8.1.2 取样与批的规定

8.1.2.1 正常生产时,对 SMC 而言,由同一配方、相同生产工艺连续生产的 SMC 料卷为一批,而对 BMC 而言,由同一配方、相同生产工艺生产的小于或等于 5 t BMC 为一批。

8.1.2.2 取样按 GB/T 2547—2008 的规定,其中,样本的抽取采用系统抽样法,取出的样品进行混合试验。

8.1.3 合格判定

全部检验项目合格方可判定批合格。若有不合格项目则加倍抽样,全部检验项目检验合格仍可判定批合格,否则整批为不合格。

8.2 包装

8.2.1 片状模塑料(SMC)

将 SMC 每一层用塑料薄膜隔开,并用塑料袋封装(防止苯乙烯挥发),再用硬质纸箱或纸桶或编织袋包装。每件包装重量应由供需双方商定。

8.2.2 块状模塑料(BMC)

将 BMC 用塑料袋封装(以防苯乙烯挥发),再用硬质纸箱或纸桶或编织袋包装。每件包装质量应小于 50 kg。

8.3 标志

在材料的外包装上应有下列标志:

a) 制造商名称和商标;

b） 产品名称和型号；

c） 产品标准号；

d） 每件包装的净重；

e） “小心轻放”、“防潮”、“防热”、“勿压”等标志；

f） 贮存条件及贮存期说明。

8.4 运输

纤维增强模塑料（SMC 和 BMC）在运输过程中应避免受潮、受热、挤压和其他机械损伤。

8.5 贮存

通常纤维增强模塑料（SMC 和 BMC）贮存在温度低于 25 ℃（低温固化的模塑料除外）的干燥、洁净环境中。贮存期为自生产之日起三个月，若贮存期超过三个月则按本标准进行检测（不包括温度指数），合格者仍可使用。

附　录　A
（规范性附录）
性能和试验条件

性能和试验条件如表 A.1 所示。

表 A.1　性能和试验条件

<table>
<tr><th>序号</th><th>性　　能</th><th>代号</th><th>试样类型
mm</th><th>成型
工艺</th><th colspan="2">试验条件及补充说明</th></tr>
<tr><td>1</td><td colspan="6">机械性能</td></tr>
<tr><td>1.1</td><td>拉伸(弹性)模量</td><td>E_t</td><td rowspan="3">哑铃状 1A 型(直接模塑)或
哑铃状 1B 型(机加工)或
板条 250×25×4(直接模塑)</td><td rowspan="3">Q/M/Z</td><td colspan="2" rowspan="3">GB/T 1040—2006，试验速度 2 mm/min 或
GB/T 1040—2006，试验速度 5 mm/min 或
GB/T 1447—2005，试验速度 5 mm/min</td></tr>
<tr><td>1.2</td><td>断裂拉伸应力</td><td>σ_B</td></tr>
<tr><td>1.3</td><td>断裂拉伸应变</td><td>ε_B</td></tr>
<tr><td rowspan="2">1.4</td><td rowspan="2">压缩(弹性)模量</td><td rowspan="2"></td><td>80×12×4</td><td rowspan="2">Q/M</td><td colspan="2">ISO 14126:1999,采用支撑架</td></tr>
<tr><td>或 Φ12×45</td><td colspan="2">GB/T 1448—2005</td></tr>
<tr><td rowspan="2">1.5</td><td rowspan="2">压缩强度</td><td rowspan="2"></td><td>80×12×4</td><td rowspan="2">Q/M</td><td colspan="2">ISO 14126:1999,采用支撑架</td></tr>
<tr><td>或 Φ12×30</td><td colspan="2">GB/T 1448—2005</td></tr>
<tr><td>1.6</td><td>弯曲(弹性)模量</td><td>E_f</td><td rowspan="2">≥80×10×4
或≥80×15×4</td><td rowspan="2">Q/M</td><td colspan="2">试验速度 2 mm/min</td></tr>
<tr><td>1.7</td><td>弯曲强度</td><td>σ_{fM}</td><td colspan="2">试验速度 10 mm/min</td></tr>
<tr><td>1.8</td><td>简支梁冲击强度</td><td>a_{cu}</td><td>≥80×10×4</td><td>Q/M</td><td colspan="2">试样侧立(冲击方向平行于试样厚度方向)</td></tr>
<tr><td>2</td><td colspan="6">热性能</td></tr>
<tr><td>2.1</td><td>负荷变形温度</td><td>T_f1.8</td><td>≥80×10×4</td><td>Q/M</td><td colspan="2">最大表面应力 1.8 MPa，试样平放</td></tr>
<tr><td>2.2</td><td>线性热膨胀系数</td><td>a_0</td><td>10×5×4(从按 GB/T 5471—2008 制备的 120×120×4 的 E4 型试样中制取)</td><td>Q</td><td colspan="2">记录 23 ℃至 55 ℃范围的正割值</td></tr>
<tr><td>2.3</td><td>温度指数</td><td>TI</td><td>≥80×10×4</td><td>Q/M</td><td colspan="2">试验速度 2 mm/min</td></tr>
<tr><td>3</td><td colspan="6">电气性能</td></tr>
<tr><td>3.1</td><td>电气强度</td><td>E_s</td><td>≥60×≥60×1～2</td><td>Q/M</td><td colspan="2">采用 20 mm 直径球形电极，浸入符合 IEC 60296:2003 要求的变压器油中，升压速度 2 kV/s</td></tr>
<tr><td>3.2</td><td>相对电容率</td><td>ε_r100</td><td rowspan="2">≥60×≥60×2</td><td rowspan="2">Q/M</td><td colspan="2" rowspan="2">三电极系统，1 000 V 下测</td></tr>
<tr><td>3.3</td><td>介质损耗因数</td><td>tanδ100</td></tr>
<tr><td>3.4</td><td rowspan="2">绝缘电阻</td><td>R_{25}d</td><td rowspan="2">50×75×4</td><td rowspan="2">Q/M</td><td rowspan="2">施加电压 500 V，1 min 后测</td><td>“干燥”，方法 1</td></tr>
<tr><td>3.5</td><td>R_{25}w</td><td>“潮湿”，方法 2</td></tr>
</table>

表 A.1（续）

序号	性　　能	代号	试样类型 mm	成型 工艺	试验条件及补充说明
3.6	体积电阻率	ρ_v	≥60×≥60×2	Q/M	三电极系统，施加电压 500 V，1 min 后测
3.7	表面电阻率	ρ_s			
3.8	耐电痕化指数	PTI	≥15×≥15×4(从按 GB/T 5471—2008 制备的 120×120×4 的 E4 型试样中制取或从按 ISO 3167：2002 制备的 A 型试样中制取)	Q/M	采用 A 溶液
3.9	耐电痕化		120×50×6		试样用 400 目砂纸打磨
3.10	耐电弧		≥60×≥60×2		
4	燃烧性				
4.1	燃烧特性	$B_{50/3.0}$	125×13×3	Q/M	施加 50 W 火焰；记录某一分级：V-0、V-1、V-2、HB 或无法分级
4.2		$B_{50/x.x}$	厚度为 x.x 的试样		
4.3	灼热丝可燃性试验	℃	60×60×3	Q/M	550 ℃、650 ℃、750 ℃、850 ℃、960 ℃
4.4	炽热棒燃烧试验	BH	120×10×4	Q/M	BH 方法
4.5	氧指数	Q/23	80×10×4	Q/M	采用方法 A：顶部表面点火
5	其他性能				
5.1	吸水性	W_W24	60×60×1～2	Q/M	浸入 23 ℃水中 24 h
5.2	密度	ρ_m	≥10×≥10×4	Q/M	采用 A 法
6	流变和工艺特性				
6.1	模塑收缩率	S_{Mo}	按 GB/T 5471—2008 制备的 120×120×4 的 E4 型试样	Q	互相垂直的两个方向的平均值
6.2	玻璃纤维含量(煅烧法)		成型后的模塑件，试样最少 20 g	Q/M	
6.3	玻璃纤维含量(溶解法)		成型前的模塑料	Q/M	

ICS 29.080.30
K 15

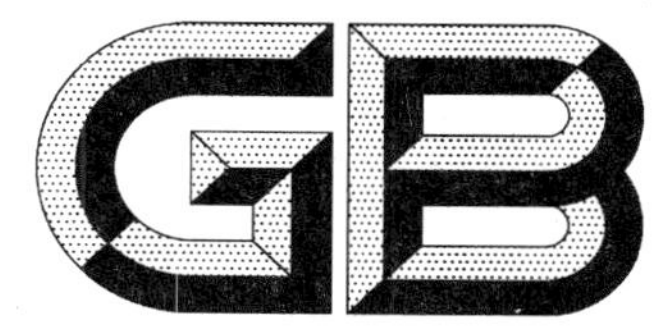

中华人民共和国国家标准

GB/T 23642—2009/IEC/TS 61934:2006

电气绝缘材料和系统 瞬时上升和重复冲击电压条件下的 局部放电(PD)电气测量

Electrical insulating materials and systems—Electrical measurement of partial discharges(PD) under short rise time and repetitive voltage impulses

(IEC/TS 61934:2006,IDT)

2009-04-21 发布　　　　2009-11-01 实施

中华人民共和国国家质量监督检验检疫总局
中国国家标准化管理委员会　发布

前　言

本标准等同采用IEC/TS 61934:2006《电气绝缘材料和系统　在瞬时上升和重复冲击电压条件下的局部放电(PD)电气测量》(第一版,英文版)。

本标准在技术内容上与IEC/TS 61934:2006无差异。为便于使用,本标准做了如下编辑性修改:

a) 删除了国际标准的前言;

b) 把第二章中的"IEC 60270:2000"改为已等同采用其转化的"GB/T 7354—2003"。

本标准的附录A和附录B为资料性附录。

本标准由中国电器工业协会提出。

本标准由全国电气绝缘材料与绝缘系统评定标准化技术委员会(SAC/TC 301)归口。

本标准负责起草单位:上海电器科学研究所(集团)有限公司、上海电科电机科技有限公司、江门市江晟电机厂有限公司、浙江金龙电机股份有限公司、苏州巨峰绝缘材料有限公司。

本标准参加起草单位:桂林电器科学研究所、哈尔滨电机厂交直流电机有限责任公司。

本标准主要起草人:张生德、李锦梁、戎伟康、张妃、刘权、叶锦武、徐伟宏、于龙英、方建国。

本标准为首次发布。

电气绝缘材料和系统 瞬时上升和重复冲击电压条件下的 局部放电(PD)电气测量

1 范围

本标准适用于电气绝缘系统(EIS)承受上升时间不大于 50 μs 的重复冲击电压时发生局部放电(PD)的离线电气测量。

一般适用于电力电子设备供电的 EIS,如电动机。

注 1：特定产品使用本标准时可要求其他规程的技术条件。

注 2：本标准中所述均为新兴技术,因此,经验和预防措施以及特定预处理条件也适用本标准。

下列测量方法除外：

——基于光纤或超声波的 PD 探测法；

——无重复冲击电压下的 PD 测量。

2 规范性引用文件

下列文件中的条款通过本标准的引用而成为本标准的条款。凡是注日期的引用文件,其随后所有的修改单(不包括勘误的内容)或修订版均不适用于本标准,然而,鼓励根据本标准达成协议的各方研究是否可使用这些文件的最新版本。凡是不注日期的引用文件,其最新版本适用于本标准。

GB 755 旋转电机 定额和性能

GB/T 7354—2003 局部放电测量(IEC 60270:2000,IDT)

IEC 62068-1:2003 电气绝缘系统 重复脉冲产生的电应力 第 1 部分:电老化评定的通用方法

3 术语和定义

下列术语和定义适用于本标准。

3.1

重复冲击电压 repetitive voltage impulses

由电力电子设备载波或驱动频率的开关所产生的重复冲击电压。

3.2

局部放电(局放) partial discharge

(PD)

导体间绝缘仅被部分桥接的电气放电。

3.3

局部放电脉冲 partial discharge pulse

当试品中发生局部放电时,用接在试验回路中适当的检测回路测得的电流或电压脉冲。

注：试品中的一次局放产生一个电流脉冲,满足本标准规定的探测仪在其输出端将产生一个与其输入端电流脉冲电荷成正比的电流或电压信号。

3.4

重复局部放电起始电压 repetitive partial discharge inception voltage

(RPDIV)

在规定试验时间内，平均每两次电压冲击重复出现一次或多次 PD 脉冲的最小峰—峰电压。

注：该值为指定试验时间和试验安排的一个平均值，其施加于试样的电压从检测不到局部放电处开始逐渐增加。

3.5

重复局部放电熄灭电压　repetitive partial discharge extinction voltage (RPDEV)

在规定试验时间内，平均每两次电压冲击不重复出现 PD 脉冲的最大峰—峰电压。

注：该值为指定试验时间和试验安排的一个平均值，其施加于试样的电压从检测到局部放电处开始逐渐降低。

3.6

冲击电压极性　impulse voltage polarity

施加的冲击电压极性，与接地有关。

3.7

单极式冲击电压　unipolar impulse

极性为正极或负极的重复冲击电压。

注：相反极性的振幅将少于 20%。

3.8

双极式冲击电压　bipolar impulse

极性在正极和负极之间交替变化的重复冲击电压。

3.9

冲击电压重复率　impulse voltage repeptition rate

无论单极式或双极式冲击，两次极性一致的连续冲击之间平均时间的倒数。

3.10

PD 脉冲重复率　PD pulse repetition rate

极性相同的连续 PD 脉冲之间平均时间的倒数。

3.11

冲击上升时间　impulse risetime

峰值电压从 0 上升至 100%的时间。

注：除另有说明外，设为电压从 10%上升至 90%所需时间的 1.25 倍。

3.12

冲击电压上升率　rate of impulse voltage rise

冲击电压除以上升时间，见 3.11 定义。

3.13

冲击衰减时间　impulse dacay time

冲击瞬时值从规定上限衰减至规定下限值的瞬时时间。

注：除另有规定外，上限和下限分别为脉冲幅值的 90%和 10%恒定值。

3.14

脉冲宽度　impulse width

达到规定冲击幅值或规定阀值冲击瞬时值时的第一瞬时和最后瞬时的时间差。

3.15

脉冲占空比　impulse duty cycle

在规定时间间隔内脉冲宽度和总时间的比率。

3.16

峰值局部放电量　peak partial discharge magnitude

进行规定条件处理和试验的试品在规定电压下产生的与 PD 脉冲有关的最大值。

注：冲击电压试验中峰值 PD 脉冲是重复出现 PD 的最大值。

4 在重复、瞬时上升冲击电压期间的局部放电脉冲测量以及与工频下测量的对比

4.1 测量频率

GB/T 7354—2003 描述了在 400 Hz 及以下直流和交流电压下，试品中与 PD 有关的电脉冲测量方法。通常，当试品承受冲击电压时宜修改 PD 脉冲的测量方法，使有别于 GB/T 7354—2003 所述的标准窄、宽频段频率方法。

测量重复瞬时上升电压冲击时的 PD，探测电路应具有极宽频段(UWB)类型(见 GB/T 7354—2003 中 4.6，i.e>400 kHz)，其运行探测范围是致使激发的冲击电压受到强烈抑制而 PD 脉冲并未受到明显抑制。GB/T 7354—2003 建议不明确规定极宽频段探测方法。对于本标准，则需要明确探测方法。本标准允许不同于传统电容器的耦合类型。

4.2 测量

测量 RPDIV、RPDEV、峰值局部放电量和局部放电脉冲重复率。

RPDIV、RPDEV 取决于 PD 测量系统的灵敏度以及测量电路的噪音，因此必须按第 7 章的要求进行。此外，他们还取决于试品和来自测量点处放电的脉冲变形。

本标准中 PD 用单位 mV 表示。无论何时都有必要按第 7 章对测量系统进行灵敏度评估。

4.3 试品

4.3.1 概述

按电源电压频率，试品主要区分为感性的、容性的或等效分布性的阻抗。对于某些试品，试品是否感性、容性或等效分布性阻抗取决于 PD 探测频率范围(不仅取决与电源电压频率)。有等效分布性阻抗的试品具有传输线特性，PD 脉冲通过试品时可引起衰减和失真。

4.3.2 感性试品

感性试品类型如下：

——定子绕组和转子绕组；

——变压器绕组；

——散绕绕组试验模型和成型绕组试验模型(见 GB 755)。

4.3.3 容性试品

容性试品类型如下：

——绕组线的绞线对；

——电容器；

——开关设备外壳；

——电力电子模块和衬底；

——隔热板；

——定子线圈和线棒中主绝缘模型；

——印刷电路板；

——光电耦合器。

4.3.4 分布性试品

下列试品具有等效分布阻抗特性：

——电缆；

——母线；

——定子绕组和转子绕组；

——变压器绕组；

——定子绕组和转子绕组的匝间绝缘。

4.4 试验条件影响

4.4.1 概述

在冲击电压或冲击残留期间会发生 PD 脉冲。PD 取决于试验条件，包括冲击电压源、环境因素以及老化程度。因此，进行比较评估应使用具有相同特性(见 IEC 62068-1)的试验回路和发生器，并且环境条件应相当。在试品运行寿命的不同时期测量 PD 量的大小，可作为一项诊断技术用于评估绝缘系统老化程度并形成维护的基本原则。

4.4.2 冲击电压源影响

通常，RPDIV、RPDEV 以及相关 PD 量将取决于冲击波形的特性，例如冲击上升时间、冲击衰减时间、冲击重复率和冲击振荡量。使用标准电压供电波形(见 IEC 62068-1)进行 PD 测量是为了比较不同的绝缘材料或设计方案。适合的冲击波形取决于试品的类型和应用类型。介于其他因素，冲击电压源的规范应包括：

——冲击上升时间；

——冲击电压极性；

——冲击电压重复率；

——脉冲占空比。

4.4.3 环境因素影响

RPDIV、RPDEV 和相关 PD 量可能受下列因素影响：

——湿度；

——温度；

——试品的受污染程度；

——环境压力；

——气体种类。

4.4.4 试验条件和老化影响

RPDIV、RPDEV 和相关 PD 量可能受下列影响：

——先前施加的电压和两次施加电压间隔的时间；

——运行时间或试品承受应力的时间。

另外，EIS 运行期间，电气绝缘发生老化时 RPDIV、RPDEV 和相关 PD 量可能会发生变化。

5 PD 探测方法

5.1 概述

承受冲击电压的试品在任何 PD 脉冲探测系统都要求 PD 探测回路对残留冲击电压有很强的抑制能力，并且抑制的 PD 脉冲可忽略不计。PD 脉冲受探测系统处理之后其量值大于残留传输冲击电压。所需抑制冲击电压的数量取决于试验电压和冲击的上升时间。

如冲击电压振幅增加，需要更强的抑制力以确保探测器输出端的巨大 PD 脉冲量值高于残留传输冲击电压。同样，如施加的冲击电压的上升时间减少，那么由于电源冲击和 PD 脉冲间频谱的叠加(见附录 A)，抑制力也会增强。设计 PD 脉冲耦合装置应确保在探测器的输出端的巨大 PD 脉冲量值高于残留传输冲击电压。

附录 A 提供了用耦合装置的电压冲击抑制作用的说明。建议给出作为冲击量值和上升时间的函数所需的电源电压冲击抑制能力的数值。

附录 B 提供了通过过滤技术从冲击电压源中提取 PD 脉冲。

5.2 PD 脉冲耦合和探测装置

5.2.1 引言

可用高压电容器、高频电流互感器(HFCT)或电磁耦合器(例如天线)探测试品中的 PD 电流或电压脉冲。探测器与其余的测量系统结合使用能够抑制冲击电压，其量值将小于 PD 脉冲的预计值(如使用合适的滤波器)。下列回路可应用于 PD 脉冲探测。

注：因为电压冲击和 PD 脉冲包含高频组件，所以需要对试品和 PD 探测器的电源无感应接地，短接。

5.2.2 有多极滤波器的耦合电容器

可以使用电压等级高于预期冲击电压的耦合电容器与有能高度衰减试验冲击电压的滤波器的组合。滤波器至少应具有 3 个电极以及特殊的措施以抑制住输入信号对输出信号的交叉耦合。设计滤波器可使用主动或被动的过滤技术。耦合电容器被连接至试品高压端(图 1)。附录 A 为滤波器特性的示意范例。图 2 为 PD 脉冲和冲击电压在 8 阶滤波器滤波前和滤波后的频谱图例。

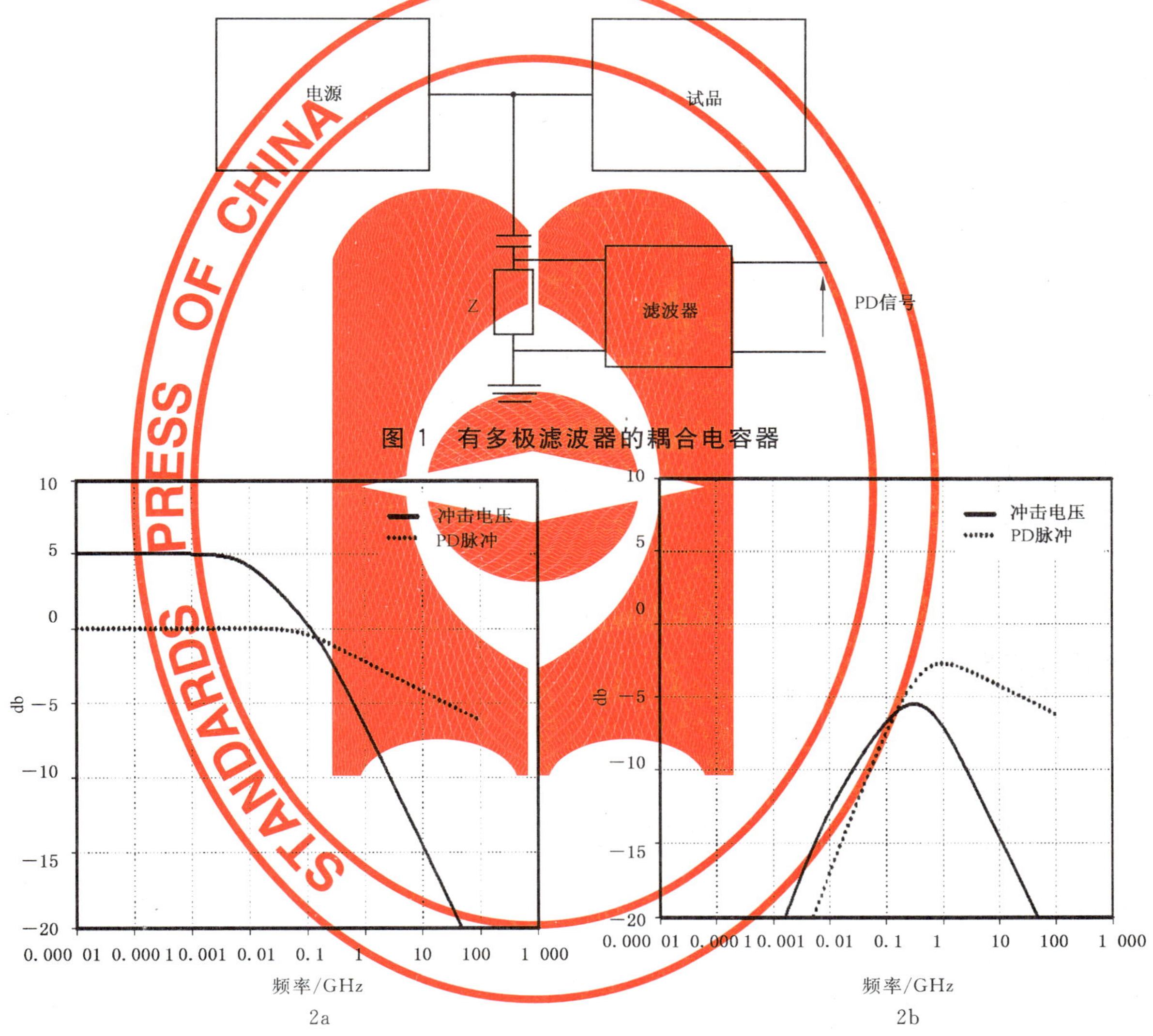

图 1 有多极滤波器的耦合电容器

注：电压上升时间 50 ns，PD 脉冲上升 2 ns，滤波切断频率等于 500 MHz 的 8 阶滤波器。

图 2 滤波前(2a)和滤波后(2b)的冲击电压和 PD 脉冲频谱示例

5.2.3 有多极滤波器的 HFCT

有滤波器的 HFCT 可用来探测 PD 脉冲，同时能抑制冲击电压。注意 HFCT 的上部切断频率范围可能较宽，由此可能影响该方法的使用。HFCT 的切断频率应比电压脉冲频率更高。滤波器至少应具有 3 个电极以及特殊的措施以抑制住输入信号与输出信号的交叉耦合。操作滤波器可使用主动或被动的过滤技术。HFCT 可被安置于高压电缆的顶端并介于冲击电源和试品之间(图 3)。这样，HFCT 足够的电器绝缘能力就可确保电缆和 HFCT 之间不会产生电击穿。或者，HFCT 也可安置于试品和接地之间(图 4)。那么就只需要主绝缘。通常只有当试品的金属屏蔽同地隔离时，后者的安置方式才有效。附录 A 为滤波器运作方式的示意范例。

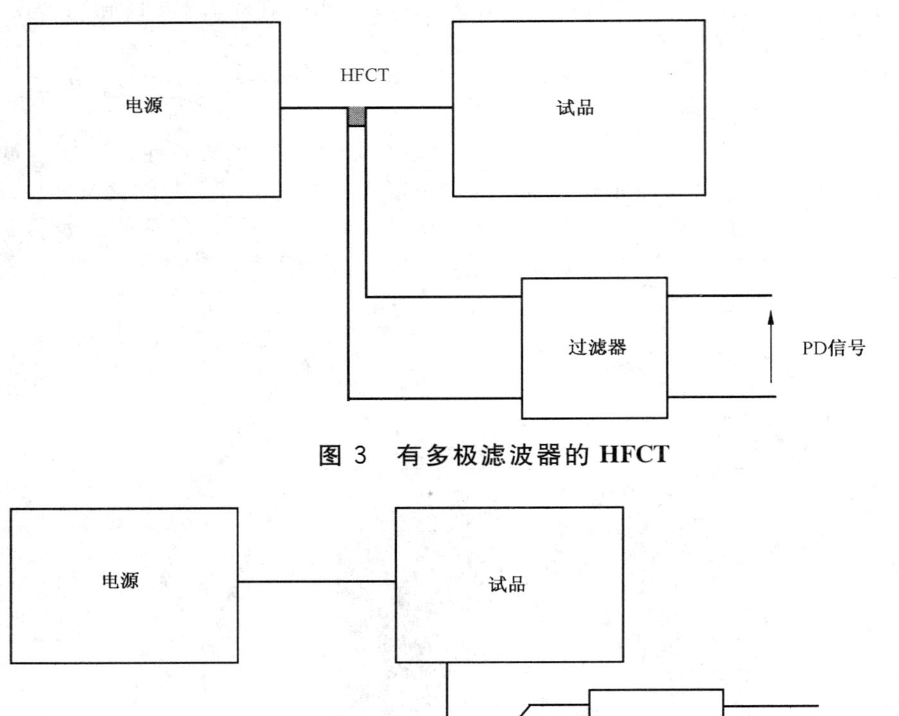

图 3　有多极滤波器的 HFCT

电源
试品
滤波器
PD信号
HFCT

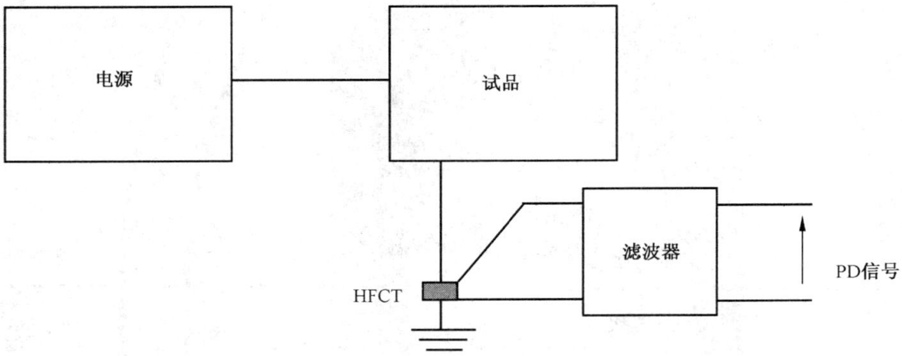

图 4　在试品和接地间有多极滤波器的 HFCT

5.2.4　电磁耦合器

天线型耦合器可用来区分电源冲击和产生于试品的 PD(图 5)。

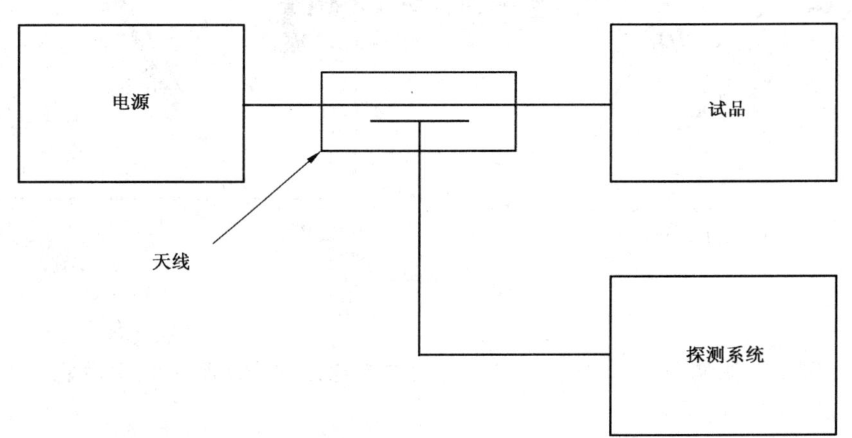

图 5　使用电磁耦合器(例如天线)抑制试验电源脉冲的回路

5.2.5　电荷测量

对于简单的不接地容性试品，如绞线对(等效电容 C_S)，使用电容为 C_d($C_d \geqslant C_S$)的探测电容器与试品串联，以及使用有高输入阻抗 R 的电压探测器来测量 PD 电荷都有可能实现。

由于冲击电压上升，通过放电电流在探测电容器上形成电荷。当冲击电压衰减为零，电容器电荷就会被相反极性的电容器电荷抵消。因此,如果没有 PD,探测电容器的电压图形就与施加的冲击电压图形相同,且振幅由 C_S/C_d 之比决定。一旦冲击电压期间出现 PD,PD 电荷将伴随时间常数 RC_d 衰减为零,其中 R 为测量系统的阻抗。当所选择的冲击电压持续时间的时间常数足够大时,在单个冲击电压后能观察到电荷衰减。图 6 为冲击电压和绞线对试样电荷积累的试验范例。只有当电压冲击为双极且两极完全相同时,作为 PD 探测工具的电荷测量才有意义。PD 测量的灵敏度取决于背景噪音,对传统 PD 测量而言也是如此。

图 7 为试验回路方案。

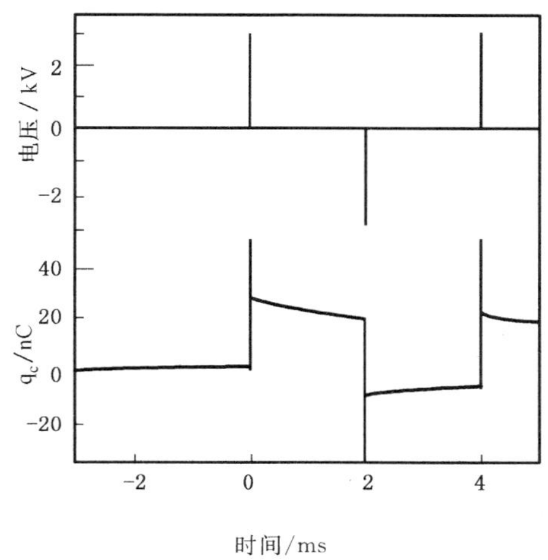

注:峰值冲击电压幅值=2.3 kV,冲击电压频率=500 Hz。

图 6 重复双极式冲击电压波形和绞线对试样电荷积累示例

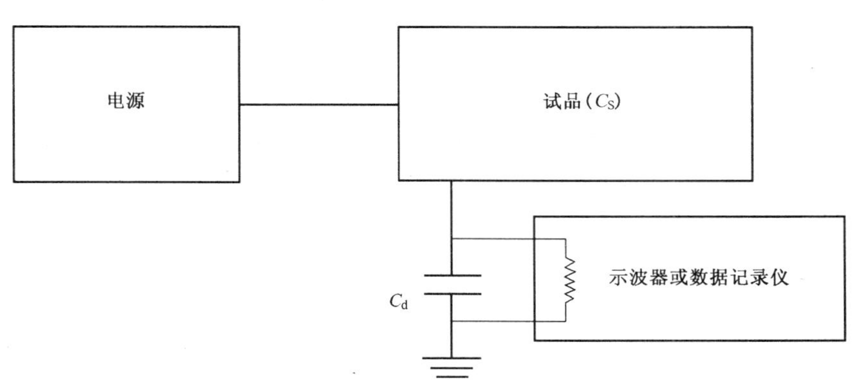

图 7 电荷测量

5.3 源控制闸技术

抑制冲击电压的其他方法是截住 PD 电子信号(从上述任一探测器中),这样关于冲击瞬时上升时间起始部分的持续时间信号(图 8)就被堵截住,而不被显示或者不会被记录。使用该方法,任何出现在冲击上升时间起始部分时期的 PD 均不能被探测到。因此,只有在电源电压瞬时交换之后出现的 PD 才可以被记录。

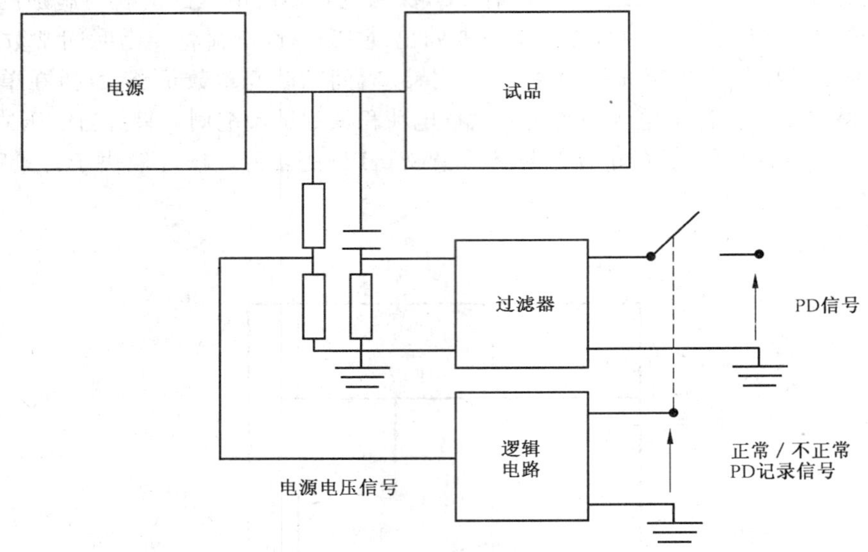

图 8 使用电子源控制闸技术的 PD 探测范例(可用其他 PD 耦合装置)

6 显示方法

PD 试验的结果是 RPDIV 和 RPDEV。另外,宜测得规定试验电压和试验条件下的 PD 脉冲重复率和峰值 PD 脉冲。应指出的是 PD 量值只是对 PD 的相对度量,因为当 PD 脉冲从源端传播至测量点时已经被削弱和扭曲。

从耦合器和探测系统输出的 PD 信号可用数字示波器或脉冲量值分析器记录。对于示波显示器,PD 输出通常显示在一个频道上,与此同时,施加的冲击电压减少的数值则显示在另一个频道上(附录 A)。PD 脉冲的量值以及其关于冲击电压所出现的暂时方位均被记录。需注意多数示波器的再触发器速率被限制每秒< 50,以致可能显示不出大多数 PD 和电压冲击。

电子脉冲量值分析器可用于测量 PD 脉冲的量值和重复率(见 GB/T 7354—2003 中 4.4)。

7 PD 测量的灵敏度

RPDIV、RPDEV 和相关 PD 量取决于 PD 测量系统的灵敏度以及 PD 脉冲与其他电干扰或噪音(如冲击电压自身的残留信号)的区分方法。这样,PD 测量系统的灵敏度必须进行评估和记录。测得的灵敏度以 mV 表示。

注 1:PD 不用 pC 表示,因为 IEC 60270 的规程不可用于 UWB PD 探测系统(脉冲电流至产生视在电荷的过程不可按 IEC 60270 衡量。)

第一步:灵敏度测量

测量 PD 探测器输出,使用合适的电子冲击发生器(可以是低电压发生器)连至一台与试品具有相近电容的电容器。冲击的上升时间应小于 $1/f$,而 f 是探测系统上部频率限值。例如,如果 PD 测量系统的上部切断频率为 100 MHz,那么电子发生器冲击上升时间应小于 10 ns。测量最小冲击电压处,PD 探测器会显示出一个可探测的信号。这就是以 mV 表示的 PD 试验装置的灵敏度。

第二步:背景噪音测量

电子脉冲发生器与试品、冲击电压源并联。冲击电压源不通电。对在第一步所测的输入电压下测量 PD 探测器的输出。从而可测得环境的噪音,但不包括冲击电压源中开关装置的干扰。

第三步:测试装置噪音测量

如果可能,用与试品具有同样高频电容的无 PD 电容替代试品。从回路中移除电子脉冲发生器,并且试品也由相同的高频无PD电容替代，使冲击电压源达到预期的最大试验电压。在PD探测器的输出端测量冲击电压源干扰的量值，用mV表示。

以mV表示的最大PD灵敏度是第一步测得最小脉冲振幅(以mV表示)的量值，且来自环境(第二步)或冲击电压源干扰(第三步)的最小噪音水平(用mV表示)是在第二和第三步下测量的最高值。噪音和灵敏度水平都必须记录在试验报告中。

注2：如果没有合适的电容器第三步就无法实施。这时，在第二步的结果中应作相关说明。

因为试品已分布了等效阻抗，如电机和变压器绕组，PD脉冲的传播影响可能会引起高频组件的强烈衰减，因而只有靠近测量点附近的PD才可被观测。

8 试验回路

典型试验回路见图1至图8。冲击源宜尽可能接近试品，以防止所施冲击电压由于连接线的相同传输因素引起衰减和离散。接地线除外。

因为PD是用UWB探测系统测量的，所以PD探测器应尽可能接近试品，试品的接地端应直接连至冲击电压源，导线应尽可能短且低阻抗。

注：建议导线长度不超过1 m。

9 试验规程

应按照本标准第7章规程先测得背景噪音和探测限值。

宜用逐步法规程测得RPDIV。需要确定电压增加率，不论是逐步增加或直线增加。例如，对试品施加相当于预计RPDIV的50%的电压，并且每分钟逐步增加电压5%直至探测到RPDIV为止。如果必要，冲击电压可增加到试验规定的最高冲击电压值。在峰值冲击试验电压处可测量最大PD脉冲量值。然后逐渐减小最大冲击试验电压，直到试验计划的PD显示平均重复率小于1 PD/每2次冲击，此时该冲击试验电压就是RPDIV。RPDIV测量之前可先进行适合的调节程序。

10 试验报告

通常将下列量写入报告：

——RPDIV、RPDEV；
——局部放电脉冲重复率；
——峰值局部放电量；
——背景噪音级别；
——测量系统的灵敏度等级(见第7章)；
——最高试验冲击电压水平；
——环境温度和湿度；
——运行时间和试品承受应力时间；
——试品清洁状态(例如未清洁、工厂清洁)；
——4.4.2所示冲击电压源的规范。

附 录 A
（资料性附录）
用耦合装置的电压冲击抑制作用的说明

冲击电压和PD脉冲频谱可能重叠的示意图见图A.1。电压冲击越陡，两频谱间的重叠区域就越大。最佳电压冲击抑制耦合装置的切断频率见图A.1。滤波器作用图见A.2。由于滤波器传递作用，$H(f)$（f是频率），冲击电压和PD脉冲的量值都会衰减。应按滤波后PD信号量值确定电压冲击量值在PD探测器带宽之内的规律，挑选滤波器切断频率。因此通常需要一台宽带PD探测器。

关于以冲击电压幅值和上升时间为函数的冲击电压衰减程度的建议见图A.3。注意衰减取决于冲击电压幅值和上升时间。

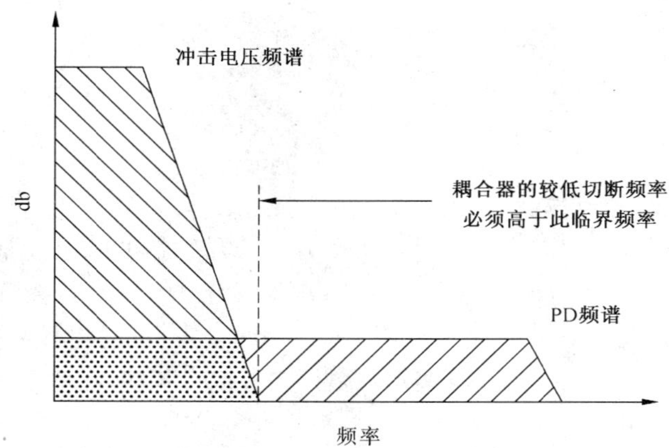

图A.1 电压冲击和PD脉冲频谱间重叠（圆点区域）的示意图

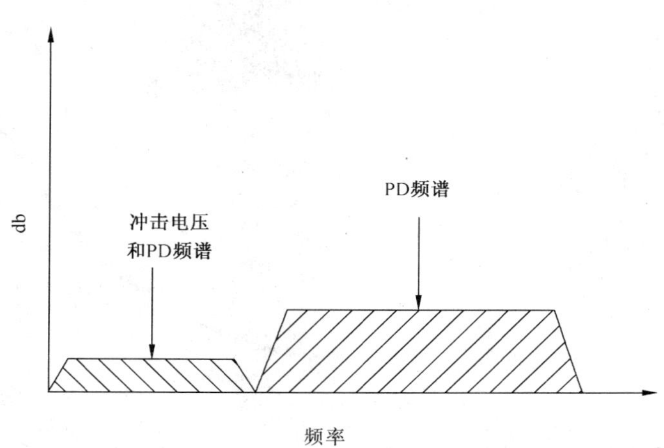

图A.2 滤波后电压冲击和PD脉冲频谱的示意图

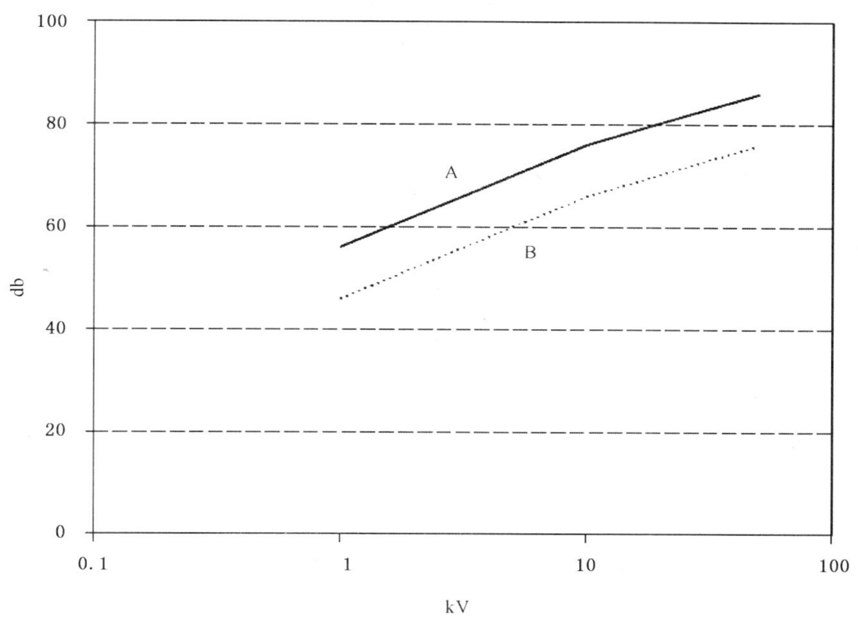

A　电压冲击上升时间=100 ns

B　电压冲击上升时间= 1 000 ns

图 A.3　以冲击电压幅值和上升时间为函数的冲击电压衰减示意图

附 录 B
（资料性附录）
通过过滤技术从冲击电压源中提取PD脉冲

图B.1和图B.2所示为方波双极式发生器馈入400 V，1 kW的电动机的电压源转换期间发生的PD脉冲典型例子。用天线作为耦合器和高通滤波器（四极、切断频率400 MHz）可获得图B.2所示PD脉冲。

应该注意的是，由于没有滤波器，当PD脉冲被冲击电压产生的噪音掩盖后就不能被探测到。

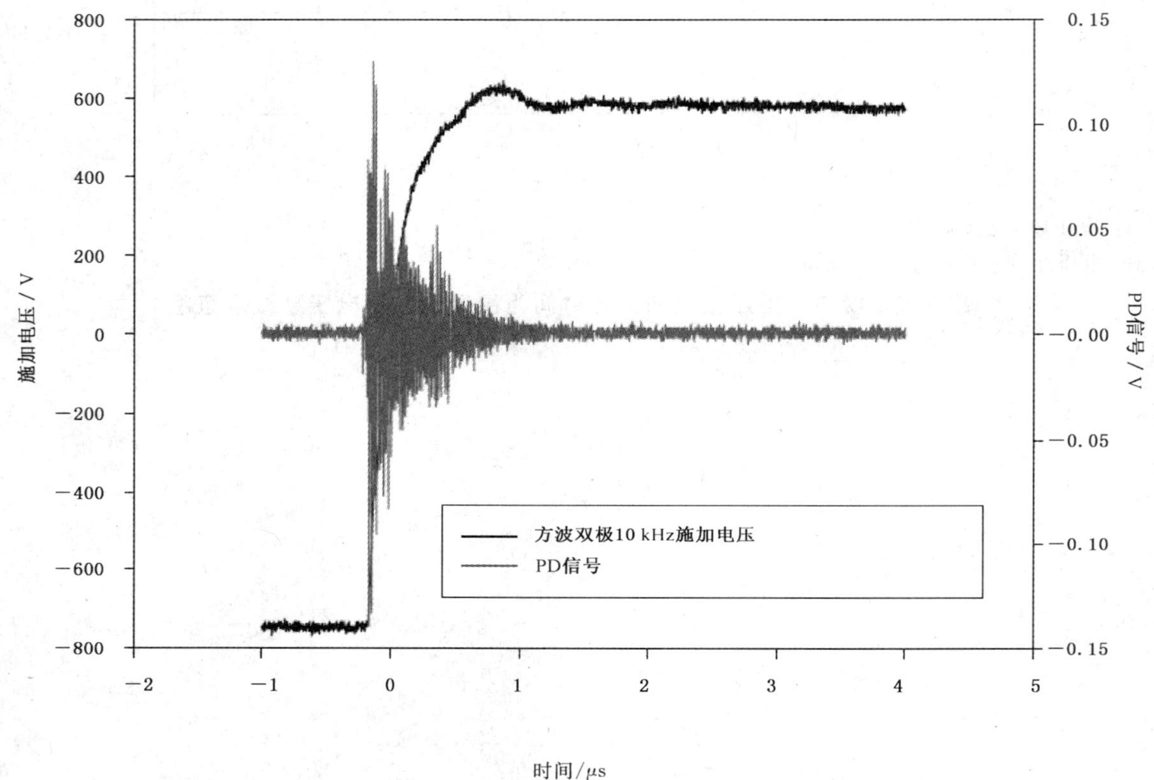

注：双极式电源电压=10 kHz。由于冲击电源电压开关的原因，记录信号为主噪音。

图B.1 电源供电波形和用天线测得的电源电压转换期间PD脉冲记录

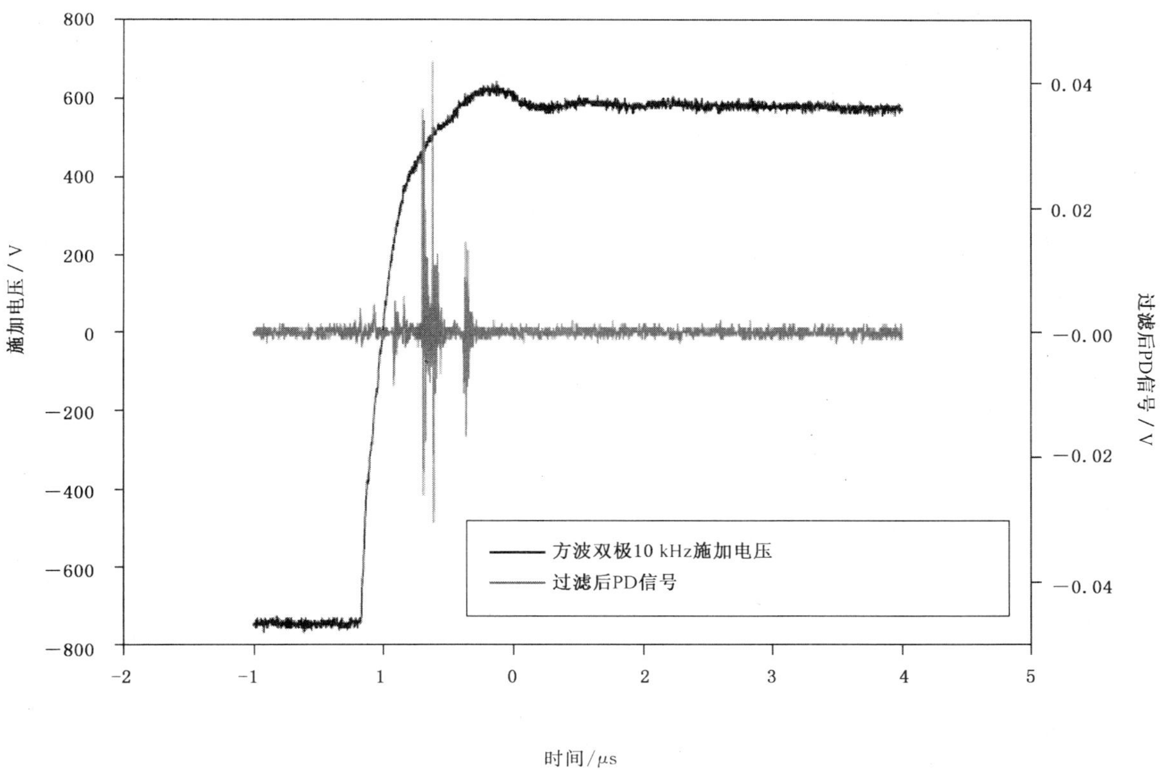

注：双极式电源电压＝10 kHz。过滤的信号主要为产生于试品内部的PD脉冲(电源电压转换通过过滤已被有效抑制)。

图 B.2 使用过滤技术(400 MHz 高通滤波器)，用天线所测的来自图 B.1 记录的局部放电脉冲

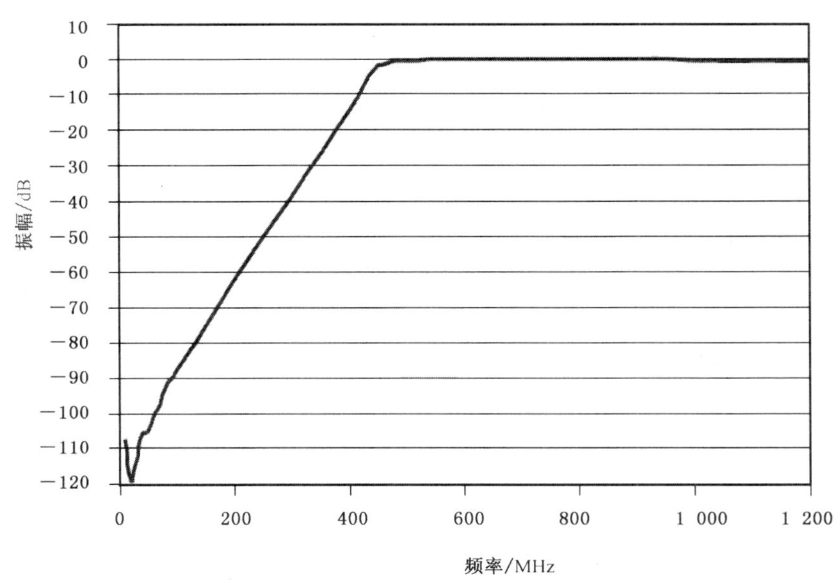

注：8 阶滤波器，切断频率 400 MHz。

图 B.3 经由图 B.1 传递至图 B.2 所用滤波器特性

参 考 文 献

[1] GB 755 旋转电机 定额和性能(IEC 60034-1:2004,IDT)

[2] Regarding the definition of (repetitive) partial discharge inception and extinction voltage,as well as applications of the methodologies described in this technical specification (referring only to rotating machines),the following papers can be considered:

[3] M. KAUFHOLD,M. ,BORNER,G. ,EBERHARDT,M. ,SPECK,J. ,"Failure mechanisms of the interturn insulation of low-voltage electric machines fed by pulsed controlled inverters",IEEE El. Ins. Magazine,Vol. 12,n. 5,pp. 9-15,October 1996

[4] YIN,W. "Dielectric properties of an improved magnet wire for inverter-fed motors",IEEE El. Ins. Magazine,Vol. 13,n. 3,Vol. 13,pp. 17-23,August 1997

[5] CAMPBELL,R. J. ,STONE,G. C. "Examples of Stator Winding Partial Discharges due to Inverter Drives",Proc. IEEE ISEI,pp 231-234,Anaheim CA,April 2000

[6] BIDAN,P. ,LEBEY,T. NEACSU,C. "Development of a new off line test procedure for low voltage rotating machines fed by adjustable speed drive",IEEE Trans. on Dielectrics and Electrical Insulation,Vol. 10,n. 2,pp 168-175,April 2003

[7] CASADEI,D. CAVALLINI,A. ,FABIANI,D. ROSSI,C. ,SERRA,G. ,MONTANARI,G. C. "The influence of power-electronic waveforms on partial discharge inception in low-voltage rotating machines",Proc. CWIEME,pp. 39-44,Berlin,Germany,June 2003

[8] FABIANI,D. ,MONTANARI,G. C. CAVALLINI,A. MAZZANTI,G. "Relation between space charge accumulation and partial discharge activity in enamelled wires under PWM-like voltage waveforms",IEEE Trans. on Dielectrics and Electrical Insulation,Vol. 11,n. 3,pp. 393-405,June 2004

ICS 29.100.01
K 97

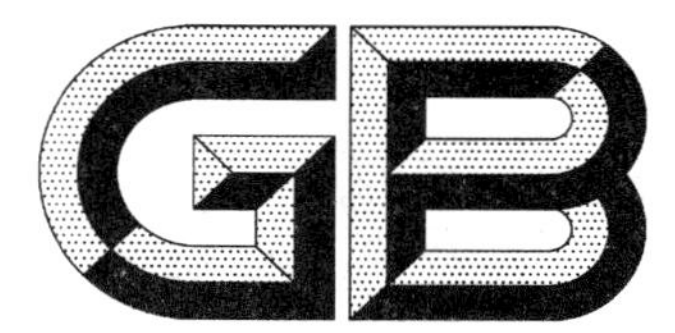

中华人民共和国国家标准

GB/T 23643—2009

电线电缆用高速编织机

High speed braiding machine for wire and cable

2009-04-21 发布　　2009-11-01 实施

中华人民共和国国家质量监督检验检疫总局
中国国家标准化管理委员会　发布

前　言

本标准由中国电器工业协会提出。

本标准由全国电工专用设备标准化技术委员会(SAC/TC 412)归口。

本标准起草单位:杭州三普机械有限公司、上海南洋电工器材有限公司、佛山市顺德佳美五金电器厂有限公司。

本标准主要起草人:包昌富、王立文、李文斌、黎日佳、李丰、华凌春、张虎、孔虬辉。

电线电缆用高速编织机

1 范围

本标准规定了电线电缆用高速编织机(以下简称编织机)的术语和定义、分类和型号、技术要求、检测方法、检验规则、标牌、包装、运输与贮存。

本标准适用于高速编织电线电缆屏蔽层或保护层的编织机,也适用于编织各种非金属材料的保护层。

2 规范性引用文件

下列文件中的条款通过本标准的引用而成为本标准的条款。凡是注日期的引用文件,其随后所有的修改单(不包括勘误的内容)或修改版均不适用于本标准,然而鼓励根据本标准达成协议的各方研究是否可使用这些文件的最新版本。凡是不注日期的引用文件,其最新版本适用于本标准。

GB/T 191 包装储运图标标志(GB/T 191—2008,ISO 780:1997,MOD)

GB/T 2900.40 电工名词术语 电线电缆专用设备

GB/T 13306 标牌

GB/T 13325 机器和设备辐射的噪声 操作者位置 噪声测量的基本准则(工程级)

GB/T 13384 机电产品包装通用技术条件

3 术语和定义

GB/T 2900.40 确立的以及下列术语和定义适用于本标准。

3.1

织 braid

用金属丝或非金属纤维以一定的规律互相交织并覆盖在线性导体或其他线性绝缘材料表面上,形成紧密网状屏蔽层或保护层的过程。

3.2

织节距(L) braid pitch (L)

一个编织元件形成的一个完整螺旋的轴向长度。

3.3

织角(β) braid angle (β)

编织角 β 是指电缆纵轴与编织线所绕的螺旋线切线间的夹角,即 $\beta=\arctan[(\pi D_m)/L]$。

式中:

D_m——为编织层的平均直径;

L——编织节距。

3.4

编织覆盖率 percentage of braiding coverage

编织材料覆盖表面积与编织层总面积之百分比。

4 分类和型号

4.1 分类

4.1.1 产品按其结构特征(线缆牵引方向)分为两类:

a) 立式机型，用“立”字汉语拼音第一个大写字母“L”表示(可省略)。

b) 卧式机型，用“卧”字汉语拼音第一个大写字母“W”表示。

4.1.2 产品按其使用特性分为三种类别：

a) 细线机型，用“细”字汉语拼音第一个大写字母“X”表示。

b) 普通机型，用“普”字汉语拼音第一个大写字母“P”表示(可省略)。

c) 重型机型，用“重”字汉语拼音第一个大写字母“Z”表示。

4.1.3 产品结构特征与使用特性见表1。

表 1

序号	机　　型	编织丝直径 mm	制动型式	结构特征	
				立式(L)	卧式(W)
1	细线机型(X)	0.03～0.08	带/块式制动	L	—
2	普通机型(P)	0.08～0.15	带/块/棘轮式制动	L	—
3	重型机型(Z)	0.15～0.40	带/棘轮式制动	L	W

4.2 型号

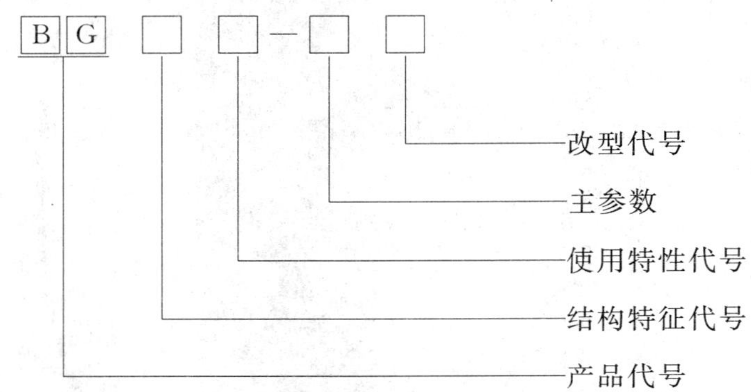

4.2.1 产品代号，用“编高”汉语拼音第一个大写字母“BG”表示。

4.2.2 结构特征代号，用“立”(L)或“卧”(W)表示，其中“L”可省略。

4.2.3 使用特性代号，用“细”(X)、“普”(P)或“重”(Z)表示，其中“P”可省略。

4.2.4 主参数，用编织机的锭子数(阿拉伯数字)表示。

4.2.5 改型代号，改型后顺次用A、B、C…表示。

5 技术要求

5.1 基本要求

编织机应符合本标准规定，并应按规定程序批准的图样及技术文件制造、检验。

5.2 环境适应性

编织机应在下列条件下正常工作。如不符合下列条件的，可与制造厂协商。

a) 环境温度在5 ℃～40 ℃范围内；

b) 空气相对湿度不大于85%(温度在20 ℃±5 ℃时)；

c) 海拔在1 000 m以下；

d) 电源电压波动范围应不大于额定电压的±10%。

5.3 使用性能

5.3.1 本标准只规定了编织机的基本性能参数，用户有其他特殊要求时，可与制造厂协商。

5.3.2 基本性能参数见表2。

表 2

参　数	机　型								
	立式(L)					卧式(W)			
	细线机型(X)	普通机型(P)		重型机型(Z)		重型机型(Z)			
锭子数	16	16	24	16	24	24	32	36	48
编织丝直径 mm	0.03～0.08	0.08～0.15		0.15～0.40		0.15～0.40			
锭子最大转速 r/min	120	150	100	70	50	45	32	30	22
编织节距范围 mm	3～17	6～60	13～100	18～94	27～138	27～143	27～246	27～246	36～288
缆芯最大直径 mm	10	14	25	28	45	50	75	80	90
主电机功率 kW	≤1.5	≤2.2	≤3	≤4	≤5.5	≤5.5	≤7.5	≤11	≤15
编织方式	垂直					水平			
	2 叠 2								
牵引方式	轮式					履带式/轮式			

5.3.3　锭子转速应能实现无级调速。锭子最大转速应符合表 2，每种机型的具体数值及调速范围应在产品说明书中规定。

5.3.4　编织节距的调整范围应符合表 2，每种机型的具体数值应在产品说明书中规定。

5.3.5　应具有自动记录编织线缆长度的装置。

5.3.6　节距交换齿轮配置齐全。

5.3.7　应具有可靠的润滑系统。

5.3.8　需要经常观察的部位，封闭机型应设置局部照明，光线要柔和，其照度应符合有关标准的规定。

5.3.9　应具有安全防护装置。

5.4　报警功能

设备运行中出现下列情况时，应能立即自动停机并报警。

a)　锭子上的编织丝用完或拉断时；

b)　被编织的缆芯用完或拉断时；

c)　纵包带用完或拉断时；

d)　当采用电子计米装置测量时的测量值达到设定值时；

e)　防护门开启或未闭紧时；

f)　设备负荷过载时。

5.5　锭子张力调整

锭子上的放丝张力应能调整，调整范围符合表 3。机型的具体数值及调整范围应在产品说明书中规定。

表 3

机　　型	放丝张力 N
细线机型	0.2～2
普通机型	1～10
重型机型	10～40

5.6 **装配质量**

5.6.1 编织机的装配应按照装配图样、技术要求和装配工艺进行。

5.6.2 所有零部件应检验合格。外购件应有合格证书方可进行装配。

5.6.3 各种管、线路必须排列整齐、标识清晰、固定可靠，颜色按有关标准进行区分。

5.6.4 润滑系统油路应通畅，连接紧密，不得渗漏。

5.6.5 各操作手柄、开关、按钮启动灵敏，标志齐全。

5.6.6 传动机构灵活平稳，动作准确，滑动机构运动平滑顺畅。

5.7 **安全保护**

5.7.1 编织机应有正确的操作、防触碰、防触电等各种标志。这些标牌和标志应能长期保持清晰。

5.7.2 编织机应设有牢固可靠的防护罩、防护挡板或防护栅栏等装置。

5.7.3 电气装置应安全可靠，并具有良好的接地装置。

5.7.4 编织机的绝缘应符合以下规定：

a) 在测试电压为 1 000 V 时，电源输入端与机壳之间的绝缘电阻应不小于 2 MΩ。

b) 电源输入端与机壳之间应能承受交流 2 000 V 耐压试验 1 min，无击穿和闪烁现象。

5.8 **外观质量**

5.8.1 编织机整体外观应整洁、美观。

5.8.2 电气、润滑等管路的外露部分应布置紧凑、排列整齐、牢固可靠。

5.8.3 外露部件表面不应有碰伤、锈蚀等缺陷；防护层不得有退色、脱落等现象。

5.8.4 各种标牌文字、数字清晰，图样正确，安装牢固，整体协调。

5.8.5 部件装配结合面不应有明显的错位，门和盖与主体结合面错位偏差应不超过表 4 的规定。

表 4

单位为毫米

结合面尺寸	错位偏差
<500	1.5
500～1 250	2
>1 250	3

5.9 **环境保护**

5.9.1 **噪声**

编织机的传动系统应运转平稳，工作时各机型的噪声声压级应符合表 5 的规定。

表 5

<table>
<tr><td rowspan="2">机型</td><td colspan="5">立式(L)</td><td colspan="4">卧式(W)</td></tr>
<tr><td>细线机型(X)</td><td colspan="2">普通机型(P)</td><td colspan="2">重型机型(Z)</td><td colspan="4">重型机型(Z)</td></tr>
<tr><td>锭子数</td><td>16</td><td>16</td><td>24</td><td>16</td><td>24</td><td>24</td><td>32</td><td>36</td><td>48</td></tr>
<tr><td>噪声声压级不大于 dB(A)</td><td>80</td><td>85</td><td>85</td><td>85</td><td>85</td><td colspan="4">85</td></tr>
</table>

5.9.2 **废油回收**

机内应有废油回收装置。

5.10 **耗能指标**

编织机不用煤、油、水等能源作为动力，主电机功率见表 2。

6 检测方法

6.1 **环境适应性检测**

空运转性能试验前应进行设备工作环境、电压波动情况检测，检测工具是温度计、湿度计、电压表，检测结果应符合 5.2 的要求。

6.2 空运转性能试验

编织机安装完毕后，应进行整机联动空运转性能试验，试验程序应符合设备操作规程及说明书要求。空运转试验从设备运转的低速开始，逐步升高，连续运行，同时观察设备运行的平稳性及动作的灵活性，再按5.1、5.3、5.6、5.8、5.9进行检查，结果应符合要求。

6.3 负荷运转性能试验

空运转性能试验合格后，按照操作规程及说明书要求进行负荷运转及编织试验，试验结果应符合5.3的要求。

6.4 报警检测

负荷运转性能试验合格后，进行报警检测。检测项目、检测方法和要求见表6。报警检测时，因为必须人为产生故障，设备必须低速运行，检测结果应符合5.4的要求。

表6

序　　号	检测项目	检测方法	要　　求
1	上锭断丝报警	设备运行中，用剪刀剪断编织丝	5.4a)
2	下锭断丝报警	设备运行中，用剪刀剪断编织丝	
3	断缆报警	设备运行中，用剪刀剪断线缆芯线	5.4b)
4	断带报警	设备运行中，用剪刀剪断纵包带	5.4c)
5	计米到位报警	任意设定的数值达到实际编织的长度值	5.4d)
6	防护门开启报警	设备运行中，打开防护门	5.5g)

6.5 锭子张力检测

用张力测试仪测试锭子的张力调整范围，检测结果应符合表3的要求。

6.6 装配质量检测

对编织机的装配质量应逐台进行检测，检测结果应符合5.6的要求。

6.7 安全保护检测

a) 检查设备安全标志、防护装置等，应符合5.7.1、5.7.2、5.7.3的要求。

b) 用1 000 V绝缘电阻表按5.7.4a)要求，检测设备绝缘性能。

c) 用额定电压2 000 V的高压试验台按5.7.4b)要求，检测设备耐压性能。检测前，必须断开50 V以下的低压电器。

6.8 外观质量检测

a) 目测油、电等管道、线路的安装排列状况。

b) 用常规量具测量结合面的错位偏差，目测外露加工表面和涂层表面的质量。

c) 用漆膜样板对比或涂层测厚仪进行漆膜质量检测。

d) 检测结果应符合5.8的要求。

6.9 环境保护检测

6.9.1 噪声检测

按GB/T 13325规定进行设备的噪声检测，检测结果应符合5.9.1的要求。

6.9.2 废油回收检测

目测机内集油是否符合5.9.2的要求。

6.10 耗能指标检测

空运转性能试验前应进行设备用电的检测，检测结果应符合图样、技术文件及5.10的要求。

7 检验规则

7.1 每台产品必须经过制造厂质检部门检验合格后方可出厂，产品出厂时须附有产品合格证、使用说明书、装箱单以及必要的技术资料。

7.2 产品检验分出厂检验和型式试验。

7.2.1 出厂检验项目一般应包括以下项目：

a) 外观质量检测；
b) 装配质量检测；
c) 空运转性能试验；
d) 负荷运转性能试验；
e) 报警检测；
f) 锭子张力检测；
g) 绝缘电阻检测。

7.2.2 型式试验应按第6章规定的项目进行检测。

在下列情况之一时进行型式试验：

a) 新产品或老产品进行重大改进时；
b) 正常生产时定期或积累一定产量后；
c) 结构、材料有较大改变有可能影响产品性能时；
d) 出厂检验结果与上次型式试验差异较大时；
e) 国家各级质量监督机构提出检验要求时。

8 标牌、包装、运输和贮存

8.1 标牌

8.1.1 编织机标牌应符合GB/T 13306的规定。

8.1.2 产品标牌应包含下列内容：

a) 产品型号、名称、主要参数；
b) 制造厂名、商标；
c) 制造日期、出厂编号。

8.2 包装

8.2.1 产品包装前，应清除灰尘，加工表面应清洗并做防锈处理；活动部分应移至最小轮廓尺寸并予以固定。

8.2.2 包装运输时容易损坏的仪表和零部件及设备的备件、附件和工具均应单独包装。

8.2.3 包装应符合GB/T 13384的规定。

8.3 运输和贮存

8.3.1 包装储运图示标志应符合GB/T 191的规定。

8.3.2 设备的运输方式和措施应保证设备及其包装不致损伤。

8.3.3 贮存设备的仓库应清洁、通风，无腐蚀性的化学药品，注意防潮。

8.3.5 贮存的设备应定期开箱检查。发现锈迹应立即清除，并应重新进行防锈处理。

9 安装、使用与维护

9.1 安装

编织机安装应符合设计图样的要求。

9.2 使用与维护

编织机应按照产品使用说明书和操作手册的要求进行使用和定期维护。

ICS 29.020
K 90

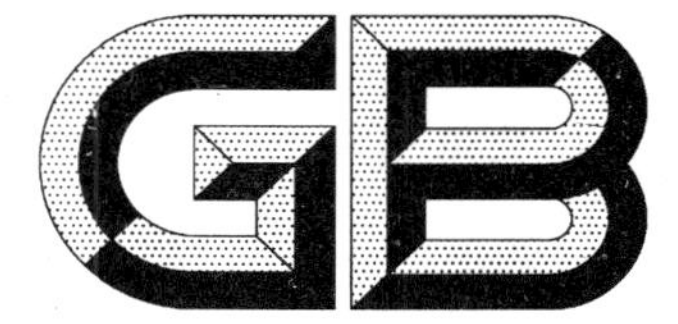

中华人民共和国国家标准

GB/T 23644—2009

电工专用设备通用技术条件

General specifications for electrical special equipment

2009-04-21 发布　　　　2009-11-01 实施

中华人民共和国国家质量监督检验检疫总局
中国国家标准化管理委员会　发布

前　　言

本标准由中国电器工业协会提出。

本标准由全国电工专用设备标准化技术委员会(SAC/TC 412)归口。

本标准起草单位:德阳东佳港机电设备有限公司、西安启源机电装备股份有限公司、合肥神马科技股份有限公司、无锡市梅达电工机械有限公司、上海鸿得利重工股份有限公司、瑞安市先锋电工机械有限公司、机械工业北京电工技术经济研究所。

本标准主要起草人:陈隆森、许树森、岳光明、过伟洪、黄林康、李富海、李晓静。

本标准为首次发布。

电工专用设备通用技术条件

1 范围

本标准规定了电工专用设备产品基本的、共性的技术要求。

本标准适用于电工专用设备的设计、制造、检验与验收。各类电工专用设备可根据其使用性能、结构等特点，编制相应的产品标准，对型号、技术要求、检测方法等规定进行补充和具体化。

2 规范性引用文件

下列文件中的条款通过本标准的引用而成为本标准的条款。凡是注日期的引用文件，其随后所有的修改单(不包括勘误的内容)或修订版均不适用于本标准，然而，鼓励根据本标准达成协议的各方研究是否可使用这些文件的最新版本。凡是不注日期的引用文件，其最新版本适用于本标准。

GB/T 191　包装储运图示标志(GB/T 191—2008,ISO 780:1997,MOD)

GB 5226.1　机械电气安全　机械电气设备　第1部分:通用技术条件(GB 5226.1—2008,IEC 60204-1:2005,IDT)

GB/T 8196　机械安全　防护装置　固定式和活动式防护装置设计与制造　一般要求(GB/T 8196—2003,ISO 14120:2002,MOD)

GB/T 13306　标牌

GB/T 13325　机器和设备辐射的噪声　操作者位置　噪声测量的基本准则(工程级)(GB/T 13325—1991,neq IEC 6081:1986)

GB/T 13384　机电产品包装通用技术条件

3 分类

电工专用设备按产品用途分为九类:

a) 发电设备制造用专用设备;

b) 变压器制造用专用设备;

c) 瓷绝缘子制造用专用设备;

d) 电机制造用专用设备;

e) 电线电缆制造用专用设备;

f) 高低压电器制造用专用设备;

g) 绝缘材料制造用专用设备;

h) 工业蓄电池制造用专用设备;

i) 其他电工产品制造用专用设备。

4 型号

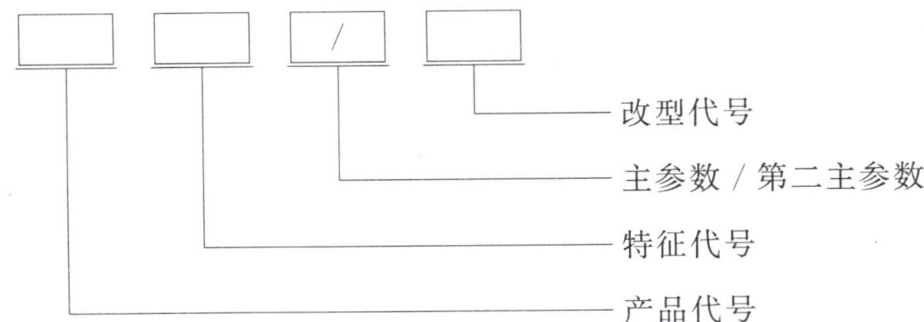

4.1 产品代号，用汉语拼音大写字母表示。

4.2 特征代号，用汉语拼音大写字母表示，必要时也可用阿拉伯数字。

4.3 主参数/第二主参数，用阿拉伯数字表示。

4.4 改型代号，改型后顺次用 A、B、C…表示。

5 技术要求

5.1 通用要求

电工专用设备应符合本标准规定，并应按规定程序批准的图样及技术文件制造、检验和验收。

5.2 环境适应性

电工专用设备应保证在下列条件下可靠的工作。有特殊环境要求时，供需双方协商确定。

5.2.1 海拔在 1 000 m 以下。

5.2.2 环境温度在－5 ℃～＋40 ℃范围内。

5.2.3 空气相对湿度不大于 85％(温度为 20 ℃±5 ℃时)。

5.2.4 电源电压波动值应不超过额定电压的±10％。

5.3 性能与结构

5.3.1 电工专用设备性能与结构应符合相应产品标准和满足用户的要求。设备的设计应充分考虑系列化、通用化、标准化。

5.3.2 电工专用设备应提供保证基本性能的专用附件和工具。扩大设备使用性能的特殊附件，根据用户要求按协议供应。

5.3.3 电工专用设备的电气控制、液压、气动、冷却和润滑等系统应符合有关标准的规定。

5.4 精度

5.4.1 电工专用设备的工作精度应符合相应产品标准，并满足用户对产品的质量要求。

5.4.2 电工专用设备上各种零部件材料的牌号和力学性能应符合相应标准的规定。零部件的加工精度应符合相应标准、图样和工艺文件的规定。

5.4.3 其他产品精度应由具体产品标准规定。

5.5 装配质量

装配质量应符合相应产品标准的规定。

5.6 安全保护

5.6.1 电工专用设备应确保具有足够的稳定性。

5.6.2 电工专用设备的运动部分及突出部分应采取安全措施，确保人身安全。

5.6.3 机动往复部件应设置可靠的限位装置。

5.6.4 运动中有可能脱落的零部件应设置防松装置。

5.6.5 采用自动上、下料装置时应设置防护装置。

5.6.6 不能在地面操作的设备，应设置钢梯和工作平台，并设有防滑的踏板和栏杆。栏杆的高度应符合 GB/T 8196 的规定。

5.6.7 动力系统应确保安全，应有可靠的保险装置。

5.6.8 电气控制设备应确保其功能可靠，应有防触电的标志和安全措施。

5.6.9 电工专用设备的润滑、操作和安全等标牌和标志，并应醒目和能够长期保持清晰。

5.6.10 受压容器应有确保工作安全可靠的压力指示及保险装置、限压安全报警装置和卸荷装置。

5.6.11 在高温状态下工作的零部件，应具有良好的防护措施。

5.6.12 设备在使用过程中，如有易燃易爆气体、液体的应符合相关产品标准规定。

5.6.13 电气设备的安全保护应符合 GB 5226.1 和相应产品标准的规定。

5.6.14 电工专用设备应设置安全防护装置，并应符合 GB/T 8196 的规定。

5.7 外观质量

5.7.1 电工专用设备外观表面不应有明显凸起、凹陷和其他损伤。

5.7.2 电工专用设备的防护罩应坚固及不易变形。

5.7.3 电工专用设备部件外露结合面不应有超出设计规定的明显错位。门、盖与设备本体的结合面错位偏差和错位不匀称偏差应不大于表1的规定。

电工专用设备的门、盖与设备本体的结合面应贴合，贴合缝隙不大于表1的规定。

电工专用设备的电气框、电气箱等门、盖周边与其相关件的缝隙应均匀，缝隙不均匀值不大于表1的规定。

表1

单位为毫米

结合面尺寸	<500	≥500～1 250	>1 250～3 150	>3 150
错位偏差	1.5	2	3	4
错位不匀称偏差	1	1	1.5	2
贴合缝隙值	1	1.5	2	
缝隙不均匀值	1	1.5	2	

注1：错位不匀称偏差指外露结合边缘同一边或对应边最大错位偏差与最小错位偏差之差值。

注2：缝隙不均匀值指门、盖对设备本体间最大缝隙值与最小缝隙值之差值。

5.7.4 外露的焊缝应平直、均匀。

5.7.5 各种管道应排列整齐、美观，颜色应按有关标准规定进行区分。

5.7.6 设备涂漆应符合有关标准和设计文件的规定。设备涂漆的颜色由制造厂和用户商定。

5.7.7 设备上各种标牌的文字应清晰、图形正确，安装在便于操作者观察的位置，并应平整牢固、不歪斜。

5.8 环境保护

5.8.1 设备运转时的噪声，除在有关标准或技术文件中另有规定外，应不大于85 dB(A)。

5.8.2 设备的密封性能应达到不漏油、不漏水、不漏气。

5.8.3 设备排放的废气、废液、废渣等应符合有关环保标准的规定。

5.8.4 工作时产生有害气体或大量酸雾、粉尘、油雾和电磁辐射、紫外线的设备，应采取有效的封闭或屏蔽措施，防止外泄或设置有效的排放处理装置。

5.9 耗能指标

耗能指标一般包括煤、油、水、气、电等能源使用情况，在具体产品标准中应规定。

6 检测方法

6.1 通用检测方法

6.1.1 环境适应性检测

空运转性能试验前应进行设备工作环境、电压波动情况检测。检测工具为温度计、湿度计、电压表。检测结果应符合5.2的的规定。

6.1.2 附件及工具检查

随机提供的附件及工具应进行检查，检查结果应符合5.3.2的规定。

6.1.3 安全保护检测

a) 设备通电后，检查其动作应符合设备的功能要求。

b) 设备的保护接地、工作接地以及绝缘强度应按GB 5226.1的规定进行检查和检测。

c) 安全防护装置应进行动作试验3～5次。

d) 其他项目进行目测。

e) 检测结果应符合 5.6 和 GB 5226.1 的规定。

6.1.4 外观质量检测

a) 目测油、水、气、电等管道、线路安装排列状况。

b) 用常规量具测量结合面的错位偏差、错位不匀称偏差、贴合缝隙值和缝隙不均匀值，目测外露加工表面和涂层表面的质量。

c) 用漆膜样板对比或涂层测厚仪进行漆膜质量检测。

d) 检测结果应符合 5.7 的规定。

6.1.5 噪声检测

电工专用设备的噪声应按 GB/T 13325 的规定进行检测，检测结果应符合 5.8.1 的规定。

6.1.6 耗能指标检测

空运转性能试验前应进行设备用煤、用油、用水、用气、用电情况的检测，检测结果应符合相关专用设备技术文件及 5.9 的规定。

6.2 专用检测方法

电工专用设备的检测项目，一般应包括精度检测、装配质量检测、空运转性能试验和负荷运转性能试验等。专用检测方法应符合相关专用设备检测方法标准的规定。

7 检验规则

7.1 每台设备应经过制造厂质检部门检验合格后方可出厂。设备出厂时应附有合格证、使用说明书、装箱单以及必要的技术资料。某些设备在制造厂不具备负荷运转性能试验时，可在用户安装现场进行。

7.2 检验分出厂检验和型式试验。

7.2.1 出厂检验一般应包括以下项目：

a) 外观质量检测；

b) 附件及工具检查；

c) 精度检测；

d) 装配质量检测；

e) 空运转性能试验；

f) 负荷运转性能试验。

注：出厂检验是否进行负荷运转性能试验，应由具体产品标准规定。

7.2.2 型式试验应按第 6 章规定的项目进行检测。

在下列情况之一时应进行型式试验：

a) 新产品或老产品进行重大改进时；

b) 正常生产时定期或积累一定产量后；

c) 结构、材料有较大改变有可能影响产品性能时；

d) 出厂检验结果与上次型式试验差异较大时；

e) 国家各级质量监督机构提出检验要求时。

8 标牌、包装、运输和贮存

8.1 标牌

8.1.1 电工专用设备标牌应符合 GB/T 13306 的规定。

8.1.2 产品标牌应包含下列内容：

a) 产品型号、名称、主要参数；

b) 制造厂名、商标；

c) 制造日期、出厂编号。

8.2 包装

8.2.1 产品包装前，应清除灰尘，加工表面应清洗并做防锈处理；活动部分应移至最小轮廓尺寸并予以固定。

8.2.2 包装运输时容易损坏的仪表和零部件及设备的备件、附件和工具均应单独包装。

8.2.3 包装应符合 GB/T 13384 的规定。

8.3 运输和贮存

8.3.1 包装储运图示标志应符合 GB/T 191 的规定。

8.3.2 设备的运输方式和措施应保证设备及其包装不致损伤。

8.3.3 贮存设备的仓库应清洁、通风，无腐蚀性的化学药品，并应具有防潮措施。

8.3.4 贮存的设备应定期开箱检查。发现锈迹应立即清除，并应重新进行防锈处理。

9 安装、使用与维护

9.1 安装

电工专用设备的安装应符合其设计图样的要求。

9.2 使用与维护

电工专用设备应按照产品使用说明书和操作手册的要求进行使用和定期维护。

ICS 27.070
K 82

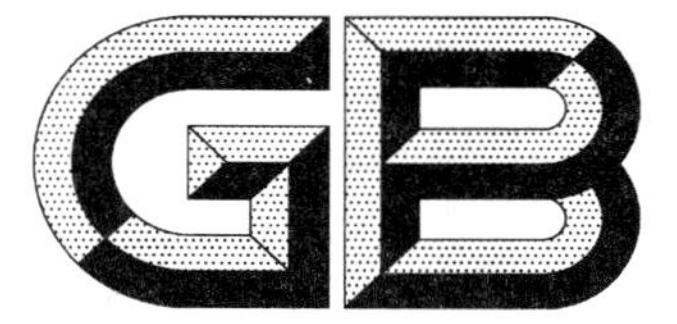

中华人民共和国国家标准

GB/T 23645—2009

乘用车用燃料电池发电系统测试方法

Test methods of fuel cell power system for passenger cars

2009-04-21 发布 2009-11-01 实施

中华人民共和国国家质量监督检验检疫总局
中国国家标准化管理委员会 发布

前　言

本标准的附录 A 是规范性附录，附录 B 是资料性附录。

本标准由中国电器工业协会提出。

本标准由全国燃料电池标准化技术委员会(SAC/TC 342)归口。

本标准负责起草单位：同济大学。

本标准参加起草单位：机械工业北京电工技术经济研究所、上海攀业氢能源科技有限公司、上海神力科技有限公司。

本标准主要起草人：侯永平、孙泽昌、余卓平、卢琛钰、马建新、王哲、张若谷、周鋐、董辉等。

本标准为首次发布。

乘用车用燃料电池发电系统测试方法

1 范围

本标准规定了乘用车用燃料电池发电系统测试方面的术语和定义、测试用仪表精度的要求、试验前准备工作及试验条件和性能试验方法。

本标准规定的测试内容包括:常规性能检测、起动特性测试、稳态特性测试、额定功率特性测试、峰值功率特性测试和动态响应特性测试。

本标准适用于乘用车用质子交换膜燃料电池发电系统。

2 规范性引用文件

下列文件中的条款通过本标准的引用而成为本标准的条款。凡是注日期的引用文件,其随后所有的修改单(不包括勘误的内容)或修订版均不适用于本标准,然而,鼓励根据本标准达成协议的各方研究是否可使用这些文件的最新版本。凡是不注日期的引用文件,其最新版本适用于本标准。

GB/T 18384.3—2001 电动汽车 安全要求 第3部分:人员触电防护(ISO/DIS 6469-3:2000,EQV)

GB/T 20042.1 质子交换膜燃料电池 术语

3 术语和定义

GB/T 20042.1确立的以及下列术语和定义适用于本标准。

3.1

发电系统净输出功率 net output power of power system

燃料电池堆输出功率减去辅助系统消耗的功率后所剩的功率,即燃料电池发电系统净输出功率,也简称发电系统功率。

3.2

电池堆效率 efficiency of fuel cell stack

燃料电池堆单位时间内所消耗燃料的能量转化为输出功率的份额,规定以氢气低热值(LHV_{H_2})计算。计算公式见附录A。

3.3

发电系统效率 efficiency of power system

燃料电池发电系统单位时间内所消耗燃料的能量转化为有效功率的份额,规定以氢气低热值(LHV_{H_2})计算。计算公式见附录A。

3.4

怠速工况 idle state

发电系统处于工作状态,能维持自身工作,而不对外输出功率的工况。

3.5

冷机状态 cold state

燃料电池发电系统内部温度(冷却液出口温度)与环境温度相同。

3.6

热机状态 hot state

燃料电池发电系统内部温度处于正常工作温度范围(正常工作温度由制造商规定)内。

4 测试用仪表精度的要求

测试用仪表精度要求见表1。

表1 测试用仪表精度要求

名称	规定精度	备注
电压传感器	≤0.5%	FS(满量程)
电流传感器	≤0.5%	FS(满量程)
温度计	±1 ℃	
湿度计	±3%	相对湿度
氢气流量计	≤1%	按照相对误差计
冷却液流量计	≤1%	FS(满量程)
称重衡器	≤0.5%	FS(满量程)

5 试验前准备工作及试验条件

5.1 试验前准备工作

a) 试验前12 h按照5.2.3做好燃料电池发电系统的准备工作,然后将燃料电池发电系统封存;

b) 在试验之前不得对燃料电池发电系统做任何改动。

5.2 一般试验条件

5.2.1 燃料电池发电系统的要求

燃料电池发电系统应满足以下要求:

——燃料电池发电系统各系统要完整,能够在外接氢源的条件下正常运行;

——燃料电池发电系统要有可靠的安全保障系统;

——燃料电池发电系统在测试过程中不允许补充冷却液及加湿用水。

5.2.2 测试条件

测试方应提供以下测试条件:

——氢气高压气源,纯度满足使用要求;

——控制电源(如DC12 V电源、DC24 V电源等);

——直流辅助动力电源。

5.2.3 测试前燃料电池发电系统状态规定

测试前燃料电池发电系统状态应符合以下规定:

——冷却液加注完成;

——通氢气后燃料电池发电系统即可工作。

5.2.4 制造商在测试前向测试方提供燃料电池发电系统相关技术参数。

6 性能试验方法

6.1 冷机方法

燃料电池发电系统(冷却液加注完成)在规定的温度和湿度条件下保温足够长的时间以保证燃料电池发电系统内部温度与环境温度相同,静置时间至少为12 h。

6.2 热机方法

按照制造商的使用规定,使燃料电池发电系统在一定功率下工作,同时监测燃料电池堆冷却液的出口温度,一旦燃料电池堆冷却液的出口温度达到正常工作温度,即认为燃料电池发电系统达到热机状态。

6.3　常规性能检测

6.3.1　发电系统质量

测量燃料电池堆和辅助系统(包括氢气供应系统、空气供应系统、控制系统、水热管理系统等)的质量(应包括冷却液及加湿用水的质量)。

6.3.2　电池堆的体积

测量燃料电池堆三个方向的最大尺寸,计算燃料电池堆的最大外围体积。

6.3.3　绝缘电阻检测

在整个试验结束后,不连接负载并加注冷却液和加湿用水的冷态条件下(冷却泵运转),用兆欧表分别测量燃料电池堆正负极输出端相对于发电系统机箱的绝缘电阻,绝缘电阻值符合 GB/T 18384.3—2001 的规定。

6.4　起动特性测试

6.4.1　怠速起动测试

6.4.1.1　试验方法

a) 根据试验要求对燃料电池发电系统进行冷机(见 6.1)或者热机(见 6.2)过程预处理;
b) 预处理过程结束后,按照制造商建议的起动操作步骤起动燃料电池发电系统;
c) 燃料电池发电系统起动后,在怠速状态下能够持续稳定运行 10 min,则燃料电池发电系统怠速起动成功,否则怠速起动失败;
d) 试验过程应自动进行,不能有人工干预。

6.4.1.2　数据整理

试验中测量的数据:起动时间、冷却液起始温度、燃料电池堆的电压、燃料电池堆的电流、辅助系统的电压、辅助系统的电流、氢气的消耗量。

6.4.1.3　评价指标

起动时间。

6.4.2　额定功率起动测试

6.4.2.1　试验方法

a) 根据试验要求对燃料电池发电系统进行冷机(见 6.1)或者热机(见 6.2)过程预处理;
b) 预处理过程结束后,按照制造商建议的起动操作步骤起动燃料电池发电系统;
c) 测试平台控制器按照制造商建议的方法向燃料电池发电系统发送工作指令,同时测试平台按照规定的加载方法进行加载,加载到额定功率点后燃料电池发电系统在额定功率下能够持续稳定运行 10 min,则燃料电池发电系统额定功率起动成功,否则额定功率起动失败;
d) 试验过程应自动进行,不能有人工干预。

注:规定的加载(卸载)方法:由测试方、制造商、用户根据使用要求协商确定。

6.4.2.2　数据整理

试验中测量的数据:起动时间、冷却液起始温度、燃料电池堆的电压、燃料电池堆的电流、辅助系统的电压、辅助系统的电流、氢气的消耗量。

6.4.2.3　评价指标

起动时间。

6.5　稳态特性测试

6.5.1　试验方法

a) 在燃料电池发电系统工作范围内均匀选择 10 个或 10 个以上的工况点(工作模式可以采用功率工作模式和电流工作模式);
b) 对燃料电池发电系统按照 6.2 规定的方法进行热机;

c) 热机过程结束后，回到怠速状态运行 10 s；

d) 按照规定的加载方法加载到预先确定的工况点，在每个工况点至少持续稳定运行 3 min；

e) 试验过程应自动进行，不能有人工干预。

6.5.2 数据整理

试验中测量的数据：燃料电池堆的电压、燃料电池堆的电流、辅助系统的电压、辅助系统的电流、氢气的消耗量。

6.5.3 评价指标

燃料电池堆的极化特性曲线（V-I 曲线）、燃料电池堆的功率曲线、燃料电池堆的效率曲线；燃料电池发电系统的功率曲线、燃料电池发电系统的效率曲线；辅助系统的功率曲线。

6.6 额定功率特性测试

6.6.1 试验方法

a) 对燃料电池发电系统按照 6.2 规定的方法进行热机；

b) 热机过程结束后，回到怠速状态运行 10 s；

c) 测试平台控制器按照制造商建议的方法向燃料电池发电系统发送工作指令，同时测试平台按照规定的加载方法进行加载，燃料电池发电系统达到设定功率（额定功率）后而且至少能够持续稳定运行 60 min，此功率即为额定功率；

d) 试验过程应自动进行，不能有人工干预。

6.6.2 数据整理

试验中测量的数据：燃料电池堆的电压、燃料电池堆的电流、辅助系统的电压、辅助系统的电流、氢气的消耗量。

6.6.3 评价指标

额定功率、额定功率点的持续工作时间。

6.7 峰值功率特性测试

6.7.1 试验方法

a) 对燃料电池发电系统按照 6.2 规定的方法进行热机；

b) 热机过程结束后，回到怠速状态运行 10 s；

c) 测试平台控制器按照制造商建议的方法向燃料电池发电系统发送工作指令，同时测试平台按照规定的加载方法进行加载，燃料电池发电系统输出功率达到额定功率后在该功率点至少稳定运行 10 min，然后按照规定的加载方法加载到设定功率（即峰值功率），在该功率点持续稳定运行设定的时间（根据产品技术要求确定），到达设定的时间后按照制造商规定的卸载方法进行卸载，所测得的最大功率平均值即为峰值功率；

d) 试验过程应自动进行，不能有人工干预。

6.7.2 数据整理

试验中测量的数据：峰值功率运行的时间、燃料电池堆的电压、燃料电池堆的电流、辅助系统的电压、辅助系统的电流、氢气的消耗量。

6.7.3 评价指标

峰值功率、峰值功率运行时间。

6.8 动态响应特性测试

6.8.1 试验方法

a) 对燃料电池发电系统按照 6.2 规定的方法进行热机；

b) 热机过程结束后，回到怠速状态运行 10 s；

c) 按照规定的加载方法加载到动态响应的起始功率点，在该功率点至少稳定运行 1 min；

d) 测试平台控制器向燃料电池发电系统发送动态阶跃工作指令，同时测试平台按照规定的加载方法加载，直至达到动态阶跃的截止点，燃料电池发电系统在该功率点达到稳定状态后，至少持续稳定运行 10 min。记录动态过程的响应时间；

e) 试验过程应自动进行，不能有人工干预。

推荐取 $10\%P_E \sim 90\%P_E$ 的响应时间作为评价燃料电池发电系统的动态响应指标。

注：P_E——燃料电池发电系统额定功率。

6.8.2 数据整理

试验中测量的数据：动态阶跃响应时间、燃料电池堆的电压、燃料电池堆的电流、辅助系统的电压、辅助系统的电流、氢气的消耗量。

6.8.3 评价指标

动态阶跃响应时间。

附 录 A
（规范性附录）
相关计算公式

A.1 燃料电池堆的功率

燃料电池堆的功率按下式计算：

$$P_S = U \times I/1\ 000 \qquad \text{(A.1)}$$

式中：

P_S——燃料电池堆的功率，单位为千瓦(kW)；

U——电压，单位为伏特(V)；

I——电流，单位为安培(A)。

A.2 燃料电池发电系统功率

燃料电池发电系统功率按下式计算：

$$P_F = P_S - P_A \qquad \text{(A.2)}$$

式中：

P_F——燃料电池发电系统的功率，单位为千瓦(kW)；

P_S——燃料电池堆的功率，单位为千瓦(kW)；

P_A——辅助系统消耗的功率，单位为千瓦(kW)。

A.3 燃料电池堆效率

燃料电池堆效率按下式计算：

$$\eta_S = (1\ 000 \times P_S)/(m_{H_2} \times LHV_{H_2}) \times 100\% \qquad \text{(A.3)}$$

式中：

η_S——燃料电池堆效率，单位为%；

P_S——燃料电池堆的功率，单位为千瓦(kW)；

m_{H_2}——氢气流量，单位为克每秒(g/s)；

LHV_{H_2}——氢气低热值，1.2×10^5 kJ/kg(标准状态：温度 $T=298$ K，压力 $P=0.1$ MPa)。

A.4 燃料电池发电系统效率

燃料电池发电系统效率按下式计算：

$$\eta_F = (1\ 000 \times P_F)/(m_{H_2} \times LHV_{H_2}) \times 100\% \qquad \text{(A.4)}$$

式中：

η_F——燃料电池发电系统效率，单位为%；

P_F——燃料电池发电系统的功率，单位为千瓦(kW)；

m_{H_2}——氢气流量，单位为克每秒(g/s)；

LHV_{H_2}——氢气低热值，1.2×10^5 kJ/kg(标准状态：温度 $T=298$ K，压力 $P=0.1$ MPa)。

附 录 B
（资料性附录）
测 试 报 告

B.1 概述

根据所做试验，测试报告应提供足够多的正确、清晰和客观的数据用来进行分析和参考。报告应包含第6章中所有的数据。报告有三种形式，摘要式、详细式和完整式。每种类型的报告都应包含相应的标题页和内容目录。

B.2 测试报告内容

B.2.1 标题页

标题页应包括下列各项信息：

——报告编号；（可选择）

——报告的类型；（摘要式、详细式和完整式）

——报告的作者；

——试验者；

——报告日期；

——试验的场所；

——试验的名称；

——试验日期；

——发电系统鉴定机构和制造商的名称；

——用于试验的燃料种类；

——试验申请单位。

B.2.2 目录

每种类型的报告都应提供一个目录。

B.2.3 测试报告形式

B.2.3.1 摘要式报告

摘要式报告应包括下列各项信息：

——试验的目的；

——试验的种类、仪器和设备；

——所有的试验结果；

——结论。

B.2.3.2 详细式报告

详细式报告除包含摘要式报告的内容外，还应包括下列各项数据：

——发电系统的类型、操作方式和试验系统流程图；

——仪器和设备的安排、布置和操作条件的描述；

——仪器设备校准情况；

——用图或表的形式说明试验结果；

——试验结果的讨论分析。

B.2.3.3 完整式报告

完整式报告除了包含详细式报告的内容外，还应有原始数据的副本，此外还应包括下列各项：

——试验进行日期和时间；
——用于试验的测量设备的型号和精度；
——试验的环境条件；
——试验者的姓名和资格；
——完整和详细的不确定度分析；
——燃料分析结果。

ICS 27.070
K 82

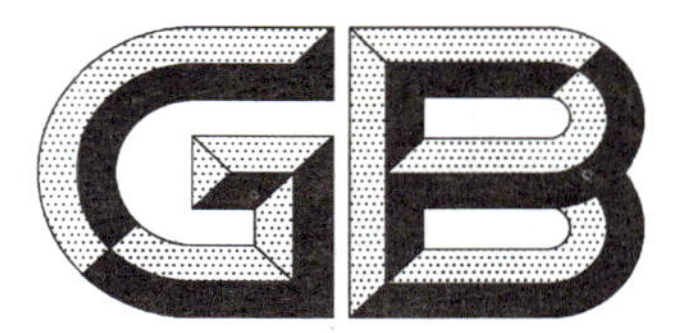

中华人民共和国国家标准

GB/T 23646—2009

电动自行车用燃料电池发电系统技术条件

Fuel cell power system for electric bicycles—Technical specification

2009-04-21 发布　　2009-11-01 实施

中华人民共和国国家质量监督检验检疫总局
中国国家标准化管理委员会　发布

前　　言

本标准由中国电器工业协会提出。

本标准由全国燃料电池标准化技术委员会(SAC/TC 342)归口。

本标准负责起草单位:上海攀业氢能源科技有限公司。

本标准参加起草单位:机械工业北京电工技术经济研究所、无锡千里马车业制造有限公司、上海神力科技有限公司、宗申派姆(加拿大)重庆氢能源有限公司。

本标准主要起草人:董辉、田丙伦、卢琛钰、管登辉、张若谷、骆欣。

电动自行车用燃料电池发电系统
技术条件

1 范围

1.1 概述

本标准规定了电动自行车用燃料电池发电系统(以下简称系统)的术语和定义、技术参数、技术要求、试验方法、检验规则、标志和说明等方面的要求。

本标准适用于两轮电动自行车和助力车用燃料电池发电系统,不适用于摩托车以及其他用途的燃料电池发电系统。

1.2 系统边界

系统边界见图1。其中粗实线框内部分为发电系统,图中相对框内的进出箭头所指为发电系统的输入和输出。由于技术路线的不同,最终产品中不一定包含所有粗实线内的系统。

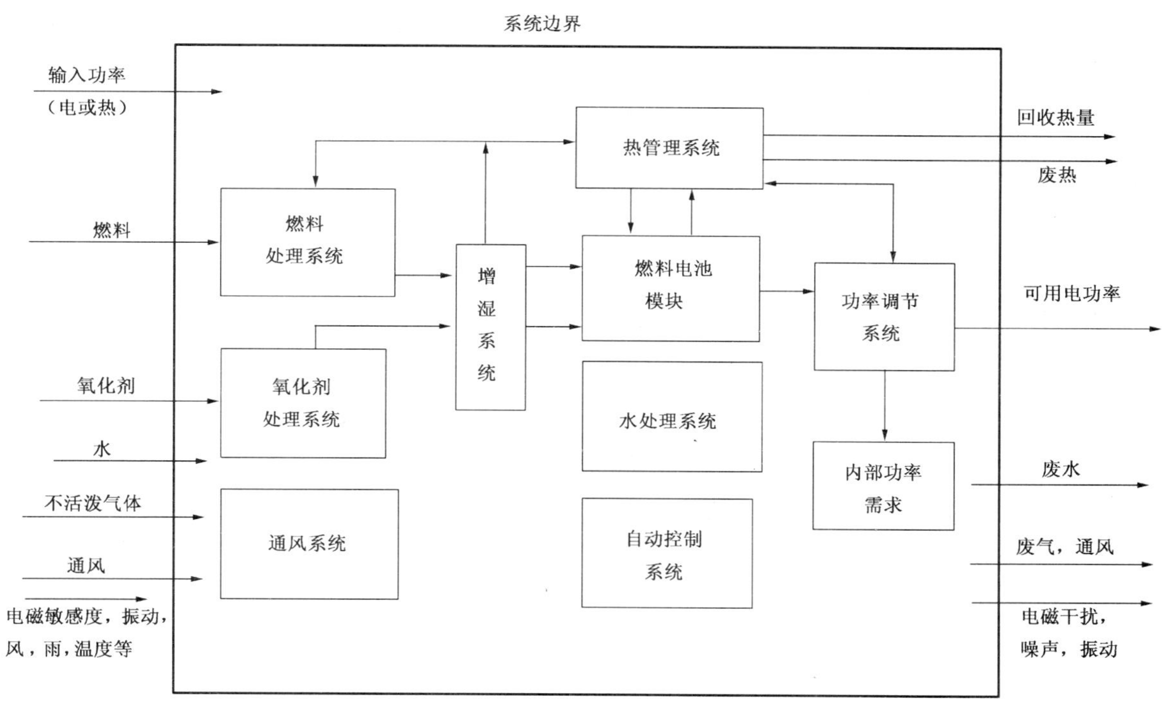

图1 发电系统的边界示意图

2 规范性引用文件

下列文件中的条款通过本标准的引用而成为本标准的条款。凡是注日期的引用文件,其随后所有的修改单(不包括勘误的内容)或修订版均不适用于本标准,然而,鼓励根据本标准达成协议的各方研究是否可使用这些文件的最新版本。凡是不注日期的引用文件,其最新版本适用于本标准。

GB/T 2423.10 电工电子产品环境试验 第2部分:试验方法 试验Fc:振动(正弦)(GB/T 2423.10—2008,IEC 60068-2-6:1995,IDT)

GB/T 17799.1 电磁兼容 通用标准 居住、商业和轻工业环境中的抗扰度试验(GB/T 17799.1—1999, idt IEC 61000-6-1:1997)

GB/T 20042.1　质子交换膜燃料电池　术语

GB/T 20042.2—2008　质子交换膜燃料电池　电池堆通用技术条件

3　术语和定义

GB/T 20042.1 确立的术语适用于本标准。

4　技术参数

以下技术参数内容由制造商提供：

——额定电压,V；

——额定电流,A；

——输出功率,W；

——氢气泄漏量,mL/min,标准状态；

——氢气消耗量,L/min,标准状态；

——重量,kg；

——外形尺寸,mm。

5　技术要求

5.1　氢气使用安全

应对燃料电池系统采取保护措施(如通风、气体检测、防止运行温度高于自燃温度等),以确保燃料电池堆内部泄漏或对外泄漏的气体不致达到其爆炸浓度。这些措施的设计规范应由燃料电池堆制造商提供,并在说明书中加以说明。

5.2　系统的结构

系统至少由燃料电池堆、控制电路板、电磁阀、温度传感器和供风系统组成。

5.3　使用条件

除非另有规定,系统应能在下列环境条件下运行：

a)　环境温度：−5 ℃～40 ℃；

b)　海拔：不超过 1 000 m。

5.4　系统的外观、外形尺寸及重量

系统外观不得有变形、裂纹、划痕。应清洁,且标志清晰。生产商应给出系统的外形尺寸、重量及偏差。

5.5　氢气泄漏速率

系统氢气泄漏速率不大于 2 mL/min。

5.6　耐振动

振动试验后,系统外观无明显变形,并仍然满足 5.4 的要求。

5.7　额定输出

电池系统额定输出功率范围为 100 W～500 W。在额定输出时,电池额定电压范围为 24 V～36 V。系统运行时,氢气压力不高于 50 kPa;空气为常压,采用供风系统提供空气。在额定电流运行 1 h 后,电池系统电压不低于额定电压。

5.8　氢气消耗

在额定功率运行时,氢气的消耗量由制造商提供。

5.9　低温运行

在环境温度为−5 ℃的条件下启动燃料电池系统,燃料电池的系统输出要不低于额定功率的 70%。

5.10 燃料电池系统的储存

系统可以在−5 ℃～40 ℃范围内储存。

5.11 安全防护功能

系统应该有过热、低电压、过电流保护，如果系统本身不包含上述保护，则需要整车厂采取上述的相应保护措施。在发生上述情况时，燃料电池系统应该降低负载输出使燃料电池恢复到正常工作状态或切断输出。

5.12 电磁兼容(EMC)

系统中的电路控制板应满足标准 GB/T 17799.1 的电磁兼容性要求。

6 试验方法

6.1 外观

用目测法，符合 5.4 的要求。

6.2 尺寸

用符合精度(1 mm)的量具测量。

6.3 质量

用符合精度(1 g)的衡器称量电池系统的质量。

6.4 氢气泄漏速率检测

按照 GB/T 20042.2—2008 中 5.2 的要求测试。

6.5 耐振动试验

按 GB/T 2423.10 要求做振动试验，振动频率范围选择 10 Hz～150 Hz，振幅值按照标准中的推荐选用，采用扫描耐久试验，循环次数为 20 次。试验结果应符合 5.6 的要求。再次进行 6.4 的检测。

6.6 额定输出测试

测试环境为在温度为 20 ℃±2 ℃，相对湿度为 40%～60%，空气中氧气体积含量为 21%±1%，氢气纯度按照制造商提供的技术参数，氢气压力按照制造商提供的技术参数。采用符合精度要求(0.1A)的电子负载作为测试设备。按照制造商说明书的要求进行额定输出试验，在额定电流下运行 1 h。

6.7 氢气消耗测试

在氢气进气管路上加入质量流量计。进行 6.6 测试时，当进行恒电流测试阶段记录氢气的消耗量。

6.8 低温运行试验

将燃料电池系统放入低温箱或低温室内，在−4 ℃±1 ℃环境中保持 4 h 以上。然后在该环境中进行性能测试，电池系统的输出功率应满足制造商说明书中规定的功率，并运行 10 min。

6.9 电池系统的储存试验

燃料电池正常地稳定运行后，关闭电池堆。在−4 ℃±1 ℃环境温度下，对燃料电池堆进行冷冻处理，冷冻时间 4 h，冻结之后按照制造商说明书的说明对其解冻，直到温度升到不低于 10 ℃，如此冷冻/解冻循环重复 3 次，然后，再次进行 6.4 的检测。

6.10 安全防护功能试验

——采用外部监控的方式，测量电池堆的内部温度。在额定电流条件下运行电池，人为控制风扇的转速，使电池堆的温度超过供应商提出的保护温度。观察当电池系统的温度高于制造商提出的最高温度 1 ℃后 5 s 内系统是否有减少或切断输出的功能。

——人为增加电池的输出负载，使燃料电池的电压低于制造商提出的保护电压 1 V，观察在 5 s 内系统是否有减少或切断输出的功能。或无论如何增加负载，电池的电压都不低于保护电压 1 V。

——首先检查在燃料电池系统输出线路中是否有保险丝，如果有则认为已经具有切断输出功能。如果没有则人为调整电池的输出电流大于制造商提出的保护电流 1A，观察电池系统是否在 5 s 内有减少或切断输出的功能。

6.11 EMC 试验

按照 GB/T 17799.1 进行试验。

7 检验规则

7.1 检验分类

检验分为型式检验和例行检验。

7.2 型式检验分类

凡符合下列情况之一的产品，应进行型式检验。检验样品通常为不少于两台。

a) 新产品试制或小批试生产；
b) 设计或工艺的变化足以引起产品的性能发生变化时；
c) 产品转厂生产或长期停止生产后又恢复生产；
d) 上级质量监督部门有要求时。

7.3 型式检验项目

按第 6 章的规定项目及方法进行检验。

7.4 例行检验项目

对于正常生产，即除 7.2a)～d)规定以外的产品，可仅进行例行检验。对出厂产品 100%进行例行检验。例行检验项目及检验方法如下。

7.4.1 气密性试验

每台产品都应进行气密性试验。在所有接头和承压零部件连接部位涂上渗漏检测液，在制造商规定的最大工作压力的 1.15 倍下进行试验，以不产生气泡为合格。

7.4.2 额定输出测试

测试环境为在温度为 20 ℃±10 ℃。采用符合精度要求的电子负载作为测试设备，按照制造商说明书的要求进行额定输出试验。在 1 h 内，电池系统的输出电压不低于额定电压。

8 标志和说明

8.1 一般规定

每台系统上都应有铭牌、标志或标识，铭牌、标志或标识上的内容应清晰、耐久。

铭牌的内容至少应包含：

a) 制造商名称或注册商标；
b) 产品型号；
c) 标准编号；
d) 生产日期代码或可查询生产日期的序列号。

8.2 其他标志

8.2.1 氢气接口标志

应当明确标识系统中氢气的入口和出口。

8.2.2 极性标志

如果电气接头有极性之分，或有接地端子与接地连接线，都应予以标明。

8.2.3 **警示标志**

存在危险的部位应使用警示标志，例如：

——触电危险；

——高温；

——易燃气体。

ICS 35.240.40
L 67

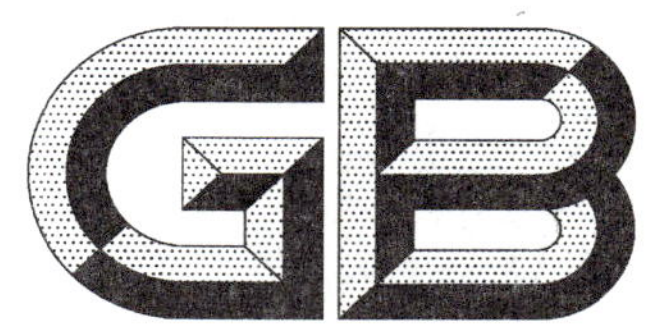

中华人民共和国国家标准

GB/T 23647—2009

自助服务终端通用规范

General specification for self-service terminal

2009-04-17 发布　　　　2009-09-01 实施

中华人民共和国国家质量监督检验检疫总局
中国国家标准化管理委员会　发布

前　言

本标准中的附录 A、附录 B、附录 C 是规范性附录。

本标准由全国服务标准化技术委员会提出并归口。

本标准起草单位：北京兆维科技股份有限公司、北京兆维科技开发有限公司、南天电子信息产业股份有限公司、青岛联信高新技术有限公司、深圳市比特威软件科技有限公司、广州广电运通金融电子股份有限公司、浪潮齐鲁软件产业有限公司、数源科技股份有限公司、北京立德金融设备系统有限公司、北京泰革伟业科技有限公司、北京方正国际软件系统有限公司、北京同方清芝商用机器有限公司、杭州平望科技有限公司、北京芙蓉电子产品有限公司。

本标准主要起草人：杨世伟、白旭、范宏钧、任婧婧、李涵、王励、孙成杰、李金龙、吴冀山、李滨、高歌、蔡彧、相志霖、肖大海、贾玉琴、马景生、王敬农。

自助服务终端通用规范

1 范围

本标准规定了自助服务终端(以下简称自服终端)的术语和定义、要求、测试方法、检验规则以及标志、包装、运输、贮存等。

本标准适用于售卡、售票、售货、缴费、充值、账单/详单/发票打印、存折补登、数字图片打印、文字和音视频信息发布与查询等的自服终端(但不包括特殊的自服终端,如:残疾人使用的自服终端),为具体产品规范的制定提供依据。

2 规范性引用文件

下列文件中的条款通过本标准的引用而成为本标准的条款。凡是注日期的引用文件,其随后所有的修改单(不包括勘误的内容)或修订版均不适用于本标准,然而,鼓励根据本标准达成协议的各方研究是否可使用这些文件的最新版本。凡是不注日期的引用文件,其最新版本适用于本标准。

GB/T 191—2008 包装储运图示标志(ISO 780:1997,MOD)

GB/T 228—2002 金属材料 室温拉伸试验方法(eqv ISO 6892:1998)

GB/T 2421—1999 电工电子产品环境试验 第1部分:总则(idt IEC 60068-1:1988)

GB/T 2422—1995 电工电子产品环境试验 术语(eqv IEC 60068-5-2:1990)

GB/T 2423.1—2001 电工电子产品环境试验 第2部分:试验方法 试验A:低温(idt IEC 60068-2-1:1990)

GB/T 2423.2—2001 电工电子产品环境试验 第2部分:试验方法 试验B:高温(idt IEC 60068-2-2:1974)

GB/T 2423.3—2006 电工电子产品环境试验 第2部分:试验方法 试验Cab:恒定湿热试验(IEC 60068-2-78:2001,IDT)

GB/T 2423.5—1995 电工电子产品环境试验 第二部分:试验方法 试验Ea和导则:冲击(idt IEC 60068-2-27:1987)

GB/T 2423.6—1995 电工电子产品环境试验 第二部分:试验方法 试验Eb和导则:碰撞(idt IEC 60068-2-29:1987)

GB/T 2423.10—2008 电工电子产品环境试验 第2部分:试验方法 试验Fc:振动(正弦)(IEC 60068-2-6:1995,IDT)

GB/T 2423.37—2006 电工电子产品环境试验 第2部分:试验方法 试验L:沙尘试验(IEC 60068-2-68:1994,IDT)

GB/T 2423.38—2008 电工电子产品环境试验 第2部分:试验方法 试验R:水试验方法和导则(IEC 60068-2-18:2000,IDT)

GB/T 2828.1—2003 计数抽样检验程序 第1部分:按接收质量限(AQL)检索的逐批检验抽样计划(ISO 2859-1:1999,IDT)

GB/T 4857.2—2005 包装 运输包装件基本试验 第2部分:温湿度调节处理(ISO 2233:2000,MOD)

GB/T 4857.5—1992 包装 运输包装件 跌落试验方法(eqv ISO 2248:1985)

GB 4943 信息技术设备的安全(GB 4943—2001,idt IEC 60950-1:1999)

GB 5007.1 信息技术 汉字编码字符集(基本集) 24点阵字型

GB/T 5080.7—1986 设备可靠性试验 恒定失效率假设下的失效率与平均无故障时间的验证试验方案(idt IEC 60605-7:1978)

GB 5199 信息技术 汉字编码字符集(基本集) 16点阵字型

GB/T 5271.14—2008 信息技术 词汇 第14部分:可靠性、可维护性与可用性(ISO/IEC 2382-14:1997,IDT)

GB/T 6107—2000 使用串行二进制数据交换的数据终端设备和数据电路终接设备之间的接口(idt EIA/TIA-232-E)

GB 9254 信息技术设备的无线电骚扰限值和测量方法(GB 9254—2008,IEC/CISPR 22:2006,IDT)

GB 9969 工业产品使用说明书 总则

GB 10409—2001 防盗保险柜

GB/T 11460—2000 信息技术 汉字字型数据的检测方法

GB 13000.1 信息技术 通用多八位编码字符集(UCS) 第一部分:体系结构与基本多文种平面(GB 13000.1—1993,idt ISO/IEC 10646-1:1993)

GB/T 13384—2008 机电产品包装通用技术条件

GB/T 14081—1993 信息处理用键盘(西文)通用技术条件

GB/T 14715—1993 信息技术设备用不间断电源通用技术条件

GB/T 14916—2006 识别卡 物理特性(ISO/IEC 7810:2003,IDT)

GB/T 15120.1—1994 识别卡 记录技术 第1部分:凸印(idt ISO 7811-1:1985)

GB/T 15120.2—1994 识别卡 记录技术 第2部分:磁条(idt ISO 7811-2:1985)

GB/T 15120.3—1994 识别卡 记录技术 第3部分:ID-1型卡上凸印字符的位置(idt ISO 7811-3:1985)

GB/T 15120.4—1994 识别卡 记录技术 第4部分:只读磁道的第1磁道和第2磁道的位置(idt ISO 7811-4:1985)

GB/T 15120.5—1994 识别卡 记录技术 第5部分:读写磁道的第3磁道的位置(idt ISO 7811-5:1985)

GB/T 15732 汉字键盘输入用通用词语集

GB/T 16649.1—2006 识别卡 带触点的集成电路卡 第1部分:物理特性(ISO /IEC 7816-1:1998,MOD)

GB/T 16649.2—2006 识别卡 带触点的集成电路卡 第2部分:触点的尺寸和位置(ISO/IEC 7816-2:1999,IDT)

GB/T 16649.3—2006 识别卡 带触点的集成电路卡 第3部分:电信号和传输协议(ISO/IEC 7816-3:1997,IDT)

GB 16793 信息技术 通用多八位编码字符集(Ⅰ区) 汉字24点阵字型 宋体

GB/T 17183—1997 数据终端设备和数据电路终接设备用的高速25插针接口暨可替换的26插针连接器(eqv EIA530-A:1992)

GB/T 17618—1998 信息技术设备抗扰度限值和测量方法(idt IEC/CISPR 24:1997)

GB 17625.1 电磁兼容 限值 谐波电流发射限值(设备每相输入电流≤16 A)(GB 17625.1—2003,IEC 61000-3-2:2001,IDT)

GB 17698 信息技术 通用多八位编码字符集(Ⅰ区) 汉字16点阵字型

GB 18030 信息技术 中文编码字符集

GB/T 18031—2000 信息技术 数字键盘汉字输入通用要求

GB/T 18313—2001 声学 信息技术设备和通信设备空气噪声的测量(idt ISO 7779:1999)

GB/T 18789—2002 自动柜员机(ATM)通用规范

GA/T 73—1994 机械防盗锁

3 术语和定义

下列术语和定义适用于本标准。

3.1

自助服务 self-service

通过人机交互自主选择获得所需服务的方式。

3.2

自助服务终端 self-service terminal

自服终端

服务提供者提供的实施自助服务的专用设备或装置。

3.3

钓现 fishing

将任何形式的带有一个或多个钩子或其他装置的绳索、金属线或类似物品作用于自助服务终端,以非法获取现金。

[GB/T 18789—2002,定义 3.38]

3.4

暴力取现 forcing

用撬棍、螺丝起子、扳手、或其他类似工具扩大缝隙,或通过打破一个部件或使一个部件变形以非法获取现金。

[GB/T 18789—2002,定义 3.39]

3.5

设陷取现 trapping

将某种设备、材料运用于自助服务终端中以避免合法用户察觉,在存款时阻止用户所存现金到达存款箱。在取款时阻止用户拿到发出的现金,可在用户离开后被非法获取。

4 要求

4.1 设计原则

4.1.1 硬件设计

硬件设计应遵循以下原则:

——自服终端应用在不同的场合时应分别具备防火、防盗、防尘、防淋、防振、防暴等要求,保证人身安全;

——配置的密封装置及门锁应耐久、安全、可靠,对异常情况有报警及日志记录功能;

——硬件系统和各模块单元的逻辑设计应尽量采用统一校验等技术,并留有适当的逻辑余量;

——硬件系统应具有一定的自检功能;

——框架和机柜应有一定的刚度和强度,以防止由于空间变动、部件变松或移位造成的终端内零部件全部或部分损坏,并应防止和减少部件发生电击和人身伤害的可能性;

——外形应具备人性化特点,客户操作应感到舒适方便,并应具备人文特征。

4.1.2 软件设计

软件设计应遵循以下原则:

——自服终端的软件设计应与硬件系统的硬件资源相适应;

——除应用软件外,还应配备完善的测试或诊断软件;

——对同一系列的产品，软件应遵循通用化、系列化、模块化和向下兼容的原则；
——应用软件需保密的参数与文件以及数据传输过程中需保密的数据，均应经过数据安全模块处理；
——软件的文件技术规范以及字符集中的编码、字型等都应符合相应的国家标准。

4.2 外观和结构

自服终端的外观和结构应满足以下条件：

a) 自服终端的外型尺寸和结构尺寸由产品规范规定；

b) 自服终端表面不应有明显的凹痕、划伤、裂缝、变形和污渍等，表面涂镀层应均匀，不应起泡、龟裂、脱落和磨损，金属零部件不应有锈蚀及其他机械损伤；

c) 自服终端的零部件应紧固无松动，键盘、开关及其他活动部件的动作应灵活可靠。

4.3 功能

自服终端的功能见表1。具体的功能实现由产品规范明确规定表1中的一个或多个功能。

表1 自服终端功能分类

项目	功能分类	功能举例
服务功能	查询	
	交易	售卡、售票、售货、缴费、充值服务
	出单	账单/详单/发票打印、存折补登、数字照片打印
	信息发布	文字、图片、视频、音频
	其他	业务体验
合法性鉴别	身份识别	用户合法身份识别、维护人员合法身份识别
	数据安全	加/解密、保存密钥、数据合法性检查
管理功能	系统设置	日期及时间、机号信息
	数据管理	数据统计、数据备份、日志记录及转储
	系统自检	
	远程监控	
其他	中/英文操作界面	
	连/脱机运行	

4.4 硬件设备要求

硬件设备的基本要求根据需要具体选择所需模块。主要模块包括：

a) 电源模块：

1) UPS电源：具体指标由产品规范规定，但应符合GB/T 14715—1993的规定，另外还应具备以下功能：
——模拟正弦波输出，可电池启动；
——具有电池稳压功能(AVR)；
——具有输出短路保护及过载保护；
——具有全天候防雷击、噪声及突波保护。

2) 加热模块：具体指标由产品规范规定，且应具备以下功能：
——低温加热自动升温功能；
——过热保护自动切断功能；
——温度降低再次启动加热升温功能。

3） 高温强排模块：具体指标由产品规范规定。

b） 终端控制模块：多媒体计算机的类型、主要配置和性能由产品规范规定。

c） 显示模块：要求防刮、防尘、防水，显示器的规格、种类及分辨率等由产品规范规定。

d） 输入模块：具体指标由产品规范规定。

1） 主机键盘、密码键盘的使用寿命应符合 GB/T 14081—1993 及 GB/T 18031—2000 的规定。

2） 触摸屏输入：触摸反应时间：≤20 ms；
亮度：350 lx；
透光率：≥80%；
使用寿命：单点触摸大于或等于 3 500 万次（正常情况下使用）。

e） 卡处理模块：磁卡处理应符合 GB/T 15120.1—1994、GB/T 15120.2—1994、GB/T 15120.3—1994、GB/T 15120.4—1994、GB/T 15120.5—1994 的规定，IC 卡处理符合 GB/T 14916—2006、GB/T 16649.1—2006、GB/T 16649.2—2006、GB/T 16649.3—2006 的要求。非接触卡读写模块具体指标由产品规范规定。

f） 打印模块：具体指标由产品规范规定。

1） 票据打印模块；

2） 条打印模块；

3） 日志打印模块；

4） 报表打印模块。

g） 存折页码识别模块：扫描用以标识银行存折页码的条码信息，提供给上位机处理。具体指标由产品规范规定。

h） 保险柜应至少配置一把机械锁和一把密码锁，密码锁可为机械密码锁或电子密码锁。密码应可调，调码应操作方便、可靠。机械锁具应符合 GA/T 73—1994 的有关要求；电子密码锁应符合 GB 10409—2001 中 5.5 的要求。

i） 自服终端如配备监视摄像机，其安装位置应确保摄像机镜头对准自服终端前方的使用者，但不得摄入用户的键盘操作动作。

j） 红外线探头：可用于进入自服终端时启动界面，具体指标由产品规范规定。

k） 智能灯控：可用于进入自服终端时启动照明部件，具体指标由产品规范规定。

l） PSAM 卡模块：可用于产品安全控制模块，应符合国家和行业的相关规定。

m） 以下模块具体指标由产品规范规定：

——硬币出钞模块；

——纸币出钞模块；

——硬币识别模块；

——纸币识别模块；

——通信模块；

——温度控制模块；

——多媒体模块；

——身份认证模块；

——票卡发行模块；

——图像输出模块；

——存储卡读写模块；

——存折补登模块；

——客户服务模块；

——后台维护模块；
——数据安全模块；
——安全监控模块；
——报警模块。

n） 其他外部部件：具体指标由产品规范规定，但性能应确保自服终端功能的实现。

4.5 软件配置

软件配置的基本要求包括以下系统，具体指标由产品规范规定：

——操作系统；
——自服终端控制软件；
——检查程序：应符合附录 A 的有关规定；
——监控程序；
——应用软件；
——自服终端故障诊断软件；
——驱动程序；
——数据库软件。

4.6 中文信息处理

4.6.1 字符集

自服终端的汉字字符集应至少符合 GB 18030 的强制部分，并应与 GB 13000.1 建立映射关系。

4.6.2 输出用汉字字型

自服终端应采用国家标准或行业标准规定的点阵汉字字型，其采用的汉字字型至少应符合下述标准：

a） 显示用字型不应低于 15×16 点阵字型，应符合 GB 5199、GB 17698；
b） 打印用字型不应低于 24×24 点阵字型，应符合 GB 5007.1、GB 16793；
c） 曲线汉字字型，其对简省笔划的处理应与相应尺寸的点阵汉字字型一致。

4.6.3 汉语词库

自服终端配备的汉语词库应采用 GB/T 15732 规定的词库。在 GB/T 15732 的基础上扩充的词汇应符合我国语言文字规范或习惯，并应有该词汇来源的依据。

4.7 安全

4.7.1 自服终端安全

自服终端的安全要求应符合 GB 4943 的有关规定。

4.7.2 抗破坏能力

自服终端的抗破坏能力应满足附录 B 的有关要求。

4.7.3 抗破坏报警

自服终端遇到非操作员、非管理员开启机柜或遇到暴力攻击等非正常使用时，应能报警并有记录。

4.7.4 数据安全

数据安全功能由数据安全模块提供，自服终端的数据安全属商用密码范围，应遵循国家有关规定。

4.7.5 电源适应性

自服终端应在频率 50 Hz ±1 Hz，电压 AC 187 V～253 V 的条件下正常工作。

4.7.6 设备安装要求

对于设备质量超过 20 kg、整体重心高于 60 cm 的，应固定安装。

4.8 接口

4.8.1 硬件接口

硬件接口的基本要求包括：

a） 自服终端应提供符合 GB/T 6107—2000 的规定及 IC 卡的接口；

b) 串行接口规范应符合 GB/T 6107—2000 的规定(对于最大 20 kbit/s 的数据信号速率的操作)或 GB/T 17183—1997(对于大于 0 kbit/s 的数据信号速率的操作)要求的通信接口,支持 ASYNCH 或 SYNC 数据传输,支持多种通信协议(如:X.25、SDLC、TCP/IP 等),具体通信协议由产品规范规定;

c) 银行卡接口:

自服终端使用银行卡接口的物理要求、电气要求和传递协议如下:

1) 物理要求:

卡接口的尺寸应满足银行卡的尺寸要求,触点技术要求按照 GB/T 16649.1—2006 的规定;

2) 电气要求:

自服终端与银行卡接口的电气特性应满足 GB/T 16649.3—2006 有关规定;

3) 传递协议:

自服终端与银行卡的数据交换采用 T=0 面向字符的异步半双工传递协议或 T=1 的异步半双工传递协议;

d) 其他接口,如 USB 等其他接口,连接诸如 IC 卡或磁卡读卡机、票据打印机、网络接口等部件的接口,应符合国家关于各种接口的有关的规定。

4.8.2 软件接口

软件接口具体指标由产品规范规定。

4.9 噪声

自服终端主机工作在空闲状态(开机后的稳定无操作状态)下,产品声功率不超过 5.5 Bel。

4.10 电磁兼容性

4.10.1 无线电骚扰限值

自服终端的无线电骚扰限值应符合 GB 9254 的规定。在产品规范中应明确规定选用 A 级或 B 级所规定的无线电骚扰限值。

4.10.2 抗扰度限值

自服终端的抗扰度限值应符合 GB/T 17618—1998 的规定。

4.10.3 谐波电流限值

自服终端的谐波电流限值应符合 GB 17625.1 的有关规定。

4.11 环境适应性

4.11.1 气候环境适应性分为二级,见表 2。气候环境的严酷等级、试验后的检测项目及要求由产品规范规定。

表 2 气候环境适应性

气候条件		级别	
		室内	室外
温度	工作	0 ℃~40 ℃	−10 ℃~55 ℃
	贮存运输	−40 ℃~55 ℃	
		−20 ℃~55 ℃(适用于液晶显示器的产品)	
相对湿度	工作	25%~90%	20%~90% (40 ℃、非凝聚态)
	贮存运输	≤93%(40 ℃、非凝聚态)	
气压		86 kPa~106 kPa	

4.11.2 机械环境适应性见表3、表4、表5、表6。

表3 振动适应性

试验项目	试验内容	数值
初始和最后振动响应检查	频率范围/Hz	5～35
	扫频速度/(oct/min)	≤1
	驱动振幅/mm	0.15
定频耐久试验	驱动振幅/mm	0.15
	持续时间/min	10
扫频耐久试验	频率范围/Hz	5～35～5
	驱动振幅/mm	0.15
	扫频速度/(oct/min)	≤1
	循环次数	2
注：表中驱动振幅为峰值。		

表4 冲击适应性

峰值加速度/(m/s²)	脉冲持续时间/ms	冲击波形
150	11	半正弦波

表5 碰撞适应性

峰值加速度 m/s²	脉冲持续时间 ms	碰撞次数	碰撞波形
50	16	1 000	半正弦波

表6 运输包装件自由跌落适应性

包装件质量/kg	跌落高度/mm
≤50	300
>50～100	200
>100～300	100
>300～500	50
>500	25

4.11.3 室外式自服终端在规定的沙尘环境下应能正常工作。沙尘条件由温度、湿度、风速、吹沙浓度和持续时间等组成，其严酷等级见表7。

表7 沙尘试验

温度/℃	相对湿度/%	空气速度/(m/s)	吹尘浓度/(g/m³)	持续时间/h
15～35	25～75	1.5～3	5±2	24

4.11.4 自服终端应做水试验，其严酷等级见表8、表9。

表8 滴水试验

降雨强度/(mm/h)	水滴尺寸/mm	持续时间/min	喷射或倾斜角度 α/(°)
100±20	2.9±0.3	60	30

表 9 冲水试验

降雨强度/(mm/h)	持续时间/min	斜角度 α/(°)
2 000±300	10	30

4.12 可靠性

采用平均失效间工作时间(MTBF)衡量系统的可靠性水平。自服终端的平均失效间工作时间(MTBF)的 $m_1 \geqslant 6\ 000$ h;由产品规范规定具体的 m_1 值。

5 测试方法

5.1 试验环境及条件

本标准中除环境试验、可靠性试验和自服终端安全试验以外,其他试验均应在下述测试用标准大气条件下进行。

温　　度:15 ℃～35 ℃;

相对湿度:25%～75%;

气　　压:86 kPa～106 kPa。

5.2 设计原则检查

对设计文件进行评审。

5.3 外观和结构检查

用测量、目测及触摸法进行外观和结构检查。

5.4 功能和配置检查

依据附录 A 的原则与要求,按产品规范中要求,采用模拟系统软件在测试环境下联机运行检测。

5.5 中文信息处理检查

用 GB/T 11460—2000 规定的方法检查自服终端中汉字字型与相应标准字型的符合程度,检查字型时应同时检查字符集。

5.6 安全试验

5.6.1 自服终端安全试验

按 GB 4943 的规定进行。

5.6.2 抗破坏能力试验

自服终端的抗破坏能力试验方法按附录 B 中的有关要求进行。

5.6.3 抗破坏报警试验

非操作员、非管理员开启机柜或暴力攻击等非正常使用,自服终端报警并有记录。

5.6.4 数据安全试验

数据安全试验按国家有关规定进行。

5.6.5 电源适应性试验

交流电源适应能力按表 10 中的组合,对受试样品进行试验。每种组合应运行检查程序一遍,受试样品工作应正常。

表 10 电源适应能力

组　合	标　称　值	
	电压/V	频率/Hz
1	220	50
2	187	49
3	187	51
4	253	49
5	253	51

5.6.6 设备安装试验

根据安装的场地与环境,用测量及触摸法检测设备安装应牢固可靠、无松动。

5.7 接口试验

a) 硬件接口的试验:
  1) 自服终端的接口按 GB/T 6107—2000 的规定及 IC 卡的接口进行测试;
  2) 其他接口按产品规范的要求与规定进行测试;
  3) 银行卡接口按中国人民银行对银行卡接口的要求和规定进行测试;
  4) 银行卡接口短路保护试验:自服终端在正常工作状态下,将和银行卡同规格的金属片插入卡座 5 min 后拔出,试验后产品应能正常工作。

b) 软件接口的试验:按产品规范的要求与规定进行测试。

5.8 噪声试验

自服终端声功率的测量均应在主机工作在空闲状态下进行,具体的测量要求应按 GB/T 18313—2001 的规定进行。

5.9 电磁兼容性试验

5.9.1 无线电骚扰限值试验

按 GB 9254 规定的方法进行。试验过程中运行检查程序,工作应正常。

5.9.2 抗扰度限值试验

按 GB/T 17618—1998 规定的方法进行。试验过程中运行检查程序,工作应正常。

5.9.3 谐波电流限值试验

按 GB 17625.1 规定的试品进行。试验过程中运行检查程序,工作应正常。

5.10 环境试验

5.10.1 一般要求

环境试验的一般要求包括:

a) 方法的总则和名词术语应符合 GB/T 2421—1999、GB/T 2422—1995 的有关规定;
b) 以下各项试验中,规定的初始检测和最后检测,应统一按 5.3 进行外观和结构检查,并运行检查程序,受试样品应工作正常;试验结束后,受试样品功能应正常;有特殊要求时,应在产品规范中予以说明。

5.10.2 温度下限试验

5.10.2.1 工作温度下限试验

按 GB/T 2423.1—2001“试验 Ad”进行,严酷程度应符合 4.11.1 对工作温度下限值的要求。加电运行程序 2 h,受试样品应工作正常。恢复时间为 2 h,并进行最后检测。

5.10.2.2 贮存运输温度下限试验

贮存运输温度下限值试验的方法是:

a) 按 GB/T 2423.1—2001“试验 Ab”进行,严酷程度应符合 4.11.1 对贮存运输温度下限值的要求,受试样品在不工作条件下存放 16 h,恢复时间为 2 h,并进行最后检测;
b) 为防止试验中受试样品结霜和凝露,允许将受试样品用聚乙烯薄膜密封后进行试验,必要时还可以在密封套内装吸潮剂。

5.10.3 温度上限试验

5.10.3.1 工作温度上限试验

按 GB/T 2423.2—2001“试验 Bd”进行,严酷程度应符合 4.11.1 对工作温度上限值的要求。受试样品须进行初始检测,加电运行程序 2 h,受试样品工作应正常。恢复时间为 2 h,并进行最后检测。

5.10.3.2 贮存运输温度上限试验

按 GB/T 2423.2—2001“试验 Bb”进行,严酷程度应符合 4.11.1 对贮存运输温度上限值的要求。受试样品在不工作条件下存放 16 h,恢复时间为 2 h,并进行最后检测。

5.10.4 恒定湿热试验

5.10.4.1 工作条件下恒定湿热试验

按 GB/T 2423.3—2006“试验 Cab”进行，严酷程度应符合 4.11.1 对工作温度、湿度上限值的要求。受试样品须进行初始检测。试验时间为 2 h。在此期间加电运行程序，工作应正常。恢复时间为 2 h，并进行最后检测。

5.10.4.2 贮存运输条件下恒定湿热试验

按 GB/T 2423.3—2006“试验 Cab”进行，受试样品须进行初始检测。受试样品在不工作条件下存放 48 h，恢复时间为 2 h，并进行最后检测。

5.10.5 振动试验

5.10.5.1 要求

振动试验的要求包括：

a) 按 GB/T 2423.10—2008“试验 Fc”进行，受试样品按工作位置固定在振动台上，进行初始检测，受试样品在不工作状态下，按表 3 规定值，分别对三个互相垂直轴线方向进行振动；
b) 试验工作条件下的振动试验应加电运行程序，受试样品工作应正常，试验结束后应进行外观和结构的检查。

5.10.5.2 初始振动响应检查

试验在表 3 给定频率范围内，在一个扫频循环上完成。试验过程中记录危险频率，包括机械共振频率和导致故障及影响性能的频率(后者仅在工作条件下产生)。受试样品应进行一次附加的不工作条件下的振动响应检查，并记录共振频率。

5.10.5.3 定频耐久试验

用初始振动响应检查中记录的危险频率进行定频耐久试验，如果两种危险频率同时存在，则不得只选其中一种。若在试验规定频率范围内无明显共振频率或无影响性能的频率，或危险频率超过四个则不做定频耐久试验，仅做扫频耐久试验。

5.10.5.4 扫频耐久试验

按表 3 给定频率范围由低到高，再由高到低，作为一次循环。按表 3 规定的循环次数进行，已做过定频耐久试验的样品不再做扫频耐久试验。

5.10.5.5 最后振动响应检查

此项试验在不工作条件下进行。对于已做过定频耐久试验的受试样品须做此项试验。对于需做扫频耐久试验的样品，可将最后一次扫频耐久试验作为最后振动响应检查。此项试验须将记录的共振频率与初始振动响应检查记录的共振频率相比较，若有明显变化，应对受试样品进行修整，重新进行此项试验。而这种修整必须反映到该批所有产品上。试验结束后，进行最后检测。

5.10.6 冲击试验

按 GB/T 2423.5—1995“试验 Ea”进行。受试样品须进行初始检测。安装时要注意重力影响，按表 4 规定值，在不工作条件下，分别对三个互相垂直轴线方向进行冲击，冲击次数各为三个，试验后进行最后检测。

5.10.7 碰撞试验

按 GB/T 2423.6—1995“试验 Eb”进行。受试样品须进行初始检测，安装时要注意重力影响，按表 5 规定值，在不工作条件下，分别对三个互相垂直轴线方向进行碰撞。试验后进行最后检测。

5.10.8 沙尘试验

按 GB/T 2423.37—2006 中的规定对受试样品进行初始检测。受试样品按表 7 的规定值进行试验，试验后进行最后检测。

5.10.9 水试验

按 GB/T 2423.38—2008 中的规定对受试样品进行初始检测。受试验样品按表 8、表 9 的规定值进行试验，试验后进行最后检测。

5.11 可靠性试验

5.11.1 试验条件

可靠性试验目的为确定产品在正常使用条件下的可靠性水平，试验周期内综合应力规定如下：

a) 电应力：受试样品在输入电压标称值 187 V～253 V 变化范围内工作，一个周期内各种条件工作时间的分配为：电压上限 25%、标称值 50%、电压下限 25%；

b) 温度应力：受试样品在一个周期内由正常温度（具体指标由产品规范规定）升至表 2 规定的温度上限值再回到正常温度，温度变化率的平均值为 0.7 ℃/min～1 ℃/min 或根据受试样品的特殊要求选用其他值，在一个周期内保持在上限和正常温度的持续时间之比应为 1∶1 左右；

c) 一个周期称为一次循环，在总试验期间内循环次数不应小于三次，每个周期的持续时间应不大于 0.2 m_0，电应力和温度应力应同时施加。

5.11.2 试验方案

可靠性试验按 GB/T 5080.7—1986 进行，可靠性鉴定试验和可靠性验收试验的试验方案由产品规范规定。在整个试验过程中，应运行程序，故障的判据和计入方法按附录 C 的规定，并只统计关联故障数。

5.11.3 试验时间

试验时间应持续到总试验时间及总故障数均能按选定的试验方法作出接收或拒收判决时截止。多台受试样品试验时，每台受试样品的试验时间不得少于所有受试样品的平均试验时间的一半。

5.12 运输包装件跌落试验

对受试样品进行初始检测，将运输包装件处于准备运输状态，按 GB/T 4857.2—2005 规定进行预处理 4 h。将运输包装件按 GB/T 4857.5—1992 中的要求和表 6 的规定值进行跌落，任选四面，每面跌落一次。试验后检查包装件的损坏情况，并对受试样品进行最后检测。

6 检验规则

6.1 一般规定

自服终端在定型时（设计定型、生产定型）和生产过程中必须按本标准和产品规范的规定进行检验，并应符合各项规定的要求。

6.2 检验分类及检验项目

产品检验分为三类：

a) 定型检验；

b) 逐批检验；

c) 周期检验。

各类检验项目和顺序分别按表 11 进行。若产品规范中有补充检验项目时，则应将其插入至表 11 的相应位置。

表 11 检验项目

检验项目	要求 的章条号	测试方法 的章条号	定型检验	逐批检验	周期检验
设计原则	4.1	5.2	●	—	○
外观和结构	4.2	5.3	●	●	●
功能	4.3	5.4	●	●	●
硬件设备要求	4.4	5.4	●	●	●
软件配置	4.5	5.4	●	●	●
中文信息处理	4.6	5.5	●	—	○

表 11（续）

检验项目	要求的章条号	测试方法的章条号	定型检验	逐批检验	周期检验
安全	4.7	5.6	●	●	●
接口	4.8	5.7	●	—	●
噪声	4.9	5.8	●	—	○
电磁兼容性	4.10	5.9	●	—	○
环境适应性	4.11	5.10	●	—	●
可靠性	4.12	5.11	●	—	●
包装	7.1、7.2	5.12	●	—	●
在周期检验时，对于安全只进行接触电流和抗电强度两项试验。 注：“●”表示应进行的检验项目，“○”表示可选的检验项目，“—”表示不进行检验的项目。					

6.3 定型检验

可靠性试验抽样见表 12。

表 12 可靠性试验抽样

批量或连续生产台数	最佳样品数	最大样品数
1～3	全部	全部
4～16	3	9
17～52	5	15
53～96	8	19
97～200	13	21
201 以上	20	22

提交定型检验的受试样品数量为 1 台。进行可靠性鉴定试验的受试样品数量按表 12 规定抽取。且定型检验的内容包括：

a) 产品在设计定型和生产定型时均应通过定型检验，定型检验由产品制造单位的质量检验部门或由经认可的质量检验单位负责进行；

b) 定型检验中的检验项目故障的判据和计算方法见附录 C；除可靠性鉴定外，其余项目均按表 11 的规定进行；检验中出现故障或某项通不过时，应停止试验，查明故障原因，排除故障，提出故障分析报告，重新进行该项试验；若在以后的试验中再出现故障或某项通不过时，在查明故障原因、排出故障、提出故障分析报告后，应重新进行定型检验；

c) 检验后要提交定型检验报告；

d) 定型检验后的产品不能作为合格产品。

6.4 逐批检验

批量生产或连续生产的产品，进行全数检验。检验中，出现任一项不合格时，返修后重新进行检验。若再一次出现任一项不合格时，该产品判为不合格品。

6.5 周期检验

周期检验的内容包括：

a) 批量生产的产品，一般每批均应进行抽样检验；连续生产的产品，每年应至少进行一次抽样检验；当主要设计、工艺及关键元器件、原材料改变时，应进行定型检验；

b) 抽样检验由产品制造单位质量检查部门或由经认可的质量检验单位负责进行，根据订货方的要求，生产方应提供近期抽样检验报告；

c) 抽样检验的样品应在逐批检验合格产品中随机抽取，其中可靠性验收项目的样品数根据产品批量、试验时间和成本确定，其余检验项目的试验样品数为1台，而周期检验中的功能和配置、外观和结构这两项的检查，允许按GB/T 2828.1—2003进行抽样检验，产品规范中应规定具体的抽样方案和拒收后的处理方法；

d) 抽样检验中，检验项目的故障判据和计算方法见附录C；除可靠性验收试验外，其余项目的故障处理按表11的规定进行；检验中出现故障或任一项通不过时，应查明故障原因，提出故障分析报告，除C.3中d)外，修复后应重新做该项检验；之后，再顺序做以下各项检验，如再次出现故障或某项通不过，查明故障原因后提出故障分析报告，再经修复后，应重新进行抽样检验；在重新进行检验中，又出现某一项通不过时，则判该产品通不过抽样检验；抽样检验中经环境试验的样机，应印有标记，不准作为正品出厂；检验后要提交抽样检验报告。

7 标志、包装、运输、贮存

7.1 标志

7.1.1 产品标志

产品铭牌应标有型号、产品名称、生产日期、生产单位名称和地址。产品铭牌和说明功能的文字段、符号应简明端正，并符合有关国家标准和行业标准的规定。

7.1.2 包装标志

包装箱应注明产品型号、生产单位名称和地址、产品标准号等内容；应有印刷或贴有“易碎物品”、“向上”、“怕雨”、“堆码”等储运标志。储运标志应符合GB/T 191—2008的规定。

7.2 包装

7.2.1 包装箱应符合防潮、防尘、防震的要求，包装箱内应有装箱清单、检验合格证、备件、附件及随机配发的使用说明书等有关文件。

7.2.2 产品使用说明书的编写应符合GB 9969.1的规定。

7.2.3 产品包装应符合GB/T 13384—2008中的有关规定。

7.2.4 对运输、贮存等有安全警示要求的，应在产品包装上按国家标准标注安全警示标志和信息。

7.3 运输

产品在长途运输过程中不得装在敞篷的船舱和车厢，中途转运不得存放在露天仓库中，不允许与易燃、易爆、易腐蚀的物品同车装运，不允许雨雪或液体直接淋袭和机械损伤。

7.4 贮存

产品贮存时应放在原包装箱内，存放产品的仓库环境温度为0 ℃～40 ℃，相对湿度小于或等于93%。仓库内不允许有各种有害气体、易燃和易爆物品及有腐蚀性的化学物品，并且应无强烈的机械震动、冲击和强磁场作用。包装箱应垫离地面至少15 mm，距离墙壁、热源、冷源、窗口或空气入口至少50 mm。若在生产单位存放超过六个月，则应在出厂前重新进行逐批检验。

附 录 A
（规范性附录）
检查程序编制原则与技术要求

A.1 检查程序编制原则

编制检查程序应符合以下规定：

a) 本附录提出的检查程序是由生产单位提供的，用以检查产品内部的各个可测硬件组成部分的综合检查程序。可以作为生产单位产品的自行检查，也可以交付用户作为产品验收的工具；

b) 检查程序应能运行于通用的系统平台，可以根据生产单位的实际环境自行开发；

c) 检查程序应安装简单、使用方便；

d) 检查程序在满足A.3检查程序要求的条件下开发，编程语言不作规定和限制。

A.2 检查程序结构

检查程序可由一个或几个检查模块组成。如有必要可以采用本地数据库的方式存储判据和测试结果。

A.3 检查程序要求

检查程序的技术要求有：

a) 应提供清晰、简洁、明确的操作界面适用不同的使用者方便地进行操作；

b) 在运行的过程中，应实时明确地提供被检测部件的名称和检测内容，在检测完毕时，应能给出明确的故障发生位置和说明；

c) 应以书面或者以软件帮助的方式提供检查时的操作流程；

d) 可以根据实际产品的硬件配置情况按单项、多项或者混合的方式进行硬件测试；

e) 可以根据实际产品的硬件配置情况按单部件检测、多部件混合检测的方式进行硬件测试；

f) 至少应能检测到产品内部硬件主要功能，以保证基本正常工作时不发生故障，确保产品最低工作要求；

g) 根据需要可实时存储检查的结果；

h) 根据需要可打印测试的结果；

i) 在可靠性鉴定或可靠性验收时，根据需要可提供连续运行的检查程序；

j) 不应含有病毒，防止检查程序失效或者运行环境被破坏。

附 录 B
（规范性附录）
抗破坏能力

B.1 目的

B.1.1 试验的目的是检验自服终端的抗破坏能力。试验人员可在试验程序的范围内选择一系列攻击，并且在试验时间内尝试每个攻击方案。如果自服终端在指定的净工作时间内，在指定的点或面上，能够抵抗最严酷的攻击方法或几种攻击方法的最佳组合，那么该项试验可以通过。

B.1.2 净工作时间是指对样品进行破坏的时间，不包括测试的准备时间、安全防范所需的时间、以及不可预期的延误时间。

B.1.3 除了设陷取现，成功的攻击应该在特定的时间内，移走自服终端内至少10%的现金，或将现金暴露在外，以致他们都可以被移走。

B.1.4 设陷取现必须成功地进行三次取现而不被发现或不打断自服终端的运行。设陷取现可以在操作中进行调节。

B.1.5 所有的攻击应该由熟悉设计的一个或两个有经验的人员来进行。

B.2 用户界面的试验（24 h 服务式）

B.2.1 概述

B.2.1.1 提供24 h服务的自服终端对通过用户界面采用钓现、设陷取现及暴力取现的企图应能抵抗30 min。

B.2.1.2 所有的试验只限于在用户界面上所进行的攻击。

B.2.2 工具

试验中的攻击过程是相对安静的，其中所用的工具仅限于能被藏于两个试验人员衣服内的绳索、金属丝、钩子、撬棍、扳钳、螺丝刀、钢锯片及其类似工具。除像绳索、金属丝、钩子那样可被卷起或被折叠的工具外，其他工具的长度不应超过0.6 m。

B.2.3 时间

B.2.3.1 一次试验可选用多种攻击方式，每种攻击可进行30 min。

B.2.3.2 每种攻击方式只可进行一次。如果两种攻击共用了30 min，那么第一种攻击所造成的破坏可延用在第二种攻击中。

B.2.4 方法

B.2.4.1 钓现、暴力取现、设陷取现是由自服终端的设计所决定的。

B.2.4.2 在试验中，只使用不超过1.4 kg重的锤子，或与长度不超过0.6 m的凿子、钻孔机及螺丝刀等一起使用的时间最长不超过30 s。

B.3 保险柜的试验（24 h 服务式）

B.3.1 概述

B.3.1.1 B.3.4中所述的任何一种或全部攻击方式均可选作从保险柜中取现的方法。

B.3.1.2 样机的门间隙应代表以后生产产品的最大门间隙。

B.3.1.3 提供附有材料规格的完整结构图。

B.3.1.4 随样机应有两个按金属材料的拉伸测试GB/T 228—2002中所规定的抗张力试验提供样品并做实验，此试验样品直径为12.7 mm，长为50.8 mm，并用制造样机门及机柜所用的钢所制成。

注：如果所用材料不是钢，则不需提供这些样品。

B.3.2 工具

B.3.2.1 试验工具包括普通的手持工具、机械式或便携式电动工具、锉、硬质合金钻、金属丝、钩子、凿掘工具，但不包括磁性钻床及其他应用压力的机械、砂轮和电锯。

B.3.2.2 普通的手持工具为重量不超过3.6 kg的凿子、冲具、扳钳、螺丝刀、锤子及撬杆，长度不超过1.5 m的撬棍及割锯工具，以及套筒。

B.3.2.3 挖凿工具为普通型或标准型，但不应被特别设计用于一个特别的产品。便携式电动工具指规格为12.7 mm的高速手持电钻。

B.3.3 时间

B.3.3.1 24 h服务式的保险柜应能抵抗15 min破坏攻击。可选用B.3.4中所述的一种方法或所有方法，采用指定的工具，每种方法可持续15 min。

B.3.3.2 每种攻击方法只可进行一次。如果两种攻击共用了15 min，那么第一种攻击所造成的破坏可延用在第二种攻击中。

B.3.3.3 保险柜应该如正常营业时一样装载现金。成功的攻击以满足B.1.3中所述的要求为准。

B.3.4 方法

B.3.4.1 打孔和钻孔的组合：通过用凿掘工具、金属丝、钩子或其他的普通手持工具敲掉密码锁的拨号盘，在转轴上打孔或钻孔以打开锁紧机构。

B.3.4.2 锁紧机构：试图接近锁盒、接线片、拨杆或其他机械部分，通过打孔、撬凿或切断来松开锁舌。

B.3.4.3 锁舌：通过门上的开口切断或移动主要锁舌使其脱离连接。

B.3.4.4 切断锁舌：刺穿门的旁柱并切断主要锁舌。

B.3.4.5 通过打孔、钻孔来开锁：通过在密码拨号盘轴上打孔、钻孔，同时用力转动门把手以打开锁紧机构，也可以用挖凿工具或其他的手持工具打开锁紧机构。

B.3.4.6 把手施力：通过扳手或金属杆在门闩操作杆上加力，以旋转门闩把手，或通过在门闩把手上打孔，使锁被打开。

B.3.4.7 撬开或劈开门：用楔子、凿子和撬刺破或打开门以取走现金。

B.3.4.8 开口：通过在保险柜上钻一圈很密的孔，然后用铁锤凿开这部分金属，以在保险柜上打出一个洞。

B.3.4.9 保险柜边缝：通过保险柜设计中的上边缝、侧边缝及下边缝用暴力打开保险柜并从其中钓现。不能使用电动、风动以及类似的能源驱动的工具攻击保险柜。

B.4 营业状态下自服终端的试验

B.4.1 概述

B.4.1.1 对营业状态下自服终端的攻击是指通过可以接近现金的通道、缝隙、接缝来实现的。

B.4.1.2 B.4.4中所述的任何一种或所有的攻击方法均可选用。

B.4.1.3 样机的门间隙应代表以后生产产品的最大门间隙。

B.4.1.4 提供附有材料规格的完整结构图。

B.4.2 工具

B.4.2.1 攻击所用的工具仅限于能藏于两个试验人员衣服内的绳索、金属丝、钩子、撬棍、扳钳、螺丝刀、锯、钻孔机、锤子、凿子、凿掘工具及其类似工具。

B.4.2.2 除了像绳索、金属丝、钩子这样可以被卷起或折叠的工具以外，其他工具长度不可超过0.6 m，锤头重量不应超过1.4 kg。

B.4.2.3 不可使用电动、气动及类似的能量驱动工具。

B.4.2.4 挖凿工具为普通型或标准型，但不应该被特别设计用于一个特别的产品。

B.4.3 攻击

B.4.3.1 营业状态下自服终端应可抵抗下述时间内移走现金的攻击。

B.4.3.2 安静、不可能引起注意的攻击不超过 5 min。

B.4.3.3 不考虑所造成的噪音及破坏程度的攻击不超过 2 min。

B.4.3.4 任何攻击方法只可进行一次。如果第一次攻击时间可从第二次所用攻击时间中扣除，那么第一次攻击所造成的破坏可延用到第二次攻击中。

B.4.3.5 保险柜应该如正常营业时一样装载现金。成功的攻击以满足 B.1.3 中所述的要求为准。

B.4.4 方法

除了由自服终端设计所确定的攻击方法外，还可采用下面的攻击方法：

a) 门施力：用撬棍、凿子、锤子以及类似的工具打开门以取到现金；

b) 把手施力：通过扳手或金属杆在门闩操作杆上加力，以旋转门闩把手，或通过在门闩把手上打孔，使锁被打开；

c) 缝隙和接缝：产品的任何缝隙和接缝都会遭受攻击以取走现金；

d) 在锁上加力、拖动锁：通过在锁筒上加力或拖动锁筒使锁筒脱离连接，打开锁紧机构；

e) 对密码拨号盘的攻击：试图敲掉密码拨号盘，在锁轴上打孔，将锁紧机构打开；

f) 钓现：试图按 3.3 中所定义的从自服终端中钓取现金，时间限制在 5 min 之内。钓现只能在自服终端正常工作时才可进行。

附 录 C
（规范性附录）
故障的分类与判据

C.1 故障定义和解释

按 GB/T 5271.14—2008 规定的定义，出现以下情况之一均视为故障：

a) 受试样品在规定的条件下，出现一个或几个性能参数超过规定要求；

b) 受试样品在规定的应力范围内工作，由于机械零件、结构件的损坏或失灵，或出现了元器件的失效，而使受试样品不能完成其规定的功能。

C.2 故障分类

C.2.1 关联性故障

关联性故障是受试样品预期会出现的故障，通常都是由产品本身条件引起的。它是在解释试验结果和计算可靠性特征值时必须计入的故障。

C.2.2 非关联性故障

非关联性故障是受试样品出现非预期的故障，这类故障不是由产品本身条件引起的，而是试验要求之外而引起的，非关联性故障在解释试验结果和计算可靠性特征值时不计入。但应在试验中做记录，以便于分析与判断时参考。

C.3 关联性故障判据

以下故障为关联性故障：

a) 必须更换元器件、零部件、外围部件等才能使系统恢复正常运行；

b) 必须修理、调整接插件、电缆、插头和消除短路及接触不良，才能恢复正常运行；

c) 不是由同一因素引起的，而同时发生两个以上（含两个）的故障，应记为两个或两个以上的关联性故障。若由同一因素引起，则不论出现几次故障，均记为一次关联性故障；

d) 由于受试样品本身原因，试验中出现危及测试、维护和使用人员的安全，或造成受试样品部件严重损坏的故障。一旦出现，应立即拒收或判定不合格。

C.4 非关联性故障判据

以下故障为非关联性故障：

a) 因试验条件变化超出规定范围（电网波动太大、温度波动太大、严重电磁干扰、机械冲击和振动等）所引起的故障；

b) 因人为操作失误而使样机出现故障；

c) 由于误判而更换元器件、零部件，或在检修过程中，由于人为因素而造成的故障；

d) 根据产品有关技术规定，允许调整的部位（零部件、元器件等）未调整好而引起的故障；

e) 被确定是软件程序差错而造成的故障；

f) 若出现不正常情况，不需修理，停机 0.5 h 后能自动恢复正常运行，每发生累积三次此类事件，则记为一次非关联性故障；

g) 有寿命指标要求的部件，在寿命期以外出现的故障；

h） 更换耗材，如：色带、打印头等出现的故障。

C.5 判定

承担试验检测的单位，根据失效分析和产品规范及相关标准可以做出关联性故障或非关联性故障的判定。

ICS 91.120.25
P 15

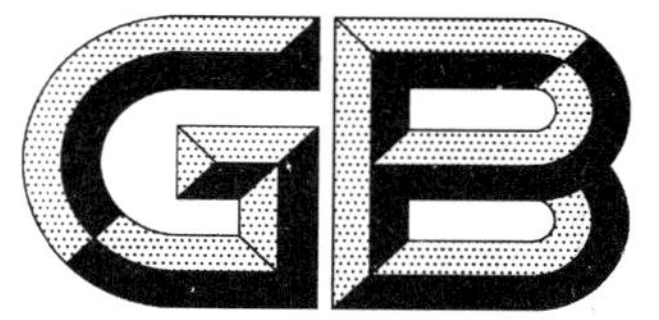

中华人民共和国国家标准

GB/T 23648—2009

社区志愿者地震应急与救援工作指南

Guideline of earthquake emergency response and rescue for community volunteer

2009-04-17 发布　　　　2009-09-01 实施

中华人民共和国国家质量监督检验检疫总局
中国国家标准化管理委员会　发布

前　言

本标准的附录A、附录B、附录C、附录D、附录E、附录F、附录G为规范性附录。

本标准由中国地震局提出。

本标准由全国地震标准化技术委员会(SAC/TC 225)归口。

本标准起草单位:天津市地震局、中国地震局地球物理研究所、中国地震应急搜救中心、河北省地震局。

本标准主要起草人:王公学、李成日、顾建华、贾群林、索香林、张勤、冯义钧、吴新燕、陈永章。

引　言

地震应急与救援的实践证明，灾区基层组织和公众的自救互救是在破坏性地震发生后及时拯救生命、减轻灾害损失的有效措施。把地震应急与救援工作纳入社区安全工作，建立社区志愿者地震应急与救援队伍，规范其行动，对于减轻地震灾害、保障社区安全具有重要的意义。

制定本标准是为了规范社区志愿者地震应急与救援工作，促进社区地震安全工作开展，维护社会稳定。

本标准所指社区非特指城市的居委会辖区社区，包括城镇社区和农村社区。在城镇，可以在居委会辖区社区建立社区志愿者地震应急与救援队伍，也可以在街道辖区社区建立社区志愿者地震应急与救援队伍；在农村，可以在村委会辖区社区建立社区志愿者地震应急与救援队伍，也可以在自然村、乡(集镇)辖区社区建立社区志愿者地震应急与救援队伍。

社区志愿者地震应急与救援工作指南

1 范围

本标准规定了社区志愿者地震应急与救援队伍建设要求和地震应急服务内容以及震后参与应急救援服务的方法、程序和要求。

本标准适用于社区志愿者地震应急与救援队伍建设以及地震应急与救援服务，其他应急与救援工作亦可参照使用。

2 术语和定义

下列术语和定义适用于本标准。

2.1

社区 community

一定区域内由居民组成的社会生活的共同体。

注：包括城镇社区和农村社区。

2.2

社区志愿者 community volunteer

接受社区志愿者组织统一管理，不计报酬、自愿参加各项社区志愿服务活动的人。

2.3

地震应急 earthquake emergency response

破坏性地震发生前所做的各种应急准备以及地震发生后采取的紧急抢险救灾行动。

[GB/T 18207.1—2008，定义6.1]

2.4

地震应急救援 earthquake emergency rescue

对地震灾区采取的紧急抢救与援救行动。

[GB/T 18207.1—2008，定义6.6]

2.5

破坏性地震 destructive earthquake

造成人员伤亡和经济损失的地震。

[GB/T 18207.1—2008，定义3.21]

2.6

搜索 search

从倒塌建(构)筑物中寻找幸存者。

2.7

营救 rescue

采用各种方法使幸存者脱离险境。

3 队伍建设

3.1 组织

3.1.1 社区居委会(村委会)或街道办事处(乡镇政府)负责地震应急与救援志愿者队伍的组织和管理工作，地震部门对社区志愿者地震应急与救援工作给予指导、支持和帮助。

3.1.2 社区可通过个人报名、资格审核招募从事地震应急与救援工作的志愿者，优先招募具有急救医疗、心理咨询、消防、水、电、燃气、化工、大型工程机具驾驶等相关技能的人员，特别是接受过培训并取得资格证书以及具有应急救援经验的人员。

3.1.3 社区从事地震应急与救援工作的志愿者数量宜不低于常驻人口的3‰。

3.1.4 社区志愿者地震应急与救援队伍应建立组织，制定章程，确定召集人，对队员进行注册登记，颁发统一的志愿者注册证书和队员证，建档管理。

3.1.5 社区志愿者地震应急与救援队伍应建立管理制度，包括岗位职责、组织纪律、考核办法、装备管理等。

3.1.6 社区志愿者地震应急与救援队伍应制定各项应急与救援工作预案，包括启动条件、工作程序、工作内容、条件保障等内容。

3.1.7 社区志愿者地震应急与救援队伍应建立统一的标志。

3.2 装备

3.2.1 社区志愿者地震应急与救援队伍应配置必要的装备。个人装备参见附录A中的A.1。公用装备参见附录A中的A.2。

3.2.2 社区志愿者地震应急与救援队伍可按照“平震结合”的原则，将驻社区的企事业单位的现有器材设备及交通工具列入震时征用计划，并建立装备资源管理数据库。

3.2.3 装备的管理应满足下列要求：

a) 个人装备由个人保管，定期更换；

b) 公用装备由社区集中保管，定期维护、更新；

c) 装备放在便于取用的指定部位，并摆放稳固，用后要及时放回；

d) 建立装备管理、维护保养、更新制度；

e) 建立管理、维护档案，记明类型、数量和维护管理责任人。

3.3 培训与演练

3.3.1 社区志愿者地震应急与救援队伍应进行培训和演练。

3.3.2 培训宜包括下列内容：

a) 防震减灾基本知识。包括：地震科普知识，本地区地震环境和地震活动特点，国家有关防震减灾的方针、政策和法律、法规等；

b) 应急与救援知识。包括避险与疏散、自救互救、医疗救护和卫生防疫、地震次生灾害防控等；

c) 地震应急救援技能。包括被埋压时的自救，幸存者的搜索、营救和急救，防火与灭火，简易防护器材的制作和使用等；急救技能包括：止血、包扎、固定、搬运以及人工心肺复苏等方面的基本医疗救助方法。

3.3.3 培训可采用专业人员面授、网络教学等形式。

3.3.4 训练与演练包括下列内容：

a) 人员疏散训练与演练。包括熟悉社区人员居住分布情况、避难场所分布、疏散集合地点、疏散路线等；

b) 自救互救训练与演练。包括熟悉社区的建筑物分布和结构、布置警戒线方法、设置被压埋人员所处位置标志的方法，练习被埋压时的自救方法，练习营救办法；

c) 急救处理训练与演练。包括急救药物的使用方法，消毒、包扎、止血、固定以及人工心肺复苏等方面的简易急救方法；

d) 防止次生灾害训练与演练。包括熟悉社区内电闸、燃气及水阀门、消防栓、危险源分布和具体位置；关闭电闸、燃气及水阀门，使用灭火器等方法。

3.3.5 组织培训与演练应满足下列基本要求：

a) 每年应制定培训、演练计划，按计划实施培训、演练工作；

b) 每年培训次数应不少于二次，地震应急与救援演练应不少于一次；

c) 对受训者应颁发相应的救援技能培训证书。

4 地震应急服务内容

4.1 防震减灾知识宣传

社区志愿者地震应急与救援队员应协助社区向居民宣传防震减灾知识，内容宜包括：

a) 地震科普知识；

b) 国家有关防震减灾的方针、政策和法律、法规；

c) 国家有关的标准和技术规范；

d) 防震常识；

e) 地震应急预案知识；

f) 地震灾情速报知识；

g) 应急避险、疏散与自救互救知识；

h) 地震谣言的识别知识。

4.2 地震应急救援

4.2.1 在外部救援力量未抵达之前，社区志愿者地震应急与救援队员应协助社区组织居民自救互救，主要工作包括：

a) 组织指导居民自救互救；

b) 对被困、被压埋的幸存者实施搜索、营救和急救。

4.2.2 在外部救援力量抵达之后，社区志愿者地震应急与救援队员应协助专业救援人员开展应急救援工作。主要内容包括：

a) 充当专业救援人员的向导、翻译；

b) 帮助救援人员确定压埋人员的可能位置，安定压埋人员的情绪；

c) 清理外围环境，稳定被压埋人员家属的情绪，为专业救援人员营救创造有利条件；

d) 护理和搬运伤员。

4.3 灾情搜集和速报

震后社区志愿者地震应急与救援队员应协助社区开展灾情的搜集和速报工作，主要包括：

a) 人员的伤亡及分布等情况；

b) 建(构)筑物、重要设施设备的损毁情况，家庭财产损失，牲畜死伤情况；

c) 社会影响，包括群众情绪、安置状况、生活、交通与生产秩序等。

4.4 次生灾害防范和处置

4.4.1 平时社区志愿者地震应急与救援队员应协助社区做好次生灾害监测和防范工作，主要包括：

a) 调查并登记社区的次生灾害源，包括易燃易爆物品、化学危险品、有毒有害气体、放射性物质、工厂有毒有害工序等；

b) 对次生灾害源产权人或管理者进行宣传和动员，采取监测和防范措施。

4.4.2 震后社区志愿者地震应急与救援队员应协助社区做好次生灾害处置相关工作，主要包括：

a) 对水坝、输变电、给排水、供气等生命线设施的破坏情况进行调查并报告；

b) 提醒、告知居民及时对家庭中的次生灾害源进行处置，尤其是帮助缺乏自理能力的高龄、伤残人员和由于紧急外出避难而没有关闭的燃气和电器设备进行处置。

4.5 灾民疏散和安置

震后社区志愿者地震应急与救援队员应协助社区疏散和安置灾民，主要工作包括：

a) 帮助灾民紧急疏散到安全地带；

b) 稳定灾民情绪，防止发生意外事故；

c） 搭建救灾帐篷；

d） 接收和分发食物、饮用水、衣物、药品等应急物品。

4.6 维持社会秩序

震后社区志愿者地震应急与救援队员应协助社区平息谣言，稳定并维持社会秩序，主要工作包括：

a） 了解群众的反应，上报出现的恐慌情绪及谣言情况，并向群众开展解释和宣传工作，稳定群众情绪；

b） 加强治安宣传，引导群众自觉守法；

c） 配合有关部门实施社会治安临时保障措施，对生命线设施、重要单位实施监控和保卫措施。

4.7 地震宏观异常现象调查和震害调查

社区志愿者地震应急与救援队伍震后应协助专业队伍开展地震宏观异常现象、建(构)筑物和生命线设施震害的调查。

4.8 心理帮助服务

震后社区志愿者地震应急与救援队员应协助社区开展心理帮助服务，主要工作包括：

a） 向居民及时真实地传递震情、灾情信息和救助的动态，宣传地震知识，帮助居民释疑解惑；

b） 陪伴遇难者家属和受伤者，做专门的一对一的心理抚慰；

c） 协助心理医生或专业社会工作者举办心理保健知识讲座、开展现场心理咨询和专门的心理抚慰服务。

5 地震应急救援方法

5.1 灾情收集与报告

地震发生后，社区志愿者地震应急与救援队员应收集并报告灾情，其方法和程序是：

a） 地震时，注意体会地震动感的形式和程度，注意所处环境物体的变化，包括房屋、家具、悬挂物等；

b） 对附近的房屋、景物进行观察，观察房屋有无倒塌，地面和景物有无破坏；

c） 了解自己负责的区域内房屋倒塌、人员埋压、地面和景物破坏情况；

d） 将观察了解的情况向社区或上级部门报告。

5.2 集合

破坏性地震发生后，社区志愿者地震应急与救援队员应根据预案自动到指定地点集合，在社区或专业救援人员的组织下展开现场救援，其方法和程序是：

a） 社区志愿者地震应急与救援队员采取边了解情况边行进的方式到指定地点集合。如果所处建筑物及附近建筑物倒塌破坏时，队员可首先进行家庭自救和邻里互救；

b） 汇总、分析灾情；

c） 分组、分工，迅速展开救援。

5.3 搜索

5.3.1 搜索被压埋人员应采取下列方法：

a） 喊：呼喊幸存者名字，问废墟中是否有人，发出救援信号；

b） 听：倾听幸存者发出的信号，包括呼救声、呻吟声、敲打声等；

c） 看：察看幸存者活动痕迹、血迹；

d） 问：询问家属、同事、邻居等知情者；

e） 判断：根据地震发生时间、地区、房屋结构等分析；

f） 犬搜索：采用搜索犬搜索，其工作程序一般包括，确定搜索范围、初期表面搜索、进一步细致搜索。

5.3.2 对倒塌或严重破坏的建(构)筑物，应重点搜索下列部位：

a） 门道、墙角，家具下；

b） 楼梯下的空间；

c） 地下室和地窖；

d） 没有完全倒塌的楼板下的空间；

e） 关着且未被破坏的房门口；

f） 由家具或重型机械、预制构件支撑形成的空间。

5.3.3 搜索时应注意以下事项：

a） 搜索区域应戒严，并最大可能保持安静；

b） 使用固定、醒目的符号对已经完成搜索的区域进行标识。

5.4 营救

5.4.1 营救的基本原则：

a） 统一布置，分片组织；先救近，后救远；先救易，后救难；先救老人、儿童及医务、消防等救援人员；

b） 营救时应注意被埋压人员和自身的安全，对难度、危险性较大的救援任务应等待专业救援队伍到来再进行营救，防止方法不当和余震造成新的伤亡。

5.4.2 挖掘时，可采取下列方法：

a） 采用锹、镐、撬杠、斧子、钢锯等简单工具清除埋压物，营救幸存者；

b） 采用顶升、剪切、挖掘等器械或工具挖掘、支撑，构成通道、空间，结合简单工具清除埋压物，营救幸存者。

5.4.3 可采用下列措施挖掘、支撑，构成通道、空间：

a） 在楼板上打洞，利用梯子靠近并救助幸存者；

b） 推倒一面墙或割断一块楼板；

c） 用支架支撑有倒塌危险的墙体和楼板；

d） 用千斤顶顶升和支撑倒塌楼板形成空间；

e） 有选择地用起重机等重型设备清理部分建筑废墟。

5.4.4 营救时的注意事项和要求：

a） 挖掘时，应分清哪些是支撑物、哪些是压埋阻挡物；应保护支撑物，清除埋压阻挡物；不宜触动倒塌物，不宜站在倒塌物上；

b） 接近幸存者时，应用手一点点拨，不应用利器刨挖；应首先找到被埋压者的头部，清理口腔、呼吸道异物，并依次按胸、腹、腿的顺序将被埋压者挖出；

c） 对不能自行出来的伤员，不应强拉硬拖；应查明伤情，采取措施后，再行搬动；

d） 对营救出的伤员可以让其喝点水，但不能多喝；对长期处在黑暗中的伤员应注意保护眼睛；

e） 对暂时无法救出的伤员，应使其所在的废墟下面的空间保持通风，并递送食品、饮水，使其静等时机再次进行营救。

5.5 急救

5.5.1 营救出幸存者后，应由具有一定急救技能的志愿者，根据幸存者的伤势和现场条件，及时予以急救处理。

5.5.2 急救窒息和呼吸道梗阻的处理方法见附录 B。

5.5.3 急救创伤性休克的处理方法见附录 C。

5.5.4 止血的处理方法见附录 D。

5.5.5 包扎的处理方法见附录 E。

5.5.6 固定的处理方法见附录 F。

5.5.7 搬运的处理方法见附录 G。

附 录 A
(规范性附录)
社区志愿者地震应急与救援队伍装备

A.1 个人装备

社区志愿者地震应急与救援队伍个人装备按人员配备,具体内容、数量和要求见表A.1。

表A.1 社区志愿者队伍个人装备

序号	品名	数量	要求
1	工作服	1套	结实、耐污
2	救援鞋	1双	防电、防水,防扎
3	安全帽	1顶	头盔
4	防护手套	1副	防割
5	防尘口罩	1个	

A.2 公用装备

社区志愿者地震应急与救援队伍公用装备包括基本救援工具、简易医务救援器材。基本救援工具的内容、数量和要求见表A.2,基本医务救援器材见表A.3。

表A.2 基本救援工具

序号	品名	数量	要求
1	千斤顶	2个	顶升100 t
2	剪切钳(大力钳)	2支	剪切$\phi 8 \sim \phi 25$
3	救援斧	2把	
4	钢锯	1把	
5	撬棍	2根	一根1.5 m,一根1.0 m
6	手提强力照明灯	5只	
7	铝合金背包式折叠担架	1个	
8	铁锹	4把	军用、民用铁锹各2把
9	铁镐	4把	军用、民用铁镐各2把
10	铁锤	2把	
11	大锤	2把	
12	警示带	4根	
13	灭火器	4个	
注:数量为30人队伍的最低要求,宜根据社区实际情况增加。			

表 A.3 基本医务救援器材

序号	品 名	数量	要 求
1	供氧器	1套	2 L(升)
2	简易呼吸器	1套	成人
3	电子血压计	1个	
4	体温计	2个	
5	听诊器	1具	
6	筒式手电筒	1支	
7	金属压舌板	1支	CA16 cm
8	夹板	2套	大号、小号各一套
9	胶布	2卷	1.2 cm×100 cm
10	小砂板	2块	
11	酒精瓶	1个	30 mL
12	碘酒瓶	1个	30 mL
13	三角巾急救包	1包	压缩型灭菌
14	消毒纱布	2组	
15	绷带卷	3卷	4 cm×600 cm
16	棉线绳	5根	
17	消毒棉球	2袋	
18	消毒棉签	2袋	
19	创可贴	20片	
20	针灸针	1套	
21	一次性注射器	5支	5 mL
22	塑料输液器	1套	
23	玻璃注射器	1支	20 mL
24	止血带	1条	橡胶
25	医疗急救箱	1只	200 mm×350 mm×150 mm
注：数量为30人队伍的最低要求，宜根据社区实际情况增加。			

附 录 B
（规范性附录）
窒息和呼吸道梗阻处理

B.1 处理方法

窒息的处理方法如下：

a） 将伤员转移到比较安全、通风、保暖、防雨的地方进行抢救；

b） 解开伤员衣领、裤带、内衣，便于检查；

c） 通畅呼吸道。

B.2 通畅呼吸道程序

通畅呼吸道的程序如下：

a） 对于无颈椎损伤的伤员可将头部偏向一侧，清除口、鼻腔泥土以及痰、血、呕吐物等。溺水伤员，呼吸道有水阻塞时，可采用俯卧头低位，将呼吸道水排出。简单的排水方法为：术者单膝跪地，另膝屈曲，将溺水者腹部置于屈曲膝上，使其头下垂，然后再按住背部；

b） 神志昏迷的伤员，由于舌根后坠而引起呼吸道梗阻，可将伤员平卧，头尽量后仰，用手将伤员下颌托起，将伤员下齿列错于上齿列前面，再用别针或针线穿过伤员舌前部将舌牵出，固定于胸前衣服上；

c） 因口、鼻腔、下颌、颈部外伤引起的窒息，应试经鼻腔、口腔、气管断裂处，插入橡皮导管维持上呼吸道通畅；

d） 对于呼吸道停止，但仍有心跳的伤员，在现场应立即进行人工呼吸。可选用口对口吹气法或口对鼻吹气法；

e） 对于呼吸心跳均已停止的伤员，则应施行人工心肺复苏，在施行人工呼吸的同时，进行胸外心脏按压术。

B.3 通畅呼吸道方法

B.3.1 口对口吹气法

将病人置于仰卧位，急救者跪在患者身旁（或取合适姿势），先用一手捏住患者的下巴，把下巴提起，另一只手捏住患者的鼻子，不使其漏气。进行人工呼吸者，在进行前先深吸一口气，然后将嘴贴紧患者的嘴，缓慢而有力地吹气入口，每次吹气要超过 2 s，气量约 700 mL～1 000 mL，每分钟 10 次～12 次，同时观察患者胸部是否高起，吹完气后嘴即离开，每 2 次吹气后放松鼻孔一次，让患者把肺内的气“呼”出。如此往复不止地操作，直到患者恢复自动呼吸，或真正确诊死亡为止。每次吹气用力不可过大、过急，以免患者胃内胀气；也不可过小、过少，以免进气不足，达不到救治目的。

B.3.2 口对鼻吹气法

如果碰到伤病患者牙关紧闭，张不开口，无法进行口对口人工呼吸，可采用口对鼻吹气法。口对鼻吹气法与口对口吹气法相同，但应将患者的嘴巴用手捏紧，防止气从口排出。在进行此法时，要先将患者鼻内污物清除，以防阻塞气道。用此法吹气时，应比口对口吹气法用力大些，时间长些。

B.3.3 胸外心脏按压法

将伤员仰卧在硬板床或地板上，取头低足高位。操作者以一手掌根部置于伤员胸骨体中、下三分之一交界处，将另一手掌压于其上，前臂与病员胸骨垂直，以上身前倾之力有节奏、带有冲击性地向脊柱方向按压。每次按压使胸骨下陷 4 cm～5 cm，随即放松，以利用心脏舒张。放松时，操作者的手不要离开胸骨接触面，以免移位。频率每分钟按压100次，在一次按压周期内，按压与放松时间各为50%。进行胸外心脏按压15次，做人工呼吸2次，如此反复进行。

B.4 处理的基本要求和注意事项

B.4.1 窒息和呼吸道梗阻的伤员，病情危急，应即刻进行现场抢救，以挽救生命。

B.4.2 合并外伤、中毒等情况时，在进行急救或复苏的同时或稍后，应采取适当的其他急救措施。

附 录 C
（规范性附录）
创伤性休克处理

C.1 处理方法

创伤性休克的处理方法包括：

a） 体位。休克伤员应采取平卧位，可将头与双下肢均抬高20°左右，不应采用头低脚高位；

b） 改善呼吸循环。松解病人衣领、腰带，清除呼吸道的血块异物和分泌物；

c） 伤部包扎、固定；

d） 止血。外出血应及时加压包扎、止血。内出血现场无法止血时，应尽早转送；

e） 止痛镇静。可用药物或针刺治疗。有颅脑、颈部脊髓伤、腹腔脏器损伤者禁用止痛剂。

C.2 处理的基本要求和注意事项

C.2.1 尽快将伤员送到医院得到进一步抗休克治疗。

C.2.2 冬季地震后，应注意对休克伤员的保暖，及时加添衣服，防止冻伤。夏天应把伤员放在通风、凉爽地方，以免中暑加重休克。

C.2.3 适量饮水，但不宜饮水过多。

附　录　D
（规范性附录）
止　血　方　法

D.1　止血方法及其使用原则

D.1.1　在地震现场抢救，采用的止血方法主要有：指压止血法、加压止血法、止血带止血法。

D.1.2　指压止血法，较为常用，方法简便，不需要器材，但止血不易持久。对需要维持时间较长的止血方法，多用加压止血法。当上述方法无效时，应采用止血带止血法。

D.2　指压止血法

D.2.1　指压止血方法主要用于大血管急性出血的急救。指压止血方法操作要领是：用拇指将出血部位的动脉血管上端（即近心端），用力压在临近的骨骼上，阻断血流来源，详细图解见图 D.1 所示。

D.2.2　颌外动脉止血法：

a)　压迫方法：用一手固定伤员头部，另一手的拇指放在下颌角下方 2 cm～3 cm 处，将颌外动脉压在颌骨上；

b)　止血范围：可止同侧下脸部及口腔的侧面。

D.2.3　颞浅动脉止血法：

a)　压迫方法：用拇、食、中指在耳前正对下颌关节处，可扪及颞浅动脉搏动处用力压迫；

b)　止血范围：可止同侧面颞部及头皮部出血。

D.2.4　颈总动脉止血法：

a)　压迫方法：在胸锁乳头肌内缘中部可扪及颈总动脉之搏动，将其用力压向横突。注意：不要同时压双侧颈总动脉，不应时间过久，不应压迫气管；

b)　止血范围：可止同侧口腔、咽喉、颈部、头部出血。

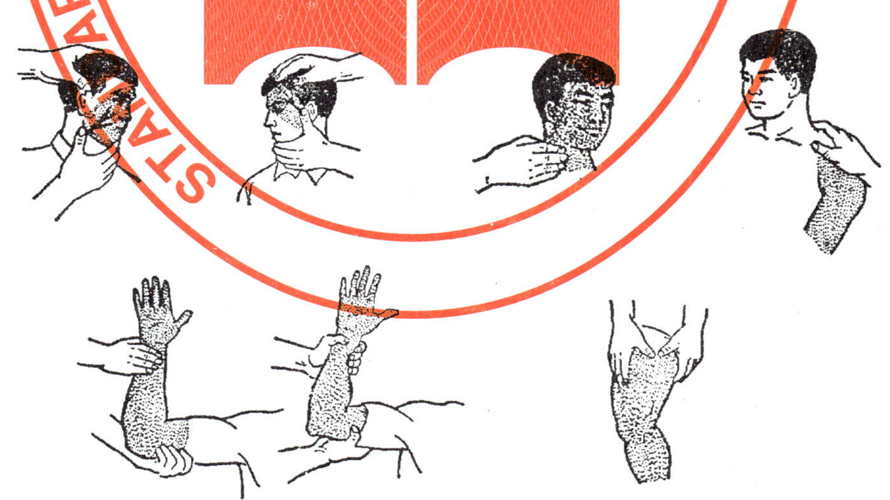

图 D.1　指压止血法

D.2.5　锁骨下动脉止血法：

a)　压迫方法：在锁骨上窝内 1/3 处，可扪及锁骨下动脉搏动，将其用力向下压在第一肋骨处；

b)　止血范围：可止同侧肩部腋部及上肢出血。

D.2.6 肱动脉止血法：

a) 压迫方法：将伤肢关节屈曲，上举，肩关节外旋，在肱二头肌内缘约中，扪及肱动脉搏动，将其用力压于肱骨干上；

b) 止血范围：可止同侧上臂下端、前臂、手部出血。

D.2.7 股动脉止血法：

a) 压迫方法：腹股沟韧带中点，将股动脉压向股骨干上；

b) 止血范围：可止同侧下肢出血。

D.3 加压止血法

伤口局部用生理盐水冲干净，将消毒纱布或干净毛巾、布料，折叠成比伤口稍大的垫，放在伤口上，再用绷带或三角巾加压包扎即可。包扎时松紧应合适，即能止血，又不阻碍肢体的血液循环。肢体要抬高，绷带从远端开始包扎，上下超过伤口二三横指。如果继续出血渗透了敷料，应再加敷料包扎。

D.4 止血带止血法

D.4.1 四肢较大血管出血，加压包扎不能有效止血时，可用止血带止血法。止血带要缠绕在伤口上方，尽量靠近伤口。在扎止血带处裹上垫布，第一道止血带绕扎在衬垫上。第二道止血带压在第一道上，松紧以止血停止，远端摸不到脉搏为宜。

D.4.2 橡皮止血带止血法

如图D.2所示，先在准备绑止血带的部位垫上松软的布料（如毛巾、纱布或伤员的衣服等），然后用左手拇、食、中指持止血带的一端，另一手拉紧止血带环绕肢体缠扎两周，将止血带末端放入左手食指与中指间，食中两指将止血带夹住，并拉出固定。

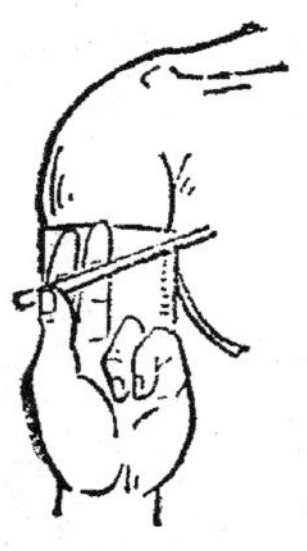
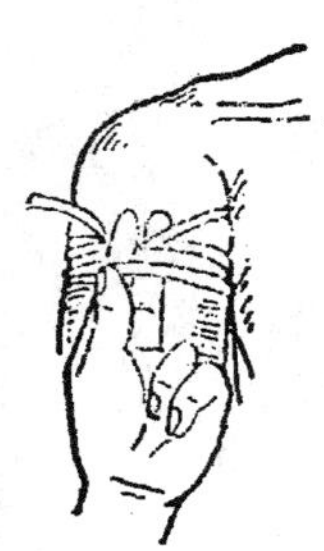

图 D.2 橡皮带止血法

D.4.3 布带绞紧止血法

如图D.3所示，在准备捆布带的部位垫好软布料，将布带绕肢体松绑一周，然后打结，在结下穿一短木棒，沿一个方向旋转短棒，使布带绞紧肢体，至伤口不流血为止，最后将棒固定在肢体上。见图D.3所示。

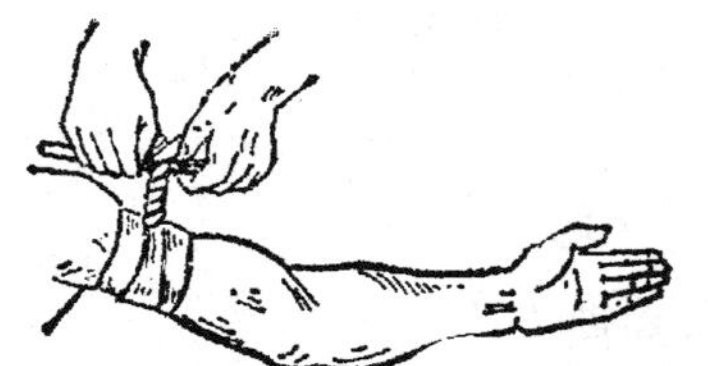

图 D.3 布带绞紧止血法

D.5 止血中应注意事项

D.5.1 加在肢体上的压力，以伤口不出血为度，过松造成出血过多，过紧造成神经损伤。

D.5.2 上止血带的部位应尽量靠近伤口，只有在双骨部位(如前臂)不能止血时，才把止血带移到距伤口稍远的单骨部位上(上臂)。

D.5.3 上止血带后，应做出明显标记，记录上止血带的时间，并争取在1 h～2 h内送到医院。

附 录 E
（规范性附录）
包 扎 方 法

E.1 包扎方法及其使用原则

包扎在急救处理中应用非常广泛，包扎可以保护伤口或创面、减少污染机会；压迫止血；固定重伤的肢体，减少疼痛及继发损伤，便于运输。目前，常用的制式包扎材料有绷带、三角巾、四头带等。如现场没有这些材料，清洁的毛巾、头巾、包袱布、手绢、米袋、衣服、被单等，在紧急情况下都可以使用。

E.2 毛巾和三角巾包扎方法

E.2.1 头顶部包扎法

如图 E.1 所示，将毛巾横放在伤员头顶上，毛巾的前边放在前额眉上，经两侧身上将前边拉向枕后，在枕后使两前角打结，再将毛巾的两个后角都褶成带状，并扎上适当的小带，两后角在枕后交叉，再经身上绕到前额，两小带在前额打结。三角巾包扎法与毛巾包扎法相同，详见图 E.2 所示。

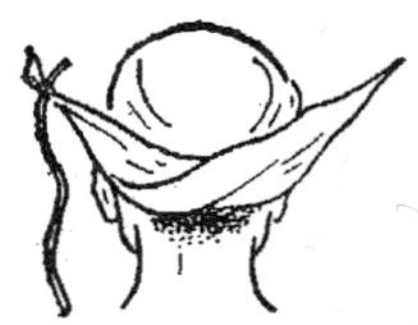

图 E.1 头顶部毛巾包扎法

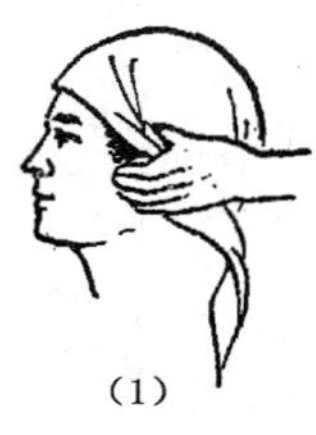

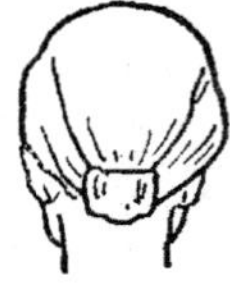

图 E.2 头顶部三角巾包扎法

E.2.2 单侧面部包扎法

如图 E.3 所示，将毛巾斜放在头顶上，使毛巾盖住伤侧面部，将毛巾的前边两角分别经对侧耳后和下颌下方，并在下颌角下打结。将毛巾后边两角折叠成带状，将伤侧的毛巾后角绕过下颌拉紧与对侧毛巾后角打结。

E.2.3 面具式包扎法

如图 E.4 所示，把毛巾的半侧，相当于眼、鼻、口处剪成小孔，然后将毛巾横置，盖住面部，向后拉紧毛巾的两端，在耳前将两端的上下交叉后分别打结。三角巾包扎法与毛巾包扎法相同，详见图 E.5 所示。

E.2.4 单眼包扎法

如图 E.6 所示，将毛巾横向对角折叠，分为上下两半，上半叠为四横指宽的横带，下半之前角处扎一小带。对角线下半毛巾盖在伤侧眼上，上半折叠成横带部分防在前眉上并拉紧绕过脑后与毛巾下半之后角打结。毛巾的下半在盖住眼后拉紧绕过后枕下方在键侧耳后打结。三角巾包扎法与毛巾包扎法相同，详见图 E.7 所示。

E.2.5 双眼包扎法

如图 E.8 所示，将毛巾横向叠成四指宽的条状带，用中间部盖住双眼，两端在枕后一侧打结。三角巾包扎法与毛巾包扎法相同，详见图 E.9 所示。

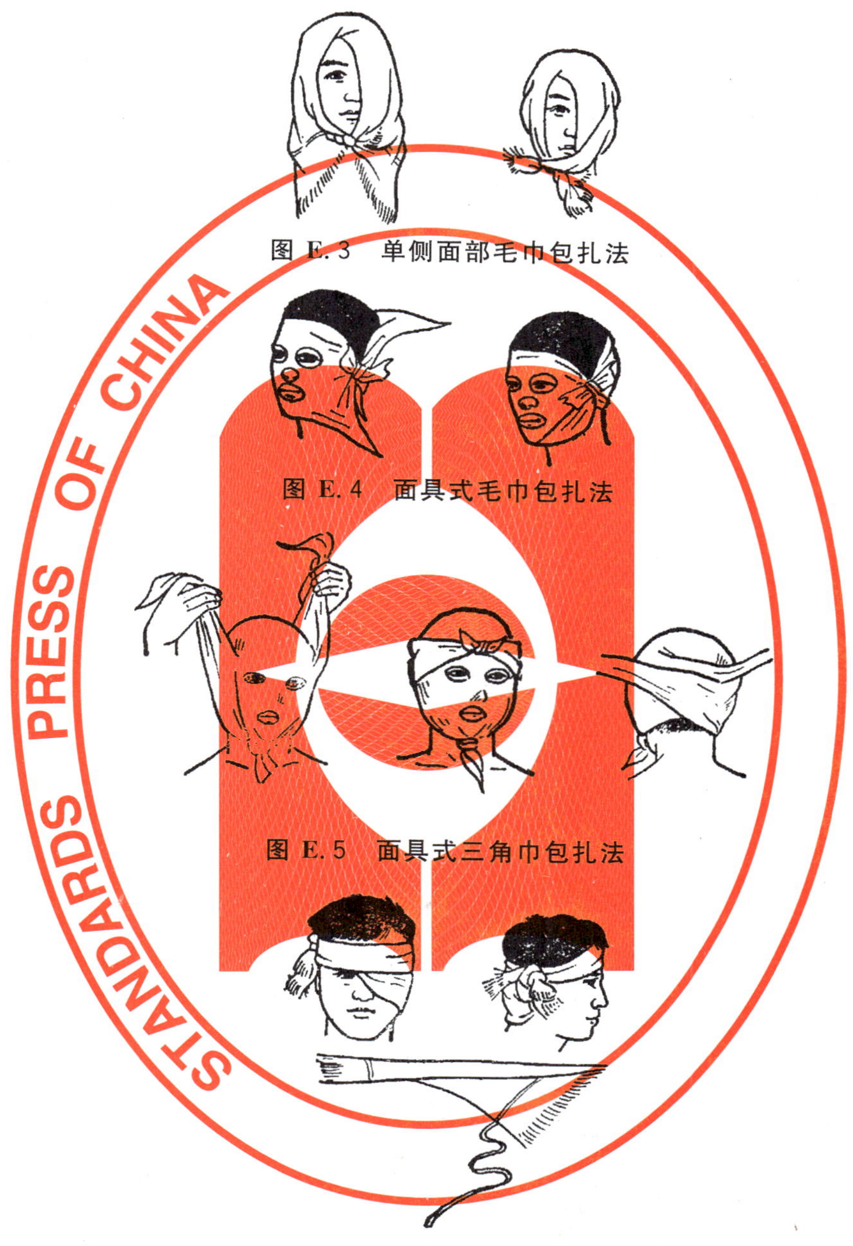

图 E.3 单侧面部毛巾包扎法

图 E.4 面具式毛巾包扎法

图 E.5 面具式三角巾包扎法

图 E.6 单眼毛巾包扎法

图 E.7 单眼三角巾包扎法

图 E.8　双眼毛巾包扎法

图 E.9　双眼三角巾包扎法

E.2.6　下颌包扎法

如图 E.10 所示，先把毛巾叠成四横指宽的条状带，一端扎上小带，中间部分包住下颌，两端上提，小带经头部，在一侧耳前与毛巾交叉，然后将小带绕前额与枕部，在对侧耳部与毛巾打结。三角巾包扎法与毛巾包扎法相同，详见图 E.11 所示。

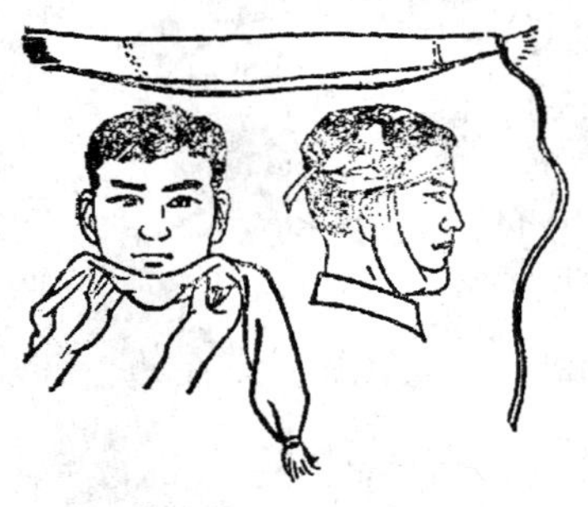

图 E.10　下颌毛巾包扎法

图 E.11　下颌三角巾包扎法

E.2.7　单胸包扎法

如图 E.12 所示，将毛巾横放在胸前，两下角及靠伤侧之一上角分别结扎一小带，两下角拉紧，用小带在后背打结，将有小带之上角提起，经肩部绕至背后并穿过下边打结的横带，打结固定。将毛巾没有扎小带的一角在胸前折入毛巾内。三角巾包扎法与毛巾包扎法相同，详见图 E.13 所示。

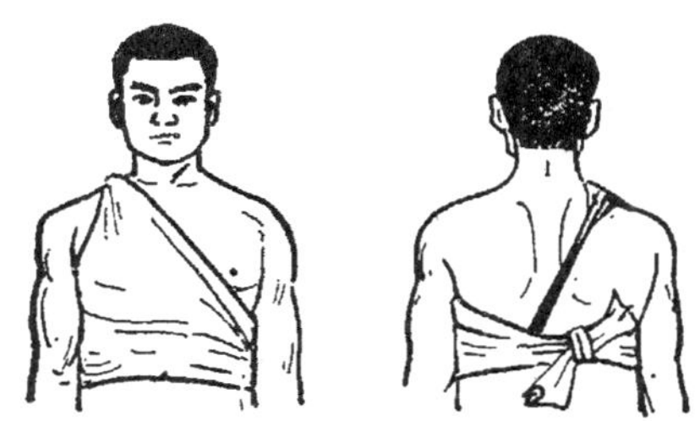

图 E.12 单胸毛巾包扎法

图 E.13 单胸三角巾包扎法

E.2.8 双胸包扎法

如图 E.14 所示，先将毛巾对半斜折，中间穿过小带，放置胸前，拉起小带的两头在背后打结，再在毛巾两片的内角各扎上小带，将两片毛巾的外角向内折，然后拉起两侧小带往背后与背面的横带打结固定。三角巾包扎法与毛巾包扎法相同，详见图 E.15 所示。

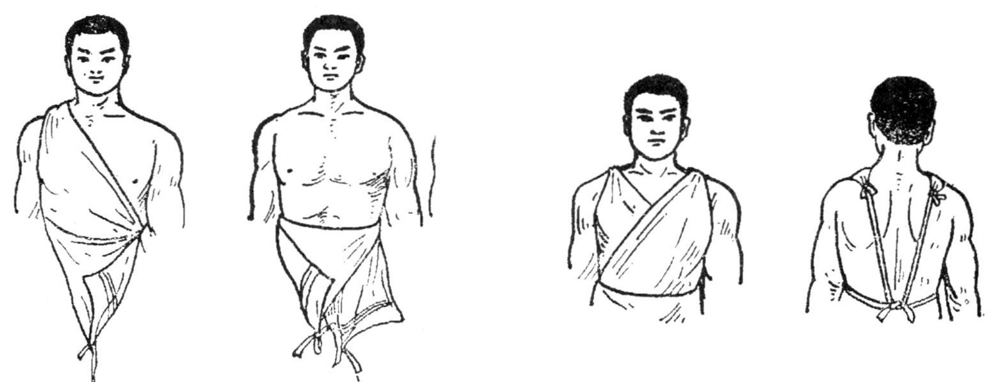

图 E.14 双胸毛巾包扎法

图 E.15 双胸三角巾包扎法

E.2.9 单肩部包扎法

如图 E.16 所示，将毛巾的 1/3 斜对折，中间穿过一小带，用小带将毛巾扎在臂上部，上片毛巾的前角和下片毛巾的后角各扎上小带，上片毛巾的后角向前折成三角形，将小带经胸前拉到对侧腋下，下片毛巾的前角向后折成三角形，包住肩部，将小带经背部拉到对侧腋下，与上片毛巾的小带相遇打结。三角巾包扎法与毛巾包扎法相同，详见图 E.17 所示。

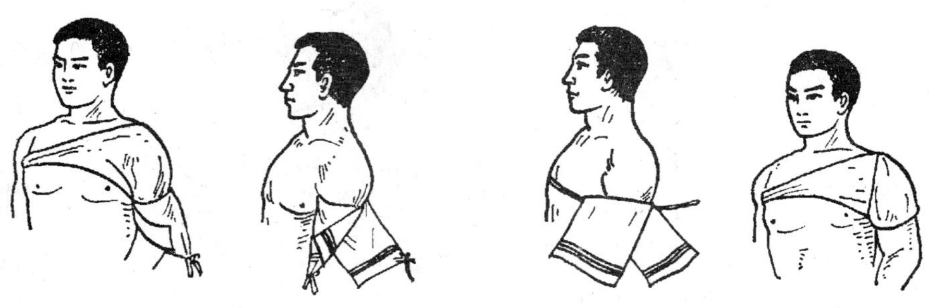

图 E.16 肩部毛巾包扎法

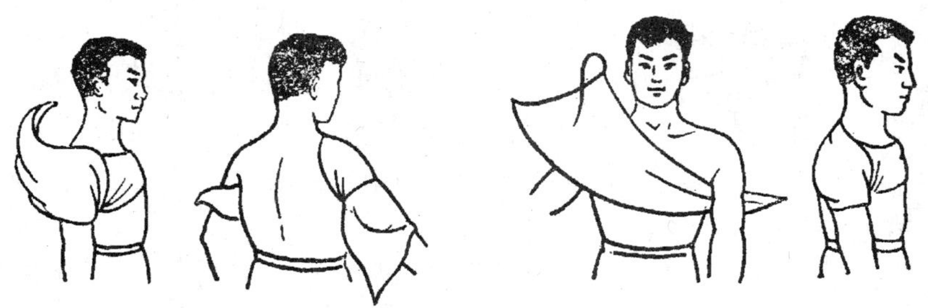

图 E.17 肩部三角巾包扎法

E.2.10 单侧臀部包扎法

如图 E.18 所示，将毛巾作对折，中间穿一小带扎在腰上，使毛巾盖住臀部伤口上，再在毛巾的后角扎一小带，绕过大腿，在前面与毛巾前角打结。三角巾包扎法与毛巾包扎法相同，详见图 E.19 所示。

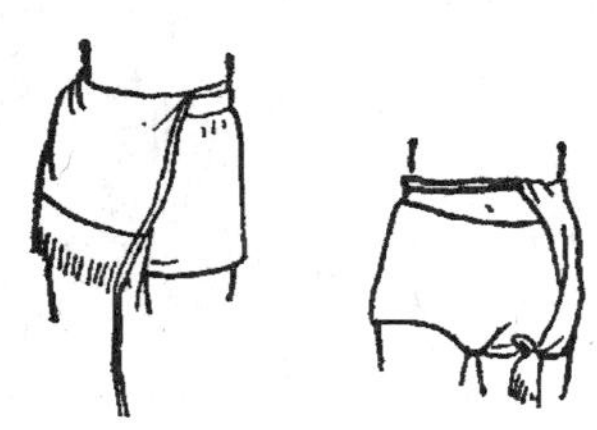

图 E.18 单侧臀部毛巾包扎法

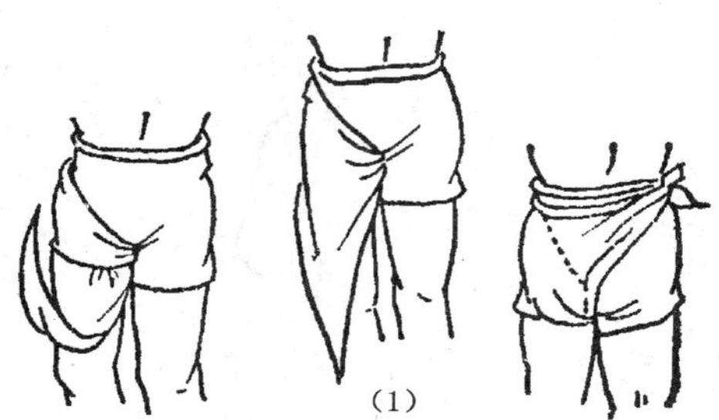

图 E.19 单侧臀部三角巾包扎法

E.2.11 双臀包扎法

如图 E.20 所示，将毛巾斜对折，中间穿一小带，扎在腰上，使毛巾盖住臀部，将上下两片毛巾的前角各扎一小带，分别绕过大腿根部与毛巾的后角打结。三角巾包扎法与毛巾包扎法相同，详见图 E.21 所示。

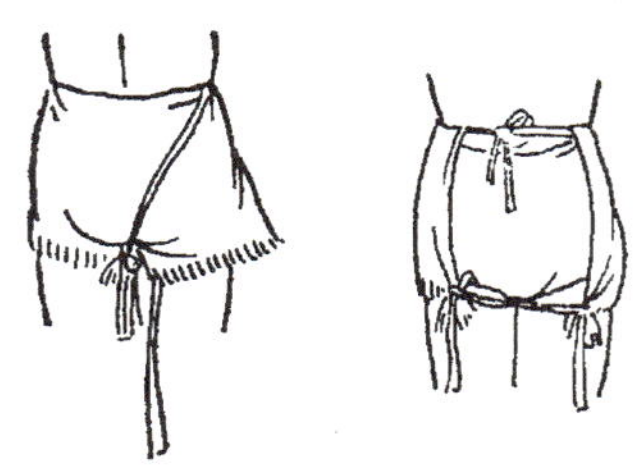

图 E.20　双臂毛巾包扎法

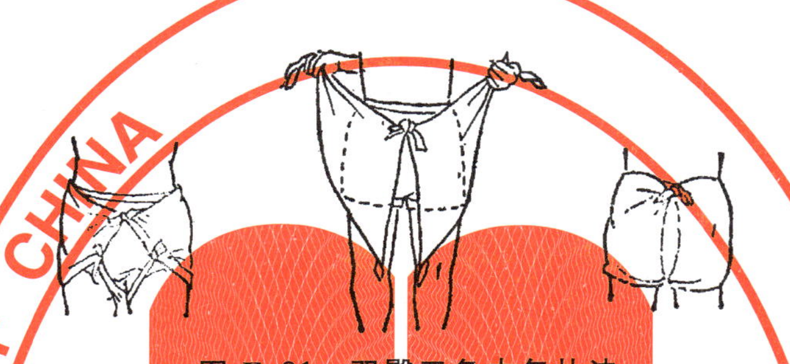

图 E.21　双臂三角巾包扎法

E.2.12　膝(肘)部包扎法

如图 E.22 所示,先将毛巾折成适当宽度的斜行条带,一端扎以一带,然后将毛巾包住膝(肘)部,两端向后拉,围绕关节打结固定。

E.2.13　前臂(小腿)包扎法

如图 E.23 所示,把毛巾的一角向内折起,然后从前臂下方向上作螺旋包扎,最后用带子固定。

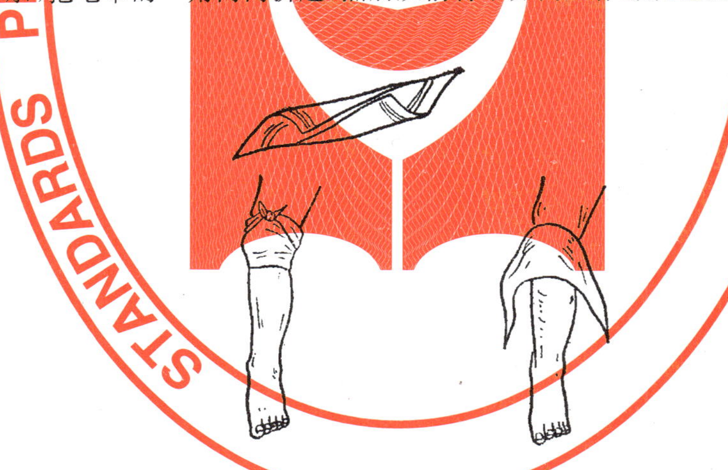

图 E.22　膝(肘)部毛巾包扎法

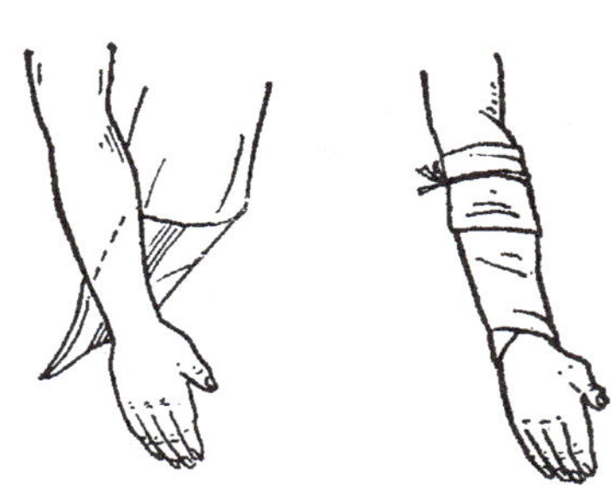

图 E.23　前臂(小腿)毛巾包扎法

E.2.14 手(足)部包扎法

如图 E.24 所示,把毛巾平放,指尖对着毛巾一角,将此角向手背翻起盖住手背,毛巾同一端的另一角也翻过手背压于掌下,将毛巾围绕手掌进行包扎,在腕部加带固定。三角巾包扎法与毛巾包扎法相同,详见图 E.25 所示。

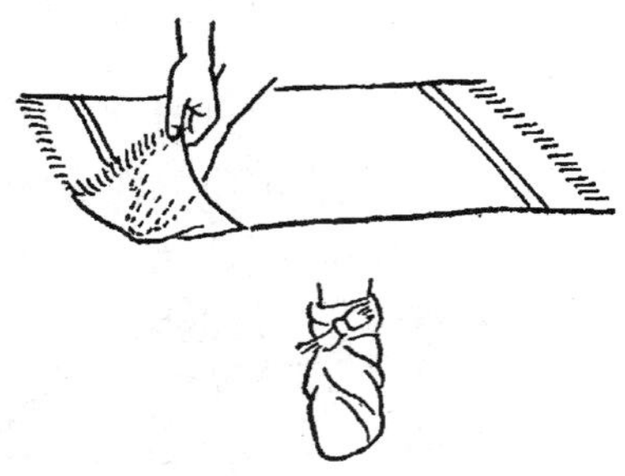

图 E.24 手(足)部毛巾包扎法

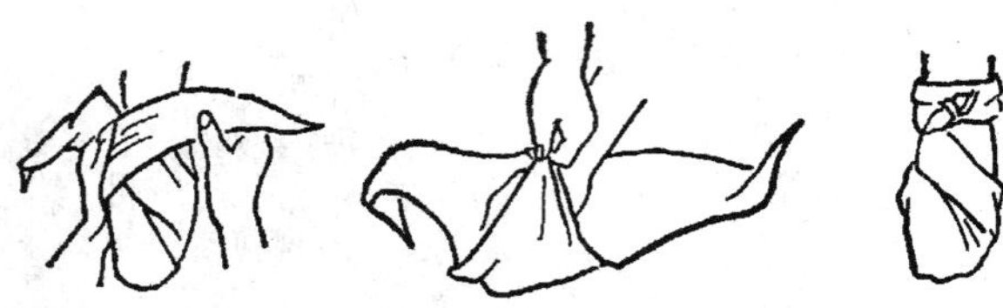

图 E.25 手(足)部三角巾包扎法

E.3 绷带包扎法

救护人员面向伤员,取适宜位置,先在创面上盖好无菌敷料,然后用绷带包扎,左手拿绷带头,右手拿绷带尾,绷带的外面贴近创面局部。包扎时由伤口的低处向上,通常是自左向右,从下到上缠绕。包扎不能过松,防止滑脱,也不宜过紧,防止压迫组织引起水肿。肘部要弯曲包扎,腰要伸直包扎。绷带包扎法多用于四肢或颈部的包扎。

E.4 四头带包扎法

其方法是把四头带贴在盖好敷料的伤口上,然后将四个头分别拉向对侧打结。四头带包扎法特别适用于胸部外伤者。四头带包扎法多用于鼻、下颌、前额及后头部的包扎,其他部位也可以使用。

E.5 包扎中应注意事项

E.5.1 包扎中接触伤口的敷料应尽量使用消毒敷料,不应用手接触伤口。如果没有消毒敷料,应选用较干净的毛巾、衣、褥及被等布料包扎伤口,包扎范围应超出伤口边缘 5 cm～10 cm。

E.5.2 包扎时动作应轻柔。特别是对骨折伤员不应因动作粗暴而造成继发损伤。包扎的松紧应适宜,包扎应牢靠,既保证敷料能固定,加压包扎能止血,又不影响肢体血液循环。

附 录 F
（规范性附录）
固 定

F.1 肢体各部位固定方法

F.1.1 前臂部损伤的固定

如图 F.1 所示，用现场可以找到的木板、草板纸、折叠的报纸、竹片及树皮等作为固定器材。长度应由肘部到手掌，在骨突部位垫好棉花、纱布。前臂置于中主位，将固定器材防在前臂掌背两侧，用皮带或三角巾固定。然后再用三角巾或布带将前臂悬吊在胸前。

F.1.2 上臂损伤的固定

在地震现场中，最简单易行的方法是：将肘关节屈曲 90°位，用宽布带或三角巾将上臂固定在胸壁上，再用三角巾将前臂悬吊在胸前，如图 F.2 所示。

图 F.1 前臂部损伤的固定

图 F.2 上臂损伤的固定

F.1.3 大腿损伤的固定

如图 F.3 所示，可选用长短不等的两块固定器材。长的防在大腿外侧，由踝关节至腋窝，短的一块放在大腿内侧，由踝关节至腹股沟处。将固定处垫好纱布、棉花，用三角巾分段固定。现场如果找不到器材，可利用健肢作固定，将健肢与患肢包扎固定在一起。

图 F.3 大腿损伤的固定

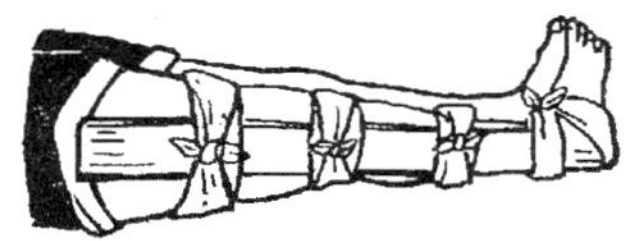

图 F.4 小腿损伤的固定

F.1.4　小腿损伤的固定

如图 F.4 所示，选用长短相等的两块固定器材，长度由足跟至大腿，分别放在小腿的两侧，用棉花、纱布垫好骨突，用布带或三角巾分段固定。无固定器材时，可将患肢分段固定在健肢上。

F.2　固定中应注意事项

F.2.1　应根据不同的部位和病情来选择不同的方法，固定的器材就地取材，机动灵活。

F.2.2　夹板的长短、宽窄要合适，放在伤部的下方或两侧，固定时至少包扎缠绕两处，最好能固定伤部的上下两个关节，以免受伤部位移动。

F.2.3　对闭合性骨折中有严重旋转、成角畸形者，可以做纵轴牵引，再加以固定。对开放性损伤中有骨折端外露者，不应还纳。如果在固定中自行还纳，应予以注明，供后续治疗参考。

F.2.4　四肢固定中，应将肢体末端外露，以便观察肢体血运。遇有伤员主诉剧痛、麻木或检查发现肢体末端苍白、发凉、青紫时，应及时检查，松开固定器材及内层的绷带，重新固定。骨折伤员固定需要牢靠，但四肢挤压伤伤员固定不宜过紧。

附 录 G
（规范性附录）
搬 运

G.1 搬运方法

G.1.1 颈椎损伤的搬运方法

如图 G.1、G.2 所示，颈部损伤的伤员，应有四人负责搬运。一人专管头部牵引固定，使头部保持与躯干成直线位置，维持颈部不动，其他三人蹲在伤员的一侧，一人抱住下肢，另外两人托住躯干，四人动作要协调一致，避免偶然的弯曲。将伤员放在担架上，取仰卧位，为防止头部活动，可在伤员枕后垫一棉布圈或将伤员头之两侧放置沙袋固定。

图 G.1 颈椎损伤的搬运方法

图 G.2 颈椎损伤搬运时固定方法

G.1.2 胸、腰部脊椎伤员的搬运方法

如图 G.3、G.4 所示，胸、腰部损伤的伤员要有 3—4 人搬运，都蹲在伤员的一侧；一人托住肩胛部，一人托住腰臀部，另一人扶住伸直而并拢的两下肢，协调一致地将伤员放到硬质的担架上，取仰卧位，腰部要垫 10 cm 高的小垫。如果是毯子等做成的软质担架，伤员可取俯卧位。

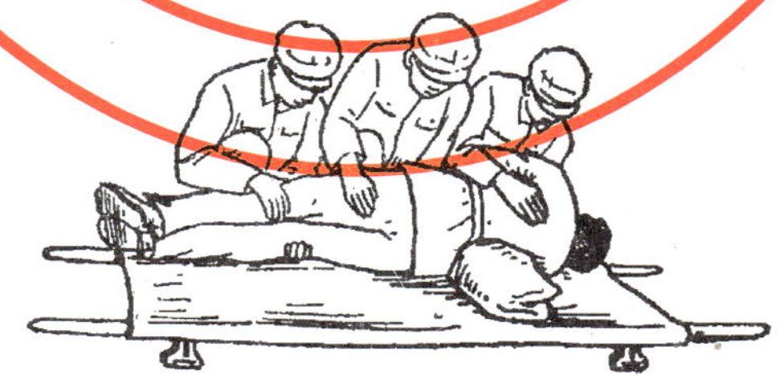

图 G.3 胸、腰部脊椎伤员的搬运方法

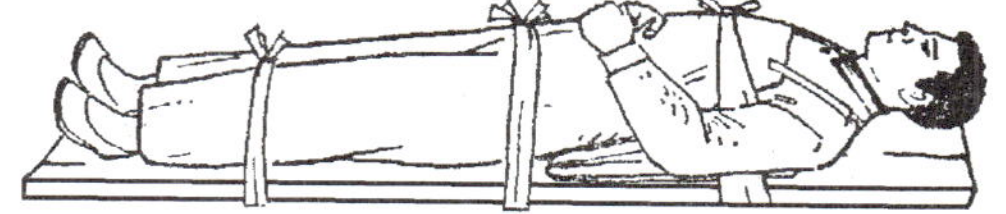

图 G.4 胸、腰部脊椎伤员搬运时固定方法

G.1.3 骨盆伤员的搬运方法

如图 G.5 所示，将伤员骨盆部用三角巾或宽皮带环绕包扎固定，伤员仰卧位放在硬质担架上。两膝半屈，膝下可垫衣服等。

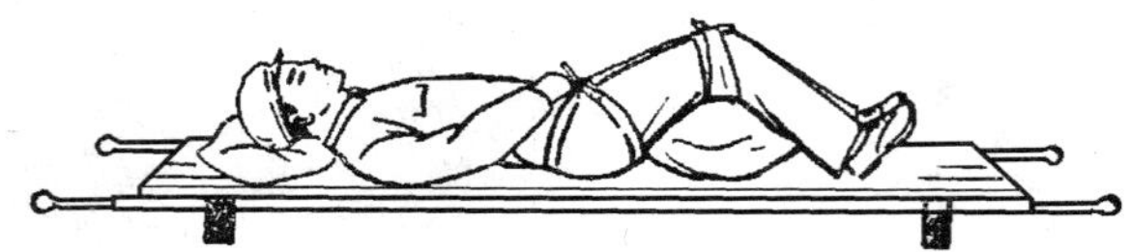

图 G.5 骨盆伤员的搬运方法

G.2 搬运中注意事项

G.2.1 应根据伤情、地形等情况，选用不同的搬运方法和运送工具，注意选用各种就便运送工具。

G.2.2 应做好初步急救处理。如情况允许，一般应先止血、包扎、固定后搬运。

G.2.3 动作要轻而迅速，避免和减少振动。

参 考 文 献

［1］ GB/T 18207.1—2008 防震减灾术语 第1部分:基本术语
［2］ 城市社区防震减灾知识读本,地震出版社,谭先锋、任秀珍,2003
［3］ 地震群测群防工作指南,地震出版社,中国地震局,2004
［4］ 灾难和事故的创伤救治,人民卫生出版社,王正国主编,2005
［5］ 地震伤员的救治,人民卫生出版社,中国人民解放军总医院、中国医学科学院,1980
［6］ 搜救手册,译言社区译,网络版,美国紧急事务管理局,2008.5

ICS 37.100.01
A 17

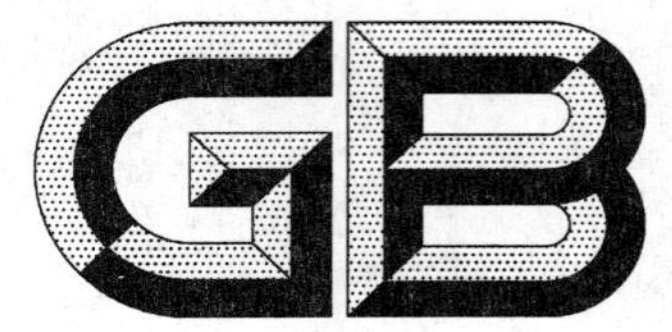

中华人民共和国国家标准

GB/T 23649—2009/ISO 14981:2000

印刷技术　过程控制
印刷用反射密度计的光学、
几何学和测量学要求

Graphic technology—Process control—
Optical, geometrical and metrological requirements for
reflection densitometers for graphic arts use

(ISO 14981:2000,IDT)

2009-05-06 发布　　2009-11-01 实施

中华人民共和国国家质量监督检验检疫总局
中国国家标准化管理委员会　发布

前　　言

本标准等同采用 ISO 14981:2000《印刷技术　过程控制　印刷用反射密度计的光学、几何学和测量学要求》。

为了便于使用，本标准对 ISO 14981:2000 做了下列编辑性修改：

——将“本国际标准”改为“本标准”；

——删除 ISO 14981:2000 的前言；

——本标准用等同采用或等效采用国际标准的相应国家标准或行业标准代替 ISO 14981:2000 的规范性引用文件中的引用标准；

——在引言中，添加“随着印刷过程控制的规范化和数据化的实施，印刷部门和高等学校配备了各种品牌的密度计。在印刷行业制定和推行此项标准的意义在于：在采购和使用密度计时，必须保证所使用的密度计其几何学、光学和测量学等条件符合此项标准，否则，测量的结果会出现偏差，不能保证数据的可靠性”一段话。

本标准的附录 A 和附录 B 为规范性附录。

本标准由新闻出版总署提出。

本标准由全国印刷标准化技术委员会归口。

本标准起草单位：北京印刷学院。

本标准主要起草人：齐晓堃、金杨、武兵。

引　言

用于印刷过程控制的密度计具备许多专门针对印刷参数的特征。尽管已有摄影标准 ISO 5-1[1]、ISO 5-3 和 ISO 5-4[2] 作为基础，但仍需要为印刷技术领域使用的仪器制定专门的要求和允差。

就原理而言，光电型或分光光度型的反射密度计以及反射色度计都是测量反射材料之反射系数的仪器。遵循 ISO 5 的密度计和遵从 GB/T 19437 的色度计具备同样的几何条件，即：45/0 或 0/45。从原理上，应注意分光光度类型的反射测量仪器既可作为密度计，也可作为色度计使用。本标准中，色度计的定义遵循了 CIE 17.4 的国际照明词汇。在印刷中，45/0（45°入射，0°出射）、0/45 以及带积分球的几何结构中，首选前两种，因为这两种几何结构符合人眼观察的常见条件，使印刷产品的光泽对人眼观察的影响降至最小，参见 GB/T 19437—2004 的附录 E。使用偏振装置是为去除首层表面反射而采用的一种附加测量手段，对非光泽的表面这是唯一可用的手段。

尽管密度测量仪器和色度测量仪器具有相似性，但两者之间仍存在根本差别。首先，密度测量使用的照明体是 CIE 标准照明体 A 而 GB/T 19437 规定印刷色度测量使用 CIE 标准照明体 D_{50}。其次，对彩色而言，密度测量和色度测量反射系数的权重函数是不同的。仅在对非彩色（如：黑色）进行密度测量时采用的“视觉”权重函数与色度学三刺激值 Y 相同。

色度学的目标是提供一种测量手段，尽可能好地模拟标准观察者观察样张的视觉特性。在印刷技术领域，色度学主要服务于颜色匹配及颜色标准的制定。价格不高、采样光孔小、分光光度或光电类型的手持式色度计，就像密度计一样适合过程控制使用，这使得在进行颜色匹配时不再使用密度计。

在印刷技术中，密度测量的目的是控制油墨层的厚度。本质上，是为了控制单位面积内色料的数量、确定阶调值或其他数值。另一个明显不同的应用是测量分色输入原稿材料的密度范围，本标准不包含这类密度测量的内容。

本标准的概念基于摄影行业 ISO 5 系列国际标准的基本原理，光谱乘积数据参照了 ISO 5-3 的某些表格。同 ISO 5 系列国际标准一样，本标准不直接定位于最终使用者，而是对密度计生产厂商或装备这类仪器的实验室。GB/T 18722 提供对最终使用者的指导，亦给出了不同类型密度计的概况介绍。

随着印刷过程控制的规范化和数据化的实施，印刷部门和高等学校配备了各种品牌的密度计。在印刷行业制定和推行此项标准的意义在于：在采购和使用密度计时，必须保证所使用的密度计其几何学、光学和测量学等条件符合此项标准，否则，测量的结果会出现偏差，不能保证数据的可靠性。

印刷技术　过程控制
印刷用反射密度计的光学、
几何学和测量学要求

1　范围

本标准规定了对测量仪器的要求，这些测量仪器用于测量反射密度及多色网目调或连续调反射印刷复制品材料的阶调值。

本标准在应用上等同于直接使用滤色片和限制带宽技术测量状态密度的测量仪器，以及进行光谱测量并计算状态密度的测量仪器。本标准不适用于测量连续调原稿的仪器。

2　规范性引用文件

下列文件中的条款通过本标准的引用而成为本标准的条款。凡是注日期的引用文件，其随后所有的修改(不包括勘误的内容)或修订版均不适用于本标准，然而，鼓励根据本标准达成协议的各方研究是否可以使用这些引用文件的最新版本。凡是不注日期的引用文件，其最新版本适用于本标准。

GB/T 18722　印刷技术　反射密度测量和色度测量在印刷过程控制中的应用(GB/T 18722—2002，eqv ISO 13656:2000)

GB/T 19437—2004　印刷技术　印刷图像的光谱测量和色度计算(ISO 13655:1996，IDT)

CY/T 31—1999　印刷技术　四色印刷油墨颜色和透明度　第1部分：单张纸和热固型卷筒纸胶印(eqv ISO 2846-1:1997)

ISO 5-3:1995　摄影　密度测量　第3部分：光谱条件

ISO 14807　摄影　确定透射反射密度计性能指标的方法

ISO 15790　印刷技术和摄影术　反射和透射计量　认证的参照材料　应用的文献和例行程序，包括确定组合标准的不可靠性

3　术语和定义

下列术语和定义适用于本标准。

注：对各种量值，定义与其首选的单位一起给出。根据定义，"无量纲"量的单位为1。

3.1

非彩色　achromatic (perceived) colour

无色相的颜色，如：黑色和灰色。对于透射物体，也使用无色或中性色来描述。

[CIE 17.4 845-2-26][6]

注：在印刷实践中，使用单色黑油墨或使用满足灰平衡的三色油墨来制作非彩色。

3.2

校准　calibration

在特定条件下，通过一组操作，确立由测量仪器或测量系统指示的多个量值与标准响应值的关系，或者对某种材料或参照材料测量所提供的数值与标准值之间的关系[5]。

注：与通常的误解相反，校准不是通过调节测量系统而使其产生可信的正确数据的过程，而是产生可信测量数据的保证。

3.3

认证的参照材料　certified reference material;CRM

带证明书的参照材料,其单项或多项特性的值通过一个例行过程得以确认,该过程可以建立起表示这些特性的测量仪器的准确传递关系。在一定的置信度等级下,每个确认过的特性数值都带有一个误差范围。

[ISO 15790]

3.4

彩色　chromatic (perceived) colour

非彩色以外的颜色。

[CIE 17.4,845-02-27][6]

注:四色印刷用青、品红和黄为彩色原色油墨。

3.5

光泽抑制系数　gloss suppression factor

在测量仪器中加入偏振装置后,测试目标的反射率降低的比例系数。

单位:1

3.6

照明面积　illuminated area

被测样品表面被照明光源照亮的区域。

3.7

机械光孔　mechanical aperture

由不透明的遮盖片形成的光阑,用于测量仪器在被测样品上的定位。

3.8

四色印刷的原色　process colours (for four-colour printing)

黄、品红、青和黑。

3.9

接收器　receiver

探测辐射量的装置。

3.10

反射系数　reflectance factor

R

在限定方向、给定立体角内,样品的反射辐通量或光通量与在同一方向、同一立体角内、同样照明条件下完全漫反射体反射辐通量或光通量之间的比率。

单位:1

3.11

采样光孔　sampling aperture

样品表面的一部分,其大小由接收器灵敏度的角度范围所决定。

3.12

加网线数;网线频率　screen ruling;screen frequency

在产生最高值的方向上,单位长度内图像元素(例如:网点、线条)的数目。[3]

单位:cm^{-1}。

3.13

网线宽度　screen width

加网线数的倒数。[3]

单位：μm。

3.14

光谱乘积　spectral products

在各个波长上，入射光谱功率与接收器光谱响应的乘积。

单位：1。

注：接收器的光谱响应包含：光电检测器件以及介于采样光孔和光电检测器件之间的所有部件的光谱响应。

4　技术要求

4.1　入射和出射的几何条件

4.1.1　概述

测量应符合下列两种几何条件之一：

——采用环形照明装置，接收器的敏感方向垂直于采样光孔（环形入射模式）；或

——照明光垂直于采样光孔和环形接收器（环形出射模式）。

4.1.2　环形入射模式

沿圆周方向的环形照明应均匀。如果样品在其自身旋转平面上的反射特性不变，环形的照明不均匀也无妨。

注：在印刷材料显现出轻微方向敏感性的情况下，建议用下列方法对环形照明均匀性的要求予以折衷：入射光应分别来自位于不同角度而相隔90°的两个照明光源；或者采用更适宜的照明方式：入射光来自两个以上的照明光源，角度间隔相等地排开。如果在0°、45°和90°方向上进行5次以上的重复密度测量，而三个方向数据平均值的差别不大于0.03，则可以认为其方向依赖性是轻微的。

在采样光孔的中心部位，照明光强的角分布的最大值应在与采样光孔法线成45°±2°方向上，与其最大值所在角度差别5°以外的光应该可以忽略，见图1。

接收器应在垂直于采样光孔的方向上敏感。在采样光孔的中心部位，接收器敏感度的角度分布应在不大于采样光孔垂直方向2°的范围内达到最大值，与其最大值所在角度差别5°以外的敏感度应该可以忽略，见图1。

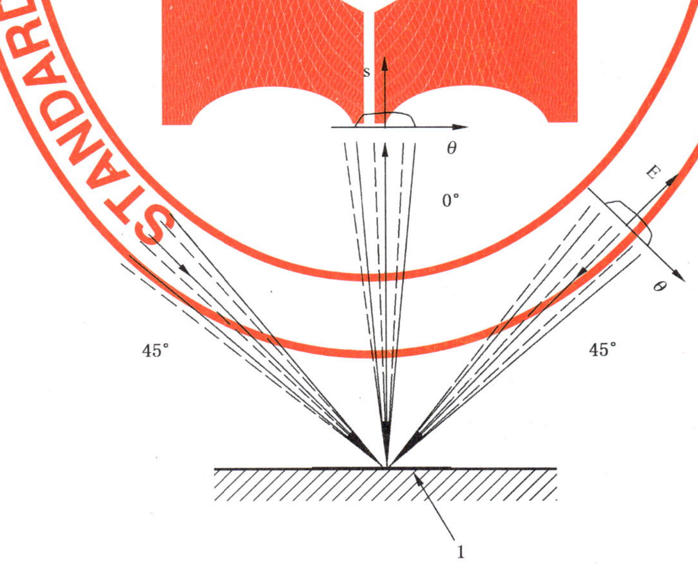

1——采样光孔；

连续实线——最大值及相关允差的额定角度；

虚线——最大偏离角度值2°的示例；图中还展示了出射光E和探测器敏感度分布s的例子，两者都相对余角θ。

图1　环形入射模式　在采样光孔中心部位辐射立体角的横截面图

4.1.3 环形出射模式

接收器的敏感性应是环形的，其敏感度在环面上应均匀。如果样品在其自身旋转平面上的反射特性不变，则接收器敏感度的分布不必沿着环面均匀。

注：在印刷材料显现出轻微方向敏感性的情况下，建议用下列方法对环形照明均匀性的要求予以折衷：出射光应被分别来自位于相隔90°的两个接收器接收到，或者采用更适宜的接收方式：出射光被两个以上的接收器接收，角度间隔相等地排开。如果在0°、45°和90°方向上进行5次以上的密度重复测量，而三个方向数据平均值的差别不大于0.03，则可以认为其方向依赖性是轻微的。

在采样光孔的中心部位，接收器敏感度的角度分布的最大值应在垂直于采样光孔45°±2°的方向上，与其最大值所在角度差别5°以外的敏感度应该可以忽略，见图1。

光源应以垂直于采样光孔平面的方向照明。在采样光孔的中心部位，照明的角分布应在垂直于采样光孔不超过2°的方向上达到最大值，与其最大值所在角度差别5°以外的光线应该被忽略。

4.2 机械光孔与采样光孔

如果有机械光孔存在，其内边界应位于采样光孔外至少0.5 mm。

圆形采样光孔的直径不应小于网线宽度的15倍；也不应小于厂商提供的加网线数低限所对应网线宽度的10倍，参见4.7。非圆形采样光孔的面积不应小于圆形采样光孔所要求的面积。

注：采样光孔的最小尺寸与网线宽度之间的关系等同于GB/T 17934.1[3]和GB/T 18722的规定。

4.3 照明区域

照明区域的全部边界应位于采样光孔边界内侧或外侧至少0.5 mm，见图2。

注1：这一要求降低了由侧面半透明所造成的误差。当光线从测量仪接收器采样光孔的侧面内部散射到外部时，会造成反射系数测量的误差。与所有光线都被采集的情况相比，反射系数通常会降低。

注2：在实际应用中，照明区域要小于采样光孔的区域。

注3：未对照明均匀性做出要求，因为在印刷技术的密度测量中，通常采用很小的光孔测量平网控制块的阶调值。

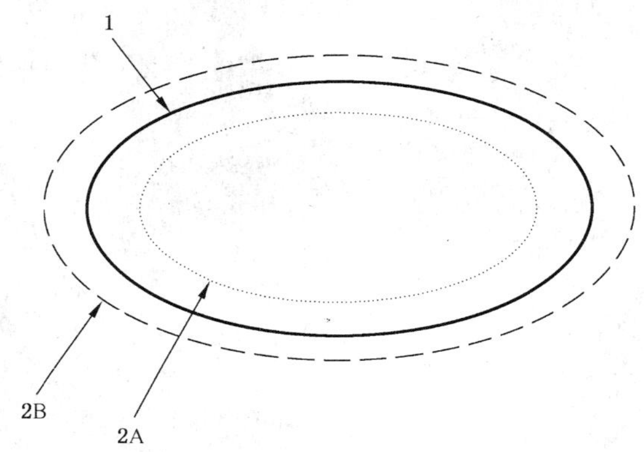

1——采样光孔；

2A——较小的照明区域；

2B——较大的照明区域。

图2 采样光孔各边界与两种可能的照明区域图示

4.4 光谱条件

4.4.1 入射光谱

落入样品表面光通量的光谱能量分布应符合CIE标准照明体A，其对应的分布色温为2 856 K，允差为±100 K。

注：印刷材料，特别是承印材料一般难以排除荧光的影响，因此，入射光谱能量分布要求特别重要。如果不考虑荧光的作用，则无论承印材料是否含有荧光成分，光谱反射系数数据都可以用于色度数值和状态密度值的计算。

4.4.2 光谱乘积

为测量非彩色，例如：黑色和灰色，光谱乘积应遵从ISO 5-3中关于视觉反射密度的规定。

为测量彩色青、品红和黄，测量仪器的所有三个彩色通道的光谱条件应遵从 ISO 5-3 中对状态 T、状态 I 和状态 E 的规定。特别是：青通道应依照 ISO 5-3 标有“红(red)”的光谱数据，品红通道应依照 ISO 5-3 标有“绿(green)”的光谱数据，黄通道应依照 ISO 5-3 标有“蓝(blue)”的光谱数据。

4.5 由光谱数据计算反射密度

状态密度可由下面两个方法之一确定：

——测量仪器使用光学滤色片，它与接收器的光谱敏感度结合形成反射光谱权重的分布；

——由测量仪器进行光谱测量并计算状态密度。

采用第二种方法时，应校验光谱的一致性，见 4.6.3。

通过计算确定密度，应按下列方法进行：光谱反射系数应基于 10 nm 的间隔，而光谱响应函数在 10 nm 半宽度内的半能量值构成三角形。如果测量数据的间隔和通带小于 10 nm，应使用 GB/T 19437—2004 附录 A 所给定的方法拓展数据的通带。反射系数的数据至少从 400 nm 测量到 700 nm。光谱反射系数测量用的仪器应符合 4.1.2 或 4.1.3 以及后续的 4.2，4.3，4.4.1。

下列公式应用于计算反射密度：

$$D = -\lg \frac{\sum R(\lambda) \cdot \Pi(\lambda)}{\sum \Pi(\lambda)} \qquad \cdots\cdots(1)$$

式中：

D——反射密度；

$R(\lambda)$——波长为 λ 对应的反射率；

$\Pi(\lambda)$——波长为 λ 对应的光谱乘积，取自 ISO 5-3；

lg——以 10 为底的对数。

求和运算应在光谱乘积数据所定义的范围内进行。

如果反射系数数据的起始波长大于光谱乘积数据的最小波长，则应将低于此最小波长的所有光谱乘积求和，并与起始波长的光谱乘积相加。

如果反射系数数据的终止波长小于光谱乘积数据的最大波长，则应将高于此最大波长的所有光谱乘积求和，并与终止波长的光谱乘积相加。

注 1：此做法与 GB/T 19437 所规定的色度计算方式类似。

注 2：如果光谱反射系数随波长的变化剧烈，则使用 10 nm 宽度就显出不足，计算获得的状态密度值可能与使用连续响应函数的测量数据不同。

4.6 一致性

4.6.1 概述

倘若测量仪器与 4.6.2 和 4.6.3 的要求吻合，则其符合本标准。在测量仪器使用偏振装置的情况下，则应符合 4.6.4 的附加要求。

4.6.2 线性度

按照 5.2 对所有四个颜色通道进行调节后，用仪器测量一组符合 ISO 15790 的 CRM(认证参照材料)之反射密度。针对仪器的每种光谱条件分别对标称反射密度为 0.0～0.2、1.0±0.2、2.0±0.5 的至少三个 CRM 进行密度测量，测量得到的密度值与 CRM 在相应光谱条件下标称值的最大误差在 0.02 或 2%以内。对于带偏振装置的测量仪器，所使用的 CRM 应符合本标准附录 A 的要求。

注：符合附录 A 要求的 CRM 也可用于不带偏振装置的测量仪器。

4.6.3 光谱一致性

以下内容涉及按 5.2 准备好并符合 4.6.2 要求的测量仪器。在此条件下，没有进行进一步调整的测量仪器应满足下列要求：对任何一个青、品红、黄和黑的四色印刷实地，5.3.2 和 5.3.4 确定的反射密度最多不大于 0.03。由 5.3.2 和 5.3.5 所确定的反射密度应满足同样的要求。

注：将线性度和光谱要求结合，反映了测量仪器的实际应用状况。与测量仪器单独符合线性度和光谱条件相比，同

时满足线性度和光谱条件两项要求更加严格。在非组合的单独测量要求中，每次测量之前允许对仪器进行单独调整。

4.6.4 偏振

带偏振装置的测量仪器，使用5.4描述的测试方法进行测试时，每个颜色通道的光泽抑制系数不应低于50。

4.7 说明文件

对声称其符合本标准的测量仪器，销售商应为仪器提供下列信息：

——由该仪器测量出的状态密度；

——在测量仪器中是否具有偏振测量装置；

——采样光孔的尺寸以及照明过度/照明不足的范围，两者都用mm表示；

——测量仪器进行网目调测量时，加网线数的下限，见4.2；

——对仪器进行校准的说明和方法，如有必要，对仪器进行调节的说明和方法。

厂商应按照ISO 14807所指定的方法提供仪器性能说明。所提供的文档应提醒最终用户，反射状态密度是以完全漫反射表面作为参照体定义的，如果采用其他参照体，则应在“反射密度”一词前面插入形容词“相对”。

5 检测方法

5.1 概述

反射密度的测量应依照GB/T 18722的规定进行，即：衬底材料应是漫反射而无光谱选择性的，其ISO视觉反射密度为1.50±0.20。在由国家标准化实验室进行测量的数据报告中应标明测量仪器的几何条件和光谱状态。

注：以下检测方法是针对生产厂商或具有相应装备的实验室，不涉及最终用户。

5.2 调节

为了使测量仪器的性能达到最佳，校准并在有必要时对仪器进行调节。调节过程包括硬件和/或软件的调整。

5.3 光谱条件

5.3.1 采用一组认证参照材料(CRM)，其光谱特性符合CY/T 31—1999附录D的规定，且其颜色符合本标准表1的数据，L^*、a^*、b^*各数值的允差为±5。在缺乏适用的一组认证参照材料(CRM)的情况下，采用一组符合CY/T 31胶印四色油墨，将青、品红、黄、黑油墨实地印刷在有光泽的承印物上，其CIELAB颜色坐标L^*、a^*、b^*的每个数值与表1给出数值的允差在±5以内。

5.3.2 将印刷品放置在一个符合5.1规定的黑色衬底上，用测量仪器对四色印刷原色实地进行测量。

5.3.3 采用一台精密分光光度计

——其带宽不大于10 nm；

——除几何结构外，其他条件符合GB/T 19437；

——其几何结构符合本标准的规定；

——由认证参照材料(CRM)校验过的性能追溯至国家标准机构，并可追溯到与测量任务不确定性相一致的等级(后者由4.6.3规定的允差表示)。

对带有偏振装置的仪器进行检测时，分光光度计也应具备偏振装置。测量放置在符合5.1规定的黑色衬底上的四色印刷原色实地的光谱反射系数，至少从400 nm测量至700 nm，且400 nm和700 nm都包含在测量范围内。每个波长测量5～10次并求出平均值。

5.3.4 使用公式(1)和在4.5中给定的过程，由5.3.3获得的平均反射系数计算出反射密度值。

5.3.5 对任何其他预期使用的典型成套油墨或色料，对测量仪器重复5.3.1～5.3.4的步骤。

注：对非印刷机打样的过程控制，如：相纸、染料热升华或喷墨材料进行密度测量时，步骤5.3.5特别重要。

表 1　用于光谱一致性测试的认证参照材料(CRM)的 CIELAB 坐标　　单位:1

颜色	L^{*}[a]	a^{*}[a]	b^{*}[a]
青	54	−37	−50
品红	47	75	−6
黄	88	−6	95
黑	18	0	−1

[a] 按 GB/T 18722 测量在黑色衬底、2°视场标准观察者、D_{50} 光源、0/45 或 45/0 几何条件下进行。

5.4 偏振效率

5.4.1 使用一个如本标准附录 B 所述的偏振测试对象。对测量仪器的每一个颜色通道,执行下述 5.4.2~5.4.9 的步骤。

5.4.2 去掉测量仪器上的偏振装置,在白色承印物上调零。

5.4.3 水平放置偏振测试对象,将测量仪器放在测试对象上面。

5.4.4 调整测量仪器的水平位置,使反射密度达到最小值。

5.4.5 调整尖头圆柱体的纵向位置,使反射密度再次达到最小值 D_1;此值可能会低至−0.8。确认电子电路在其线性范围内能够处理如此高的光电流,否则要在光路中插入减光片,并确认其不破坏几何条件。例如:可以加入非光谱选择性的薄型密度滤光片。

5.4.6 重新在测量仪器上安装偏振装置并在一个白色承印物上调零。

5.4.7 将测量仪器放回偏振测试对象上,放置在 5.4.4 要求中达到最小密度值的位置,偏差在 0.1 mm 范围以内。

5.4.8 读取反射密度值 D_2。

5.4.9 计算:

$$P = 10^{D_2 - D_1} \quad \cdots\cdots(2)$$

式中:

P——光泽抑制系数;

D_1——在 5.4.5 中确定的密度;

D_2——在 5.4.8 中确定的密度。

6 报告

依据本标准要求所得的反射密度,根据其采用 ISO 5-3 光谱乘积的不同,分别为“视觉反射密度”、“状态 T 反射密度”、“状态 I 反射密度”、“状态 E 反射密度”。如果使用了带偏振装置的仪器,或者使用了不同于 GB/T 18722 规定的衬底,则必须将此情况连同数据予以说明。如果反射密度采用的参照体不是完全反射和完全漫反射表面,则应在“反射”一词前面插入“相对”的形容词。

附　录　A
（规范性附录）
带偏振装置的测量仪器所使用的认证参照材料（CRM）

为进行线性度测试而准备的一组认证参照材料（CRM）的组成是：一块无光泽陶瓷基板，基板上至少有三块经光学抛光及非光谱选择性（“中性密度”）的平板玻璃滤色片，滤色片用非光谱选择性的水泥粘附在基板上，见图A.1。每一块非光谱选择性玻璃滤色片的尺寸不小于1 cm×1 cm，厚度不超过0.2 mm。滤色片的选择，应使一组认证参照材料（CRM）达到下列ISO视觉反射密度值：0.0～0.2；1.0±0.2；2.0±0.5。在认证参照材料（CRM）附带的文件中，应写明ISO视觉光谱条件以及ISO状态T、ISO状态I、ISO状态E中至少一种光谱条件下的（绝对）反射密度值及其在一定置信等级上的不确定度（有效系数）。

注1：认证参照材料CRM的这种构造为带偏振和不带偏振测量仪器使用同一套材料进行校准提供了条件，因为此处的首层表面反射具有高度的方向性，而带有偏振装置的几何结构能够有效地抑制该反射，这种认证参照材料可以满足带或不带偏振装置仪器的校准需要。

注2：更多信息见参考书目的文献[4]。

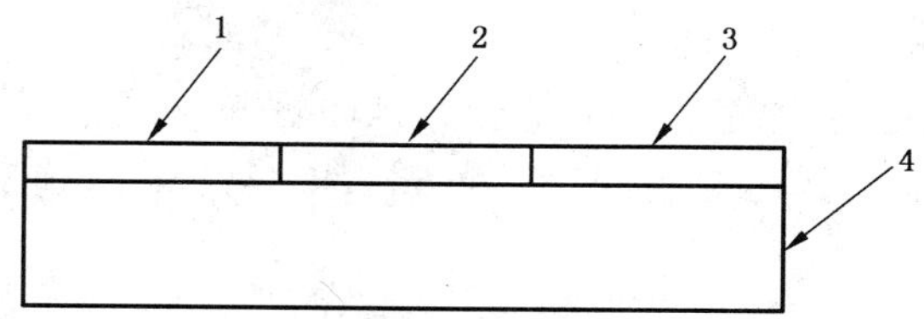

1,2,3——非光谱选择性的玻璃滤色片；

4——陶瓷基板。

图A.1　带偏振装置的测量仪器所使用测试对象的横截面

附 录 B
（规范性附录）
偏振测试体

本测试体的组成是：中心带垂直圆孔的基板，该圆孔恰好套住一个具备135°锥顶角的金属圆柱体。顶点应部分地突出，见图B.1。圆柱体的直径应视采样光孔而适当选择（例如：对3.5 mm的采样光孔采用8 mm直径）。在锥角顶端，顶点应是球状而不锋利的。锥柱体应镀铬并高度抛光。锥柱体的纵向位置应能够以很小的增量从下面升高。

注：更多信息见参考书目的文献[4]。

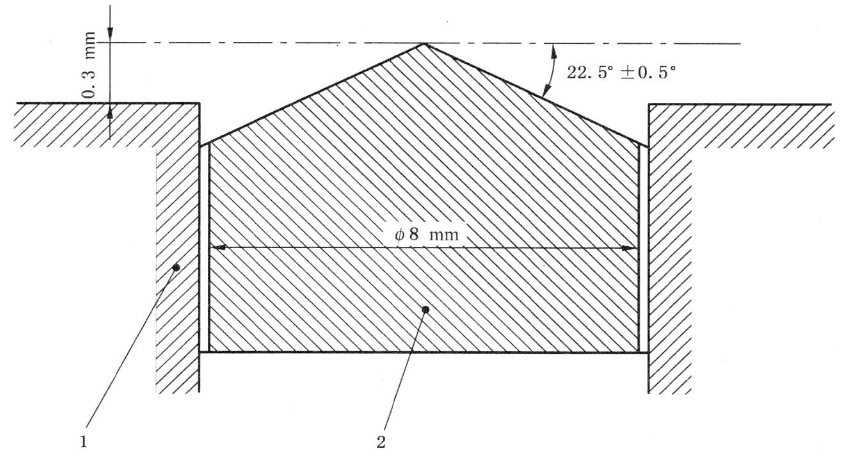

1——基板；

2——带锥顶角的圆锥体。

图 B.1 偏振测试体的横截面；采样光孔直径约为3.5 mm的示例

参考文献

[1] ISO 5-1:1984 摄影 密度测量 第1部分:术语、符号和标志

[2] ISO 5-4:1995 摄影 密度测量 第4部分:反射密度的几何条件

[3] GB/T 17934.1—1999 印刷技术 网目调分色片、样张和印刷品成品的加工过程控制 第1部分:参数及测试方法

[4] T CELIO,F MAST,H OTT.光学反射密度测量中偏振片的使用.Journal of Imaging Technology,1991,17(1):2-4

[5] BIPM,IEC,IFCC,ISO,IUPAC,IUPAP,OIML.测量学基本通用术语国际词汇(VIM).第2版,1993年

[6] CIE 17.4:1987 国际照明词汇

[7] ISO 10526:1999/CIE S 005/E—1998 色度学用CIE标准照明体

ICS 03.080.30
A 12

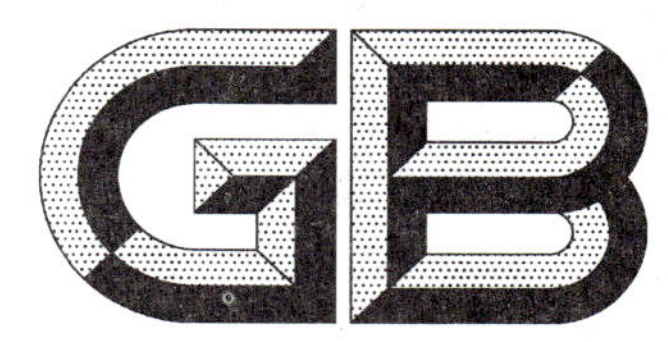

中华人民共和国国家标准

GB/T 23650—2009

超市购物环境

Supermarket shop condition

2009-05-06 发布 2009-10-01 实施

中华人民共和国国家质量监督检验检疫总局
中国国家标准化管理委员会 发布

前　言

本标准由中华人民共和国商务部提出并归口。

本标准起草单位：中国连锁经营协会、艾默生环境优化技术（苏州）有限公司。

本标准主要起草人：裴亮、李党会、刘海滨、罗群芳、方昕、杨青松。

超市购物环境

1 范围

本标准规定了对超市购物的硬件环境、软件环境的基本要求。

本标准适用于超市及相关业态。

2 规范性引用文件

下列文件中的条款通过本标准的引用而成为本标准的条款。凡是注日期的引用文件，其随后所有的修改单(不包括勘误的内容)或修订版均不适用于本标准，然而，鼓励根据本标准达成协议的各方研究是否可使用这些文件的最新版本。凡是不注日期的引用文件，其最新版本适用于本标准。

GB 3096 声环境质量标准

GB 7718 预包装食品标签通则

GB 15630 消防安全标志设置要求

GB/T 18883 室内空气质量标准

GB 50034 建筑照明设计标准

JGJ 48 商店建筑设计规范

JGJ 50 城市道路和建筑物无障碍设计规范

3 术语和定义

下列术语和定义适用于本标准。

3.1

超市 supermarket

开架售货，集中收款，满足社区消费者日常生活需要的零售业态。根据商品结构的不同，可以分为食品超市和综合超市。

[GB/T 18106—2004，定义 4.1.4]

3.2

超市购物环境 supermarket shop condition

由硬件环境和软件环境构成，硬件环境如经营空间、经营设施设备、附属场所等，软件环境如空气质量、员工等。

3.3

超市经营设施设备 shop facilities & equipment

与超市经营直接相关的机器、设备、工具，如货架、冷柜、手推车、收银机、照明系统、电梯等。

3.4

超市附属设施设备 affiliated facilities

对超市经营管理起到支持和辅助作用的场所、机器、设备、工具，如停车场、库房、收货区、消防系统、防盗设备、更衣柜、卫生间等。

4 总体要求

4.1 超市应诚信经营，所售商品应符合国家质量和卫生安全的相关规定。

4.2 超市店铺的设计应符合国家消防安全的相关规定。

4.3 超市应有完善的服务制度。

4.4 超市应通风良好，保持适宜的温度和湿度条件。

4.5 超市应保证空调、电梯、冷冻(藏)柜等设备的正常运转，使顾客购物安全、便利。

5 店铺出入口的基本要求

5.1 企业标志应明显、清晰、整洁。

5.2 营业时间应指示清楚。

5.3 设有台阶的入口，坡度应缓和，并设有适用于残疾人的坡道。雨雪天气，出入口应有防滑提示标志。

5.4 顾客入口应与商品进口区分(营业面积小于 200 m^2 的折扣店和便利店除外)。

5.5 出口处应有明显的指示标志。

5.6 应区分出口与入口，便于人员疏散。

5.7 出入口、通道、电梯、卫生间、停车场等处应设无障碍通道，保持畅通。

5.8 应有符合 GB 15630 要求的、明显的应急通道。

6 收银区的基本要求

6.1 收银区应配有电子收款机。

6.2 应根据卖场面积和客流量设置收银台数量，收银台的布局设计应便于顾客结算及疏导。

6.3 收银区宜提供刷卡通道。

7 销售区的基本要求

7.1 地面

7.1.1 地面应平整。必须分出高低层次的，高低部分应平缓过渡。台阶式过渡的，应有醒目提示。

7.1.2 应选择防滑、防压、承重、耐磨、易清洗的地面铺设物。

7.1.3 地面应考虑承重要求，保证货架在陈列商品后的稳定性。

7.1.4 采用固定式货架的，应区分通道、称重台、其他区域使用标志等。

7.2 墙壁

7.2.1 墙面应平整、清洁。

7.2.2 墙壁的电源线应采用暗装或套管明装，有关规定和要求参见《中华人民共和国消防法》。

7.2.3 墙壁进行布景悬挂等装饰的，应考虑墙壁的承重能力。经过特殊改造装修过的位置应有对顾客的提示性标志，如安全提示、儿童提示等。

7.3 天花板

7.3.1 天花板的设计、安装应安全、牢靠。

7.3.2 禁止在天花板上悬吊可能引发安全事故的物品。

7.4 通道、货架

7.4.1 通道应符合卖场整体动线要求，通道设置应符合国家及当地政府有关规定。

7.4.2 通道应垂直、平行、交叉布局，保持各方向畅通。

7.4.3 通道应设有明显的消防疏散标志、购物导向标志、称重台标志及商品分类标志。

7.4.4 货架应由易清洗、有韧性且环保的材料制作，并符合环保、消防和安全标准。

7.4.5 货物码放不应影响自动喷水灭火系统喷头的使用。

7.5 标志

7.5.1 商品标价签应采用符合国家物价部门规定的式样，并标有当地物价主管部门监制字样。

7.5.2 预包装食品标签应符合 GB 7718 的要求。

7.5.3 标志应清晰、明确,张贴平整,使用的标志架应干净平稳。

7.5.4 标志应做到统一,公共标志应符合国家有关规定。

8 生鲜区的基本要求

8.1 加工环境

8.1.1 畜禽产品加工应按照原料和半成品进行工作区域划分,工作台和加工器具应专管专用,避免病菌交叉污染。

8.1.2 店内生鲜区域应配有专门清洗区,工作人员使用的洗手池、器具清洗消毒池、清水池应分别配置使用。鲜食区应定期彻底清洗,保持清洁卫生。

8.1.3 店内生鲜加工区应保持地面墙面整洁,高温和有异味产生的区域应保证足够的通风,地面无积水,下水道口应定期进行消毒除臭处理。

8.1.4 加工区域墙壁应用浅色、不吸潮、不渗漏、无毒材料覆涂,并用瓷砖或其他防腐材料装修墙裙,高度不低于 1.5 m。

8.1.5 应定期对加工间进行整体彻底消毒,并保留相关记录。

8.2 卫生环境

8.2.1 在生鲜商品加工和经营过程中应坚持低温、清洁、覆盖原则,保持冷链不中断,以保证生鲜商品质量。

8.2.2 生鲜区域员工(包括供应商促销人员)应健康状况良好,持有有效健康证明上岗。

8.2.3 从事生鲜商品销售的员工应保持工服整洁,头发、手和指甲清洁,不应留长指甲。

8.2.4 熟食和面点的销售人员应戴干净的口罩和手套,不应佩戴饰品,上岗前应在专用洗手池洗手。

8.2.5 接触直接入口的食品时,手部应进行清洁、消毒,并使用经消毒的专用工具。

8.2.6 清洁工作中所使用的化学清洁用品和清洁工具应定点专项密封保管,避免污染食品、器具、工作台和工作环境。

8.2.7 生鲜区应采取有效的驱蝇、驱虫、灭鼠措施,配备足够的消杀设备(灭蝇设备和紫外线杀菌设备),并保证设备处于正常工作状态。定期进行防鼠和空气熏蒸等消杀工作。

8.3 供应商管理

8.3.1 应选择证照齐全、管理规范的专业经销商或厂家作为生鲜商品供应商。

8.3.2 应核验包装材料供应商的相关证照,确保采购和使用的生鲜食品销售包装材料达到卫生检疫标准。

8.3.3 采购和使用的食品加工辅料和添加剂应符合国家的有关标准。

8.3.4 不应经营保质期标志不清、不明或缺失的产品,以及无合格证的产品。

8.3.5 对温度有要求的商品应确定商品的温度,要求供应商送货车辆记录并存档。

8.4 陈列设备

8.4.1 应按照生鲜品的保鲜温度要求选择陈列设备进行商品陈列。

8.4.2 陈列设备应保持清洁,场地无积水和污渍,定期彻底清洗,并保留相关记录。

8.4.3 贮存生鲜区域的商品和原材辅料应配置必要的低温贮存设备,包括冷藏库(柜)和冷冻库(柜),冷藏库(柜)温度为-2 ℃~5 ℃,冷冻库(柜)温度低于-18 ℃。

8.5 加工和卫生设备

8.5.1 加工区域的各类大型加工设备在完成一个批次的加工处理之后,应立即进行清理卫生工作,洗刷机器的外表,清除内部的残渣和污渍。

8.5.2 配备大型生鲜(制冷和加工)设备的,应定期进行维护保养,对设备内部进行彻底清洁。

8.5.3 店铺从事现场食品加工的,应参见《中华人民共和国食品卫生法》和食品生产卫生加工企业的有关规定,取得所在地区卫生行政部门颁发的《卫生许可证》。

8.6 **称重、包装**

8.6.1 称重设备应使用检定合格、未超过检定周期的计量器具。

8.6.2 包装设备(如打包机、封口机等)应使用有国家安全认证标志的设备。包装材料应使用对人体无害的材料。

8.6.3 食品包装应采用密封型包装袋或包装盒,散装食品售卖的有关规定和要求,参见《散装食品卫生管理规范》。

8.7 **蔬果**

8.7.1 销售人员应按先进先出原则进行商品陈列。必要时对水果和蔬菜进行保鲜和补水处理,延长蔬果产品的货架周期。

8.7.2 应及时捡出破损和变质商品,及时更换破损的商品包装。

8.7.3 应设有鲜榨果汁和果盘展示冰台的店铺,应保持足够的冰量,管理人员应随时检查冰台质量,及时补充冰块,并进行温度检查记录,以确保果汁和果盘的保鲜温度,加工完成后应及时在商品包装上标明生产日期。

8.8 **肉、禽、蛋、奶、豆制品**

8.8.1 畜禽类商品均应来源于非疫区,且证照齐全。

8.8.2 分割和加工处理过程中,工具不应重复交叉使用。蛋类商品不应与肉类商品同库贮存。

8.8.3 冷柜中散装陈列的畜禽类肉品和调理制品应经常翻动,以保持商品透气,防止肉品变色和调理制品表面干燥脱水。

8.8.4 冷柜中散装陈列的畜禽类肉品应采用托盘陈列,不应直接在冰块上陈列,避免融化的冰水降低肉品质量。

8.8.5 店内不应现场宰杀活禽。

8.9 **水产品**

8.9.1 应及时捡出陈列中鲜度保持不良和破损的商品,保持商品鲜度。

8.9.2 水产品销售陈列冰台应有足够的碎冰,随时检查冰墙质量,及时补充碎冰。

8.9.3 经营鲜活水产品,应保持工作区域清洁,并对案板、刀具等加工器具进行定期彻底消毒。

8.10 **熟食制品**

8.10.1 熟食制作和加工过程应有严格的卫生管理制度,熟食凉菜制作和蛋糕裱花应配备专用加工间。

8.10.2 散装熟食售卖的有关规定和要求参见《散装食品卫生管理规范》,散装熟食陈列应用专用陈列柜或网罩遮盖,以防来自购物环境的污染。

8.10.3 直接入口的散装食品销售应用防尘材料覆盖,设置隔离设施。

9 垃圾处理

9.1 每天产生的垃圾应在专门垃圾处理区域内定点暂放,并及时清理。

9.2 存放垃圾时,应在垃圾桶内套垃圾袋,并加盖密闭,防止招引飞虫和污染其他食品和器具。

9.3 垃圾暂存地周围应保持清洁,定期做好清洁和消毒。

9.4 不能回收利用的商品,应进行破碎处理,严禁将过期或变质生鲜商品再次包装销售。

9.5 食品加工中产生的废油,应由地方政府指定的具有回收资质的企业进行回收,并审核回收商对废料的用途。

10 库房

10.1 库房应做到商品分类贮存,有清晰的标志。

10.2 库存的商品应隔墙离地,食品与非食品分别摆放,并按保质期先进先出、生熟分开的原则存放。

10.3 库房应具有消防、防虫、防鼠设施。

10.4 冷库的货架、地面及各种商品包装箱和容器应保持清洁，不留异味，不应有异常的积水和结冰。应有专人定时检查贮存冷库（柜）温度。库存生鲜品应保留必要的间隔和回风空间。

10.5 库房中应设立专门的残损商品区域，及时清理变质商品和问题商品。

11 环保、节能、安全

11.1 应保持店内空气流通、清新，并符合 GB/T 18883 的规定。

11.2 应保持店内顾客数量，确保客流畅通，购物安全。

11.3 向消费者提供塑料购物袋应符合国家有关规定。

11.4 商品包装容器和销售的包装物应符合国家有关规定。

11.5 店内噪声控制应符合 GB 3096 的要求。

11.6 空调温度应根据当地政府相关部门的要求设定。

11.7 建筑、装饰材料应符合有关环保、节能的要求。

11.8 鼓励建立、实行符合国家相关规定的环保、节能制度和措施。

11.9 应具备相应的安全设备和管理措施，确保消防安全通道的畅通。

11.10 应配备防盗设施，保证店内商品和现金的安全。

11.11 店内应配备闭路监控系统，正常、客观记录卖场营运状况及突发事件。

11.12 店内防火设施应符合国家有关规定。

11.13 对促销活动，应当制定安全应急预案，保证良好的购物秩序，防止因促销活动造成交通拥堵、秩序混乱、疾病传播、人身伤害和财产损失。

12 设施设备

12.1 应配备电力应急设备，在出入口、紧急通道、购物主要通道装置应急灯。

12.2 购物车、冷冻冷藏柜等设备应保持清洁。

12.3 停车场车位应标志清楚，便于车辆进出。

12.4 上下水设施及污水处理设施应与经营管理规模相匹配。

12.5 店内应保持适宜的温度条件、湿度条件和通风条件，符合 JGJ 48 的规定。

12.6 超过 1 000 m^2 的店铺，应设有公共卫生间、广播室和公用电话设施。

12.7 配备适当的照明设施，照明标准应符合 GB 50034 的规定。

12.8 店内设置的无障碍设施应符合 JGJ 50 的规定，服务台、收银台、公用电话等设施处设有低位装置。

12.9 店内应设有顾客服务中心并公布相关投诉电话号码。

参 考 文 献

[1] GB/T 18106—2004《零售业态分类》。

[2] 《中华人民共和国食品卫生法》,中华人民共和国主席令,第59号,1995年10月30日。

[3] 《中华人民共和国消防法》,中华人民共和国主席令,第8号,2008年10月28日。

[4] 《中华人民共和国产品质量法》,中华人民共和国主席令,第33号,2000年7月8日。

[5] 《散装食品卫生管理规范》,卫生部,卫法监发[2003]180号,2003年7月2日。

[6] 《商品零售场所塑料购物袋有偿使用管理办法》,商务部、发展改革委、工商总局令2008年第8号。

[7] 《食品标识管理规定》,国家质量监督检验检疫总局,第102号令2007年8月27日。

[8] 《超市食品安全操作规范》(试行),中华人民共和国商务部,2006年12月25日。

ICS 83.060
G 40

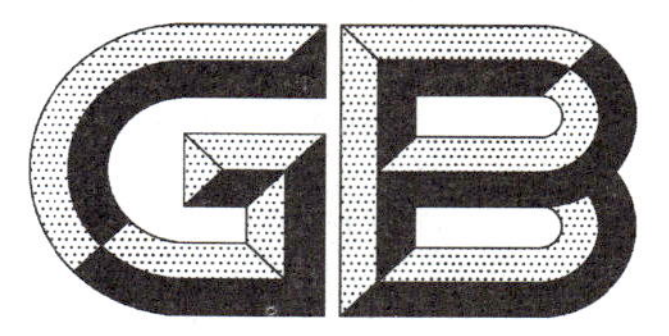

中华人民共和国国家标准

GB/T 23651—2009/ISO 18517:2005

硫化橡胶或热塑性橡胶　硬度测试介绍与指南

Rubber, vulcanized or thermoplastic—Hardness testing—Introduction and guide

(ISO 18517:2005, IDT)

2009-04-24 发布　　　　2009-12-01 实施

中华人民共和国国家质量监督检验检疫总局
中国国家标准化管理委员会　发布

前 言

本标准等同采用国际标准 ISO 18517:2005《硫化橡胶或热塑性橡胶——硬度测试——介绍与指南》(英文版)。

本标准等同翻译 ISO 18517:2005。

为便于使用,本标准做了下列编辑性修改:

a) “本国际标准”一词改为“本标准”;

b) 删除国际标准的前言;

c) 用小数点“.”代替作为小数点的逗号“,”;

d) 增加引言以指导使用。

本标准由中国石油和化学工业协会提出。

本标准由全国橡标委橡胶物理和化学试验方法分技术委员会(SAC/TC 35/SC 2)归口。

本标准起草单位:广东省计量科学研究院。

本标准起草人:陈明华,高富荣,汤昌社。

引 言

本标准为硫化橡胶或热塑性橡胶硬度测试各方面内容提供概括性介绍与指南。

本标准综合了GB/T 6031(idt ISO 48),GB/T 531.1(idt ISO 7619-1)和GB/T 531.2(idt ISO 7619-2)的内容,是关于硫化橡胶或热塑性橡胶硬度测试有关知识的概述性文件。另外本标准也介绍了HG/T 2450(idt ISO 7267-1) 等关于表观硬度测试的内容。

硬度是橡胶制品的重要指标。硬度测试由于具有操作简便,成本低和非破坏性等特点,广泛应用于质量监控场合;硬度还可方便地鉴定一系列硫化橡胶产品的硫化效果和均匀性;它还适用于诊断目的,以跟踪橡胶材料老化,污染与微孔等问题。

通过本标准可初步认识橡胶硬度测试的有关知识,掌握硬度测试的基本类型,进而根据实际需要选择合理的硬度测试方法。

硫化橡胶或热塑性橡胶　硬度测试　介绍与指南

警告:使用本标准的人员应有正规实验室工作的实践经验。本标准并未指出所有可能的安全问题。使用者有责任采取适当的安全和健康措施,并保证符合国家有关法规规定的条件。

1　范围

本标准给出了硫化橡胶或热塑性橡胶硬度测试的指南。

硬度是材料性能指标之一,本标准旨在认识其重要性,并有助于选择合适的硬度测试方法。

2　规范性引用文件

下列文件中的条款通过本标准的引用而成为本标准的条款。凡是注日期的引用文件,其随后所有的修改单(不包括勘误的内容)或修订版均不适用于本标准,然而,鼓励根据本标准达成协议的各方研究是否可使用这些文件的最新版本。凡是不注日期的引用文件,其最新版本适用于本标准。

GB/T 531.1　硫化橡胶或热塑性橡胶　压入硬度试验方法　第1部分:邵氏硬度计法(邵尔硬度)(GB/T 531.1—2008,idt ISO 7619-1:2004)

GB/T 531.2　硫化橡胶或热塑性橡胶　压入硬度试验方法　第2部分:便携式橡胶国际硬度计法(GB/T 531.2—2009,idt ISO 7619-2:2004)

GB/T 6031　硫化橡胶或热塑性橡胶硬度的测定(10～100 IRHD)(GB/T 6031—1998, idt ISO 48:1994)

HG/T 2413.2　胶辊表观硬度的测定　邵尔硬度计法(HG/T 2413.2—1992,idt ISO 7267-2:1986)

HG/T 2450　胶辊表观硬度的测定　橡胶国际硬度计法(HG/T 2450—1999,idt ISO 7267-1:1997)

ISO 7267-3　胶辊表观硬度的测定　P.J 硬度计法

ISO 18898　橡胶硬度计的校准和检定

3　术语和定义

以下术语和定义适用于本标准。

3.1

橡胶国际硬度　international rubber hardness degrees (IRHD)

选择合适的硬度标尺,使硬度值0代表材料杨氏模量为0,硬度值100代表材料杨氏模量为无穷大。

注:在正常硬度值范围内,应满足如下条件:

a)　橡胶国际硬度的增量总是近似地表示相同比例的杨氏模量的增量;

b)　对于高弹性橡胶,橡胶国际硬度与邵尔A型硬度的数值大致相同。

3.2

标准硬度　standard hardness(S)

用具有标准厚度且面积大于所规定最小边缘尺寸的试样,按照GB/T 6031规定的操作程序得到的橡胶国际硬度。

3.3

表观硬度　apparent hardness

用非标准尺寸的试样，按照 GB/T 6031 规定的操作程序得到的橡胶国际硬度。

4　压入硬度

通过压入测试可得到橡胶的硬度。在给定压力作用下，压针压入橡胶，如图 1 所示。与其他材料的硬度测试方法相比，橡胶压入硬度测试一直在保持试验力情况下进行。

在大多数测试中，压针穿过压足中孔，而压足在一定的力作用下紧贴试样表面。在定负荷测试中(见第 5 章)，由较小初试验力与随后施加的较大总试验力产生的压入深度是不同的，压入深度差就是被测量。

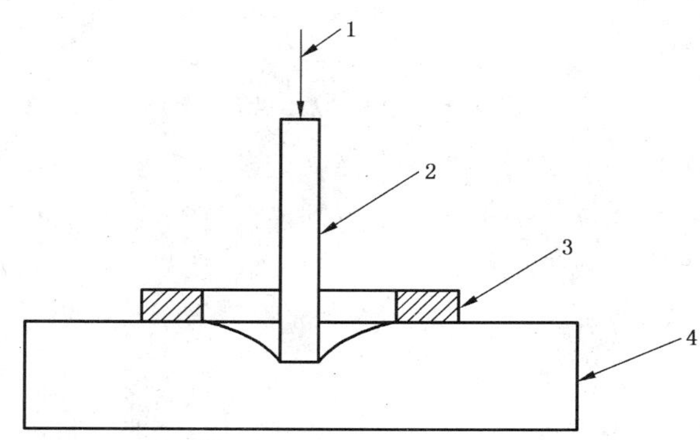

1——施加压力所需要配重或弹簧；

2——压针；

3——压足；

4——试样。

图 1　硬度测试原理

5　硬度测试类型

邵氏硬度计或便携式硬度计与定负荷测试方法的区别在于定负荷测试方法采用配重产生试验力，而邵氏硬度计或便携式硬度计由弹簧产生试验力。

GB/T 6031 详细介绍了采用球形压针，并利用橡胶国际硬度值(IRHD)表示的定负荷硬度测试法。此硬度标尺的制定基础是 3.1 定义的关系以及材料杨氏模量对数和硬度之间的关系曲线。这使得硬度标尺 0 IRHD～100 IRHD 对应无穷软到无穷硬的材料。橡胶国际硬度的定义是为了数值上与下述 A 型邵尔硬度相一致。

常规的定负荷方法测试橡胶硬度范围为 35 IRHD 到 85 IRHD，对于低硬度和高硬度定负荷方法其技术参数有所变化。方法 L 适用范围为 10 IRHD 到 35 IRHD，方法 H 适用范围为 85 IRHD 到 100 IRHD。微型定负荷方法用于薄试样，所用压针直径为常规方法的 1/6。

GB/T 6031 也详细介绍了测试弯曲试样硬度程序的变化，测试结果用表观硬度表示。

作为对 GB/T 6031 的补充，ISO 7267-3 介绍了用于测试橡胶胶辊的 P.J 定负荷法，另还有 HG/T 2450和 HG/T 2413.2 规定的橡胶国际硬度计法和邵氏硬度计法。

邵氏硬度计本来都是手持式的，但现在多置于支架上使用，并有配重对压足施加准确稳定的压力。最普遍的是针对一系列不同硬度材料的不同型号的邵氏硬度计，许多厂商都生产这种硬度计。GB/T 531.1对以下硬度计进行了规定：邵氏 A 型硬度计适用于中硬度范围，邵氏 D 型硬度计适用于硬质材料，AM 型显微硬度计适用于薄样品，以及 AO 型硬度计适用于软质材料。A 型硬度计采用端面为平面的圆锥形压针(被平截断的锥形压针),D 型和 AM 型采用锥形压针(端部为曲率半径非常小的球面),AO 型用球形压针。GB/T 531.2 则详细介绍了采用球形压针的便携式橡胶国际硬度计。

6 硬度的重要性

原则上,橡胶硬度与其弹性模量有关,此关系的经验公式可从相关资料获得。针对钢球压入深度,GB/T 6031 给出了硬度与材料杨氏弹性模量对数关系曲线。这只是近似的关系,实际上只适用于高弹性的橡胶。

由于与杨氏模量或剪切模量关系模糊,硬度不能作为材料的基本性质。然而,由于具有操作简便,成本低和非破坏性等特点,硬度测试得到了广泛的应用。

鉴别力阈与精度问题总是硬度测试的一大局限性。通常最高测试精度能达到±1 IRHD,在中等硬度范围,此精度对应弹性模量的±4%,而在极低硬度与极高硬度范围,则对应±16%。

7 硬度测试的用途

对几乎所有应用领域的橡胶而言,硬度都是测试材料刚度和模量的重要性能。由于操作上的简便,成本低,试样的多样化和非破坏性,硬度测试是非常普遍的。因此,为解决纠纷,硬度广泛用于质量控制试验;还作为各种化合物和产品的分类参数;并作为材料或产品说明书中的一项技术要求。硬度测试还可方便地鉴定一系列硫化橡胶产品的硫化效果和均匀性,且对产品无任何破坏;它还适用于诊断目的,以跟踪材料老化,污染与微孔等问题。

8 方法的选择

当需用手提式工具测试产品硬度时,应选择弹簧加载或便携式的硬度计。邵氏 A 型硬度计应用得最普遍,但与端面为平面的圆锥形压针相比,AO 型与便携式橡胶国际硬度计(IRHD)的球形压针不易对样品产生破坏。便携式橡胶国际硬度计的弹簧压力在所测硬度范围内变化小,所得结果与定负荷橡胶国际硬度计所得结果相符。D 型与 AM 型硬度计分别适用于很硬和很薄的橡胶试样。邵氏 D 型硬度计通常用于塑料,但也常用于硬度更高的热塑性弹性橡胶与硬橡胶。对硬度超过 90 IRHD 的橡胶,邵氏 D 型有时比邵氏 A 型与橡胶国际硬度计的效果更好。

注:不管操作人员施加多大的力,硬度计内在装置都能确保对压足施加正确的压力。

在实验室测试标准试样,定负荷橡胶国际硬度是优先选择的方法。若只有薄试样,需用微型橡胶国际硬度法。在极高硬度与极低硬度范围,鉴别力阈会增大。在高硬度范围,硬度测试的优点就不存在了(详见参考文献[1])。另外许多工作人员更喜欢把邵氏硬度计置于支架上使用(因而它们不再是便携式的了)。

配重能施加恒定力,比弹簧力更稳定,这是选用定负荷国际硬度的原因。对影响测试精度各因素的系统评估表明,定负荷国际硬度法在此方面是更优越的(更多内容见参考文献[2])。

9 试样

实践中,尤其是用便携式硬度计进行测试时,试样的形状大小各不相同,测试结果受样品尺寸影响极大,特别是厚度,因而只有用标准试样才能获得可比较结果。GB/T 6031 规定在非标准试样上所测硬度称为表观硬度。

表观硬度主要局限性为测试结果有可能与标准试样测试结果不同,只有在相同方法相同试样尺寸条件下所得结果才是可比较的。当没有微型仪器用以测试薄样品时,可把几片试样叠加,以得到符合要求的测试厚度,但结果仍有可能与标准试样的结果不同。

10 标准硬度块

硬度测试装置应根据 ISO 18898 进行校准,而在两次校准期间,用标准硬度块对装置进行核查是很方便的,对手持式邵氏硬度计与便携式硬度计而言更是如此。

11 各硬度标尺的比较

对理想弹性橡胶,除在低硬度和高硬度范围,橡胶国际硬度(IRHD)和A型邵尔硬度实际上是一样的。对实际材料,这两种硬度相关性减弱,并依赖于具体材料。A型与D型邵尔硬度之间的经验性关系已见发表(更多内容见参考文献[3]),但此关系应考虑为一级近似,一个重要的原因是试验力保持时间不同所造成的影响,对于有高滞弹性的热塑性弹性橡胶和硫化橡胶而言,更是如此。

理论上,常规的定负荷橡胶国际硬度计与微型定负荷橡胶国际硬度计应给出相等的测试结果,但由于厚度和表面层效应(表面有可能比内部更坚硬)的影响,并不能保证测试结果相等,而是有可能出现较大差异。

参 考 文 献

[1] Kucherskii, A. M. ,and Kaporovskii, B. M. :Poly. Test. ,14,1995,3.

[2] Brown,R. P. ,and Soekarnein, A. :Poly. Test. ,10,1991,2.

[3] Brown,R. P. :Physical Testing of Rubber, Chapman and Hall, London, 1996.

ICS 83.080.20
G 32

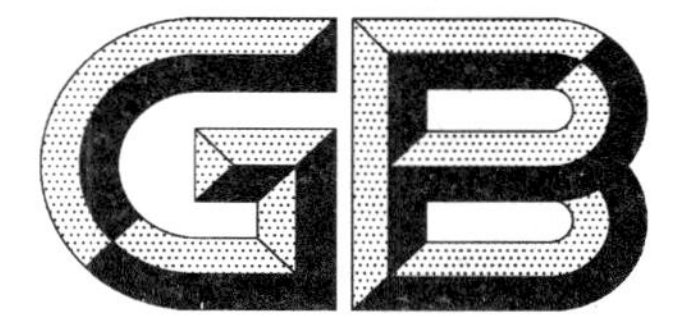

中华人民共和国国家标准

GB/T 23652—2009/ISO 1068:1975

塑料　氯乙烯均聚和共聚树脂振实表观密度的测定

Plastics—PVC resins—Determination of compacted apparent bulk density

(ISO 1068:1975,IDT)

2009-04-24 发布　　　　2009-12-01 实施

中华人民共和国国家质量监督检验检疫总局
中国国家标准化管理委员会　发布

前　　言

本标准等同采用 ISO 1068:1975《塑料　氯乙烯均聚和共聚树脂　振实表观密度的测定》(英文版)。

为便于使用,本标准做了下列编辑性修改:

a)　“本国际标准”一词改为“本标准”;

b)　用小数点“.”代替作为小数点的逗号“,”;

c)　删除了国际标准的前言;

d)　在第 1 章“注”中以资料性内容的形式提供了修改采用 ISO 60 的我国国家标准 GB/T 20022。

本标准由中国石油和化学工业协会提出。

本标准由全国塑料标准化技术委员会聚氯乙烯树脂产品分会(SAC/TC 15/SC 7)归口。

本标准起草单位:锦西化工研究院、宜昌宜化太平洋热电有限公司、新疆中泰化学股份有限公司。

本标准主要起草人:谭琛、孙丽娟、齐玉林、杨晓勤、郑新洲。

请注意本标准的某些内容有可能涉及专利。本标准的发布机构不应承担识别这些专利的责任。

塑料　氯乙烯均聚和共聚树脂
振实表观密度的测定

1　范围

本标准规定了氯乙烯均聚和共聚树脂振实表观密度的测定方法。

注：非振实表观密度可依据ISO 60(或GB/T 20022)《塑料　能从规定漏斗流出的模塑材料的表观密度的测定》。

2　原理

将已知质量的氯乙烯均聚和共聚树脂置于精确刻度的量筒内，并在给定的条件下振动。由树脂的质量及振实后的体积计算振实表观密度。

3　仪器

3.1　振动机，如图1所示。自(3±0.2)mm的高度每分钟跌落(100～250)次。量筒座质量为(450±20)g。

3.2　精密刻度的玻璃量筒，容积250 mL，分度2 mL且无刻度部分的体积至少为50 mL。其内径为约38 mm，质量为(220±40)g(见图1)。

3.3　金属活塞，直径稍小于量筒内径。

3.4　实验室天平，称量精确至0.1 g。

4　步骤

称量干燥洁净的量筒，称量精确至0.1 g。加入约100 g树脂，不振动，称量量筒和树脂的质量，精确至0.1 g。通过差值计算所用树脂的质量 m。

将量筒置于振动机座内并启动机器，跌落(1 250±50)次后停机，必要时，在不将粉末压实的情况下，用金属活塞通过旋转使树脂的自由表面成为水平面。读出粉末所占的体积，精确至2 mL。

再次跌落(1 250±50)次并重新测定体积。

若两次读数的差值小于或等于2 mL，取较小的值，V mL，并停止试验。

若差值大于2 mL，继续跌落(1 250±50)次的振动周期，直至两个连续的振动周期后所测得的体积值之差不大于2 mL。取较小的值，V mL，并停止试验。

5　结果表示

由下式计算振实表观密度，以克/毫升表示：

$$\frac{m}{V}$$

式中：

m——氯乙烯均聚和共聚树脂试料的质量，单位为克(g)；

V——振实的氯乙烯均聚和共聚树脂的体积，单位为毫升(mL)。

6　试验报告

试验报告至少应包括以下内容：

a）采用本标准；

b）以克/毫升表示的密度；

c）试验日期。

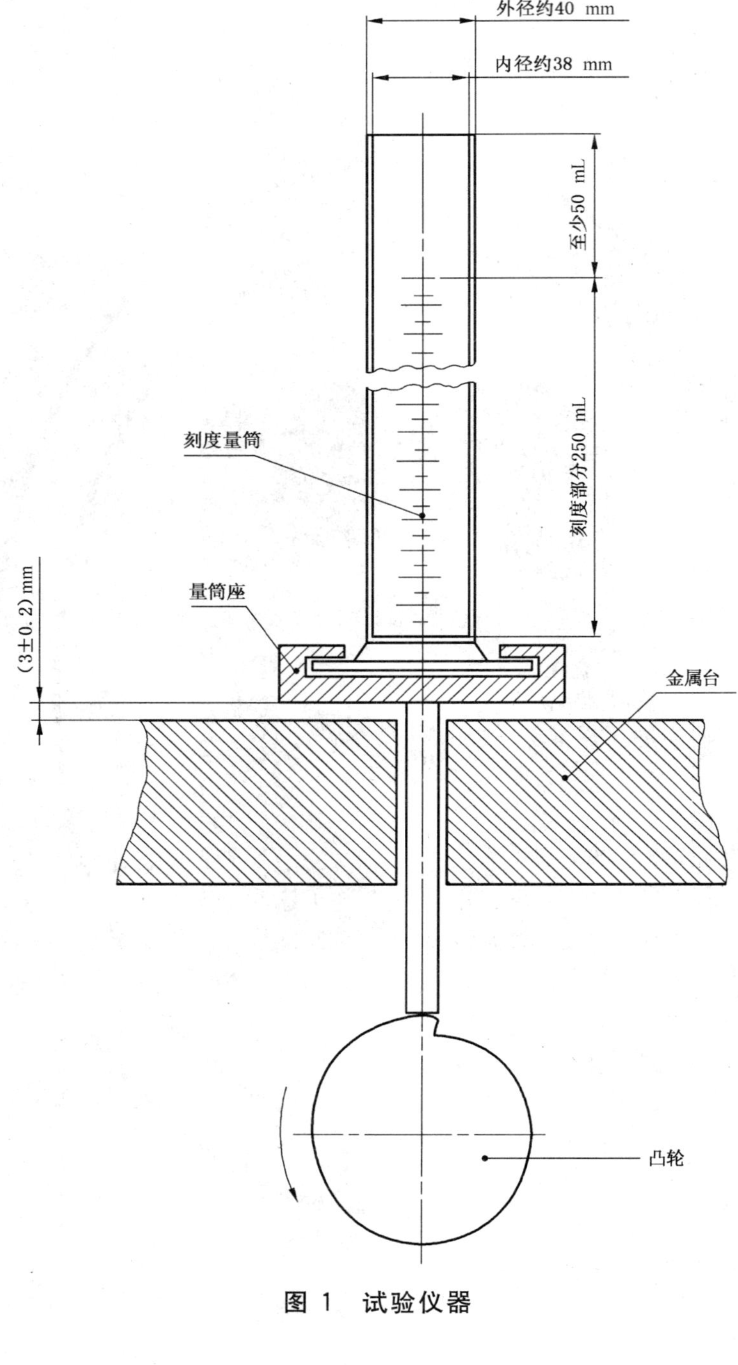

图 1 试验仪器

ICS 83.080.20
G 32

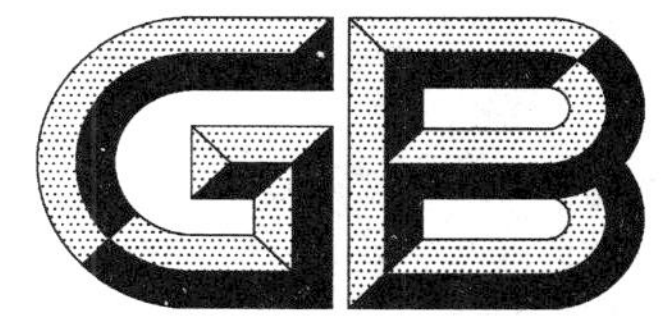

中华人民共和国国家标准

GB/T 23653—2009

塑料　通用型聚氯乙烯树脂热增塑剂吸收量的测定

Plastics—PVC resins for general use—Determination of hot plasticizer absorption

(ISO 4574:1978,MOD)

2009-04-24 发布　　2009-12-01 实施

中华人民共和国国家质量监督检验检疫总局
中国国家标准化管理委员会　发布

前　言

本标准修改采用 ISO 4574:1978《塑料——通用型聚氯乙烯树脂——热增塑剂吸收量的测定》(英文版)(2004 年 10 月 20 日确认)。

本标准根据 ISO 4574:1978 重新起草,与其主要技术性差异如下:

——按照 GB/T 1.1—2000 的规定,对一些编排格式及表述进行了修改;

——按照 GB/T 1.1—2000 的规定,规范性引用文件一章中增加了两项引用标准(第 2 章);

——增塑剂使用试剂级过于严格,修改为工业品的一等品(ISO 4574:1978 中第 4 章;本标准第 4 章);

——ISO 4574:1978 发布时,被引用的 ISO 1060-1《塑料——氯乙烯均聚和共聚树脂——第 1 部分:命名》标准还处于草案阶段,因此用脚注的形式给予了说明。本标准直接引用等同采用该国际标准的国家标准 GB/T 3402.1,因此删除了脚注(ISO 4574:1978 中脚注 1);

——由于在规范性引用文件一章中引用的标准未注明年代号,因此删除了标准正文中引用标准的章条(ISO 4574:1978 中 6.2)。

为便于使用,本标准还做了下列编辑性修改:

a) “本国际标准”一词改为“本标准”;

b) 用小数点“.”代替作为小数点的逗号“,”;

c) 删除了国际标准的前言。

本标准的附录 A 为资料性附录。

本标准由中国石油和化学工业协会提出。

本标准由全国塑料标准化技术委员会聚氯乙烯树脂产品分会(SAC/TC 15/SC 7)归口。

本标准起草单位:锦西化工研究院、宜昌宜化太平洋热电有限公司、新疆中泰化学股份有限公司。

本标准主要起草人:陈沛云、孙丽娟、谭琛、卞平官、冯斌。

请注意本标准的某些内容有可能涉及专利。本标准的发布机构不应承担识别这些专利的责任。

塑料　通用型聚氯乙烯树脂 热增塑剂吸收量的测定

1　范围

本标准规定了通用型聚氯乙烯树脂(GB/T 3402.1 中被命名为“G”)通过行星混合器热混合测定热增塑剂吸收量的方法。

2　规范性引用文件

下列文件中的条款通过本标准的引用而成为本标准的条款。凡是注日期的引用文件,其随后所有的修改单(不包括勘误的内容)或修订版均不适用于本标准,然而,鼓励根据本标准达成协议的各方研究是否可使用这些文件的最新版本。凡是不注日期的引用文件,其最新版本适用于本标准。

GB/T 3402.1　塑料　氯乙烯均聚和共聚树脂　第1部分:命名体系和规范基础(GB/T 3402.1—2005,ISO 1060-1:1998,MOD)

GB/T 11406　工业邻苯二甲酸二辛酯

ISO 4608　塑料　通用型氯乙烯均聚和共聚树脂　室温下增塑剂吸收量的测定

3　原理

将 200 份增塑剂于行星混合器的碗形容器内调节在(75±0.2)℃,加入 100 份待测的树脂并与增塑剂混合。在不同时期取得此混合物的试料(有计划地在 1 min 至 30 min 内取得),离心除去过量的增塑剂,测定树脂所吸收的增塑剂的质量。以吸收的增塑剂质量对时间作图,由图可以求出待测树脂以下参数:

——增塑剂吸收的平均速度(RPA);

——75 ℃、30 min 时的热增塑剂吸收量(HPA)(参见附录 A)。

4　材料

邻苯二甲酸二辛酯(DOP),符合 GB/T 11406 一等品技术指标要求。

5　仪器

5.1　行星混合器,形状和主要尺寸如图 1 和图 2 所示,包含以下部分:

注:在混合物制备过程中,记录扭矩阻抗是有意义的。适于此用途的混合器可在市场购得,详细情况可由 ISO/TC 61 秘书处或 ISO 中心秘书处获得。

5.1.1　有夹套的不锈钢碗形容器。

5.1.2　恒温器和泵,用于循环夹套内的软化水,以调节碗形容器内温度为(75±0.2)℃。

注:若试验在与规定温度不同的温度下进行,特别是在高于 85 ℃时,夹套内宜使用油来代替软化水。

5.1.3　搅拌器。

5.1.4　电机,功率足够保证整个混合过程中所需的转动频率。

5.1.5　转动擦具或刮板,用于清洁碗形容器的内壁。

5.2　离心机,其转子在水平面上转动,试验条件下于试管底部水平处测得的加速度为(2.5×10^4～3.0×10^4)m/s^2。如有必要,装配一个冷却系统以防止在离心后期混合物的温度超过 30 ℃。

注:为缩短离心时间,允许使用更高的加速度,例如 3.5×10^4 m/s^2,30 min。已证明二者所获得的结果是一致的。

5.3　离心管，合适的尺寸与所使用的离心机相适合，通常由玻璃制成的管和圆锥底部构成，穿一个直径约 0.8 mm 的孔。

5.4　塑料护套（如酰胺、聚乙烯），底部有一个管形材料（如聚氯乙烯），用于支撑离心管。

注：离心管及塑料护套形状与尺寸见图 3。

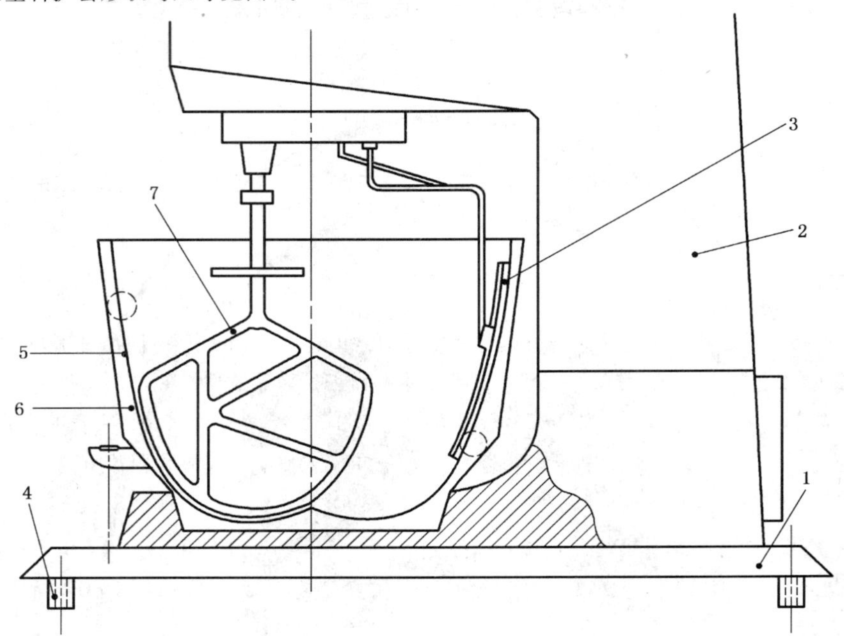

1——基座；

2——行星混合器；

3——擦具或刮片（旋转以清洁碗壁）；

4——座脚；

5——不锈钢混合碗；

6——夹套（用于控温）；

7——专用搅拌器。

图 1　改进的行星混合器

单位为毫米

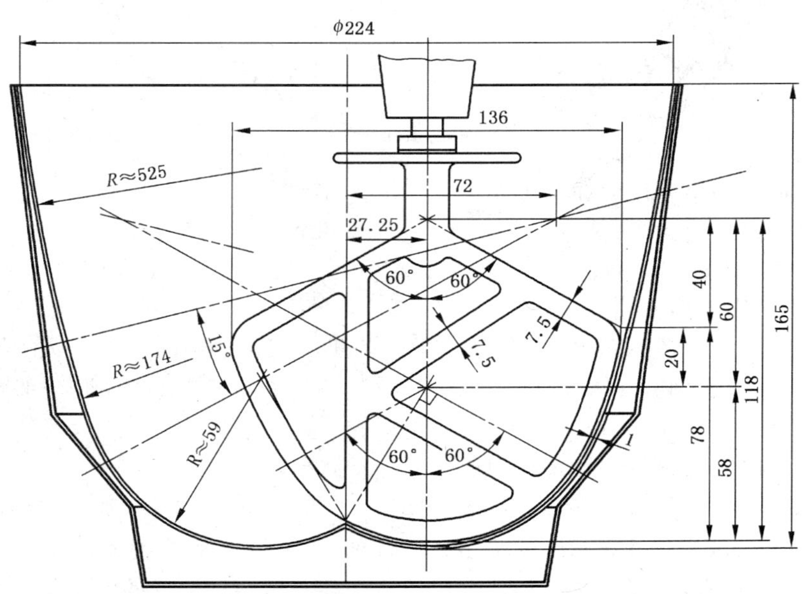

图 2　碗形容器和搅拌器的主要尺寸

单位为毫米

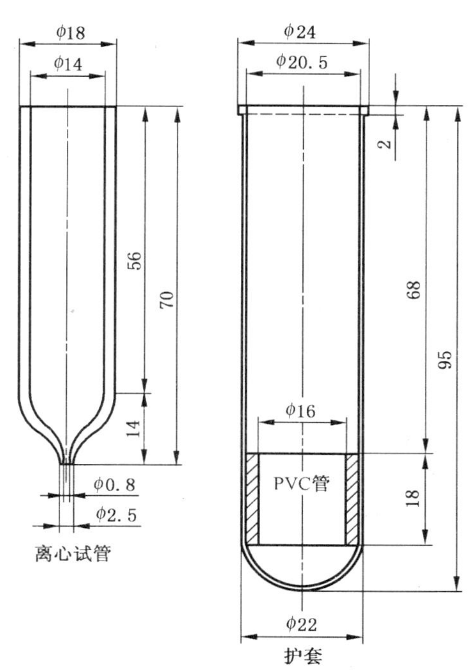

图 3 离心管和护套的样例

5.5 医用级脱脂棉，在 ISO 4608 的试验条件下测得的 DOP 吸收量约为 10%。

5.6 天平，精确至 0.1 g（用于称量材料）；精确至 0.01 g（用于称量离心管）。

5.7 容器，容积约 1 L，2 个。一个用于称量增塑剂，另一个用于待测树脂的称量和调节。

5.8 温度计，刻度为 0.1 ℃。

5.9 测温仪器，用于测量碗形容器内增塑剂及混合物的温度，精确至 0.1 ℃，如热电偶和毫伏计。

5.10 铝箔，厚度约 0.05 mm，用于制作一个较轻的可变形的铲，在不停止搅拌器和损害搅拌器叶片的情况下移出一些混合物试料。

5.11 计时器。

必要时可用：

5.12 固态二氧化碳，用于快速冷却所取混合物试料。

6 操作步骤

6.1 恒温器的预调节

称量 600 g DOP，精确至 0.1 g，置于混合器的碗形容器内（5.1.1）。安装混合器，以 60 r/min 的转速运行。调节恒温器（5.1.2），使 DOP 的温度稳定在（75±0.2）℃，并用温度计（5.8）检验。

将 DOP 从碗形容器内倒出，清洁碗形容器和搅拌器（5.1.3）并干燥之。

6.2 测量脱脂棉吸收的 DOP 质量

在 ISO 4608 中规定的试验条件下，用一片质量为（0.100±0.002）g 的脱脂棉进行试验，但不加树脂。测定脱脂棉吸收 DOP 质量，以克表示。

6.3 测定

向 12 个离心管中各轻轻推入一片质量为（0.100±0.002）g 的脱脂棉，称量每一个具脱脂棉的试管，精确至 0.01 g。

称量 600 g DOP，精确至 0.1 g，置于混合器的碗形容器内。以 60 r/min 的转速运行至少 15 min，停止混合器并验证 DOP 的温度为(75±0.2)℃。

在调节 DOP 的同时，于容器(5.7)之一内称取 300 g 待测树脂，精确至 0.1 g。当 DOP 温度达到(75±0.2)℃时，同时进行以下三项操作：

——将树脂置于混合器内；

——重新启动混合器，转速为 60 r/min[1)]；

——启动计时器(5.11)。

注 1：当使用 5.1 的注中提及的混合器时，同时开始测量扭矩。

混合 1 min 后，无需停止混合器，用铝箔(5.10)移出约 5 g 混合物试料并将其放入一只已准备好的离心管中，将离心管置于护套(5.4)内并冷却，必要时将离心管放入固态二氧化碳(5.12)中快速冷却。

在混合物由糊状变成湿性预混合物的过程中以相同方法取出其余试料，间隔时间以混合物在视觉上的变化为基准。但任何一次实验，在混合 30 min 时应取样，然后关停混合器。

注 2：当使用 5.1 的注中提及的混合器时，允许依据由扭矩测量所观察到的在合适的时间取得试料。当扭矩开始增大时，宜以与扭矩增大速度相称的频率取样，直至扭矩达到稳定为止。

称量装有试料的离心管，精确至 0.01 g。

将离心管重新放入护套，并置于离心机的支架内，在$(2.5\times10^4\sim3.0\times10^4)\,m/s^2$ 的加速度下离心 60 min。也可采用其他已经证明能取得相同结果的条件。离心机可被冷却。离心操作应在自混合物中移出试料后的(60～90)min 内完成。

将离心管从护套中取出，小心擦拭离心管以除去外壁上可能存在的 DOP，然后称量，精确至 0.01 g。

7 计算和结果表示

计算每个离心管所吸收的 DOP 量，单位以每 100 份树脂中的份数(p.h.r)表示如下式：

$$100\left[2-3\,\frac{m_2-(m_3-m_0)}{(m_2-m_1)}\right]$$

式中：

m_0——脱脂棉吸收 DOP 的质量的数值，单位为克(g)；

m_1——离心管和脱脂棉的质量的数值，单位为克(g)；

m_2——离心前离心管、脱脂棉和混合物试料的质量的数值，单位为克(g)；

m_3——离心后离心管、脱脂棉(和脱脂棉吸收的 DOP)、树脂和树脂所吸收的 DOP 的质量的数值，单位为克(g)。

注 1：由于部分树脂溶解于未被吸收的 DOP 中并被离心除去，因此由此式计算出的增塑剂吸收量小于实际量。

绘制一个以每 100 份树脂中的份数表示的 DOP 吸收量与时间的函数关系图。样例示于图 4。导出增塑剂吸收速度(RPA)作为通过原点并在最终离开曲线前与曲线相切的直线的斜率。读取热增塑剂吸收量作为每 100 份树脂的增塑剂吸收量的近似值。

由对应于 30 min 的点的纵坐标确定 75 ℃、30 min 的热增塑剂吸收量(HPA)，以 p.h.r 表示。

注 2：国际实验室对三个树脂样品进行的试验表明，增塑剂平均吸收速度(RPA)的变异系数为 1.8～3.9，热增塑剂吸收量(HPA)，即 75 ℃、30 min 内 DOP 的吸收量的变异系数为 8.8～14.1。

1) 此转速是指搅拌器环绕碗形容器中心轴线的转速(非搅拌器的自转转速，其自转转速约为 140 r/min)。

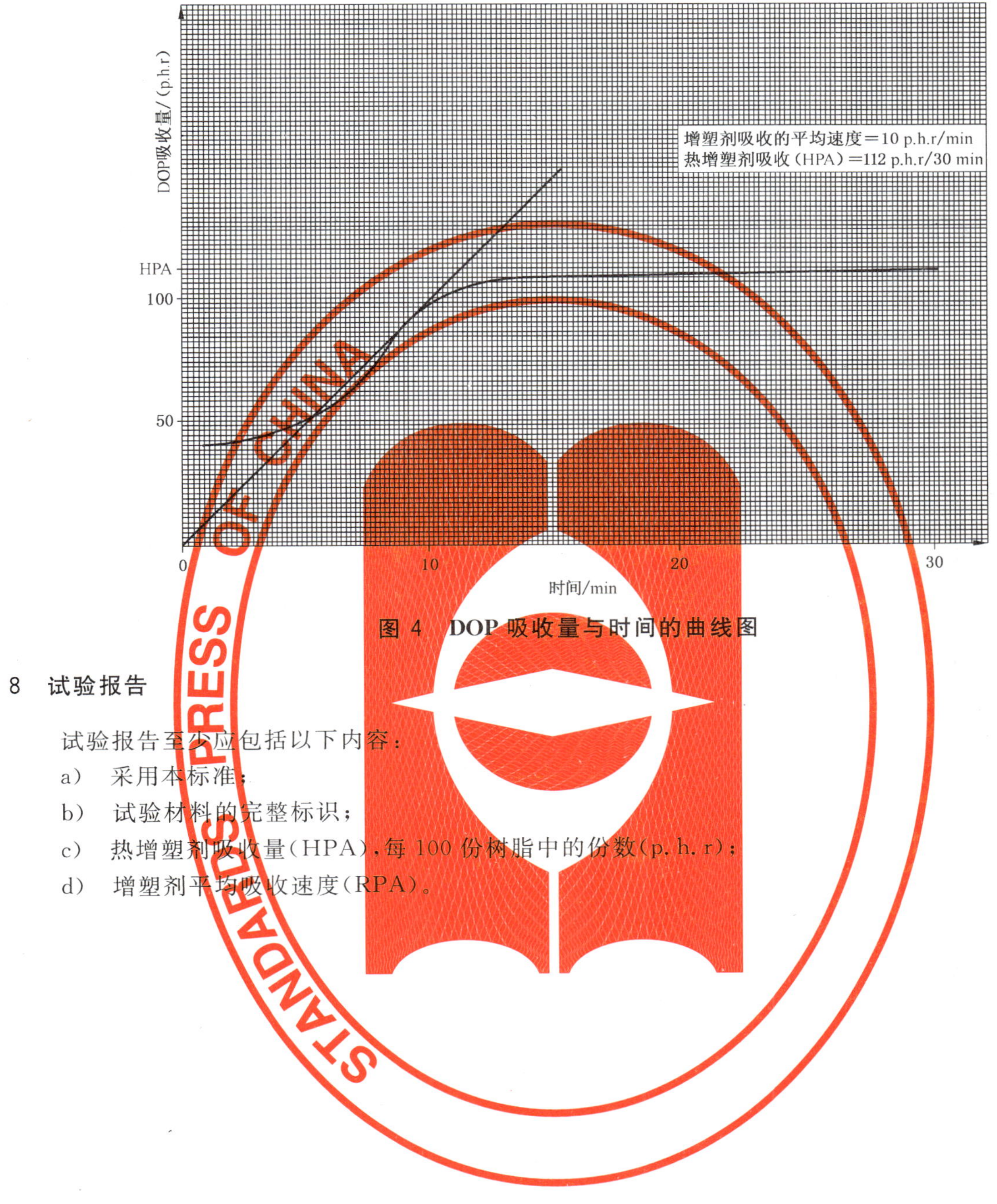

图 4 DOP 吸收量与时间的曲线图

8 试验报告

试验报告至少应包括以下内容：

a) 采用本标准；

b) 试验材料的完整标识；

c) 热增塑剂吸收量(HPA)，每 100 份树脂中的份数(p.h.r)；

d) 增塑剂平均吸收速度(RPA)。

附 录 A
（资料性附录）
选择温度和时间的原因

(75±0.2)℃的温度是经讨论和国际间实验室试验后确定的。最初的文件提议试验在88 ℃进行，与ASTM D 2396:1969相同。但考虑到在这一温度时低黏数树脂可能发生凝胶而不能进行试验，因此提议温度采用70 ℃。

为了规范该方法具备国际标准要求，探索了以下过程：a)再现性；b)快速；c)充分的选择性。

a) 再现性能被获得，尤其在整个试验过程中选择恒定温度，所得结果实际上与设备的热力学性能（恒温器功率、循环泵、导管的绝缘和尺寸、混合碗形容器的厚度和结构等）无关，这种再现性已被国际间实验室试验所证明。

b) 试验时间的长短由所选择的温度控制。88 ℃时，快速获得干的混合物（有时非常快）但某些低黏数树脂有发生凝胶的危险。温度为70 ℃时，在试验末期不会发生凝胶，但高黏数树脂有试验时间很长的危险，在某些时候得不到干的混合物。

   考虑到这些因素，最终确定温度为75 ℃。本方法已为不同增塑剂吸收性能的树脂实践证明，且于75 ℃时加入树脂，温度在混合物状态改变前或改变瞬间实际上已恢复到75 ℃。通过这一变化能够测定增塑剂平均吸收速度。

c) 75 ℃的恒定温度下，浸润依树脂而定可超过30 min。而30 min末的测量值已显示了充分的代表性和选择性。对于实验室试验，本标准方法所确定的试验周期是合理的。

ICS 83.140.50,91.100.50
G 43

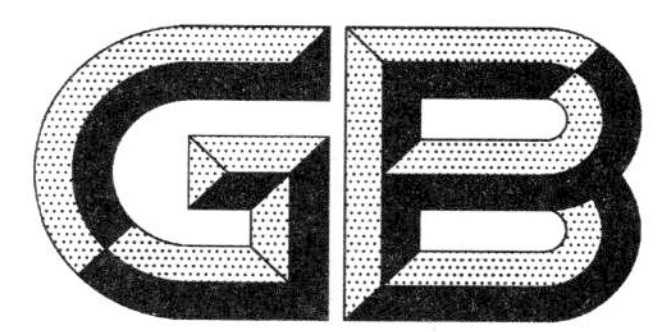

中华人民共和国国家标准

GB/T 23654—2009

硫化橡胶和热塑性橡胶建筑用预成型密封条的分类、要求和试验方法

Rubber, vulcanized and thermoplastic—Preformed gaskets used in buildings—Classification, specification and test methods

(ISO 3934:2002,MOD)

2009-04-24 发布 2009-12-01 实施

中华人民共和国国家质量监督检验检疫总局
中国国家标准化管理委员会 发布

前　言

本标准修改采用 ISO 3934:2002《硫化橡胶和热塑性橡胶——建筑用预成型密封条——分类、要求和试验方法》(英文版)。

本标准根据 ISO 3934:2002 重新起草。

由于我国工业的特殊要求,本标准在采用国际标准时进行了修改。这些技术性差异用垂直单线标识在它们所涉及的条款的页边空白处。与 ISO 3934:2002 的主要技术性差异为:

——考虑国内的实际情况,对表 1 的应力松弛项目加脚注,注明“该项性能可由供需双方协商确定”;

——对 5.1 进行重新编排,将 ISO 3934:2002 中的“表 2　分类代码的典型实例”直接以示例表示,使内容表述更为简洁明确;

——表 2、表 3、表 4、表 5 中的热空气老化试验采用的老化箱与 ISO 3934:2002 不同,ISO 3934:2002 中采用 ISO 188 方法 A,选用低速空气循环老化箱;本标准为了适应国内实际情况,热空气老化试验引用 GB/T 3512,而 GB/T 3512 是等效采用 ISO 188 方法 B,选用强制空气循环老化箱;

——对表 9 增加包含要求的段,“硫化橡胶进行耐臭氧试验,热塑性橡胶进行耐天候试验”,因为热塑性橡胶的耐臭氧性能较好,能够满足表 9 中的耐臭氧性试验要求,因此重点规定其耐天候要求,而硫化橡胶则情况正相反,增加这一段,合理减少试验项目,降低试验成本;

——附录 B 和附录 D 的仪器中增加采用微控电子万能试验机,因为采用微控电子万能试验机进行试验简便易行,符合试验原理;

——增加了附录 F,取消 ISO 3934:2002 中的引用 ISO 2285,附录 F 采用的试样狭窄部分长 50 mm~100 mm,在狭窄部分进行标记,标记之间的距离为 50 mm 作为试验长度,而 ISO 3934:2002 中的引用 ISO 2285 部分则直接采取试样狭窄部分长 50 mm 作为试验长度,无论是标记 50 mm 为试验长度还是取狭窄部分为 50 mm 为试验长度,对试验结果无影响,但前者制样余地较大。

为了便于使用,本标准还做了下列编辑性修改:

a)　“本国际标准”一词改为“本标准”;

b)　删除国际标准的前言。

本标准的附录 A、附录 B、附录 C、附录 D、附录 E 和附录 F 是规范性附录。

本标准由中国石油和化学工业协会提出。

本标准由全国橡胶与橡胶制品标准化技术委员会密封制品分技术委员会(SAC/TC 35/SC 3)归口。

本标准起草单位:江阴海达橡塑股份有限公司、西北橡胶塑料研究设计院。

本标准主要起草人:顾惠娟、高静茹、曹元礼、吕庆。

引　言

建筑物用预成型密封条的使用条件因其地域不同或其在建筑物中的作用和位置不同而各不相同。本标准的制定，根据密封条所经受的各种不同的条件，确定材料的要求。也考虑到了密封条所经受的静态应力和动态应力。

硫化橡胶和热塑性橡胶
建筑用预成型密封条的分类、
要求和试验方法

警告:使用本标准的人员应熟悉正规实验室操作规程。本标准无意涉及因使用本标准可能出现所有安全问题。使用者有责任建立专门的安全和健康制度并确保符合国家法规。

1 范围

本标准规定了建筑物用预成型密封条的分类、性能以及密封条本身的一些功能性试验要求及其相关的试验方法(见附录)。

本标准适用于硫化橡胶和热塑性橡胶制成的预成型密封条,这些预成型密封条包括下列产品:

a) 门窗框内密封条,即,门窗挡风密封条(动态密封条);

b) 玻璃装配密封条(静态密封条);

c) 用于周围填缝密封条;

d) 用于建筑物正面各部分之间的密封条;

e) 用于砖砌墙体之间的密封条。

本标准也适用于设计使用温度在-20 ℃~+55 ℃之间(耐热条件类型为 P_1)和设计使用温度在-40 ℃~+70 ℃之间(耐热条件类型为 P_3)的海绵橡胶制成的上述预成型密封条(见第 4 章)。

2 规范性引用文件

下列文件中的条款通过本标准的引用而成为本标准的条款。凡是注日期的引用文件,其随后所有的修改单(不包括勘误的内容)或修订版均不适用于本标准,然而,鼓励根据本标准达成协议的各方研究是否可使用这些文件的最新版本。凡是不注日期的引用文件,其最新版本适用于本标准。

GB/T 250 纺织品 色牢度试验 评定变色用灰色样卡(GB/T 250—2008,ISO 105-A02:1993 Textiles—Tests for colour fastness—Part A02:Grey scale for assessing change in colour)

GB/T 528 硫化橡胶或热塑性橡胶拉伸应力应变性能的测定(GB/T 528—1998,eqv ISO 37:1994)

GB/T 531.1 硫化橡胶或热塑性橡胶 压入硬度试验方法 第 1 部分:邵氏硬度计法(邵尔硬度)(GB/T 531.1—2008,ISO 7619-1:2004,IDT)

GB/T 2941 橡胶物理试验方法试样制备和调节通用程序(GB/T 2941—2006,ISO 23529:2004,IDT)

GB/T 3512 硫化橡胶或热塑性橡胶 热空气加速老化和耐热试验(GB/T 3512—2001,eqv ISO 188:1998)

GB/T 7759 硫化橡胶、热塑性橡胶 在常温,高温和低温下压缩永久变形测定(GB/T 7759—1996,eqv ISO 815:1991)

GB/T 7762 硫化橡胶或热塑性橡胶 耐臭氧龟裂 静态拉伸试验(GB/T 7762—2003,ISO 1431-1:1989,MOD)

GB/T 15256 硫化橡胶低温脆性的测定(多试样法)(GB/T 15256—1994,eqv ISO 812:1991)

GB/T 16422.2 塑料实验室光源暴露试验方法 第 2 部分:氙弧灯(GB/T 16422.2—1999,idt ISO 4892-2:1994)

3 术语和定义

本标准采用下列术语和定义。

3.1

压缩力 compression force

将试样压缩到最小宽度所需要的力。

3.2

压缩恢复率 compression recovery

密封条经过压缩后,恢复其形状的能力。

3.3

最小宽度 minimum width

工作区域的下限。

注 1:对于玻璃装配密封条,最小宽度是指玻璃两侧玻璃与框架之间的缝隙的总和。对于门窗挡风密封条,最小宽度是指在合页一侧测得的门窗与框之间的缝隙。

注 2:建议门窗挡风密封条的最小宽度和玻璃装配密封条玻璃与框架间的最小间隙由设计方、生产方和使用方共同协商。

3.4

样品 sample

由制造方提供的用于试验的一整批试验材料(密封条),试样从样品上裁取。

3.5

应力松弛 stress relaxation

在恒定形变下,应力随时间的下降。

3.6

耐天候 weathering resistance

材料对户外环境(如阳光、臭氧、氧气、湿气、温度)综合因素不利影响的抗耐性。

3.7

工作压缩区域 working compression range

由制造方确定的区域,用于特定的产品的密封条被压缩或产生其他变形时,形成该区域(见附录 A)。

例如:对自由高度为 7.5 mm 的密封条,制造方确定的工作压缩区域为 3 mm～6 mm。

3.8

自由高度 free height

在没有任何明显变形下测得的密封条的高度(见图 1 中的 a)。

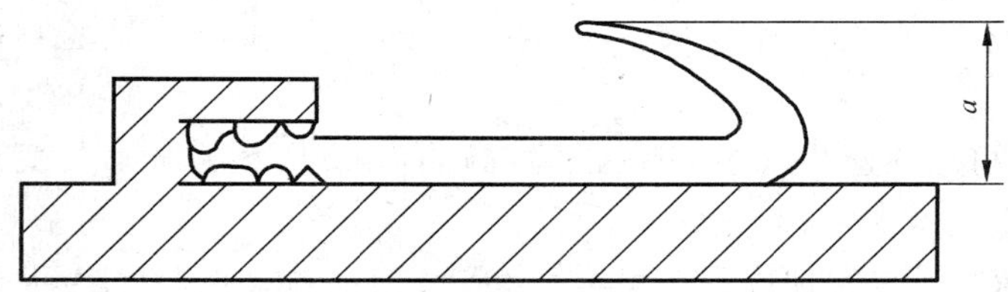

图 1 测定自由高度示例

4 环境条件

密封条在工作环境下可能遇到的条件：

a) 耐热条件(取决于不同地区的气候及在结构中的位置)

——P_1：预成型密封条的耐热温度为−20 ℃～+55 ℃；

——P_2：预成型密封条的耐热温度为−20 ℃～+85 ℃；

——P_3：预成型密封条的耐热温度为−40℃～+70℃；

——P_4：预成型密封条的耐热温度为−40 ℃～+100 ℃。

b) 机械条件

——X：静态使用(见表 1)，即，用在固定的部件之间；

——Y：动态使用(见表 1)，即，用在移动的部件之间。

c) 天候

——R_1：不耐太阳辐射型；

——R_2：耐太阳辐射型。

5 分类和要求

5.1 分类

密封条的分类代码由字母和数字组成，见表 1。

表 1 密封条的分类

字母	字母代表的特性	分类									
		0	1	2	3	4	5	6	7	8	9
A	密封条类型	X：静态使用 Y：动态使用									
B	工作压缩区域/mm，附录 A		≤1	>1 且≤2	>2 且≤4	>4 且≤6	>6 且≤8	>8 且≤10	>10 且≤15	>15 且≤30	>30
C	压缩力/(N/m)附录 B		≤10	>10 且≤20	>20 且≤50	>50 且≤100	>100 且≤200	>200 且≤500	>500 且≤700	>700 且≤1 000	>1 000
D	工作温度范围/℃		−20～+55 (P_1)	−20～+85 (P_2)	−40～+70 (P_3)	−40～+100 (P_4)					
E	压缩恢复率/%，附录 C		≤20	>20 且≤30	>30 且≤40	>40 且≤50	>50 且≤60	>60 且≤70	>70 且≤80	>80 且≤90	>90
F	应力松弛/%[a] 附录 D		≤20	>20 且≤30	>30 且≤40	>40 且≤50	>50 且≤60	>60 且≤70	>70 且≤80	>80 且≤90	>90
G	耐天候[a]		R_1 表 9	R_2 表 10							

[a] 该项性能可由供需双方协商确定。

示例：

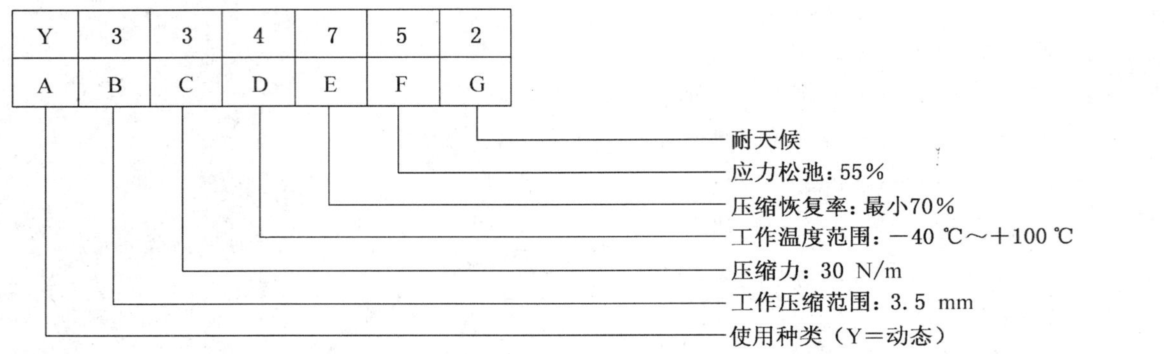

5.2 要求

各类型的密封条的要求规定于表 2～表 9。

表 2 耐热条件类型为 P_1 的材料要求

特性	单位	要求		试验方法
公称硬度公差	邵尔 A	+3 −3		GB/T 531 热塑性橡胶 15 s 后读数
脆性温度 不高于	℃	−35		GB/T 15256
		X	Y	
形变试验				
压缩永久变形				
B 型试样，25%的压缩率				
55 ℃×22 h				
在标准实验室温度下恢复 22 h				
——硫化橡胶 最大	%	30	30	GB/T 7759
——热塑性橡胶 最大	%	50	50	
——海绵橡胶 最大	%	50	50	
拉伸永久变形				
25%的伸长率				
55 ℃×22 h				
在标准实验室温度下恢复 22 h				
——硫化橡胶 最大	%	15	15	附录 F
——热塑性橡胶 最大	%	40	40	
——海绵橡胶 最大	%	40	40	
热空气老化试验：70 ℃×14 d				GB/T 3512
硬度变化	邵尔 A	−5～+10		GB/T 531
100%定伸应力变化率(对热塑性橡胶)	%	−15～+20		GB/T 528
拉断伸长率变化率	%	−30～+10		GB/T 528
长度变化率 最大	%	−2		附录 E
拉断伸长率 最小	%	100		GB/T 528

表 3 耐热条件类型为 P_2 的材料要求

特　　性	单位	要　　求		试验方法
公称硬度公差	邵尔 A	+3 −3		GB/T 531 热塑性橡胶 15 s 后读数
脆性温度　不高于	℃	−35		GB/T 15256
		X	Y	
形变试验 压缩永久变形 B 型试样 25%的压缩率 85 ℃×22 h 在标准实验室温度下恢复 22 h ——硫化橡胶　最大 ——热塑性橡胶　最大	 % %	 35 70	 35 55	GB/T 7759
拉伸永久变形 25%的伸长率 85 ℃×22 h 在标准实验室温度下恢复 22 h ——硫化橡胶　最大 ——热塑性橡胶　最大	 % %	 20 60	 20 50	附录 F
热空气老化试验:100 ℃×14 d				GB/T 3512
硬度变化	邵尔 A	−5～+10		GB/T 531
100%定伸应力变化率(对热塑性橡胶)	%	−15～+20		GB/T 528
拉断伸长率变化率	%	−30～+10		GB/T 528
长度变化率　最大	%	−2		附录 E
拉断伸长率　最小	%	100		GB/T 528

表 4 耐热条件类型为 P_3 的材料要求

特　　性	单位	要　　求		试验方法
公称硬度公差	邵尔 A	+3 −3		GB/T 531 热塑性橡胶 15 s 后读数
脆性温度　不高于	℃	−55		GB/T 15256
		X	Y	
形变试验 压缩永久变形 B 型试样 25%的压缩率 70 ℃×22 h 在标准实验室温度下恢复 22 h ——硫化橡胶　最大 ——热塑性橡胶　最大 ——海绵橡胶　最大	 % % %	 35 65 65	 35 55 50	GB/T 7759

表 4（续）

特　　性	单位	要　　求		试验方法
拉伸永久变形 25%的伸长率 70 ℃×22 h 在标准实验室温度下恢复 22 h ——硫化橡胶　最大 ——热塑性橡胶　最大 ——海绵橡胶　最大	 % % %	 20 60 60	 20 50 50	附录 F
热空气老化试验:85 ℃×14 d 硬度变化 100%定伸应力变化率(对热塑性橡胶) 拉断伸长率变化率 长度变化率　最大 拉断伸长率　最小	 邵尔 A % % % %	 −5～+10 −15～+20 −30～+10 −2 100		GB/T 3512 GB/T 531 GB/T 528 GB/T 528 附录 E GB/T 528

表 5　耐热条件类型为 P_4 的材料要求

特　　性	单位	要　　求		试验方法
公称硬度公差	邵尔 A	+3 −3		GB/T 531 热塑性橡胶 15 s 后读数
脆性温度　　不高于	℃	−55		GB/T 15256
形变试验		X	Y	
压缩永久变形 B 型试样 25%的压缩率 100 ℃×22 h 在标准实验室温度下恢复 22 h ——硫化橡胶　最大 ——热塑性橡胶　最大	 % %	 35 70	 35 55	GB/T 7759
拉伸永久变形 25%的伸长率 100 ℃下×22 h 在标准实验室温度下恢复 22 h ——硫化橡胶　最大 ——热塑性橡胶　最大	 % %	 20 60	 20 50	附录 F
热空气老化试验:125 ℃×14 d 硬度变化率 100%定伸应力变化率(对热塑性橡胶) 拉断伸长率变化率 长度变化率　最大 拉断伸长率　最小	 邵尔 A % % % %	 −5～+10 −15～+20 −30～+10 −2 100		GB/T 3512 GB/T 531 GB/T 528 GB/T 528 附录 E GB/T 528

表 6 静态使用的机械要求

特　性	单　位	要　求	试验方法
应力松弛 初始反作用力 老化后的反作用力 结果	 N N %	由制造方、设计方和使用方协商	附录 D

表 7 动态使用的机械要求

特　性	单　位	要　求	试验方法
压缩永久变形 B 型试样 25%的压缩率(对于 P_1、P_2、P_3、P_4) ——25 ℃下放置 22 h ——硫化橡胶　最大 ——热塑性橡胶　最大	 % %	 80 90	GB/T 7759
压缩恢复率试验	%	见分类	附录 C

表 8 耐天候型为 R_1 的材料要求

特　性	要　求	试验方法
耐臭氧试验 在伸长为 20%的条件下 96 h 臭氧浓度为 50×10^{-8} 温度为 40 ℃	无龟裂	GB/T 7762

表 9 耐天候类型为 R_2 的材料要求

特　性	要　求	试验方法
耐臭氧试验 在伸长为 20%的条件下 96 h 臭氧浓度为 200×10^{-8} 温度为 40 ℃	无龟裂	GB/T 7762
耐天候试验 暴露于氙弧灯下，氙弧灯使用条件为 550 W/m^2～1 000 W/m^2、290 nm～800 nm 黑板温度为 55 ℃±3 ℃ 每次喷水时间 18 min 两次喷水之间的无水时间 102 min 对于 3 GJ/m^2 ——颜色变化 对于 8 GJ/m^2 ——100%定伸应力变化率/% ——拉断伸长率变化率/% ——外观	 灰度率≥3 ±15 −30～+10 无龟裂	GB/T 16422.2 (另见表 10) GB/T 250
硫化橡胶进行耐臭氧试验，热塑性橡胶进行耐天候试验。		

表 10 在 550 W/m² 和 1 000 W/m² 下暴露时间的计算实例

氙弧灯波长	照射能量	密封条吸收的总能量	照射时间
在 290 nm～800 nm 之间	550 W/m²	3 GJ/m²	$\frac{3\times 10^9}{550\times 3\ 600}\cong 1\ 500\ \text{h}$
		8 GJ/m²	$\frac{8\times 10^9}{550\times 3\ 600}\cong 4\ 000\ \text{h}$
	1 000 W/m²	3 GJ/m²	$\frac{3\times 10^9}{1\ 000\times 3\ 600}\cong 800\ \text{h}$
		8 GJ/m²	$\frac{8\times 10^9}{1\ 000\times 3\ 600}\cong 2\ 200\ \text{h}$

6 试样

试样应按相关的标准试验方法或本标准附录进行制备。

如有可能，应从密封条上裁取。如果不能从密封条上制备试样，则应用与被测密封条同一批材料挤出(2 mm 厚，最小 30 mm 宽)胶条，或是制成的标准试片。

如果试样不符合表 2～表 9 中的标准要求(如密封条部分)，试验结果就可能不同，因此对材料的性能要求应由有关各方协商。

附 录 A
（规范性附录）
工作压缩区域

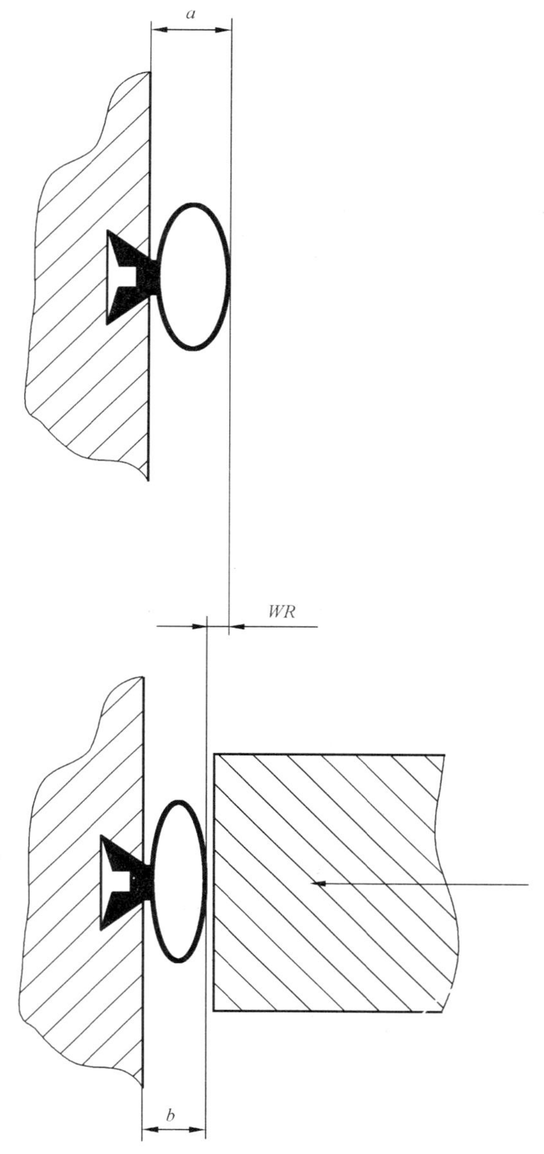

示例：WR（工作压缩区域）$=a-b$

$a=7$ mm

$b=5$ mm

$\therefore WR=2$ mm

图 A.1 预成型密封条的工作压缩区域

附　录　B
（规范性附录）
压缩力的测定

B.1　总则

本附录规定了在试验拟订的条件下，将动态密封条样品和静态密封条样品压缩到预定量时，测定其压缩力的方法。

本试验设计适用于所有类型的密封条型材和材料。

B.2　仪器

采用微控电子万能试验机或下面所述的装置：

B.2.1　压缩装置（见图B.1），能够分别或同时安装三个试样，并按照制造方的设计要求进行压缩。

B.2.2　测量试样高度的仪器，精度要达到±0.01 mm。

B.2.3　测量压缩力的仪器，精度要高于1%。

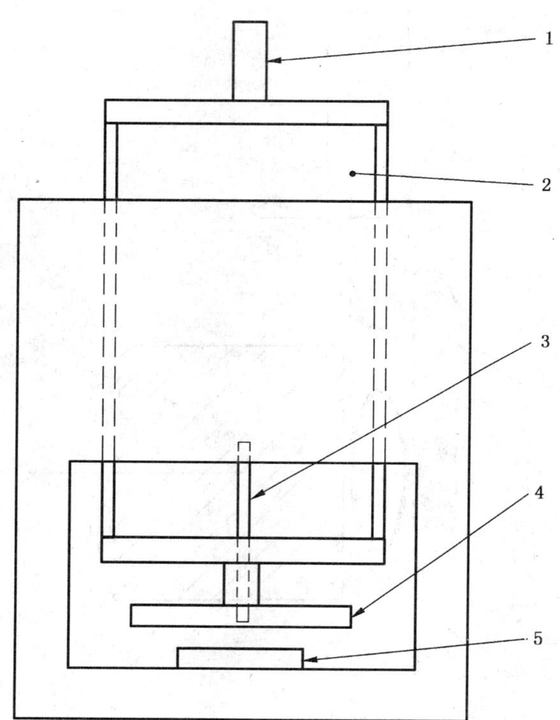

1——传送轴；

2——锁定系统；

3——补偿弹簧；

4——盘子；

5——试样。

图B.1　压缩装置

B.3 试样

密封条样品应由制造方提供，同时还应提供密封条在自由状态下的形状图样、在使用中的装配图样以及密封条工作压缩区域的说明。

样品应在标准实验室温度和湿度下呈松弛状态至少停放一天。

经过这样调节之后，从样品的不同部位裁取最长为 500 mm、最短 100 mm 的三个试样。

B.4 程序

样品在实验室调节一天
裁取试样（见B.3）

测量自由高度a，以mm为单位，精确到±0.1 mm，
将试样安装到与实际使用装配相似的压缩装置上

将工作区域压缩至最小宽度

去掉压缩力，让试样回到初始位置

再次施加压缩力并在最小宽度保持30 s

记录压缩力

试验了三个试样

否

是

计算平均压缩力并出报告

附　录　C
（规范性附录）
压缩恢复率的测定

C.1　总则

本附录规定了在试验拟订的条件下，将密封条样品工作区域压缩后，测定其恢复百分率的方法。

C.2　仪器

C.2.1　压缩装置（见图 B.1），能够分别或同时安装三个试样，并按照制造方的设计要求进行压缩。
C.2.2　测量试样高度的仪器，精度要达到±0.01 mm。
C.2.3　老化箱，为 GB/T 3512 中规定的老化箱。

C.3　试样

密封条样品应由制造方提供，同时还应提供密封条在自由状态下的形状图样和在使用中的装配图样，制造方还应附有密封条预定的最高使用温度的说明。

应在真正代表使用要求的条件下提供样品，并应在标准实验室温度和湿度下呈松弛状态至少停放一天。

经过这样调节之后，从样品的不同部位裁取最长为 500 mm、最短 100 mm 的三个试样。

C.4　程序

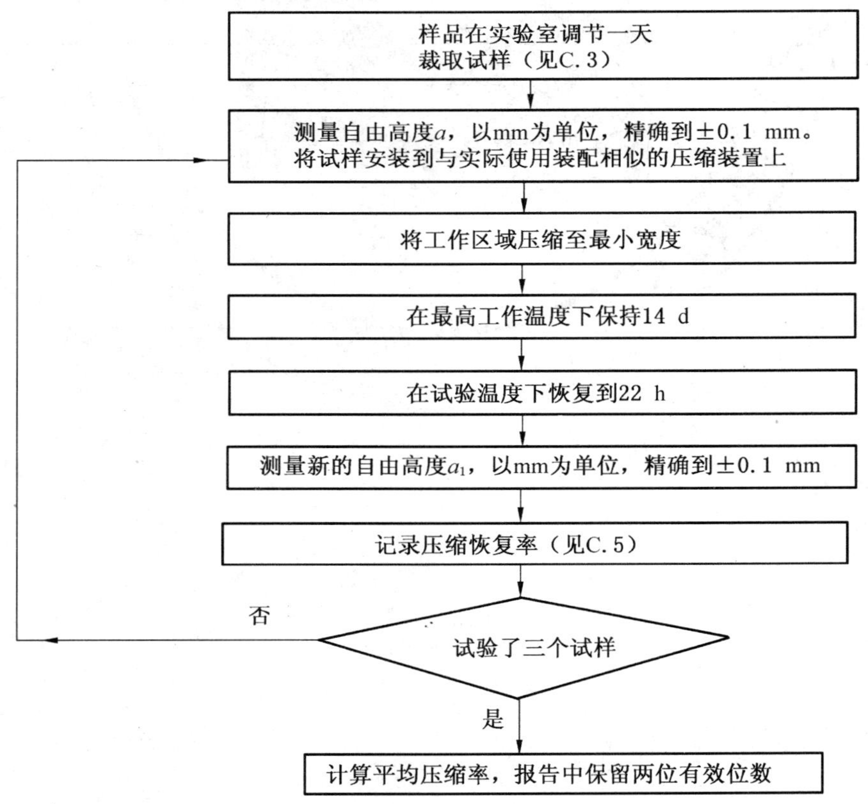

C.5 结果的表示

结果用式(C.1)计算：

$$CR = \left[1 - \frac{(a - a_1)}{WR}\right] \times 100 \qquad \text{(C.1)}$$

式中：

CR——压缩恢复率，%；

a——自由高度，单位为毫米(mm)；

a_1——试验结束时的高度，单位为(mm)；

WR——工作压缩区域，单位为毫米(mm)。

附　录　D
（规范性附录）
在规定压缩下的应力松弛的测定

D.1　总则

本附录规定了将密封条样品压缩到制造方规定的值后，测定其应力松弛百分率的方法。

D.2　仪器

采用微控电子万能试验机或下面所述的装置：

D.2.1　压缩装置(参见图 B.1)，能够分别或同时安装三个试样，并按照制造方的设计要求进行压缩。

D.2.2　测量压缩力的仪器，精度要达到 1%以上。

D.2.3　老化箱，为 GB/T 3512 中规定的老化箱。

D.3　试样

密封条样品应由制造方提供，同时还应提供密封条在自由状态下的形状图样和在使用中的装配图样，制造方还应附有密封条预定的最高使用温度的说明。

从样品的不同部位裁取长为 100 mm 的四个试样。

D.4　程序

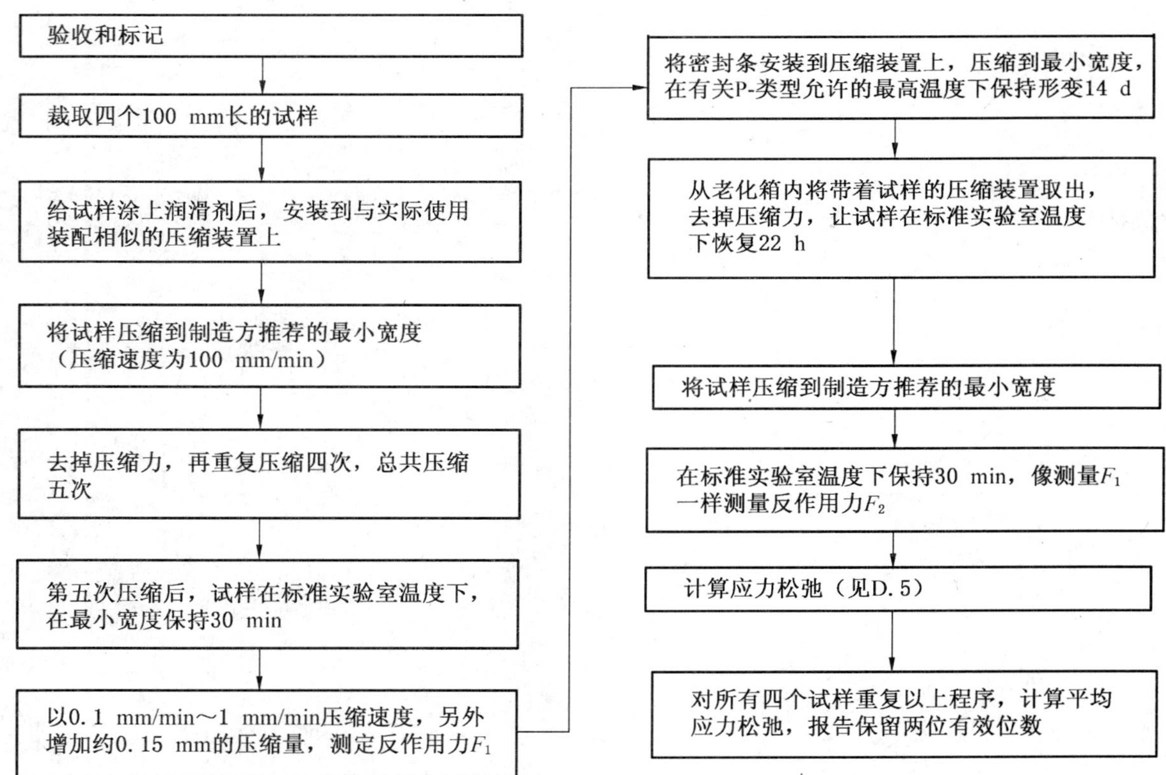

D.5　结果表示

应力松弛 τ 用式(D.1)计算：

$$\tau = \frac{F_1 - F_2}{F_1} \times 100 \qquad \cdots\cdots(D.1)$$

式中：

τ——应力松弛，%；

F_1——为初始反作用力，单位为牛顿(N)；

F_2——为老化后反作用力，单位为牛顿(N)。

附 录 E
（规范性附录）
长度变化率的测定

E.1 从密封条样品上裁取三个试样，每个试样长 300 mm，在标准实验室温度下放置 24 h。

E.2 在每个试样上做两个相距 200 mm 的标记。

E.3 将试样置于铺有滑石粉的金属盘内，放入老化箱老化 22 h，老化箱的温度控制在有关 P-类型所允许的最高温度下。

E.4 将装有试样的金属盘从老化箱内取出，试样在实验室温度下，在盘子内冷却 2 h。

E.5 测量每个试样的长度 l_1，以 mm 为单位。

E.6 长度的变化率 Δl(%)用式(E.1)计算：

$$\Delta l = \frac{200 - l_1}{200} \times 100 \qquad \cdots\cdots\cdots\cdots(\text{E.1})$$

E.7 报告三个试样的平均长度变化率。

附 录 F
（规范性附录）
拉伸永久变形的测定

F.1 总则

本附录规定了将保持一定拉伸率的试样，在规定的高温下放置规定的时间后，在标准实验室温度下放开试样，并测定拉伸后的橡胶保持其弹性能力的方法。

F.2 仪器

F.2.1 拉伸装置，安装有夹持器的金属棒或其他适当的导杆，使试样的一端固定另一端可移动。夹持器应有自紧的夹具。

夹持器的移动最好能采用操纵的方法而非手动，例如操纵螺杆应满足 F.7.2 的拉伸速度要求。为避免首次拉伸时对试样的过拉伸，也可采用适当的限位块或刻度记号。

拉伸装置的设计应考虑到高温老化时，试样拉到规定长度时拉伸装置能够垂直于空气循环方向放置在老化箱内，为了避免放入老化箱后在达到温度平衡时的过度滞后，拉伸装置的质量应尽可能小。

可使用多组的拉伸装置，应满足上述要求。

F.2.2 老化箱，应满足 GB/T 3512 中要求的老化箱。

F.2.3 长度测量仪器，精度达 0.1 mm，量程满足测量要求。

F.3 试样

F.3.1 试样应按照 GB/T 2941 的要求制备。应从模压或从成品切割打磨成厚为 2 mm±0.2 mm 的试片上用裁刀裁取，也可直接模压硫化。

F.3.2 试样见图 F.1，狭窄部分的长度在 50 mm～100 mm 之间。

单位为毫米

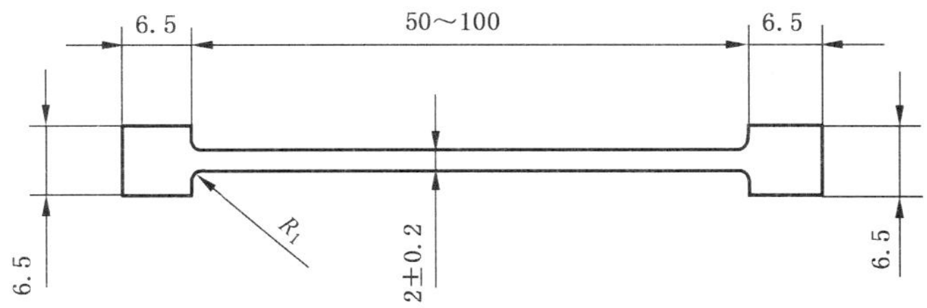

厚为 2 mm±0.2 mm

图 F.1 试样

F.4 标记

F.4.1 应采用适当的打标器在试样上进行标记，颜料应对试样无影响并能够承受试验温度。

F.4.2 标记间的内侧距离（以下称为标距）为 50 mm。

F.5 试样的数量

试验的试样应不少于三个（对于压延材料，三个试样应从相互垂直的两个方向上取得。）。

F.6 调节

制造与试验之间的间隔时间应符合 GB/T 2941 的要求，在制造和试验之间的时间间隔内，样品和试样应尽可能完全避免光照。

试验前，制备好的试样应立即在 GB/T 2941 规定的实验室标准温度下调节最少 3 h，一个试验或用于对比的一组试验使用同一标准实验室温度。

F.7 程序

F.7.1 试样的测量

在标准实验室温度下测量试样的初始标距(L_1)，精确到 0.1 mm，以适当的方式将试样装入拉伸装置。

F.7.2 试样的拉伸

以 2 mm/s～10 mm/s 的速度将试样拉伸 25%。拉伸 25%后，在 10 min～20 min 内测量拉伸后试样的标距(L_2)，精确到 0.1 mm。

F.7.3 在试验温度下暴露

拉伸 25%后，在 20 min～30 min 内将拉伸试样放入试验温度下的老化箱内，老化结束后将拉伸装置从老化箱中取出，以 2 mm/s～10 mm/s 的速度立即松开，从夹具上取下试样并将试样平放在不粘连的木质平面上。$30(^{+3}_{0})$min 后，测量恢复后试样的标距(L_3)，精确到 0.1 mm。

F.8 结果的计算

拉伸永久变形用式(F.1)计算：

$$E = \frac{L_3 - L_1}{L_2 - L_1} \times 100 \qquad \cdots\cdots\cdots\cdots\cdots\cdots\cdots\cdots\cdots\cdots (\text{F}.1)$$

式中：

E——拉伸永久变形，%；

L_1——未拉伸试样的初始标距，单位为毫米(mm)；

L_2——拉伸后试样的标距，单位为毫米(mm)；

L_3——恢复后试样的标距，单位为毫米(mm)。

计算结果取三个试样的平均值。每个试样的值应在平均值的 10%以内，如果超出平均值的 10%，则另取三个试样重复试验，在试验报告中报告六个试验结果的中值。

F.9 试验报告

试验报告应包括以下内容：

a) 标准号；

b) 样品及其来源；

c) 胶号及其硫化条件(如果知道的话)；

d) 对于打磨样品，试样的裁切方向；

e) 采用的试样类型及其尺寸；

f) 试样的制备方法，如：模压、裁切或挤出；

g) 制备试验的信息，如打磨；

h) 试验样品数量；

i) 试验结果。

ICS 83.140.99
G 40

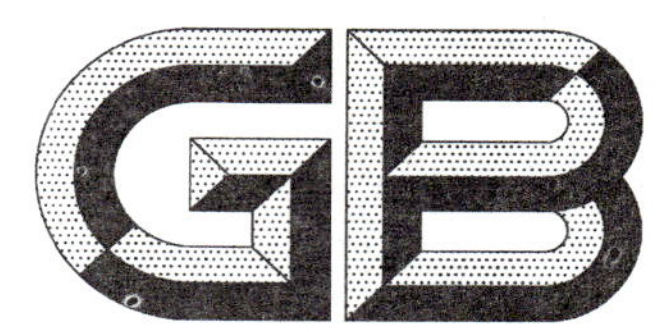

中华人民共和国国家标准

GB/T 23655—2009

配合胶乳硫化程度的测定

Test for the cure level of compound latex

2009-04-24 发布　　　　2009-12-01 实施

中华人民共和国国家质量监督检验检疫总局
中国国家标准化管理委员会　发布

前　言

本标准由中国石油和化学工业协会提出。

本标准由全国橡胶与橡胶制品标准化技术委员会胶乳制品分技术委员会(SAC/TC 35/SC 4)归口。

本标准主要起草单位:湛江出入境检验检疫局、中橡集团株洲橡胶塑料工业研究设计院、安思尔健康产品公司。

本标准主要起草人:云俊、邓一志、肖丽安。

配合胶乳硫化程度的测定

1 范围

本标准规定了配合胶乳硫化程度的测定方法的方法 A、方法 B。

本标准适用于天然胶乳配制而成的配合硫化程度的测定，不适用于配合干胶硫化程度的测定。

2 规范性引用文件

下列文件中的条款通过本标准的引用而成为本标准的条款。凡是注日期的引用文件，其随后所有的修改单（不包括勘误的内容）或修订版均不适用于本标准，然而，鼓励根据本标准达成协议的各方研究是否可使用这些文件的最新版本。凡是不注日期的引用文件，其最新版本适用于本标准。

GB/T 8290 浓缩天然胶乳 取样

3 测定方法

配合胶乳硫化程度的测定方法分为方法 A、方法 B。

3.1 方法 A 溶胀度法

3.1.1 原理

配合胶乳硫化程度不同其胶膜在甲苯中的溶胀度也不同，配合胶乳胶膜的溶胀度愈小，硫化程度愈深，配合胶乳硫化程度可用溶胀度来表征。

3.1.2 仪器

3.1.2.1 滤网，80 目。

3.1.2.2 直尺，精度 0.5 mm。

3.1.3 试剂

3.1.3.1 甲苯：化学纯。

3.1.3.2 滑石粉。

3.1.3.3 颜料。

3.1.4 试验步骤

3.1.4.1 用过滤网过滤配合胶乳。

3.1.4.2 按 GB/T 8290 提取配合胶乳（3.1.4.1）约 20 mL，并可加入 2～3 滴颜料，用玻璃棒搅拌直至胶乳的颜色均匀。

3.1.4.3 沿玻璃板的边缘将胶乳倒在清洁的水平玻璃板上。

3.1.4.4 用不锈钢棒将胶乳均匀地平摊在平玻璃板上，保持胶膜厚度均匀。

3.1.4.5 将湿状的胶乳膜（厚度约为 2 mm）置于风扇前进行吹干，时间至少保持 10 min。

3.1.4.6 在胶乳膜的正面洒上滑石粉将其从玻璃板上取下，然后在背面洒上滑石粉，最后将胶乳膜上的滑石粉抖掉。

3.1.4.7 用裁刀裁取两个试片。每个试片使用直尺四个方向测量四次直径。然后计算其平均值 D_1。

3.1.4.8 将圆片在盛有甲苯的培养皿中浸泡 30 min，每一圆片溶胀后的直径用直尺四个方向测量四次，计算其平均值 D_2。在测量前将一滑片小心地压在试样上以防试样滑动，测量时，应将直尺放在培养皿中进行测量。

3.1.5 结果计算

配合胶乳溶胀度（%）可由式（1）计算：

$$溶胀度 = \frac{D_2 - D_1}{D_1} \times 100 \qquad \cdots\cdots(1)$$

每个试样进行两次测定，允许测试结果绝对偏差在1.2%以内，然后取算术平均值。计算结果精确至1%。

3.2 方法B 氯仿值法

3.2.1 原理

通过在固定体积的配合胶乳中加入一定体积的三氯甲烷（俗称氯仿），将两者混匀至胶凝，用胶凝状态来表示配合胶乳的硫化程度。

3.2.2 仪器

3.2.2.1 移液管，精度0.1 mL。

3.2.2.2 烧杯，50 mL。

3.2.2.3 玻璃棒。

3.2.3 试剂

三氯甲烷：分析纯。

3.2.4 胶乳总固体含量要求

被测定的胶乳总固体含量要求在30%以上。

3.2.5 试验步骤

3.2.5.1 用移液管取5 mL配合硫化胶乳于50 mL洁净的小烧杯内。

3.2.5.2 在装有配合硫化胶乳的小烧杯内加入1～1.5倍体积（约5 mL～7.5 mL）的三氯甲烷，并不断用玻璃棒搅拌，直至胶乳完全胶凝。

3.2.5.3 取出胶乳凝块，用手轻捏成团，并将胶团慢慢拉长，观察胶凝状态。

3.2.5.4 配合胶乳硫化程度判定。

配合胶乳硫化程度的凝胶状态见图1。配合胶乳硫化程度级别描述见表1。

3.2.5.5 测试过程应在胶乳胶凝后3 min内完成。

在以上等级中，等级越高，配合胶乳硫化程度越深。在同一级中，“初”的硫化程度最浅，“中”次之，“末”最深。

表1 配合胶乳胶凝状态描述

级别		胶凝状态
二级	二初	凝胶呈面团状，可拉长，并带有黏性。
	二中	凝胶呈面团状，可拉长至相当程度不变。
	二末	凝胶呈面团状，稍拉长即断，但较韧。
三级	三初	凝胶呈面团状，一拉就断，但胶团较细滑。
	三中	凝胶呈颗粒状，表面较粗糙。
	三末	凝胶呈颗粒状，可捏成团。
四级	四初	凝胶呈颗粒状，可捏成团，但颗粒和结团粗糙。
	四中	凝胶呈颗粒状，不易成团，有细碎趋势。
	四末	凝胶全部呈极小颗粒状态。

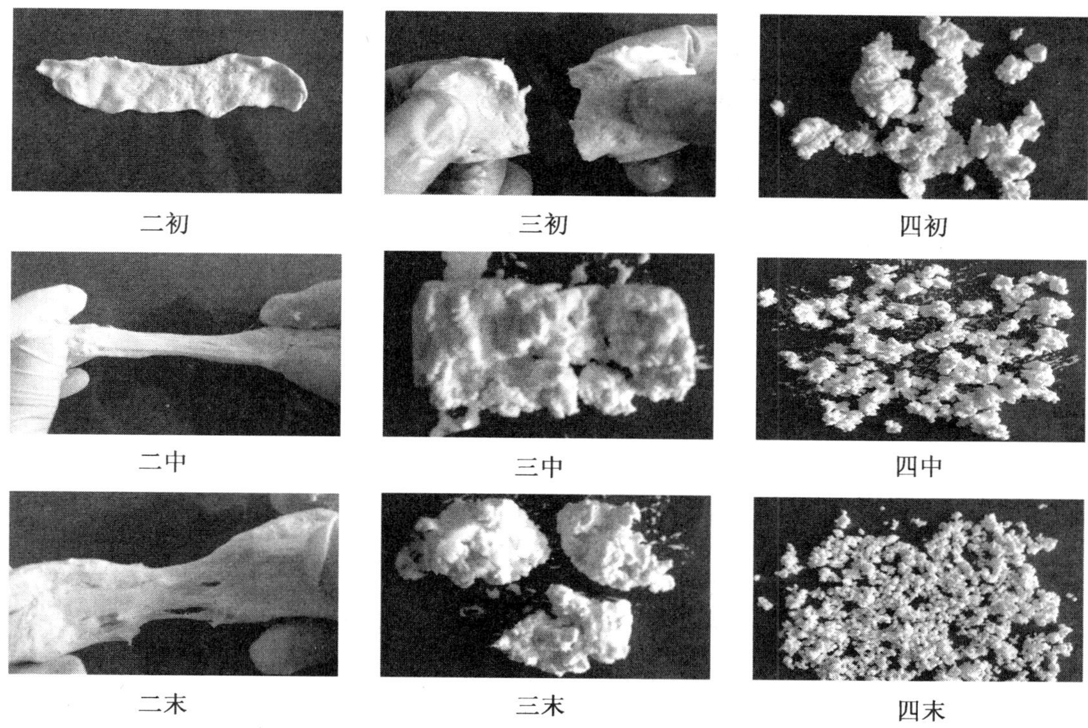

图 1 配合胶乳硫化程度胶凝状态图

ICS 83.040.20
G 49

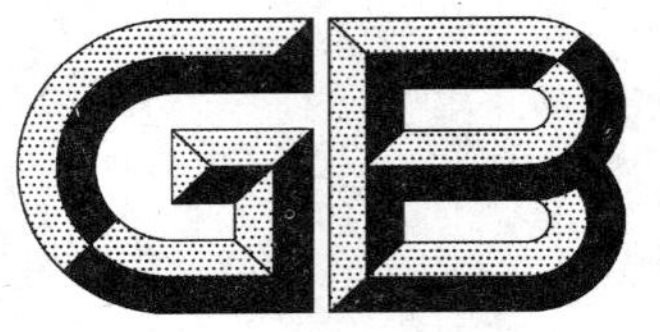

中华人民共和国国家标准

GB/T 23656—2009

橡胶配合剂 沉淀水合二氧化硅比表面积的测定 CTAB 法

Rubber compounding ingredients—Silica, precipitated, hydrated—Determination of CTAB surface area

(ISO 5794-1:2005, Rubber compounding ingredients—Silica, precipitated, hydrated—Part 1: Non-rubber tests, NEQ)

2009-04-24 发布 2009-12-01 实施

中华人民共和国国家质量监督检验检疫总局
中国国家标准化管理委员会 发布

前 言

本标准与 ISO 5794-1:2005《橡胶配合剂——沉淀水合二氧化硅——第1部分:非橡胶试验》(英文版)的一致性程度为非等效。

本标准与 ISO 5794-1:2005 的主要差异如下:

——增加了“前言”及“警告”语,以符合标准编写格式要求;

——增加了规范性引用文件,以适应我国引用标准的规定(本标准的第2章);

——删除“$c(H_3BO_3)=0.05\ mol/dm^3$”,该浓度为初始加入的硼酸浓度,无实际意义(ISO 5794-1:2005 的 G3.1;本标准的 4.1);

——删除 20 cm^3,因为仪器不同,容积也不一样[ISO 5794-1:2005 的 G4.1b);本标准的 5.1b)];

——增加了“可使用国产 TBY-10 炭黑比表面积测定仪”的说明,以方便标准使用者(本标准的 5.1 注);

——增加了“磁力搅拌棒”材质的规定,以避免测试误差(本标准的 5.4 注);

——将“微孔滤膜”所规定的“直径 47 mm”,修改为“滤膜直径应与过滤装置相匹配”,以增加可操作性(ISO 5794-1:2005 的 G4.5;本标准的 5.5);

——增加了“吸附”所使用的仪器,以增加可操作性(本标准的 5.6,5.7);

——将试样筒“容积 30 cm^3”,修改为“容积 40 cm^3”,由于所加 CTAB 溶液为 30 cm^3,相应“容积 30 cm^3”的试样筒则不匹配(ISO 5794-1:2005 的 G4.7;本标准的 5.8);

——增加了“可使用国产 TBY-50 超声波电磁分散仪”(本标准 5.6 的注);

——增加了“转速在 1 000 r/min 以上,可调”,以增加可操作性(ISO 5794-1:2005 的 G4.8;本标准的 5.9);

——以“锥形瓶”替代“玻璃瓶”,且进行了规格的明确规定,以方便标准使用者(ISO 5794-1:2005 的 G4.12;本标准的 5.13);

——删除了“滴定烧杯”、“复合玻璃甘汞电极”、“pH 计”,由于我国已普遍使用自动滴定仪,仅“手工滴定”需要该部分仪器(ISO 5794-1:2005 的 G4.16、G4.17、G4.18);

——增加了“采样的规定”,以增加可操作性(本标准的第6章);

——增加了“试验条件”,因为环境因素对该试验的测试结果影响显著(本标准的第7章);

——修改了“称样量的要求”,与精密度的规定一致(ISO 5794-1 的表 G1;本标准的表 1);

——增加沉淀水合二氧化硅的分类及“注 2:沉淀水合二氧化硅的分类见 HG/T 3061”,方便标准使用者(本标准的表 1);

——增加了用“超声波电磁分散仪”吸附方式,该方法在我国已广泛使用(本标准的 8.2.1.2);

——修改过滤过程弃去最初 5 cm^3 为 10 cm^3,因为滤液收集过程会影响测试精度(ISO 5794-1:2005 的 G6.3.4.2;本标准的 8.3.3.2);

——将过滤压力 0.7 MPa 修改为(0.1±0.05)MPa,以确保滴状过滤(ISO 5794-1:2005 的 G6.3.4.2;本标准的 8.3.3.2);

——增加了“二氧化硅的滤液如果透滤,试样应废弃,不能重新过滤”,以提高测试精度(本标准的 8.3.3.2 注);

——删除了“选择滴定参数以便在开始阶段能快速加入磺基丁二酸钠二辛酯(OT)(常为 10 cm^3/min 或 170 mm^3/s),而在滴定曲线的斜率接近终点时又以慢速加入 OT(常为 0.4 cm^3/min 或 7 mm^3/s)”,由于自动滴定仪参数已设置好,无须调节(ISO 5794-1:2005 的 G6.4.1);

——吸取 5 cm^3 的溶液替代 10 cm^3 来滴定，由于目前我国广泛使用的设备——炭黑比表面积测定仪或电位滴定仪，测定池规格仅适用于 5 cm^3 的溶液（ISO 5794-1:2005 的 G6.4.2；本标准的 8.4.2）；

——加入 50 cm^3 的水修改为 25 cm^3，以适应测定池规格（ISO 5794-1:2005 的 G6.4.3；本标准的 8.4.3）；

——删除了手工调节振荡频率的描述“调整搅拌速度保证有效混合且不产生泡沫”，由于滴定仪参数已设置好，无须调节（ISO 5794-1:2005 的 G6.4.4）；

——将“标准溶液”更名为“空白测试”，以符合 8.5.1～8.5.5 的内容描述（ISO 5794-1:2005 的 G6.5；本标准的 8.5）；

——将加入 55 cm^3 的水修改为 27.5 cm^3，以适应测定池规格（ISO 5794-1:2005 的 G6.5.3；本标准的 8.5.3）；

——吸取 2.5 cm^3 的 CTAB 溶液替代 5 cm^3，以适应测定池规格（ISO 5794-1:2005 的 G6.5.1，G6.5.2；本标准的 8.5.1、8.5.2）；

——增加了空白测试结果的重复性要求，以提高试验结果精密度（本标准的 8.5.5）；

——增加了沉淀水合二氧化硅加热减量的测定，以增加可操作性（本标准的 8.6）；

——增加了测试结果的取值方法，为了结果取值的规范化（本标准的 9.2）；

——增加了“试验报告”内容，以符合标准版式（本标准的第 11 章）。

为了方便使用，本标准还做了下列编辑性的修改：

——采用国际单位制单位；

——用小数点“.”代替作为小数点的符号“,”。

本标准的附录 A 为资料性附录。

本标准由中国石油和化学工业协会提出。

本标准由全国橡胶与橡胶制品标准化技术委员会炭黑分技术委员会（SAC/TC 35/S C5）归口。

本标准起草单位：中橡集团炭黑工业研究设计院、通化双龙化工股份有限公司、青州市博奥炭黑有限责任公司。

本标准主要起草人：聂素青、王志文、白英杰、刘健。

橡胶配合剂　沉淀水合二氧化硅比表面积的测定 CTAB 法

警告:使用本标准的人员应有正规实验室工作的实践经验。本标准并未指出所有可能的安全问题。使用者有责任采取适当的安全和健康措施,并保证符合国家有关法规规定的条件。

1　范围

本标准规定了用十六烷基三甲基溴化铵(CTAB)测定比表面积的方法。

本标准适用于沉淀水合二氧化硅。

2　规范性引用文件

下列文件中的条款通过本标准的引用而成为本标准的条款。凡是注日期的引用文件,其随后所有的修改单(不包括勘误的内容)或修订版均不适用于本标准,然而,鼓励根据本标准达成协议的各方研究是否可使用这些文件的最新版本。凡是不注日期的引用文件,其最新版本适用于本标准。

GB/T 8170　数值修约规则

GB/T 12808　实验室玻璃仪器　单标线吸量管

HG/T 3061　橡胶配合剂　沉淀水合二氧化硅(HG/T 3061—1999,neq ISO 5794-1:1994,Rubber compounding ingredients—Silica, precipitated, hydrated)

HG/T 3065　橡胶配合剂　沉淀水合二氧化硅加热减量的测定(HG/T 3065—1999,eqv ISO 787/2:1981,General methods of test for pigments and extenders—Part 2:Determination of matter volatile at 105 ℃)

3　原理

将十六烷基三甲基溴化铵(CTAB)溶液加入待测的沉淀水合二氧化硅试样,通过机械振荡或超声电磁分散达到吸附平衡,试样吸附 CTAB 形成悬浮液,该悬浮液经离心分离或加压过滤,用浊度滴定方法测定未被试样吸附的 CTAB 的量,计算干燥试样的比表面积。

4　试剂与材料

除非另有说明,在分析中仅使用确认为分析纯的试剂和蒸馏水或去离子水或相当纯度的水。

4.1　缓冲溶液,pH=9.6:在装有 500 cm^3 水的 1 000 cm^3 容量瓶内加入 3.101 g 硼酸和 3.708 g 氯酸钾,再用滴定管加入 1 mol/dm^3 的氢氧化钠溶液 36.85 cm^3。待固体完全溶解后,加水于容量瓶中至 1 000 cm^3,然后用磁力搅拌器均化。

4.2　十六烷基三甲基溴化铵(CTAB)溶液,$c(C_{19}H_{42}BrN)$=0.015 1 mol/dm^3:在装有 350 cm^3 缓冲溶液(4.1)和大约 500 cm^3 水的 1 000 cm^3 容量瓶内,溶解 5.50 g CTAB(纯度>99%)。注满水至刻度,把溶液温热至(27～37)℃以促进溶解。使用前将溶液冷却至(25±2)℃之间。

注:不得将溶液储存在低于 22 ℃的环境中或冷至 22 ℃以下,否则会导致 CTAB 缓慢结晶析出。

4.3　磺基丁二酸钠二辛酯(OT)标准滴定溶液,$c(C_{20}H_{37}NaO_7S)$ =0.003 89 mol/dm^3:将 1.730 g OT 溶解在 1 000 cm^3 的水中,用磁搅拌器剧烈地搅拌 48 h。放置 12 d 后再标定使用。

注 1:溶液应盖严密封,且放在阴凉的地方,因为 OT 溶液易发生缓慢的生物分解,溶液存放最多不能超过 2 个月。

注 2:OT 一旦启封,应放在干燥器中保存。

5 仪器

5.1 自动滴定仪：带有 a)光电检测器或测量 550 nm 波长的光透射率的光度计和 b)滴定管。

注：可使用国产 TBY-10 炭黑比表面积测定仪。

5.2 分析天平，精度为 0.1 mg。

5.3 磁力搅拌器。

5.4 磁力搅拌棒。

注：其表面有聚四氟乙烯或碳氟化合物的耐化学腐蚀涂覆层，直径 6.4 mm 或 4.8 mm，长度适用于 50 cm^3 或 100 cm^3 烧杯、玻璃瓶或其他玻璃容器。

5.5 微孔滤膜，孔径 0.1 μm，滤膜直径应与过滤装置相匹配。

5.6 超声波电磁分散仪：电磁分散，输出功率 2×20 W；超声分散，2×20 W。

注：可使用国产 TBY-50 超声波电磁分散仪。

5.7 振荡机，振荡频率为 240 r/min，振幅不低于 2.0 cm。

5.8 加压过滤装置(见图 1)，能与加压空气或压缩氮气瓶相连接，其样品过滤筒，容积 40 cm^3，不锈钢材质，可承受(0～0.7) MPa 压力。

注：国产 TBY-20 加压过滤器符合本标准要求。

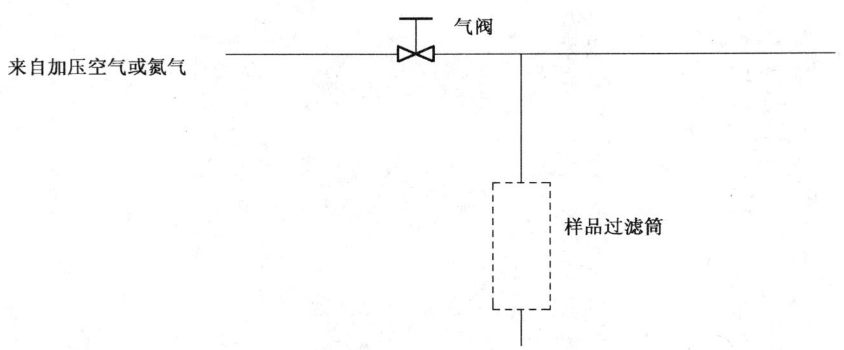

图 1 加压过滤装置示意图

5.9 离心机，转速在 1 000 r/min 以上，可调。

5.10 离心管。

5.11 注射器。

5.12 注射器滤器：微孔尺寸最好 0.45 μm。

5.13 锥形瓶，容积分别为 250 cm^3、50 cm^3，具塞。

5.14 单标线移液管，容量 5 cm^3，10 cm^3，30 cm^3，GB/T 12808 A 级。

5.15 恒温干燥箱，重力对流型，温度可以控制在(105±1)℃。

5.16 容量瓶：1 000 cm^3。

5.17 研钵和研杵。

5.18 150 μm 实验筛和底部接受盘。

6 采样

6.1 按 HG/T 3061 的规定进行采样。

6.2 采集的样品应置于密闭的容器中。造粒样品用研钵和研杵轻轻研碎，然后过 150 μm 实验筛。试样测试前不需预先干燥，但应做加热减量测定(见 8.6)。

7 试验条件

试验应在环境温度(25±2)℃下进行。

8 分析步骤

8.1 按表1的要求称取双份试样(6.2),精确至0.1 mg,按不同振荡方法分别置于具塞250 cm^3(8.2.1.1)或50 cm^3(8.2.1.2)锥形瓶(5.13)中并记录其质量。

表1 称样量的要求

沉淀水合二氧化硅的分类	CTAB吸附比表面积范围/(m^2/g)	样品质量/g
F	≤70	1.000 0
E	71～105	0.600 0
D	106～135	0.450 0
C	136～160	0.350 0
B	161～190	0.300 0
A	≥191	0.270 0
注1:适当的试样量也可由53/S_{est}(g)来确定,此处S_{est}为CTAB吸附比表面积估计值; 注2:沉淀水合二氧化硅的分类见HG/T 3061。		

8.2 吸附

8.2.1 准确加入30 cm^3 CTAB溶液(4.2)于锥形瓶(8.1)中。以下按8.2.1.1或8.2.1.2要求进行操作,形成悬浮液。

注:加入溶液时注意防止溶液起泡。

8.2.1.1 塞好瓶塞,放在振荡机(5.7)上振荡35 min。确保该悬浮液温度保持在(25±2)℃。

8.2.1.2 加磁力搅拌棒(5.4)后塞紧瓶塞,放在超声波电磁分散仪(5.6)中,浸泡深度至少50 mm,保持水浴温度(25±2)℃,在水浴中超声1 min,然后磁力搅拌1 min,再重复两次,总计时间6 min。

8.3 分离:为了使悬浮液固液分离,可采用离心机(8.3.1)、注射器(8.3.2)或膜过滤器(8.3.3)中任一方法处理,分离后保留清液用于滴定(8.4)。

8.3.1 用离心机分离

8.3.1.1 将装有二氧化硅与CTAB溶液的悬浮液移入离心管放入离心机,启动离心机。

注:离心条件可定为以产生一个不浑浊的上层清液为准。离心过程中溶液温度应在(25±2)℃下进行。

8.3.1.2 自清液中取试液用于滴定。

8.3.2 用注射器分离

8.3.2.1 将20 cm^3 二氧化硅和CTAB溶液的悬浮液注入合适的注射器。

8.3.2.2 把注射器滤器安装到注射器(5.11)上,加压过滤后分离。

8.3.2.3 从滤液中取出试液以供滴定。

8.3.3 使用膜过滤器分离

8.3.3.1 将干滤膜放入加压过滤装置的滤筒中,按加压过滤装置滤筒的安装要求进行安装。

8.3.3.2 擦干锥形瓶外部的水滴,将炭黑试样和CTAB溶液的混合液全部倒入滤筒中,拧紧上盖,安装到加压过滤装置上,接通压缩气,调节气体压力在(0.1±0.05)MPa,以滤出液体成快速滴状为宜。弃去最初流出的约10 cm^3 滤液,把在滤筒下端出液口出现泡沫前流出的全部滤液收集在50 cm^3 锥形瓶(5.13)中,加盖,摇晃收集的滤液确保滤液均匀。

注:二氧化硅的滤液如果透滤,试样应废弃,不能重新过滤。

8.3.3.3 从滤液中取出试液以供滴定。

8.4 **滴定**

8.4.1 按仪器说明书要求安装调试自动滴定仪(5.1),排净滴定仪所有管线及接口处的气泡。

8.4.2 准确移取 5 cm^3 滤液(8.3.1.2、8.3.2.3 和 8.3.3.3 之一),至洁净的石英杯[其温度应保持在(25±2) ℃]中,小心操作避免产生过多泡沫。

8.4.3 加入 25 cm^3 的水及磁力搅拌棒。

8.4.4 将石英杯置于仪器测定槽中(手不应接触石英杯的透光面)。

8.4.5 按"滴定"键,滴定自动开始,数字显示器同时显示滴定体积(cm^3),待到达终点时仪器自动停止滴定,记录消耗的 OT 标准滴定溶液体积 V,精确至 0.01 cm^3。

8.4.6 重复 8.4.2～8.4.5 的操作,做平行滴定测试。

8.5 **空白测试**

8.5.1 每次检测 2.5 cm^3 CTAB 溶液(4.2)消耗 OT 标准滴定溶液的量(空白值)。

8.5.2 吸取 2.5 cm^3 的 CTAB 溶液加入滴定杯中。

8.5.3 加入 27.5 cm^3 的水及磁力搅拌棒。

8.5.4 重复 8.5.1～8.5.3 的操作,做平行空白测试。

8.5.5 空白体积对样品的测试结果很关键,应测试三次(测试结果参照本标准重复性要求),取其平均值参与第 9 章中的计算。

8.6 称取沉淀水合二氧化硅试样(6.2)2 g,精确至 0.1 mg,按 HG/T 3065 的规定,测定试样的加热减量(X,%)。

9 结果计算

9.1 沉淀水合二氧化硅 CTAB 比表面积 S 以单位质量试样占有的表面积计,数值以平方米每克(m^2/g) 表示,按式(1)计算(公式推导过程参见附录 A)。

$$S = \frac{4\,774 \times (2V_0 - V)}{m \times V_0 \times (100 - X)} \qquad \cdots\cdots(1)$$

式中:

V_0——空白 CTAB 溶液(8.5.5)消耗 OT 标准滴定溶液的体积的数值,单位为立方厘米(cm^3);

V——试样 CTAB 溶液(8.4.2)消耗 OT 标准滴定溶液的体积的数值,单位为立方厘米(cm^3);

m——试样质量的数值,单位为克(g);

X——沉淀水合二氧化硅试样加热减量的数值(%)。

9.2 计算结果表示到小数点后一位。如有多次测量结果,取其平均值。计算结果按 GB/T 8170 规定进行数值修约。

10 精密度

10.1 重复性——两次平行测试结果之差:B 类不超过其平均值的 3.16%;F 类不超过其平均值的 5.73%。

10.2 再现性——两次测试结果之差:B 类不超过其平均值的 3.99%;F 类不超过其平均值的 7.19%。

11 试验报告

试验报告包括以下内容:

a) 试样的名称及标识;

b) 本试验依据的标准;

c) 空白CTAB溶液消耗OT溶液的体积V_0；
d) 试样质量；
e) 滴定试样所消耗的OT溶液的体积；
f) 试验结果(均值或中位数值、测试次数)；
g) 与规定的分析步骤的差异；
h) 在试验中观察到的异常现象；
i) 试验日期。

附 录 A
（资料性附录）
式(1)计算结果推导过程

A.1 由于假定 CTAB 溶液浓度恰好是 0.015 1 mol/dm^3，OT 标准滴定溶液的浓度是通过滴定 5 cm^3 CTAB 溶液测定的(见 8.5)。

$$c_{OT}=\frac{0.0151\times 5}{V_0} \qquad \text{(A.1)}$$

式中：

V_0——CTAB 溶液空白滴定所消耗 OT 平均体积的数值，单位为立方厘米(cm^3)；

c_{OT}——OT 标准滴定溶液的浓度的数值，单位为摩尔每立方分米(mol/dm^3)。

A.2 每克二氧化硅吸附 CTAB 的量，N_{ad}，以 mol/g 表示，用式(A.2)计算：

$$N_{ad}=(2V_0-V)\times c_{OT}\times\frac{1}{m}\times\frac{V_i}{V_t} \qquad \text{(A.2)}$$

式中：

V_0——CTAB 溶液空白滴定所消耗 OT 平均体积的数值，单位为立方厘米(cm^3)；

V——滴定 10 cm^3 滤液消耗标准滴定溶液 OT 的体积的数值，单位为立方厘米(cm^3)；

m——试样质量的数值，单位为克(g)；

V_i——加入二氧化硅的 CTAB(溶液)的体积的数值，单位为立方厘米(cm^3)；

V_t——滴定时所消耗 CTAB 滤液的体积的数值(此处为 10 cm^3)。

A.3 假定吸附一个 CTAB 分子(占据)的分子面积 A_{CTAB} 为 0.35 nm^2，则以 m^2/g 表示的比表面积 S' 为：

$$S'=\frac{N_{ad}\times 0.35\times 10^{-18}\times N_A}{1000} \qquad \text{(A.3)}$$

式中：

N_A——阿伏加德罗常数，$6.022\times 10^{23}\ mol^{-1}$。

A.4 按 HG/T 3065 规定干燥后的二氧化硅的 CTAB 表面积 S 用式(A.4)计算：

$$S=\frac{S'\times 100}{100-X} \qquad \text{(A.4)}$$

式中：

S——干燥二氧化硅的 CTAB 比表面积，单位为平方米每克(m^2/g)；

X——二氧化硅的加热减量，%。

A.5 合并上述等式：

$$S=\frac{(2V_0-V)\times c_{OT}\times A_{CTAB}\times N_A\times V_i\times 100}{m\times(100-X)\times V_t\times 1000} \qquad \text{(A.5)}$$

$$S=\frac{(2V_0-V)\times 0.0151\times 5\times(0.35\times 10^{-18})\times 6.022\times 10^{23}\times 30\times 100}{V_0\times m\times(100-X)\times 10\times 1000} \qquad \text{(A.6)}$$

$$S=\frac{(2V_0-V)\times 4774}{V_0\times m\times(100-X)} \qquad \text{(A.7)}$$

ICS 83.160.10
G 41

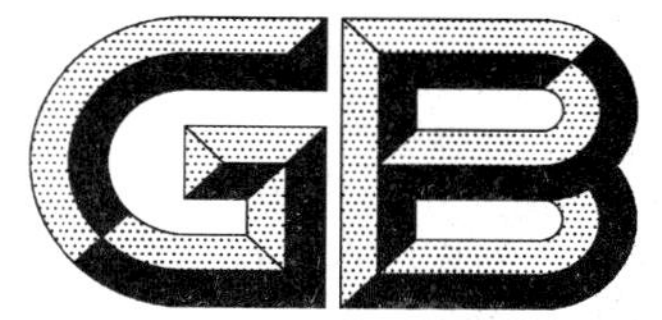

中华人民共和国国家标准

GB/T 23657—2009

力车轮辋系列

Series of cycle rims

(ISO 5775-2:1996,Bicycle tyres and rims—Part 2:Rims,MOD)

2009-04-24 发布　　2009-12-01 实施

中华人民共和国国家质量监督检验检疫总局
中国国家标准化管理委员会　发布

前　言

本标准修改采用国际标准 ISO 5775-2:1996《自行车轮胎和轮辋——第 2 部分:轮辋》,同时,根据国情纳入了 ISO 标准所没有的软边轮辋(BE 型)。制定中参考了 GB 3936.2—1983《胶轮力车　轮辋》、QB 1802—1993《自行车　轮辋》和日本工业标准 JIS D 9421:2005《自行车——轮辋》。

本标准根据 ISO 5775-2:1996 重新起草。附录 A 列出了本标准章条编号与 ISO 标准章条编号的对照一览表。本标准与 ISO 5775-2:1996 的有关技术性差异用垂直单线标识在它们所涉及的条款的页边空白处,并在附录 B 中给出了这些技术性差异及其原因。

为便于使用,本标准还作了以下编辑性修改:

a)　“本国际标准”一词改为“本标准”;

b)　用小数点“.”代替作为小数点的逗号“,”;

c)　删除国际标准前言。

本标准的附录 A、附录 B 和附录 C 均为资料性附录。

本标准由中国石油和化学工业协会提出。

本标准由全国轮胎轮辋标准化技术委员会(SAC/TC 19)归口。

本标准起草单位:广州广橡企业集团有限公司钻石车胎厂、杭州中策橡胶有限公司、天津久荣车轮技术有限公司。

本标准主要起草人:陈秋发、李伊华、沈同祝、王香亚、顾钢、林俊平、黄国穗。

引　言

本标准在编排上与 ISO 5775-2:1996 有所不同。该 ISO 标准是将自行车轮辋的规格系列和产品总体要求编写在一起的,本标准将 ISO 标准中关于规格系列的技术内容重新起草。由于我国力车轮胎按胎圈结构分为直边系列、钩直边系列、钩边系列和软边系列四大类型,其相应的轮辋分为直边轮辋(SS 型)、钩直边轮辋(CT 型)、钩边轮辋(HB 型)和软边轮辋(BE 型),这些内容在本标准中都已详细列出。其中,软边轮辋(BE 型)为 ISO 标准未纳入的轮辋类型。

力车轮辋系列

1 范围

本标准规定了各种类型的力车轮辋轮廓的尺寸与公差，给出了轮胎与轮辋配合部分的轮辋轮廓曲线及其主要尺寸。

本标准适用于 GB/T 7377 所包含各种系列力车轮胎的轮辋。

2 规范性引用文件

下列文件中的条款通过本标准的引用而成为本标准的条款。凡是注日期的引用文件，其随后所有的修改单(不包括勘误的内容)或修订版均不适用于本标准，然而，鼓励根据本标准达成协议的各方研究是否可使用这些文件的最新版本。凡是不注日期的引用文件，其最新版本适用于本标准。

GB/T 1702 力车轮胎

GB/T 2933 充气轮胎用车轮和轮辋的术语、规格代号和标志

GB/T 6326 轮胎术语及其定义(GB/T 6326—2005，ISO 4223-1:2002，Definitions of some terms used in tyre industry—Part 1: Pneumatic tyres，NEQ)

GB/T 7377 力车轮胎系列(GB/T 7377—2008，ISO 5775-1:1997，Bicycle tyres and rims—Part 1: Tyre designations and dimensions，MOD)

3 轮辋的类型、尺寸、相关术语

3.1 轮辋的类型以其结构分类名称如下：

——直边轮辋(Straight side rims，简称 SS 型)；

——钩边轮辋(Hooked bead rims，简称 HB 型)；

——钩直边轮辋(Crotchet type rims，简称 CT 型)；

——软边轮辋(Beaded edge rims，简称 BE 型)。

3.2 上述四类轮辋的适用范围、图例和主要尺寸等要求，按第 4 章至第 7 章内容规定执行。轮辋气门嘴孔的主要尺寸要求见第 8 章。轮辋的检测方法见附录 C。

3.3 GB/T 2933 和 GB/T 6326 确立的术语和定义适用于本标准。第 4 章至第 7 章列出的图例所示代号和术语如下：

A 轮辋标定宽度

A_1 胎圈座处内宽

D 轮辋标定直径

D_1 轮辋测量直径

D_2 轮辋外直径

G 轮缘高度

H_1 槽底深度(轮辋底部以上无障碍装轮胎的最小深度)

P 胎圈座宽度

L_1 槽底宽度(轮辋带尺以上的槽宽)

R_2 轮缘半径

R_3 胎圈座圆角半径

R_4 槽顶圆角半径

β 胎圈座角度

4 直边轮辋(SS 型)

4.1 SS 型轮辋适用于非折叠式的硬胎圈直边轮胎。测量轮辋宽度和允许使用轮辋宽度应符合 GB/T 1702 和 GB/T 7377 的规定。

4.2 SS 型轮辋轮廓曲线见图 1，尺寸与公差见表 1、表 2。

单位为毫米

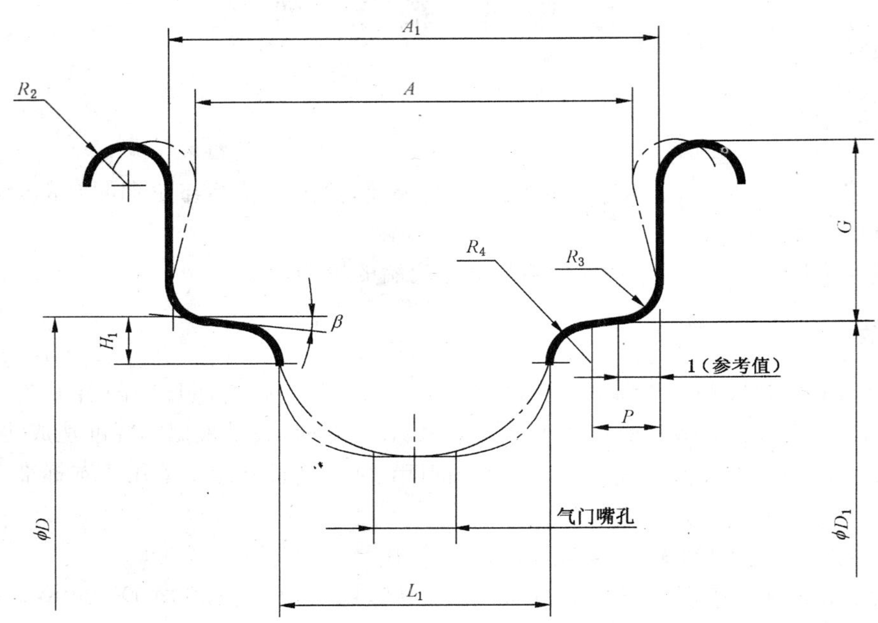

图 1 直边轮辋(SS 型)轮廓

表 1 直边轮辋(SS 型)轮廓尺寸

单位为毫米

轮辋名义宽度	A ±1	A_1 $_{-1}^{0}$	G ±0.5	P (min)	H_1[a,b] (min)	L_1[b] (min)	R_2 (min)	R_3 (max)	R_4 (min)	β[c] ±5°
18[d]	18	18	6.5	1.8	1.8	10	1.5	1	1.5	10°
20	20	—	6.5	2	2	11	1.8	1	1.5	10°
22	22	—	6.5	2.2	3	11	1.8	1	2	10°
24	24	—	7	3	3	11	2	1	2.5	10°
27	27	—	7.5	3.5	3.5	14	2.5	1	2.5	10°
30.5	30.5	—	8	3.5	3.5	14	2.5	1	2.5	10°

a 对于轮辋直径小于或等于 400 mm 的轮辋，按 1 mm 增加深度 H_1。

b 与尺寸 L_1 的连接点尺寸 H_1 的定义：为使轮胎与轮辋配合良好，在轮辋底部和辐条头部以上的无障碍空间。轮辋的实际槽深应由轮辋制造厂选择以达到该目的。

c 用于轮辋名义直径小于或等于 400 mm 的滚压轮辋，$\beta=15°\pm10°$。

d 原代号为 17 的轮辋。

表 2　轮辋标定直径和轮辋测量直径(SS 型和 CT 型)　　　单位为毫米

轮辋名义直径代号	轮辋标定直径 D	测量轮辋直径[a] D_1
194	194.2	193.85
203	203.2	202.85
222	222.2	221.85
239	239.4	239.05
248	247.6	247.25
251	250.8	250.45
279	279.2	278.85
288	287.8	287.45
298	298.4	298.05
305	304.7	304.35
317	317	316.65
330	329.8	329.45
337	336.6	336.25
340	339.6	339.25
349	349.2	348.85
355	355	354.65
357	357.1	356.75
369	368.6	368.25
381	380.9	380.55
387	387.1	386.75
390	389.6	389.25
400	400.1	399.75
406	405.6	405.25
419	418.6	418.25
428	428.1	427.75
432	431.6	431.25
438	437.7	437.35
440	439.9	439.55
451	450.8	450.45
484	484	483.65
489	488.6	488.25
490	490.2	489.85
498	497.5	497.15
501	501.3	500.95
507	507.3	506.95
520	520.2	519.85
531	530.6	530.25
534	533.5	533.15
540	539.6	539.25
541	540.8	540.45
547	546.5	546.15
559	558.8	558.45
565	564.9	564.55
571	571	570.65
584	583.9	583.55
590	590.2	589.85
597	597.2	596.85
609	609.2	608.85
622	622.3	621.95
630	629.7	629.35
635	634.7	634.35
642	641.7	641.35

[a] 在测量胎圈座圆周($\pi\times$测量轮辋直径)上的公差±1.5 mm。

4.3　直边轮辋规格名称的标志示例：

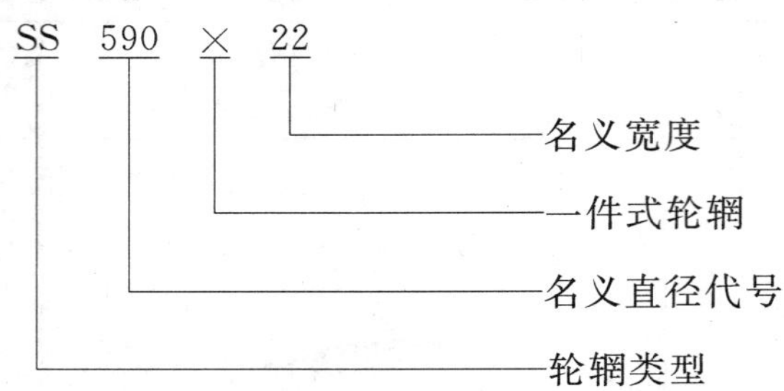

5　钩边轮辋(HB 型)

5.1　HB 型轮辋适用于钩边轮胎。测量轮辋宽度和允许使用轮辋宽度应符合 GB/T 1702 和 GB/T 7377 的规定。

5.2　HB 型轮辋轮廓曲线见图 2，尺寸与公差见表 3、表 4。

单位为毫米

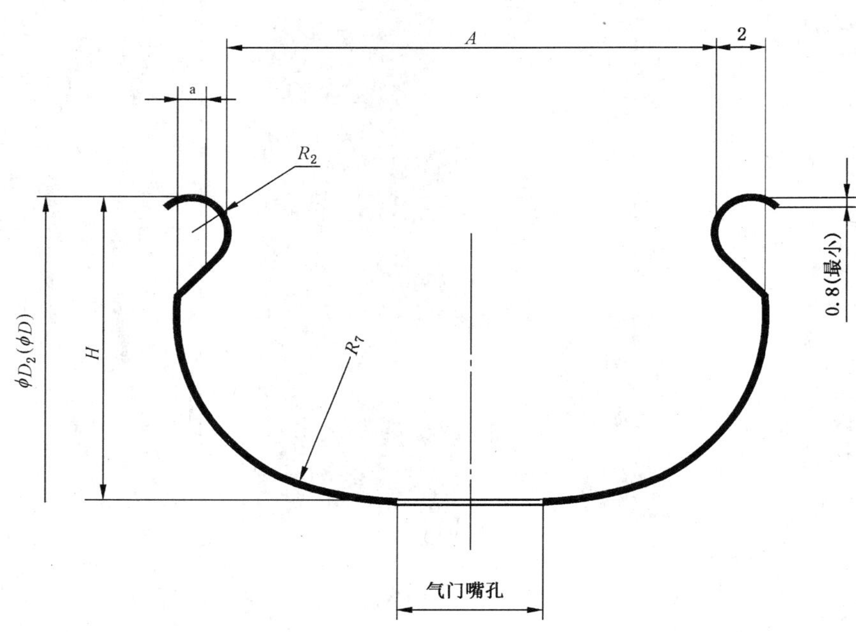

[a] 选择开口方式时，缝隙不超过 1 mm。

图 2　钩边轮辋(HB 型)轮廓

表 3　钩边轮辋(HB 型)轮廓尺寸　　单位为毫米

轮辋名义宽度	A ±1	H (min)	R_2 ±0.5	R_7 (min)
20	20	13	2	30
25	25	14	2	50
27	27	15	2	70

表 4　钩边轮辋(HB型)标定直径和周长

单位为毫米

轮辋名义直径代号[a]	轮辋标定直径 D	轮辋标定周长 $\pi D\pm2.5$
HB 270	269.9	847.9
HB 321	320.7	1 007.5
HB 372	371.5	1 167.1
HB 422	422.3	1 326.7
HB 459	458.8	1 441.4
HB 473	473.1	1 486.3
HB 510	509.6	1 601
HB 524	523.9	1 645.9
HB 560	560.4	1 760.6
HB 575	574.7	1 805.5
HB 611	611.2	1 920.1
[a] HB表示钩边轮辋，HB后面的数字是该轮辋代号。		

5.3　钩边轮辋规格名称的标志示例：

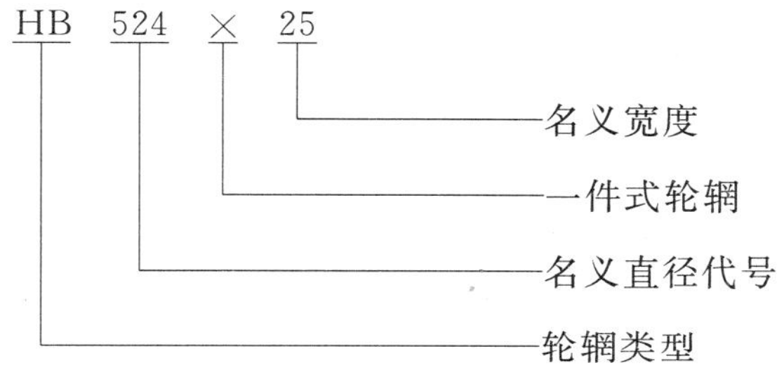

6　钩直边轮辋(CT型)

6.1　CT型轮辋适用于硬胎圈及可折叠胎圈的钩直边轮胎。测量轮辋宽度和允许使用轮辋宽度应符合GB/T 1702和GB/T 7377的规定。

6.2　CT型轮辋轮廓曲线见图3，尺寸与公差见表2、表5。

单位为毫米

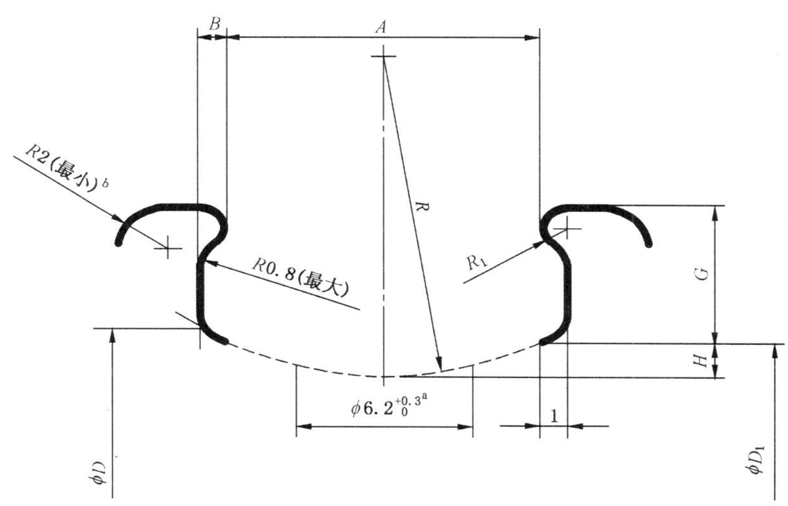

a　对于轮辋宽度≥19 C，气门嘴孔允许 $8.5^{+0.3}_{0}$。

b　取$R2$(最小)以保证轮缘具有不损伤轮胎的光滑表面。

图 3　钩直边轮辋(CT型)轮廓

表 5　钩直边轮辋(CT 型)轮廓尺寸　　单位为毫米

<table>
<tr><th>轮辋名义宽度代号</th><th>A
±0.5</th><th>B
±0.3</th><th>G
±0.5</th><th>H[a]
(min)</th><th>R_1[a]</th></tr>
<tr><td>13 C</td><td>13</td><td rowspan="7">1.5</td><td rowspan="3">5.5</td><td rowspan="3">2.2</td><td rowspan="2">0.9±0.1</td></tr>
<tr><td>15 C</td><td>15</td></tr>
<tr><td>17 C</td><td>17</td><td rowspan="5">$1.1^{+0.2}_{-0.1}$</td></tr>
<tr><td>19 C</td><td>19</td><td rowspan="4">6.5</td><td rowspan="2">3.5</td></tr>
<tr><td>21 C</td><td>21</td></tr>
<tr><td>23 C</td><td>23</td><td rowspan="2">4.5</td></tr>
<tr><td>25 C</td><td>25</td></tr>
<tr><td colspan="6">a 尺寸 H 和 R 定义：为使轮胎与轮辋配合良好，在轮辋底部与辐条头部以上的最小无障碍空间。</td></tr>
</table>

6.3　钩直边轮辋规格名称的标志示例：

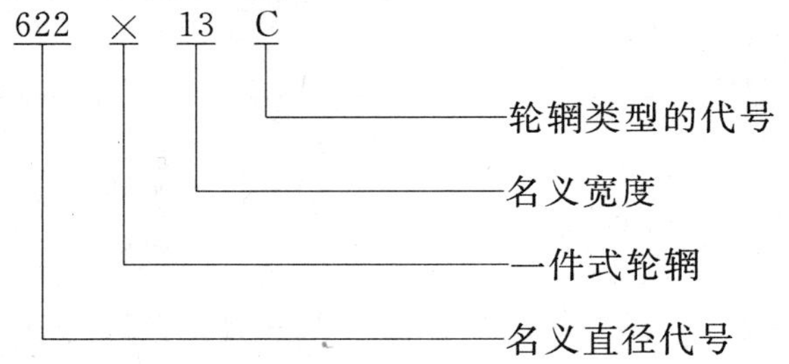

7　软边轮辋(BE 型)

7.1　BE 型轮辋适用于软边轮胎。测量轮辋宽度和允许使用轮辋宽度应符合 GB/T 1702 和 GB/T 7377 的规定。

7.2　BE 型轮辋轮廓曲线见图 4 和图 5，尺寸与公差见表 6、表 7 和表 8。

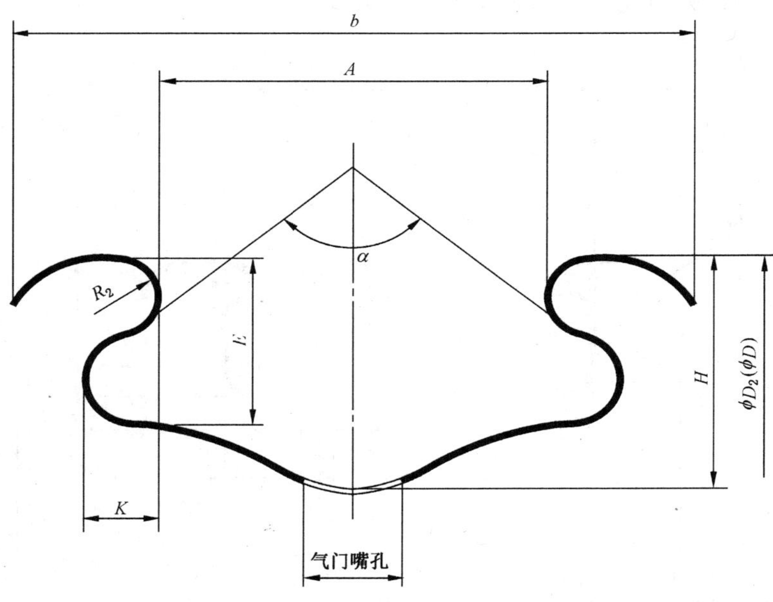

图 4　软边轮辋(BE 型)轮廓之一

表 6　软边轮辋(BE 型)轮廓尺寸之一

单位为毫米

轮辋名义宽度	A ±0.8	b	E	H ±0.8	K	R_2 (max)	α
22.5	22.5	40	10.5	15	4	2.5	100°

单位为毫米

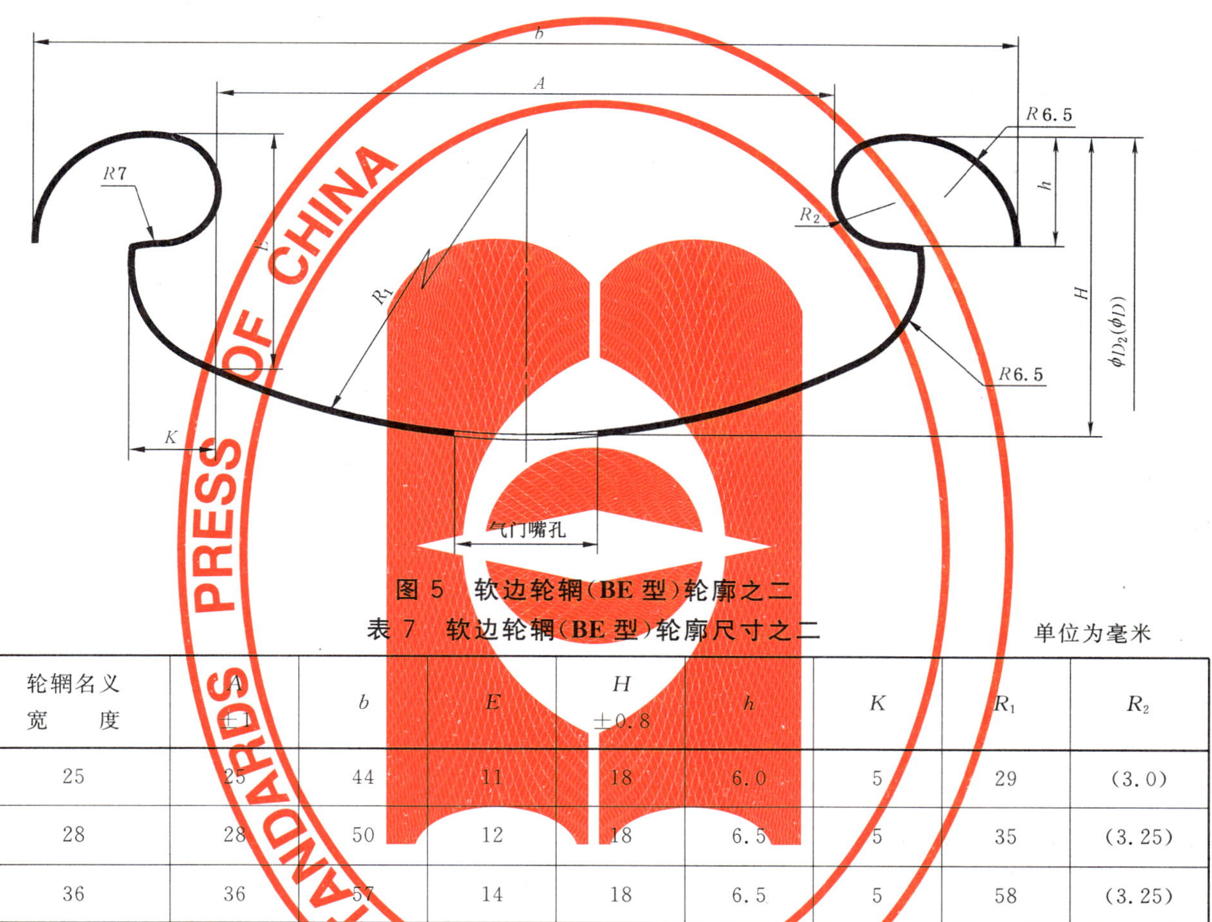

图 5　软边轮辋(BE 型)轮廓之二

表 7　软边轮辋(BE 型)轮廓尺寸之二

单位为毫米

轮辋名义宽度	A ±1	b	E	H ±0.8	h	K	R_1	R_2
25	25	44	11	18	6.0	5	29	(3.0)
28	28	50	12	18	6.5	5	35	(3.25)
36	36	57	14	18	6.5	5	58	(3.25)

表 8　软边轮辋(BE 型)标定直径和周长

单位为毫米

轮辋名义直径代号[a]	轮辋标定直径 D	轮辋标定周长 πD±3
BE 270	270.0	848.2
BE 360	360.0	1 131.0
BE 525	525.0	1 649.3
BE 584	584.0	1 834.7
BE 600	600.0	1 885
BE 650	650.0	2 042

[a] BE 表示软边轮辋，BE 后面的数字是该轮辋代号。

7.3 软边轮辋规格名称的标志示例：

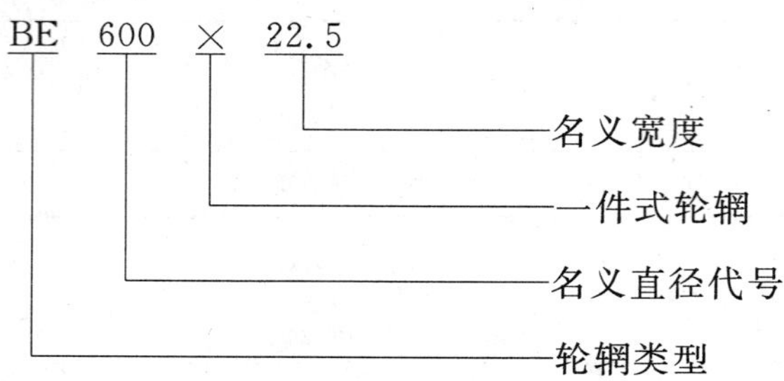

8 轮辋气门嘴孔和轮辋垫带

8.1 力车轮辋的气门嘴孔应位于轮辋底部的中心。轮辋气门嘴孔的直径依据所使用的气门嘴类型，选用 $\phi 8.5^{+0.3}_{0}$ mm 或 $\phi 6.2^{+0.3}_{0}$ mm。

8.2 力车轮辋底座用于保护内外胎的垫带，其宽度和厚度应以使用过程完全覆盖辐条头部和辐条孔为准，且应适应横向稳定的装配要求。

附 录 A
（资料性附录）
本标准章条编号与 ISO 5775-2:1996 章条编号对照

表 A.1 给出了本标准章条编号与 ISO 5775-2:1996 的章条编号对照一览表。

表 A.1 本标准章条编号与 ISO 5775-2:1996 章条编号对照

本标准章条编号	对应的 ISO 5775-2:1996 章条编号
1	1 的第 1 段和第 2 段
2	—
3.1	1 的第 3 段
3.2	1 的第 4 段、3.3
3.3	2
—	3.1、3.2 的第 2 句及第 3 句
4.1	4.1 的第 2 句
4.2	4.1 的第 1 句和 4.2
4.3	4.3
5.1	—
5.2	5.1、5.2
5.3	5.3
6.1	6.1 的第 2 句
6.2	6.1 的第 1 句和 6.2
6.3	6.3
7	—
8.1	3.2 的第 1 句
8.2	3.4
附录 A	—
附录 B	—
附录 C	附录 A

附　录　B
（资料性附录）
本标准与 ISO 5775-2:1996 技术性差异及其原因

表 B.1 给出了本标准与 ISO 5775-2:1996 的技术性差异及其原因。

表 B.1　本标准与 ISO 5775-2:1996 的技术性差异及其原因

本标准章条编号	技术性差异	原　因
1 和 3.1	标准覆盖的范围不同。ISO 标准包括直边型(SS)、钩边型(HB)和钩直边型(CT)共 3 种类型的轮辋。本标准增加了软边型(BE)轮辋。	按国情,保留软边力车轮胎所采用的软边轮辋系列。同时,参照 JIS D 9421:2005,钩直边型轮辋简称为 CT 型轮辋。
2	本标准引用了 GB/T 7377《力车轮胎系列》(GB/T 7377—2008,ISO 5775-1:1997,MOD),并增加引用了国家标准 GB/T 6326《轮胎术语及其定义》(GB/T 6326—2005,ISO 4223-1:2002,NEQ)、GB/T 2933《充气轮胎用车轮和轮辋的术语、规格代号和标志》和 GB/T 1702《力车轮胎》,删除了 ISO 5775-2:1996 所引用的 ISO 5775-1《自行车轮胎和轮辋——第 1 部分——轮胎规格和尺寸》。	本标准引用的 GB/T 7377 与 ISO 5775-1 有对应关系。其余引用的术语和轮胎产品国家标准与 ISO 5775-2:1996 的引用标准均无直接对应关系。
—	删除了 ISO 5775-2:1996 的“3.1　轮辋轮廓”和“3.2　轮辋气门嘴孔”的第 2 句及第 3 句。	被删去的 ISO 有关条款或内容均为轮辋轮廓及轮辋气门嘴孔的外观质量要求。本标准不包括轮辋的产品外观质量,删去的内容宜纳入相应轮辋的产品标准中。
4.1、5.1、6.1	增加了规定这 3 类轮辋所适用的轮胎系列范围。	便于与 GB/T 1702 和 GB/T 7377 配套使用。
4.3、5.3、6.3	增加了对这 3 类轮辋规格名称中“×”号为“一件式轮辋”的说明。	便于与用“—”号表示的“多件式轮辋”进行区别。
7	增加了软边型(BE)轮辋系列。	按国情,保留软边力车轮胎所采用的软边轮辋系列。
8.1 和图 3 的脚注 a	对 ISO 5775-2:1996 中图 3“注 1)”的“$8.3^{+0.3}_{0}$”修改为“$8.5^{+0.3}_{0}$”,同时纳入本标准的 8.1 中。	适当增大轮辋气门嘴孔径,以更好地适应国内力车内胎用胶垫气门嘴的包胶形式多样化。
附录 C 的图 C.5	对 ISO 5775-2:1996 的“图 A.5 带尺尺寸”中标注的缺口尺寸由“3”修改为“3.0±0.1”;并删去图中带尺下面的凸起部分。	增加带尺缺口的尺寸公差,并删去原图中底部不应有的凸位,以提高测量的精度和可操作性。

附 录 C
（资料性附录）
检测轮辋尺寸的方法

C.1 范围

本附录提供了直边轮辋(SS 型)、钩边轮辋(HB 型)和钩直边轮辋(CT 型)尺寸的检测方法。

C.2 检测准备

轮辋的所有测量应在准备安装轮胎的轮辋上进行，轮辋应放在平坦的工作台面上。为精确测量，量具与带尺通常应与轮辋边缘成垂直地放在两边胎圈座上。

C.3 主要检测尺寸

待检测的主要轮辋尺寸如图 C.1、图 C.2 和图 C.3 所示。

单位为毫米

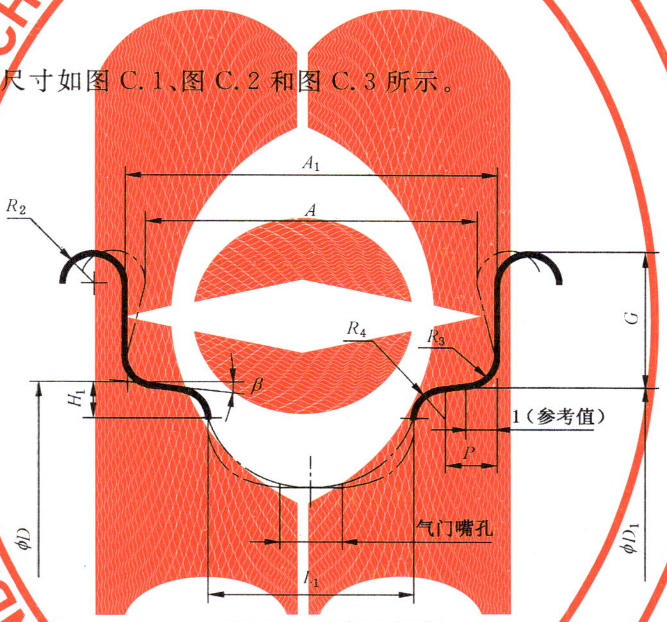

图 C.1 直边轮辋

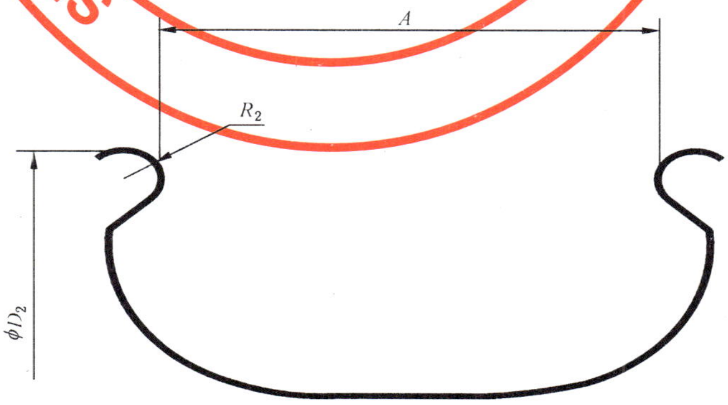

图 C.2 钩边轮辋

单位为毫米

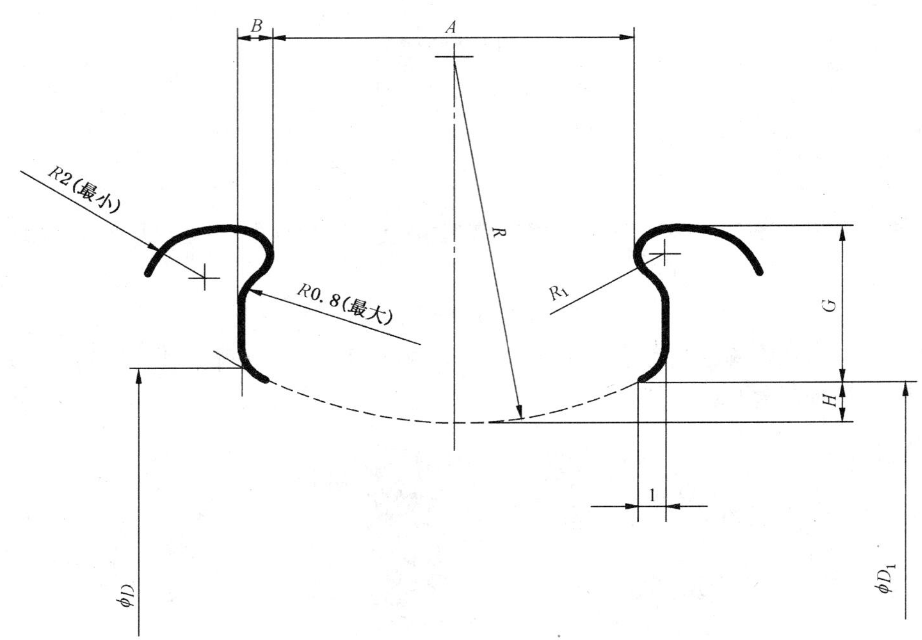

图 C.3 钩直边轮辋

C.4 检测标定直径和胎圈座周长的方法

第一种方法(见 C.4.1)仅用于直边轮辋(SS 型)。第二种方法(见 C.4.2)可应用于直边(SS 型)与钩直边(CT 型)轮辋。

C.4.1 第一种方法

围绕标准水平周长的轮辋检测与该模芯周长相关。

如图 C.4 所示:使用一条经过细选的带尺以适于该轮辋的测量。带尺应用弹簧钢制造并与轮辋两边胎圈座均等接触;带尺应平坦,并注明其轮辋宽度代号与名义轮辋直径。该带尺还应在一适当的模芯上与某一个平坦面上进行检查:带尺的直端应接触到刻痕标记间的另一端(见表 C.1 和图 C.4、图 C.5、图 C.6)。

检测的参考温度应为 20 ℃。

建议检测工作除有经验的轮辋检验员外,宜有两人进行操作:一人固定带尺位置,施加不大于 50 N 的拉力于带尺的端部,另一人读取测量数值。

表 C.1 轮辋与带尺宽度

单位为毫米

轮辋宽度	带尺宽度 W $^{0}_{-0.1}$
18	16
20	18
22	20
24	22
27	25
30.5	28.5

单位为毫米

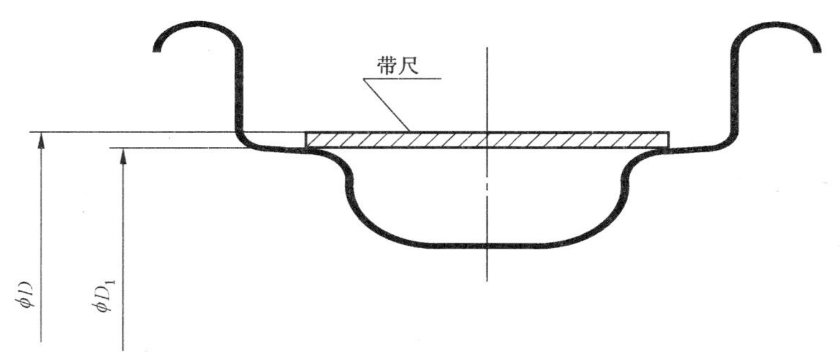

图 C.4 轮辋直径测量

单位为毫米

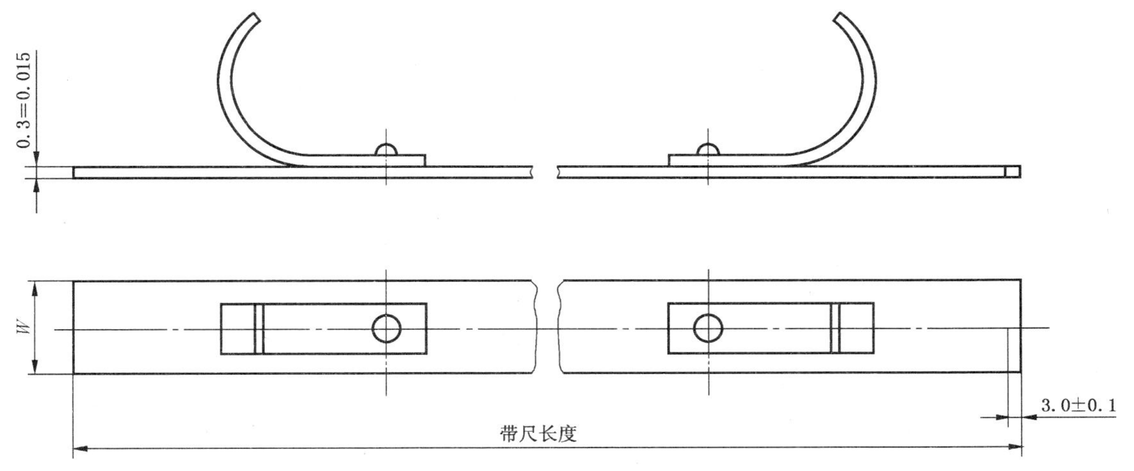

图 C.5 带尺尺寸

单位为毫米

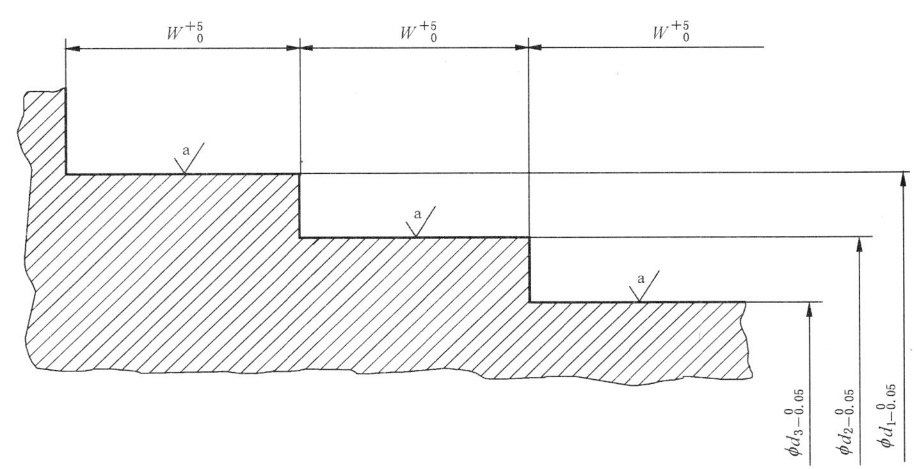

a 可人为判断的表面粗糙值。

图 C.6 带尺模芯

C.4.2 第二种方法

通过使用不可延长的钢带尺(宽 10 mm、厚 0.3 mm,最小刻度为 0.5 mm)测量两边轮缘上面部位的圆周,应小心地接触轮辋,记录两个外周长的测量值 U_{OA} 与 U_{OB}。

使用合适的游标尺(参看图 C.7 和图 C.9),在圆周上等距离取至少 4 个点,测量两边轮缘的高度,应小心使用符合标准的凸位(对自行车轮辋为 1 mm)。计算两个轮缘高度的平均值 G_A 与 G_B。

按式(C.1)和式(C.2)计算测量周长 U_{1A} 与 U_{1B}:

$$U_{1A} = U_{0A} - 2\pi G_A \qquad (C.1)$$

$$U_{1B} = U_{0B} - 2\pi G_B \qquad (C.2)$$

用表 2 所列 D_1 值与 π 的乘积来比较两个周长。

注意——当轮辋两个外周长 U_{0A} 与 U_{0B} 之间相差超过 2 mm 时,应合理地应用游标卡尺并插入厚度为 δ 的垫片,以应对其圆周差别(见图 C.8)。δ 的取值见式(C.3):

$$\delta = \frac{|U_{0A} - U_{0B}|}{2\pi} \qquad (C.3)$$

在较短一侧的轮缘顶部与游标尺之间,垫片应能放得进去,如图 C.8 所示。

单位为毫米

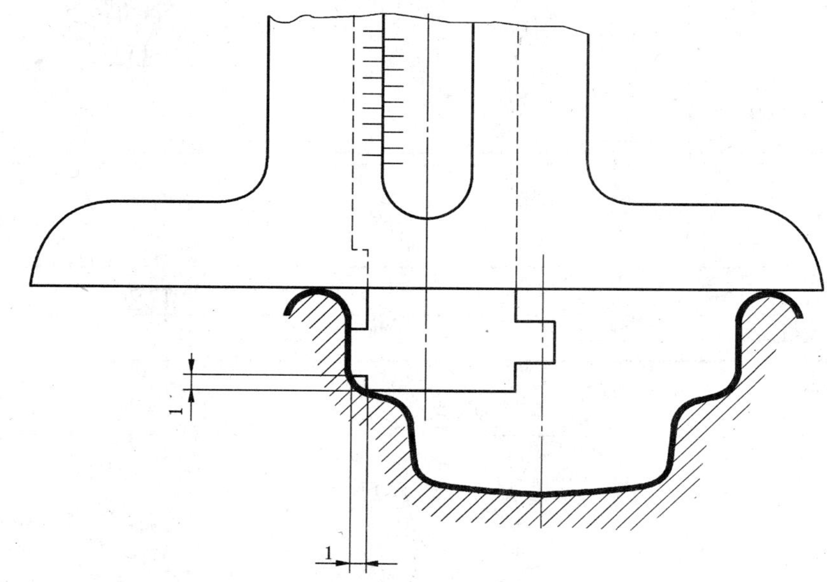

图 C.7 游标卡尺 1/20 mm 刻度

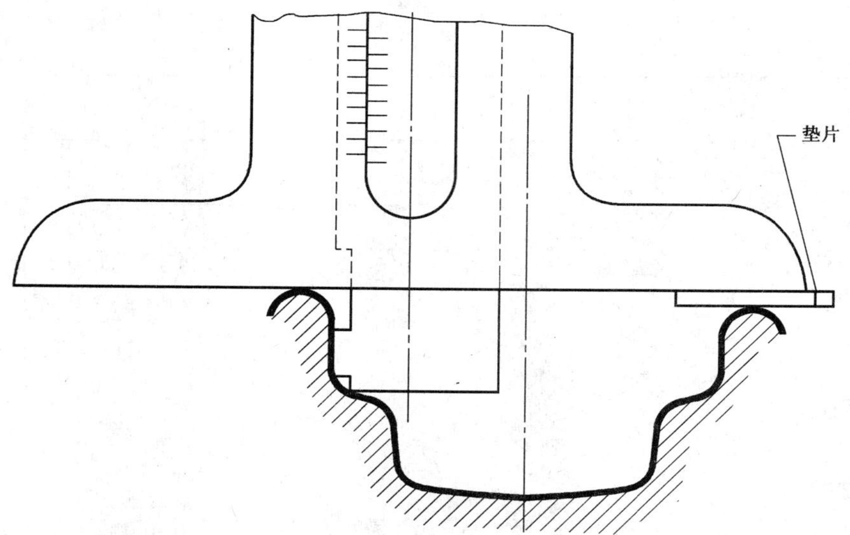

图 C.8 使用带有垫片的游标卡尺

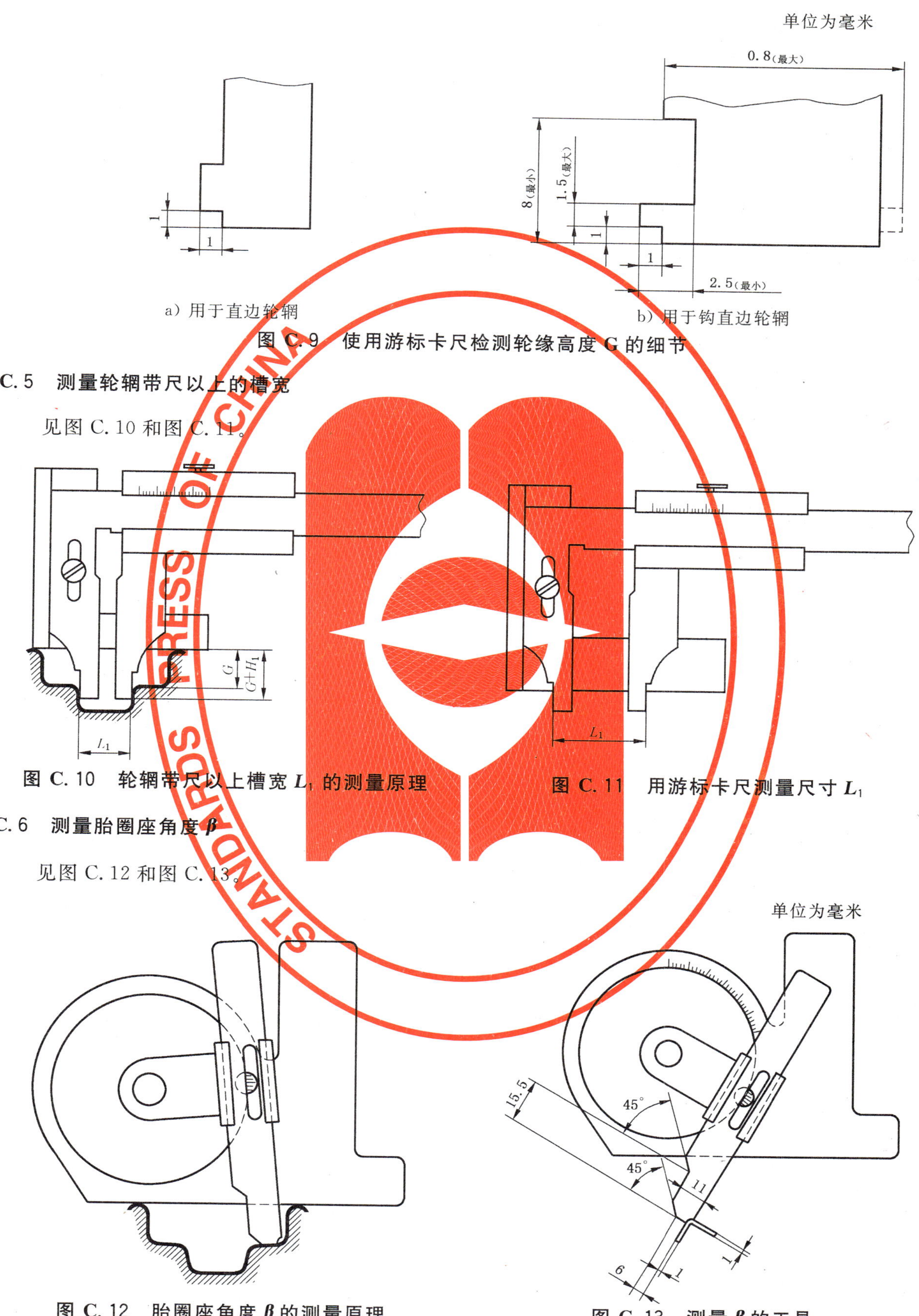

a）用于直边轮辋　　b）用于钩直边轮辋

图 C.9　使用游标卡尺检测轮缘高度 G 的细节

C.5　测量轮辋带尺以上的槽宽

见图 C.10 和图 C.11。

图 C.10　轮辋带尺以上槽宽 L_1 的测量原理

图 C.11　用游标卡尺测量尺寸 L_1

C.6　测量胎圈座角度 β

见图 C.12 和图 C.13。

图 C.12　胎圈座角度 β 的测量原理

图 C.13　测量 β 的工具

C.7 测量其他轮辋尺寸

胎圈座的轮辋宽度 A_1 与标定轮辋宽度 A 应采用如图 C.14 所示的游标卡尺进行测量。

单位为毫米

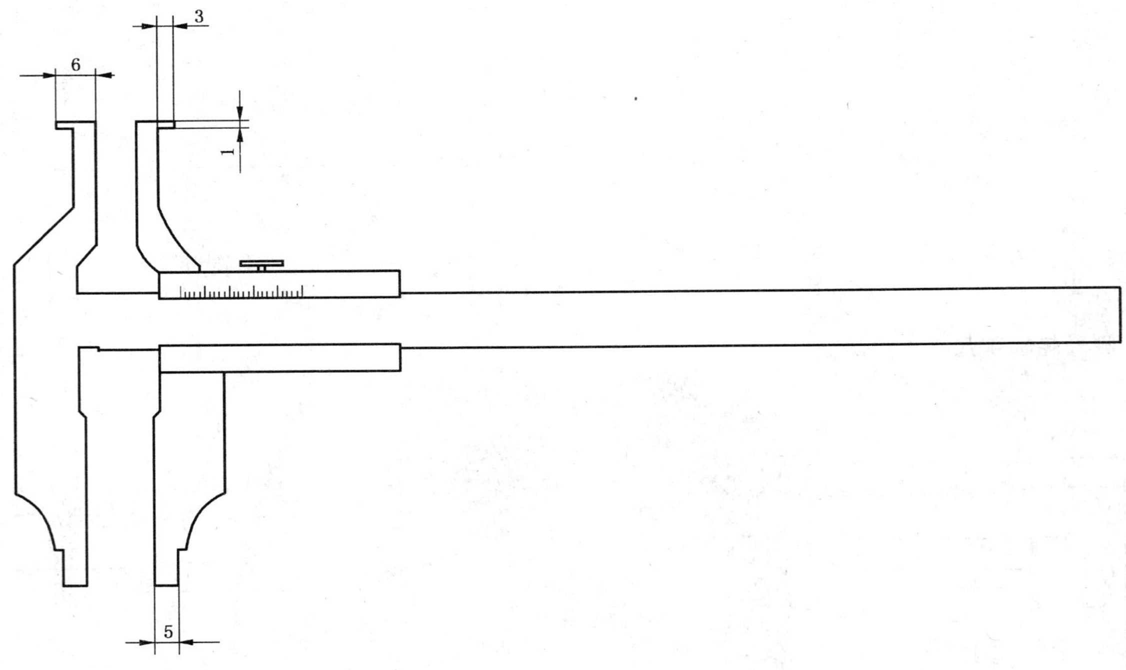

图 C.14 测量轮辋宽度的游标卡尺

ICS 83.140.50
G 43

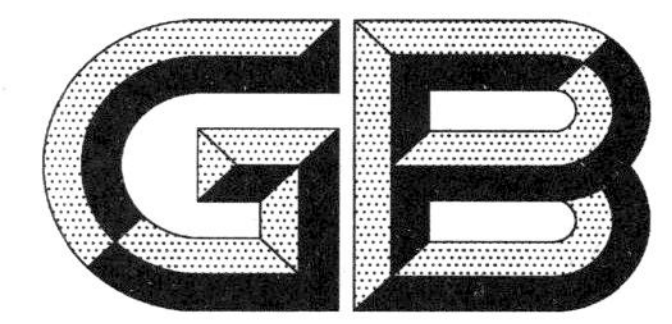

中华人民共和国国家标准

GB/T 23658—2009

弹性体密封圈　输送气体燃料和烃类液体的管道和配件用密封圈的材料要求

Elastomeric seals—Material requirement for seals used in pipes and fittings carrying gaseous fuels and hydricarbon fluid

(ISO 16010:2005,MOD)

2009-04-24 发布　　2009-12-01 实施

中华人民共和国国家质量监督检验检疫总局
中国国家标准化管理委员会　发布

前　言

本标准修改采用 ISO 16010:2005《弹性体密封件——输送气体燃料和烃类液体的管道和配件用密封圈的材料要求》(英文版)。

本标准根据 ISO 16010:2005 重新起草。

由于我国工业的特殊需要,本标准在采用国际标准时进行了修改,这些技术性差异用垂直单线标识在它们所涉及的条款的页边空白处。与 ISO 16010:2005 的主要技术性差异为:

——第 2 章规范性引用文件中的 GB/T 1690—1992 非等效采用对应的国际标准。

——将 4.2.3 的注"如果密封圈的尺寸适当,可采用 GB/T 6031—1998 规定的常规试验方法,但必须有微型试验方法作参照。"改为段"如果密封圈的尺寸适当,可采用 GB/T 6031 规定的常规试验方法",如测量常规硬度后再测量微型硬度,增加了试验量,没有必要。

——4.2.6 热空气老化试验采用的老化箱与 ISO 16010:2005 不同,ISO 16010:2005 中采用 ISO 188方法 A,选用低速空气循环老化箱;本标准为了适应国内实际情况,热空气老化试验引用 GB/T 3512,而 GB/T 3512 是等效采用 ISO 188 方法 B,选用强制空气循环老化箱。

为了便于使用,本标准还做了下列编辑性修改:

——将"本国际标准"改为"本标准";

——删除国际标准的前言。

本标准的附录 A 和附录 B 为资料性附录。

本标准由中国石油和化学工业协会提出。

本标准由全国橡胶与橡胶制品标准化技术委员会密封制品分技术委员会(SAC/TC 35/SC 3)归口。

本标准起草单位:西北橡胶塑料研究设计院、安徽马鞍山宏力橡胶制品有限公司、青岛北海密封技术有限公司。

本标准主要起草人:高静茹、曹元礼、高法训、郝伯华、高强。

弹性体密封圈　输送气体燃料和烃类液体的管道和配件用密封圈的材料要求

1　范围

本标准规定了工作温度通常为－5 ℃～＋50 ℃，特殊情况下达到－15 ℃～＋50 ℃的用于下列场合下的输送管和配件、辅助设备和阀门上的密封圈弹性体材料的要求：

a)　一般场合(见表4，G型系列)：

——气体燃料[人工煤气、天然气和气相的液化石油气(LPG)]；

——芳香族含量(体积分数)30%以下的烃类液体，包括液相的LPG；

b)　特殊场合(见表4，H型)：适合于输送压缩气体燃料和芳香族含量(体积分数)30%以上的烃类液体的材料。

本标准对成品密封圈也规定了一般要求，对于特殊用途所需的额外要求应在相应的产品标准中规定。应提请注意的是，管道接口的工作性能与密封圈材料的性能、密封圈的几何形状及管接口的结构有关。如适用，本标准宜同规定管接口工作性能的产品标准一起使用。

本标准适用于包括铸铁管、钢管、铜管、塑料管在内的所有管接口密封圈。

对于复合密封圈，4.2.8和4.2.9的要求仅适用于与气体燃料或烃类液体接触的弹性体部件。

对于硬度级别80和90的材料，只有橡胶直接参与密封或要求密封圈长期稳定时才适用拉断伸长率、压缩永久变形及压缩应力松弛要求。

本标准不适用于以下场合：

——由多孔材料制成的密封圈；

——结构中含有闭孔材料的密封圈；

——要求耐火焰或耐热应力的密封圈；

——由预硫化型材端部接合而成的有接头的密封圈。

2　规范性引用文件

下列文件中的条款通过本标准的引用而成为本标准的条款。凡是注日期的引用文件，其随后所有的修改单(不包括勘误的内容)或修订版均不适用于本标准，然而，鼓励根据本标准达成协议的各方研究是否可使用这些文件的最新版本。凡是不注日期的引用文件，其最新版本适用于本标准。

GB/T 528　硫化橡胶或热塑性橡胶　拉伸应力应变性能的测定(GB/T 528—1998，eqv ISO 37：1994)

GB/T 1685　硫化橡胶或热塑性橡胶　在常温和高温下的压缩应力松弛的测定(GB/T 1685—2008，ISO 3384：2005，MOD)

GB/T 1690—1992　硫化橡胶耐液体试验方法(neq ISO 1817：1985)

GB/T 2941—2006　橡胶物理试验方法试样制备和调节通用程序(ISO 23529：2004，IDT)

GB/T 3512　硫化橡胶或热塑性橡胶　热空气加速老化和耐热试验(GB/T 3512—2001，eqv ISO 188：1998)

GB/T 3672.1　橡胶制品的公差　第一部分　尺寸公差(GB/T 3672.1—2002，ISO 3302-1：1996，IDT)

GB/T 6031　硫化橡胶或热塑性橡胶硬度的测定(10～100 IRHD)(GB/T 6031—1998，idt

ISO 48:1994)

GB/T 7759 硫化橡胶、热塑性橡胶 常温、高温和低温下的压缩永久变形测定(GB/T 7759—1996,eqv ISO 815:1991)

GB/T 7762 硫化橡胶或热塑性橡胶 耐臭氧龟裂 静态拉伸试验(GB/T 7762—2003,ISO 1431-1:1982,MOD)

GB/T 17604—1998 橡胶 管道接口用密封圈制造质量的建议 疵点的分类与类别(idt ISO 9691:1992)

3 分类

材料按公称硬度分为5类,见表1。5类管道接口密封圈的物理性能规定于表2和表3,5种型别规定于表4。

表1 硬度分类

硬度级别	50	60	70	80	90
硬度(IRHD)范围	46～55	56～65	66～75	76～85	86～95

4 要求

4.1 材料

材料应不含有任何对密封圈、管道或配件的寿命有害的物质。

4.2 成品密封圈的要求

4.2.1 尺寸公差

公差应符合GB/T 3672.1中规定的适当的级别。

4.2.2 疵点和缺陷

密封圈应没有可影响其功能的缺陷或不规整性。疵点应按GB/T 17604—1998进行如下分类:

——在密封工作面上的表面疵点,如GB/T 17604—1998中4.1.1所述,应认为是缺陷;

——在非密封工作面上的表面疵点,如GB/T 17604—1998中4.1.2.1b)所述,不认为是缺陷;

——在非密封工作面上严重的表面疵点,如GB/T 17604—1998中4.1.2.1a)所述,可认为是缺陷。这宜由有关各方协商而定;可接收质量标准与密封圈的型式和结构有关。

GB/T 17604—1998中4.2所述的内部疵点可认为是缺陷。压缩力的可接收极限值宜根据密封圈的结构和型式由有关各方协商而定。

4.2.3 硬度

按GB/T 6031规定的微型试验方法测定,硬度应符合表2或表3的规定。

如果密封圈的尺寸适当,可采用GB/T 6031规定的常规试验方法。

对于同一个密封圈,最大硬度和最小硬度之间的差值不应超过5IRHD。每一硬度值都应在规定的公差范围内。

4.2.4 拉伸强度和拉断伸长率

拉伸强度和拉断伸长率应按GB/T 528规定的方法,用1、2、3或4型哑铃形试样进行测定,优先采用2型试样。若不用2型试样,则应在试验报告中注明所用的其他哑铃形试样。拉伸强度和拉断伸长率应符合表2或表3的规定。

4.2.5 在空气中的压缩永久变形

4.2.5.1 总则

如果试样从密封圈上制得,则应尽可能在密封圈工作时的压缩方向上进行测定。

4.2.5.2 在23 ℃和70 ℃下的压缩永久变形

按GB/T 7759规定的方法，在23 ℃和70 ℃下，采用B型试样测定，压缩永久变形应符合表2或表3的规定。

如果密封圈的截面太小，以至于不能从制品上切取适当的试样时，可以通过从试片上切取或是通过模压的方法制得B型试样(见5.1)。

4.2.5.3 在−5 ℃下的低温压缩永久变形

按GB/T 7759规定的方法，采用B型试样测定，在−5 ℃下经过72 h后，恢复(30±3)min，在−5 ℃下进行测量，其压缩永久变形应符合表2或表3的规定。

4.2.6 在空气中的加速老化

测定硬度的试样(见4.2.3)以及测定拉伸强度和拉断伸长率的试样(见4.2.4)应按GB/T 3512的规定在70 ℃热空气中老化7 d。

硬度变化、拉伸强度变化率和拉断伸长率变化率应符合表2或表3的规定。

4.2.7 压缩应力松弛

压缩应力松弛应按GB/T 1685规定的方法，采用Ⅱ型试样进行测定。

对于7天的试验应记录3 h、1 d、3 d和7 d的测量值，对于90天的试验，应记录3 h、1 d、3 d、7 d、30 d和90 d的测量值。

用对数时间坐标，以回归分析方法绘出最佳拟合直线。对于7天的试验从这些分析中导出的相关系数不应低于0.93，对90天的试验，相关系数不应低于0.83。表2和表3中7天和90天的压缩应力松弛要求都是从该直线推导出来的。

在下列温度和时间下的压缩应力松弛应符合表2和表3的规定。

——在(23±2)℃下7 d；

——在(23±2)℃下90 d。

90天的试验应视为定型检验。

如果试样从密封圈上制得，则应尽可能在密封圈工作时的压缩方向上进行测定。

4.2.8 在液体B中的体积变化

按GB/T 1690—1992规定的方法测定时，在23 ℃的液体B中浸泡7 d，然后在70 ℃的空气中干燥4 d，其体积变化应符合表2或表3规定的要求。

4.2.9 在油中的体积变化

按GB/T 1690—1992规定的方法，在70 ℃的3号标准油中浸泡7 d后测定，其体积变化应符合表2或表3的规定。

4.2.10 耐臭氧

按GB/T 7762规定的方法在下列条件下试验，试样应符合表2或表3的规定：

——臭氧浓度：$(50\pm5)\times10^{-8}$；

——温度：(40±2)℃；

——预拉伸时间：$(72_{-2}^{\ 0})$h；

——曝露时间：$(48_{-2}^{\ 0})$h；

——预拉伸率：

50IRHD、60IRHD、70IRHD为：(20±2)%；

80IRHD为：(15±2)%；

90IRHD为：(10±2)%；

——相对湿度：(55±10)%。

对于用耐臭氧浓度较低的材料制成的密封圈，试验所用的臭氧浓度为$(25\pm5)\times10^{-8}$。

4.2.11 在－15 ℃下的压缩永久变形

对于预定在－5 ℃以下使用，最低使用温度达－15 ℃的弹性体材料，按GB/T 7759规定的方法，采用B型试样，应在－15 ℃下经过72 h后，恢复(30±3)min，在－15 ℃下进行测量，其压缩永久变形应符合表2的规定。

表2 适用于输送气体燃料和输送芳香族含量(体积分数)达30%的烃类液体的密封圈材料物理性能要求(见表4,G型系列)

<table>
<tr><th rowspan="2">性能</th><th rowspan="2">单位</th><th rowspan="2">试验方法</th><th rowspan="2">章条号</th><th colspan="5">各硬度等级的要求</th></tr>
<tr><th>50</th><th>60</th><th>70</th><th>80</th><th>90</th></tr>
<tr><td>公称硬度的公差</td><td>IRHD</td><td>GB/T 6031</td><td>4.2.3</td><td>±5</td><td>±5</td><td>±5</td><td>±5</td><td>+3
−5</td></tr>
<tr><td>拉伸强度 最小</td><td>MPa</td><td>GB/T 528</td><td>4.2.4</td><td>10</td><td>10</td><td>10</td><td>10</td><td>10</td></tr>
<tr><td>拉断伸长率 最小</td><td>%</td><td>GB/T 528</td><td>4.2.4</td><td>400</td><td>300</td><td>200</td><td>150[a]</td><td>80[a]</td></tr>
<tr><td>压缩永久变形 最大
23 ℃,72 h
70 ℃,24 h
−5 ℃,72 h</td><td>
%
%
%</td><td>GB/T 7759</td><td>
4.2.5.2
4.2.5.2
4.2.5.3</td><td>
10
18
25</td><td>
10
18
25</td><td>
10
18
25</td><td>
15[a]
20[a]
40[a]</td><td>
15[a]
20[a,b]
40[a,b]</td></tr>
<tr><td>热空气老化,70 ℃,7 d
硬度变化
拉伸强度变化率
拉断伸长率变化</td><td>
IRHD
%
%</td><td>GB/T 3512
GB/T 6031
GB/T 528
GB/T 528</td><td>4.2.6</td><td>
±5
±15
−25～+10</td><td>
±5
±15
−25～+10</td><td>
±5
±15
−25～+10</td><td>
±5
±15
−25～+10</td><td>
±5
±15
−25～+10</td></tr>
<tr><td>压缩应力松弛[a] 最大
23 ℃,7 d
23 ℃,90 d</td><td>%</td><td>GB/T 1685</td><td>4.2.7</td><td>
12
18</td><td>
13
19</td><td>
14
20</td><td>
15[a]
22[a]</td><td>
15[a]
22[a]</td></tr>
<tr><td>在液体B中的体积变化
23 ℃,7 d 最大</td><td>%</td><td>GB/T 1690—1992</td><td>4.2.8</td><td>+35</td><td>+35</td><td>+30</td><td>+30</td><td>+25</td></tr>
<tr><td>在液体B中浸泡之后，再在70 ℃的干热空气老化4 d,体积变化[c] 最大</td><td>%</td><td>GB/T 1690—1992</td><td>4.2.8</td><td>−15</td><td>−12</td><td>−10</td><td>−10</td><td>−10</td></tr>
<tr><td>耐3号标准油,70 ℃,7 d
体积变化</td><td>%</td><td>GB/T 1690—1992</td><td>4.2.9</td><td>−1～+10</td><td>−1～+10</td><td>−1～+10</td><td>−1～+10</td><td>−1～+10</td></tr>
<tr><td>耐臭氧</td><td>—</td><td>GB/T 7762</td><td>4.2.10</td><td colspan="5">在未经放大的条件下观察时看不到裂纹</td></tr>
<tr><td>压缩永久变形[d],−15 ℃,72 h 最大</td><td>%</td><td>GB/T 7759</td><td>4.2.11</td><td>40</td><td>40</td><td>50</td><td>60[a]</td><td>65[a]</td></tr>
</table>

a 硬度级别为80IRHD～90IRHD级的材料要求仅适用于材料直接参与密封作用或有助于密封圈的长期稳定时。

b 对于硬度≥90IRHD的材料，在70 ℃下的压缩永久变形要求≤40%，在−5 ℃下的压缩永久变形要求≤50%。

c 对于GA型和GAL型(见表4)的密封材料不适用。

d 仅适用于GA型和GAL型(见表4)。

表 3　适合于输送含气体浓缩物的气体燃料和输送含自由芳香族的烃类液体的密封圈材料物理性能要求(见表 4,H 型)

性能	单位	试验方法	章条号	各硬度等级的要求				
				50	60	70	80	90
公称硬度的公差	IRHD	GB/T 6031	4.2.3	±5	±5	±5	±5	+3 −5
拉伸强度　最小	MPa	GB/T 528	4.2.4	8	8	8	10	10
拉断伸长率　最小	%	GB/T 528	4.2.4	200	200	150	100[a]	80[a]
压缩永久变形　最大		GB/T 7759						
23 ℃,72 h	%		4.2.5.2	14	14	15	15[a]	15[a]
70 ℃,24 h	%		4.2.5.2	14	14	15	15[a]	18[a]
−5 ℃,72 h	%			—[b]	45	50	50[a]	50[a]
热空气老化,70 ℃,7 d		GB/T 3512	4.2.6					
硬度变化	IRHD	GB/T 6031		±3	±3	±3	±3	±3
拉伸强度变化率	%	GB/T 528		±15	±15	±15	±15	±15
拉断伸长率变化	%	GB/T 528		−15～+10	−15～+10	−15～+10	−15～+10	−15～+10
压缩应力松弛[a]　最大	%	GB/T 1685	4.2.7					
23 ℃,7 d				13	13	15	15[a]	15[a]
23 ℃,90 d				19	19	22	22[a]	22[a]
在液体 B 中的体积变化,23 ℃,7 d　最大	%	GB/T 1690—1992	4.2.8	+5	+5	+5	+5	+5
在液体 B 中浸泡之后,再在 70 ℃的干热空气老化 4 d	%	GB/T 1690—1992	4.2.8					
体积变化　最大				−2	−2	−2	−2	−2
耐 3 号标准油,70 ℃,7 d	%	GB/T 1690—1992	4.2.9					
体积变化				−1～+5	−1～+5	−1～+5	−1～+5	−1～+5
耐臭氧	—	GB/T 7762	4.2.10	在未经放大的条件下观察时看不到裂纹				

[a] 硬度级别为 80IRHD～90IRHD 级的材料要求仅适用于材料直接参与密封作用或有助于密封圈的长期稳定时。

[b] 该硬度级别的弹性体不宜用于 0 ℃以下。

5　试样和温度

5.1　试样的制备

除非另有规定,试样应按 GB/T 2941—2006 规定的方法从成品上切取。如果不能从成品制备出符合有关试验方法规定的试样,则应从尺寸适当的试片或试验胶板上切取试样,试片或试验胶板应使用与制造密封圈同一批次的混炼胶,并且在与制造密封圈相同的条件下模压。

对于允许使用不同规格试样的试验,一批胶料制成的产品和比对试验应使用相同规格的试样。

5.2 试验温度

除非另有规定，试验应在GB/T 2941—2006中规定的标准实验室温度下进行。

注：本标准推荐的实验室温度为23 ℃。

6 质量保证

质量保证试验不构成本标准正文的一部分，但可从附录A获得指导，该附录推荐了相应的试验周期、产品控制试验和抽样技术。

质量保证宜优先符合诸如GB/T 19001或等效文件的标准。

7 贮存

参见附录B。

8 标识代码

应根据表4所列的预定用途识别密封圈。完整的识别代码应有下列内容：

a) 产品描述：如密封圈；

b) 标准号：即GB/T 23658—2009；

c) 公称尺寸：如DN 150；

d) 用途类型：如GB(见表4)；

e) 橡胶种类：如NBR；

f) 密封圈名称：如生产者的商品名称。

示例：密封圈/GB/T 23658—2009/DN150/GB/NBR/商品名称

表4 按类型、用途和工作温度确定的弹性体密封圈的识别代码

型别	用途	工作温度/℃
GA	气体燃料	−5～+50
GAL	气体燃料	−15～+50
GB	烃类液体和气体燃料	−5～+50
GBL	烃类液体和气体燃料	−15～+50
H	芳香烃液体和含气体浓缩物的气体燃料	−5～+50

9 标志与标签

每一密封圈或每一不宜在密封圈上打标记的袋装密封圈的包装袋，均应以不损害密封能力的方式清楚且牢固地打上下列标志：

a) 制造商的识别标志；

b) 标准号以及应用类型和硬度级别，如GB/T 23658/GB/60；

c) 公称尺寸；

d) 制造年份和季度，如3Q 05；

e) 橡胶的缩写，如NBR；

f) 如果产品是由耐臭氧浓度较低的材料制成的(见4.2.10)，应在包装上明确指示。

示例：MAN/GB/T 23658/GB/60/DN150/3Q05/NBR

附 录 A
（资料性附录）
质 量 保 证

A.1 型式检验

除了试验周期超过 28 d 的试验以外，其余试验应至少每年或在制造工艺改变时进行一次。对于试验周期超过 28 d 的试验，应每隔五年重复一次。所有试验（没有任何例外），还应在开始和橡胶配方发生重大变化时进行。

A.2 产品的控制试验

建议进行 4.2.1 和 4.2.2 要求的检验，并使用按 5.1 规定制备的试样进行下列试验：

a） 硬度；

b） 拉伸强度；

c） 拉断伸长率；

d） 在 70 ℃，24 h 下的压缩永久变形。

A.3 产品控制试验的抽样

产品的控制试验宜在各批密封圈上进行，并采用下列抽样程序：

a） 对于计数检验，采用 GB/T 2828.1—2003，例如规定检验水平为 S-2，AQL 为 2.5%；

b） 对于计量检验，采用 GB/T 6378—2002，例如规定检验水平为 S-3，AQL 为 2.5%。

上述例子并不排除生产者使用 GB/T 2828.1—2003 和 GB/T 6378—2002 中更严格的检验水平和 AQL 值的组合。

注：考虑到可燃液体和爆炸液体的输送的危险性，因此特别要注意需要严格的质量控制程序。

附 录 B
（资料性附录）
密封圈的贮存指南

从生产到使用的任何阶段，密封圈宜按照 GB/T 5721 中给出的建议进行贮存。

宜注意以下几点：

a） 贮存温度宜低于 25 ℃，最好低于 15 ℃；

b） 密封圈宜避光贮存，最好要避免强的阳光和高紫外线含量的人造光；

c） 在存放密封圈的房间内，不宜有可产生臭氧的设备，如汞蒸气灯，也不宜有可产生电火花或静电的高压电器；

d） 密封圈宜以没有拉伸、压缩或其他形变的松弛方式存放，如不宜将密封圈悬挂；

e） 密封圈的贮存环境应保持清洁。

ICS 83.140.99
G 47

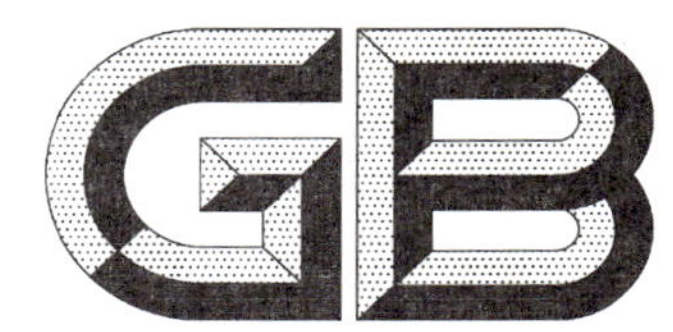

中华人民共和国国家标准

GB/T 23659—2009

复印机胶辊

Rubber roller for manifdder

2009-04-24 发布　　　　2009-12-01 实施

中华人民共和国国家质量监督检验检疫总局
中国国家标准化管理委员会　发布

前　言

本标准的附录A、附录B为规范性附录。

本标准由中国石油和化学工业协会提出。

本标准由全国橡胶与橡胶制品标准化技术委员会橡胶杂品分技术委员会(SAC/TC 35/SC 7)归口。

本标准起草单位:安徽中鼎密封件股份有限公司、广州德润橡胶制品有限公司、上海华向世界橡胶有限公司。

本标准主要起草人:程平、唐晓东、曾昭宇、秦寰、张海潮。

复印机胶辊

1 范围

本标准规定了复印机定影系统、驱动系统和纸路系统用胶辊(以下简称胶辊)的产品分类与标记、产品结构、要求、试验方法、检验规则以及标志、包装、运输与贮存等。

本标准适用于热压定影的静电复印机用胶辊。

2 规范性引用文件

下列文件中的条款通过本标准的引用而成为本标准的条款。凡是注日期的引用文件,其随后所有的修改单(不包括勘误的内容)或修订版均不适用于本标准。然而,鼓励根据本标准达成协议的各方研究是否可使用这些文件的最新版本。凡是不注日期的引用文件,其最新版本适用于本标准。

GB/T 528—1998 硫化橡胶或热塑性橡胶 拉伸应力应变性能的测定(eqv ISO 37:1994)

GB/T 529—2008 硫化橡胶或热塑性橡胶撕裂强度的测定(裤形、直角形和新月形试样)(ISO 34-1:2004,MOD)

GB/T 531.1—2008 硫化橡胶或热塑性橡胶 压入硬度试验方法 第1部分:邵氏硬度计法(邵尔硬度)(ISO 7619-1:2004,IDT)

GB/T 1033.1—2008 塑料、非泡沫塑料密度的测定 第1部分:浸渍法、液体比重瓶法和滴定法(ISO 1183-1:2004,IDT)

GB/T 1036—2008 塑料 −30 ℃~30 ℃线膨胀系数的测定 石英膨胀计法

GB/T 1040.1—2006 塑料 拉伸性能的测定 第1部分:总则(ISO 527-1:1993,IDT)

GB/T 1040.3—2006 塑料 拉伸性能的测定 第3部分:薄膜和薄片的试验条件(ISO 527-3:1995,IDT)

GB/T 1410—2006 固体绝缘材料体积电阻率和表面电阻率试验方法(IEC 60093:1980,IDT)

GB/T 1681—1991 硫化橡胶回弹性的测定(eqv ISO 4662:1986)

GB/T 1689—1998 硫化橡胶耐磨性能的测定(用阿克隆磨耗机)

GB/T 3512—2001 硫化橡胶或热塑性橡胶 热空气加速老化和耐热试验(eqv ISO 188:1998)

GB/T 7759—1996 硫化橡胶或热塑性橡胶 常温、高温和低温下压缩永久变形的测定(eqv ISO 815:1991)

GB/T 7762—2003 硫化橡胶或热塑性橡胶 耐臭氧龟裂 静态拉伸试验(ISO 1431-1:1989,MOD)

GB/T 10125—1997 人造气氛腐蚀试验 盐雾试验(eqv ISO 9227:1990)

GB 11210—1989 硫化橡胶抗静电和导电制品电阻的测定(eqv ISO 2878:1987)

GB/T 11211—1989 硫化橡胶与金属粘合强度的测定 拉伸法(eqv ISO 814:1986)

HG/T 2729—1995 硫化橡胶与薄片摩擦系数的测定 滑动法

HG/T 3077 橡胶、塑料辊硬度要求(HG/T 3077—1999,idt ISO 6123-1:1982)

HG/T 3078 橡胶、塑料辊表面特性(HG/T 3078—2001,idt ISO 6123-2:1988)

HG/T 3079　橡胶、塑料辊尺寸公差(HG/T 3079—1999,idt ISO 6123-3:1985)

3　产品分类与标记

3.1　产品分类

复印机胶辊按其安装部位和用途分为:

a)　定影系统胶辊:定影压力辊(以下简称压力辊);

b)　驱动系统胶辊:驱动系统抗静电辊(以下简称抗静电辊);

c)　纸路系统胶辊(以下简称纸路辊):主要用于输送纸张和纸张定位,如:搓纸辊(轮)(或称推纸辊)、喂纸辊、定位辊、输纸辊等。

3.2　产品标记

3.2.1　标记方法

胶辊按下列顺序标记:

产品名称、本标准号、机型类别、硬度等级。

3.2.2　标记示例如下:

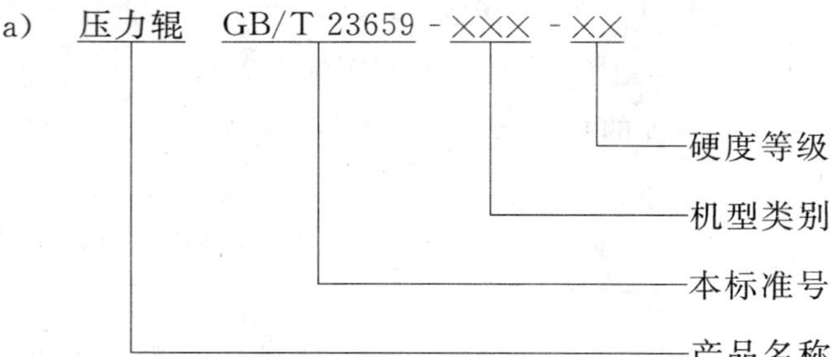

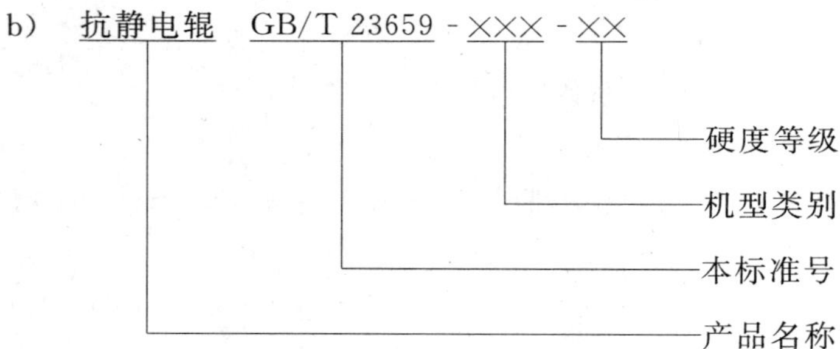

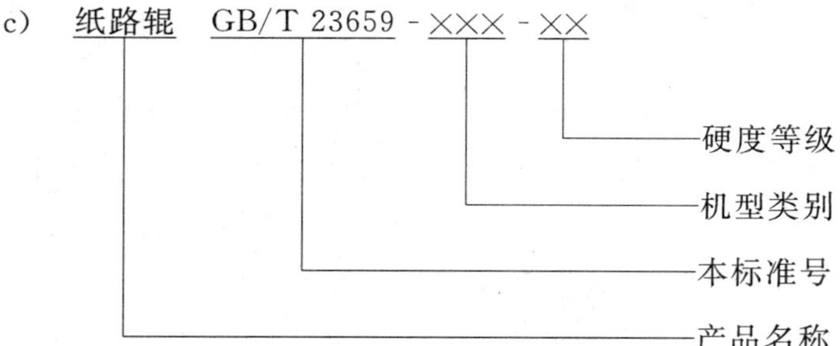

4　产品结构

4.1　压力辊按不同结构类型分为Ⅰ型和Ⅱ型两种(见图1)。

Ⅰ型:基本结构由橡胶层、粘合层、金属芯构成。

Ⅱ型:基本结构由氟套层、橡胶层、粘合层、金属芯构成。

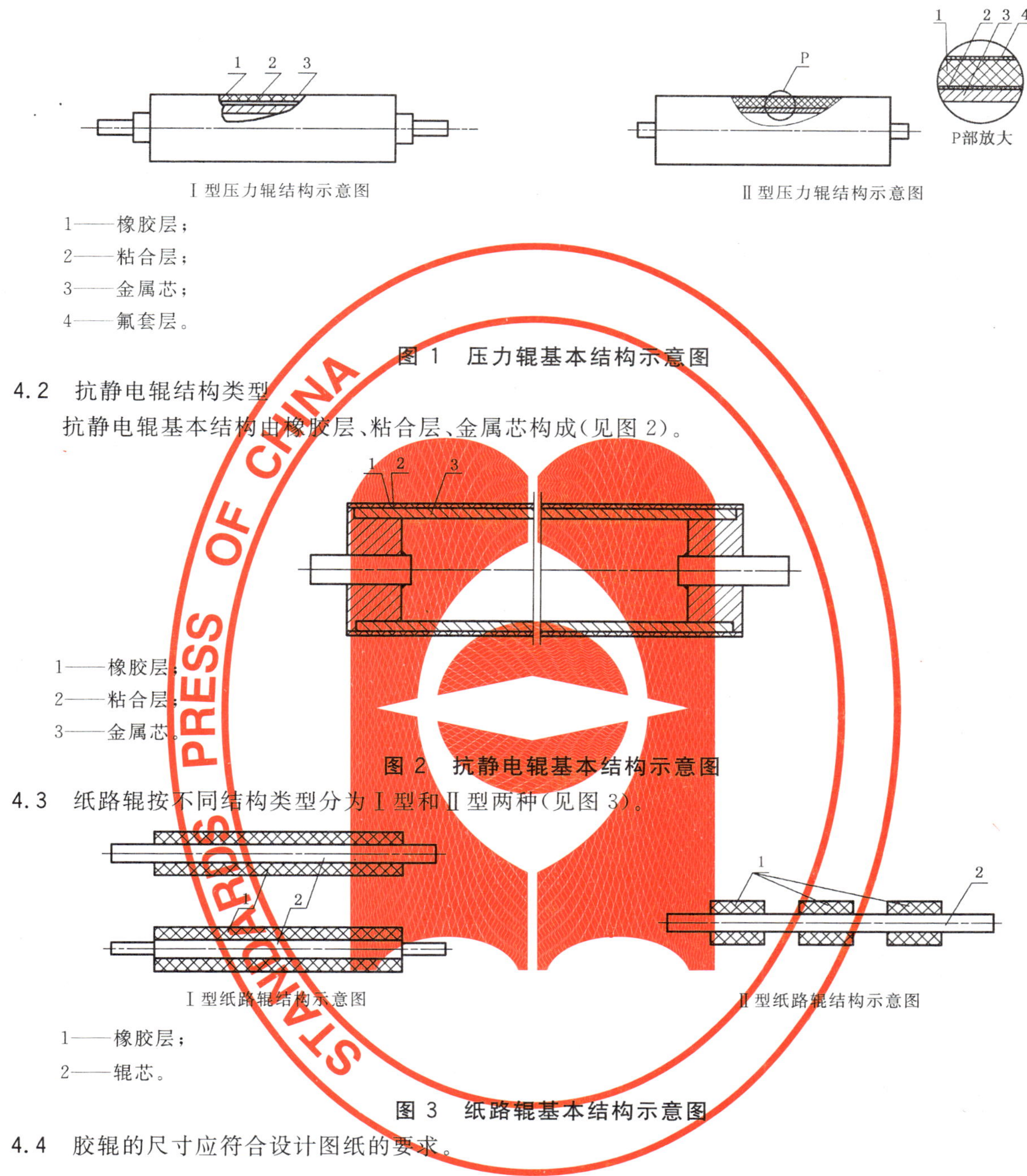

1——橡胶层；
2——粘合层；
3——金属芯；
4——氟套层。

图1 压力辊基本结构示意图

4.2 抗静电辊结构类型

抗静电辊基本结构由橡胶层、粘合层、金属芯构成(见图2)。

1——橡胶层；
2——粘合层；
3——金属芯。

图2 抗静电辊基本结构示意图

4.3 纸路辊按不同结构类型分为Ⅰ型和Ⅱ型两种(见图3)。

1——橡胶层；
2——辊芯。

图3 纸路辊基本结构示意图

4.4 胶辊的尺寸应符合设计图纸的要求。

5 要求

5.1 胶辊用胶料及氟套材料要求

5.1.1 压力辊用胶料物理机械性能应符合表1规定。

表1 压力辊用胶料物理机械性能表

序号	试验项目	指标		
		A	B	C
1	硬度(邵尔A)/度	20±2	30±2	40±2
2	拉伸强度/MPa ≥	2.0		

表 1（续）

<table>
<tr><th rowspan="2">序号</th><th colspan="2" rowspan="2">试 验 项 目</th><th colspan="3">指标</th></tr>
<tr><th>A</th><th>B</th><th>C</th></tr>
<tr><td>3</td><td colspan="2">拉断伸长率/% ≥</td><td colspan="2">200</td><td>150</td></tr>
<tr><td>4</td><td colspan="2">撕裂强度/(kN/m) ≥</td><td colspan="3">4</td></tr>
<tr><td>5</td><td colspan="2">压缩永久变形(175 ℃,22 h,25%)/% ≤</td><td colspan="3">8</td></tr>
<tr><td rowspan="3">6</td><td rowspan="3">热空气老化
200 ℃×72 h</td><td>硬度变化/度 ≤</td><td colspan="3">4</td></tr>
<tr><td>拉伸强度变化率/% ≤</td><td colspan="3">−25</td></tr>
<tr><td>拉断伸长率变化率/% ≤</td><td colspan="3">−30</td></tr>
<tr><td>7</td><td colspan="2">耐臭氧老化(40 ℃×72 h,100×10^{−8},25%伸长)</td><td colspan="3">无龟裂</td></tr>
<tr><td>8</td><td colspan="2">橡胶与金属芯粘合强度(拉伸法)/MPa ≥</td><td colspan="3">0.5</td></tr>
<tr><td>9</td><td colspan="2">加热减量(105 ℃×1 h)/% ≤</td><td colspan="3">0.5</td></tr>
<tr><td colspan="6">注：特殊要求，可由供需双方协商确定。</td></tr>
</table>

5.1.2 抗静电辊用胶料物理机械性能应符合表 2 规定。

表 2 抗静电辊用胶料物理机械性能表

<table>
<tr><th>序号</th><th colspan="2">试 验 项 目</th><th>指 标</th></tr>
<tr><td>1</td><td colspan="2">硬度(邵尔 A)/度</td><td>60±5</td></tr>
<tr><td>2</td><td colspan="2">拉伸强度/MPa ≥</td><td>10</td></tr>
<tr><td>3</td><td colspan="2">拉断伸长率/% ≥</td><td>300</td></tr>
<tr><td>4</td><td colspan="2">体积电阻率/(Ω·cm) ≤</td><td>1.0×10⁶</td></tr>
<tr><td rowspan="3">5</td><td rowspan="3">热空气老化
100 ℃×72 h</td><td>硬度变化/度 ≤</td><td>10</td></tr>
<tr><td>拉伸强度变化率/% ≤</td><td>−20</td></tr>
<tr><td>拉断伸长率变化率/% ≤</td><td>−30</td></tr>
<tr><td>6</td><td colspan="2">压缩永久变形(100 ℃,22 h,25%)/% ≤</td><td>25</td></tr>
<tr><td>7</td><td colspan="2">耐臭氧老化 (40 ℃×72 h,100×10^{−8},25%伸长)</td><td>无龟裂</td></tr>
<tr><td colspan="4">注：其他特殊要求，可由供需双方协商确定。</td></tr>
</table>

5.1.3 纸路辊用胶料物理机械性能应符合表 3 规定。

表 3 纸路辊用胶料物理机械性能表

<table>
<tr><th rowspan="2">序号</th><th rowspan="2">试 验 项 目</th><th colspan="7">指 标</th></tr>
<tr><th>A</th><th>B</th><th>C</th><th>D</th><th>E</th><th>F</th><th>G</th></tr>
<tr><td>1</td><td>硬度(邵尔 A)/度</td><td>20±5</td><td>30±5</td><td>40±5</td><td>50±5</td><td>60±5</td><td>70±5</td><td>80±5</td></tr>
<tr><td>2</td><td>拉伸强度/MPa ≥</td><td>5</td><td>10</td><td>10</td><td>15</td><td>15</td><td>15</td><td>15</td></tr>
<tr><td>3</td><td>拉断伸长率/% ≥</td><td>450</td><td>450</td><td>450</td><td>350</td><td>350</td><td>300</td><td>300</td></tr>
<tr><td>4</td><td>撕裂强度/(kN/m) ≥</td><td>7</td><td>10</td><td>10</td><td>25</td><td>30</td><td>35</td><td>35</td></tr>
<tr><td>5</td><td>压缩永久变形(100 ℃,22 h,25%)/% ≤</td><td>50</td><td>50</td><td>50</td><td>50</td><td>50</td><td>50</td><td>50</td></tr>
</table>

表 3（续）

序号	试验项目		指标						
			A	B	C	D	E	F	G
6	热空气老化 100 ℃×72 h	硬度变化/度 ≤	5						
		拉伸强度变化率/% ≤	−25						
		拉断伸长率变化率/% ≤	−30						
7	耐臭氧老化（40 ℃×72 h，100×10^{-8}，25%伸长）		无龟裂						
8	回弹性/% ≥		50	50	50	45	45	45	45
9	阿克隆磨耗/cm^3 ≤		0.5	0.5	0.3	0.3	0.3	0.3	0.3
10	摩擦系数[a] ≥		1.5	1.5	1.5	1.2	1.0	1.0	1.0
注：其他特殊要求，可由供需双方协商确定。									
[a] 由于测试摩擦系数的标准 HG/T 2729 中，对橡胶试片表面要求未作规定，为减少检测的误差，对橡胶试片模的型腔粗糙度规定在 *Ra*0.8～1.6。									

5.1.4 压力辊氟套材料物理机械性能应符合表 4 规定。

表 4 压力辊氟套材料物理机械性能表

序号	试验项目	指标
1	硬度（邵尔 D）/度	60±2
2	拉伸强度/MPa ≥	25
3	拉断伸长率/% ≥	300
4	密度/（g/cm^3）	2.15±0.02
5	线性膨胀系数/（10^{-5}/℃） ≤	15
6	体积电阻率/（Ω·cm） ≥	1.0×10^{14}
注：其他特殊要求，可由供需双方协商确定。		

5.1.5 压力辊氟套尺寸公差应符合表 5 规定。

表 5 压力辊氟套尺寸公差

序号	项目	规格	公差
1	厚度	25 μm	−5 μm～+15 μm
		50 μm	±10 μm
		75 μm	±10 μm
		100 μm	±12 μm
		125 μm	±13 μm
2	外径	15 mm～20 mm	±0.45 mm
		20 mm～30 mm	±0.5 mm
		30 mm～40 mm	±0.65 mm
		40 mm～50 mm	±0.80 mm
		50 mm～65 mm	±0.95 mm
		65 mm～75 mm	±1.00 mm

5.2 胶辊骨架材质可采用易切削钢、中碳钢、低碳钢、不锈钢、塑料等，具体以实际工况选择使用。

5.3 胶辊成品性能

5.3.1 胶辊硬度公差及同根硬度差应符合表6规定。

表6 胶辊硬度公差及同根硬度差

品名	公称硬度允许偏差/度	同根硬度差/度
未包覆氟套压力辊	±2(邵尔 A)	≤2(邵尔 A)
包覆氟套压力辊	±2(邵尔 D)	≤2(邵尔 D)
抗静电辊	±5(邵尔 A)	≤3(邵尔 A)
纸路辊	±5(邵尔 A)	≤3(邵尔 A)

5.3.2 辊面直径≤35 mm，辊面长度 50 mm～400 mm 的胶辊尺寸公差应符合表7规定，不在其范围内的胶辊尺寸公差及其他要求由供需双方协商确定。

表7 尺寸公差

单位为毫米

项目	公差范围				
	压力辊		抗静电辊	纸路辊	
	Ⅰ型	Ⅱ型		Ⅰ型	Ⅱ型
辊面直径[a]	±0.1	±0.2	±0.06	±0.06	±0.06
辊面长度	±0.5	±0.5	±0.6	±0.6	±0.4
辊面圆跳动	<0.3	<0.3	<0.06	<0.06	<0.06
辊面圆柱度[a]	<0.1	<0.1	<0.05	<0.05	<0.05
辊间距	—	—	—	—	±0.5

[a] 辊面直径和辊面圆柱度的测量位置以距离辊面端面适当的位置(参考距离 2 mm)为检测点，也可依据客户要求或双方协议要求确定。

5.3.3 表面特性

5.3.3.1 表面质量

5.3.3.1.1 Ⅰ型压力辊表面的纹理、色泽均匀，表面平整，表面缺陷等级为 0.1/0.3；Ⅱ型压力辊氟套层应光滑、平整，无起皱与折痕，色泽均匀。

5.3.3.1.2 抗静电辊、纸路辊胶面应清洁、色泽均匀，与纸张摩擦不能有印迹，表面缺陷等级为 0.1/0.3；表面纹路方向应符合图纸设计要求，纹理要求均匀一致，粗细要求应根据材料特点以及使用要求，由供需双方协商确认。

5.3.3.1.3 金属芯裸露部位应镀层处理或涂防锈油，应用的材料以及钝化液应符合环保要求，其中采用镀层处理的盐雾试验要求达到4小时8级以上；镀层应光洁、均匀、牢固，没有可见的镀层起皮、白斑、结节、气孔和其他凹凸不平。

5.3.3.2 粗糙度

5.3.3.2.1 胶辊包覆层表面粗糙度按 HG/T 3078 规定测定，具体要求可由供需双方另行商定。

5.3.3.2.2 辊芯轴承装配部位金属加工粗糙度要求 Ra0.8～1.6；特殊要求的可达 Ra0.4。

5.3.4 胶辊各层间的粘合要求

5.3.4.1 胶层与金属芯、胶层与氟套层间粘合部位应牢固，不应有脱层、夹气和裂口现象。

5.3.4.2 纸路辊橡胶层与金属芯间如无粘合剂粘合，属过盈配合的回转扭矩(在实验室标准环境下停放 4 h 以上)≥0.49 N·m。

6 试验方法

6.1 胶辊用胶料性能试验

6.1.1 硬度测定按 GB/T 531.1—2008 规定的方法进行。

6.1.2 拉伸强度、拉断伸长率的测定按 GB/T 528—1998 规定的方法进行，采用Ⅰ型试样。

6.1.3 撕裂强度的测定按 GB/T 529—2008 规定的方法进行。压力辊采用新月形试样，纸路辊采用直角形试样进行测定。

6.1.4 压缩永久变形的测定按 GB/T 7759—1996 规定的方法进行，试样采用 A 型试样。

6.1.5 热空气老化试验按 GB/T 3512—2001 规定的方法进行。

6.1.6 橡胶与金属粘合强度的测定按 GB/T 11211—1989 规定的方法进行。

6.1.7 加热减量的测定按附录 A 规定的方法进行。

6.1.8 耐臭氧试验按 GB/T 7762—2003 规定的方法进行。

6.1.9 回弹性的测定按 GB/T 1681—1991 规定的方法进行。

6.1.10 耐磨耗性能的测定按 GB/T 1689—1998 规定的方法进行。

6.1.11 摩擦系数的测定按 HG/T 2729—1995 规定的方法进行。

6.1.12 体积电阻率的测定按 GB/T 11210—1989 规定的方法进行。

6.2 氟套材料性能试验

6.2.1 硬度测定按 GB/T 531.1—2008 规定的方法进行。

6.2.2 拉伸性能的测定按 GB/T 1040.1—2006 和 GB/T 1040.3—2006 规定的方法进行。

6.2.3 密度的测定按照 GB/T 1033.1—2008 规定的方法进行。

6.2.4 线性膨胀率的测定按 GB/T 1036—2008 规定的方法进行。

6.2.5 体积电阻率的测定按照 GB/T 1410—2006 规定的方法进行。

6.3 胶辊成品性能试验

6.3.1 胶辊硬度的测定按 HG/T 3077 的规定方法进行。

6.3.2 胶辊辊面直径、圆跳动和圆柱度用非接触法（激光测径仪或工具显微镜）测定，其余尺寸公差按 HG/T 3079 的规定用相应的量具测定。

6.3.3 胶辊表面特性按 HG/T 3078 的规定用相应的量具及目测方法测定。

6.3.4 胶辊耐盐雾腐蚀试验性能按 GB/T 10125—1997 的规定方法进行。

6.3.5 胶辊各层间的粘合质量用目测判定，橡胶层与金属芯的扭矩测定见附录 B。

7 检验规则

7.1 组批与抽样

胶辊以每日生产量为一批进行检验，抽样数量按表 8 的规定执行；同一配方的胶辊用胶料以一个订单的用量为一批，每批抽取足够样品进行物理性能测试；氟套材料以每批进货同一批次号为一批进行检验，抽样数量按表 8 的规定执行。

表 8 胶辊成品、氟套材料检验取样量

单位为支

批量大小	抽样数
1～20	全检
21～150	20
151～280	32
281～500	50
501～1 200	80
1 201～3 200	125

7.2 检验分类

7.2.1 出厂检验

规格尺寸及公差，硬度公差及同根硬度差、表面特性、粘合强度、扭矩按批进行检验。

7.2.2 型式检验

本标准所列全部技术要求为型式检验项目，通常在下列情况之一时，应进行型式检验：

a) 新产品或老产品转厂生产的试制定型鉴定；
b) 正式生产后，当结构、材料、工艺有较大改变，可能影响产品性能时；
c) 出厂检验结果与上次检验结果有较大差异时；
d) 国家质量监督机构提出进行型式检验的要求时；
e) 合同规定；
f) 正常连续生产时，六个月进行一次检验；
g) 产品停产超过三个月后恢复生产时。

7.3 在正常生产情况下，胶料的耐臭氧性能、回弹性、摩擦系数、橡胶与金属芯粘合强度检测项目每季度检验一次，其他各项性能按批检验。对于非批检项目，如检验结果不合格，应改为按批检验，连续三批检验合格后，再按正常生产检验频次进行检验。

7.4 在正常生产情况下，氟套材料的硬度、拉伸强度、拉断伸长率、密度、线性膨胀率、体积电阻率进货时按批进行检测。

7.5 判定规则与复验规则

7.5.1 出厂检验结果均符合本标准要求时，则该批胶辊为合格品；出厂检验结果如有一项不符合本标准要求时，应对该批胶辊逐支进行不合格项目的检验、分拣，直到该批胶辊均为合格品为止。

7.5.2 胶料性能检验结果如有一项不符合本标准要求时，则应从该批胶料中抽取双倍试样对不合格项目进行复试，复试结果仍不符合要求，则该批胶料不合格。

7.5.3 氟套材料性能检验结果如有一项不符合本标准要求时，则应从该批氟套材料中任取双倍试样对不合格项目进行复试，复试结果仍不符合要求，则该批氟套材料不合格。

8 标志、包装、运输与贮存

8.1 标志

每一包装箱上应有产品名称、制造厂名及地址、数量、质量、生产日期、执行标准号等标记；每箱胶辊应附有产品合格证，合格证的内容包括：产品标记、制造厂名及地址、商标、生产日期、检验人员代号。

8.2 包装

为避免胶辊橡胶的变形，包装可以采用 U 型 PE 垫块进行架放，每箱码放层数不应超过 5 层，其中产品结构不适合架放的，可以采用包裹 2～3 层泡沫纸单独裹装，然后再码放在包装箱内。

8.3 运输、贮存

在运输、贮存过程中，应避免阳光直射、雨雪浸淋；不应与酸、碱、油类及有机溶剂等接触，并距离热源 2 m 以外。运输时应将包装件固定牢固，贮存堆码时不应超过 1.5 m。

8.4 产品在满足 8.2、8.3 规定的条件下，从生产之日起，在不超过一年的贮存期内，产品性能应符合本标准规定。

附 录 A
（规范性附录）
加热减量的测定方法

A.1 试验装置

试验装置为分析天平（精确至 0.001 g）、恒温箱。

A.2 试验步骤

在分析天平上分别称取三个 10 g 胶料试样，精确至 0.001 g，质量为 m_1。将试样置于（105±5）℃的恒温箱中 1 h 后取出，在干燥器内冷却至室温，用分析天平称量每个试样的质量 m_2。

A.3 结果表示

加热减量 X（%）按下式计算，试验结果以算术平均值表示，精确至小数点后第一位。

$$X = \frac{m_1 - m_2}{m_1} \times 100$$

式中：

m_1——加热前试样质量，单位为克（g）；

m_2——加热后试样质量，单位为克（g）。

附 录 B
(规范性附录)
橡胶层与金属芯间回转扭矩测试方法

B.1 测试仪器和材料

B.1.1 橡胶拉力机;

B.1.2 专用夹具(主要尺寸见装置图,单位 mm);

B.1.3 长约 400 mm,宽 30 mm,厚≤0.5 mm 的纸带一条(纸带强度需保证在规定的测试力条件下不断裂)。

B.2 试样调节

在实验室标准环境下将待测样品停放 4 h 以上。

B.3 试验步骤

B.3.1 如图 B.1,将专用夹具装在拉力机夹持器处,把待测件放入夹具内,旋紧锁定螺栓,把纸带一端紧贴橡胶件表面缠绕两周,另一端放入拉力机下夹持器内;

B.3.2 启动拉力机,拉伸速度为 500 mm/min±50 mm/min。

单位为毫米

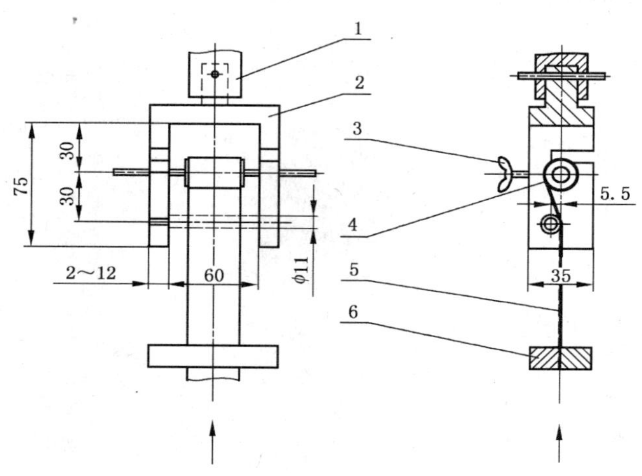

1——拉力机;
2——夹具;
3——锁定螺栓;
4——橡胶件;
5——纸带;
6——下夹持器。

图 B.1 扭矩测试装置图

B.4 测试结果

若拉力机指针达到规定的拉力,则该橡胶件扭矩合格。若拉力机指针达不到规定的拉力而橡胶件与铁芯间发生滑动,则该橡胶件扭矩为不合格。

B.5 结果计算

扭矩按下式计算：

$$T = F \times L$$

式中：

T——扭矩，单位为牛顿·米(N·m)；

F——拉力，单位为牛顿(N)；

L——力臂(产品半径)，单位为米(m)。

ICS 83.140.01
G 47

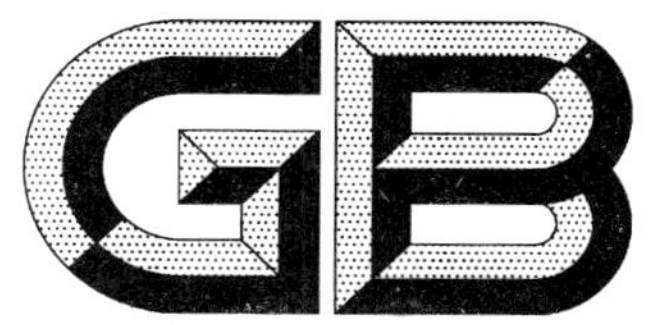

中华人民共和国国家标准

GB/T 23660—2009

建筑结构裂缝止裂带

Building structure crack split-stopping tape

2009-04-24 发布 2009-12-01 实施

中华人民共和国国家质量监督检验检疫总局
中国国家标准化管理委员会 发布

前　言

本标准的附录B和附录C为规范性附录,附录A为资料性附录。

本标准由中国石油和化学工业协会提出。

本标准由全国橡胶与橡胶制品标准化技术委员会橡胶杂品分会(SAC/TC 35/SC 7)归口。

本标准起草单位:哈高科绥棱二塑有限公司。

本标准主要起草人:何少岚、田春锋、李宝双。

建筑结构裂缝止裂带

1 范围

本标准规定了建筑结构裂缝止裂带(以下简称止裂带)的术语和定义、要求、试验方法、检验规则、标志、包装、贮存与运输。

本标准适用于由弹性模量(200～300)MPa的合成高分子材料为芯层,芯层表面复合切向布置的热轧法成型的耐酸碱的合成纤维带状可卷取复合片。主要用于各类砌筑框剪等结构的建筑主体结构缝与对应抹面之间,防止由于建筑主体结构缝变形或裂开导致的对应抹面部位产生裂缝。应用示意图参见附录A。

2 规范性引用文件

下列文件中的条款通过本标准的引用而成为本标准的条款。凡是注日期的引用文件,其随后所有的修改单(不包括勘误的内容)或修订版均不适用于本标准,然而,鼓励根据本标准达成协议的各方研究是否可使用这些文件的最新版本。凡是不注日期的引用文件,其最新版本适用于本标准。

GB/T 11547—2008 塑料 耐液体化学试剂性能的测定

3 术语和定义

下列术语和定义适用于本标准。

3.1

建筑结构裂缝止裂带 building structure crack split-stopping tape

以弹性模量(200～300)MPa的合成高分子材料为芯层,芯层表面复合切向布置的热轧法成型的耐酸碱的合成纤维,用于防止各类砌筑框剪等结构的建筑主体结构缝变形或裂开导致的对应抹面层产生裂缝的带状可卷取片。

3.2

复合强度 composite strength

建筑结构裂缝止裂带的芯层与表层的结合力度,用N/cm表示。

3.3

粘接剪切强度 bonding peel strength

建筑结构裂缝止裂带与工程主体粘接所承受剪切力大小,用MPa表示。

4 要求

4.1 规格尺寸及允许偏差

规格尺寸及允许偏差见表1。

表1 规格尺寸及允许偏差

项目	宽度/mm	厚度/mm	长度/(m/盘)
规格尺寸	190、230、285、385	0.60	50以上
允许偏差	±5 mm	±10%	不允许出现负值
注:特殊规格由供需双方商定。			

4.2 外观质量

止裂带表面应平整、色泽均匀，不得有油迹、机械损伤及其他污物。

4.3 物理性能

物理性能要求见表2。

表2 物理性能指标

<table>
<tr><th>序号</th><th colspan="3">项目</th><th>指标</th><th>试用试验条目</th></tr>
<tr><td>1</td><td colspan="2">拉伸强度(纵/横)/(N/cm)</td><td>≥</td><td>45</td><td rowspan="2">5.3.2</td></tr>
<tr><td>2</td><td colspan="2">断裂伸长率(纵/横)/%</td><td>≥</td><td>35</td></tr>
<tr><td>3</td><td colspan="2">复合强度/(N/cm)</td><td>≥</td><td>1.0</td><td>5.3.3</td></tr>
<tr><td>4</td><td colspan="2">粘接剪切强度/MPa</td><td>≥</td><td>0.8</td><td>5.3.4</td></tr>
<tr><td rowspan="2">5</td><td rowspan="2">耐碱性(纵/横)
[10%Ca(OH)$_2$，23 ℃×168 h]</td><td>拉伸强度保持率/%</td><td>≥</td><td>70</td><td rowspan="2">5.3.5</td></tr>
<tr><td>断裂伸长率保持率/%</td><td>≥</td><td>70</td></tr>
<tr><td colspan="6">注：特殊规格性能由供需双方商定。</td></tr>
</table>

5 试验方法

5.1 规格尺寸

5.1.1 宽度、长度

将止裂带展平在平面上，用精度为1 mm的钢卷尺测量。

5.1.2 厚度

用分度为1/100 mm、压力为(22±5)kPa、测足直径不小于6 mm的厚度计测量，测量位置为纵向距端部至少300 mm、横向自宽度方向距两边各10%宽度范围内均匀排布的5个点，测量结果用5个点的算术平均值表示。

5.2 外观质量

用目测方法检查。

5.3 物理性能试验

5.3.1 试样制备

将被测样品在环境温度23 ℃±2 ℃、相对湿度50%±10%状态下展开平放24 h，并在同样环境下进行试验。按图1、表3的要求裁取所需试样，试样距止裂带边缘不小于10 mm。

表3 试样数量及外形尺寸

<table>
<tr><th rowspan="2">序号</th><th rowspan="2">试验项目</th><th rowspan="2">试样代号</th><th rowspan="2">试样尺寸</th><th colspan="2">数 量</th></tr>
<tr><th>纵向</th><th>横向</th></tr>
<tr><td>1</td><td>拉伸强度和断裂伸长率</td><td>AA′</td><td>160 mm×25 mm</td><td>3</td><td>3</td></tr>
<tr><td>2</td><td>粘接剪切强度</td><td>B</td><td>40 mm×20 mm</td><td>3</td><td>—</td></tr>
<tr><td>3</td><td>复合强度(芯层与表层)</td><td>C</td><td>200 mm×150 mm</td><td>2</td><td>—</td></tr>
<tr><td>4</td><td>耐碱性</td><td>DD′</td><td>160 mm×25 mm</td><td>3</td><td>3</td></tr>
</table>

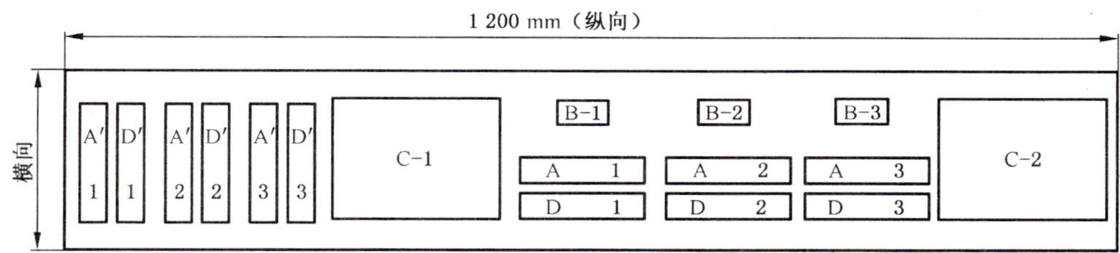

图 1 裁样示意图

5.3.2 **拉伸强度、断裂伸长率**

5.3.2.1 试样为矩形，尺寸为 160 mm×25 mm，拉伸速度(250±50)mm/min，夹持距离为 120 mm，纵向、横向各取 3 个试样，取中值。

5.3.2.2 将试样均匀地置于上、下夹持器上，使拉力均匀分布到横截面上。开动试验机进行试验。

5.3.2.3 结果计算

拉伸强度按式(1)计算，精确到 1 N/cm；断裂伸长率按式(2)计算，精确到 1%。

$$TS = P/B \tag{1}$$

式中：

TS——拉伸强度，单位为牛顿每厘米(N/cm)；

P——最大拉力，单位为牛顿(N)；

B——试样宽度，单位为厘米(cm)。

$$E = 100(L_2 - L_1)/L_1 \tag{2}$$

式中：

E——断裂伸长率，%；

L_1——试样起始夹持器间距离 120 mm；

L_2——试样断裂时夹持器具间距离，单位为毫米(mm)。

5.3.3 **复合强度**

止裂带的两个表面与芯层的复合强度均应测定，试验方法见附录 B。

5.3.4 **粘接剪切强度**

粘接剪切强度按附录 C 规定的方法进行测定。

5.3.5 **耐碱性**

耐碱性试验按 GB/T 11547—2008 规定的方法进行，试验温度为(23±2)℃，拉伸强度保持率按式(3)计算，断裂伸长率保持率按式(4)计算：

$$R_t = (TS_1/TS_0) \times 100 \tag{3}$$

式中：

R_t——拉伸强度保持率，%；

TS_0——试样处理前拉伸强度，单位为牛顿每厘米(N/cm)；

TS_1——试样处理后拉伸强度，单位为牛顿每厘米(N/cm)。

$$R_e = (E_1/E_0) \times 100 \tag{4}$$

式中：

R_e——断裂伸长率保持率，%；

E_0——试样处理前断裂伸长率，%；

E_1——试样处理后断裂伸长率，%。

6 检验规则

6.1 检验分类

6.1.1 出厂检验

6.1.1.1 组批与抽样

以同品种、同规格、同日生产的止裂带为一批，随机抽取3盘进行规格尺寸和外观质量检验，应确保所抽取样品无损伤。在上述检验合格的样品中再随机抽取足够的试样进行物理性能检验。

6.1.1.2 检验项目

规格尺寸、外观质量、拉伸强度、断裂伸长率、复合强度按批进行出厂检验。

6.1.2 型式检验

本标准所列全部技术要求为型式检验项目，通常在下列情况之一时，应进行型式检验：

a) 新产品的试制定型鉴定；

b) 产品的结构、设计、工艺、材料、生产设备、管理等方面有重大改变；

c) 正常生产时，定期或积累一定产量后每年进行一次检验；

d) 转产、转厂、长期停产(超过6个月)后复产；

e) 合同规定；

f) 出厂检验结果与上次型式检验有较大差异；

g) 仲裁检验或国家质量监督检验机构提出进行该项试验的要求。

6.1.3 在正常情况下，粘接剪切强度和耐碱性每年至少进行一次检验。

6.2 判定规则

规格尺寸、外观质量有一项未达到技术要求，应在所抽批次中抽取双倍样品对不合格项进行复试，如仍不符合要求则判该批产品为不合格品。

物理性能各项指标全部符合技术要求，则该批产品为合格品。若有一项不符合技术要求，应另取双倍试样进行该项复试，复试结果仍不合格，则判该批产品为不合格品。

7 标志、包装、贮存、运输

7.1 止裂带卷曲为圆盘形，外用适宜材料包装，每个包装内止裂带盘数不多于6盘。

7.2 每一独立包装应有合格证，并注明产品名称、产品规格、商标、制造厂名厂址、生产日期、产品标准号、检验员代号等。

7.3 止裂带在运输与贮存时，应注意勿使包装损坏，放置于通风、干燥处。存放时，应将止裂带的圆盘平面水平放置，放置高度不超过2.5 m，接触面应保持干燥，禁止与酸、碱、油类及有机溶剂等接触，避免阳光直射，并远离热源。

7.4 在符合本标准规定的贮运条件下，自生产之日起12个月内，止裂带性能应符合本标准的规定。

附 录 A
（资料性附录）
建筑结构裂缝止裂带应用示意图

A.1 建筑结构裂缝止裂带是一种采用弹性模量(200～300)MPa的合成高分子材料为芯层，芯层表面复合切向布置的热轧法成型的耐酸碱的合成纤维带状可卷取复合片。主要用于各类砌筑框剪等结构的建筑主体结构缝与对应抹面之间，防止由于建筑主体结构缝变形或裂开导致的对应抹面部位产生裂缝。

A.2 建筑结构裂缝止裂带具体应用示意图见图A.1。

图A.1 建筑结构裂缝止裂带应用示意图

附 录 B
（规范性附录）
复合强度试验方法

B.1 原理

利用规定的试样，在一定的速度下，进行T剥离，测定止裂带面层与芯层的复合强度。

B.2 装置

B.2.1 拉力机一台(应保证拉伸力测试值在量程的20%～80%之间，精度1%)。
B.2.2 腻刀一把。

B.3 试样制作

B.3.1 将止裂带按5.3.1规定裁取200 mm×150 mm的试片2块，两块试片不同表面分别做好记号，以区分被测定的不同表面。
B.3.2 将与止裂带配套的胶粘剂按产品说明书进行配混，在每块试片整个宽度上涂胶，涂胶长度为150 mm，然后将两片止裂带对正粘贴(见图B.1所示)，具体粘接方法按生产厂商规定执行，在标准试验条件下放置168 h后，将试片裁成200 mm×25 mm的试样5个，试样即制做完毕(可同时制做两组试样，以备用)。

单位为毫米

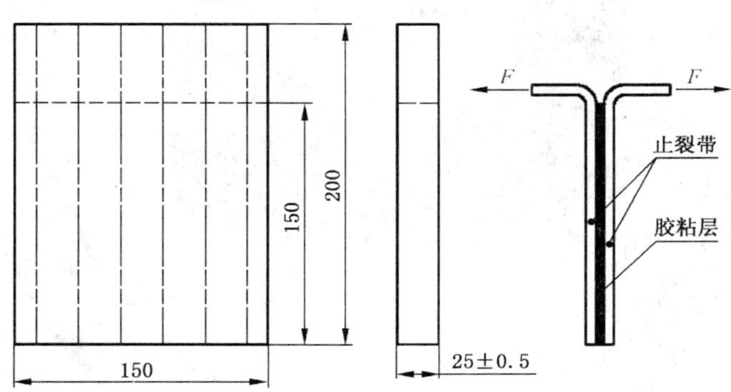

图 B.1 复合强度试样示意图

B.3.3 试样胶层厚度应不大于1.5 mm，并且：(胶层厚度/试样厚度)≤0.52。

其中：胶层厚度=试样厚度－双层止裂带厚度。

厚度用5.1.2规定的厚度计测量。试样厚度取5个试样厚度算术平均值，每个试样厚度取值方法：在试样涂胶有效段中心对称间隔25 mm均布5点测量，取算术平均值。双层止裂带厚度取试样未涂胶段两层止裂带厚度之和，每层止裂带厚度取5个试样止裂带厚度的算术平均值，每个试样止裂带厚度取值方法：以试样未涂胶段中心为圆心，在半径为8 mm的圆上均布4点测量，取算术平均值。

B.4 试验步骤

将试样分别装夹在拉力机上，开动试验机，以(100±10)mm/min的速度进行拉伸，试样拉伸长度至少要有125 mm，拉伸力以拉伸过程中(不包括最初的25 mm)的平均力值表示。每个试样平均力值的取值，采用从拉伸力和拉伸长度关系曲线上划一条估计的等高线得到(见图B.2)。

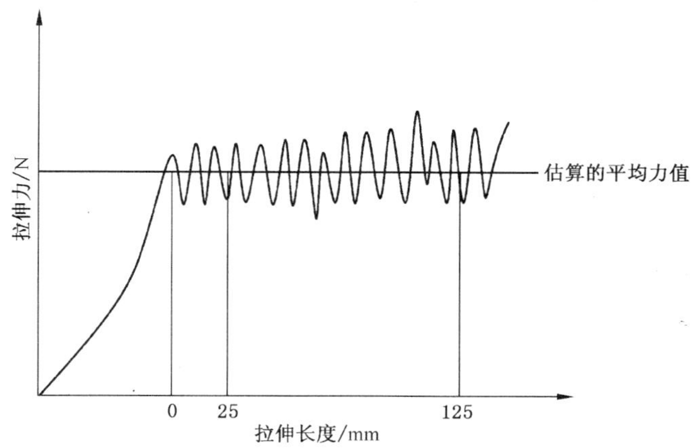

图 B.2 拉伸力取值方法示意图

B.5 计算

复合强度(N/cm)=拉伸力(N)/试样宽度(cm)

以每个试样在拉伸过程中,材料表面保护层未有破坏,与芯层未有剥离脱开现象,5 个试样的复合强度的算术平均值为测定结果。

附 录 C
（规范性附录）
粘接剪切强度试验方法

C.1 原理

将规定尺寸的止裂带的两个面分别用聚合物水泥材料与水泥砂浆块粘接，经养护后，在一定的速度下，沿止裂带切向进行拉伸，测定止裂带与水泥砂浆的粘接剪切强度。

C.2 试验设备及材料

C.2.1 拉力机一台（应保证拉伸力测试值在量程的20%～80%之间，精度1%）。

C.2.2 剪切强度试验模具（见图C.2、图C.3、图C.4），材质：钢，具有足够刚度，可重复利用。

C.2.3 钢丝绳、卡子、钢丝刷、腻刀。

C.3 试样制备

C.3.1 试样示意图见图C.1。

C.3.2 模块制作

用普通硅酸盐水泥（P.O 42.5R）、标准砂、水，按质量比1∶2.5∶0.55拌合均匀，分别加入两个模具中。人工插捣，插捣至表面出浆为止，刮除多余砂浆并抹平，在温度为(23±2)℃，湿度为90%以上的标准养护室静止放置24 h，然后用钢丝刷刷去与止裂带粘贴端面的浆膜，并将表面处理干净，无附着物，处理面保证湿润，无明水（可适当加水湿润），直接粘接止裂带。

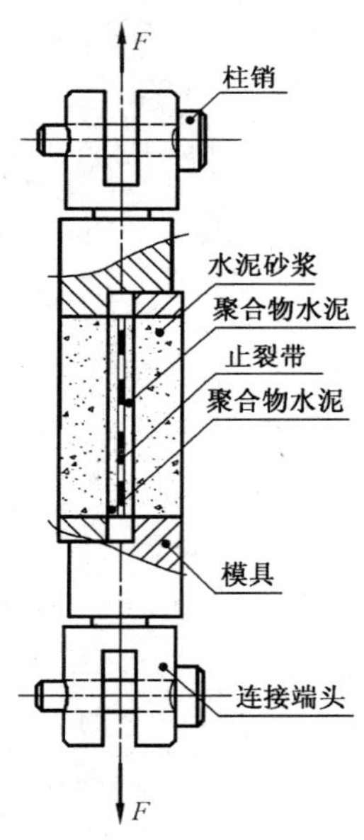

图C.1 剪切强度试验试样示意图

单位为毫米

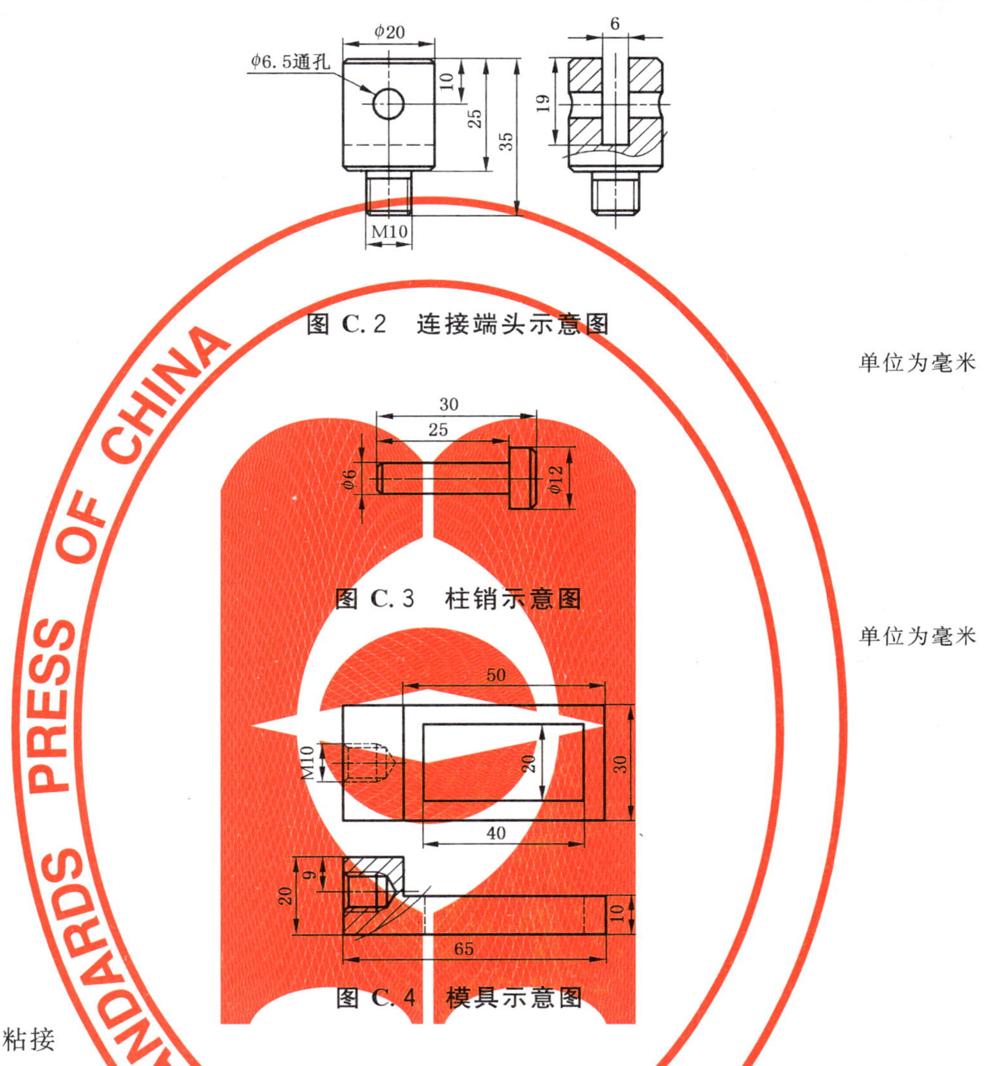

图 C.2 连接端头示意图

单位为毫米

图 C.3 柱销示意图

单位为毫米

图 C.4 模具示意图

C.3.3 试样粘接

C.3.3.1 按 5.3.1 的规定裁取止裂带试片。

C.3.3.2 将模块粘接面金属部分涂一薄层石蜡，注意石蜡不要涂到砂浆面上，按厂家提供的配套聚合物及其要求制作聚合物水泥。用腻刀将裁好的止裂带一表面与其中一模块粘接面分别涂刮聚合物水泥，涂刮应适当用力，保证聚合物水泥完全浸入止裂带表面空隙，然后将止裂带与模块对心粘接并排气压实，保证粘接率 100%，放置 15 min(以保证粘接另一面时止裂带不移动)；向止裂带另一表面及模块粘接面分别涂刮聚合物水泥，涂刮办法同上，然后将模块与止裂带对心粘接并排气压实，保证粘接率 100%。

C.3.3.3 清除多余的聚合物水泥，标准养护室中养护，养护龄期为 7 d。

C.4 试验步骤

C.4.1 小心地将试件装配好，开动拉力机，用(25±5)mm/min 的速度分别对每块试样作剪切拉伸。

C.4.2 记录每一样块试样拉伸过程中的最大力值。

C.5 计算

剪切强度按下式计算：

$$\delta_T = F/S$$

式中：

δ_T——剪切强度，单位为兆帕(MPa)；

F——最大力值，单位为牛顿(N)；

S——有效粘接面积 800 mm^2。

取 3 个试样的剪切强度算术平均值为测定结果。

ICS 83.140.50;91.100.50
G 43

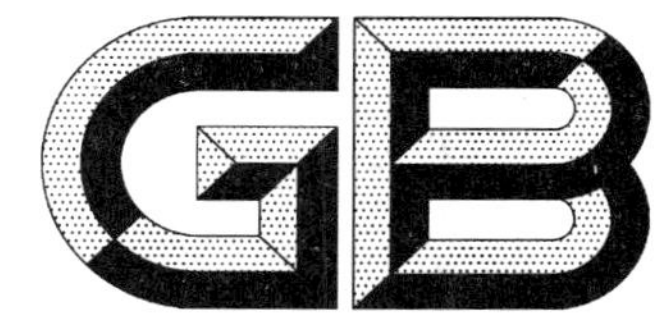

中华人民共和国国家标准

GB/T 23661—2009

建筑用橡胶结构密封垫

Rubber building structural gaskets

(ISO 5892:1981,Rubber building gaskets—Materials for preformed solid vulcanized structural gaskets—Specification,NEQ)

2009-04-24 发布 2009-12-01 实施

中华人民共和国国家质量监督检验检疫总局
中国国家标准化管理委员会 发布

前　　言

本标准对应于 ISO 5892:1981《建筑橡胶密封垫——预成型密实硫化的结构密封垫用材料——规范》，本标准与 ISO 5892:1981 的一致性程度为非等效。

本标准的附录 A、附录 B 为规范性附录，附录 C 为资料性附录。

本标准由中国石油和化学工业协会提出。

本标准由全国橡胶和橡胶制品标准化技术委员会密封制品分技术委员会(SAC/TC 35/SC 3)归口。

本标准起草单位：江阴海达橡塑股份有限公司、西北橡胶塑料研究设计院。

本标准主要起草人：顾慧娟、高静茹、曹元礼、彭迅。

建筑用橡胶结构密封垫

1 范围

本标准规定了建筑用橡胶结构密封垫(以下称为密封垫)的要求、试验方法和标志、包装和贮存。

本标准适用于预成型密实硫化的结构密封垫,不适用于建筑用门窗框内密封条和玻璃装配密封条。

2 规范性引用文件

下列文件中的条款通过本标准的引用而成为本标准的条款。凡是注日期的引用文件,其随后所有的修改单(不包括勘误的内容)或修订版均不适用于本标准,然而,鼓励根据本标准达成协议的各方研究是否可使用这些文件的最新版本。凡是不注日期的引用文件,其最新版本适用于本标准。

GB/T 528 硫化橡胶或热塑性橡胶 拉伸应力应变性能的测定(GB/T 528—1998,eqv ISO 37:1994)

GB/T 531.1 硫化橡胶或热塑性橡胶 压入硬度试验方法 第1部分:邵氏硬度计法(邵尔硬度)(GB/T 531.1—2008,ISO 7619-1:2004,IDT)

GB/T 1682 硫化橡胶低温脆性的测定 单试样法(GB/T 1682—1994,eqv ISO 812:1991)

GB/T 2941—2006 橡胶物理试验方法试样制备和调节通用程序(ISO 23529:2004,IDT)

GB/T 3512 硫化橡胶或热塑性橡胶 热空气加速老化和耐热试验(GB/T 3512—2001,eqv ISO 188:1998)

GB/T 3672.1 橡胶制品的公差 第1部分:尺寸公差(GB/T 3672.1—2002,ISO 3302-1:1996,IDT)

GB/T 5721 橡胶密封制品标志、包装、运输、贮存的一般规定

GB/T 6031 硫化橡胶或热塑性橡胶硬度的测定(10~100IRHD)(GB/T 6031—1998,idt ISO 48:1994)

GB/T 7759 硫化橡胶、热塑性橡胶 常温、高温和低温下压缩永久变形测定(GB/T 7759—1996,eqv ISO 815:1991)

GB/T 7762 硫化橡胶或热塑性橡胶 耐臭氧龟裂 静态拉伸试验(GB/T 7762—2003,ISO 1431-1:1989,MOD)

GB/T 10707—2008 橡胶燃烧性能的测定

HG/T 2369 橡胶塑料拉力试验机技术条件

3 要求

3.1 分类

本标准规定的密封垫按硬度分为E、F两类,其对应的公称硬度分别为75,85(IRHD)。E类适用于密封垫和锁条式密封垫;F类只适用于锁条式密封垫。

3.2 材料和工艺

3.2.1 密封垫应由耐臭氧橡胶制造,而不应只靠喷涂防臭氧涂层,因为这些涂层会被磨损、洗涤或其他方式除去。

3.2.2 密封垫所用的原材料和制造工艺均应符合有关技术规范的要求。

3.3 外观

密封垫的密封面上,应没有孔隙、明显的缺陷和尺寸不一致。

3.4 尺寸

密封垫的尺寸公差应符合图纸或合同的规定。没有规定尺寸公差的密封垫,其公差应符合GB/T 3672.1 的 M3 或 E2 的规定。

3.5 一般要求

密封垫的一般要求应符合表 1 的规定。

表 1 一般要求

性能		单位	要求		试验方法
			E 类	F 类	
硬度		邵尔 A 或 IRHD	75^{+5}_{-5}	85^{+5}_{-5}	GB/T 531.1 GB/T 6031
拉伸强度	最小	MPa	12	12	GB/T 528
拉断伸长率	最小	%	175	125	
压缩永久变形,100 ℃,22 h	最大	%	35	35	GB/T 7759
耐臭氧,200×10^{-8},拉伸 20%,40 ℃,100 h			不龟裂	不龟裂	GB/T 7762
热空气老化,100 ℃,14 d 硬度变化 拉伸强度变化 拉断伸长率变化	 最大 最大	 邵尔 A 或 IRHD % %	 +10～0 −15 −40	 +10～0 −15 −40	GB/T 3512

3.6 特殊要求

下列特殊要求均为可选要求,是否执行应由有关双方协商而定。

3.6.1 接触和迁移污染

按附录 A 进行接触和迁移试验,其污染级别不应达到中等污染或严重污染。

3.6.2 阻燃性能

材料的阻燃性能要求由供需双方协商。

3.6.3 脆性温度

温和气候地区用密封垫材料在−25 ℃下,严寒气候地区用密封垫材料在−40 ℃下试验后应无裂纹。

3.6.4 低温压缩永久变形

在−25 ℃下压缩 22 h 后,E 类材料的压缩永久变形应不大于 80%,F 类材料应不大于 90%。

3.6.5 唇密封压力

唇密封压力要求随密封垫的剖面形状而定,应由供需双方协商确定。

4 试验方法

4.1 试样

试样应按 GB/T 2941—2006 的规定或采用其他适当方法从成品密封垫切取。如果有关试验要求的试样不能从成品密封垫上切取,则应用生产密封垫的同批胶料,采用与生产密封垫相当的工艺条件制备出适宜尺寸的硫化胶片,并从这些胶片上切取试样。

4.2 硬度按 GB/T 531.1 或 GB/T 6031 规定进行试验。

4.3 拉伸强度和拉断伸长率按 GB/T 528 规定,采用Ⅰ型试样进行试验。

4.4 压缩永久变形按 GB/T 7759 规定,采用 B 型试样进行试验。

4.5 耐臭氧按 GB/T 7762 规定进行试验。

4.6 热空气加速老化按 GB/T 3512 规定试验。

4.7 接触和迁移污染按附录 A 进行试验。
4.8 阻燃性能按 GB/T 10707—2008 的方法 B 进行试验。
4.9 脆性温度按 GB/T 1682 规定进行试验。
4.10 低温压缩永久变形按 GB/T 7759 规定进行试验。
4.11 唇密封压力按附录 B 规定进行试验，如果密封垫的结构不适用附录 B 的方法，则按由供需双方协商的方法进行试验。

5 质量保证

质量保证试验不属于本标准的要求，但可从附录 C 获得指导，附录 C 给出了相应的试验周期，产品控制试验。

质量保证规定应尽可能与 GB/T 19001(参见附录 C)一致。

6 标志、包装、运输、贮存

6.1 密封垫材料的标志、包装、运输和贮存应符合 GB/T 5721 的规定。
6.2 在遵守 GB/T 5721 的条件下，密封垫的贮存期为二年。贮存期自制造之日起计算，超过贮存期的密封垫，应进行全项性能复验，合格后方可使用。

附　录　A
（规范性附录）
硫化橡胶　接触有机物污染的试验方法

A.1　方法原理

橡胶试片夹在两块涂漆的金属或塑料板之间，在规定温度的空气循环老化箱里停放一定时间后，检验金属板或塑料板的污染程度。

A.2　术语

A.2.1　接触污染

与橡胶直接接触的表面上发生的污染。

A.2.2　迁移污染

接触区周围的表面上发生的污染。

A.3　试验设备

空气循环老化箱应符合 GB/T 3512 的要求。

A.4　试样

A.4.1　橡胶试样

试样应为矩形，厚度均匀，最好从 2 mm±0.2 mm 厚的胶片上切取，其最小尺寸为 25 mm×12 mm。试样也可以从成品上切取。试验前需用 2%非碱性的皂液清洗。

A.4.2　金属或塑料板

金属或塑料板应当用供需双方商定的涂料来涂刷。如没有专门规定，应使用一种白色的丙烯酸基烘干型瓷漆。这种漆应在空气循环老化箱中于 125 ℃下干燥 30 min。试验应在干燥后 24 h～28 h 之间开始。

A.4.3　空白与基准试样

A.4.3.1　空白试样

空白试样是用一种惰性材料来代替橡胶试样，其制备和处理方法应与被试试样相同。用来代替橡胶试样的惰性材料一般为 0.4 mm～0.6 mm 厚的铝片。

A.4.3.2　基准试样

基准试样与空白试样的区别在于它们虽然与被试试样有相同的结构并以同样的方法制备，但要求采取一定的方式防止光照，即在曝光时进行适当的覆盖。

A.4.4　试样的环境调节处理

硫化和试验之间停放的最短时间应是 16 h。

A.4.5　试样数量

通常用一个试样。

A.5　试验程序

A.5.1　把橡胶试样放在两块涂漆的金属或塑料板之间，板的尺寸应是在试样周围至少留有 20 mm 宽的边。对组合件施加(7±1)kPa的压力(按试样面积算)。

A.5.2 将装上试样的组合件在温度为(70±2)℃的空气循环老化箱中放置24_{-2}^{0} h(在老化箱中不得有可能引起污染的其他挥发物或产生蒸气的物质)。

A.5.3 组合件从干燥箱中取出后,用含有约2%非碱性去垢剂的蒸馏水洗涤其中的一块板,并按A.6的规定检验接触污染和迁移污染。

A.6 污染程度的评定

按下述方法和污染级别来评定污染程度:

相对于空白或基准试样污染程度的目测评定。

污染级别分以下几级:

没有污染;轻微污染;中等污染;严重污染。

附　录　B
（规范性附录）
唇密封压力试验方法

B.1　方法原理

本试验方法是测量密封垫施加在安装于其沟槽内的材料上的压力。该方法模拟实际使用条件，测量使密封垫的唇张开到以其所密封的材料厚度的距离时所需要的力。对双沟槽密封垫，本方法是在一侧沟槽内塞进一块规定厚度的金属限制器，在另一侧沟槽进行试验。因此，试验结果反映了在使用过程中密封唇的压力。

B.2　设备

B.2.1　拉力试验机，符合 HG/T 2369 的要求，精度为 B 级。

B.2.2　夹具，见图 B.1 所示。

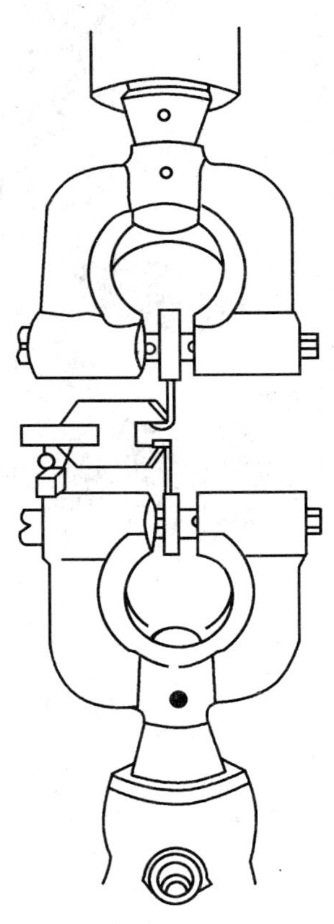

图 B.1　测定唇密封压力用夹具

B.2.3　唇分离器，由不锈钢制成，压出试样的唇分离器如图 B.2a）所示；模压拐角试样的唇分离器，如图 B.2b）和图 B.2c）所示。

B.2.4　金属限制器，当按图 B.1 所示对双沟槽密封垫进行试验时，应使用金属限制器，其宽度应与试样的宽度相同，厚度应与安装的材料厚度相同。

单位为毫米

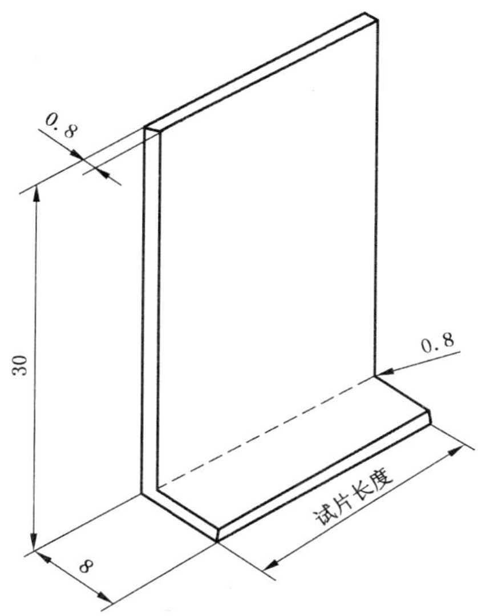

a) 压出试样用

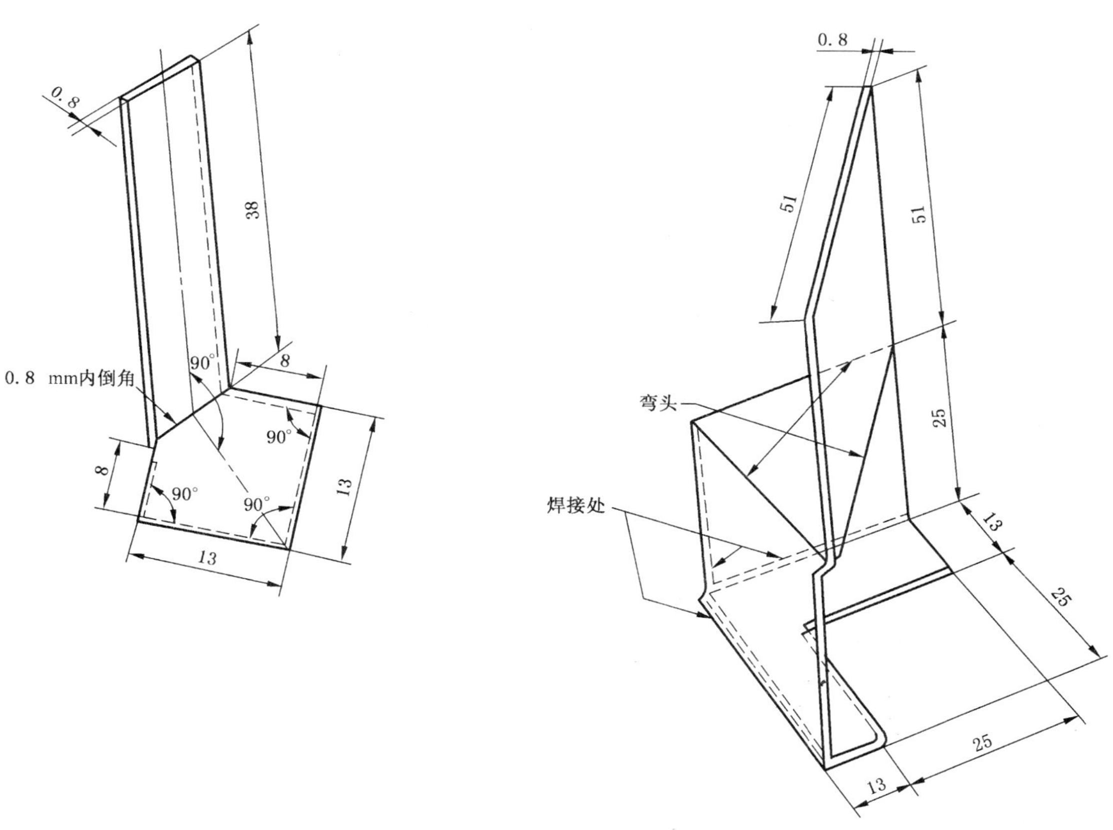

b) 模压拐角试样用(内侧)

c) 模压拐角试样用(外侧)

图 B.2　唇分离器

B.3 试样

B.3.1 压出试样应是一条长度至少为 20 mm 但不大于 305 mm 的实际密封垫。每批至少试验四个试样。

B.3.2 拐角试样从拐角内侧测量，两边长度分别为 25 mm。每批至少试验四个试样。

B.4 试验程序

B.4.1 将试样按图 B.1 所示进行安装，对双沟槽型密封垫，需在一侧沟槽内正确塞进一块规定厚度的金属限制器。应在金属限制器下设置支撑装置，以便当槽唇部受张力作用时，试样在试验过程中能保持水平位置。要保证唇分离器牢牢地卡住密封垫唇部，试验机的夹具牢固地夹住唇分离器。在标准实验室温度下进行试验。

B.4.2 以(5.0±0.1)mm/min 的均匀速度，将密封垫的唇部分离，直到唇间的距离等于被安装材料的最小厚度为止。

B.4.3 当唇已被分离到规定的距离时，关闭试验机，并记录产生这一开度所需的作用力。

B.4.4 按 B.4.1～B.4.3 重复操作，直到每种类型的四个试样试验完成为止。

B.4.5 每个试验沟槽的唇密封压力按式(B.1)计算：

$$P_{LS} = F/L \qquad \text{(B.1)}$$

式中：

P_{LS}——唇密封压力，单位为牛顿每米(N/m)；

F——把试样的唇部张开到规定距离所需的力，单位为牛顿(N)；

L——试样长度(精确到 0.002 m)，单位为米(m)。

注：对于模压拐角试样，L 是从拐角外侧测定的长度。

附 录 C
（资料性附录）
质 量 保 证

C.1 型式检验

型式检验包括所有检验项目，当有下列情况之一时宜进行型式检验：

a) 新产品定型和产品转产时；

b) 正式生产后，材料、工艺和橡胶配方发生重大变化时；

c) 正常生产情况下，每年至少进行一次。

C.2 控制试验

宜进行 3.3 和 3.4 的检验，并使用按规定制备的试样进行下列试验：

a) 硬度；

b) 拉伸强度；

c) 拉断伸长率。

ICS 83.140.50
G 43

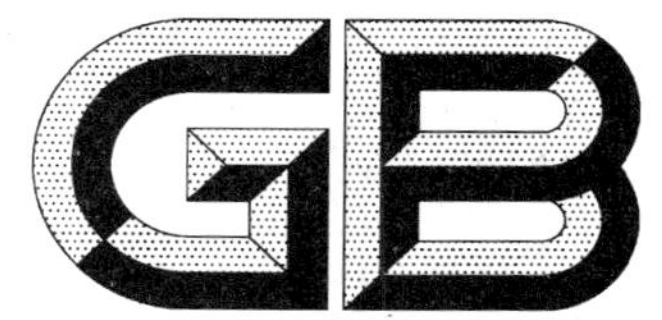

中华人民共和国国家标准

GB/T 23662—2009

混凝土道路伸缩缝用橡胶密封件

Rubber seals for use between concrete motorway paving sections

(ISO 4635:1982,Rubber,vulcanized-preformed compression seals for use between concrete motorway paving sections—Specification for material,NEQ)

2009-04-24 发布 2009-12-01 实施

中华人民共和国国家质量监督检验检疫总局
中国国家标准化管理委员会 发布

前　言

本标准对应于 ISO 4635:1982《混凝土道路伸缩缝用预成型硫化橡胶压缩密封垫——材料规范》,本标准与 ISO 4635:1982 的一致性程度为非等效。

本标准的附录 A 为规范性附录,附录 B 为资料性附录。

本标准由中国石油和化学工业协会提出。

本标准由全国橡胶与橡胶制品标准化技术委员会密封制品分技术委员会(SAC/TC 35/SC 3)归口。

本标准起草单位:江阴海达橡塑股份有限公司、西北橡胶塑料研究设计院。

本标准主要起草人:顾慧娟、曹元礼、高静茹。

混凝土道路伸缩缝用橡胶密封件

1 范围

本标准规定了混凝土道路伸缩缝用橡胶密封件(以下称为密封件)的要求、试验方法、标志、包装、运输、贮存。

本标准适用于混凝土结构的道路伸缩缝用密封件,不适用于沥青等其他结构的道路伸缩缝用密封件。

2 规范性引用文件

下列文件中的条款通过本标准的引用而成为本标准的条款。凡是注日期的引用文件,其随后所有的修改单(不包括勘误的内容)或修订版均不适用于本标准,然而,鼓励根据本标准达成协议的各方研究是否可使用这些文件的最新版本。凡是不注日期的引用文件,其最新版本适用于本标准。

GB/T 528 硫化橡胶或热塑性橡胶 拉伸应力应变性能的测定(GB/T 528—1998,eqv ISO 37:1994)

GB/T 531.1 硫化橡胶或热塑性橡胶 压入硬度试验方法 第1部分:邵氏硬度计法(邵尔硬度)(GB/T 531.1—2008, ISO 7619-1:2004,IDT)

GB/T 1690—1992 硫化橡胶耐液体试验方法(neq ISO 1817:1985)

GB/T 2941—2006 橡胶物理试验方法试样制备和调节通用程序(ISO 23529:2004,IDT)

GB/T 3512 硫化橡胶或热塑性橡胶 热空气加速老化和耐热试验(GB/T 3512—2001,eqv ISO 188:1998)

GB/T 3672.1 橡胶制品的公差 第1部分:尺寸公差 (GB/T 3672.1—2002, ISO 3302-1:1996,IDT)

GB/T 5721 橡胶密封制品标志、包装、运输、贮存的一般规定

GB/T 6031 硫化橡胶或热塑性橡胶硬度的测定(10~100IRHD)(GB/T 6031—1998,idt ISO 48:1994)

GB/T 7759 硫化橡胶、热塑性橡胶 常温、高温和低温下压缩永久变形测定(GB/T 7759—1996,eqv ISO 815:1991)

GB/T 7762 硫化橡胶或热塑性橡胶 耐臭氧龟裂静态拉伸试验(GB/T 7762—2003,ISO 1431-1:1989,MOD)

3 要求

3.1 材料及工艺

3.1.1 密封件应由耐臭氧橡胶制造,耐臭氧不应仅靠喷涂防臭氧涂层来实现,因为这些表面防护层会因摩擦、洗涤或其他方法被除去。

3.1.2 用于生产密封件的所有原材料均应符合有关技术规范的要求。

3.2 外观

3.2.1 目视检查时,密封件的密封面上应没有微孔、明显的缺陷和尺寸不一致。

3.2.2 材料应为黑色。

3.3 尺寸

密封件的尺寸应符合图纸或合同的规定。公差应符合 GB/T 3672.1 的规定。

3.4 物理性能

用于制造密封件的硫化胶或成品密封件，其物理性能应符合表1的要求。

表1 物理性能要求

序号	性能	单位	要求				试验方法
			50	60	70	80	
1	硬度	IRHD或邵尔A	46～55	56～65	66～75	76～85	GB/T 6031 GB/T 531.1
2	拉伸强度 最小	MPa	9	9	9	9	GB/T 528
3	拉断伸长率 最小	%	375	300	200	125	GB/T 528
4	压缩永久变形，B型试样 最大 70 ℃，24 h −25 ℃，24 h	%	20 60	20 60	20 60	20 60	GB/T 7759
5	加速老化，70 ℃，7 d 硬度变化 拉伸强度变化 拉断伸长率变化	IRHD或邵尔A % %	−5～+8 −20～+40 −30～+10	−5～+8 −20～+40 −30～+10	−5～+8 −20～+40 −30～+10	−5～+8 −20～+40 −40～+10	GB/T 3512
6	耐臭氧，臭氧浓度[a] 50×10^{-8}；预拉伸(72±2)h；(40±1)℃，(48±1)h，湿度：(55±5)% 拉伸20% 拉伸15%		不龟裂	不龟裂	不龟裂	不龟裂	GB/T 7762
7	耐水，标准室温，7 d 体积变化	%	0～+5	0～+5	0～+5	0～+5	GB/T 1690—1992
8	成品密封件的压缩恢复率，压缩50% 70 ℃，72 h±15 min 最小 −25 ℃，24 h±15 min 最小	%	85 65	85 65	85 65	85 65	附录A

[a] 如果用户有要求，可采用臭氧浓度 200×10^{-8} 的苛刻条件。

4 试验方法

4.1 试样

试样应按GB/T 2941—2006的规定或采用其他适当方法从成品密封件切取。如果试样不能从成品上获取，则应用生产密封件的同批胶料，采用与生产密封件相当的工艺条件制备出适宜尺寸的硫化胶片，并从这些胶片上切取。

4.2 硬度

按GB/T 531.1或GB/T 6031规定进行试验。

4.3 拉伸强度和拉断伸长率

按GB/T 528规定进行试验。

4.4 压缩永久变形

按GB/T 7759规定进行试验。

4.5 加速老化

按 GB/T 3512 规定进行试验。

4.6 耐臭氧

按 GB/T 7762 规定进行试验。

4.7 耐水

按 GB/T 1690—1992 规定进行试验。

4.8 成品密封件的压缩恢复率

按附录 A 规定进行试验。

5 质量保证

质量保证不属于本标准的要求，但可从附录 B 获得指导，附录 B 给出了相应的试验周期、产品控制试验。

质量保证规定应尽可能与 GB/T 19001(参见附录 B)一致。

6 标志、包装、运输及贮存

6.1 标志、包装及运输应符合 GB/T 5721 的规定。

6.2 密封件的贮存应符合 GB/T 5721 的规定。

附　录　A
（规范性附录）
压缩恢复率的测定

A.1　试验原理

将橡胶密封件试样在两平行平板之间压缩，并在高温或低温下保持规定的时间，取出松开后测定其恢复的程度。

A.2　试样

试样应从成品密封件上裁取，试样长 125 mm，每一试样只允许使用一次，在进行低温试验时，可在试样上撒滑石粉，试样数量为 3 个。

A.3　试验设备和装置

A.3.1　压缩装置，由两块抛光的平行平板组成，平行平板由镀铬板或不锈钢板或其他耐腐蚀材料制成，压缩板的平行度应在 0.01 mm 以内，并有锁定装置。

A.3.2　不锈钢限制器，能按密封件在使用中的标准宽度调节压缩平板之间的距离。

A.3.3　厚度计。

A.3.4　符合 GB/T 3512 规定的老化箱。

A.3.5　能保持（－25±2）℃的低温箱。

A.4　程序

试验按 GB/T 7759 规定进行，但需增补下面几点：

A.4.1　用厚度计测量试样中部边缘处的宽度，标记测量点保证压缩前后的测量位置相同。

A.4.2　压缩前，将试样水平放置在压缩板，并使试样两侧面垂直于压缩板，然后用压缩装置将试样压缩到实际使用宽度。

A.4.3　将装有压缩试样的夹具组件放入低温箱并使它在－25 ℃温度下保持 24 h±15 min，然后，松开试样并让它在－25 ℃下恢复 1 h±5 min，测量恢复后的宽度。

A.4.4　将装有压缩试样的夹具组件放入老化箱并使它在 70 ℃温度下保持 72 h±15 min。不要预热夹具组件。松开试样并让它在 23 ℃下，冷却 1 h±5 min，测量恢复后的宽度。

A.5　试验结果

A.5.1　压缩恢复率按式（A.1）计算：

$$R=\frac{W_2}{W_1}\times 100 \qquad \cdots\cdots\cdots\cdots (A.1)$$

式中：

R——压缩恢复率，%；

W_1——原始宽度，单位为毫米（mm）；

W_2——恢复后的宽度，单位为毫米（mm）。

A.5.2　试验结果取中值。

附　录　B
（资料性附录）
质　量　保　证

B.1　型式检验

型式检验包括所有试验项目，当有下列情况之一时宜进行型式检验：

a）新产品定型和产品转产时；

b）正式生产后，材料、工艺和橡胶配方发生重大变化时；

c）正常生产情况下，每年至少进行一次。

B.2　控制试验

宜进行3.2和3.3的检验，并使用按规定制备的试样进行下列试验。试验结果宜符合表1的规定。

a）硬度；

b）拉伸强度；

c）拉断伸长率。

ICS 83.160.10
G 41

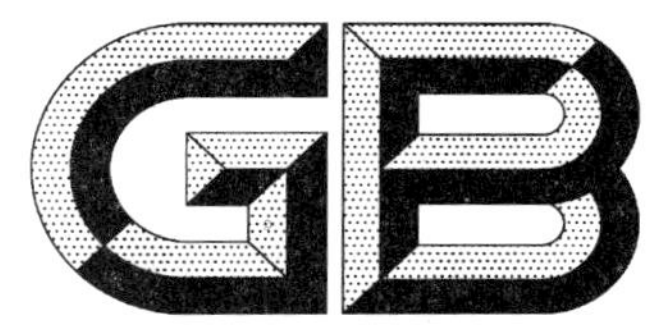

中华人民共和国国家标准

GB/T 23663—2009

汽车轮胎纵向和横向刚性试验方法

Test method of automobile tyre longitudinal and lateral stiffness

2009-04-24 发布　　　　2009-12-01 实施

中华人民共和国国家质量监督检验检疫总局
中国国家标准化管理委员会　发布

前　言

本标准由中国石油和化学工业协会提出。

本标准由全国轮胎轮辋标准化技术委员会(SAC/TC 19)归口。

本标准主要起草单位:青岛市产品质量监督检验所、广州市华南橡胶轮胎有限公司、山东玲珑橡胶有限公司、杭州中策橡胶有限公司、北京橡胶工业研究设计院、双钱集团股份有限公司、青岛高校测控技术有限公司、汕头市浩大轮胎测试设备有限公司。

本标准主要起草人:何宁、王波、陈建国、滕利然、陈国华、徐丽红、姚新、刘宏、陈迅。

汽车轮胎纵向和横向刚性试验方法

1 范围

本标准规定了汽车轮胎纵向和横向刚性的试验方法术语和定义、试验设备及其精度要求、试验条件、试验步骤、数值修约、试验记录。

本标准适用于所有的轿车子午线轮胎和轻型载重汽车子午线轮胎。

2 规范性引用文件

下列文件中的条款通过本标准的引用而成为本标准的条款。凡是注日期的引用文件,其随后所有的修改单(不包括勘误的内容)或修订版均不适用于本标准,然而,鼓励根据本标准达成协议的各方研究是否可使用这些文件的最新版本。凡是不注日期的引用文件,其最新版本适用于本标准。

GB/T 2977 载重汽车轮胎规格、尺寸、气压与负荷

GB/T 2978 轿车轮胎规格、尺寸、气压与负荷

GB/T 6326 轮胎术语及其定义(GB/T 6326—2005,ISO 4223-1:2002,Definitions of some terms used in tyre industry—Part 1:Pneumatic tyres,NEQ)

GB/T 8170 数值修约规则与极限数值的表示和判定

3 术语和定义

GB/T 6326 中确立的术语和定义及下列术语和定义适用于本标准。

3.1

试验台 simulated roadway

能够模拟不同路面、具有不同粗糙度的非光滑平台。

3.2

径向力 normal force

F_z

轮胎作用于试验台垂直方向上的力,见图 1。

3.3

纵向力 longitudinal force

F_x

轮胎作用于试验台平行于 x 轴的力,见图 1。

3.4

纵向位移 longitudinal deflection

δ_x

轮胎在纵向力的作用下相对于试验台的平行于 x 轴的偏移量。

3.5

纵向刚性 longitudinal stiffness

L_x

纵向力增量与纵向位移增量的比值。

3.6

横向力　lateral force

F_y

轮胎作用于试验台平行于 y 轴的力，见图1。

3.7

横向位移　lateral deflection

δ_y

轮胎在横向力的作用下相对于试验台的平行于 y 轴的偏移量。

3.8

横向刚性　lateral stiffness

L_y

横向力增量与横向位移增量的比值。

3.9

接触面　contact patch

轮胎表面与试验台接触的所有区域。图2为一个接触面印痕的示例图。

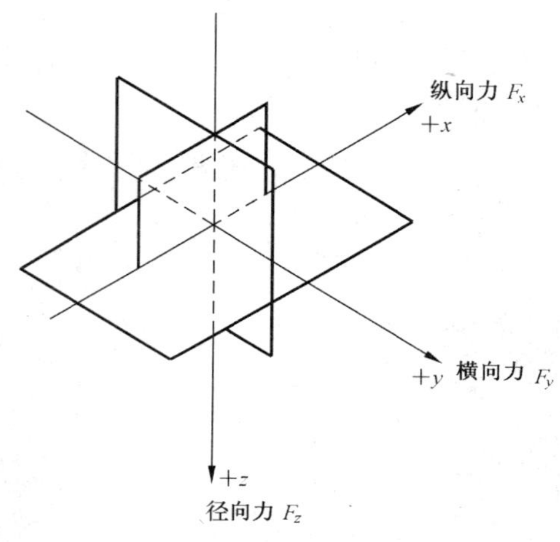

图1　轮胎受力坐标图

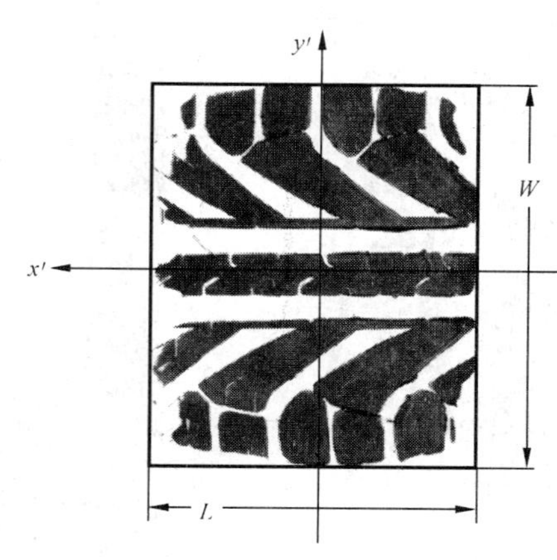

图2　接触区域印痕

4　试验设备及其精度要求

4.1　设备的组成

试验设备应包括加载、定位装置、试验台和连续记录力值和位移的记录系统。

4.1.1　加载装置

加载装置为能够给充气轮胎施加纵向力、横向力以及径向力并能够在刚性参数测定试验过程中保持此径向力不变，加载装置的加载能力应满足试验要求。

4.1.2　定位装置

定位装置能够记录试验台相对于轮胎产生的纵向、横向位移。

4.1.3　试验台

试验台应该满足如下要求：

4.1.3.1　试验台能够完全容纳整个接触面，试验台行程能够满足试验要求。

4.1.3.2　试验台及其支持结构应足够坚硬，确保加载装置对轮胎施加径向力时，平台不会发生横向、纵向及弯曲方面的变形。

4.1.3.3 试验台应有足够的粗糙度，粗糙度值宜为 120 目。

4.2 试验设备的精度要求

4.2.1 径向加载方向与试验机试验台角度值为 90°，偏差在 ±1° 之内。

4.2.2 径向力、纵向力以及横向力加载装置精度要求不超过满量程的 ±1%。

4.2.3 径向位移、纵向位移以及横向位移的精度偏差在 ±0.5 mm 之内。

4.2.4 径向移动速度的精度偏差为 ±2.5 mm/min。

4.2.5 气压表精度为 ±10 kPa。

5 试验条件

5.1 测试的轮胎在硫化后应停放 24 h 以上。

5.2 试验轮辋应符合 GB/T 2977 或 GB/T 2978 规定的测量轮辋。

5.3 额定负荷应符合 GB/T 2977 或 GB/T 2978 规定的负荷(当规定有单、双胎两种使用条件时，则用单胎负荷)。

5.4 轿车轮胎充入表 1 规定的气压。轻型载重子午线轮胎的气压为额定负荷对应的气压(当规定有单、双胎两种使用条件时，则用单胎负荷相对应的气压)。

表 1 轿车轮胎纵向和横向刚性试验用充气压力 单位为千帕

标 准 型	增 强 型
250	290

5.5 轮胎充气后，在(20～30)℃室温下停放 24 h 以上。如气压下降，重新补充至规定的气压，停放 15 min 后即可进行测试。如有必要在另一点进行试验，检查并将轮胎调整至规定的气压后即可进行下一次试验。

6 试验步骤

6.1 纵向刚性试验

6.1.1 对轮胎以径向加载速度为(50±2.5)mm/min 的速度加载至轮胎额定负荷的 80%，保压 5 s。重复 3 次进行预试，预试完毕后调整轮胎气压至规定值。

6.1.2 给轮胎以径向加载速度为(50±2.5)mm/min 的速度加载至轮胎额定负荷的 80%，加载完毕保压 1 min。

6.1.3 沿着 x 轴方向移动试验台，以产生的相对位移为横坐标，以产生的作用于轮胎上的纵向力值为纵坐标，绘制纵向刚性曲线。

6.1.4 试验台移动速度为(30～50)mm/min。

6.1.5 纵向刚性按式(1)计算：

$$\text{纵向刚性}(L_x)=(\text{纵向力}2-\text{纵向力}1)/(\text{纵向位移}2-\text{纵向位移}1) \quad\cdots\cdots\cdots(1)$$

其中：纵向刚性单位为 N/mm；纵向力 2 和纵向力 1 单位为 N；纵向位移 2 和纵向位移 1 单位为 mm；

纵向力 1=(基准纵向力−250 N)，纵向位移 1 为纵向力 1 所对应的位移量；

纵向力 2=(基准纵向力+250 N)，纵向位移 2 为纵向力 2 所对应的位移量；

基准纵向力=试验中施加径向负荷×30%×9.8 m/s^2，单位为 N。

6.1.6 卸载并核对气压至规定值。

6.1.7 重复 6.1.2～6.1.6 过程，其中 6.1.2 步骤中加载加到轮胎额定负荷。

6.1.8 重复 6.1.2～6.1.6 过程，其中 6.1.2 步骤中加载加到轮胎额定负荷的 120%。

6.2 横向刚性试验

6.2.1 对轮胎以径向加载速度为(50±2.5)mm/min 的速度加载至轮胎额定负荷的80%,保压5 s。重复3次进行预试,预试完毕后调整轮胎气压至规定值。

6.2.2 给轮胎以径向加载速度为(50±2.5)mm/min 的速度加载至轮胎额定负荷的80%,加载完毕保压1 min。

6.2.3 沿着 y 轴方向移动试验台,以产生的相对位移为横坐标,以产生的作用于轮胎上的横向力值为纵坐标,绘制横向刚性曲线。

6.2.4 试验台移动速度为(30～50)mm/min。

6.2.5 横向刚性按式(2)计算:

$$横向刚性(L_y)=(横向力2-横向力1)/(横向位移2-横向位移1) \qquad \cdots\cdots(2)$$

其中:横向刚性单位为 N/mm;横向力 2 和横向力 1 单位为 N;横向位移 2 和横向位移 1 单位为 mm;

横向力 1=(基准横向力-250 N),横向位移 1 为横向力 1 所对应的位移量;

横向力 2=(基准横向力+250 N),横向位移 2 为横向力 2 所对应的位移量;

基准横向力=试验中施加径向负荷×30%×9.8 m/s^2,单位为 N。

6.2.6 卸载并核对气压至规定值。

6.2.7 重复 6.2.2～6.2.6 过程,其中 6.2.2 步骤中加载加到轮胎额定负荷。

6.2.8 重复 6.2.2～6.2.6 过程,其中 6.2.2 步骤中加载加到轮胎额定负荷的120%。

7 数值修约

本标准 6.1.5 和 6.2.5 计算精确到小数点之后一位,纵向力、横向力精确到整数,纵向位移、横向位移精确到小数点之后一位。测量和计算结果按 GB/T 8170 规定进行修约。

8 试验记录

轮胎试验宜记录下列各项内容:

a) 厂名、商标、规格、负荷指数、层级、生产编号;
b) 测量轮辋;
c) 试验气压、环境温度;
d) 额定负荷;
e) 试验台移动速度、试验台粗糙度;
f) 试验日期;
g) 纵向刚性值、横向刚性值;
h) 试验曲线图。

ICS 83.160.10
G 41

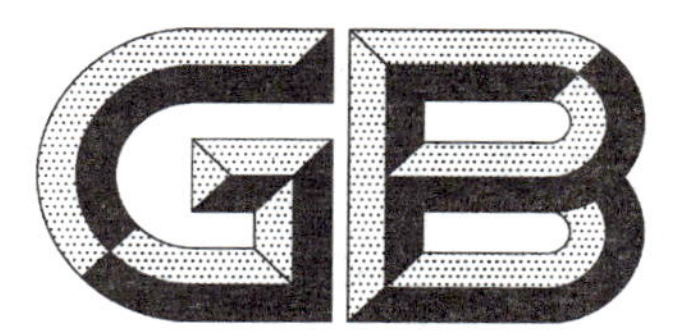

中华人民共和国国家标准

GB/T 23664—2009

汽车轮胎无损检验方法　X射线法

Test method of non-destructive inspection for automobile tyres—X-ray method

2009-04-24 发布　　　　2009-12-01 实施

中华人民共和国国家质量监督检验检疫总局
中国国家标准化管理委员会　发布

前　言

本标准的附录A为资料性附录。

本标准由中国石油和化学工业协会提出。

本标准由全国轮胎轮辋标准化技术委员会(SAC/TC 19)归口。

本标准起草单位：山东玲珑橡胶有限公司、赛轮股份有限公司、双星集团有限责任公司、双钱集团股份有限公司、杭州中策橡胶有限公司、广州市华南橡胶轮胎有限公司。

本标准起草人：滕利然、潘文莲、郝树德、姚新、陈国华、卢焜、陈少梅、侯绪国。

汽车轮胎无损检验方法　X 射线法

1　范围

本标准规定了汽车轮胎 X 射线无损检验的术语和定义、原理、检验设备、检验条件、检验程序、检验判定和检验记录。

本标准适用于轿车、载重汽车充气子午线轮胎。

2　规范性引用文件

下列文件中的条款通过本标准的引用而成为本标准的条款。凡是注日期的引用文件，其随后所有的修改单(不包括勘误的内容)或修订版均不适用于本标准，然而，鼓励根据本标准达成协议的各方研究是否可使用这些文件的最新版本。凡是不注日期的引用文件，其最新版本适用于本标准。

GB/T 6326　轮胎术语及其定义(GB/T 6326—2005,ISO 4223-1:2002,Definitions of some terms used in tyre industry—Part 1:Pneumatic tyres,NEQ)

GBZ 117　工业 X 射线探伤卫生防护标准

3　术语和定义

GB/T 6326 确立的术语和定义适用于本标准。

4　原理

本方法利用 X 射线穿透不同物质时呈现出不同的衰减程度，通过检测系统和图像处理系统，对轮胎各部位进行无损检测。

5　检验设备

5.1　X 射线管

5.1.1　发射 X 射线的角度应确保轮胎在连续检测的情况下不存在探测死角。

5.1.2　发射的 X 射线应有足够的强度，以确保对不同厚度的轮胎部件进行照射时呈现清晰的图像。

5.2　图像处理系统

图像处理系统应具有进行电子偏差和增益校准的功能，确保获得稳定的清晰图像，使整条轮胎的内部结构图在显示器上滚动显示。

5.3　X 射线屏蔽铅房

能屏蔽发散的 X 射线，防 X 射线辐射等级应符合国家标准 GBZ 117 的要求，保护周围环境和人身安全。

5.4　机械运动系统

5.4.1　轮胎驱动系统

轮胎驱动系统应对被测轮胎进行准确定位，并保证被测轮胎匀速旋转。

5.4.2　X 射线管驱动系统

X 射线管驱动系统应能使 X 射线管准确移动，并保证将 X 射线管准确定位到两个胎圈之间。

5.4.3　探测器驱动系统

探测器驱动系统应能使探测器准确移动定位，并保证探测器接收到透过轮胎后的 X 射线。

5.4.4 轮胎输送驱动系统

轮胎输送驱动系统应能驱动轮胎完成整个流程。

5.5 检测灵敏度

指X射线在透照部位能够检测到的轮胎内部最小缺陷尺寸的能力，可用式(1)计算：

$$K=\frac{d}{h}\times 100 \qquad \cdots\cdots(1)$$

式中：

K——检测灵敏度，%；

d——X射线透照部位所能发现的轮胎内部最小缺陷的尺寸，单位为毫米(mm)；

h——X射线检测发现的最小缺陷处的轮胎厚度，单位为毫米(mm)。

检测灵敏度应不大于2%。检测灵敏度应定期标定。

6 检验条件

6.1 检测时轮胎表面温度不高于40 ℃。

6.2 测试工位(铅房内)温度应保持在18 ℃～35 ℃。

7 检验程序

7.1 由轮胎输送系统将轮胎输送到测量工位，抱臂将轮胎对中，抱臂打开，轮胎进入测量装置，轮胎匀速通过装置，测量轮胎胎圈直径(胎趾处)、外直径、断面宽度等参数。

7.2 轮胎参数测量完毕，将轮胎输送到测试工位(铅房内)，X射线管、探测器驱动装置根据所测参数对轮胎进行定位，同时轮胎驱动系统驱动轮胎匀速旋转，对子午线轮胎胎冠、胎体、胎圈部位进行X射线检验。

7.3 检测完后，X射线管运动装置和探测器运动装置复位，轮胎停止旋转，抱臂打开，将轮胎输送出去。

8 检验判定

8.1 对轮胎进行X射线检验时，采用目视判定。

8.2 轮胎的内部缺陷(参见附录A)。

8.2.1 结构类缺陷

轮胎的带束层出现接头裂开、差级偏歪等缺陷现象；轮胎的胎体钢丝帘线出现弯曲、排列不均、断线等缺陷现象；轮胎的胎圈部位出现胎圈变形、钢丝断裂、钢丝翘头等缺陷现象。主要缺陷图示参见附录A的A.1。

8.2.2 杂物类缺陷

在显示器上有颜色异常暗影的现象。参见附录A的A.2。

8.2.3 气泡类缺陷

在显示器上呈现出边缘清晰、形状不规则白色亮区的现象。参见附录A的A.3。

9 检验记录

如果需要，检验记录应包括以下内容：

a) 轮胎的商标；

b) 规格；

c) 生产编号；

d) 缺陷名称、部位。

附 录 A
（资料性附录）
主要缺陷示意图

A.1 结构类缺陷图片

A.1.1 带束层接头裂开

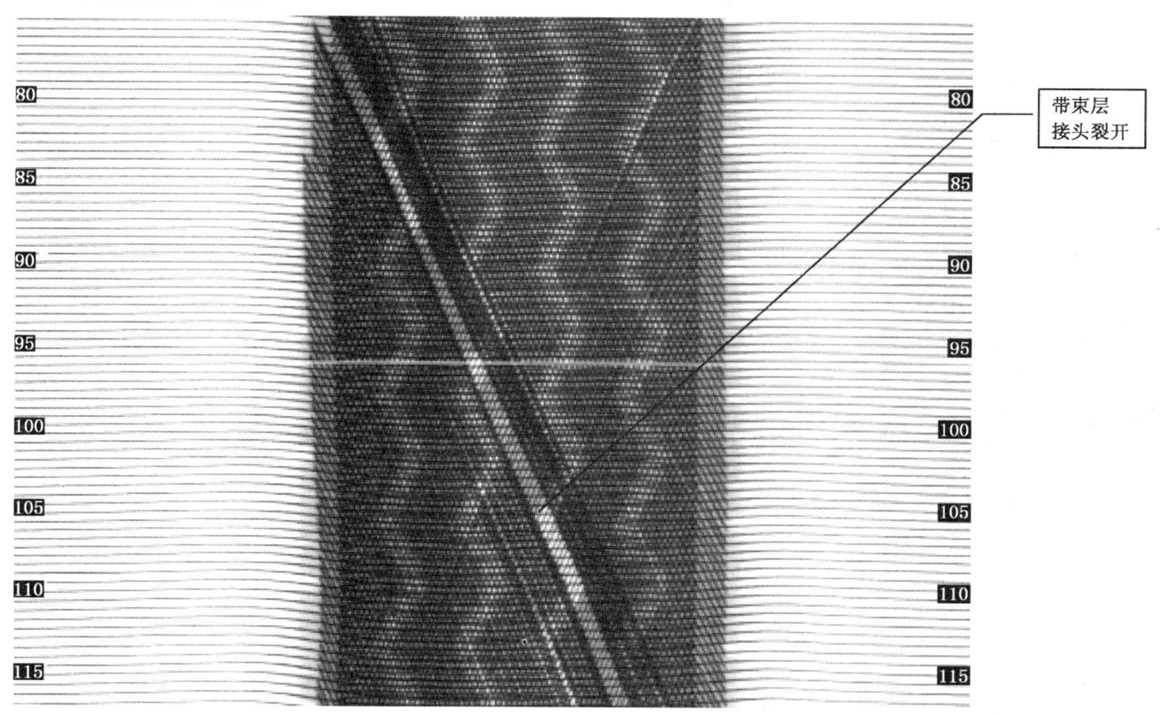

A.1.2 带束层差级偏歪

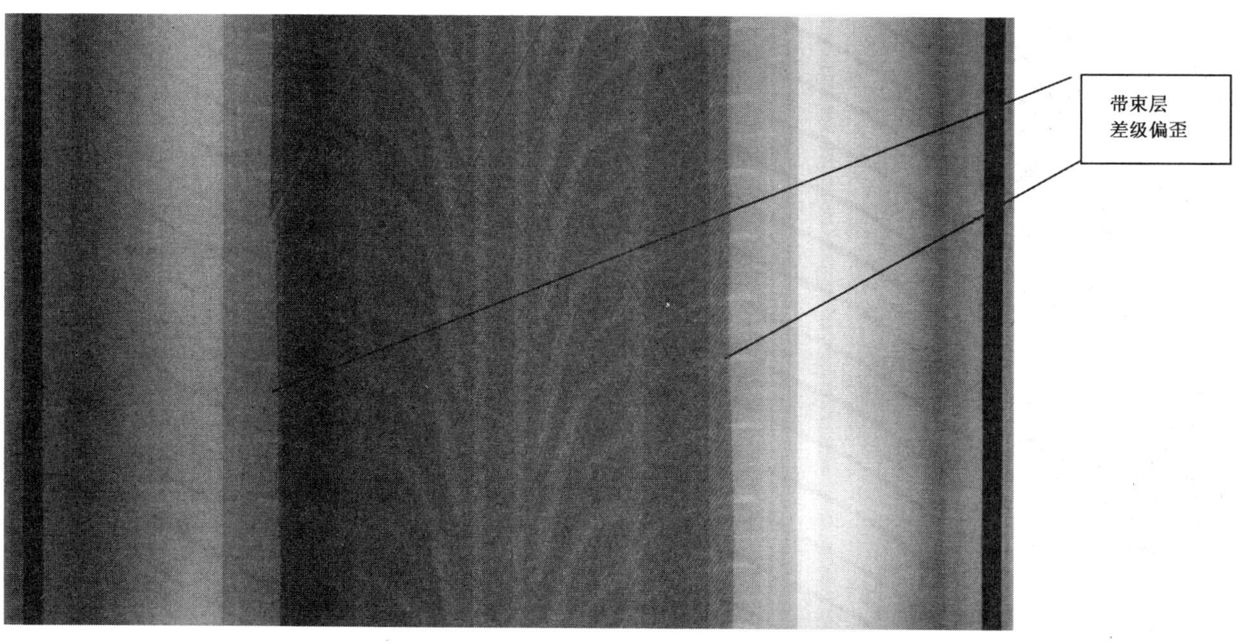

A.1.3 胎体钢丝帘线弯曲

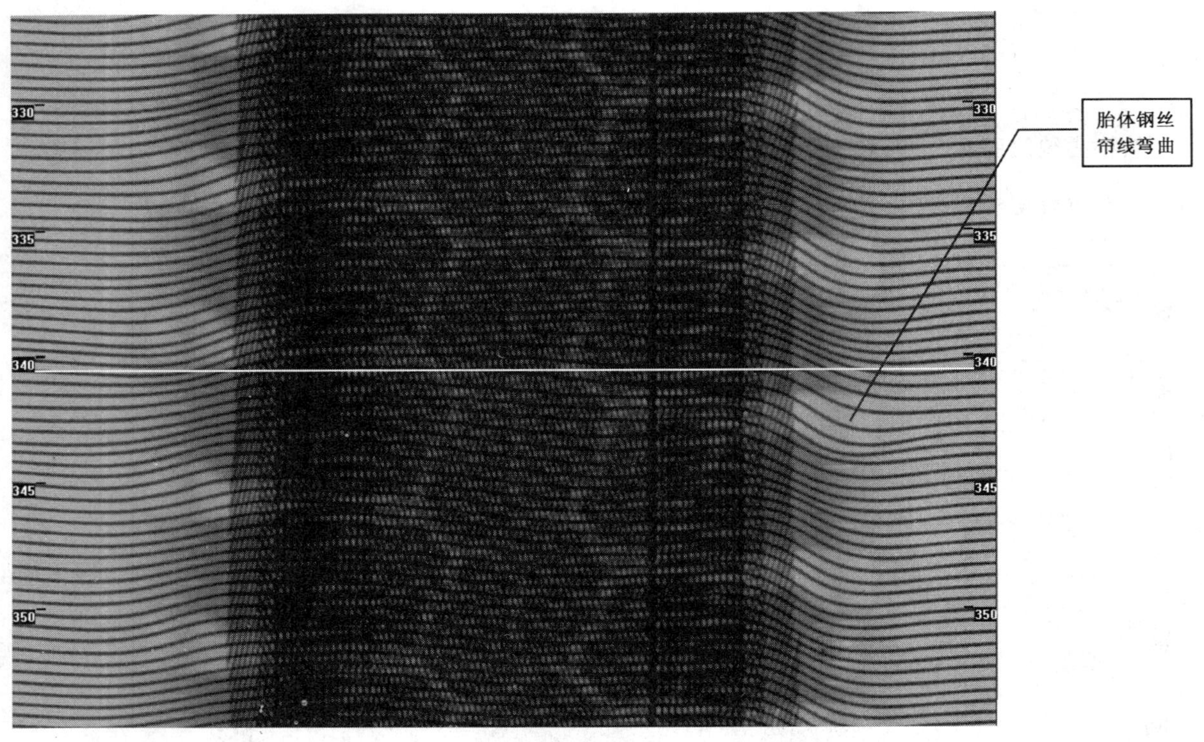

A.1.4 胎体帘线排列不均

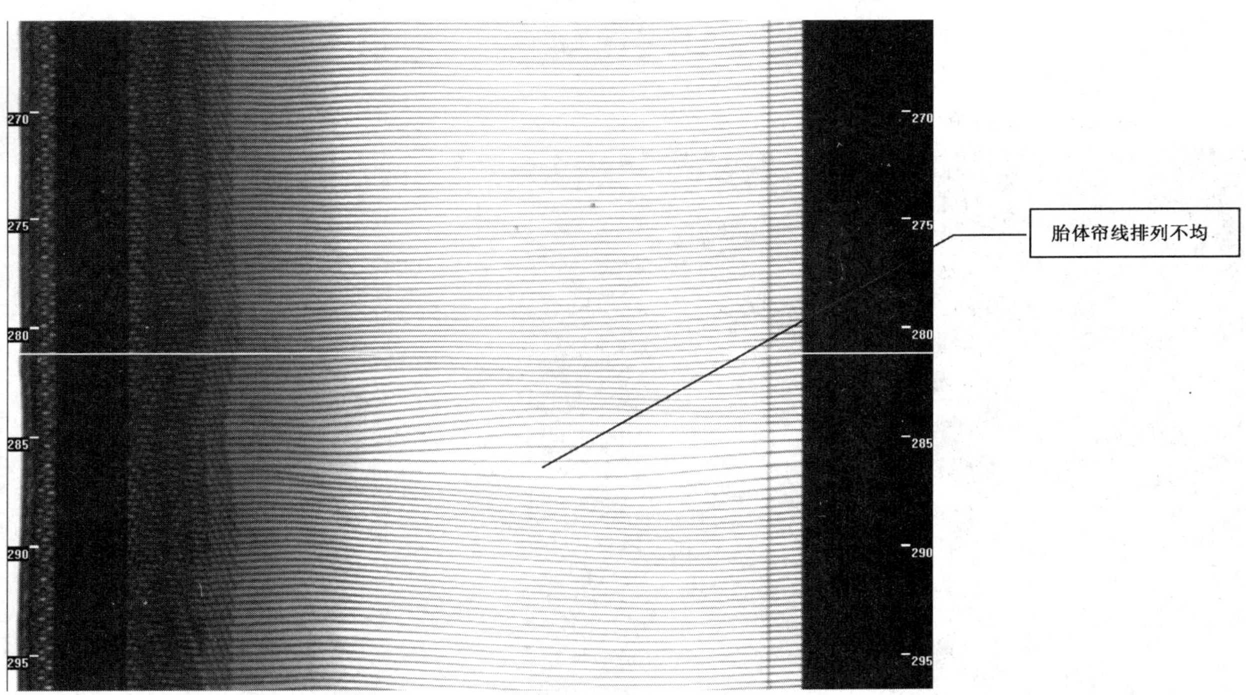

A.1.5 胎体帘线断线

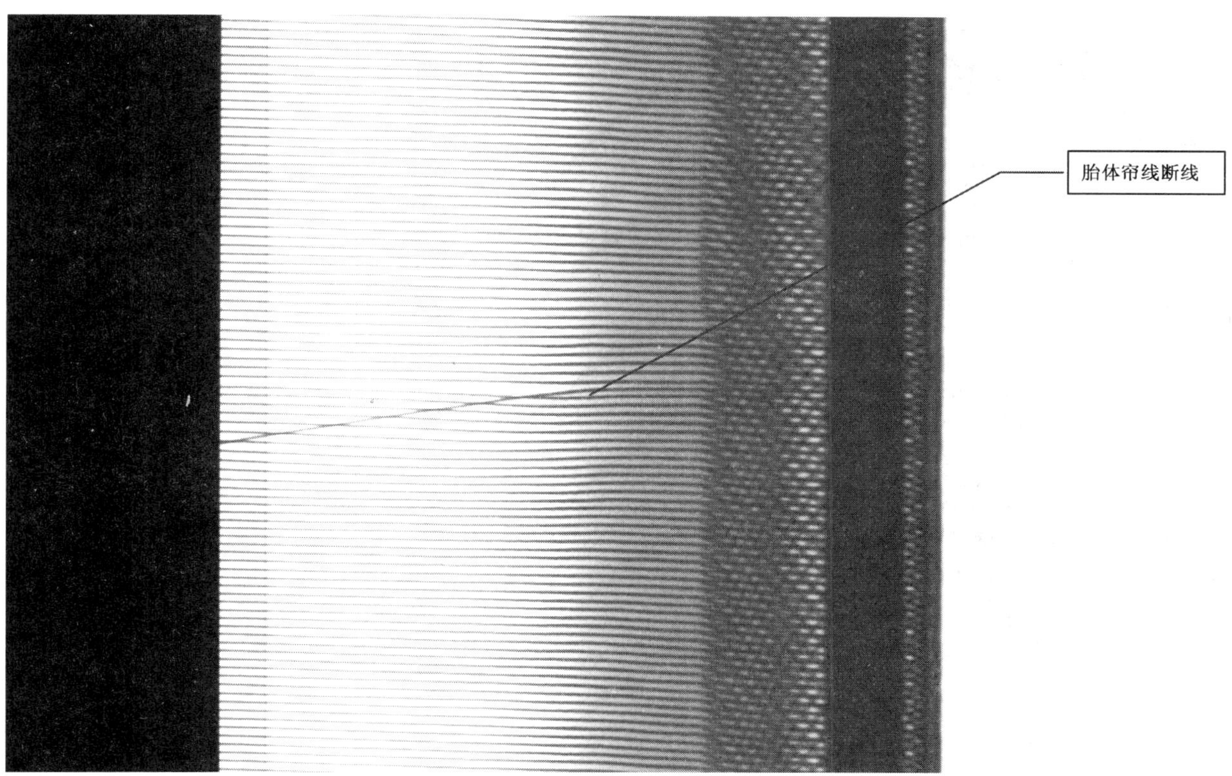

A.1.6 胎圈钢丝翘头

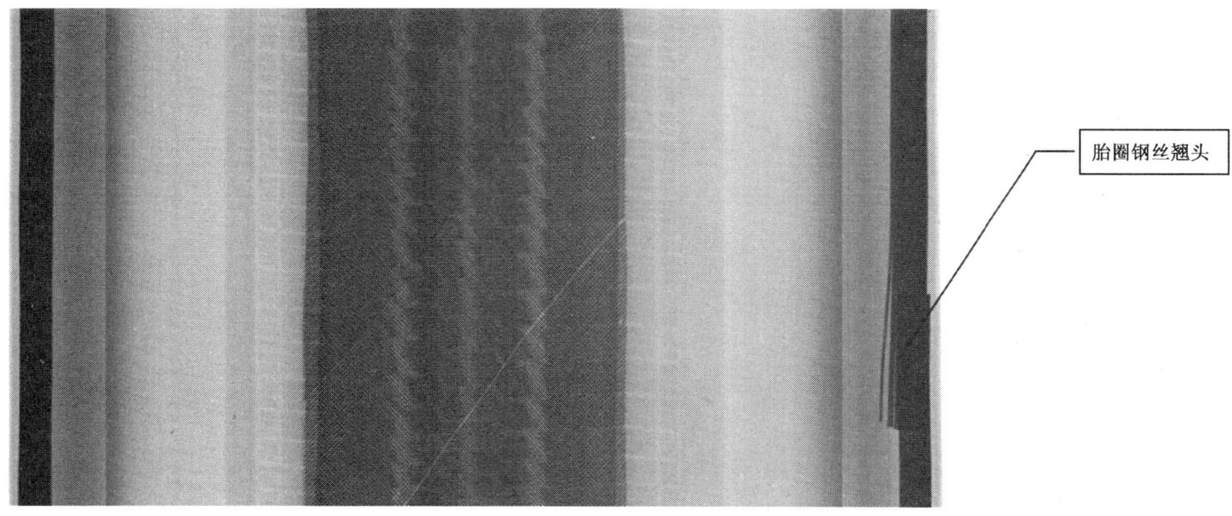

A.2　杂物类缺陷图片

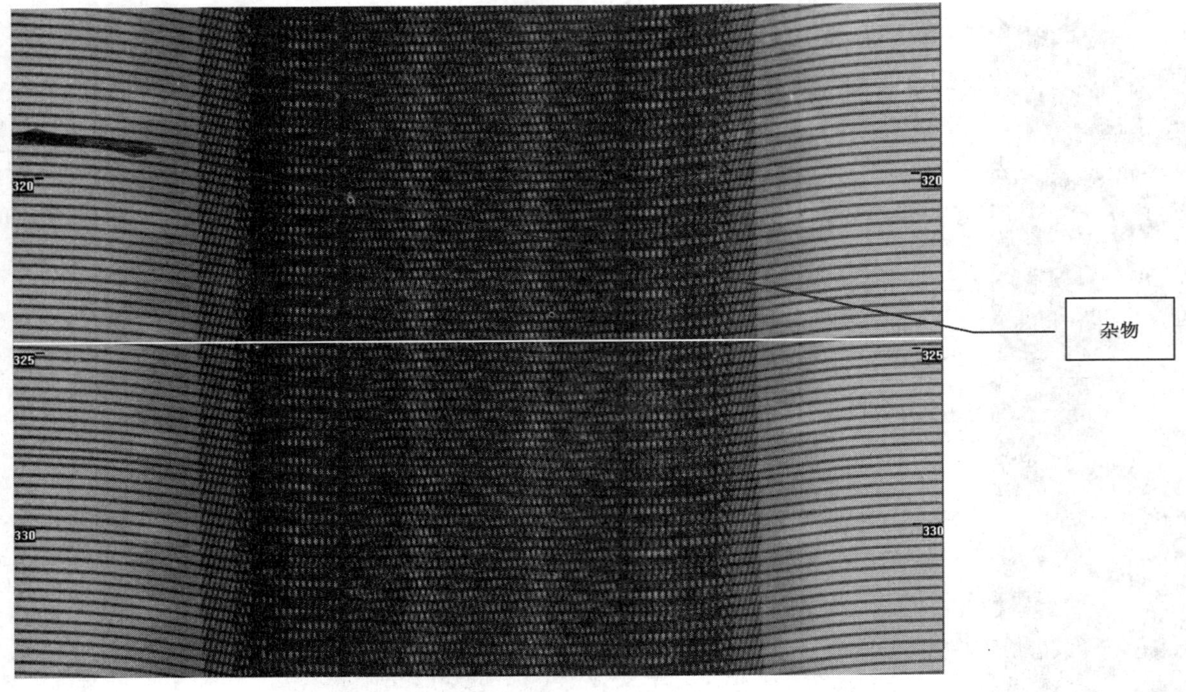

A.3　气泡类缺陷图片

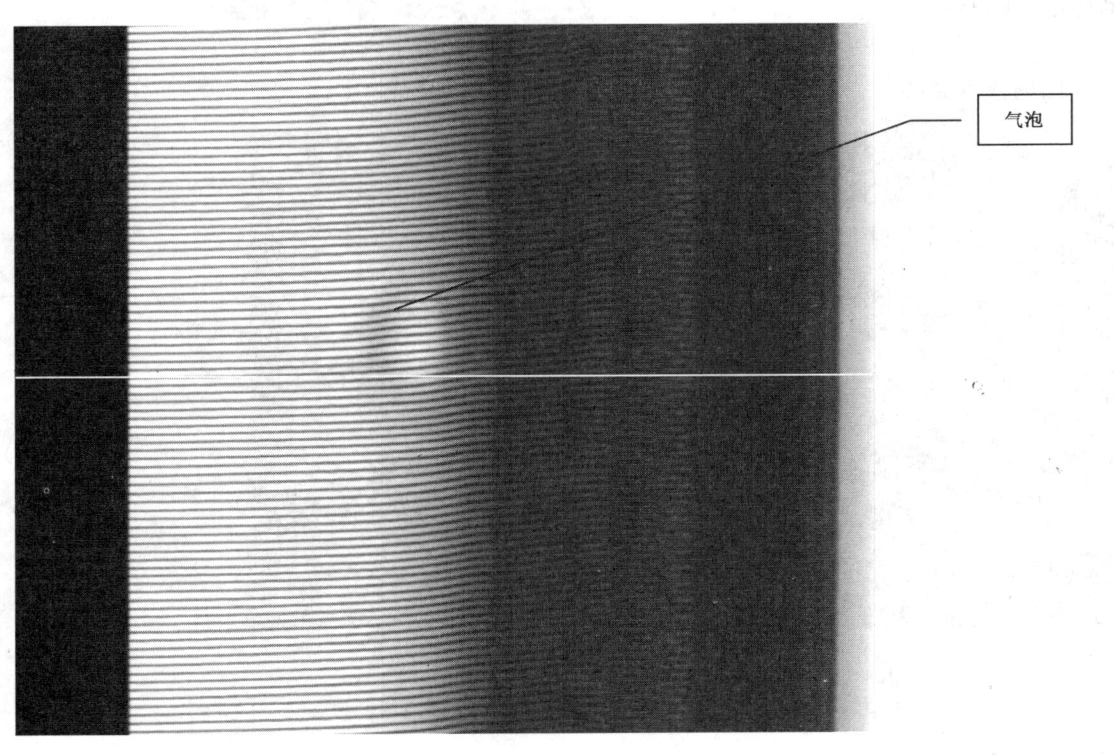

ICS 71.100.01;87.060.10
G 56

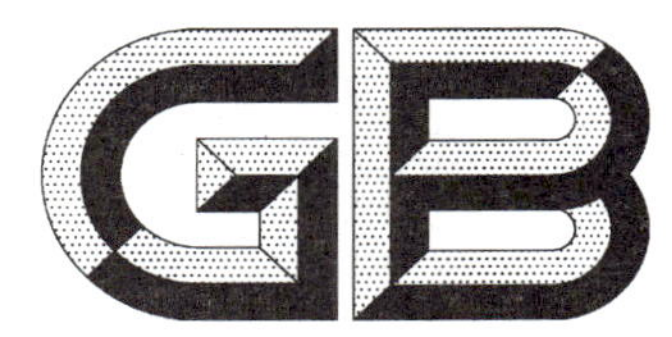

中华人民共和国国家标准

GB/T 23665—2009

1-氯蒽醌

1-Chloroanthraquinone

2009-04-24 发布　　2009-12-01 实施

中华人民共和国国家质量监督检验检疫总局
中国国家标准化管理委员会　发布

前　言

本标准由中国石油和化学工业协会提出。

本标准由全国染料标准化技术委员会(SAC/TC 134)归口。

本标准起草单位:沈阳化工研究院。

本标准主要起草人:杨杰民。

1-氯蒽醌

1 范围

本标准规定了1-氯蒽醌的要求、采样、试验方法、检验规则以及标志、标签、包装、运输、贮存。

本标准适用于1-氯蒽醌的产品质量控制。

结构式：

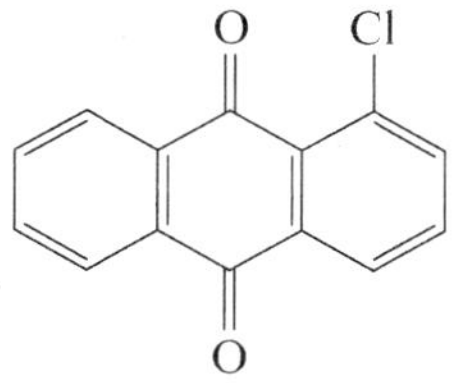

分子式：$C_{14}H_7ClO_2$

相对分子质量：242.66(按2007年国际相对原子质量)

CAS RN：82-44-0

2 规范性引用文件

下列文件中的条款通过本标准的引用而成为本标准的条款。凡是注日期的引用文件，其随后所有的修改单(不包括勘误的内容)或修订版均不适用于本标准，然而，鼓励根据本标准达成协议的各方研究是否可使用这些文件的最新版本。凡是不注日期的引用文件，其最新版本适用于本标准。

GB/T 191 包装储运图示标志(GB/T 191—2008，ISO 780：1997，MOD)

GB/T 2384 染料中间体 熔点范围测定通用方法

GB/T 2386—2006 染料及染料中间体 水分的测定

GB/T 6678—2003 化工产品采样总则

GB/T 6682—2008 分析实验室用水规格和试验方法(ISO 3696：1987，MOD)

GB/T 8170—2008 数值修约规则与极限数值的表示和判定

3 要求

1-氯蒽醌的质量要求应符合表1的规定。

表1 1-氯蒽醌质量要求

项目	指标			
	优等品		一等品	
外观	淡黄色粉末			
干品初熔点/℃	≥	159.0	≥	156.5
1-氯蒽醌纯度/%	≥	99.00	≥	98.50
汞的质量分数/(mg/kg)	≤	0.50	≤	1.00
水分的质量分数/%	≤	0.50	≤	1.00

4 采样

以批为单位采样。采样单元数应符合GB/T 6678—2003中7.6的规定。采样时用不锈钢采样器采取包括上、中、下三部分样品，所采样品总量不得少于 500 g。将采取的样品仔细混合均匀后，分装于两个清洁干燥的磨口瓶中，用石蜡密封。瓶上粘贴标签，注明：产品名称、批号、生产厂名称、采样日期。一瓶供检验，一瓶保存备查。

5 试验方法

警告——使用本标准的人员应有正规实验室工作的实践经验。本标准并未指出所有可能的安全问题。使用者有责任采取适当的安全和健康措施，并保证符合国家有关法规规定的条件。

5.1 一般规定

除非另有规定，仅使用确认为分析纯的试剂和 GB/T 6682—2008 中规定的三级水。检验结果的判定按 GB/T 8170—2008 中的 4.3.3 修约值比较法进行。

5.2 外观的评定

在自然光线下采用目视评定。

5.3 干品初熔点的测定

干品初熔点的测定按 GB/T 2384 规定的方法进行。干燥温度 100 ℃±5 ℃，干燥时间 2 h。

5.4 1-氯蒽醌纯度的测定(HPLC)

5.4.1 方法提要

采用反相高效液相色谱法，在 C_{18} 柱上，以甲醇和水为流动相，经紫外检测器(254 nm)检测，用峰面积归一化测定 1-氯蒽醌纯度。

5.4.2 仪器设备

a) 液相色谱仪：输液泵——流量范围 0.1 mL/min～5.0 mL/min，在此范围内其流量稳定性为±1%；
检测器——多波长紫外分光检测器或具有同等性能的紫外分光检测器；

b) 色谱柱：长为 150 mm，内径为 4.6 mm 的不锈钢柱，固定相为 C_{18} ODS 5 μm；

c) 色谱工作站或积分仪；

d) 微量注射器：10 μL，平头；

e) 超声波发生器。

5.4.3 试剂和溶液

a) 甲醇：色谱纯；

b) 水：经 0.45 μm 滤膜过滤。

5.4.4 色谱分析条件

a) 流动相：甲醇与水的体积比为 68∶32；

b) 波长：254 nm；

c) 流量：1 mL/min；

d) 进样量：5 μL。

可根据装置不同，选择最佳分析条件，流动相应摇匀后过滤用超声波发生器进行脱气。

5.4.5 试样溶液的制备

称取试样约 0.015 g(精确至 0.000 2 g)，加甲醇水溶液使之溶解，稀释至 50 mL 容量瓶中。

5.4.6 测定步骤

开启色谱仪。待仪器各项操作条件稳定后，用微量注射器吸取 5 μL 试样溶液注入进样阀，待各组分流出完毕(见色谱图 1)，用色谱工作站或积分仪进行结果处理。

5.4.7 结果计算

1-氯蒽醌纯度以 w 计，数值用% 表示，按式(1)计算：

$$w = \frac{A}{\sum A_i} \times 100 \quad \cdots\cdots(1)$$

式中：

A——1-氯蒽醌的峰面积数值；

$\sum A_i$——1-氯蒽醌及各有机杂质的峰面积数值的总和。

计算结果表示到小数点后两位。

5.4.8 允许差

两次平行测定结果之差应不大于0.2%，取其算术平均值作为测定结果。

5.4.9 色谱图

色谱图见图1。

1——溶剂；
2——未知物；
3——1-氯蒽醌；
4——未知物；
5——未知物；
6——未知物。

图1 1-氯蒽醌液相色谱示意图

5.5 汞的测定

5.5.1 原理

样品经混酸消解后制备成水溶液，再用原子吸收光谱仪测定该溶液中汞元素含量。

5.5.2 试剂和材料

a) 硝酸；

b) 高氯酸；

c) 盐酸；

d) 混酸：高氯酸与硝酸的体积比为1：3；

e) 重铬酸钾；

f) 硫酸；

g) 硼氢化钾；

h) 氢氧化钠；

i) 硫酸-重铬酸钾溶液：浓硫酸30 mL和10 g/L的重铬酸钾50 mL，用水定容到500 mL；

j) 还原剂：称取0.5 g硼氢化钾，0.3 g氢氧化钠(稳定剂)倒入塑料瓶中，加水100 mL溶解；

k) 高纯氮气；

l) 容量瓶：25 mL、50 mL、100 mL、200 mL、500 mL、1 000 mL；

m) 移液管：0.5 mL、1 mL、2 mL 、5 mL、10 mL、20 mL；

n) 锥形瓶：150 mL；

o) 汞元素的标准溶液：向法定(SI)计量单位购买汞元素的标准溶液，并需密封冷藏。

5.5.3 仪器和设备

a) 原子吸收光谱仪：应配有氢化物装置；

b) 加热器。

5.5.4 测定步骤

5.5.4.1 标准工作溶液制备

使用容量瓶、移液管，分别吸取 1 mg/L 的汞标准溶液 1 mL、2 mL、4 mL，加入硫酸-重铬酸钾溶液 50 mL，用水定容至 100 mL，配成 0.01 mg/L、0.02 mg/L、0.04 mg/L 的标准溶液。同时配成空白溶液。

5.5.4.2 试样的前处理

称取 1-氯蒽醌试样 1 g(精确至 0.000 1 g)，置于 150 mL 锥形瓶中，加入 10 mL 盐酸和 10 mL 硝酸，将锥形瓶放在加热器上缓慢加热，直至黄烟基本消失；稍冷后加入 10 mL 混酸，在加热器上大火加热，至试样完全消解而得到无色或微黄透明的溶液(有时需酌情补加混酸)；稍冷后加入 10 mL 水，加热至沸并进而冒白烟，再保持数分钟以驱除残余的混酸，然后冷却到室温，把溶液转移至 100 mL 容量瓶中，加入硫酸-重铬酸钾溶液 50 mL，用水稀释到刻度(若溶液出现浑浊、沉淀或机械性杂质，则务必过滤)。此试样溶液应尽快进行原子吸收光谱测定，如要保存，需密封冷藏。

同时按相同方法制备一空白溶液，测定时作为空白参比溶液。

5.5.4.3 测定

按原子吸收光谱仪的操作规程，将该仪器调至正常运行状态。执行由该仪器的操控电脑所发出的指令，按氢化物的测定方法，在 253.7 nm 波长下，绘制汞元素的标准工作曲线，测定空白参比溶液的吸光度，测定样品溶液的吸光度；将相关数据输入电脑，获取由电脑自动给出的列有样品中汞元素及其他数据的测定报告。

5.5.5 允许差

两次平行测定误差不大于 0.1 mg/kg，取其算术平均值作为测定结果。

5.6 水分的测定

按 GB/T 2386—2006 中的 3.2“烘干法”进行测定。

两次平行测定结果之差应不大于 0.1%(质量分数)，取其算术平均值作为测定结果。

6 检验规则

6.1 检验分类

本标准的第 3 章表 1 中的项目全部为出厂检验项目。

6.2 出厂检验

1-氯蒽醌应经生产厂质检部门检验合格，附合格证明后方可出厂。生产厂应保证所有出厂的 1-氯蒽醌都符合本标准的要求。

6.3 复验

如果检验结果中有一项指标不符合本标准的规定时，应重新自两倍量的包装中取样进行检验，重新检验的结果即使只有一项指标不符合本标准的要求，则整批产品不能验收。

7 标志、标签、包装、运输和贮存

7.1 标志、标签

7.1.1 标志

1-氯蒽醌的每个包装容器上都应按 GB/T 191 涂印耐久、清晰的标志，标志内容至少应有：

a) 产品名称；

b) 生产厂名称、地址；

c) 生产日期；

d) 生产许可证编号(如适用)；

e) 净含量；

f) 产品质量检验合格证明。

7.1.2 标签

产品应有标签，标签上应注明产品生产日期、合格证明、执行标准编号、批号和等级。

7.2 包装

1-氯蒽醌用纸板桶或牛皮纸复合袋包装，封闭要严密，每件净含量 25 kg±0.2 kg，其他包装可与用户协商确定。

7.3 运输

运输中应防止曝晒、受潮和雨淋。

7.4 贮存

产品应贮存在干燥、通风的库房内，保存期为六个月。

ICS 71.100.01;87.060.10
G 56

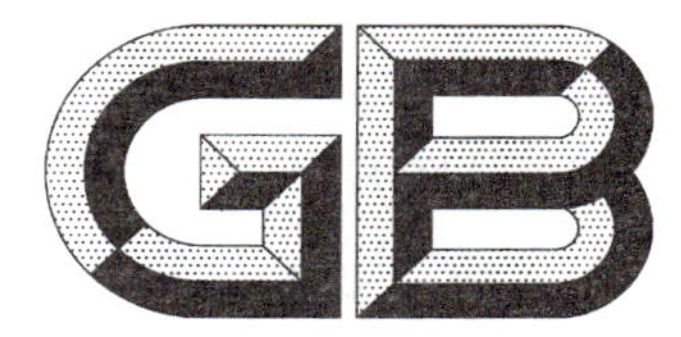

中华人民共和国国家标准

GB/T 23666—2009

1-萘酚-5-磺酸(L 酸)

1-Naphthol-5-sulfonic acid(L acid)

2009-04-24 发布　　　　2009-12-01 实施

中华人民共和国国家质量监督检验检疫总局
中国国家标准化管理委员会　发布

前　　言

本标准由中国石油和化学工业协会提出。

本标准由全国染料标准化技术委员会(SAC/TC 134)归口。

本标准起草单位:沈阳化工研究院、上海立诚化工有限公司。

本标准主要起草人:蒲爱军、陈援朝、罗晓群。

1-萘酚-5-磺酸(L 酸)

1 范围

本标准规定了1-萘酚-5-磺酸(L酸)产品的要求、采样、试验方法、检验规则以及标志、标签、包装、运输、贮存。

本标准适用于1-萘酚-5-磺酸的产品质量控制。

结构式:

分子式:$C_{10}H_8O_4S$

相对分子质量:224.23(按2007年国际相对原子质量)

CAS RN:117-59-5

2 规范性引用文件

下列文件中的条款通过本标准的引用而成为本标准的条款。凡是注日期的引用文件,其随后所有的修改单(不包括勘误的内容)或修订版均不适用于本标准,然而,鼓励根据本标准达成协议的各方研究是否可使用这些文件的最新版本。凡是不注日期的引用文件,其最新版本适用于本标准。

GB/T 601 化学试剂 标准滴定溶液的制备

GB/T 603 化学试剂 试验方法中所用制剂及制品的制备(GB/T 603—2002,ISO 6353-1:1982,NEQ)

GB/T 2381—2006 染料及染料中间体 不溶物质含量的测定

GB/T 6678—2003 化工产品采样总则

GB/T 6682—2008 分析实验室用水规格和试验方法(ISO 3696:1987,MOD)

GB/T 8170—2008 数值修约规则与极限数值的表示和判定

3 要求

1-萘酚-5-磺酸的质量要求应符合表1的规定。

表1 1-萘酚-5-磺酸的质量要求

项 目	指标	
	干 品	潮 品
外观	灰白色粉末	
1-萘酚-5-磺酸的质量分数(偶合值)/%	≥ 80.00	≥ 60.00
1-萘酚-5-磺酸的纯度(HPLC)/%	≥ 99.00	≥ 98.50
水不溶物的质量分数/%	≤ 0.10	

4 采样

潮品从每批产品的100%桶中取样。干品按GB/T 6678—2003中7.6规定的单元数采样。采样时用不锈钢采样器采取包括上、中、下三部分样品，所取样品总量潮品不得少于1 000 g，干品不得少于500 g。将采取的样品仔细混合均匀后，分装于两个清洁干燥带磨口塞的广口瓶中。瓶上粘贴标签，注明：产品名称、批号、生产厂名称和采样日期。一瓶供检验，一瓶保存备查。

5 试验方法

警告——使用本标准的人员应有正规实验室工作的实践经验。本标准并未指出所有可能的安全问题。使用者有责任采取适当的安全和健康措施，并保证符合国家有关法规规定的条件。

5.1 一般规定

除非另有规定，仅使用确认为分析纯的试剂和GB/T 6682—2008中规定的三级水。试验中所用标准滴定溶液，制剂及制品，在没有注明其他要求时，均按GB/T 601和GB/T 603的规定制备与标定。检验结果的判定按GB/T 8170—2008中的4.3.3修约值比较法进行。

5.2 外观的评定

在自然光线下采用目视评定。

5.3 1-萘酚-5-磺酸(偶合值)的测定

5.3.1 方法提要

在弱碱性介质中，1-萘酚-5-磺酸与已知浓度的对甲苯胺重氮盐标准滴定溶液进行定量的偶合反应。

5.3.2 试剂和溶液

a) 盐酸；

b) 氯化钠；

c) 对甲苯胺；

d) 碳酸钠溶液：100 g/L；

e) 溴化钾溶液：100 g/L；

f) 淀粉-碘化钾试纸；

g) 快速定性滤纸；

h) 亚硝酸钠标准滴定溶液：$c(NaNO_2)=0.5$ mol/L；

i) 对甲苯胺盐酸盐标准溶液：$c(C_7H_9NCl)=0.5$ mol/L；

j) 对甲苯胺重氮盐标准滴定溶液：$c(C_7H_7N_2)=0.1$ mol/L。

5.3.3 对甲苯胺盐酸盐标准溶液的配制及标定

5.3.3.1 配制

称取约53.6 g(精确至0.000 1 g)对甲苯胺于烧杯中，加少量水混合，加150 mL盐酸，不断搅拌，再加水至全溶，过滤，稀释至1 L棕色容量瓶中，混匀，置于暗处。

5.3.3.2 标定

准确吸取25 mL经配制对甲苯胺盐酸盐标准溶液于400 mL烧杯中，加200 mL水，10 mL盐酸及10 mL溴化钾溶液，冷却至10 ℃～15 ℃，在搅拌下用亚硝酸钠标准滴定溶液滴定。滴定时将滴定管尖端插入液面下，近终点时，将滴定管提出液面，再逐滴加入，以淀粉-碘化钾试纸检验终点。用玻璃棒蘸取一滴被滴定溶液，在淀粉-碘化钾试纸上呈微蓝色，并保持5 min后用同样方法检验，仍呈微蓝色，即为终点。同时做空白试验。

5.3.3.3 结果计算

对甲苯胺盐酸盐标准溶液的浓度以c_1计，数值用(mol/L)表示，按式(1)计算：

$$c_1 = \frac{c(V_1 - V_2)}{V} \qquad \cdots\cdots(1)$$

式中：

c——亚硝酸钠标准滴定溶液浓度的准确数值，单位为摩尔每升(mol/L)；

V——吸取对甲苯胺盐酸盐标准溶液的体积数值，单位为毫升(mL)；

V_1——消耗亚硝酸钠标准滴定溶液的体积数值，单位为毫升(mL)；

V_2——空白消耗亚硝酸钠标准滴定溶液的体积数值，单位为毫升(mL)。

计算结果保留到小数点后两位。

5.3.4 对甲苯胺重氮盐标准滴定溶液的配制

准确吸取 50 mL 上述对甲苯胺盐酸盐标准溶液，置于 250 mL 棕色容量瓶中，冷却至 0 ℃～5 ℃，用滴定管一次加入计算量的亚硝酸钠标准滴定溶液，保持温度 0 ℃～5 ℃，该溶液用淀粉-碘化钾试纸试验应呈微蓝色，保持 5 min 以后用同样的方法检验，仍呈微蓝色，再加入 0.5 mL 亚硝酸钠标准滴定溶液，然后加冰水稀释至刻度，并置于暗处的冰浴中保持 15 min 后备用。该标准滴定溶液应现用现配，有效时间 6 h。

对甲苯胺重氮盐标准滴定溶液的浓度以 c_2 计，数值用(mol/L)表示，按式(2)计算：

$$c_2 = \frac{c_1 V_3}{V_4} \qquad \cdots\cdots(2)$$

式中：

c_1——对甲苯胺盐酸盐标准溶液浓度的准确数值，单位为摩尔每升(mol/L)；

V_3——对甲苯胺盐酸盐标准溶液的体积数值，单位为毫升(mL)；

V_4——250 mL 棕色容量瓶体积的准确数值，单位为毫升(mL)。

计算结果保留到小数点后两位。

5.3.5 测定步骤

称取 1-萘酚-5-磺酸干品约 2.5 g～3.0 g，潮品约 3.0 g～3.5 g(精确至 0.000 1 g)于 250 mL 的烧杯中，加入少量水，再加 50 mL 碳酸钠溶液，搅拌至全溶，转移到 250 mL 容量瓶中，用水按少量多次的洗涤方式将烧杯内壁上的试样溶液完全洗入容量瓶中，再加水定容。准确吸取 25 mL 该试样溶液于 400 mL 烧杯中，加水至总体积为 300 mL，冷却至 0 ℃～5 ℃，在充分搅拌下用冷却夹套滴定管一次性加入约 98%用量的对甲苯胺重氮盐标准滴定溶液，加入 10 g 氯化钠进行盐析，继续滴定至以稀重氮盐溶液(原重氮盐溶液稀释 10 倍)与被测液在快速定性滤纸上接触处不产生浅桔红色为终点。

5.3.6 结果计算

1-萘酚-5-磺酸(偶合值)以质量分数 w_1 计，数值用%表示，按式(3)计算：

$$w_1 = \frac{(V_7/1\,000)c_2 M}{m_1 \times (V_5/V_6)} \qquad \cdots\cdots(3)$$

式中：

V_5——吸取的 25 mL 试样溶液体积的准确数值，单位为毫升(mL)；

V_6——250 mL 容量瓶体积的准确数值，单位为毫升(mL)；

V_7——对甲苯胺重氮盐标准滴定溶液的体积数值，单位为毫升(mL)；

c_2——对甲苯胺重氮盐标准滴定溶液浓度的准确数值，单位为摩尔每升(mol/L)；

m_1——试样的质量数值，单位为克(g)；

M——1-萘酚-5-磺酸的摩尔质量数值，单位为克每摩尔(g/mol)(M=224.23)。

计算结果表示到小数点后两位。

5.3.7 允许差

两次平行测定结果之差应不大于 0.5%(质量分数)，取其算术平均值作为测定结果。

5.4 1-萘酚-5-磺酸的纯度测定(HPLC)

5.4.1 原理

采用反相高效液相色谱法，在 C_{18} 柱上，以甲醇与四甲基溴化铵水溶液的体积比为 30∶70 为流动相，分离 1-萘酚-5-磺酸及其有机杂质，经紫外(230 nm)检测，用峰面积归一化法测定 1-萘酚-5-磺酸的纯度。

5.4.2 仪器设备

a) 液相色谱仪：输液泵——流量范围 0.1 mL/min～5.0 mL/min，在此范围内其流量稳定性为±1%；
检测器——多波长紫外分光检测器或具有同等性能的紫外分光检测器；

b) 色谱柱：长为 150 mm，内径为 4.6 mm 的不锈钢柱，固定相为 ODS C_{18}，粒径 5 μm；

c) 色谱工作站或积分仪；

d) 超声波发生器；

e) 微量注射器：平头，25 μL。

5.4.3 试剂和溶液

a) 水：经 0.45 μm 水膜过滤；

b) 甲醇：色谱纯；

c) 四甲基溴化铵水溶液：1.5 g/L。

5.4.4 色谱分析条件

a) 流动相：甲醇与四甲基溴化铵水溶液的体积比为 30∶70；

b) 波长：230 nm；

c) 流量：1.0 mL/min；

d) 柱温：室温；

e) 进样量：5 μL。

可根据仪器设备不同，选择最佳分析条件，流动相应摇匀后用超声波发生器进行脱气。

5.4.5 分析步骤

称取试样约 0.02 g(精确至 0.000 1 g)于 25 mL 容量瓶中，加水溶解并定容，置于超声波发生器充分溶解，取出摇匀备用。

待仪器运行稳定后，用微量注射器吸取试样溶液注入进样阀，待最后一个组分流出完毕(见色谱图 1)，进行结果处理。

5.4.6 结果计算

1-萘酚-5-磺酸的纯度以 w_2 计，数值用%表示，按式(4)计算：

$$w_2 = \frac{A}{\sum A_i} \times 100 \qquad (4)$$

式中：

A——1-萘酚-5-磺酸的峰面积数值；

$\sum A_i$——试样中各组分的峰面积数值之和。

计算结果表示到小数点后两位。

5.4.7 允许差

两次平行测定结果之差应不大于 0.2%，取其算术平均值作为测定结果。

5.4.8 色谱图

色谱图见图 1。

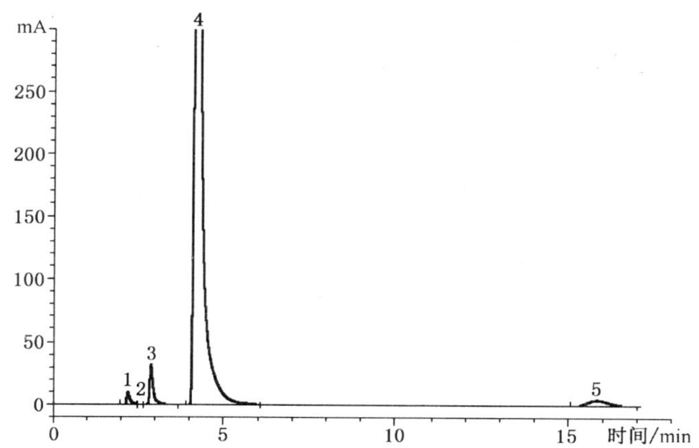

1——溶剂；

2——未知物；

3——1-萘胺-5-磺酸；

4——1-萘酚-5-磺酸；

5——1,5-萘二酚。

图1 1-萘酚-5-磺酸示意图

5.5 水不溶物的测定

称取约2 g(精确至0.000 1 g)试样，置于250 mL烧杯中，加100 mL水，搅拌至全溶，过滤，水洗使滤液不呈酸性为止。在100 ℃～105 ℃条件下干燥2 h。其他按GB/T 2381—2006中有关中间体的规定进行。

6 检验规则

6.1 检验分类

表1中规定的全部项目均为出厂检验项目。

6.2 出厂检验

1-萘酚-5-磺酸应经生产厂质检部门检验合格，附合格证明后方可出厂。生产厂应保证所有出厂的1-萘酚-5-磺酸都符合本标准的要求。

6.3 复验

如果检验结果中有一项指标不符合本标准的规定时，应重新自两倍量的包装中取样进行检验，重新检验的结果即使只有一项指标不符合本标准的要求，则整批产品不能验收。

7 标志、标签、包装、运输和贮存

7.1 标志、标签

7.1.1 标志

1-萘酚-5-磺酸的每个包装容器上都应涂印耐久、清晰的标志，标志内容至少应有：

a) 产品名称；

b) 生产厂名称、地址；

c) 生产日期；

d) 生产许可证编号(如适用)；

e) 净含量；

f) 产品质量检验合格证明。

7.1.2 标签

产品应有标签，标签上应注明产品生产日期、合格证明、执行标准编号、批号和规格。

7.2 包装

1-萘酚-5-磺酸用内衬塑料袋的塑料编织袋或内衬塑料袋的铁桶或塑料桶包装，每袋(桶)净含量25 kg±0.2 kg或50 kg±0.2 kg。其他包装可与用户协商确定。

7.3 运输

运输中应防止曝晒、潮湿和雨淋，不得强力挤压和碰撞。

7.4 贮存

1-萘酚-5-磺酸应贮存在阴凉、干燥、通风的库房内，防止受潮受热，远离火源。

ICS 71.100.01;87.060.10
G 56

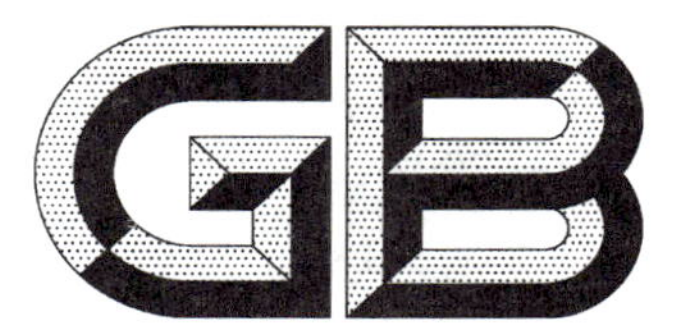

中华人民共和国国家标准

GB/T 23667—2009

2,5-二氯苯胺

2,5-Dichloroaniline

2009-04-24 发布　　2009-12-01 实施

中华人民共和国国家质量监督检验检疫总局
中国国家标准化管理委员会　发布

前　言

本标准由中国石油和化学工业协会提出。

本标准由全国染料标准化技术委员会(SAC/TC 134)归口。

本标准起草单位:沈阳化工研究院。

本标准主要起草人：朴克壮。

2,5-二氯苯胺

警告——使用本标准的人员应有正规实验室工作的实践经验。本标准并未指出所有可能的安全问题。使用者有责任采取适当的安全和健康措施，并保证符合国家有关法规规定的条件。

1 范围

本标准规定了2,5-二氯苯胺的要求、安全信息、采样、试验方法、检验规则、标志、标签、包装、运输、贮存。

本标准适用于2,5-二氯苯胺的产品质量控制。

结构式：

NH_2 Cl Cl

分子式：$C_6H_5Cl_2N$

相对分子质量：162.02(按2007年国际相对原子质量)

CAS RN：95-82-9

2 规范性引用文件

下列文件中的条款通过本标准的引用而成为本标准的条款。凡是注日期的引用文件，其随后所有的修改单(不包括勘误的内容)或修订版均不适用于本标准，然而，鼓励根据本标准达成协议的各方研究是否可使用这些文件的最新版本。凡是不注日期的引用文件，其最新版本适用于本标准。

GB 190　危险货物包装标志

GB/T 191　包装储运图示标志(GB/T 191—2008,ISO 780:1997,MOD)

GB/T 2384　染料中间体　熔点范围测定通用方法

GB/T 2386—2006　染料及染料中间体　水分的测定

GB/T 6678—2003　化工产品采样总则

GB/T 6682—2008　分析实验室用水规格和试验方法(ISO 3696:1987,MOD)

GB/T 8170—2008　数值修约规则与极限数值的表示和判定

GB/T 9722　化学试剂　气相色谱法通则

GB 12268—2005　危险货物品名表

GB 12463　危险货物运输包装通用技术条件

GB 15258　化学品安全标签编写规定

GB 15603　常用化学危险品贮存通则

GB 16483　化学品安全技术说明书编写规定

3 要求

2,5-二氯苯胺的质量要求应符合表1的规定。

表1 2,5-二氯苯胺质量要求

项目	指标	
	优等品	一等品
外观	白色片状、粉状或块状结晶	浅色片状、粉状或块状结晶
初熔点/℃	≥48.0	≥47.5
2,5-二氯苯胺纯度/%	≥99.50	≥99.00
水分的质量分数/%	≤0.10	≤0.50

4 安全信息

4.1 安全

根据GB 12268—2005,2,5-二氯苯胺为6.1类毒害品,危险品编号为CN:61768。遇明火、高热能引起燃烧爆炸,触及皮肤可经皮肤吸收造成危害,误食或吸入蒸气、粉尘会引起中毒。使用及搬运时,应严格注意安全。

4.2 安全技术说明书

按GB 16483化学品安全技术说明书编写规定,该产品出厂应提供详细的安全技术说明书。安全技术说明书应包括如下内容:

a) 提供该产品的危险性信息;

b) 安全使用方法;

c) 运输、储存要求;

d) 防护措施;

e) 应急处理措施等。

5 采样

以批为单位采样,生产厂以均匀产品为一批。每批采样数应符合GB/T 6678—2003中7.6的规定,所采样品的包装必须完好,采样时勿使外界杂质落入产品中。采样时用探管采取包括上、中、下三部分的样品,所采样品总量不得少于500 g。将采取的样品充分混匀后,分装于两个清洁、干燥、密封良好的容器中,其上粘贴标签。注明:产品名称、批号、生产厂名称、取样日期、地点。一个供检验,一个保存备查。

6 试验方法

6.1 一般规定

除非另有规定,仅使用确认为分析纯的试剂和GB/T 6682—2008中规定的三级水。检验结果的判定按GB/T 8170—2008中的4.3.3修约值比较法进行。

6.2 外观的评定

在自然光线下采用目视评定。

6.3 初熔点的测定

按GB/T 2384的规定进行。

6.4 2,5-二氯苯胺纯度的测定

6.4.1 方法原理

采用气相色谱法,样品经毛细管柱分离,经氢火焰离子化检测器检测,用峰面积归一化法定量。

6.4.2 试剂

甲醇。

6.4.3 **仪器和设备**

a) 气相色谱仪：仪器灵敏度和稳定性应符合 GB/T 9722 的规定；

b) 检测器：氢火焰离子化检测器(FID)；

c) 色谱工作站或数据处理机；

d) 微量注射器：1.0 μL～10.0 μL；

e) 色谱柱：长 30 m，内径 0.32 mm，膜厚 0.25 μm，固定相为(14%氰丙基苯基)-甲基聚硅氧烷，如 DB-1701 等。

6.4.4 **色谱仪操作条件**

色谱仪操作条件见表 2。

可根据仪器不同，选择最佳分析条件。

6.4.5 **测定步骤**

称取样品 0.3 g(精确至 0.001 g)于 10 mL 容量瓶中，用甲醇溶解并稀释至刻度。

开启色谱仪，待仪器各项操作条件稳定后，用微量注射器吸取上述样品溶液 1.0 μL 进样，待出峰完毕后，用色谱工作站或数据处理机进行结果处理。

表 2 色谱操作条件

控制参数		操作条件
检测器温度/℃		300
汽化室温度/℃		280
载气(氮气)压力/kPa		70
燃烧气(氢气)流量/(mL/min)		30
助燃气(空气)流量/(mL/min)		300
补偿气(氮气)流量/(mL/min)		20
分流比		10 : 1
进样量/μL		1.0
程序升温	初始柱温/℃	130
	保持时间/min	5
	升温速度/(℃/ min)	5
	终止温度/℃	240
	保持时间/min	5

6.4.6 **结果计算**

2,5-二氯苯胺的纯度 w，数值以%表示，按式(1)计算：

$$w=\frac{A}{\sum A_i}\times 100 \qquad (1)$$

式中：

A——2,5-二氯苯胺的峰面积数值；

$\sum A_i$——试样中各组分 i 的峰面积数值之和。

6.4.7 **允许差**

2,5-二氯苯胺纯度的两次平行测定结果之差应不大于 0.2%，取其算术平均值作为测定结果。

6.4.8 **色谱图**

2,5-二氯苯胺气相色谱图见图 1。

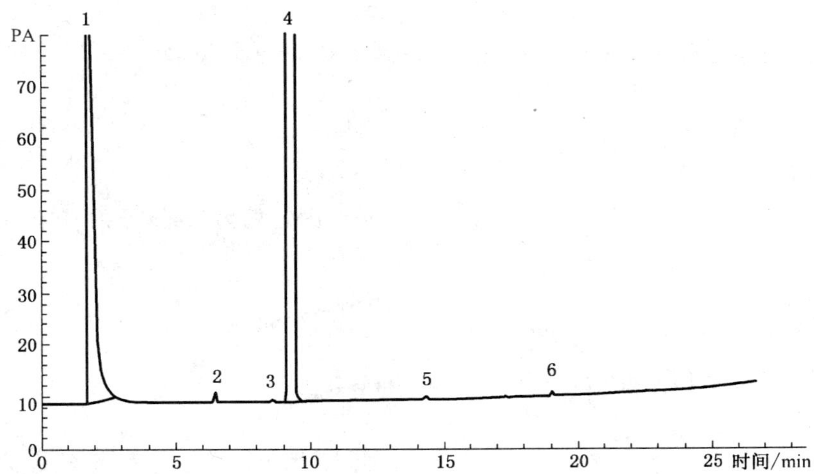

1——溶剂；

2——邻氯苯胺；

3——未知物；

4——2,5-二氯苯胺；

5——未知物；

6——未知物。

图1 2,5-二氯苯胺气相色谱图

6.5 水分的测定

按 GB/T 2386—2006 中 3.4 的规定进行测定，样品溶剂为 1 体积甲醇和 3 体积三氯甲烷混合溶液。

7 检验规则

7.1 检验分类

本标准第 3 章表 1 中规定的全部项目均为出厂检验项目。

7.2 出厂检验

2,5-二氯苯胺应经生产厂质检部门检验合格，附合格证明后方可出厂。生产厂应保证所有出厂的 2,5-二氯苯胺都符合本标准的要求。

7.3 复验

如果检验结果中有一项指标不符合本标准的规定时，应重新自两倍量的包装中取样进行检验，重新检验的结果即使只有一项指标不符合本标准的要求，则整批产品不能验收。

8 标志、标签、包装、运输和贮存

8.1 标志

2,5-二氯苯胺的每个包装容器上都应按 GB 190 和 GB/T 191 中的有关规定涂印耐久、清晰的标志，标志内容至少应有：

a) 产品名称；

b) 生产厂名称、地址；

c) 生产日期；

d) 生产许可证编号(如适用)；

e) 净含量；

f) 产品质量检验合格证明；

g) 警示标志(有毒品)。

8.2 标签

产品应有标签,标签上应注明产品生产日期、合格证明、执行标准编号、批号和等级。

标签的编写应符合 GB 15258 的规定。

8.3 包装

2,5-二氯苯胺包装于内衬塑料袋的聚丙烯编织袋或纸板桶中,包装规格为净含量 25 kg±0.2 kg 或 50 kg±0.2 kg。产品包装应符合 GB 12463 及危险化学品包装的相关规定。

8.4 运输

2,5-二氯苯胺产品应严格按照国家关于有毒货物的要求来运输,避免发生泄露和中毒事故。

8.5 贮存

2,5-二氯苯胺是毒害品,可燃烧,应按 GB 15603 及相关规定密闭贮存于阴凉干燥并具有良好通风的库房内,切勿暴晒和雨淋,不可与易燃物放在一起,并远离火源和热源。

ICS 71.100.01;87.060.10
G 56

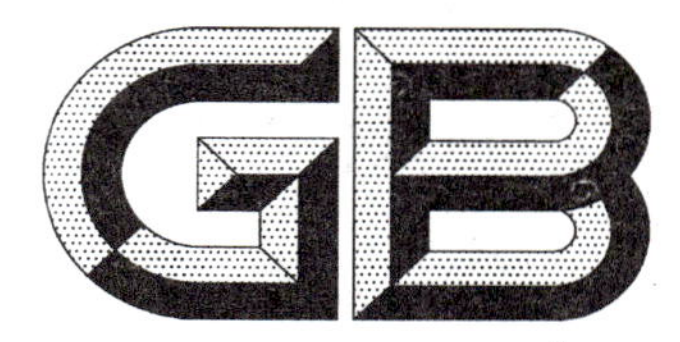

中华人民共和国国家标准

GB/T 23668—2009

2,6-二氯-4-硝基苯胺

2,6-Dichloro-4-nitroaniline

2009-04-24 发布　　　　2009-12-01 实施

中华人民共和国国家质量监督检验检疫总局
中国国家标准化管理委员会　发布

前　言

本标准由中国石油和化学工业协会提出。

本标准由全国染料标准化技术委员会(SAC/TC 134)归口。

本标准起草单位:浙江吉华集团有限公司、沈阳化工研究院。

本标准主要起草人:简卫、季浩。

2,6-二氯-4-硝基苯胺

警告——使用本标准的人员应有正规实验室工作的实践经验。本标准并未指出所有可能的安全问题。使用者有责任采取适当的安全和健康措施,并保证符合国家有关法规规定的条件。

1 范围

本标准规定了2,6-二氯-4-硝基苯胺产品的要求、采样、试验方法、检验规则以及标志、标签、包装、运输和贮存。

本标准适用于2,6-二氯-4-硝基苯胺的产品质量控制。

结构式:

分子式:$C_6H_4Cl_2N_2O_2$

相对分子质量:207.01(按2007年国际相对原子质量)

CAS RN:99-30-9

2 规范性引用文件

下列文件中的条款通过本标准的引用而成为本标准的条款。凡是注日期的引用文件,其随后所有的修改单(不包括勘误的内容)或修订版均不适用于本标准,然而,鼓励根据本标准达成协议的各方研究是否可使用这些文件的最新版本。凡是不注日期的引用文件,其最新版本适用于本标准。

GB/T 601 化学试剂 标准滴定溶液的制备

GB/T 603 化学试剂 试验方法中所用制剂及制品的制备(GB/T 603—2002,ISO 6353-1:1982,NEQ)

GB/T 2384 染料中间体 熔点范围测定通用方法

GB/T 2386—2006 染料及染料中间体 水分的测定

GB/T 6678—2003 化工产品采样总则

GB/T 6682—2008 分析实验室用水规格和试验方法(ISO 3696:1987,MOD)

GB/T 8170—2008 数值修约规则与极限数值的表示和判定

GB/T 24164 染料产品中多氯苯的测定

GB/T 24165 染料产品中多氯联苯的测定

GB/T 24166 染料产品中含氯苯酚的测定

3 要求

2,6-二氯-4-硝基苯胺的质量要求应符合表1的规定。

4 采样

以批为单位采样，生产厂以均匀产品为一批。每批采样数应符合 GB/T 6678—2003 中 7.6 的规定，所采样品的包装必须完好，采样时勿使外界杂质落入产品中。采样时用探管采取包括上、中、下三部分的样品，所采样品总量不得少于 500 g。将采取的样品充分混匀后，分装于两个清洁、干燥、密封良好的容器中，其上粘贴标签。注明：产品名称、批号、生产厂名称、取样日期、地点。一个供检验，一个保存备查。

表 1　2,6-二氯-4-硝基苯胺的质量要求

项　　目		指　　标	
		一　等　品	合　格　品
外观		黄色粉末	
2,6-二氯-4-硝基苯胺的质量分数(氨基值)/%	≥	95.00	
2,6-二氯-4-硝基苯胺的纯度(HPLC)/%	≥	94.00	
干品初熔点/℃	≥	187.0	
水分的质量分数/%	≤	2.00	
含氯苯酚/(mg/kg)	≤	150	—
多氯苯/(mg/kg)	≤	50	—
多氯联苯/(mg/kg)	≤	50	—

5 试验方法

5.1 一般规定

除非另有规定，仅使用确认为分析纯的试剂和 GB/T 6682—2008 中规定的三级水。试验中所用标准滴定溶液，在没有注明其他要求时，均按 GB/T 601 和 GB/T 603 的规定制备与标定。检验结果的判定按 GB/T 8170—2008 中的 4.3.3 修约值比较法进行。

5.2 外观的评定

在自然光线下采用目视评定。

5.3 2,6-二氯-4-硝基苯胺氨基值的测定

5.3.1 试剂和溶剂

a) 冰醋酸；

b) 锌粉；

c) 硫酸溶液：50%(体积分数)；

d) 盐酸溶液：盐酸与水的体积比为 1∶1；

e) 亚硝酸钠标准滴定溶液：$c(NaNO_2)=0.1$ mol/L，标定时用淀粉-碘化钾试纸判定终点；

f) 溴化钾溶液：100 g/L；

g) 淀粉-碘化钾试纸。

5.3.2 测定步骤

称取试样 0.4 g(精确至 0.000 1 g)，于 400 mL 烧杯中，加入 30 mL～50 mL 冰醋酸，使其溶解，于搅拌下加入 20 mL 硫酸溶液，冷却至室温，将 3 g 锌粉分多次加入，保持在室温下进行还原，约需 30 min，还原完全后用 50 mL 热水稀释，过滤除去锌粉，用热水分批洗涤烧杯及滤渣，滤液及洗涤液的体积约 150 mL，将滤液及洗涤液移至 400 mL 烧杯中，用少量水冲洗滤瓶，保持温度在 15 ℃，加入 10 mL溴化钾溶液，用亚硝酸钠标准滴定溶液滴定至淀粉-碘化钾试纸呈现微蓝色，经 5 min 不消失即为

终点，同时做空白实验。

5.3.3 结果计算

2,6-二氯-4-硝基苯胺氨基值以质量分数 w_1 计，数值用%表示，按式(1)计算：

$$w_1 = \frac{[(V - V_0)/1\ 000]cM}{m} \times 100 \quad \cdots\cdots(1)$$

式中：

V——试样消耗亚硝酸钠标准滴定溶液体积的数值，单位为毫升(mL)；

V_0——空白消耗亚硝酸钠标准滴定溶液体积的数值，单位为毫升(mL)；

c——亚硝酸钠标准滴定溶液浓度的实际数值，单位为摩尔每升(mol/L)；

M——2,6-二氯-4-硝基苯胺的摩尔质量数值，单位为克每摩尔(g/mol)[$M(C_6H_4Cl_2N_2O_2)=207.01$]；

m——试样质量的数值，单位为克(g)。

计算结果表示到小数点后两位。

5.3.4 允许差

两次平行测定结果之差应不大于0.3%(质量分数)，取其算术平均值作为测定结果。

5.4 2,6-二氯-4-硝基苯胺纯度测定

5.4.1 原理

采用反相高效液相色谱法，在 C_{18} 柱上，以甲醇与水的体积比为65∶35为流动相，分离2,6-二氯-4-硝基苯胺及有机杂质，经紫外检测器(254 nm)检测，用峰面积归一化法测定2,6-二氯-4-硝基苯胺的纯度。

5.4.2 仪器设备

a) 液相色谱仪：输液泵——流量范围0.1 mL/min～5.0 mL/min，在此范围内其流量稳定性为±1%；

检测器——多波长紫外分光检测器或具有同等性能的紫外分光检测器；

b) 色谱柱：长为150 mm，内径为4.6 mm的不锈钢柱，固定相为ODS C_{18}、粒径5 μm；

c) 色谱工作站或数据处理机；

d) 超声波发生器；

e) 微量注射器：平头，25 μL。

5.4.3 试剂和溶液

a) 甲醇：色谱纯；

b) 水：经0.45 μm水膜过滤。

5.4.4 色谱操作条件

a) 流动相：甲醇与水的体积比为65∶35；

b) 波长：254 nm；

c) 流量：1.0 mL/min；

d) 柱温：室温；

e) 进样量：5 μL。

可以根据仪器的不同选择合适的色谱操作条件。

5.4.5 分析步骤

称取试样约10 mg(精确至0.1 mg)，于25 mL容量瓶中，加甲醇溶解并定容，置于超声波发生器充分溶解，取出摇匀备用。

待仪器运行稳定后，用微量注射器吸取5 μL试样溶液注入进样阀，待最后一个组分流出完毕(见色谱图1)，进行结果处理。

5.4.6 结果计算

2,6-二氯-4-硝基苯胺纯度以 w_2 计，数值用%表示，按式(2)计算：

$$w_2 = \frac{A}{\sum A_i} \times 100 \quad \cdots\cdots(2)$$

式中：

A——2,6-二氯-4-硝基苯胺的峰面积数值；

$\sum A_i$——试样中各组分的峰面积数值之和。

计算结果表示到小数点后两位。

5.4.7 允许差

两次平行测定结果之差应不大于0.2%，取其算术平均值作为测定结果。

5.4.8 色谱图

色谱图见图1。

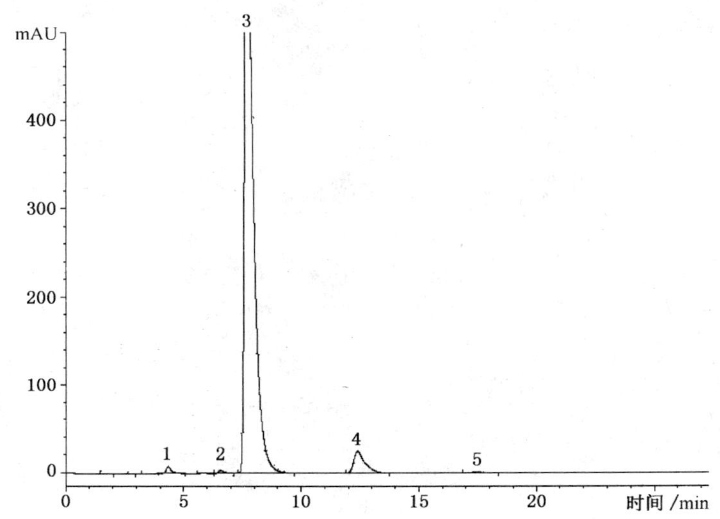

1——邻氯对硝基苯胺；

2——异构体；

3——2,6-二氯-4-硝基苯胺；

4——未知物；

5——未知物。

图1 2,6-二氯-4-硝基苯胺液相色谱图

5.5 干品初熔点的测定

按GB/T 2384中的规定进行。

5.6 水分的测定

按GB/T 2386—2006中3.2“烘干法”的规定进行测定。

5.7 含氯苯酚的测定

按GB/T 24166中规定的方法进行测定。

5.8 多氯苯的测定

按GB/T 24164中规定的方法进行测定。

5.9 多氯联苯的测定

按GB/T 24165中规定的方法进行测定。

6 检验规则

6.1 检验分类

本标准第3章表1中规定的全部项目均为出厂检验项目。

6.2 出厂检验

2,6-二氯-4-硝基苯胺应经生产厂质检部门检验合格,附合格证明后方可出厂。生产厂应保证所有出厂的2,6-二氯-4-硝基苯胺都符合本标准的要求。

6.3 复验

如果检验结果中有一项指标不符合本标准的规定时,应重新自两倍量的包装中取样进行检验,重新检验的结果即使只有一项指标不符合本标准的要求,则整批产品不能验收。

7 标志、标签、包装、运输和贮存

7.1 标志、标签

7.1.1 标志

2,6-二氯-4-硝基苯胺的每个包装容器上都应涂印耐久、清晰的标志,标志内容至少应有:

a) 产品名称;

b) 生产厂名称、地址;

c) 生产日期;

d) 生产许可证编号(如适用);

e) 净含量;

f) 产品质量检验合格证明。

7.1.2 标签

产品应有标签,标签上应注明产品生产日期、合格证明、执行标准编号、批号和等级。

7.2 包装

2,6-二氯-4-硝基苯胺用内衬塑料袋的编织袋包装,每袋净量45 kg±0.2 kg。

7.3 运输

运输中应防止曝晒、潮湿和雨淋,不得强力挤压和碰撞。

7.4 贮存

2,6-二氯-4-硝基苯胺应贮存在阴凉、干燥、通风的库房内,防止受潮受热,远离火源,按化学品规定贮运。

ICS 71.100.01;87.060.10
G 56

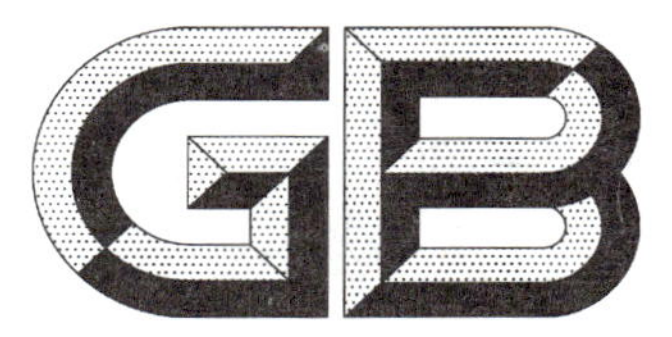

中华人民共和国国家标准

GB/T 23669—2009

2,6-二溴-4-硝基苯胺

2,6-Dibromo-4-nitroaniline

2009-04-24 发布　　　　2009-12-01 实施

中华人民共和国国家质量监督检验检疫总局
中国国家标准化管理委员会　发布

前　　言

本标准由中国石油和化学工业协会提出。

本标准由全国染料标准化技术委员会(SAC/TC 134)归口。

本标准起草单位:浙江吉华集团有限公司、沈阳化工研究院。

本标准主要起草人:付燕珍、季浩。

2,6-二溴-4-硝基苯胺

警告——使用本标准的人员应有正规实验室工作的实践经验。本标准并未指出所有可能的安全问题。使用者有责任采取适当的安全和健康措施,并保证符合国家有关法规规定的条件。

1 范围

本标准规定了2,6-二溴-4-硝基苯胺产品的要求、采样、试验方法、检验规则以及标志、标签、包装、运输和贮存。

本标准适用于2,6-二溴-4-硝基苯胺的产品质量控制。

结构式:

NH_2

Br Br

NO_2

分子式:$C_6H_4Br_2N_2O_2$

相对分子质量:295.92(按2007年国际相对原子质量)

CAS RN.:827-94-1

2 规范性引用文件

下列文件中的条款通过本标准的引用而成为本标准的条款。凡是注日期的引用文件,其随后所有的修改单(不包括勘误的内容)或修订版均不适用于本标准,然而,鼓励根据本标准达成协议的各方研究是否可使用这些文件的最新版本。凡是不注日期的引用文件,其最新版本适用于本标准。

GB/T 2384 染料中间体 熔点范围测定通用方法

GB/T 2386—2006 染料及染料中间体 水分的测定

GB/T 6678—2003 化工产品采样总则

GB/T 6682—2008 分析实验室用水规格和试验方法(ISO 3696:1987,MOD)

GB/T 8170—2008 数值修约规则与极限数值的表示和判定

3 要求

2,6-二溴-4-硝基苯胺的质量要求应符合表1的规定。

表1 2,6-二溴-4-硝基苯胺的质量要求

项 目	指 标	
外观	黄色粉末	
干品初熔点/℃	≥	200.0
2,6-二溴-4-硝基苯胺的纯度/%	≥	98.00
2,6-二氯-4-硝基苯胺的含量/%	≤	0.05
水分的质量分数/%	≤	1.00

4 采样

以批为单位采样，生产厂以均匀产品为一批。每批采样数应符合 GB/T 6678—2003 中 7.6 的规定，所采样品的包装必须完好，采样时勿使外界杂质落入产品中。采样时用探管采取包括上、中、下三部分的样品，所采样品总量不得少于 500 g。将采取的样品充分混匀后，分装于两个清洁、干燥、密封良好的容器中，其上粘贴标签。注明：产品名称、批号、生产厂名称、取样日期、地点。一个供检验，一个保存备查。

5 试验方法

5.1 一般规定

除非另有规定，仅使用确认为分析纯的试剂和 GB/T 6682—2008 中规定的三级水。检验结果的判定按 GB/T 8170—2008 中的 4.3.3 修约值比较法进行。

5.2 外观的评定

在自然光线下采用目视评定。

5.3 2,6-二溴-4-硝基苯胺纯度及 2,6-二氯-4-硝基苯胺含量的测定

5.3.1 原理

采用反相高效液相色谱法，在 C_{18} 柱上，以甲醇＋水＝65＋35 为流动相，分离 2,6-二溴-4-硝基苯胺及有机杂质，经紫外检测器(254 nm)检测，用峰面积归一化法测定 2,6-二溴-4-硝基苯胺的纯度及 2,6-二氯-4-硝基苯胺含量。

5.3.2 仪器设备

a) 液相色谱仪：输液泵——流量范围 0.1 mL/min～5.0 mL/min，在此范围内其流量稳定性为±1%；
检测器——多波长紫外分光检测器或具有同等性能的紫外分光检测器；

b) 色谱柱：长为 150 mm，内径为 4.6 mm 的不锈钢柱，固定相为 ODS C_{18}、粒径 5 μm；

c) 色谱工作站或数据处理机；

d) 超声波发生器；

e) 微量注射器：平头，25 μL。

5.3.3 试剂和溶液

a) 水：经 0.45 μm 水膜过滤；

b) 甲醇：色谱纯。

5.3.4 色谱操作条件

a) 流动相：甲醇与水的体积比为 65∶35；

b) 波长：254 nm；

c) 流量：1.0 mL/min；

d) 柱温：室温；

e) 进样量：5 μL。

可以根据仪器的不同选择合适的色谱操作条件。

5.3.5 分析步骤

称取试样约 20 mg(精确至 0.1 mg)，于 25 mL 容量瓶中，加甲醇溶解并定容，置于超声波发生器充分溶解，取出摇匀备用。

待仪器运行稳定后，用微量注射器吸取试样溶液注入进样阀，待最后一个组分流出完毕(见色谱图 1)，进行结果处理。

5.3.6 **结果计算**

2,6-二溴-4-硝基苯胺纯度及2,6-二氯-4-硝基苯胺含量以 w_i 计,数值用%表示,按式(1)计算:

$$w_i = \frac{A_i}{\sum A_i} \times 100 \qquad \cdots\cdots(1)$$

式中:

A_i——2,6-二溴-4-硝基苯胺或2,6-二氯-4-硝基苯胺峰面积数值;

$\sum A_i$——试样中各组分的峰面积数值之和。

计算结果表示到小数点后两位。

5.3.7 **允许差**

2,6-二溴-4-硝基苯胺纯度的两次平行测定结果之差应不大于0.2%,2,6-二氯-4-硝基苯胺含量的两次平行测定结果之差应不大于0.02%,取其算术平均值作为测定结果。

5.3.8 **色谱图**

色谱图见图1。

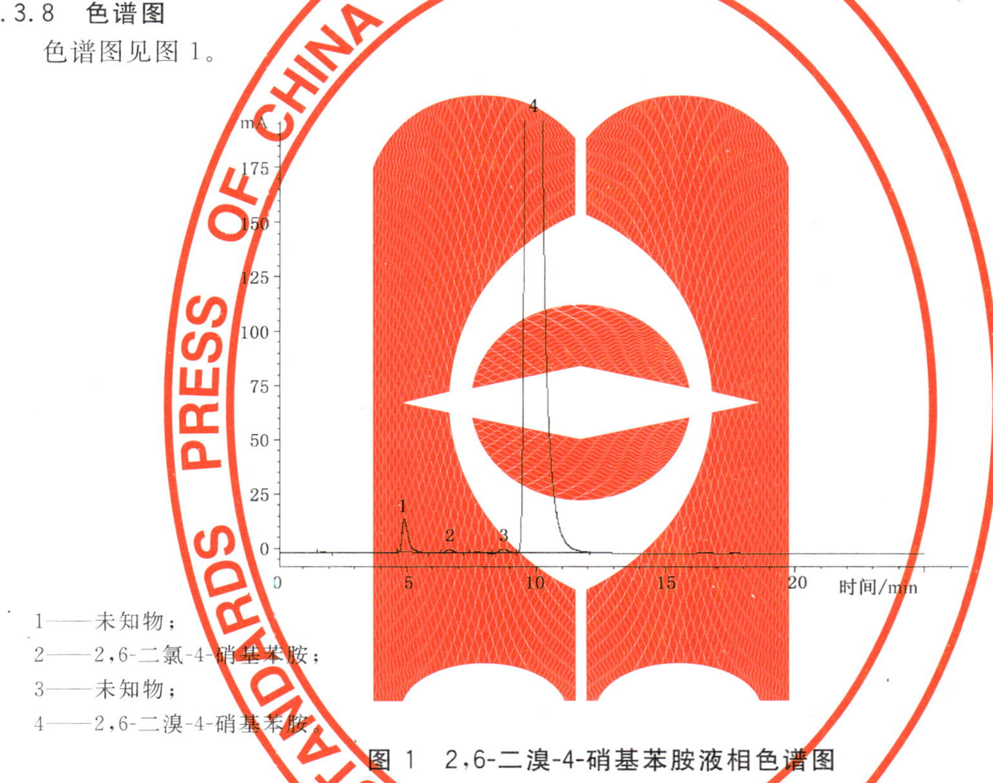

1——未知物;

2——2,6-二氯-4-硝基苯胺;

3——未知物;

4——2,6-二溴-4-硝基苯胺。

图1 2,6-二溴-4-硝基苯胺液相色谱图

5.4 **干品初熔点的测定**

按GB/T 2384中的规定进行。

5.5 **水分的测定**

烘干温度(100~105)℃,烘干时间4 h,其他按GB/T 2386—2006中烘干法的规定进行。

6 检验规则

6.1 **检验分类**

本标准第3章表1中规定的全部项目均为出厂检验项目。

6.2 **出厂检验**

2,6-二溴-4-硝基苯胺应经生产厂质检部门检验合格,附合格证明后方可出厂。生产厂应保证所有出厂的2,6-二溴-4-硝基苯胺都符合本标准的要求。

6.3 **复验**

如果检验结果中有一项指标不符合本标准的规定时,应重新自两倍量的包装中取样进行检验,重新检验的结果即使只有一项指标不符合本标准的要求,则整批产品不能验收。

7 标志、标签、包装、运输和贮存

7.1 标志、标签

7.1.1 标志

2,6-二溴-4-硝基苯胺的每个包装容器上都应涂印耐久、清晰的标志,标志内容至少应有:

a) 产品名称;

b) 生产厂名称、地址;

c) 生产日期;

d) 生产许可证编号(如适用);

e) 净含量;

f) 产品质量检验合格证明。

7.1.2 标签

产品应有标签,标签上应注明产品生产日期、合格证明、执行标准编号、批号。

7.2 包装

2,6-二溴-4-硝基苯胺用内衬塑料袋的编织袋包装,每袋净含量 50 kg,其他包装可以与用户协商确定。

7.3 运输

运输中应防止曝晒、潮湿和雨淋,不得强力挤压和碰撞、损坏包装。

7.4 贮存

2,6-二溴-4-硝基苯胺应贮存在阴凉、干燥、通风的库房内,防止受潮受热,远离火源,按化学品规定贮运。

ICS 71.100.01;87.060.10
G 56

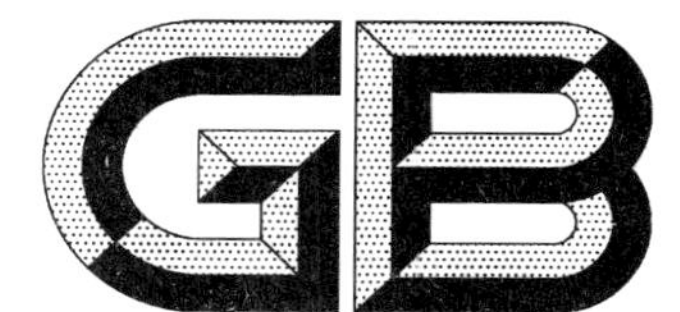

中华人民共和国国家标准

GB/T 23670—2009

2-氨基-4-甲基-5-氯苯磺酸(CLT酸)

2-Amino-5-chloro-4-methybenzenesulfouic acid (CLT acid)

2009-04-24 发布　　2009-12-01 实施

中华人民共和国国家质量监督检验检疫总局
中国国家标准化管理委员会　发布

前　言

本标准由中国石油和化学工业协会提出。

本标准由全国染料标准化技术委员会(SAC/TC 134)归口。

本标准起草单位:浙江秦燕化工有限公司、沈阳化工研究院。

本标准主要起草人:王晓辉、李春梅。

2-氨基-4-甲基-5-氯苯磺酸(CLT 酸)

1 范围

本标准规定了 2-氨基-4-甲基-5-氯苯磺酸(CLT 酸)的要求、采样、试验方法、检验规则以及标志、标签、包装、运输和贮存。

本标准适用于 2-氨基-4-甲基-5-氯苯磺酸的产品质量控制。

结构式:

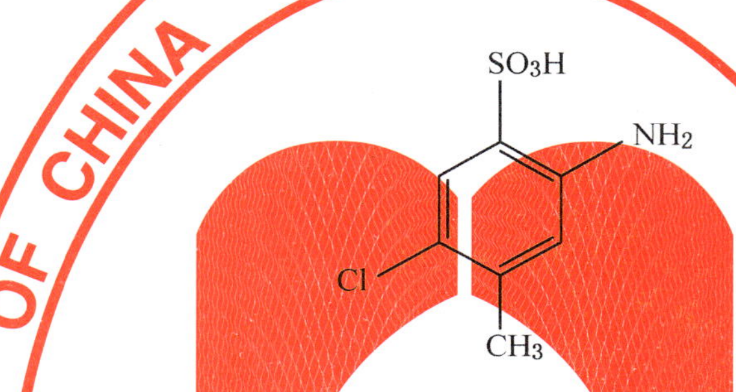

分子式:$C_7H_8ClNO_3S$

相对分子质量:221.66(按 2007 年国际相对原子质量)

CAS RN:88-53-9

2 规范性引用文件

下列文件中的条款通过本标准的引用而成为本标准的条款。凡是注日期的引用文件,其随后所有的修改单(不包括勘误的内容)或修订版均不适用于本标准,然而,鼓励根据本标准达成协议的各方研究是否可使用这些文件的最新版本。凡是不注日期的引用文件,其最新版本适用于本标准。

GB/T 601 化学试剂 标准滴定溶液的制备

GB/T 603 化学试剂 试验方法中所用制剂及制品的制备(GB/T 603—2002,ISO 6353-1:1982,NEQ)

GB/T 2381—2006 染料及染料中间体 不溶物质含量的测定

GB/T 2386—2006 染料及染料中间体 水分的测定

GB/T 3049 工业用化工产品 铁含量测定的通用方法 1,10-菲啰啉分光光度法

GB/T 6678—2003 化工产品采样总则

GB/T 6682—2008 分析实验室用水规格和试验方法(ISO 3696:1987,MOD)

GB/T 8170—2008 数值修约规则与极限数值的表示和判定

GB/T 21876 溶剂染料及染料中间体灰分的测定

3 要求

2-氨基-4-甲基-5-氯苯磺酸质量要求应符合表 1 的规定。

4 采样

以批为单位采样,生产厂以一次拼混均匀的产品为一批。每批采样数应符合 GB/T 6678—2003 中 7.6 的规定采样。所采产品的包装必须完好,采样时勿使外界杂质落入产品中。采样时用探管采取包括上、中、下三部分的样品,所采样品总量不得少于 500 g。将采取的样品充分混匀后,分装于两个清

洁、干燥、密封良好的避光容器中，其上粘贴标签。注明：产品名称、批号、生产厂名称、取样日期、地点。一个供检验，一个保存备查。

表 1 2-氨基-4-甲基-5-氯苯磺酸的质量要求

项　　目		指　　标
外观		白色或微红色粉末
CLT 酸的质量分数（干品氨基值）/%	≥	98.00
CLT 酸的纯度（HPLC）/%	≥	99.00
水分的质量分数/%	≤	1.00
灰分的质量分数/%	≤	0.50
氨水不溶物的质量分数/%	≤	0.10
铁离子的质量分数/（mg/kg）	≤	30

5 试验方法

警告——使用本标准的人员应有实验室工作的实践经验。本标准并未指出所有的安全问题。使用者有责任采取适当的安全和健康措施，并保证符合国家有关法规规定的条件。

5.1 一般规定

除非另有规定，仅使用确认为分析纯的试剂和 GB/T 6682—2008 中规定的三级水。试验中所用标准滴定溶液，制剂及制品，在没有注明其他要求时，均按 GB/T 601 和 GB/T 603 的规定制备与标定。检验结果的判定按 GB/T 8170—2008 中的 4.3.3 修约值比较法进行。

5.2 外观的评定

在自然光线下采用目视评定。

5.3 CLT 酸（干品氨基值）的测定

5.3.1 方法提要

采用重氮化法。

利用芳香族伯胺在低温及过量无机酸存在下与亚硝酸钠作用生成重氮盐的原理进行测定。

5.3.2 试剂和溶液

a) 氨水；

b) 盐酸溶液：盐酸与水的体积比为 1∶1；

c) 溴化钾溶液：100 g/L；

d) 亚硝酸钠标准滴定溶液：[$c(NaNO_2)=0.1$ mol/L]，终点判定用淀粉-碘化钾试纸；

e) 淀粉-碘化钾试纸。

5.3.3 测定步骤

称取在 120 ℃烘箱中干燥 2 h，并于干燥器中冷却的试样约 0.5 g（精确至 0.000 2 g），置于 250 mL 烧杯中，加 5 mL 氨水，加 100 mL 水，使样品完全溶解，冷却至 0 ℃～5 ℃，加入 10 mL 溴化钾溶液。然后将滴定管尖端插入溶液中，在不断搅拌下，很快一次性加入预计量 95%左右的亚硝酸钠标准滴定溶液，搅拌 1 min～2 min，再迅速加入 40 mL 盐酸溶液，继续用亚硝酸钠标准滴定溶液进行滴定，滴定近终点时把滴定管尖端提离液面，继续滴定直至使淀粉-碘化钾试纸呈现微蓝色润圈，并保持 5 min 不变即为终点。

在相同条件下做空白试验。

5.3.4 结果计算

CLT 酸（干品氨基值）以质量分数 w_1 计，数值用%表示，按式（1）计算：

$$w_1=\frac{c[(V-V_0)/1\,000]M}{m}\times 100 \qquad \cdots\cdots(1)$$

式中：

c——亚硝酸钠标准滴定溶液浓度的准确数值，单位为摩尔每升(mol/L)；

V——消耗亚硝酸钠标准滴定溶液体积的数值，单位为毫升(mL)；

V_0——空白试验消耗亚硝酸钠标准滴定溶液体积的数值，单位为毫升(mL)；

M——2-氨基-4-甲基-5-氯苯磺酸的摩尔质量数值，单位为克每摩尔(g/mol)[$M(C_7H_8SO_3NCl)$＝221.66]；

m——试样质量的数值，单位为克(g)。

计算结果表示到小数点后两位。

5.3.5 允许差

两次平行测定结果之差不大于0.3%(质量分数)，取其算术平均值作为测定结果。

5.4 2-氨基-4-甲基-5-氯苯磺酸纯度的测定

5.4.1 方法提要

采用高效液相色谱法，用峰面积归一化法计算2-氨基-4-甲基-5-氯苯磺酸的纯度。

5.4.2 仪器设备

a) 液相色谱仪：输液泵——流量范围0.1 mL/min～5.0 mL/min，在此范围内其流量稳定性为±1%；

检测器——多波长紫外分光检测器或具有同等性能的分光检测器；

b) 色谱柱：长为150 mm，内径为4.6 mm的不锈钢柱，固定相为C_{18} ODS 5 μm；

c) 色谱工作站或积分仪；

d) 微量注射器：10 μL～25 μL，平头；

e) 超声波发生器。

5.4.3 试剂和溶液

a) 甲醇：色谱纯；

b) 氨水溶液：氨水与水的体积比＝1∶9；

c) 甲醇水溶液：甲醇与水的体积比为30∶70；

d) 磷酸氢二钠水溶液：0.01 mol/L；

e) 水：经0.45 μm滤膜过滤。

5.4.4 色谱分析条件

a) 流动相：甲醇与磷酸氢二钠水溶液的体积比为30∶70；

b) 波长：254 nm；

c) 流量：1.0 mL/min；

d) 进样量：10 μL。

可根据装置不同，选择最佳分析条件，流动相应摇匀后用超声波发生器进行脱气。

5.4.5 溶液的制备

称取2-氨基-4-甲基-5-氯苯磺酸试样0.02 g(精确至0.001 g)于25 mL棕色容量瓶中，加1 mL氨水溶液溶解，加甲醇水溶液稀释至刻度，混合均匀，于超声波发生器中震荡、充分溶解后备用。

5.4.6 测定步骤

开启色谱仪，待仪器各项操作条件稳定后，用微量注射器进试样溶液10 μL，待最后一个组分流出完毕(见色谱图1)，用色谱工作站或积分仪进行结果处理。

5.4.7 结果计算

2-氨基-4-甲基-5-氯苯磺酸的纯度以w_2计，数值用%表示，按式(2)计算：

$$w_2 = \frac{A}{\sum A_i} \times 100 \qquad \cdots\cdots(2)$$

式中：

A——2-氨基-4-甲基-5-氯苯磺酸的峰面积数值；

$\sum A_i$——各组分 i 的峰面积数值之和。

计算结果表示到小数点后两位。

5.4.8 允许差

2-氨基-4-甲基-5-氯苯磺酸纯度两次平行测定结果之差应不大于0.2%，取其算术平均值作为测定结果。

5.4.9 色谱图

色谱图见图1。

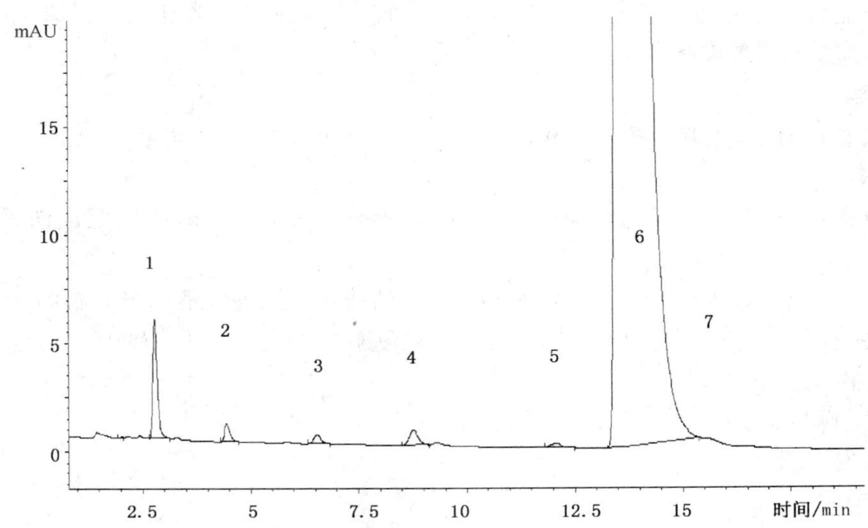

1——溶剂；
2——未知物；
3——未知物；
4——未知物；
5——未知物；
6——2-氨基-4-甲基-5-氯苯磺酸；
7——未知物。

图1 2-氨基-4-甲基-5-氯苯磺酸色谱示意图

5.5 水分的测定

样品烘干温度120 ℃，烘干时间2 h，其他按GB/T 2386—2006中3.2有关规定进行。

两次平行测定结果之差应不大于0.05%(质量分数)，取其算术平均值作为测定结果。

5.6 灰分的测定

温度为650 ℃±25 ℃，称样量5 g～10 g，其他按GB/T 21876的规定进行。

两次平行测定结果之差应不大于0.05%(质量分数)，取其算术平均值作为测定结果。

5.7 氨水不溶物的测定

5.7.1 仪器及试剂

a) G_3 坩埚式过滤器；

b) 氨水。

5.7.2 测定步骤

称取试样约5 g(精确至0.000 2 g)于300 mL烧杯中，加25 mL氨水溶解，加200 mL 85 ℃热水，

用已恒量的 G_3 坩埚式过滤器进行过滤，用 85 ℃的水洗涤至滤液无色为止，将抽干后的 G_3 坩埚式过滤器取出置于 100 ℃～105 ℃烘箱中，烘干时间 2 h。

其他按 GB/T 2381—2006 的有关中间体的规定进行。

5.8 铁离子的测定

5.8.1 方法提要

用抗坏血酸将试样中的三价铁离子还原成二价铁离子，在 pH＝2～9 时，二价铁离子可与 1,10-菲啰啉生成橙红色络合物，在分光光度计最大吸收波长(510 nm)处测定其吸光度或与标准铁色阶目视比较。

5.8.2 测定步骤

将本标准 5.6 灰化后的试样用 1∶9 硝酸溶液消解后，按 GB/T 3049 的规定进行测定。

6 检验规则

6.1 检验分类

本标准第 3 章表 1 中规定的所有项目为出厂检验项目。

6.2 出厂检验

2-氨基-4-甲基-5-氯苯磺酸应经生产厂质检部门检验合格，附合格证明后方可出厂。生产厂应保证所有出厂的 2-氨基-4-甲基-5-氯苯磺酸都符合本标准的要求。

6.3 复验

如果检验结果中有一项指标不符合本标准的规定时，应重新自两倍量的包装中取样进行检验，重新检验的结果即使只有一项指标不符合本标准的要求，则整批产品不能验收。

7 标志、标签、包装、运输、贮存

7.1 标志、标签

7.1.1 标志

2-氨基-4-甲基-5-氯苯磺酸的每个包装容器上都应涂印耐久、清晰的标志，标志内容至少应有：

a) 产品名称；

b) 生产厂名称、地址；

c) 生产日期；

d) 生产许可证编号(如适用)；

e) 净含量；

f) 产品质量检验合格证明。

7.1.2 标签

产品应有标签，标签上应注明产品生产日期、合格证明、执行标准编号、批号。

7.2 包装

2-氨基-4-甲基-5-氯苯磺酸应使用双层袋包装，内衬层为塑料袋，外包装为编织袋或纸塑复合袋。每袋净含量 25 kg±0.2 kg，其他包装可与用户协商确定。

7.3 运输

运输时应防止日晒、碰撞和雨淋。保证产品包装不致损坏，与其他物品不应混放。

7.4 贮存

贮存时应远离火源、住宅，库存放置应干燥、通风。

ICS 71.100.01;87.060.10
G 56

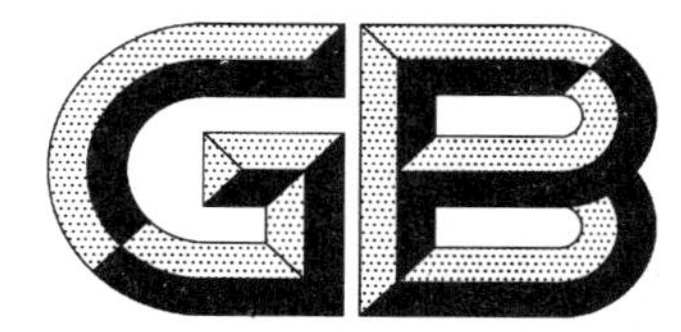

中华人民共和国国家标准

GB/T 23671—2009

2-羟基-6-萘甲酸

2-Hydroxy-6-naphthalene carboxylic acid

2009-04-24 发布　　2009-12-01 实施

中华人民共和国国家质量监督检验检疫总局
中国国家标准化管理委员会　发布

前　言

本标准由中国石油和化学工业协会提出。

本标准由全国染料标准化技术委员会(SAC/TC 134)归口。

本标准起草单位:沈阳化工研究院。

本标准主要起草人:朴克壮。

2-羟基-6-萘甲酸

警告——使用本标准的人员应有实验室工作的实践经验。本标准并未指出所有的安全问题。使用者有责任采取适当的安全和健康措施，并保证符合国家有关法规规定的条件。

1 范围

本标准规定了2-羟基-6-萘甲酸的要求、采样、试验方法、检验规则以及标志、标签、包装、运输和贮存。

本标准适用于2-羟基-6-萘甲酸产品的质量控制。

结构式：

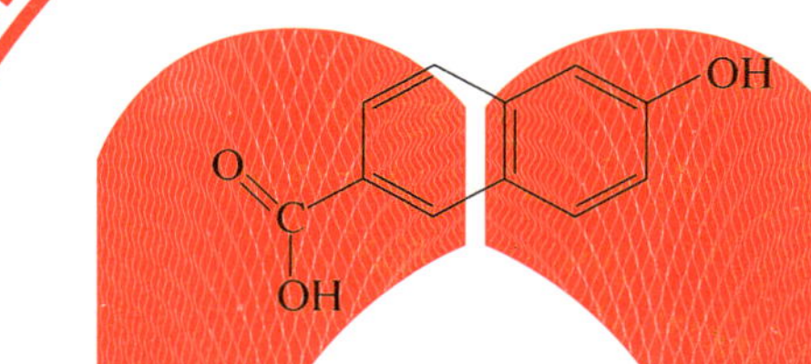

分子式：$C_{11}H_8O_3$

相对分子质量：188.18(按2007年国际相对原子质量)

CAS RN：16712-64-4

2 规范性引用文件

下列文件中的条款通过本标准的引用而成为本标准的条款。凡是注日期的引用文件，其随后所有的修改单(不包括勘误的内容)或修订版均不适用于本标准，然而，鼓励根据本标准达成协议的各方研究是否可使用这些文件的最新版本。凡是不注日期的引用文件，其最新版本适用于本标准。

GB/T 2381—2006　染料及染料中间体　不溶物质含量的测定

GB/T 2384　染料中间体　熔点范围测定通用方法

GB/T 2386—2006　染料及染料中间体　水分的测定

GB/T 6678—2003　化工产品采样总则

GB/T 6682—2008　分析实验室用水规格和试验方法(ISO 3696:1987，MOD)

GB/T 8170—2008　数值修约规则与极限数值的表示和判定

GB/T 21876　溶剂染料及染料中间体　灰分的测定

3 要求

2-羟基-6-萘甲酸的质量要求应符合表1的规定。

表1　2-羟基-6-萘甲酸的质量要求

项　目	指　标			
	优等品		合格品	
外观	白色至淡黄色粉末		淡黄至浅棕色粉末或块状	
干品初熔点/℃	≥	245.0	≥	240.0
2-羟基-6-萘甲酸纯度/%	≥	99.50	≥	98.00
1-羟基-2-萘甲酸含量/%	≤	0.10	≤	0.30

表 1（续）

项　　目	指　　标			
	优等品		合格品	
2-羟基-3-萘甲酸含量/%	≤	0.10	≤	0.30
2-萘酚含量/%	≤	0.10	≤	0.20
2-萘磺酸含量/%	≤	0.002	≤	0.01
灰分的质量分数/%	≤	0.02	≤	0.10
水分的质量分数/%	≤	0.10	≤	0.10
碱不溶物的质量分数/%	≤	0.005	≤	0.50

4　采样

以批为单位采样，生产厂以一次拼混均匀的产品为一批。每批采样数应符合 GB/T 6678—2003 中 7.6 的规定。所采产品的包装必须完好，采样时勿使外界杂质落入产品中。采样时用探管采取包括上、中、下三部分的样品，所采样品总量不得少于 500 g。将采取的样品充分混匀后，分装于两个清洁、干燥、密封良好的容器中，其上粘贴标签。注明：产品名称、批号、生产厂名称、取样日期、地点。一个供检验，一个保存备查。

5　试验方法

5.1　一般规定

除非另有规定，仅使用确认为分析纯的试剂和 GB/T 6682—2008 中规定的三级水。检验结果的判定按 GB/T 8170—2008 中的 4.3.3 修约值比较法进行。

5.2　外观的评定

在自然光线下采用目视评定。

5.3　干品初熔点的测定

样品研磨成细粉后于 100 ℃条件下干燥 1 h，按 GB/T 2384 中的规定进行。

5.4　2-羟基-6-萘甲酸纯度及有机杂质含量的测定

5.4.1　方法提要

采用高效液相色谱法，用峰面积归一化法求得 2-羟基-6-萘甲酸纯度及有机杂质的含量。

5.4.2　仪器设备

a)　液相色谱仪：输液泵——流量范围 0.1 mL/min～5.0mL/min，在此范围内其流量稳定性为 ±1%；
检测器——多波长紫外分光检测器或具有同等性能的分光检测器；

b)　色谱柱：长为 250 mm，内径为 4.6 mm 的不锈钢柱，固定相为 C_{18} ODS 5 μm；

c)　数据处理机或色谱工作站；

d)　平头微量注射器：0～25 μL；

e)　超声波发生器。

5.4.3　试剂和溶液

a)　甲醇：色谱纯；

b)　水：经 0.45μm 滤膜过滤；

c)　四甲基溴化铵；

d)　冰乙酸；

e) pH=4.0 的四甲基溴化铵水溶液：2.0 g/L 四甲基溴化铵水溶液，用乙酸调 pH=4.0。

5.4.4 色谱分析条件

a) 流动相：甲醇与四甲基溴化铵水溶液(pH=4.0)的体积比为 58∶42；

b) 波长：230 nm；

c) 流量：0.8 mL/min；

d) 柱温：室温。

可根据装置不同，选择最佳分析条件，流动相应使用超声波发生器进行脱气。

5.4.5 试样溶液的制备

称取 2-羟基-6-萘甲酸试样 0.010 g～0.015 g(准确至 0.001 g)于 25 mL 容量瓶中，加甲醇溶解，并稀释至刻度，于超声波发生器中震荡、充分溶解，混合均匀后备用。

5.4.6 测定步骤

开启色谱仪，待仪器各项操作条件稳定后，用微量注射器进试样溶液 5 μL，待最后一个组分流出完毕(见色谱图 1)，用数据处理机或色谱工作站进行结果处理。

5.4.7 结果计算

2-羟基-6-萘甲酸纯度及有机杂质含量以 w_i 计，数值以%表示，按式(1)计算：

$$w_i = \frac{A_i}{\sum A_i} \times 100 \qquad (1)$$

式中：

A_i——组分 i 的峰面积数值；

$\sum A_i$——试样中各组分 i 的峰面积数值之和。

5.4.8 允许差

2-羟基-6-萘甲酸纯度两次平行测定结果之差应不大于 0.2%，其他有机杂质两次平行测定结果之差应不大于平均值的 20%，取其算术平均值作为测定结果。

5.4.9 色谱图

色谱图见图 1。

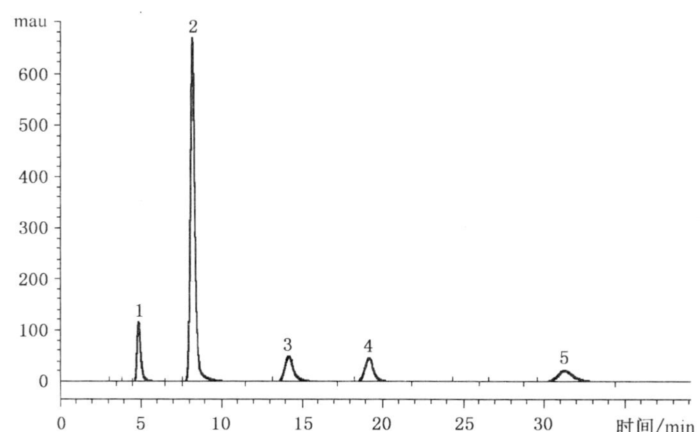

1——2-萘磺酸；

2——2-羟基-6-萘甲酸；

3——2-羟基-3-萘甲酸；

4——2-萘酚；

5——1-羟基-2-萘甲酸。

图 1 2-羟基-6-萘甲酸色谱示意图

5.5 灰分的测定

按 GB/T21876的规定进行测定，温度为750℃±25℃，优等品的称样量为5g，合格品的称样量为 2 g。

5.6 水分的测定

依据 GB/T 2386—2006 中 3.4 的规定进行，样品溶剂选用甲醇。

5.7 碱不溶物的测定

按 GB/T 2381—2006 中有关中间体规定进行。

使用 G4 玻璃砂芯漏斗，溶剂为 100 g/L 碳酸氢钠水溶液(用 G4 玻璃砂芯漏斗过滤后使用)，优等品称样量为 20 g，使用 300 mL 浓度为 100 g/L 的碳酸氢钠水溶液溶解，合格品的称样量为 2 g，使用 100 mL 浓度为 100 g/L 的碳酸氢钠水溶液溶解，适当加热，使溶解完全。

6 检验规则

表 1 中规定的全部项目均为出厂检验项目。

6.1 出厂检验

2-羟基-6-萘甲酸应经生产厂质检部门检验合格，附合格证明后方可出厂。生产厂应保证所有出厂的 2-羟基-6-萘甲酸都符合本标准的要求。

6.2 复验

如果检验结果中有一项指标不符合本标准的规定时，应重新自两倍量的包装中取样进行检验，重新检验的结果即使只有一项指标不符合本标准的要求，则整批产品不能验收。

7 标志、标签、包装、运输、贮存

7.1 标志、标签

7.1.1 标志

2-羟基-6-萘甲酸的每个包装容器上都应涂印耐久、清晰的标志，标志内容至少应有：

a) 产品名称；

b) 生产厂名称、地址；

c) 生产日期；

d) 生产许可证编号(如适用)；

e) 净含量；

f) 产品质量检验合格证明。

7.1.2 标签

产品应有标签，标签上应注明产品生产日期、合格证明、执行标准编号、批号和等级。

7.2 包装

2-羟基-6-萘甲酸用内衬塑料袋的编织袋或纸板桶包装，每件净含量 25 kg±0.2 kg 或 40 kg±0.2 kg，其他包装可与用户协商确定。

7.3 运输

运输时应轻取轻放，防止日晒、碰撞和雨淋。

7.4 贮存

贮存时应远离火源，放置阴凉干燥处，按化学品规定贮运。

ICS 71.100.01;87.060.10
G 56

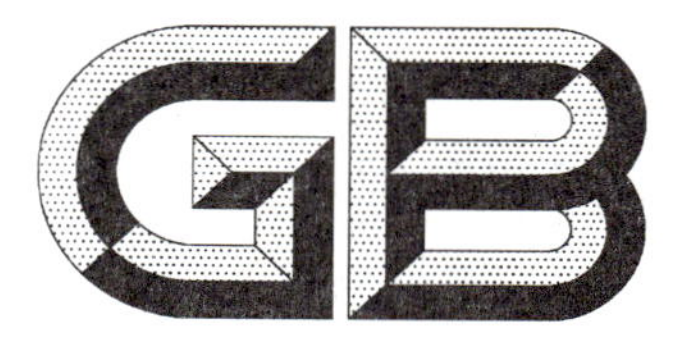

中华人民共和国国家标准

GB/T 23672—2009

2-乙基蒽醌

2-Ethylanthraquinone

2009-04-24 发布　　　　2009-12-01 实施

中华人民共和国国家质量监督检验检疫总局
中国国家标准化管理委员会　发布

前　言

本标准由中国石油和化学工业协会提出。

本标准由全国染料标准化技术委员会(SAC/TC 134)归口。

本标准起草单位:沈阳化工研究院、吉林市龙潭区松龙助剂厂化工福利厂(原吉化松江化工厂)。

本标准主要起草人:杨杰民、唐树森、邢国光、曹东明、寇秀英。

2-乙基蒽醌

警告——使用本标准的人员应有正规实验室工作的实践经验。本标准并未指出所有可能的安全问题。使用者有责任采取适当的安全和健康措施，并保证符合国家有关法规规定的条件。

1 范围

本标准规定了2-乙基蒽醌的要求、采样、试验方法、检验规则以及标志、标签、包装、运输、贮存。

本标准适用于2-乙基蒽醌的产品质量控制。

结构式：

O

C_2H_5

O

分子式：$C_{16}H_{12}O_2$

相对分子质量：236.27（按2007年国际相对原子质量）

CAS RN：84-51-5

2 规范性引用文件

下列文件中的条款通过本标准的引用而成为本标准的条款。凡是注日期的引用文件，其随后所有的修改单（不包括勘误的内容）或修订版均不适用于本标准，然而，鼓励根据本标准达成协议的各方研究是否可使用这些文件的最新版本。凡是不注日期的引用文件，其最新版本适用于本标准。

GB/T 191 包装储运图示标志（GB/T 191—2008，ISO 780：1997，MOD）

GB/T 2384 染料中间体 熔点范围的测定通用方法

GB/T 2386—2006 染料及染料中间体 水分的测定

GB/T 6678—2003 化工产品采样总则

GB/T 6682—2008 分析实验室用水规格和试验方法（ISO 3696：1987，MOD）

GB/T 8170—2008 数值修约规则与极限数值的表示和判定

GB/T 9728 化学试剂 硫酸盐测定的通用方法

GB/T 9729 化学试剂 氯化物测定的通用方法

3 要求

2-乙基蒽醌的质量要求应符合表1的规定。

表1 2-乙基蒽醌质量要求

项目	指标		
	优等品	一等品	合格品
（1）外观	浅黄色片状或粉末		桔红色至栗棕色块状或粉末
（2）干品初熔点/℃	≥ 107.0	≥ 107.0	≥ 106.0

表 1（续）

项　　目	指　　标		
	优等品	一等品	合格品
(3) 2-乙基蒽醌纯度/%	≥　98.50	≥　98.00	—
(4) 苯不溶物的质量分数/%	≤　0.05	≤　0.10	≤　2.00
(5) 水分的质量分数/%	≤　0.20	≤　0.20	≤　2.00
(6) 铁的质量分数/(mg/kg)	≤　5.0	≤　10.0	—
(7) 氯的质量分数/(mg/kg)	≤　10.0	≤　40.0	—
(8) 硫的质量分数/(mg/kg)	≤　10.0	≤　20.0	—

4　采样

以批为单位采样。采样单元数应符合 GB/T 6678—2003 中 7.6 的规定。采样时用不锈钢采样器采取包括上、中、下三部分样品，所采样品总量不得少于 500 g。将采取的样品仔细混合均匀后，分装于两个清洁干燥的磨口瓶中，密封。瓶上粘贴标签，注明：产品名称、批号、生产厂名称、采样日期。一瓶供检验，一瓶保存备查。

5　试验方法

5.1　一般规定

除非另有规定，仅使用确认为分析纯的试剂和 GB/T 6682—2008 中规定的三级水。检验结果的判定按 GB/T 8170—2008 中的 4.3.3 修约值比较法进行。

5.2　外观的评定

在自然光线下采用目视评定。

5.3　干品初熔点的测定

烘干温度 80 ℃±5 ℃，烘干 2 h，其他按 GB/T 2384 的规定进行。

5.4　2-乙基蒽醌纯度的测定

5.4.1　方法提要

采用反相高效液相色谱法，在 C_{18} 柱上，经紫外检测器检测，用峰面积归一法测定 2-乙基蒽醌的纯度。

5.4.2　仪器设备

a)　液相色谱仪：输液泵——流量范围 0.1 mL/min～5.0 mL/min，在此范围内其流量稳定性为±1%；
　　检测器——多波长紫外分光检测器或具有同等性能的紫外分光检测器；

b)　色谱柱：长为 150 mm，内径为 6.0 mm 的不锈钢柱，固定相为 C_{18} 5 μm；

c)　色谱工作站或积分仪；

d)　微量注射器：10 μL～25 μL，平头；

e)　超声波发生器。

5.4.3　试剂和溶液

a)　甲醇：色谱纯；

b)　四氢呋喃：色谱纯。

5.4.4　色谱分析条件

a)　流动相：甲醇、水与四氢呋喃的体积比为 8∶1∶1；

b) 波长:254 nm;

c) 流量:1.0 mL/min;

d) 进样量:5 μL。

可根据装置不同,选择最佳分析条件,流动相应摇匀后过滤用超声波发生器脱气。

5.4.5 试样溶液的制备

称取经研磨干燥的试样约 0.025 g(精确至 0.000 2 g),置于 25 mL 容量瓶中,用甲醇稀释至刻度。

5.4.6 测定步骤

开启色谱仪,待仪器运行稳定后,用微量注射器进试样溶液 5 μL,注入进样阀。待各组分流出完毕(见色谱图 1),用色谱工作站或积分仪进行结果处理。

5.4.7 结果计算

2-乙基蒽醌纯度以 w 计,数值用%表示,按式(1)计算:

$$w = \frac{A}{\sum A_i} \times 100 \quad \cdots\cdots(1)$$

式中:

A——2-乙基蒽醌的峰面积的数值;

$\sum A_i$——组分 i 的峰面积数值之和。

计算结果表示到小数点后两位。

5.4.8 允许差

两次平行测定结果之差应不大于 0.2%,取其算术平均值作为测定结果。

5.4.9 色谱图

2-乙基蒽醌的色谱图见图 1。

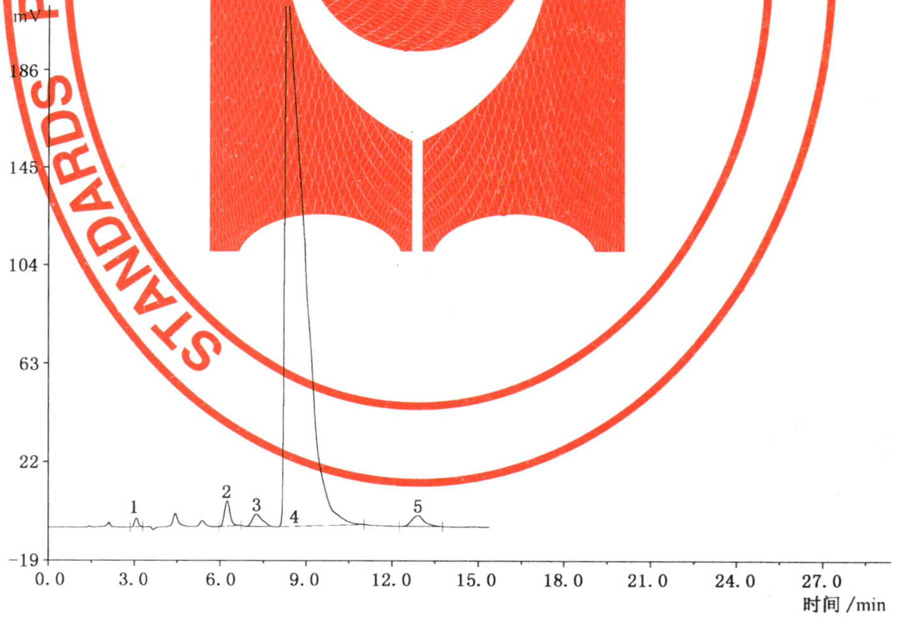

mV

186 145 104 63 22 −19

0.0 3.0 6.0 9.0 12.0 15.0 18.0 21.0 24.0 27.0

时间/min

1——未知物;

2——未知物;

3——未知物;

4——2-乙基蒽醌;

5——未知物。

图 1 2-乙基蒽醌液相色谱示意图

5.5 苯不溶物的测定

5.5.1 方法提要

将试样经脂肪提取器回流然后烘干称量，根据试样质量的减少计算苯不溶物含量。

5.5.2 仪器

脂肪提取器 250 mL。

5.5.3 试剂

苯。

5.5.4 测定步骤

称取试样 1.0 g(精确至 0.000 2 g)，置于已恒量的滤纸筒中，安装在内有 250 mL 苯的脂肪提取器中，回流 2.5 h 取出，将滤纸筒放入烘箱在 100 ℃±5 ℃下烘 2 h 称量。

5.5.5 结果计算

苯不溶物含量以质量分数 w_1 计，数值用%表示，按式(2)计算：

$$w_1 = \frac{m_2 - m_1}{m} \times 100 \qquad \cdots\cdots(2)$$

式中：

m_1——滤纸筒质量的数值，单位为克(g)；

m_2——滤纸筒与苯不溶物总质量的数值，单位为克(g)；

m——试样质量的数值，单位为克(g)。

5.5.6 允许差

优等品、一等品两次平行测定结果之差不大于 0.02%(质量分数)，合格品不大于 0.2%(质量分数)，取其算术平均值作为测定结果。

5.6 水分的测定

称样量为 2 g，烘干温度为 80 ℃，时间为 30 min，其他按 GB/T 2386—2006 中 3.2“烘干法”的规定进行。

5.7 铁含量的测定

5.7.1 方法提要

用抗坏血酸将试样中的三价铁离子还原成二价铁离子，在 pH=2～9 时，二价铁离子可与邻菲罗啉生成橙红色络合物与标准铁色价目视比较。

5.7.2 仪器

a) 比色管：25 mL；

b) 移液管：1 mL、5 mL、10 mL；

c) 瓷坩埚：30 mL；

d) 高温电炉：700 ℃±25 ℃。

5.7.3 试剂和溶液

a) 硫酸亚铁铵；

b) 抗坏血酸溶液：2 g/L；

c) 乙酸-乙酸钠缓冲溶液：pH=4.5；

d) 硝酸溶液：硝酸与水的体积比为 1∶9；

e) 邻菲罗啉溶液：0.2 g/L。

5.7.4 标准溶液的制备

5.7.4.1 铁标准溶液：(**c**=0.1 mg/mL)

准确称取 0.702 g(精确至 0.000 2 g)硫酸亚铁铵，溶于含有 0.5 mL 硫酸的水中，移入 1 000 mL 容量瓶中，稀释至刻度摇匀备用(A 液)。

5.7.4.2 铁标准溶液：(c=0.001 mg/mL)

准确吸取 1 mL 标准溶液 A 液，置于 100 mL 容量瓶中，用水稀释至刻度，摇匀备用。此溶液现用现配(B 液)。

5.7.5 测定步骤

准确称取 2.0 g 试样(精确至 0.000 2 g)置于 30 mL 瓷坩埚中，在电炉上炭化，然后移入高温电炉中在 700 ℃±25 ℃灼烧 4 h，将灰化的残渣取出冷却至室温，加 1 mL 硝酸溶液溶解，然后移入 100 mL 容量瓶中，用热水洗涤瓷坩埚，用水稀释至刻度摇匀，取 10 mL 试样液，分别取标准溶液(B 液)0.6 mL、0.8 mL、1.0 mL……2.0 mL，于 25 mL 比色管中，加 1 mL 抗坏血酸溶液、5 mL 乙酸-乙酸钠缓冲溶液(pH=4.5)，1 mL 邻菲罗啉溶液，稀释至刻度摇匀，放置 15 min 所呈红色与标准铁色价进行比较。

5.7.6 结果计算

铁含量以质量分数 w_2 计，数值用%表示，按式(3)计算：

$$w_2 = \frac{cV}{m \times \frac{V_1}{V_2} \times 1\ 000} \times 100 \qquad \cdots\cdots(3)$$

式中：

c——铁标准溶液的浓度的数值，单位为毫克每毫升(mg/mL)；

V——加入的已知铁含量标准溶液的体积，单位为毫升(mL)；

m——试样的质量数值，单位为克(g)；

V_1——10 mL 移液管的准确数值，单位为毫升(mL)；

V_2——100 mL 容量瓶的准确数值，单位为毫升(mL)。

5.8 氯的测定

准确称取 1.0 g 试样(精确至 0.000 2 g)放入 30 mL 瓷坩埚中在电炉上炭化(温度不能过高)然后放入高温电炉中在 700 ℃±25 ℃灼烧 0.5 h，取出冷却至室温，其他按 GB/T 9729 中规定进行测定。

5.9 硫的测定

准确称取 1.0 g 试样(精确至 0.000 2 g)放入 30 mL 瓷坩埚中在电炉上炭化(温度不能过高)，然后放入高温电炉中在 700 ℃±25 ℃灼烧 0.5 h，取出冷却至室温，其他按 GB/T 9728 中的规定进行测定。

6 检验规则

6.1 检验分类

本标准的第 3 章表 1 中所列的检验项目均为型式检验项目。其中除(4)、(6)项外，其余均为出厂检验项目，应逐批进行检验。在正常连续生产情况下，每季度至少进行一次型式检验。但如有下述情况需进行型式检验：

a) 新产品最初定型时；

b) 产品异地生产时；

c) 生产配方、工艺及原材料有较大改变时；

d) 停产三个月后又恢复生产时；

e) 客户提出要求时。

6.2 出厂检验

2-乙基蒽醌应经生产厂质检部门检验合格，附合格证明后方可出厂。生产厂应保证所有出厂的 2-乙基蒽醌都符合本标准的要求。

6.3 复验

如果检验结果中有一项指标不符合本标准的规定时，应重新自两倍量的包装中取样进行检验，重新检验的结果即使只有一项指标不符合本标准的要求，则整批产品不能验收。

7 标志、标签、包装、运输和贮存

7.1 标志、标签

7.1.1 标志

2-乙基蒽醌的每个包装容器上都应按 GB/T 191 涂印耐久、清晰的标志，标志内容至少应有：

a) 产品名称；

b) 生产厂名称、地址；

c) 生产日期；

d) 生产许可证编号(如适用)；

e) 净含量；

f) 产品质量检验合格证明。

7.1.2 标签

产品应有标签，标签上应注明产品生产日期、合格证明、执行标准编号、批号和等级。

7.2 包装

2-乙基蒽醌用内衬塑料袋的编织袋包装，封闭要严密，每件净含量 25 kg±0.2 kg，其他包装可与用户协商确定。

7.3 运输

运输中应防止曝晒和雨淋，不得强力挤压和碰撞。

7.4 贮存

产品应贮存在干燥、通风的库房内。

ICS 71.100.01;87.060.10
G 56

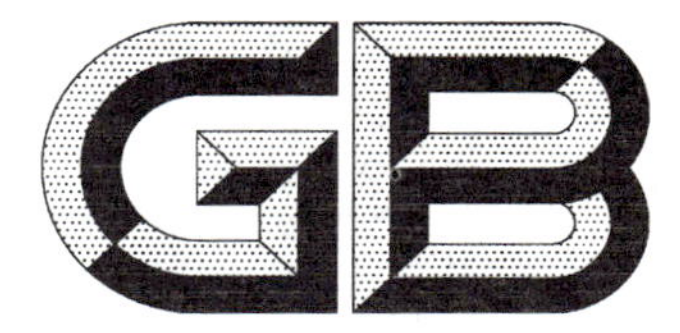

中华人民共和国国家标准

GB/T 23673—2009

3,4-二氯苯胺

3,4-Dichloroaniline

2009-04-24 发布　　2009-12-01 实施

中华人民共和国国家质量监督检验检疫总局
中国国家标准化管理委员会
发布

前　言

本标准由中国石油和化学工业协会提出。

本标准由全国染料标准化技术委员会(SAC/TC 134)归口。

本标准起草单位:浙江安诺芳胺化学品有限公司、沈阳化工研究院。

本标准主要起草人:顾奇龙、朴克壮、谭应龙、胡志文。

3,4-二氯苯胺

警告——使用本标准的人员应有正规实验室工作的实践经验。本标准并未指出所有可能的安全问题。使用者有责任采取适当的安全和健康措施,并保证符合国家有关法规规定的条件。

1 范围

本标准规定了3,4-二氯苯胺的要求、安全信息、采样、试验方法、检验规则、标志、标签、包装、运输、贮存。

本标准适用于3,4-二氯苯胺的产品质量控制。

结构式:

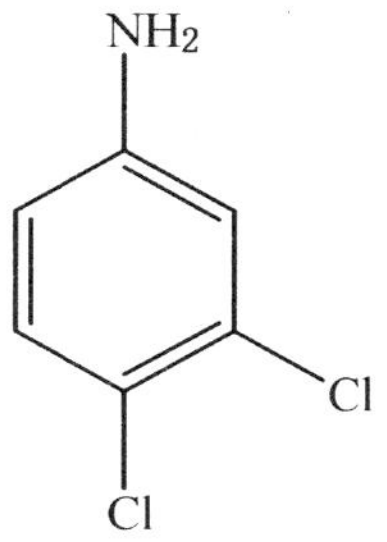

NH_2

Cl

Cl

分子式:$C_6H_5Cl_2N$

相对分子质量:162.02(按2007年国际相对原子质量)

CAS RN:95-76-1

2 规范性引用文件

下列文件中的条款通过本标准的引用而成为本标准的条款。凡是注日期的引用文件,其随后所有的修改单(不包括勘误的内容)或修订版均不适用于本标准,然而,鼓励根据本标准达成协议的各方研究是否可使用这些文件的最新版本。凡是不注日期的引用文件,其最新版本适用于本标准。

GB 190 危险货物包装标志

GB/T 191 包装储运图示标志(GB/T 191—2008,ISO 780:1997,MOD)

GB/T 2384 染料中间体 熔点范围测定通用方法

GB/T 2386—2006 染料及染料中间体 水分的测定

GB/T 6678—2003 化工产品采样总则

GB/T 6682—2008 分析实验室用水规格和试验方法(ISO 3696:1987,MOD)

GB/T 8170—2008 数值修约规则与极限数值的表示和判定

GB/T 9722 化学试剂 气相色谱法通则

GB 12268—2005 危险货物品名表

GB 12463 危险货物运输包装通用技术条件

GB 15258 化学品安全标签编写规定

GB 15603 常用化学危险品贮存通则

GB 16483 化学品安全技术说明书编写规定

3 要求

3,4-二氯苯胺的质量要求应符合表1的规定。

表 1 3,4-二氯苯胺质量要求

项　　目	指　　标		
	优等品	一等品	合格品
外观	白色结晶	白色至浅黄色结晶	白色至浅灰色或黄色结晶
初熔点/℃	≥ 71.0	≥ 70.5	≥ 70.0
3,4-二氯苯胺纯度/%	≥ 99.50	≥ 99.20	≥ 99.00
3,4-二氯硝基苯含量/%	≤ 0.10	≤ 0.20	≤ 0.30
对氯苯胺含量/%	≤ 0.20	≤ 0.30	≤ 0.50
水分的质量分数/%	≤ 0.10	≤ 0.30	≤ 0.50

4 安全信息

4.1 安全要求

根据 GB 12268—2005,3,4-二氯苯胺为 6.1 类毒害品,危险品编号为 CN:61768。遇明火、高热能引起燃烧爆炸,极易经皮肤吸收造成危害,误食或吸入蒸气、粉尘会引起中毒。使用及搬运时,应严格注意安全。

4.2 安全技术说明书

按 GB 16483 规定,该产品出厂应提供详细的安全技术说明书。安全技术说明书应包括如下内容:

a) 提供该产品的危险性信息;

b) 安全使用方法;

c) 运输、储存要求;

d) 防护措施;

e) 应急处理措施等。

5 采样

以批为单位采样,生产厂以均匀产品为一批。每批采样数应符合 GB/T 6678—2003 中 7.6 的规定,所采样品的包装必须完好,采样时勿使外界杂质落入产品中。采样时用探管采取包括上、中、下三部分的样品,所采样品总量不得少于 500 g。将采取的样品充分混匀后,分装于两个清洁、干燥、密封良好的容器中,其上粘贴标签。注明:产品名称、批号、生产厂名称、取样日期、地点。一个供检验,一个保存备查。

6 试验方法

6.1 一般规定

除非另有规定,仅使用确认为分析纯的试剂和 GB/T 6682—2008 中规定的三级水。检验结果的判定按 GB/T 8170—2008 中的 4.3.3 修约值比较法进行。

6.2 外观的评定

在自然光线下采用目视评定。

6.3 初熔点的测定

按 GB/T 2384 的规定进行。

6.4 3,4-二氯苯胺纯度及有机杂质含量的测定

6.4.1 方法原理

采用气相色谱法,样品经毛细管柱分离,经氢火焰离子化检测器检测,用峰面积归一化法定量。

6.4.2 试剂

甲醇。

6.4.3 仪器和设备

a) 气相色谱仪：仪器灵敏度和稳定性应符合 GB/T 9722 的规定；

b) 检测器：氢火焰离子化检测器(FID)；

c) 色谱工作站或数据处理机；

d) 微量注射器：1.0 μL～10.0 μL；

e) 色谱柱：长 30 m，内径 0.32 mm，膜厚 0.25 μm，固定相为(5%苯基)-甲基聚硅氧烷，如 DB-5等。

6.4.4 色谱仪操作条件

色谱仪操作条件见表 2。

可根据仪器不同，选择最佳分析条件。

表 2 色谱操作条件

控制参数		操作条件
检测器温度/℃		300
汽化室温度/℃		280
载气(氮气)压力/kPa		50
燃烧气(氢气)流量/(mL/min)		30
助燃气(空气)流量/(mL/min)		300
补偿气(氮气)流量/(mL/min)		20
分流比		10∶1
进样量/μL		1.0
程序升温	初始柱温/℃	130
	保持时间/min	2
	升温速度/(℃/min)	10
	终止温度/℃	280
	保持时间/min	5

6.4.5 分析步骤

称取样品 0.3 g(精确至 0.001 g)于 10 mL 容量瓶中，用甲醇溶解并稀释至刻度。

开启色谱仪，待仪器各项操作条件稳定后，用微量注射器吸取上述样品溶液 1.0 μL 进样，待出峰完毕后，用色谱工作站或数据处理机进行结果处理。

6.4.6 结果计算

3,4-二氯苯胺纯度及其有机杂质的含量以 w_i 计，数值以%表示，按式(1)计算：

$$w_i = \frac{A_i}{\sum A_i} \times 100 \qquad \cdots\cdots(1)$$

式中：

A_i——组分 i 的峰面积数值；

$\sum A_i$——试样中各组分 i 的峰面积数值之和。

计算结果保留到小数点后两位。

6.4.7 允许差

3,4-二氯苯胺纯度的两次平行测定结果之差应不大于 0.2%，各有机杂质含量两次平行测定结果之差应不大于 0.05%,取其算术平均值作为测定结果。

6.4.8 色谱图

3,4-二氯苯胺气相色谱图见图 1。

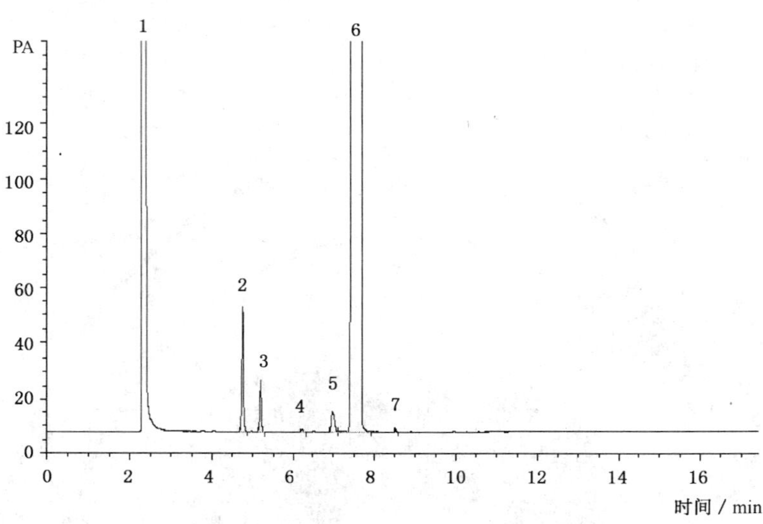

1——溶剂;
2——对氯苯胺;
3——4-硝基氯化苯;
4——2,5-二氯苯胺;
5——3,4-二氯硝基苯;
6——3,4-二氯苯胺;
7——未知物。

图 1 3,4-二氯苯胺气相色谱图

6.5 水分的测定

按照 GB/T 2386—2006 中 3.4 的规定进行测定,样品溶剂为 1 体积甲醇和 3 体积三氯甲烷混合溶液。

7 检验规则

7.1 检验分类

本标准第 3 章表 1 中规定的全部项目均为出厂检验项目。

7.2 出厂检验

3,4-二氯苯胺应经生产厂质检部门检验合格,附合格证明后方可出厂。生产厂应保证所有出厂的 3,4-二氯苯胺都符合本标准的要求。

7.3 复验

如果检验结果中有一项指标不符合本标准的规定时,应重新自两倍量的包装中取样进行检验,重新检验的结果即使只有一项指标不符合本标准的要求,则整批产品不能验收。

8 标志、标签、包装、运输和贮存

8.1 标志、标签

8.1.1 标志

3,4-二氯苯胺的每个包装容器上都应按 GB 190 和 GB/T 191 中的有关规定涂印耐久、清晰的标志,标志内容至少应有:

a) 产品名称;

b) 生产厂名称、地址；

c) 生产日期；

d) 生产许可证编号(如适用)；

e) 净含量；

f) 产品质量检验合格证明；

g) 警示标志(有毒品)。

8.1.2 标签

产品应有标签，标签上应注明产品生产日期、合格证明、执行标准编号、批号和等级。

标签的编写应符合 GB 15258 的规定。

8.2 包装

3,4-二氯苯胺包装于内衬塑料袋的聚丙烯编织袋中，包装净含量为 40 kg±0.2 kg。产品包装应符合 GB 12463 及危险化学品包装的相关规定。

8.3 运输

3,4-二氯苯胺产品应严格按照国家关于有毒货物的要求来运输，避免发生泄露和中毒事故。

8.4 贮存

3,4-二氯苯胺是毒害品，可燃烧，应按 GB 15603 及相关规定密闭贮存于阴凉干燥并具有良好通风的库房内，切勿暴晒和雨淋，不可与易燃物放在一起，并远离火源和热源。

ICS 71.100.01;87.060.10
G 56

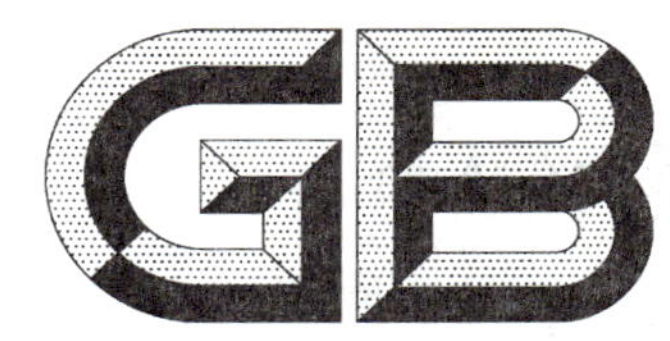

中华人民共和国国家标准

GB/T 23674—2009

N,N-二乙基苯胺

N,N-Diethyl aniline

2009-04-24 发布　　　　2009-12-01 实施

中华人民共和国国家质量监督检验检疫总局
中国国家标准化管理委员会　发布

前　言

本标准由中国石油和化学工业协会提出。

本标准由全国染料标准化技术委员会(SAC/TC 134)归口。

本标准起草单位:沈阳化工研究院。

本标准主要起草人:蒲爱军。

N,N-二乙基苯胺

警告——使用本标准的人员应有正规实验室工作的实践经验。本标准并未指出所有可能的安全问题。使用者有责任采取适当的安全和健康措施,并保证符合国家有关法规规定的条件。

1 范围

本标准规定了N,N-二乙基苯胺的要求、安全信息、采样、试验方法、检验规则以及标志、标签、包装、运输、贮存。

本标准适用于N,N-二乙基苯胺的产品质量控制。

结构式:

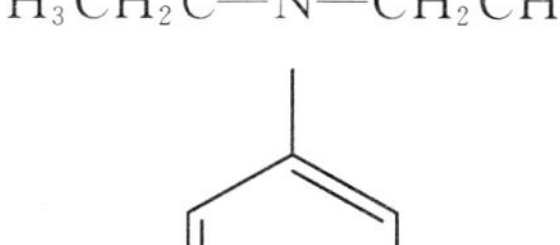

分子式:$C_{10}H_{15}N$

相对分子量:149.23(按2007年国际相对原子质量)

CAS RN:91-66-7

2 规范性引用文件

下列文件中的条款通过本标准的引用而成为本标准的条款。凡是注日期的引用文件,其随后所有的修改单(不包括勘误的内容)或修订版均不适用于本标准,然而,鼓励根据本标准达成协议的各方研究是否可使用这些文件的最新版本。凡是不注日期的引用文件,其最新版本适用于本标准。

GB 190 危险货物包装标志

GB/T 191 包装储运图示标志(GB/T 191—2008,ISO 780:1997,MOD)

GB/T 2386—2006 染料及染料中间体 水分的测定

GB/T 6678—2003 化工产品采样总则

GB/T 6680—2003 液体化工产品采样通则

GB/T 6682—2008 分析实验室用水规格和试验方法(ISO 3696:1987,MOD)

GB/T 8170—2008 数值修约规则与极限数值的表示和判定

GB/T 9722 化学试剂 气相色谱法通则

GB 12268—2005 危险货物品名表

GB 12463 危险货物运输包装通用技术条件

GB 15258 化学品安全标签编写规定

GB 15603 常用化学危险品贮存通则

GB 16483 化学品安全技术说明书编写规定

3 要求

N,N-二乙基苯胺质量要求应符合表1的规定。

表 1 N,N-二乙基苯胺的质量要求

项目	指标	
	优等品	合格品
外观	无色至浅黄色透明液体	
N,N-二乙基苯胺纯度/%	≥ 99.50	≥ 99.00
N-乙基苯胺含量/%	≤ 0.10	≤ 0.30
苯胺含量/%	≤ 0.05	≤ 0.20
低沸物含量/%	≤ 0.20	≤ 0.30
高沸物含量/%	≤ 0.15	≤ 0.20
水分的质量分数/%	≤ 0.10	≤ 0.30

4 安全信息

4.1 安全要求

根据 GB 12268—2005《危险货物品名表》,N,N-二乙基苯胺危险品编号(UN:2432,CN:61756),N,N-二乙基苯胺的蒸气有毒。经口摄入或经皮肤吸收能产生头痛、眩晕、发绀、神志不清以致痉挛等症状。液体能损伤眼睛。使用及搬运时,应严格注意安全。

4.2 安全技术说明书

按 GB 16483 化学品安全技术说明书编写规定,该产品出厂应提供详细的安全技术说明书。安全技术说明书应包括如下内容:

a) 提供该产品的危险性信息;

b) 安全使用方法;

c) 运输、储存要求;

d) 防护措施;

e) 应急处理措施等。

5 采样

以批为单位采样,生产厂以均匀的产品为一批。每批采样数量应符合 GB/T 6678—2003 中 7.6 的规定。采样管应符合 GB/T 6680—2003 中 6.2 的规定。所采样产品的包装必须完好,采样时勿使外界杂质落入产品中。所采样品总量不得少于 500 mL。将采取的样品充分混匀后,分装于两个清洁、干燥、避光及密封良好的容器中,其上粘贴标签。注明:产品名称、批号、生产厂名称、取样日期、地点。一个供检验,一个保存备查。

6 试验方法

6.1 一般规定

除非另有规定,仅使用确认为分析纯的试剂和 GB/T 6682—2008 中规定的三级水。检验结果的判定按 GB/T 8170—2008 中的 4.3.3 修约值比较法进行。

6.2 外观的评定

在自然光线下采用目视评定。

6.3 N,N-二乙基苯胺纯度及有机杂质含量的测定

6.3.1 方法提要

采用毛细管柱气相色谱法,分离 N,N-二乙基苯胺及其有机杂质,经氢火焰离子化检测器检测,采

用峰面积归一化法定量。

6.3.2 **仪器设备**

a) 气相色谱仪：仪器灵敏度和稳定性应符合 GB/T 9722 的规定；

b) 检测器：氢火焰离子化检测器(FID)；

c) 毛细管色谱柱：内径 0.32 mm，长 30 m，膜厚 0.25 μm；

d) 固定相：(5%苯基)甲基聚硅氧烷，如 DB-5；

e) 微量注射器：10 μL；

f) 色谱工作站或积分仪。

6.3.3 **色谱分析条件**

色谱操作条件如表 2 所示。

可根据仪器不同，选择最佳分析条件。

表 2 色谱操作条件

控制参数		操作条件
载气		氮气
载气压力/kPa		60
检测器温度/℃		300
汽化室温度/℃		260
燃烧气(氢气)流量/(mL/min)		30
助燃气(空气)流量/(mL/min)		300
补偿气(氮气)流量/(mL/min)		20
分流比		100：1
程序升温	初始柱温/℃	80
	保持时间/min	10
	升温速度/(℃/min)	20
	终止温度/℃	260
	终温保持/min	10

6.3.4 **测定步骤**

开启色谱仪。待仪器各项操作条件稳定后，进试样 0.2 μL，待出峰完毕后，用色谱工作站或积分仪进行结果处理。

6.3.5 **结果计算**

N,N-二乙基苯胺纯度及有机杂质的含量以 w_i 计，数值用%表示，按式(1)计算：

$$w_i = \frac{A_i}{\sum A_i} \times 100 \quad \cdots\cdots(1)$$

式中：

A_i——N,N-二乙基苯胺及各有机杂质的峰面积数值；

$\sum A_i$——N,N-二乙基苯胺及各有机杂质的峰面积数值的总和。

计算结果表示到小数点后两位。

注：低沸物为 N,N-二乙基苯胺峰前除苯胺、N-乙基苯胺以外所有流出组分，高沸物为 N,N-二乙基苯胺峰之后所有流出组分。

6.3.6 **允许差**

N,N-二乙基苯胺纯度两次平行测定结果之差应不大于 0.1%，各有机杂质两次平行测定结果之差应不大于0.02%，取其算术平均值作为测定结果。

6.3.7 色谱图

见图1。

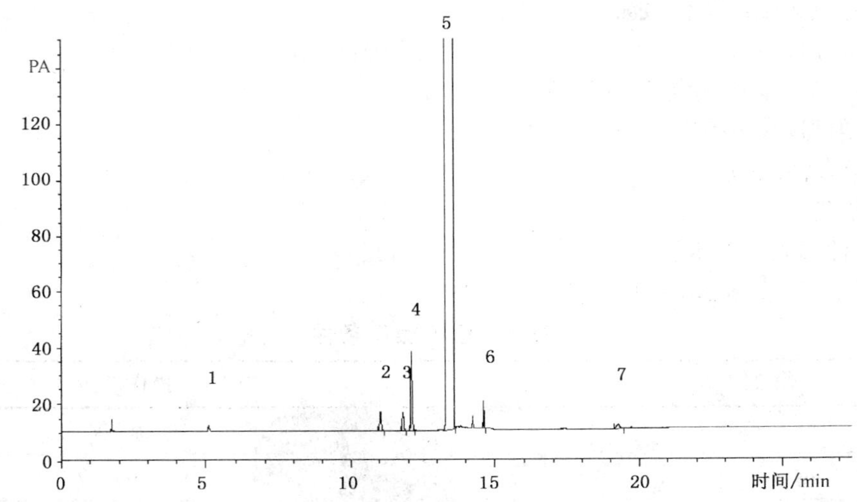

1——苯胺；

2——N-乙基苯胺；

3——低沸物；

4——低沸物；

5——N,N-二乙基苯胺；

6——高沸物；

7——高沸物。

图1 N,N-二乙基苯胺示意图

6.4 水分的测定

N,N-二乙基苯胺的进样量为1 mL，密度按0.933 g/mL计算，其他按GB/T 2386—2006中的3.4的规定进行。

两次平行测定结果之差应不大于0.02%(质量分数)，取两次平行测定结果的算术平均值作为测定结果。

7 检验规则

7.1 检验分类

本标准第3章的表1中规定的全部项目为出厂检验项目。

7.2 出厂检验

N,N-二乙基苯胺应经生产厂质检部门检验合格，附合格证明后方可出厂。生产厂应保证所有出厂的N,N-二乙基苯胺都符合本标准的要求。

7.3 复验

如果检验结果中有一项指标不符合本标准的规定时，应重新自两倍量的包装中取样进行检验，重新检验的结果即使只有一项指标不符合本标准的要求，则整批产品不能验收。

8 标志、标签、包装、运输、贮存

8.1 标志、标签

8.1.1 标志

N,N-二乙基苯胺的每个包装容器上都应按GB 190和GB/T 191中的有关规定涂印耐久、清晰的标志，标志内容至少应有：

a) 产品名称；

b) 生产厂名称、地址；

c) 生产日期；

d) 生产许可证编号(如适用)；

e) 净含量；

f) 产品质量检验合格证明；

g) 警示标志(有毒品)。

8.1.2 标签

产品应有标签，标签上应注明产品生产日期、合格证明、执行标准编号、批号和等级。

标签的编写应符合 GB 15258 的规定。

8.2 包装

N，N-二乙基苯胺用铁桶包装，每桶净含量 200 kg±1 kg。产品包装应符合 GB 12463 及危险化学品包装的相关规定。

8.3 运输

运输时应符合 GB/T 191 的有关规定。轻取轻放，防止容器破损渗漏。

8.4 贮存

应按 GB 15603 及相关规定进行贮存，贮存时应远离火源，储存于阴凉通风的库房内。

ICS 71.100.01;87.060.10
G 56

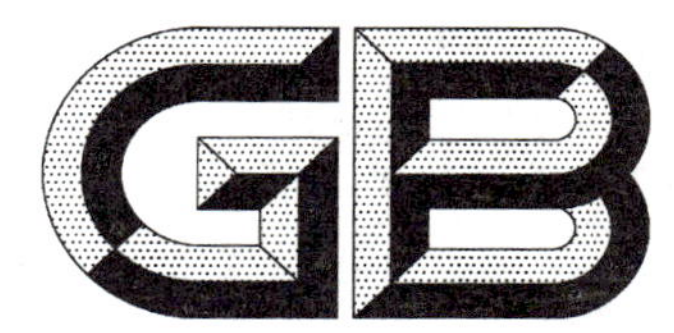

中华人民共和国国家标准

GB/T 23675—2009

对苯醌

p-Benzoquinone

2009-04-24 发布　　　　2009-12-01 实施

中华人民共和国国家质量监督检验检疫总局
中国国家标准化管理委员会　发布

前　言

本标准由中国石油和化学工业协会提出。

本标准由全国染料标准化技术委员会(SAC/TC 134)归口。

本标准起草单位:盐城凤阳化工有限公司、启东亚太化工厂有限公司、沈阳化工研究院。

本标准主要起草人:吴雪冰、李锦山、杨杰民、史学海、王海荣、顾会萍。

对　苯　醌

警告——使用本标准的人员应有正规实验室工作的实践经验。本标准并未指出所有可能的安全问题。使用者有责任采取适当的安全和健康措施,并保证符合国家有关法规规定的条件。

1　范围

本标准规定了对苯醌的要求、安全信息、采样、试验方法、检验规则以及标志、标签、包装、运输、贮存。

本标准适用于对苯醌的产品质量控制。

结构式:

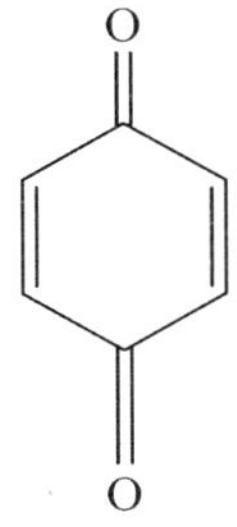

分子式:$C_6H_4O_2$

相对分子质量:108.09(按2007年国际相对原子质量)

CAS RN:106-51-4

2　规范性引用文件

下列文件中的条款通过本标准的引用而成为本标准的条款。凡是注日期的引用文件,其随后所有的修改单(不包括勘误的内容)或修订版均不适用于本标准,然而,鼓励根据本标准达成协议的各方研究是否可使用这些文件的最新版本。凡是不注日期的引用文件,其最新版本适用于本标准。

GB 190　危险货物包装标志

GB/T 191　包装储运图示标志(GB/T 191—2008,ISO 780:1997,MOD)

GB/T 601　化学试剂　标准滴定溶液的制备

GB/T 603　化学试剂　试验方法中所用制剂及制品的制备(GB/T 603—2002,ISO 6353-1:1982,NEQ)

GB/T 2384　染料中间体　熔点范围的测定通用方法

GB/T 2386—2006　染料及染料中间体　水分的测定

GB/T 6678—2003　化工产品采样总则

GB/T 6682—2008　分析实验室用水规格和试验方法(ISO 3696:1987,MOD)

GB/T 8170—2008　数值修约规则与极限数值的表示和判定

GB 12268—2005　危险货物品名表

GB 12463　危险货物运输包装通用技术条件

GB 15258　化学品安全标签编写规定

GB 15603　常用化学危险品贮存通则

GB 16483　化学品安全技术说明书编写规定

3 要求

对苯醌的质量要求应符合表1的规定。

表1 对苯醌质量要求

项目	指标	
	优等品	一等品
(1)外观	黄色粉末(贮存时颜色允许加深)	
(2)对苯醌的质量分数/%	≥ 99.00	≥ 98.50
(3)初熔点/℃	≥ 112.0	≥ 112.0
(4)灼烧残渣的质量分数(以硫酸盐计)/%	≤ 0.05	≤ 0.10
(5)水分的质量分数/%	≤ 0.50	≤ 1.00
(6)铁的质量分数/(mg/kg)	≤ 30	≤ 50

4 安全信息

4.1 安全要求

根据GB 12268—2005《危险货物品名表》,对苯醌为6.1类毒害品,危险品编号为(UN:2587,CN:61822)。吸入及吞食有毒,刺激眼睛、呼吸系统和皮肤。使用及搬运时,应严格注意安全。

4.2 安全技术说明书

按GB 16483规定编写,该产品出厂应提供详细的安全技术说明书。安全技术说明书应包括如下内容:

a) 提供该产品的危险性信息;
b) 安全使用方法;
c) 运输、储存要求;
d) 防护措施;
e) 应急处理措施等。

5 采样

以批为单位采样。采样单元数应符合GB/T 6678—2003中7.6的规定。采样时用不锈钢采样器采取包括上、中、下三部分样品,所采样品总量不得少于500 g。将采取的样品仔细混合均匀后,分装于两个清洁干燥的磨口瓶中,用石蜡密封。瓶上粘贴标签,注明:产品名称、批号、生产厂名称、采样日期。一瓶供检验,一瓶保存备查。

6 试验方法

6.1 一般规定

除非另有规定,仅使用确认为分析纯的试剂和GB/T 6682—2008中规定的三级水。试验中所用标准滴定溶液,制剂及制品,在没有注明其他要求时,均按GB/T 601和GB/T 603规定制备。检验结果的判定按GB/T 8170—2008中的4.3.3修约值比较法进行。

6.2 外观的评定

在自然光线下采用目视评定。

6.3 初熔点的测定

按GB/T 2384规定的方法进行。

6.4 对苯醌含量的测定

6.4.1 方法提要

将试样用乙醇溶解，在酸性条件下，与碘化钾定量反应析出碘，根据硫代硫酸钠的耗用量计算对苯醌含量。

6.4.2 试剂和溶液

a) 乙醇；

b) 盐酸溶液：盐酸与水的体积比为 1∶1；

c) 碘化钾溶液：100 g/L；

d) 淀粉指示液：5g/L；

e) 硫代硫酸钠标准滴定溶液：$c(Na_2S_2O_3)=0.1$ mol/L。

6.4.3 测定步骤

称取 0.2 g 试样(精确至 0.000 2 g)，置于 500 mL 碘量瓶中，用 25 mL 乙醇溶解，加 50 mL 水，20 mL 碘化钾溶液及 10 mL 盐酸溶液，于暗处静置 10 min，用硫代硫酸钠标准溶液滴定，近终点时加 1 mL 淀粉指示液，继续滴定至蓝色消失即为终点。在相同条件下做一空白试验。

6.4.4 结果计算

对苯醌含量以质量分数 w 计，数值用 % 表示，按式(1)计算：

$$w=\frac{c(V_1-V_2)M/2}{m\times 1\,000}\times 100 \qquad \cdots\cdots(1)$$

式中：

V_1——试样消耗硫代硫酸钠标准滴定溶液体积的数值，单位为毫升(mL)；

V_2——空白试验消耗硫代硫酸钠标准滴定溶液体积的数值，单位为毫升(mL)；

c——硫代硫酸钠标准滴定溶液浓度的准确数值，单位为摩尔每升(mol/L)；

m——试样质量的数值，单位为克(g)；

M——对苯醌的摩尔质量数值，单位为克每摩尔(g/mol)[$M(C_6H_4O_2)=108.09$]。

计算结果表示到小数点后两位。

6.4.5 允许差

两次平行测定结果之差不大于 0.2%(质量分数)，取其算术平均值作为测定结果。

6.5 灼烧残渣的测定

6.5.1 仪器设备

a) 分析天平：感量 0.1 mg；

b) 瓷坩埚：50 mL；

c) 高温电炉：20 ℃～900 ℃；

d) 电炉。

6.5.2 测定步骤

称取试样 5 g(精确至 0.000 1 g)，置于已恒量的瓷坩埚中，在电炉上炭化，冷却后加入 1 mL 浓硫酸湿润在电炉上蒸干，再送入 600 ℃±25 ℃高温电炉内灼烧 30 min。

6.5.3 结果计算

对苯醌灼烧残渣以质量分数 w_1 计，数值用 % 表示，按式(2)计算：

$$w_2=\frac{m_1}{m}\times 100 \qquad \cdots\cdots(2)$$

式中：

m_1——灼烧后残渣的质量数值，单位为克(g)；

m——试样的质量数值，单位为克(g)。

6.6 水分的测定

按 GB/T 2386—2006 中 3.1“溶剂抽提法”测定。

两次平行测定结果之差不大于 0.05%(质量分数),取其算术平均值作为测定结果。

6.7 铁离子的测定

6.7.1 方法提要

用抗坏血酸将试样中的三价铁离子还原成二价铁离子,在 pH=2~9 时,二价铁离子可与邻菲啰啉生成橙红色络合物与标准铁色价目视比较。

6.7.2 试剂和溶液

a) 硫酸;

b) 冰乙酸;

c) 盐酸溶液:盐酸与水的体积比为 1∶9;

d) 氨水溶液:氨水与水的体积比为 1∶9;

e) 抗坏血酸溶液:20 g/L;

f) 邻菲啰啉溶液:2 g/L;

g) 乙酸-乙酸钠缓冲溶液(pH≈4.5):称取 68 g 乙酸钠($CH_3COONa \cdot 3H_2O$),溶于水,加 28.6 mL 冰乙酸,稀释至 1 000 mL;

h) 铁标准溶液(0.1 mg/mL):称取 0.702 g 硫酸亚铁铵,溶于含 0.5 mL 硫酸的水中,移入 1 000 mL 容量瓶中,稀释至刻度,摇匀备用;

i) 铁标准溶液(0.02 mg/mL):移取 0.1 mg/mL 铁标准溶液 100 mL 于 500 mL 容量瓶中,稀释至刻度。临用前制备。

6.7.3 测定步骤

取 5.5 中灼烧后的残渣溶于 15 mL 盐酸溶液中,加热至残渣溶解,冷却,用水稀释至 100 mL。

移取 20 mL 上述试液,必要时用盐酸或氨水溶液调整 pH 约为 2,用精密试纸检验 pH,加 2.5 mL 抗坏血酸溶液、10 mL 乙酸乙酸钠缓冲溶液、5 mL 邻菲啰啉溶液,用水稀释至 50 mL,摇匀。

取铁标准溶液按上述方法和样品进行同时同样处理。将试样和铁标准同时同样在比色管中进行邻菲啰啉显色反应,进行目视比色。

7 检验规则

7.1 检验分类

本标准的第 3 章表 1 中所列的检验项目均为型式检验项目。其中除(6)项外,其余均为出厂检验项目,应逐批进行检验。在正常连续生产情况下,每季度至少进行一次型式检验。但如有下述情况需进行型式检验:

a) 新产品最初定型时;

b) 产品异地生产时;

c) 生产配方、工艺及原材料有较大改变时;

d) 停产三个月后又恢复生产时;

e) 客户提出要求时。

7.2 出厂检验

对苯醌应经生产厂质检部门检验合格,附合格证明后方可出厂。生产厂应保证所有出厂的对苯醌都符合本标准的要求。

7.3 复验

如果检验结果中有一项指标不符合本标准的规定时,应重新自两倍量的包装中取样进行检验,重新检验的结果即使只有一项指标不符合本标准的要求,则整批产品不能验收。

8 标志、标签、包装、运输和贮存

8.1 标志、标签

8.1.1 标志

对苯醌的每个包装容器上都应按 GB 190 和 GB/T 191 中的有关规定涂印耐久、清晰的标志，标志内容至少应有：

a） 产品名称；

b） 生产厂名称、地址；

c） 生产日期；

d） 生产许可证编号（如适用）；

e） 净含量；

f） 产品质量检验合格证明；

g） 警示标志（有毒品）。

8.1.2 标签

产品应有标签，标签上应注明产品生产日期、合格证明、执行标准编号、批号和等级。

标签的编写应符合 GB 15258 的规定。

8.2 包装

对苯醌产品包装为两层聚乙烯薄膜袋装入有色（蓝或黑）纸板桶，封闭严密，每件净含量 35 kg±0.2 kg或协商确定，产品包装应符合 GB 12463 及危险化学品包装的相关规定。

8.3 运输

运输中应防止曝晒、受潮和雨淋。对苯醌产品应严格按照国家关于有毒货物的要求来运输，避免发生泄露和中毒事故。

8.4 贮存

对苯醌是毒害品，应按 GB 15603 及相关规定密闭贮存于阴凉干燥并具有良好通风的库房内，保质期为六个月。

ICS 71.100.01;87.060.10
G 56

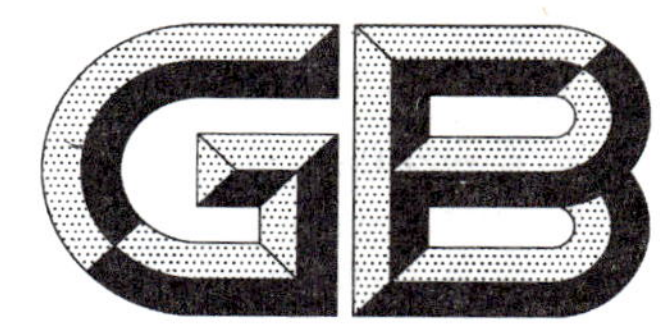

中华人民共和国国家标准

GB/T 23676—2009

色　酚　AS-BI

Naphthol AS-BI

2009-04-24 发布　　　　2009-12-01 实施

中华人民共和国国家质量监督检验检疫总局
中国国家标准化管理委员会　发布

前　　言

本标准由中国石油和化学工业协会提出。

本标准由全国染料标准化技术委员会(SAC/TC 134)归口。

本标准起草单位:沈阳化工研究院。

本标准主要起草人:蒲爱军。

色　酚　AS-BI

警告——使用本标准的人员应有正规实验室工作的实践经验。本标准并未指出所有可能的安全问题。使用者有责任采取适当的安全和健康措施,并保证符合国家有关法规规定的条件。

1　范围

本标准规定了色酚 AS-BI 产品的要求、采样、试验方法、检验规则以及标志、标签、包装、运输、贮存。

本标准适用于色酚 AS-BI 的产品质量控制。

结构式:

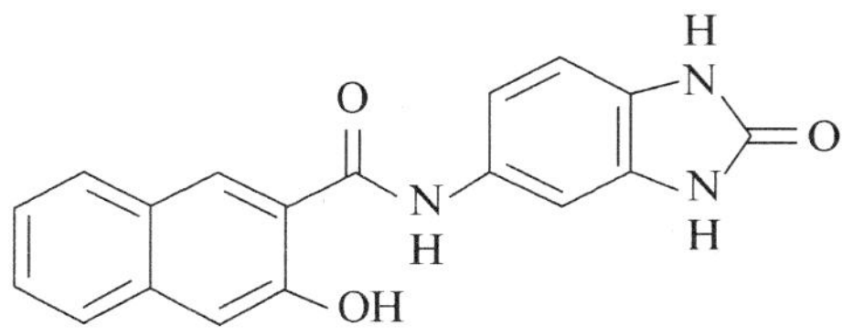

分子式:$C_{18}H_{13}N_3O_3$

相对分子质量:319.31(按 2007 年国际相对原子质量)

CAS RN:26848-40-8

2　规范性引用文件

下列文件中的条款通过本标准的引用而成为本标准的条款。凡是注日期的引用文件,其随后所有的修改单(不包括勘误的内容)或修订版均不适用于本标准,然而,鼓励根据本标准达成协议的各方研究是否可使用这些文件的最新版本。凡是不注日期的引用文件,其最新版本适用于本标准。

GB/T 2381—2006　染料及染料中间体　不溶物质含量的测定

GB/T 2386—2006　染料及染料中间体　水分的测定

GB/T 6678—2003　化工产品采样总则

GB/T 6682—2008　分析实验室用水规格和试验方法(ISO 3696:1987,MOD)

GB/T 8170—2008　数值修约规则与极限数值的表示和判定

3　要求

色酚 SA-BI 的质量要求应符合表 1 的规定。

表 1　色酚 AS-BI 的质量要求

项　　目	指　　标	
外观	黄色或棕黄色粉末	
色酚 AS-BI 的纯度(HPLC)/%	≥	99.00
2-羟基-3-萘甲酸的含量(HPLC)/%	≤	0.30
5-氨基苯并咪唑酮的含量(HPLC)/%	≤	0.20
碱不溶物的质量分数/%	≤	0.50
水分的质量分数/%	≤	0.30

4 采样

以批为单位采样，生产厂以均匀的产品为一批。每批采样数量应符合 GB/T 6678—2003 中 7.6 规定的单元数采样。采样时用不锈钢采样器采取包括上、中、下三部分样品，所采样品总量不得少于 500 g。将采取的样品仔细混合均匀后，分装于两个清洁干燥带磨口塞的广口瓶中。瓶上粘贴标签，注明：产品名称、批号、生产厂名称和采样日期。一瓶供检验，一瓶保存备查。

5 试验方法

5.1 一般规定

除非另有规定，仅使用确认为分析纯的试剂和 GB/T 6682—2008 中规定的三级水。检验结果的判定按 GB/T 8170—2008 中的 4.3.3 修约值比较法进行。

5.2 外观的评定

在自然光线下采用目视评定。

5.3 色酚 AS-BI 的纯度及其有机杂质含量的测定(HPLC)

5.3.1 原理

采用反相高效液相色谱法，在 C_{18} 柱上，以甲醇与水的体积比为 60：40(水中含 1.5 g/L 四丁基溴化铵，2 g/L 磷酸二氢钾)为流动相，分离色酚 AS-BI 及其异构体，经紫外(240 nm)检测，用峰面积归一化法测定色酚 AS-BI 的纯度及其有机杂质的含量。

5.3.2 仪器设备

a) 液相色谱仪：输液泵——流量范围 0.1 mL/min～5.0mL/min，在此范围内其流量稳定性为±1%；
检测器——多波长紫外分光检测器或具有同等性能的紫外分光检测器；

b) 色谱柱：长为 150 mm，内径为 4.6 mm 的不锈钢柱，固定相为 ODS C_{18}，粒径 5 μm；

c) 色谱工作站或积分仪；

d) 超声波发生器；

e) 微量注射器：平头，25 μL。

5.3.3 试剂和溶液

a) 水：经 0.45 μm 水膜过滤；

b) 甲醇：色谱纯；

c) 四丁基溴化铵；

d) 磷酸二氢钾；

e) N,N-二甲基甲酰胺(DMF)。

5.3.4 色谱分析条件

a) 流动相：甲醇与水的体积比为 60：40(水中含 1.5 g/L 四丁基溴化铵和 2 g/L 磷酸二氢钾)；

b) 波长：240 nm；

c) 流量：0.8 mL/min；

d) 柱温：室温；

e) 进样量：5 μL。

可根据仪器设备的不同，选择最佳分析条件，流动相应摇匀后用超声波发生器进行脱气。

5.3.5 测定步骤

称取试样约 10 mg(精确至 0.1 mg)于 50 mL 容量瓶中，加入 5 mL N,N-二甲基甲酰胺，置于超声波中震荡至完全溶解，加入甲醇稀释并定容，摇匀，再置于超声波发生器脱气，取出备用。

待仪器运行稳定后，用微量注射器吸取试样溶液注入进样阀，待最后一个组分流出完毕(见色谱

图 1),进行结果处理。

5.3.6 结果计算

色酚 AS-BI 的纯度及其有机杂质的含量以 w_i 计,数值用%表示,按式(1)计算:

$$w_i = \frac{A_i}{\sum A_i} \times 100 \qquad \cdots\cdots (1)$$

式中:

A_i——色酚 AS-BI 及其有机杂质的峰面积数值;

$\sum A_i$——试样中各组分的峰面积数值之和。

计算结果表示到小数点后两位。

5.3.7 允许差

色酚 AS-BI 纯度的两次平行测定结果之差应不大于 0.2%,有机杂质含量的两次平行测定结果之差应不大于 0.05%,取其算术平均值作为测定结果。

5.3.8 色谱图

色谱图见图 1。

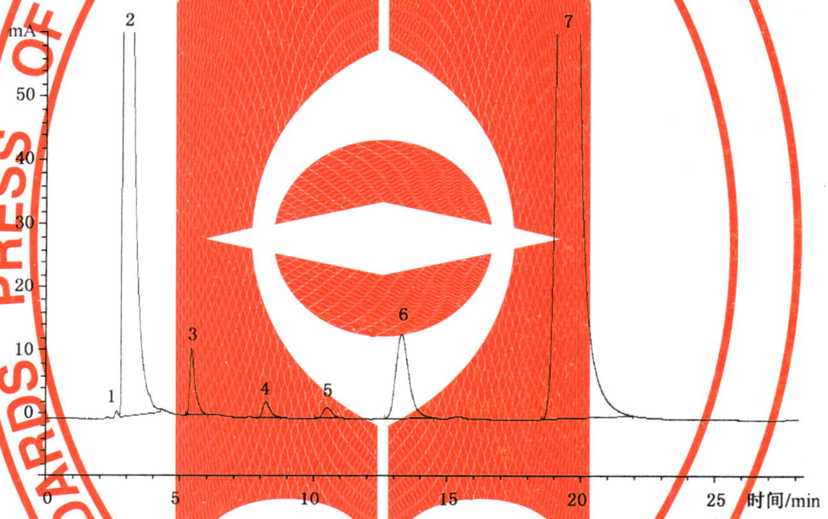

1——5-氨基苯并咪唑酮;

2——溶剂(DMF);

3——未知物;

4——2-羟基-3-萘甲酸;

5——未知物;

6——未知物;

7——色酚 AS-BI。

图 1 色酚 AS-BI 液相色谱示意图

5.4 碱不溶物的测定

按 GB/T 2381—2006 中的有关色酚的规定进行。烘干时间为 2 h。

两次平行测定结果之差应不大于 0.1%(质量分数)。

5.5 水分的测定

称样量约 2 g(精确至 0.000 1 g),烘干温度为 100 ℃~105 ℃,其他按 GB/T 2386—2006 中的 3.2 "烘干法"进行测定。

两次平行测定结果之差应不大于 0.06%(质量分数)。

6 检验规则

6.1 检验分类

表1中规定的全部项目均为出厂检验项目。

6.2 出厂检验

色酚AS-BI应经生产厂质检部门检验合格，附合格证明后方可出厂。生产厂应保证所有出厂的色酚AS-BI都符合本标准的要求。

6.3 复验

如果检验结果中有一项指标不符合本标准的规定时，应重新自两倍量的包装中取样进行检验，重新检验的结果即使只有一项指标不符合本标准的要求，则整批产品不能验收。

7 标志、标签、包装、运输和贮存

7.1 标志、标签

7.1.1 标志

色酚AS-BI的每个包装容器上都应涂印耐久、清晰的标志，标志内容至少应有：

a) 产品名称；

b) 生产厂名称、地址；

c) 生产日期；

d) 生产许可证编号(如适用)；

e) 净含量；

f) 产品质量检验合格证明。

7.1.2 标签

产品应有标签，标签上应注明产品生产日期、合格证明、执行标准编号、批号。

7.2 包装

色酚AS-BI用内衬塑料袋的编织袋或内衬塑料袋的铁桶或塑料桶包装，每袋(桶)净含量25 kg±0.2 kg。其他包装可与用户协商确定。

7.3 运输

运输中应避免曝晒雨淋，不应挤压和碰撞，防止包装损坏。

7.4 贮存

色酚AS-BI应贮存在阴凉、干燥、通风的库房内，防止受潮受热，远离火源。

ICS 53.040.20
G 42

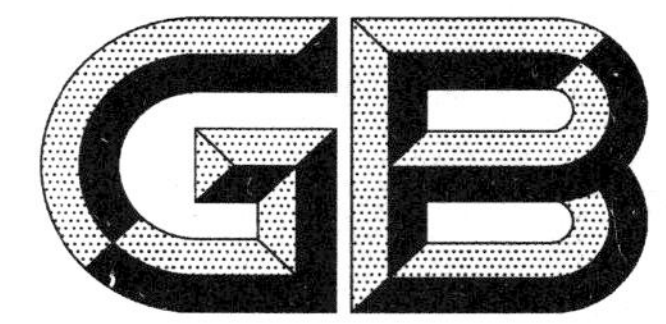

中华人民共和国国家标准

GB/T 23677—2009

轻型输送带

Light conveyor belts

2009-04-24 发布 2009-12-01 实施

中华人民共和国国家质量监督检验检疫总局
中国国家标准化管理委员会 发布

前　言

本标准由中国石油和化学工业协会提出。

本标准由全国带轮与带标准化技术委员会输送带分技术委员会(SAC/TC 428/SC 1)归口。

本标准负责起草单位:江阴天祥塑化制带有限公司、青岛科技大学。

本标准主要起草人:吴国兴、辛永录、周瑞英、谭佛元、刘莉。

轻 型 输 送 带

1 范围

本标准规定了切割式轻型输送带的产品分类、技术要求、试验方法、检验规则及标志、包装、贮存和搬运。

本标准适用于纺织、轻工、食品、电子等行业的轻便输送机用轻型输送带(以下简称轻型带);本标准不适用于与食品直接接触场的轻型带。

2 规范性引用文件

下列文件中的条款通过本标准的引用而成为本标准的条款。凡是注日期的引用文件,其随后所有的修改单(不包括勘误的内容)或修订版均不适用于本标准,然而,鼓励根据本标准达成协议的各方研究是否可使用这些文件的最新版本。凡是不注日期的引用文件,其最新版本适用于本标准。

GB/T 3690 织物芯输送带 全厚度拉伸强度、拉断伸长率和参考力伸长率 试验方法(GB/T 3690—2009,ISO 283:2007,IDT)

GB/T 5752 输送带标志(GB/T 5752—2002,eqv ISO 433:1991)

GB/T 6759 织物芯输送带的层间粘合强度试验方法(GB/T 6759—2002,ISO 252-1:1999,IDT)

HG/T 2410 输送带 取样(HG/T 2410—2006,ISO 282:1992,IDT)

HG/T 3056 输送带 贮存和搬运指南(HG/T 3056—2006,ISO 5285:2004,IDT)

ISO 583 织物芯输送带 总厚度与覆盖层厚度 试验方法

ISO 21178 轻型输送带 电阻测定

3 产品分类

3.1 结构型式

轻型带骨架材料由棉、尼龙、涤纶、等织物构成。带芯外可有覆盖层,也可无覆盖层,覆盖层类型分为橡胶型(包括橡塑型)和塑料型。

3.2 规格

3.2.1 全厚度拉伸强度规格

带的纵向全厚度拉伸强度规格系列如表4所示,按R10优先数系排列。

3.2.2 总厚度规格

轻型带的总厚度规格见表1。

表1 总厚度规格

单位为毫米

总厚度	0.5	0.8	1.0	1.3	1.6	2.0	2.5	3.0
	4.0	5.0	5.6	6.3	8.0			
注:超出表中R10系列的规格可由供需双方商定。								

3.2.3 规格标记

轻型带规格标记的构成和排列如下:

a) 纵向全厚度拉伸强度规格,以牛顿每毫米(N/mm)为单位;

b) 表示轻型带的字母Q;

c) 制造年月,分别用两位数字表示;

d） 表示橡胶覆盖层字母 R(塑料覆盖层的表示字母为 P)；

e） 带标称宽度，以毫米(mm)为单位；

f） 骨架层材质及层数，其中材质的表示符号按 GB/T 5752 规定；

g） 带长度以米(m)为单位。

标记示例：

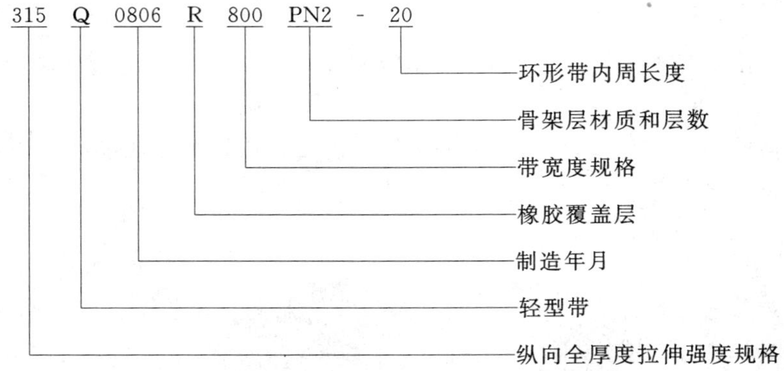

4 技术要求

4.1 外观质量

4.1.1 表面

轻型带表面不应有任何有影响使用性能的缺陷。

4.1.2 脱层

轻型带不允许有脱层现象。

4.2 尺寸与尺寸偏差

4.2.1 总厚度及最大差值

轻型带总厚度应符合表 1 规定。在沿横向分布的数点上测得的总厚度最大差值应不大于总厚度平均值的 10%。

4.2.2 宽度和极限偏差

带测量宽度与规定的切割宽度之间的极限偏差应不大于表 2 规定值。

注：对切割宽度在 1 m 以下的切割式轻型输送带，建议其实际切割宽度以 50 mm 的幅度改变；对切割宽度大于 1 m 的切割式轻型输送带，其实际切割宽度以 100 mm 的幅度改变。

表 2 轻型输送带切割宽度极限偏差

单位为毫米

带宽 b	含低吸湿性材料的带(如聚酯)	含高吸湿性材料的带(如棉、尼龙)
$b \leqslant 200$	±1	±2
$200 < b \leqslant 600$	±2	±3
$600 < b \leqslant 1\,000$	±4	±5
$1\,000 < b \leqslant 2\,000$	±6	±6
$2\,000 < b \leqslant 4\,000$	±7	±0.3%×宽度
$b > 4\,000$	±8	±0.3%×宽度
注：橡胶型轻型带宽度小于 600 mm，极限偏差为±3.0 mm。		

4.2.3 长度和极限偏差

4.2.3.1 端部未作接头准备的有端带的测量长度对规定长度的极限偏差应不大于规定长度的 $^{+2.5\%}_{0}$。

4.2.3.2 环形带和端部已作接头准备的有端带的测量长度对规定长度的极限偏差应符合表 3 规定。

表 3　环形带和端部已作接头准备的有端带长度极限偏差

长度 L/m	极限偏差
≤2	±10 mm
2<L≤7	±20 mm
L>7	±0.3%

4.2.4　**直线度**

切割式轻型带的直线度应不大于 10 mm。

注：直线度的含义如下：在轻型带的一个带边上任选两个距离为 a 的点，过两点所连直线到该段带边的最大距离即为带的直线度。当带长大于 10 m 时，a=5 m，当带长小于 10 m 时，a=4 m。

4.3　**物理性能**

4.3.1　**全厚度拉伸强度**

4.3.1.1　轻型带的纵向拉伸强度不能低于其规格值（见表 4），横向拉伸强度应不低于其纵向拉伸强度规格值在表 4 中的对应值。

表 4　全厚度拉伸强度　　单位为牛顿每毫米

纵向全厚度拉伸强度（规格值）	横向全厚度拉伸强度　≥
80	30
100	40
125	50
160	63
200	80
250	100
315	125
400	160
注 1：横向拉伸强度的规定不适用于棉帆布芯轻型带。 注 2：表中拉伸强度系列中的数值可按 R 10 优先数系向高值和低值扩展。	

4.3.1.2　全厚度纵向拉断伸长率应不小于 10%，纵向参考力伸长率应不大于 4%。

注：参考力等于全厚度纵向拉伸强度规格值的 10%乘以试样中部宽度基本值所得的力。

4.3.2　**层间粘合强度**

层间粘合强度符合表 5 规定。

表 5　层间粘合强度　　单位为牛顿每毫米

项　目	橡胶型（橡塑型）	塑　料　型
纵向覆盖胶与布层间平均值　≥	2.0	—
纵向试样布层间平均值　≥	2.4	3.2
纵向试样布层间最低峰值　≥	2.0	2.7

4.3.3　**接头强度保持率**

用粘合法的环形带接头强度保持率应不小于 80%。

注：接头强度保持率是指接头处纵向全厚度拉伸强度测定值与带的纵向拉伸强度规格值的百分比。

4.3.4　**导静电性**

轻型带表面电阻不应大于 3×10^{8} Ω。

注：非导静电场所使用的轻型带可不进行本项试验。

5 试验方法

5.1 轻型带的外观质量，用目测法检验，用卷尺或卡尺测量。

5.2 轻型带的总厚度按 ISO 583 进行试验。

5.3 轻型带的宽度测量，将带卷无张力地展平在硬质平面上，使用适当的测长工具(例如钢卷尺)在沿带长均匀分布的三点上测量带的宽度(测量方向与带的切割边垂直)，精确到 0.5 mm。

5.4 轻型带的长度测量，可采用任何适当的长度测量工具(对带不施加任何张力)，如机械式、电磁式、光学式的，来进行有端带的长度测量。测量结果精确到实测长度或设计长度的+1%。

一种可用的测量方法如下：在一块硬质平面上做上两条已知间距的标线。将带卷的外端头与第一标线重合。使带卷在平面上无张力地向第二标线的方向展开，当带上的某一点与第二标线重合时，在该点做上记号。将已测过的一段卷起来。将带的下一段展开并将带向相反方向移动，使所做记号与第一标线重合，当带上的某一点与第二标线重合时，在该点做上记号。如此反复，直至带卷的内端头出现。测量最后一段的长度。带的总长度即为各段长度之和。

5.5 切割式环型带的内周长度测量方法，将带放平，在不受张力的情况下用钢尺沿带的内边分段逐次测量，将各段长度相加，减去 π 与带厚度的乘积。

注：当上述测量方法不适用，例如环形带长度很短时，可按供需双方的协议采用其他方法进行长度测量。

5.6 轻型带的全厚度拉伸强度按 GB/T 3690 进行试验。

5.7 层间粘合强度按 GB/T 6759 进行试验。

5.8 轻型带的接头强度按 GB/T 3690 进行试验。

5.9 导静电性按 ISO 21178 进行试验。

6 检验规则

6.1 轻型带出厂前应逐条检验外观质量、长度、宽度和总厚度。

6.2 在一个生产批量中按 HG/T 2410 抽样，进行轻型带的出厂检验。出厂检验时，应检验除直线度以外的各项要求。

6.3 型式检验每年应不少于一次，按本标准规定的技术要求全项检测。

6.4 检验中如某项性能不符合标准，应在同批带中另取双倍试样对不合格项进行复试。复试后如仍有一个结果不符合标准，则该批产品为不合格品。

7 标志、包装、贮存和搬运

7.1 轻型带的标志按 GB/T 5752 规定。

7.2 轻型带应缠绕成卷，用包装材料捆扎牢固。包装材料上应标明产品名称、规格标记、生产厂名和注册商标。

7.3 轻型带的贮存和搬运，按 HG/T 3056 执行。

ICS 55.180.01;35.240.50
R 07

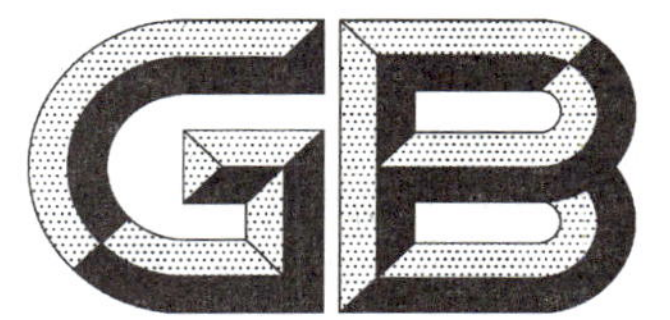

中华人民共和国国家标准

GB/T 23678—2009

供应链监控用集装箱电子箱封应用技术规范

Application specification of container electronic seal for supply chain monitoring

2009-05-11 发布　　2009-12-20 实施

中华人民共和国国家质量监督检验检疫总局
中国国家标准化管理委员会　发布

前　　言

本标准的附录A是规范性附录。

本标准由全国集装箱标准化技术委员会(SAC/TC 6)提出并归口。

本标准起草单位:上海国际港务(集团)股份有限公司、上海秀派电子科技有限公司、盖博瑞尔(北京)有限公司、上海海勃物流软件有限公司、上海外轮理货有限公司、上海海事大学、武汉理工大学。

本标准主要起草人:包起帆、胡美芬、董庭龙、秦忠、薄海虎、闻君、刘莎、姜南乔、卞杰、张传捷、江霞、张晓龙、葛中雄、张炯、朱泽。

供应链监控用集装箱电子箱封应用技术规范

1 范围

本标准规定了电子箱封系统、电子箱封和读写器的技术要求，以及电子箱封系统作业要求。

本标准适用于供应链中的可施封集装箱，其他可施封设备参照使用。

2 规范性引用文件

下列文件中的条款通过本标准的引用而成为本标准的条款。凡是注日期的引用文件，其随后所有的修改单(不包括勘误的内容)或修订版均不适用于本标准，然而，鼓励根据本标准达成协议的各方研究是否可使用这些文件的最新版本。凡是不注日期的引用文件，其最新版本适用于本标准。

GB/T 1413 系列1集装箱 分类、尺寸和额定质量(GB/T 1413—2008，ISO 668:1995，IDT)

GB/T 1836 集装箱代码、识别和标记(GB/T 1836—1997，idt ISO 6346:1995)

GB 8702 电磁辐射防护规定

ISO/IEC 15963 信息技术 项目管理中的无线射频识别 无线射频标签的唯一识别

ISO 17363 RFID在供应链上的应用 集装箱

ISO 18185 集装箱电子箱封

3 术语和定义

下列术语和定义适用于本标准。

3.1

电子箱封 electronic seal

采用无线通讯方式，可读可写的，可重复利用的，处理和存储集装箱物流和安全等信息的箱封。

3.2

电子箱封状态 electronic seal status

电子箱封开启或关闭，以及系统自动辨别开启是在授权情况下或非授权情况下进行。

3.3

读写器 reader

与电子箱封进行无线信息交互的设备。

3.4

电子防护 electronically tamper-proof

为防止蓄意利用电磁效应对箱封内电子装置所储存的信息进行改动而设计的安全措施。

3.5

箱体动态 freight container movement status

集装箱与读写器的相对位置、速度和移动方向的信息。

4 电子箱封系统

4.1 系统的构成

电子箱封系统是由电子箱封、读写器、后台应用系统构成的一套完整的点对点跟踪系统。

4.2 **系统的功能**

4.2.1 具备读写箱封、传输信息和记录箱封开启、关闭时间的功能。

4.2.2 具备向授权用户提供查询服务的功能。

4.3 **系统的安全保障措施**

4.3.1 应设置分等级的安全访问控制。

4.3.2 具有良好的容灾措施。

4.3.3 系统传输信息与箱封存储信息应加密保护。

4.4 **系统的安全性与可靠性**

4.4.1 电子箱封系统的设置和运用，应遵守国家有关安全和射频(RF)方面以及其他关于辐射及射线对人体影响的规定。

4.4.2 电子箱封与读写器应在GB 8702所规定的辐射波对人体安全的允许范围内使用。

4.4.3 电子箱封和读写器的读写可靠性至少应能达到99.9%，即1 000次读写中的错误不应超过一次。

5 电子箱封

5.1 **基本要求**

5.1.1 保存电子箱封自身固有的标识信息、集装箱的相关信息。

5.1.2 电子箱封本身可以自动记录开启和关闭状态、日期和时间。时间误差应小于每天2 s。

5.1.3 用户区数据，可在现场读写。

5.1.4 具有物理的和电子的双重安全保证和防护功能。

5.1.5 电子箱封装在合适的施封位置，不影响集装箱门的开启，不突出集装箱轮廓的表面。

5.1.6 在正常作业条件下，寿命应不小于五年，在此期间无需进行定期维护。

5.1.7 电子箱封外部应标识ID号和类型。

5.1.8 工作环境条件应符合ISO 18185的规定。

5.2 **数据内容及格式**

5.2.1 **必备数据**

所含数据至少应包括：

a) 强制的永久性数据(不可变的)：箱封自身的固有信息应固化在电子箱封中；

b) 强制的非永久性数据(可变的)：集装箱信息和箱封安全信息，在集装箱被使用时自动加入到箱封可变数据中，直至货运过程结束后箱封从集装箱上取下时删除。

5.2.2 **可选数据**

应提供读写以下非永久性(可变的)数据的可能性：

a) 箱内货物有关的货运信息，根据实际情况，在货物装箱时或进入码头道口时加入到电子箱封可变数据域中，直到货运过程结束后删除。

b) 与流程相关的信息在各作业点加载到箱封上。

c) 电子箱封上的信息除有关箱封本身的基本信息是必备和永久的外，其余可根据所在集装箱及其内装货物的不同而更改。货运信息应设定安全码，只有得到安全授权的人员方可进行数据操作。

5.2.3 **信息和格式**

电子标签所含信息至少应有以下几种之一或更多：

a) 电子箱封信息见5.2.1和5.2.2；

b) 电子箱封信息的数据格式见附录A；

c) 集装箱货运信息应按ISO 17363对货运专用信息的要求执行。

5.3 作业频率

电子箱封对查询信号的响应波段应根据国家有关无线电使用方面的强制性规定的要求设定。

6 读写器

6.1 类型

包括固定式读写器和移动式读写器。

6.2 功能

6.2.1 识读电子箱封上所包含的信息,有效距离至少可在(0～10)m 之间调整。

6.2.2 把系统中记载的集装箱和货运方面的信息写入电子箱封。

6.2.3 读写器应能把 5.2.3 所规定的电子箱封信息,传输到电子箱封系统,也能把系统的相关信息传输到电子箱封上。

6.3 接口

读写器与系统的接口可采用无线或有线方式。读写器至电子箱封系统的数据传输,至少提供 RS232/RS485/Ethernet 的标准通信接口,或遵守 802.11b/g 通讯协议。

6.4 安装位置

6.4.1 固定通道应配置读写器。

6.4.2 固定式读写器安装在道口和吊装设备上时,应处于有效读写箱封的距离范围内。

7 电子箱封系统作业

7.1 电子箱封系统运行要求

7.1.1 在任意监控点,能够发现未经授权的开、关箱信息,发出不安全的提示,从而实现对不安全事件的追溯性管理。

7.1.2 当集装箱进入道口时,系统能将相关信息自动记录到箱封上,并校验集装箱物流过程相关的所有信息。

7.1.3 系统满足识别多频率、多种方式读写箱封的要求。

7.1.4 系统满足保证读写器读写箱封的唯一性的要求。

7.1.5 系统满足每秒识读 50 个箱封的防冲突能力的要求。

7.1.6 系统利用局域网、无线广域网、GPRS/CDMA 网络和互联网构成的混合网络实现集装箱物流数据的实时交换。

7.1.7 电子箱封系统可与供应链系统相连,交换相关信息,达到信息的共享。

7.1.8 系统应在电子箱封每次使用前,对其信息进行初始化(除箱封本身的信息外),并对时钟进行校验。

7.2 电子箱封系统作业要求

7.2.1 作业流程的节点

一个典型的电子箱封系统作业流程包括以下主要节点:装箱点、进出场道口、查验、装卸箱、开箱点。

7.2.2 流程节点的操作内容

7.2.2.1 装箱点

对装货完毕的集装箱挂上电子箱封,扫描并选中箱封,对箱封进行初始化,将集装箱和货运信息写入箱封,并上传到电子箱封系统。

7.2.2.2 进/出场道口

运载挂有电子箱封的集装箱的卡车驶入进/出场道口时,安装在进出场道口的固定式读写器自动读取电子箱封信息，并上传至后台应用系统，同时将后台应用系统的相关数据记录到箱封中。

7.2.3 查验

在查验点，操作人员经授权施封或解封，箱封自动记录开关箱门的时间和地理位置，并将动态信息上传至电子箱封系统。

7.2.4 装/卸箱

当装有电子箱封的集装箱被装/卸时，读写器自动读取箱封信息，并将集装箱安全状态和流程节点等动态信息上传至电子箱封系统。

7.2.5 开箱点

在开箱点，读写器读取箱封信息，并将集装箱物流动态信息上传至电子箱封系统，经授权的作业人员开启并取下箱封。

附 录 A
（规范性附录）
电子箱封信息的数据格式

电子箱封存储信息要求见表 A.1。

表 A.1 有关箱封信息的数据（各数据代码标注范围）

<table>
<tr><th>信息分段</th><th>字段名</th><th>数据长度（字节）</th><th>要 求</th><th>备注</th></tr>
<tr><td rowspan="4">箱封固有信息（必选）</td><td>箱封 ID</td><td>10</td><td>芯片厂永久固化，遵循 ISO/IEC 15963 所详细说明的 UCC. EAN 格式</td><td>只读</td></tr>
<tr><td>箱封出厂日期</td><td>8</td><td>YYYYMMDD</td><td>只读</td></tr>
<tr><td>箱封制造企业 ID</td><td>9</td><td>箱封制造商代码</td><td>只读</td></tr>
<tr><td>箱封类型</td><td>2</td><td>电子箱封类型，按频率区分</td><td>只读</td></tr>
<tr><td rowspan="6">集装箱信息（必选）</td><td>箱号</td><td>11</td><td>根据 GB/T 1836</td><td>读写</td></tr>
<tr><td>尺寸和箱型代码</td><td>4</td><td>根据 GB/T 1836</td><td>读写</td></tr>
<tr><td>公称长度</td><td>2</td><td>根据 GB/T 1413</td><td>读写</td></tr>
<tr><td>箱体质量</td><td>5</td><td>根据集装箱出厂记载，单位为千克</td><td>读写</td></tr>
<tr><td>额定质量</td><td>6</td><td>根据集装箱出厂记载，单位为千克</td><td>读写</td></tr>
<tr><td>集装箱经营人</td><td>60</td><td>拥有集装箱使用权的船公司、运输公司或货主名称</td><td>读写</td></tr>
<tr><td rowspan="9">箱封安全信息（必选）</td><td>箱封安全状态</td><td>1</td><td>Y-安全/N-不安全</td><td>读写</td></tr>
<tr><td>箱封关闭时间</td><td>42</td><td>YYYYMMDDHH24MI</td><td>读写</td></tr>
<tr><td>箱封关闭地点</td><td>60</td><td>英文地名或拼音</td><td>读写</td></tr>
<tr><td>读写器 ID</td><td>8</td><td>字母和数字</td><td>读写</td></tr>
<tr><td>操作人员代码</td><td>14</td><td>单位组织机构代码加员工号</td><td>读写</td></tr>
<tr><td>箱封开启时间</td><td>42</td><td>YYYYMMDDHH24MI</td><td>读写</td></tr>
<tr><td>箱封开启地点</td><td>60</td><td>英文地名或拼音</td><td>读写</td></tr>
<tr><td>读写器 ID</td><td>8</td><td>字母和数字</td><td>读写</td></tr>
<tr><td>操作人员代码</td><td>14</td><td>单位组织机构代码加员工号</td><td>读写</td></tr>
<tr><td rowspan="9">货运信息（可选）</td><td>运输工具名称</td><td>35</td><td>英文船名或车辆牌号/列车车次</td><td>读写</td></tr>
<tr><td>船舶登记号</td><td>12</td><td>根据船舶登记规范</td><td>读写</td></tr>
<tr><td>航次/车次</td><td>8</td><td>字母和数字</td><td>读写</td></tr>
<tr><td>提单号/运单号</td><td>20</td><td>箱内货物所属提单号或运单号</td><td>读写</td></tr>
<tr><td>装货港/起运地</td><td>20</td><td>英文</td><td>读写</td></tr>
<tr><td>目的港/目的地</td><td>20</td><td>英文</td><td>读写</td></tr>
<tr><td>发货人</td><td>100</td><td>英文或拼音</td><td>读写</td></tr>
<tr><td>收货人</td><td>100</td><td>英文或拼音</td><td>读写</td></tr>
<tr><td>货物名称</td><td>30</td><td>英文货名</td><td>读写</td></tr>
</table>

表 A.1（续）

信息分段	字段名	数据长度(字节)	要　　求	备注
货运信息（可选）	危险品级别	3	针对危险品，由托运人根据 IMDG Code 提供	读写
	联合国编号	4	针对危险品，由托运人根据 IMDG Code 提供	读写
	冷藏箱温度	4	针对温控货物，由托运人提供	读写
	温度单位	1	F-华氏/C-摄氏	读写
	其他货运信息	1500	预留	
流程节点信息（可选）	流程节点	2	装箱-VC；进场-TY；出场-YT；装船-YV；卸船-VT；拆箱-UC；查验-IC；装车；卸车	读写
	记录时间	14	YYYYMMDDHH24MI	读写
	记录地点	20	英文地名或拼音	读写
	读写器 ID	8	字母和数字	读写
	操作人员代码	14	单位组织机构代码加员工号	读写
扩展区			预留	
注：各类信息的数据类型统一规定为字符，数据格式统一规定为 ASCII 码。				

参 考 文 献

［1］ GB/T 17271 集装箱运输术语.

［2］ 国际电讯咨询委员会(CCITT)V.24:1984 数据终端与数据线路终端之间的线路交换有关定义.

ICS 55.180.99
A 85

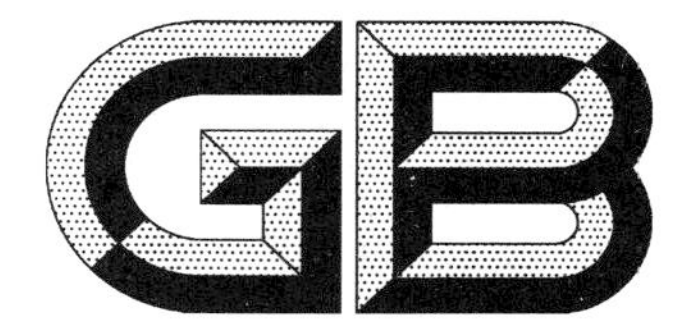

中华人民共和国国家标准

GB/T 23679—2009/ISO/PAS 17712:2006

集装箱　机械箱封

Freight containers—Mechanical seals

(ISO/PAS 17712:2006,IDT)

2009-05-11 发布　　　　2009-12-20 实施

中华人民共和国国家质量监督检验检疫总局
中国国家标准化管理委员会　发布

前 言

本标准等同采用ISO/PAS 17712:2006《集装箱　机械箱封》(英文版)。

为便于使用,本标准做了下列编辑性修改:

——“本公开技术文件”一词改为“本标准”;

——删除了公开技术文件的前言;

——对于ISO/PAS 17712:2006引用的其他国际标准中有被等同采用为我国标准的,本标准用引用我国的国家标准代替对应的国际标准,其余未等同采用为我国标准的国际标准,在本标准中均被直接引用(见本标准第2章);

——删除了表1～表4的脚注。

本标准的附录A为规范性附录。

本标准由全国集装箱标准化技术委员会(SAC/TC 6)提出并归口。

本标准起草单位:交通部水运科学研究院、沈阳耀福施封锁有限公司、温州市豪狮轻工制品有限公司等。

本标准主要起草人:卢成、王化一、王立亚、郑伟、阳上模、金菁、崔宁、程宇。

集装箱　机械箱封

1　范围

本标准规定了集装箱机械式箱封的类型、技术要求、试验方法、箱封的识别和标记。它提供一个在国际贸易中保护集装箱的信息源。

2　规范性引用文件

下列文件中的条款通过本标准的引用而成为本标准的条款。凡是注日期的引用文件，其随后所有的修改单(不包括勘误的内容)或修订版均不适用于本标准，然而，鼓励根据本标准达成协议的各方研究是否可使用这些文件的最新版本。凡是不注日期的引用文件，其最新版本适用于本标准。

GB/T 19001　质量管理体系　要求(GB/T 19001—2008，ISO 9001:2008，IDT)

GB/T 27025　检验和校准实验室能力的通用要求(GB/T 27025—2008，ISO/IEC 17025:2005，IDT)

3　术语和定义

下列术语和定义适用于本标准。

3.1

箱封　seal

带有特定标志符的机械装置，装设在集装箱门或其他封口的外部，用于显示打开集装箱门或其他开口侵入行为，确保集装箱运输过程的安全。

注：由于箱封的结构不同，针对有意的或无意的破封或通过集装箱开口侵入运输集装箱的行为。不同的箱封安全保护的等级不同。

3.2

高安全型箱封　high security seal

由金属件或高强钢索构成。具有强力抵抗入侵能力，需要重量级工具破封的箱封。

注：高保安箱封用高品质的杆或缆索制成，应用高质量的螺栓刀具或破封钳破封。在拆封前应观察是否存在篡改或企图侵入的迹象。

3.3

安全型箱封　security seal

锁体材料和结构具有一定抗侵入能力，需用轻量级工具破封的箱封。

注：在拆封前需要观察封锁状态及是否存在篡改或企图侵入的迹象。

3.4

象征型箱封　indicative seal

用手或使用简单的剪切工具如剪刀，就可以轻易开封的箱封。

注：在拆封前应观察是否存在篡改或企图侵入的迹象。

4　机械式箱封的类型和要求

4.1　线型箱封

由一根一定长度的金属线构成，一段线通过卡紧装置固定以确保形成封闭圈环。

示例：卷曲型线封、折叠型线封、杯型线封。

4.2 挂锁型箱封

由锁杆固定在锁体的一端构成的箱封。

示例：钩环挂锁封(金属或塑料锁体)、塑料扣锁封和无钥匙挂锁封。

4.3 带型箱封

由金属或合成材料带构成，将条带的一端插入或穿插锁紧装置，施封时构成一个封闭环形圈。

4.4 钢缆型箱封

由一根钢丝绳和一个锁紧机械装置构成。连体式箱封，锁定或锁紧装置通常被固定在联体箱封的钢丝绳末端。分体箱封一般有单独的锁紧装置，可被迅速按在钢丝绳上或预先装在钢丝绳末端上，可以滑动。

4.5 螺栓型箱封

由锁体和金属锁杆构成，锁杆可以带罗纹或不带罗纹，锁杆可以是柔性的或刚性的。锁体具有固定的形状，独立的锁紧装置使箱封更牢固。

4.6 拉紧式型箱封

属于象征性箱封，由金属(或尼龙或塑料)制成薄带构成，带上有锯齿或不带锯齿，一端带有锁紧机构，箱封的自由端可以穿过锁紧机械装置上的孔并拉延至一定的松紧程度。此类封多为复合材料制成，如尼龙和塑料，它与简单的束缚带不同。

4.7 缠绕型箱封

由锁杆和各种直径的高标准钢线缭绕组成，可以穿过锁紧机构，并用特殊工具缠绕在自身周围。

4.8 划痕型箱封

由锁紧机构和金属片构成，在金属片末端划出与长度方向相垂直的线条形划痕。

金属片穿过锁定装置，在划痕处弯曲，要移动封锁需弯曲划痕处，这样就会造成金属片折断。

4.9 标签型箱封

由涂有黏合剂的纸或塑料衬板构成，极易被破坏。

标签型箱封被打开时，带有黏合剂的纸或塑料衬板应被撕断。

4.10 障碍型箱封

在集装箱的入口处设计一个起很大障碍作用的箱封，例如，障碍型箱封可附在集装箱内置的锁杆上，可以重复使用。

5 一般要求和标记

5.1 一般要求

安全封箱和高保封箱封应坚固耐用，应防止意外破封和由于气候条件和化学作用造成的提早老化。

各种箱封在使用时都应该很容易施封，其自身在结构设计上应防止正常使用时出现无法检查被篡改的损伤。

箱封通过唯一的标识(比如略写法)，以及清晰易读的唯一的编号来识别。标识是为了使箱封具有独特的识别性，应是长期不变的。所有的箱封应具有自己独有的编码。

合格的箱封应被打上清晰易读的标记或印记来明确分类，如象征封(“I”)，安全封(“S”)，高保封(“H”)。为了保证箱封合格，生产活动中要确保箱封符合本标准规定的物理参数，并由符合本标准附录A条件的公司生产。破坏箱封或者发生不可抗拒的物理作用，化学反应，加热和其他损害方式都将使箱封标记发生不可恢复的变化。

在设计和制造箱封应考虑到，箱封没有破坏或明显损坏的情况下，箱封应不会脱落或打开。

对于可重复使用的装置，箱封的编号应打在开封时会被剪掉的位置上。防止箱的封号重复使用。

制造商应能够清楚辨认出自己生产的产品。

5.2 识别标记

管理机构和客户要求的标记可以不在本标准规定的范围内。

符合海关法规和国际贸易条款能够在海运集装箱使用的箱封,应具有海关和相关组织机构批准的标记。

如果箱封被海关购买和使用,其将作为专署产品被标识,印有海关组织专用的特殊标识和编号。

如果箱封被企业使用(货主、制造商、运输者、)所属的集装箱箱封应带有清晰明确的标志、独立的编码和标识,也可以用公司的名称或商标作为箱封的标记。

5.3 破封特征

不同类型的箱封破封情况不同,如果出现下列情况之一,就可以判定箱封被篡改:

——可以用手轻易打开箱封;

——不能自由活动/转动;

——钢丝或绳索表面明显磨损;

——有使用过加热或胶水的迹象;

——塑料外壳颜色改变,如变红、变白等;

——不规则的标识;

——锁紧机械装置附近有刮痕和划痕;

——锁紧机械装置变形损坏;

——组件部分有明显的修复甚至替换痕迹。

6 试验方法

6.1 概述

箱封及其配件应在适当的试验设备上进行以下试验。

6.2 拉力试验

拉力试验用来测定箱封锁紧装置抵抗拉力的强度。为了模拟与锁紧相反的动作,试验设备对箱封加载与施封方向相反的拉力,逐步增加载荷直到箱封被打开或破损。

根据破封时刻所记录的拉力,按照表 1 的标准值,对箱封的性能等级进行分类。

抗拉试验按照图 1~图 4 所示的方式进行。

表 1 抗拉试验及等级分类

拉断力/kN	箱封等级
≥10.0	高安全型箱封
2.27	安全型箱封
<2.27	象征型箱封

单位为毫米

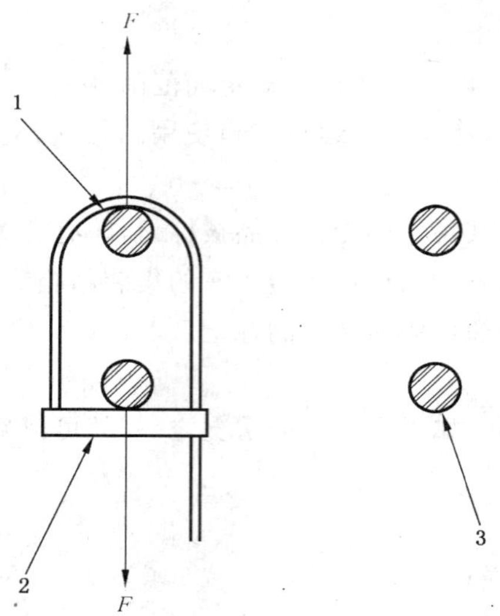

F——抗拉力；

1——被测锁杆；

2——第二组箱封（拉紧式箱封图示）；

3——当固定销的直径为 6.35，被测锁杆的最小直径小于 3.18[a]；

当固定销的直径为 12.7，被测锁杆的最小直径不小于 3.18[a]；

[a] 允许公差是：±0.254。

图 1 抗拉试验装置——绳索型箱封

单位为毫米

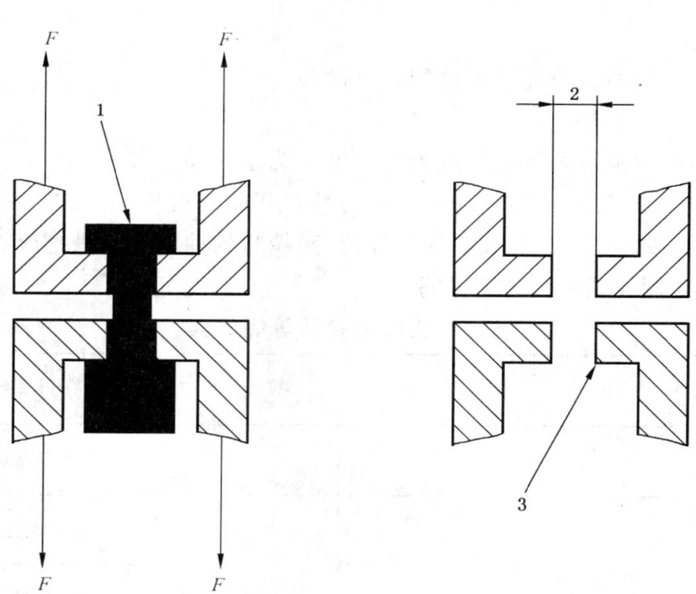

F——抗拉力；

1——第三组箱封（刚性螺栓型箱封图示）；

2——截面部分尺寸大于 5%到 10%之间；

3——0.508×45° 典型倒角[a]；

[a] 允许的公差是±0.254。

图 2 抗拉试验装置——螺栓型箱封

单位为毫米

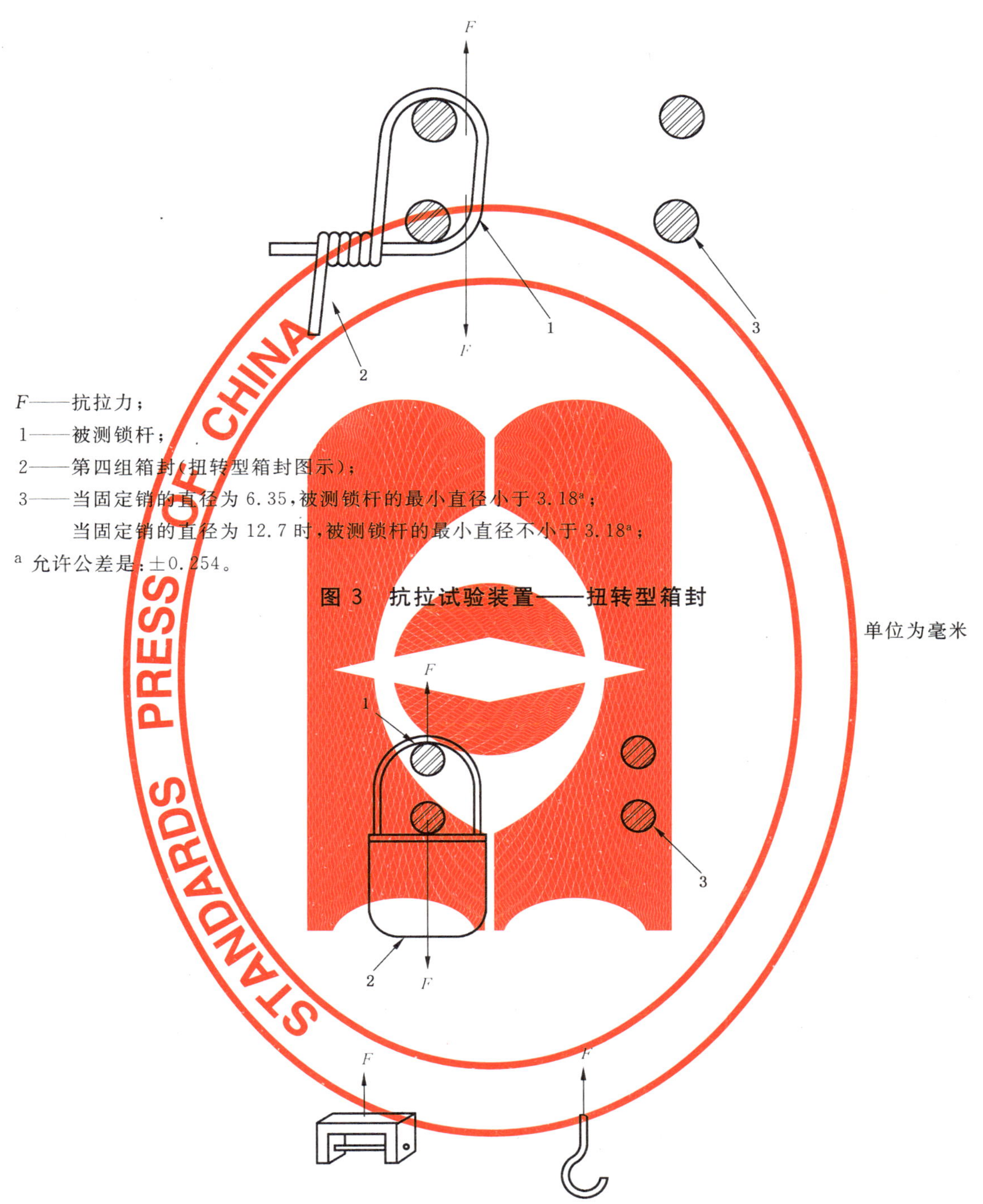

F——抗拉力；
1——被测锁杆；
2——第四组箱封(扭转型箱封图示)；
3——当固定销的直径为 6.35，被测锁杆的最小直径小于 3.18[a]；
当固定销的直径为 12.7 时，被测锁杆的最小直径不小于 3.18[a]；

[a] 允许公差是：±0.254。

图 3　抗拉试验装置——扭转型箱封

单位为毫米

F——抗拉力；
1——被测锁杆；
2——第五组箱封(挂锁型箱封图示)；
3——当固定销的直径为 6.35，被测锁杆的最小直径小于 3.18[a]；
当固定销的直径为 12.7 时，被测锁杆的最小直径不小于 3.18[a]；

[a] 允许公差是：±0.254。

图 4　抗拉试验装置——挂锁型箱封

6.3　剪切试验

剪切测试(见图 5)是用来测试箱封承受剪切载荷的能力，可以使用螺杆切割机来完成试验。在测试之前，要对测试的刀具进行反复调整，要保证箱封被剪断，而不是简单的被改变形状。这种情况也许会发生在一只薄的易弯曲的箱封和未被调试好的切刀之间。施加压力需要缓慢的进行，直到箱封被剪断。

根据被测试的箱封在剪断时所记录载荷的数值，参照表2给出的数据，对箱封性能等级进行分类。

单位为毫米

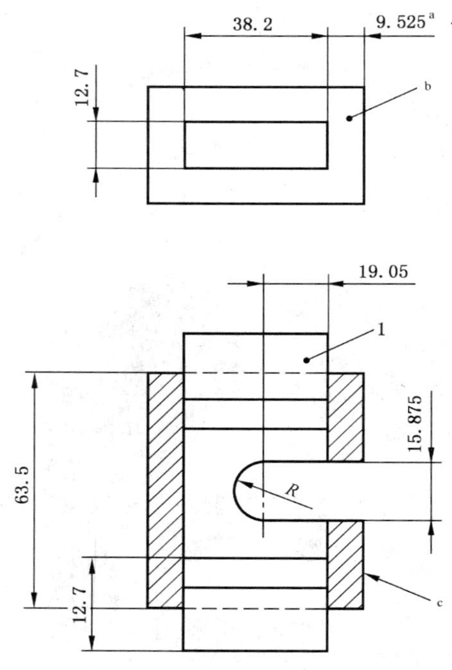

1——两个剪切刀片。

[a] 槽墙类型。

[b] 一片或两片槽墙结构。

[c] 尺寸取决于剪刀面的尺寸。

图5 抗剪切试验

表2 抗剪切试验及等级分类

剪断力/kg	性能等级
341	高安全型箱封
227	安全型箱封
＜227	象征型箱封

6.4 弯曲试验

弯曲试验(见图6)用来测定箱封承受弯曲载荷的能力。柔性和刚性的箱封测试方法不同，柔性箱封需要测试其重复弯曲载荷下的抗疲劳能力；刚性箱封需要测试其在弯曲载荷下的抗变形能力。

对于柔性的箱封，先将锁体的一端固定，把靠近固定端位置的锁绳弯曲180°，反复此动作直到箱封折断为止。记录反复弯曲的次数，参考表3对箱封的性能等级进行分类。

对于单一杆的箱封，将锁体末端固定，然后在箱封上其他某一位置固定一个管状物或杠杆。在管状物或杠杆施加载荷使其弯曲90°。记录载荷大小及力臂长度，取最大弯曲程度下的记录值，参考表3对箱封的性能等级进行分类。

对于双杆刚性箱封，例如挂锁型箱封，先固定锁紧装置的末端，在双杆之间插入一根棒或杆并转动，使其与箱封的两个杆相接触，再按同一方向继续旋转，使转角超过90°，记录此时所需的扭转力；如果箱封在扭转到 90°之前已经破损，则记录使其破损时所需的扭转力。参照表 3 对箱封的性能等级进行分类。

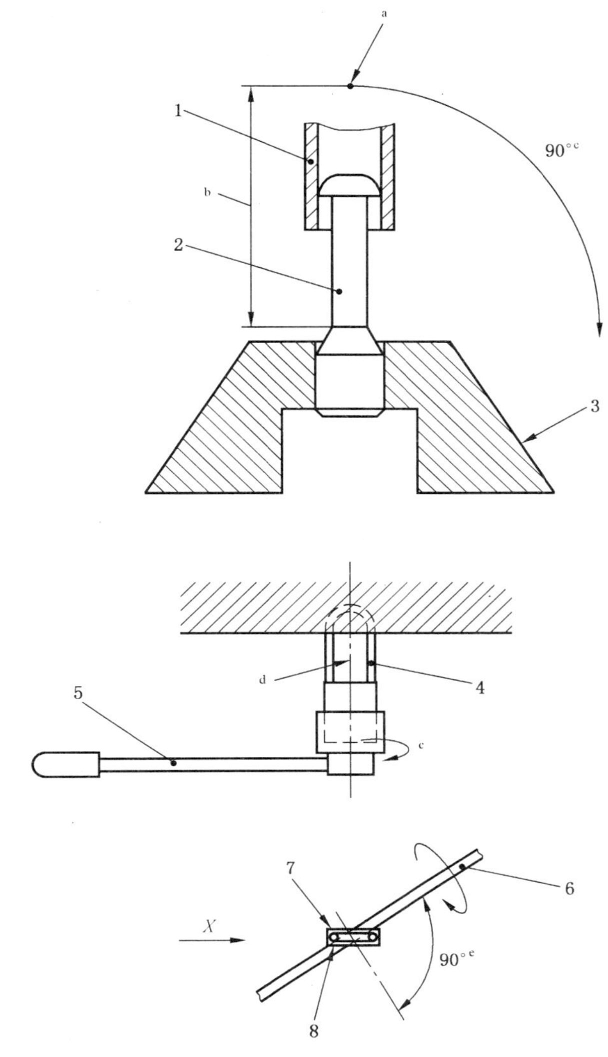

1——套管；
2——箱封；
3——夹持装置；
4——固定装置；
5——扭距扳手；
6——施加载荷的棒；
7——金属套；
8——箱封体。
a 施加载荷的作用点；
b 力臂；
c 载荷中心线；
d 箱封中心线；
e 转 90°(第一步)回到静止位置(第二步)。

图 6 抗弯曲试验

表 3 抗弯曲试验及等级分类

抗疲劳次数(柔性箱封)	弯曲折断力矩/(N·m)(刚性箱封)	性能等级
501	50	高安全型箱封
251	22	安全型箱封
<251	<22	象征型箱封

6.5 冲击试验

抗冲击试验的目的是测定箱封的抗冲击能力,试验分别在 18 ℃和−27 ℃下进行。同批次箱封先在 18 ℃环境温度下进行试验,要保证冲击力对准放在固定装置上的箱封,并使冲击力的方向与锁紧方向相反。试验设备与抗拉试验大体相似,但是在硬件要求里加入了关于施加冲击力的规定。连续多次按照 13.56 J 的冲击功进行试验,后续的冲击力要大于开始的前 5 次;最后冲击功达到 40.68 J 连续作用 5 次,箱封可能失效,也可能保持完好。箱封还需要在−27 ℃温度下进行试验。

如果箱封在没有完成五次冲击之前就损坏了,它的性能评定结果将会下降一级。记录使其破损时所需的冲击功,参照表 4 对箱封的性能等级进行分类。

表 4 抗冲击试验及等级分类

低温冲击功/J	高温冲击功/J	性能等级
40.68	40.68	高安全型箱封
27.12	27.12	安全型箱封
<27.12	<27.12	象征型箱封

7 检测报告

检测报告至少要包括以下内容:

a) 测试样品的识别和说明;

b) 参考本标准;

c) 每一项测试结果需要明确列出:例如(a),(b)……;

d) (有关条件,先期的处理,等);

e) 测试过程中试验室的温度和相对湿度;

f) 试验品,检测设备及标准;

g) 要求详述测试结果与本标准出现偏差的具体情况。

附 录 A
（规范性附录）
箱封制造商的行为规范

A.1 附录的结构

本附录涵盖了集装箱机械箱封生产六个阶段（如下表所示）。本文件专门针对箱封制造商，因此，重点对每个阶段箱封制造商的行为做出要求。

表 A.1 集装箱箱封的六个阶段

阶段序号	阶段名称	箱封及相关装置制造商的责任
1	设计过程	全部责任
2	制造	全部责任
3	销售	应设定经销商和代理商的标准和预期目标。 应协助指导经销商和代理商
4	用户须知	应在用户将箱封用于集装箱、拖车或其他容器之前进行指导。 应指导用户正确使用箱封
5	运输管理	尽可能帮助用户和管理者培训供应链的员工
6	售后服务	全权负责保管有关产品、销售及箱封代码等的资料。 应协助指导经销商和代理商保管箱封库存和销售的历史资料。对已经运输货物的连锁监控信息，不负责保管

A.2 第一阶段 设计过程

制造商应该按照本标准的要求对箱封的物理性能进行设计和分类。标准本身建立了集装箱机械式箱封的统一分类程序，规定了不同物理性能等级所对应的物理参数，包括象征型箱封、安全型箱封和高安全型箱封三个等级。

本标准针对集装箱来制定，但只要是符合这个标准的箱封都适用于其他运输工具。

制造商应该设计出具有防止破坏，一旦破坏就留下明显篡改痕迹的箱封。

A.3 第二阶段 制造商行为规范

本段描述适用于制造商第二阶段的安全性行为，与其他阶段相似，并不是任何情况下每一项内容都适用，制造商可以选择放弃与具体生产状况不相适应的内容，但应该记录事由并存档，以供认证部门和管理部门查验。

A.3.1 箱封制造商证明

制造商所有的基地设备都应该通过 GB/T 19001 认证或等效认证。

如需购买箱封成品的售后服务，制造商应向通过 GB/T 19001（或等效）认证的公司购买。

如果制造商的生产设备或箱封成品相关的外围产品设备丧失了 GB/T 19001 或等效认证资格，一旦无认证状况影响了公司某项产品在国际贸易中的使用，该情况会被通报给海关组织和其他相关管理机构。

本阶段涉及到的安全性行为的实施应该符合本标准的规定。

按照本附录的规定，制造商应接受第三方认证机构对设备和文件的随机或临时检查，确定是否与本标准一致。这些机构的认证采用本标准内容，认证机构可以是相关的政府机构和授权机构，这并不意味着行业认证机构或管理机构向竞争者提供商业机密或专利信息。

制造商要对设备进行最初的安全风险评估，要定期更新记录，并且采取对策和方针以解决潜在的问题或消除隐患。

针对安全性和产品的完整性问题，制造商应对知情的顾客负责，并列为合同中的重要内容。

制造商应同意配合相关的法律执行部门开展工作。

制造商应配合管理机构或认证机构处理是否符合认证标准，异常状况或仿造等相关的问题或事件。

制造商应开发并保存一套危机处理预案，用来应对箱封被篡改和其他恶意侵害、犯罪或恐怖活动，此预案应该涉及如何隔离和保护遭受影响的产品。

制造商要在所有的员工中树立箱封的安全意识，安全意识应包括在管理机构中应向谁报警通告潜在的安全问题。(24 h 联系)。

制造商可以在地方法律法规允许的范围内，对公司所有员工进行社会背景调查。

A.3.2 箱封产品认证

制造商提交的所有相关产品到经过认可的独立试验室进行检测，以确保产品符合本标准。实验室也要符合 GB/T 27025 的认证。

制造商要在箱封上设置本公司的标志。

制造商应在箱封上设置唯一的编号和标识。除非得到客户关于箱封特殊用途的授权，制造商不能重复使用或复制这些唯一的编号和标识。

制造商应该追踪所有箱封及相关产品的物理标识。制造商应记录箱封类型、数量/标识、完工日期，订货日期，运货日期和收货方名称。制造商要保存以上信息至少七年，便于接受管理机构或认证机构的审查。

制造商要限制销售客户自行设计的箱封以及客户委托加工的启封工具。

制造商在处理废料前应分离并提交生产的作废箱封。

制造商要控制车间通道、库房以及装货架，将箱封和相关设备存放在安全区域。

制造商对已经完成装货(货物指箱封)的挂车或集装箱要及时上锁。

制造商应该通过查验驾驶执照检查运货司机是否有其他企图，如有可能，还应该检查已装货箱封零件的种类和数量。

制造商应该实行非工作时间也可售货的制度以满足预先订货，本制度要求被授权的个人在场接货。需要通过电话、传真、e-mail 等方式预先通知供应商准备交货。

A.4 第三阶段 代理商或经销商行为规范

销售组织如代理商或经销商有可能加强或削弱制造商的安全体系，即使是最好的制造商。因此，制造方应该协助经销商或代理商认识到建立有效的箱封安全体系的重要性、双方的优势和特殊性。

制造商应该制定标准，保证经销商和代理商遵循下列安全规则：

经销商或代理商应允许制造商查看其安全性程序；

制造商一旦发现经销商或代理商的安全性活动中存在漏洞，应该识别漏洞并推荐必要的修改措施，为箱封和相关设备提供必要的勘漏和责任认定。

经销商和代理商不得销售没有制造商(或责任方)标记的箱封。

经销商和代理商要记录箱封的全部运输信息，包括产地、箱封编号、标识、表征以及承运人和收货人的姓名及地址。经销商和代理商要保存这些信息至少七年，以便有关政府机构在可能发生的货运事故调查时使用必要的信息。

经销商和代理商应该限制通过用户销售定制的箱封或启封工具。

经销商和代理商要对设备进行最初的安全风险评估，并且采取对策和方针以解决潜在的问题或消除隐患。

经销商和代理商要控制库房通道及装货架，将箱封和相关设备存放在安全区域。

经销商和代理商对已完成装货（货物指箱封）的挂车或集装箱要及时上锁。

经销商和代理商应该通过查验驾驶执照检查运货司机是否有其他企图，如有可能，还应该检查已装货箱封零件的种类和数量。

经销商和代理商应该实行非工作时间也可售货的制度以满足预先订货，本制度要求被授权的个人在场接货。需要通过电话、传真、e-mail 等方式预先通知供应商准备交货。

A.5 第四阶段 用户须知

这个阶段的重点在于对用户的行为规范，包括政府机构，例如在集装箱船运中使用箱封的海关管理局。制造商影响力和责任仅限于指导方面。在这种情况下，箱封的指导资料的内容，得到推广，例如产品包装和产品说明，网络宣传，适当地现场培训。

制造商应指导用户认识适当控制箱封和使用之前保存箱封信息的重要性。

制造商应指导用户正确和最有效地使用箱封，包括如何遵循适用的标准和法规。

A.6 第五阶段 运输管理

尽管运输过程的监护链已经超出了制造商的责任范围，但制造商可以协助用户培训供应链员工。

这种指导涉及应用保管链规则的应用方法。这种教育涉及应用保管链原则，箱封的性能，箱封的类型，数量等记录是否正确。建立检查制度，包括箱封出现异常情况时的处理程序。注意运输期间箱封被篡改留下的痕迹。

A.7 第六阶段 售后服务

在箱封的生命周期里，运输阶段以后，涉及到的是保存货物运输的保管链信息，箱封制造商不负责整个货物运输的保管链信息。制造商的责任只是保证产品的质量和提供其资料。这些责任和操作体现在本附录的第二、三阶段和第四阶段的部分。

——制造商有责任保存箱封生产、销售、特殊编号、和标识等相关资料。

——制造商有责任指导销售商、代理商保存好箱封的存货和销售方面的历史资料，同时指导用户保存他们箱封目录的历史资料。

ICS 97.130.20
J 73

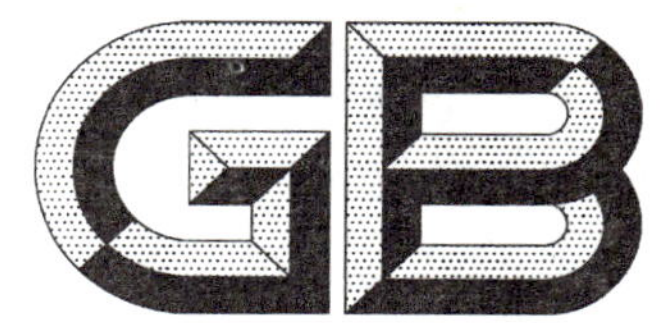

中华人民共和国国家标准

GB/T 23680—2009

制冷剂用干燥剂的试验方法

Method of testing desiccants for refrigerant drying

2009-04-17 发布 2009-11-01 实施

中华人民共和国国家质量监督检验检疫总局
中国国家标准化管理委员会 发布

前　言

本标准等同采用美国国家标准化协会/美国供暖制冷空调工程师学会标准 ANSI/ASHRAE Standard 35-1992《制冷剂用干燥剂的试验方法》。

本标准技术内容与 ANSI/ASHRAE Standard 35-1992 一致。

本标准作了下列编辑性修改：

——在结构上本标准的第 1 章包含了 ANSI/ASHRAE Standard 35-1992 的第 1 章和第 2 章，本标准的第 2 章“规范性引用文件”为新添章条，其他章条编号与原标准相同；

——用小数点‘.’代替作为小数点的逗号‘,’；

——为统一使用国际单位制，删除了原标准中的英制单位表示。

本标准由中华人民共和国商务部提出。

本标准由全国制冷标准化技术委员会(SAC/TC 119)归口并负责解释。

本标准起草单位：中国制冷学会、西安交通大学、国家商用制冷设备质量监督检测中心、大连海鑫化工有限公司。

本标准主要起草人：刘小朋、李连生、尹从绪、王从飞、孙玉坤、金雷、肖扬。

制冷剂用干燥剂的试验方法

1 范围

本标准规定了用于干燥制冷剂的干燥剂的试验方法，所采用的试验原理是在一定的温度条件下，使已知含水量的干燥剂与被测量的制冷剂保持接触，达到平衡后，测定制冷剂的含水量。

本标准适用于测试干燥剂的试验方法，关于使用干燥剂的干燥器的试验和评定，见 GB/T 23684—2009。

2 规范性引用文件

下列文件中的条款通过本标准的引用而成为本标准的条款。凡是注日期的引用文件，其随后所有的修改单(不包括勘误的内容)或修订版均不适用于本标准，然而，鼓励根据本标准达成协议的各方研究是否可使用这些文件的最新版本。凡是不注日期的引用文件，其最新版本适用于本标准。

GB/T 23684—2009 液管制冷剂干燥器的试验方法

3 术语和定义

下列术语和定义适用于本标准。

3.1

干燥剂 desiccant

能够吸附水分的固体，且其本身不溶于所用的制冷剂工质。

3.2

平衡点干燥度 equilibrium-point dryness (EPD)

在标准温度下，与某特定干燥剂接触足够长时间达到平衡状态后的含水量。平衡点干燥度以制冷剂质量中所含百万分水的质量(ppm)来表示。

3.3

水分吸附量 water collecting and holding capacity

在某一给定温度下，当液体制冷剂通过干燥剂而维持一定的平衡点干燥度时，干燥剂所吸附的水量。按制造说明书活化后的干燥剂所含水量，以每 100 g 活化干燥剂的含水克数来计量。

4 试验条件

4.1 本标准的试验方法专门适用于在干燥剂和制冷剂相互平衡的条件下，测定干燥剂的水分吸附量和制冷剂的含水量。

4.2 由于本标准仅与在给定温度下的平衡状态有关，因此未考虑含有干燥剂的容器设计的影响。但是，本标准阐述的方法，经过一定的修改，可以用于测试盛装在完整的干燥器装置里的干燥剂，以测定当它与含有已知水量的制冷剂处于平衡状态时的水分吸附量。在 GB/T 23684—2009 中阐述了修改内容。

4.3 本标准的干燥剂试验方法采用与干燥剂相平衡的液体制冷剂。

4.4 本标准未考虑干燥速率，测量是在确保已平衡的条件下进行的。

4.5 本标准的试验方法未考虑干燥剂的物理特性，如颗粒大小、粉尘性质、硬度和具体形状(即模制的或颗粒的)。

本标准适用于所有与五氧化二磷或干燥剂不起化学反应的制冷剂，但不包括在设备的低压部件中会凝结为液体的制冷剂。

5 装置

5.1 能够维持在其设定温度的±1 ℃的精度范围内，且温度可以设为干燥剂适用温度范围内任意值的恒温槽或恒温箱。当恒温槽温度为室温以上时，应采用加热罩将制冷剂供液钢瓶加热至高于槽温5 ℃～10 ℃。整套装置(见图1)可置于恒温箱内。

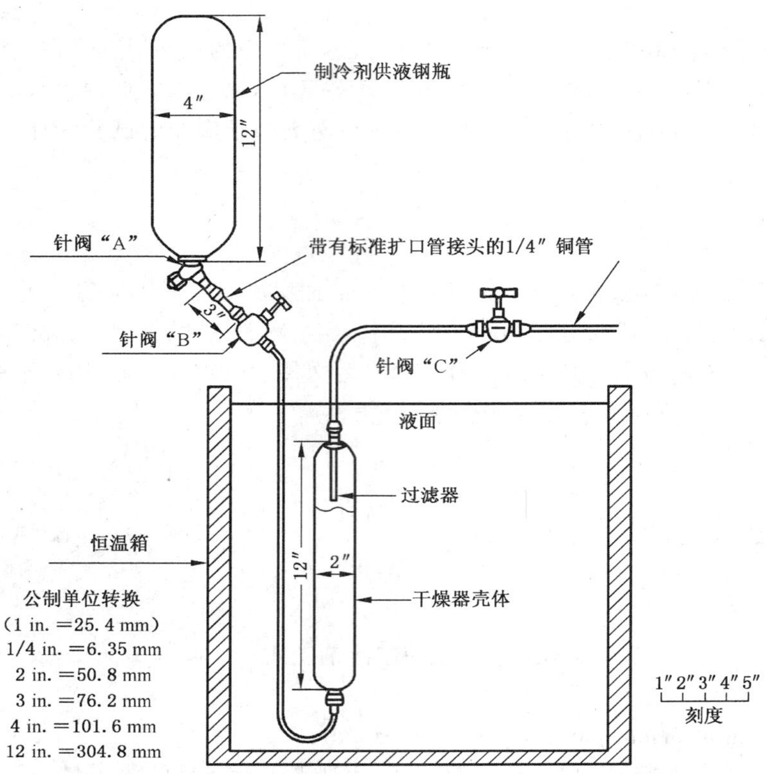

图 1

5.2 灵敏度为0.000 1 g，量程为100 g的分析天平。

5.3 灵敏度为1.0 g，量程为5 000 g的盘式天平。

5.4 三个纳氏气体吸收瓶，瓶内用五氧化二磷-石棉混合物填充，且在混合物柱体的上下端加玻璃纤维过滤网。将流量计连接于第三个纳氏瓶(见图2)。

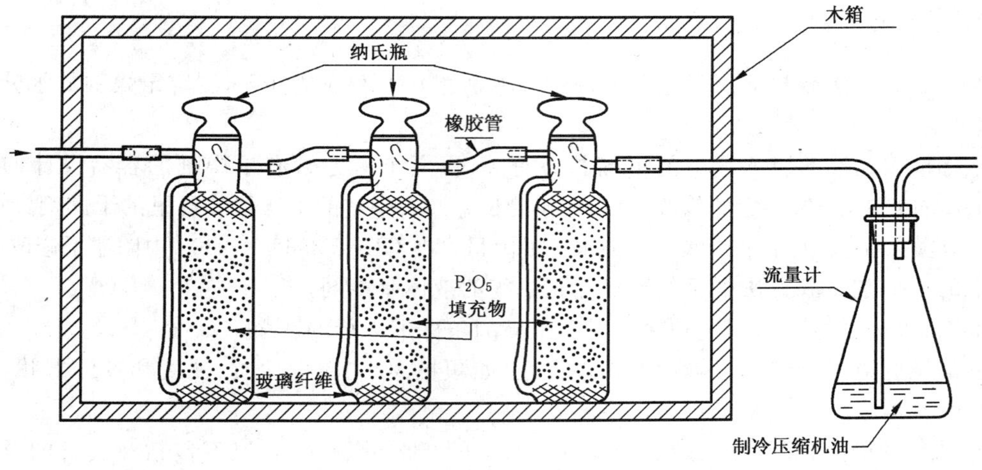

图 2

5.5 空气干燥串联装置，包括两个串联在一起的采用五氧化二磷-石棉混合物填充的纳氏瓶。在这两个瓶之前可设置一个预干燥塔，并添加适量的干燥剂以便去除空气流中的大部分水分，以使两个纳氏瓶的负荷减到最小。

5.6 带盖的坩埚（铂熔融石英或陶瓷），其容积应能盛放 10 g 试验用干燥剂。

5.7 用于该流动试验的干燥剂容器，至少要有 200 g 容量，最小的长度与直径之比为 3∶1，装有滤网或金属过滤层以挡住干燥剂，并配有进口和出口接头。其布置必须使流动的液体通过填充的干燥剂。再充填式制冷剂干燥器推荐配用直径为 8 mm DIN 的通用标准喇叭口接头。

5.8 容量约为 3 L 的液体制冷剂供液钢瓶。这些钢瓶应经过适当的清洁、干燥和抽空处理。

5.9 接通装置所需要的铜管，喇叭口接头和针阀，按图 1 所示。

5.10 组装好的设备必须充分地进行干燥和检漏。

6 制备和分析

6.1 干燥剂的准备

在本标准的试验过程中，通过把水加入活性干燥剂中以使水进入系统，然后再准确地测定所加入的水量。在制冷剂与已知含水量的干燥剂处于平衡状态时，干燥剂的性能可以通过测量制冷剂的含水量来计算。通过下述方法可将干燥剂的含水量大致调整到要求值：在盘式天平（见 5.3）上称取需要的干燥剂，将其撒成单颗粒层，并暴露于潮湿空气中。为了得到所需含湿量，实验室内应有较高的空气湿度。注意避免干燥剂吸收酸或其他化学气体，从而影响测量的准确性。要定时称重以确定干燥剂的含湿量是否达到饱和。可借助风扇加速空气循环以提高吸收速率。将吸湿后的干燥剂放入已知质量的干燥器内（见 5.7），并称重。将干燥器在 52 ℃下保持 24 h，以保证水分均匀分布。如有必要，在相同条件下，可采用闭合空气循环系统。含水量的准确测定按下述方法进行。

6.2 干燥剂含水量的测定

6.2.1 将两份约 10 g 的湿干燥剂试样分别放入两个已知质量的陶瓷坩埚中，用分析天平（见 5.2）称重。在称重过程中，在天平上的每个坩埚均应盖上埚盖，以使温度达到平衡，并避免失水或吸水现象的发生。

6.2.2 称重后，打开陶瓷坩埚埚盖，将盛放试样的坩埚放入恒温箱内，按照干燥剂制造商规定的活化要求，将干燥剂在所需的温度和时间内进行加热。

6.2.3 当干燥剂达到活化再生所需时间后，将坩埚和干燥剂放在密闭的干燥容器内冷却并称重。减少的水分质量用每 100 g 活化干燥剂的含水克数来表示。最后，在下述试验过程中所确定的温度下，进行试验所得出的干燥剂水分百分含量即代表干燥剂在相应温度下所对应的 EPD。

6.2.4 对于本标准而言，当干燥剂按照制造商的说明活化后，认为其含水量为零。

注：目前，在制冷系统中所应用的干燥剂经过灼烧都会降低其干燥效率。如果处于活化状态的干燥剂不含有一定水分，一些广泛使用的干燥剂则不具有干燥功能。由于干燥剂在活化状态下含有一定的水分，而在此基础上所吸收的水分才是有效水分，因此用灼烧干燥剂的方法来测定其吸收的总水量会得到错误的数据。

6.3 制冷剂的制备

6.3.1 在本标准的试验中，应使用与干燥剂相匹配的商用制冷剂。如果条件允许，可采用经过加湿处理的高含湿量的商用制冷剂。

6.3.2 制冷剂应注入到供液钢瓶（见 5.8）中，但充注量不得超过钢瓶容积的 3/4。

7 步骤

7.1 干燥器

把装有已知含水量干燥剂的干燥器（见 6.1）安装在如图 1 所示的试验装置中。

7.2 试验步骤

7.2.1 将干燥器竖直放置在恒温槽或恒温箱内，并慢慢开启阀C，液体制冷剂（见6.3.1）从供液钢瓶通过阀 A 和阀 B 进入干燥器，使空气从干燥剂层内排出，关闭阀 C。当制冷剂润湿干燥剂时，干燥器壳体略有发热。

7.2.2 待干燥器壳体冷却后，慢慢打开阀 C 使气体排入大气，并使液体制冷剂完全充满壳体。只要有气体通过阀 C 逸出，出口管就不会出现明显的降温。当排除全部气体后，液体制冷剂逸出，并使阀后面的出口管变冷，关闭阀 C。

7.2.3 将与供液钢瓶相连的充注液体制冷剂的干燥器置于恒温槽或恒温箱内，如图 1 所示。将流量计(见图 2)连接到阀 C 后的管路上，慢慢开启调节阀 C，使得每秒有 1～2 个气泡溢出，至少 8 h(或为方便起见，保持一夜)。

7.2.4 五氧化二磷吸收系统由两个串联的纳氏瓶(见 5.4)组成。第三个即最后一个瓶保护其他两个不受湿空气渗入，且可用来警示何时应更换前两个瓶。当第一和第二个瓶称重时，第三个瓶通常被用作为平衡器。关闭阀 A、阀 B 和阀 C，将制冷剂供液钢瓶拆下，称重再重新装好。阀 C 后的铜管用一根完全干燥的相同的铜管替换。然后将已称重的五氧化二磷吸收系统接入到阀 C 后的管道和流量计(见图 2)之间。开大阀 A 和阀 B，同时微开阀 C 使得通过系统的气体以每秒几个气泡的速率流出(流量大约30 g/h)。可借助流量计测算流量。

7.2.5 在至少有 200 g 制冷剂通过吸收系统后，关闭所有的阀。

7.2.6 拆下制冷剂供液钢瓶并称重，以测定所用的制冷剂量。由于在阀 A 和阀 B 之间留存有制冷剂，因此应对制冷剂的质量进行修正。用干空气(见 5.5)(约 0.15 m^3/h)，将五氧化二磷系统吹净至质量不变为止，并称出质量以测定出所吸收的水分。将系统所吸收的水分质量除以通过装置的制冷剂的质量，按下式就可以计算出液体制冷剂的 EPD。

$$\text{EPD} = \frac{\text{五氧化二磷所吸附的水量}}{\text{制冷剂质量}} \times 10^6 = \text{ppm(按质量)}$$

8 平衡验证：化学反应

为了验证包括干燥剂、制冷剂和水在内的系统存在着平衡或可能发生的化学反应，应在 52 ℃下按照下述步骤对每种干燥剂和每种制冷剂进行验证。

将装有含水量比较高的干燥剂的装置(见图 1)在步骤 7.2 结束时，在 52 ℃下，保持 2 周。然后再重复步骤 7.2，如果新测定的 EPD 与原测定值相差在 2 ppm 或误差在 10%以内，则说明平衡得到验证。如果没有得到验证结果，则重复上述步骤。EPD 有持续的和明显的变化则可能表明有化学反应，可作为干燥剂报废的依据。

9 数据处理

按照本标准所述的步骤，可以得到任一给定干燥剂在给定温度下与制冷剂达到平衡时的含水量。对一种干燥剂，只有在获得一系列温度和一系列含水量的平衡数据后，才能充分地予以评估。

ICS 27.200
J 73

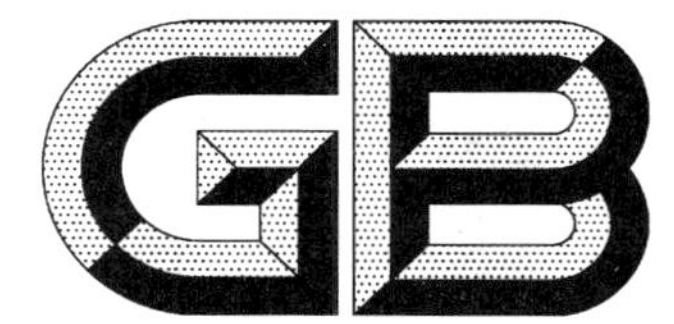

中华人民共和国国家标准

GB/T 23681—2009

制冷系统和热泵
系统流程图和管路仪表图　绘图与符号

Refrigerating systems and heat pumps—System flow diagrams and piping instrument diagrams—Layout and symbols

2009-04-17 发布　　2009-11-01 实施

中华人民共和国国家质量监督检验检疫总局
中国国家标准化管理委员会　发布

前 言

本标准等同采用欧洲标准化委员会标准 EN 1861:1998《制冷系统和热泵 系统流程图和管路仪表图 绘图与符号》。EN 1861 主要依据 ISO 1000《国际单位制(SI)和国际单位制多功能与某些其他单位的使用推荐规程》、ISO 3098-1《技术制图 字体 第1部分:常用字母》、ISO 3511-2《过程测量的控制功能和仪表设备 符号表示法 第2部分:基本要求的补充》、ISO 3511-3《过程测量的控制功能和仪表设备 符号表示法 第3部分:仪表接线图的详细符号》、ISO 3511-4《过程测量的控制功能和仪表设备 符号表示法 第4部分:过程控制计算机、接口和共用显示控制功能的基本符号》、ISO 4196《图形符号 箭头的使用》、ISO 5457《技术制图 绘图纸的尺寸和布局》、ISO 7200《技术制图 标题栏》、ISO 10628《工艺加工的流程图 总则》等标准制定。

本标准的附录 A 和附录 B 为资料性附录。

本标准由中华人民共和国商务部提出。

本标准由全国制冷标准化技术委员会(SAC/TC 119)归口并负责解释。

本标准起草单位:中国制冷学会、国内贸易工程设计研究院、天津商业大学。

本标准主要起草人:杨一凡、尹从绪、徐庆磊、吕济民、申江。

制冷系统和热泵
系统流程图和管路仪表图　绘图与符号

1　范围

本标准规定了制冷系统和热泵的系统流程图和管路仪表图的符号和绘图规则。这些图形不仅说明制冷系统的构造和功能，而且是组成制冷系统设计、制作、安装、投产、运行、维护和停产所必需的全部技术文件的一部分。

本标准适用于蒸气压缩制冷、吸收制冷、蒸汽喷射制冷、涡流管制冷、压缩空气制冷、吸附制冷等通过流体工质状态变化实现制冷的制冷系统。

本标准不适用于系统内部热传递由电回路实现的制冷系统，如帕尔贴效应。

2　规范性引用文件

下列文件中的条款通过本标准的引用而成为本标准的条款。凡是注日期的引用文件，其随后所有的修改单(不包括勘误的内容)或修订版均不适用于本标准，然而，鼓励根据本标准达成协议的各方研究是否可使用这些文件的最新版本。凡是不注日期的引用文件，其最新版本适用于本标准。

GB 3100　国际单位制及其应用(GB 3100—1993，eqv ISO 1000：1992)

GB/T 10609.1　技术制图　标题栏

GB/T 14689　技术制图　图纸幅面和格式(GB/T 14689—2008，ISO 5457：1999，MOD)

GB/T 14691—1993　技术制图　字体(eqv ISO 3098-1：1974)

ISO 3511-1　过程测量的控制功能和仪表设备　符号表示法　第1部分：基本要求

ISO 3511-2　过程测量的控制功能和仪表设备　符号表示法　第2部分：基本要求的补充

ISO 3511-3　过程测量的控制功能和仪表设备　符号表示法　第3部分：仪表接线图的详细符号

ISO 3511-4　过程测量的控制功能和仪表设备　符号表示法　第4部分：过程控制计算机、接口和共用显示控制功能的基本符号

ISO 4196　图形符号　箭头的使用

ISO 10628　工艺加工的流程图　总则

3　术语和定义

下列术语和定义适用于本标准。

3.1

流程图　flow diagram

能反映制冷系统和热泵的流程、构造和功能，用图形符号、注释和字母数字代码简化的图。

4　分类、信息和表示

4.1　概述

根据信息和表示方式的不同，制冷系统的流程图分为两类：

——系统流程图(见4.2)；

——管路仪表图(见4.3)。

流程图应考虑功能的要求。

图形的表示应符合第6章的要求，流动的线路与方向应用直线与箭头表示。

流程图上表明的压力均为绝对压力，除非另有说明。

4.2 系统流程图

4.2.1 概要

系统流程图借助于由流动线相互连接的图形符号来表示制冷系统(见附录A的图A.1)。

图形符号代表部件，直线代表物质流、能量流或能量的载体，如管道或导线。

4.2.2 基本信息

系统流程图应按照第6章使用图形符号，并应包括下列信息：

a) 制冷系统必需的设备和机械；

b) 被冷却或加热的流进和流出物质的名称和流量；

c) 制冷剂、传热介质、吸收剂和吸附剂的名称；

d) 运行工况特性。

4.2.3 附加资料

系统流程图应按照第6章使用图形符号，并应包含以下内容：

a) 各过程的流体名称及流量；

b) 合理位置上阀及其功能；

c) 在主要测量点和控制点的功能要求；

d) 辅助运行工况；

e) 用图示或以单独列出的设备、机械和其他部件的性能数据。

4.3 管路仪表图

4.3.1 概要

以系统流程图为基础的管路仪表图，用表示设备、机械和管路的图形符号，以及表示测量和控制元件的图形符号反映出制冷系统的技术内涵(见附录A的图A.2)。

4.3.2 基本信息

管路仪表图应按照第6章使用图形符号，并应包含下列内容：

a) 制冷剂、传热介质、吸收剂和吸附剂的名称；

b) 运行工况特性；

c) 设备、机械和其他部件(如驱动装置，管路，传送装置，阀及接头，以及已安装的备用设备)；

d) 设备、机械和其他部件的特性数据，如有必要，单独列出；

e) 管路的尺寸、额定压力、材料和类型，如可通过管路编号、管路等级或标志号表示；

f) 隔热层；

g) 测量和控制功能；

h) 安全设备。

4.3.3 附加信息

管路仪表图应按照第6章使用图形符号，并应包含下列内容：

a) 制冷剂和传热介质的质量流量和充注量；

b) 制冷剂和传热介质的流动路线和方向；

c) 如有必要，单独列出管路、设备、阀、机械和隔热层的结构数据。

5 绘图

5.1 绘图规则

5.1.1 一般要求

表示制冷系统流程图的图形应采用标准化绘图规则。

5.1.2 图纸尺寸

应采用 GB/T 14689 中所示的图纸尺寸。

注：考虑到现有的各种复印技术，不宜采用长度以及尺寸大于 A0 的图纸。

5.1.3 标题框

应采用 GB/T 10609.1 中所示的绘图和列表用的基本标题框。

5.2 图形符号

图形符号的绘制应与第 6 章的要求一致；而表示测量、控制功能和安全设备的图形符号，应与 ISO 3511-1～ISO 3511-4 的要求一致，也可参见附录 B。

5.3 连接线

5.3.1 线宽度

线宽应与推荐的栅模（M）有关，对于流程图，$M=2.5$ mm。

为使描述清晰，应采用不同的线宽，突出主要流动线路或主要管路。

注：应使用下列线宽。

a) 1.0 mm (0.4M)，用于：

——主流程路。

b) 0.5 mm (0.2M)，用于：

——设备和机械的图形符号，不包括阀、接头和管路附件；

——表示机组运行、设备等的矩形框；

——辅助流程线；

——载能线路和辅助系统线路。

c) 0.25 mm (0.1M)，用于：

——阀、接头和管路附件的图形符号；

——表示测量和控制功能的元件、安全设备、控制与数据传输线路；

——基准线；

——其他辅助线。

不得使用线宽小于 0.25 mm (0.1M)的线。

5.3.2 线间隙

平行线之间的最小间隙应不小于最粗线宽度的 2 倍，且间隙至少 1 mm。

注：流动线路之间的适宜间隙为 10 mm 及以上。

5.3.3 流动方向

使用 ISO 4196 进出口箭头表示流程图中流体的进出。

箭头和线应联合使用来表示流程图中流体的流动方向。

箭头只能用在设备和机械（热泵除外）的入口处，以及支管上游处。不得与图形符号的外部线路接触。

注：若流程图由数张图纸组成，则建议一张图纸上的流入、流出的管线或管路应与其他图纸上的相应管线画在同一水平线上，以便拼阅。

5.3.4 连接

应按表 1 中 1 组所示绘制流动管线或管路之间的连接方式。

5.3.5 二级系统管线的连接

二级系统管线必须用短线表示，还应表示出流动方向并标注能量载体的类型和图号。

5.4 标注

5.4.1 字体类型

应按 GB/T 14691—1993 的规定使用。

5.4.2 字体高度

应至少是：

a) 3.5 mm,用于主要设备的标注;

b) 2.5 mm,用于其他标注。

5.4.3 标注的布置

a) 设备

其标注号应清晰地位于相关的图形符号旁,不应写入图形符号之内。

注:进一步需说明的详情(如名称,名义容量,压力,材料),可写在标记号下面,也可用表单独列出。

b) 管线或管路

其名称应写在水平线上方。对于垂直线,应写在垂直线左侧并与垂直线平行。

若管线或管路的始端和终端不能立即识别,应采用相应的文字符号表明相同的管线或管路。

c) 阀和接头

其名称应写在图形符号的旁边,并与流动方向平行。

d) 测量与控制功能

应采用 ISO 3511-1～ISO 3511-4 的要求。

e) 流量、运行工况、热物理性质

流量、运行工况、热物理性质应标注在水平矩形框内或用表单独列出。应通过参考线将矩形框与参考点相连。若以表的形式表示数据,应将与数据列表相关的序号写入框内。

f) 国际标准(SI)单位

应按照 GB 3100 使用国际单位制单位。

6 图形符号的选择

6.1 概述

表 1 中的符号是以 ISO 10628 为基础的 ISO 系列符号。

6.2 系列选择

系统流程图应使用 ISO 基础系列符号。管道仪表图应使用 ISO 基础系列符号和/或制冷基础系列符号。

注:在管道仪表图中同时推荐使用 ISO 基础系列的图形符号,因为许多情况下很难通过图形符号来表达设备的专有特性。这些专有特性应在设备数据栏中表述出。

6.3 主题组

注:图形符号按照功能和/或设计特点归纳成主题组,并根据 ISO 基础和制冷系列以及应用举例安排其顺序。

根据区别分为以下主题组:

1 组 管路;

2 组 截止阀;

3 组 止回阀;

4 组 调节阀;

5 组 带有安全功能的阀/接头;

6 组 阀传动机构;

7 组 管路接头;

8 组 容器及罐;

9 组 有内部部件的容器,有内部部件的塔,有内部部件的化学反应器;

10 组 加热或冷却装置;

11 组 换热器,蒸汽发生器;

12 组 过滤器,液体过滤器,气体过滤器、干燥过滤器;

13 组 分离器;

14 组　搅拌器；
15 组　液体泵；
16 组　压缩机，真空泵，风机；
17 组　升降、传送和运输；
18 组　秤；
19 组　分配设备；
20 组　电动机，发动机，驱动装置。

6.4　用于设备、机械和管路的图形符号

应采用表 1 所提供的图形符号。

注 1：对于流程图，要以推荐的尺寸表示出图形符号（栅模 $M=2.5$ mm）。

注 2：优先采用表 1 中的——Ⓐ 表示管线与图形符号的连接。该管线连接不是图形符号的一部分。当通过计算机辅助设计系统（CAD）绘制流程图时，管线只能与框格处的图形符号相连。

注 3：在图形符号底下的格子，反映图形符号的大小，也便于图形符号的定位和再现。

注 4：若图形符号的意义与取向无关，则可将它们转向或反射成镜像。一些图形符号（如罐、容器等）的表示应当加以调整，使其实际尺寸与制冷系统相适应。

注 5：可将不同主题组的符号结合起来以形成更详细的符号。

表 1　用于设备、机械和管路的图形符号

ISO 基本系列	图形符号 制冷系列	应用举例
1 组	管路	
	制冷剂、制冷剂溶液，主回路 制冷剂，二次回路 传热介质 冷凝器用冷却水 其他物质（如油） 被冷却或加热的物质（包括水）	
	箭头所示方向的流动/移动　表示主要物质入口或出口的箭头	出口 入口
	加热或冷却的管路	

表 1（续）

ISO 基本系列	图形符号 制冷系列	应用举例
	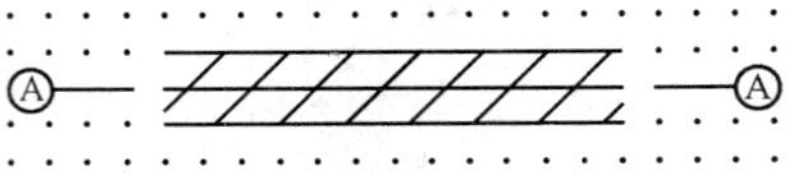 隔热管路 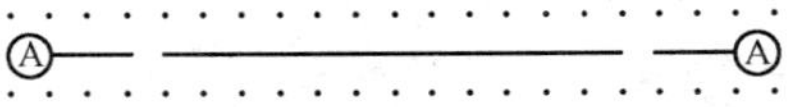 信号线 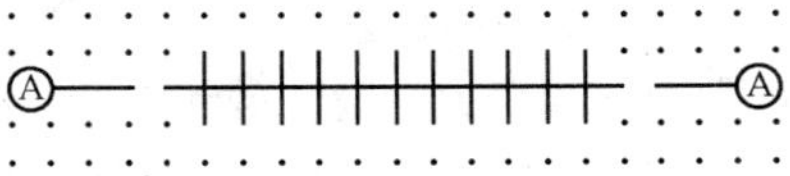 驱动线	
	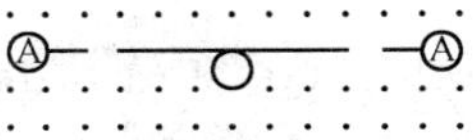 毛细管 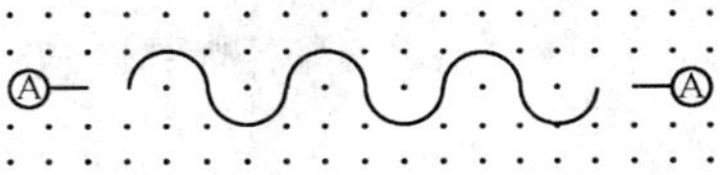 柔性管路	
	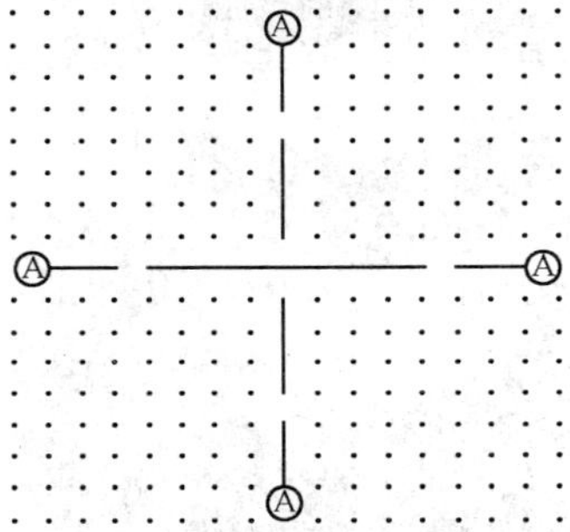 无连接管线的交叉，例如用于管路	
	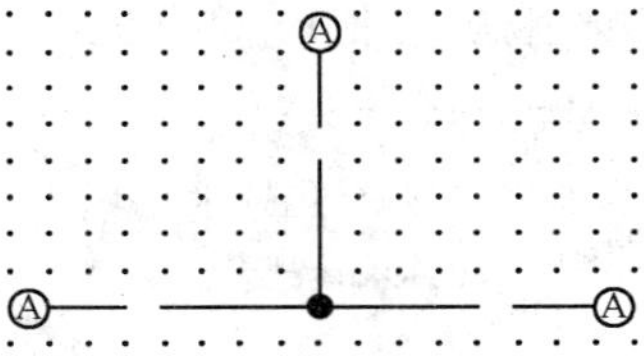 T 型连接 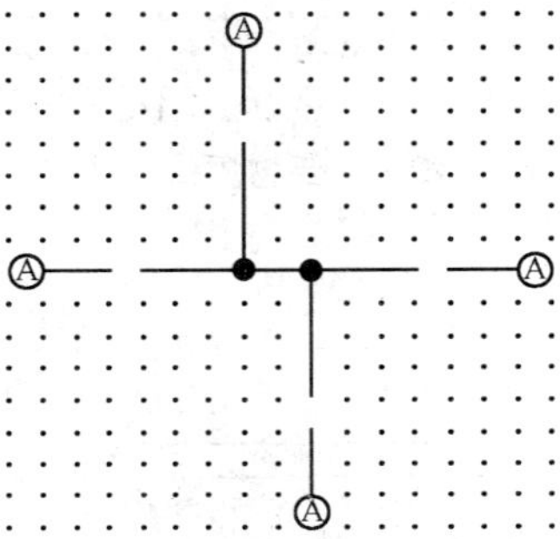 十字型连接	

表 1（续）

ISO 基本系列	图形符号 制冷系列	应用举例
	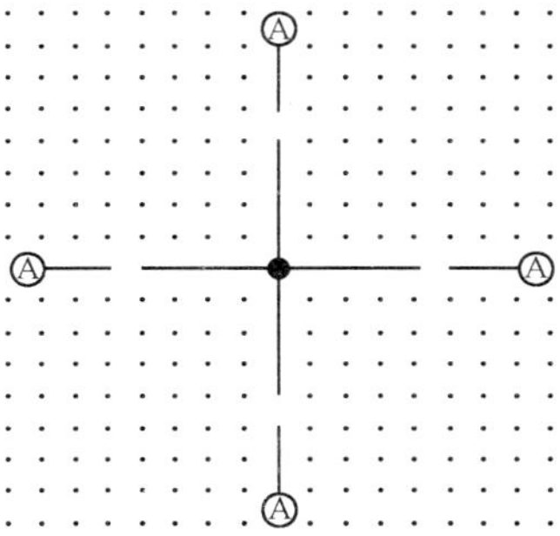 十字型连接(交叉)	
2 组	截止阀	
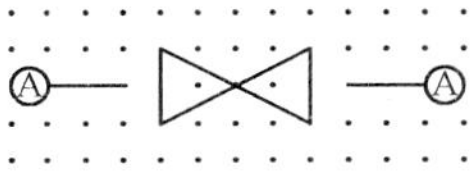 阀 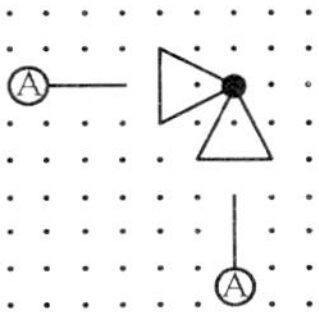 角阀 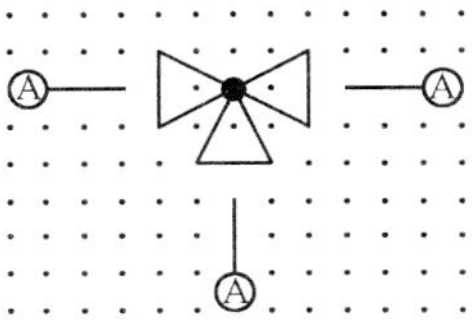 三通阀	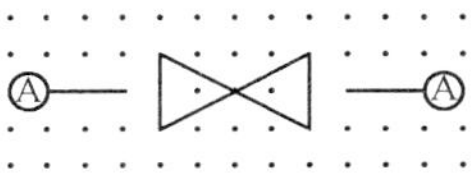 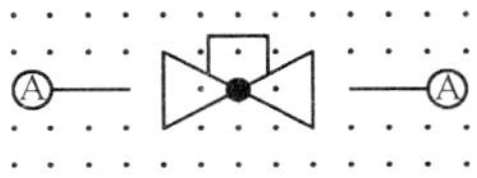 正常运行时开启 (常开)  正常运行时关闭 (常闭) 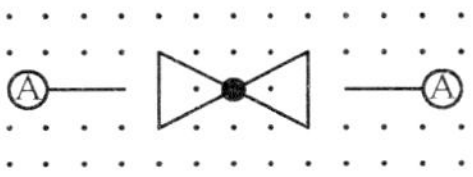 球阀 注：密闭塞作垂直于阀座运动的阀。 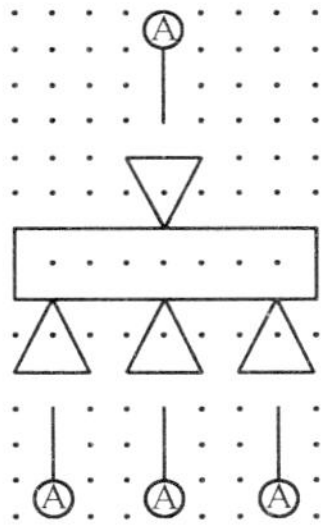 四通换向阀 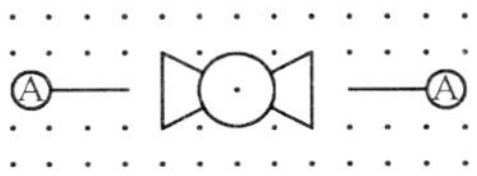 球阀 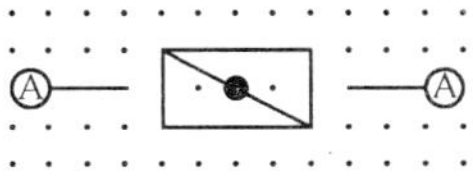 蝶阀 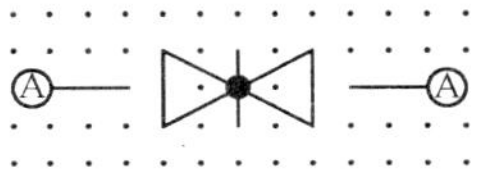 闸阀 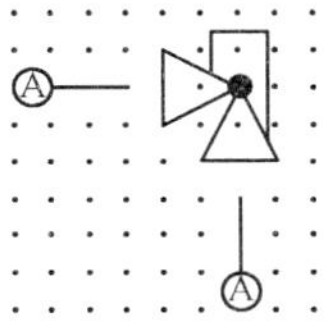 直通截止阀，带有防止误操作的安全保护装置 直角截止阀，带有防止误操作的安全保护位置	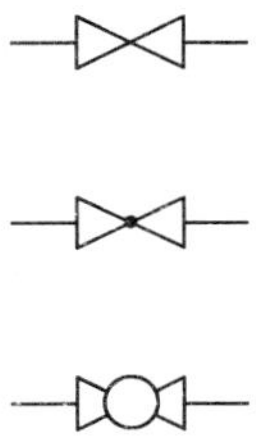  转换阀 (黑侧关闭)
3 组	止回阀	
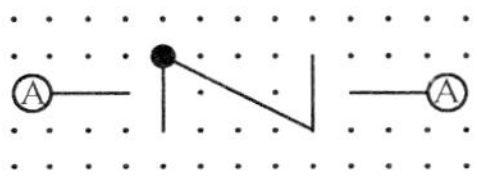 止回阀	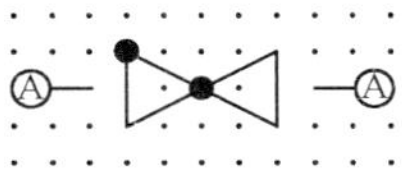 升降式止回阀 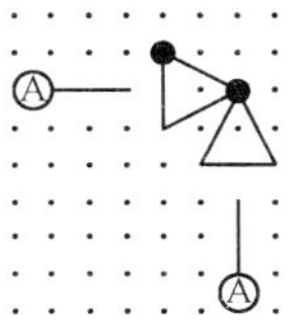 摇摆式止回阀 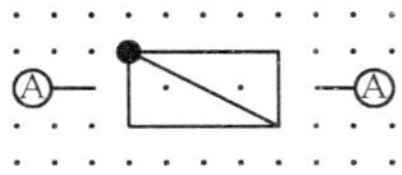 角度式止回阀	 圆点始终位于阀的进口侧 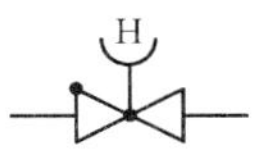 H 直通止回阀，关闭

表 1（续）

ISO 基本系列	图形符号 制冷系列	应用举例
4 组	调节阀	
带有恒定控制性能的阀	带有恒定控制性能的球阀 带有恒定控制性能的闸阀 带有恒定控制性能的蝶阀	
5 组	带有安全功能的阀/接头	
安全阀， 粗线表示出口侧	爆破片 弯曲部分位于出口侧	带有固定重物负载的直通安全阀(排至大气或低压侧) 带有弹簧负载的直角安全阀(排至大气或低压侧)
6 组	阀传动机构	
驱动器，通常带自启动力或自动	电动机驱动 电磁驱动 活塞驱动 膜片驱动 依靠工作压力克服固定重物的驱动 依靠工作压力克服固定弹簧力的驱动 浮球阀驱动	假如驱动功能失灵 开启 关闭 联锁的 传动时 快速关闭

表 1（续）

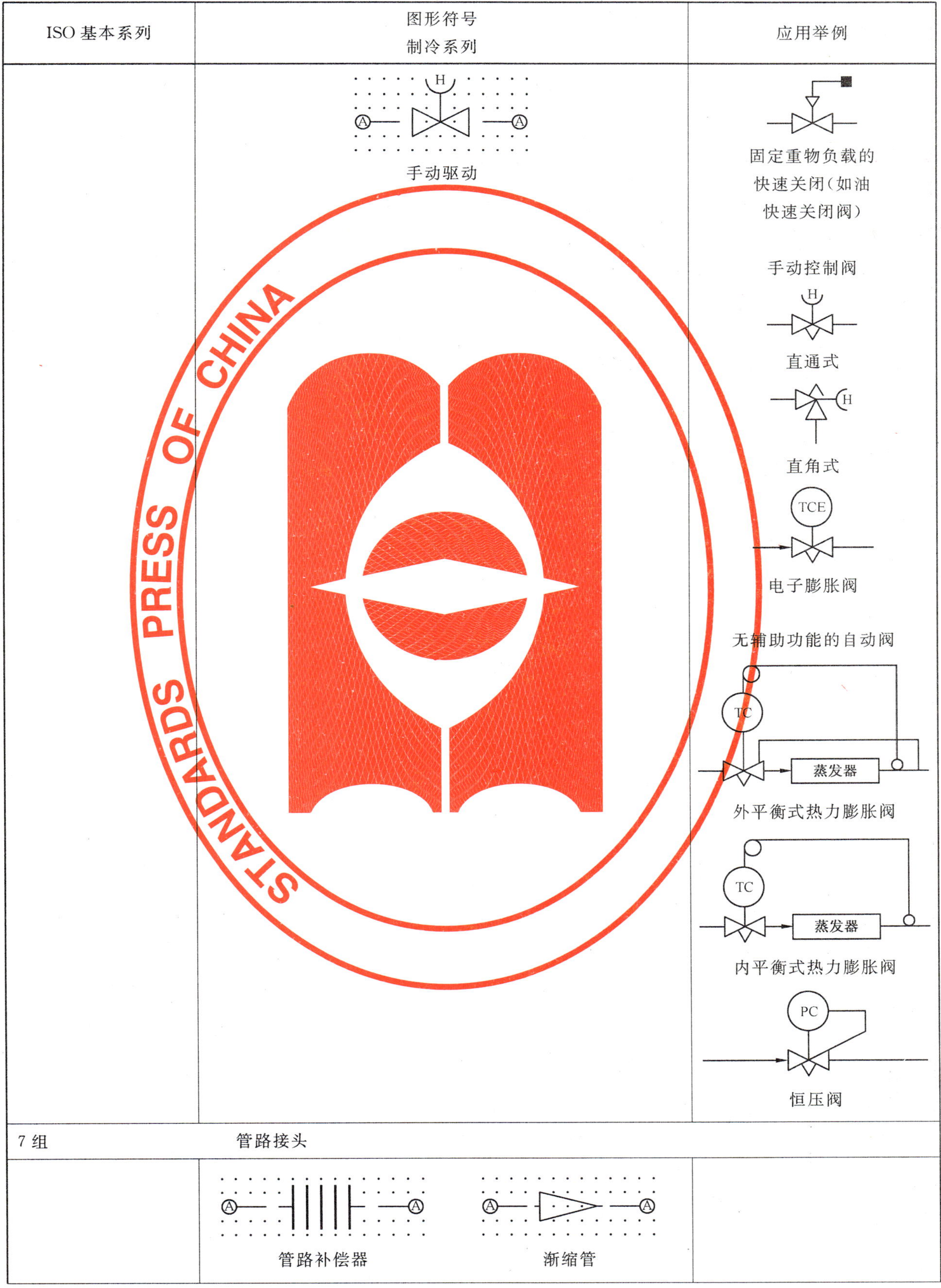

ISO 基本系列	图形符号 制冷系列	应用举例
	手动驱动	固定重物负载的快速关闭（如油快速关闭阀） 手动控制阀 直通式 直角式 电子膨胀阀 无辅助功能的自动阀 外平衡式热力膨胀阀 内平衡式热力膨胀阀 恒压阀
7 组	管路接头	
	管路补偿器　　渐缩管	

表 1（续）

ISO 基本系列	图形符号 制冷系列	应用举例
	可拆卸接头 缩径管 出口通往大气 视镜 带湿度指示的视镜 消声器 孔板 汽阱 低压浮球阀 （满液位时打开） 高压浮球阀 （上升液位时打开）	可拆卸阀
8 组	容器及罐	
容器	带有穹顶状端盖的容器 球形容器 气瓶	平盖容器 凸形盖容器

表 1（续）

ISO 基本系列	图形符号 制冷系列	应用举例
		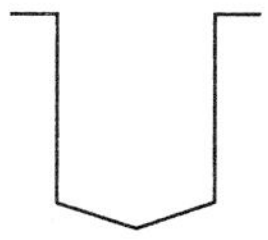 带有锥形底的 敞开式容器
9 组	有内部部件的容器 有内部部件的塔 有内部部件的化学反应器	
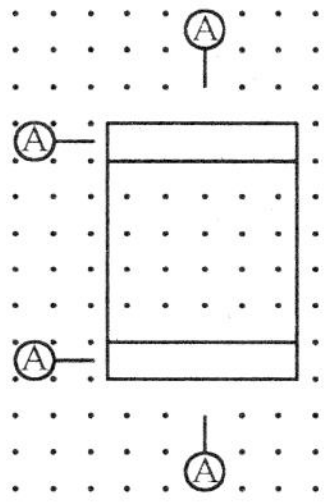 塔 带有内部部件的容器 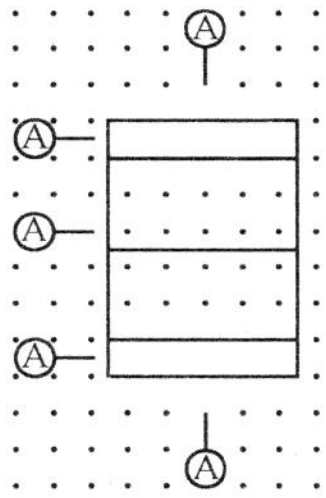 带有槽盘的容器 带有槽盘的塔	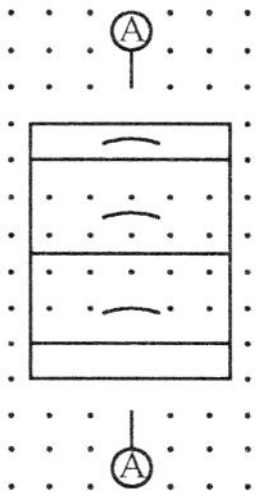 带有泡罩盘的容器 带有泡罩盘的塔 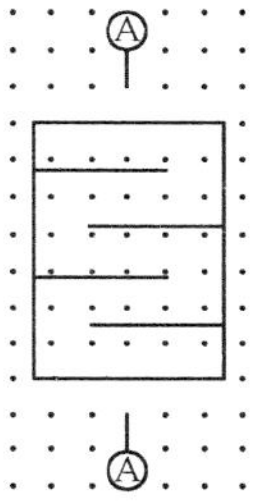 带有内置阶梯板的容器 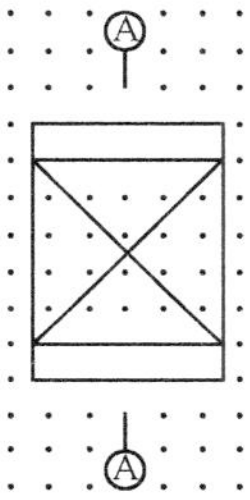 带有固定床的容器 带有固定床的塔	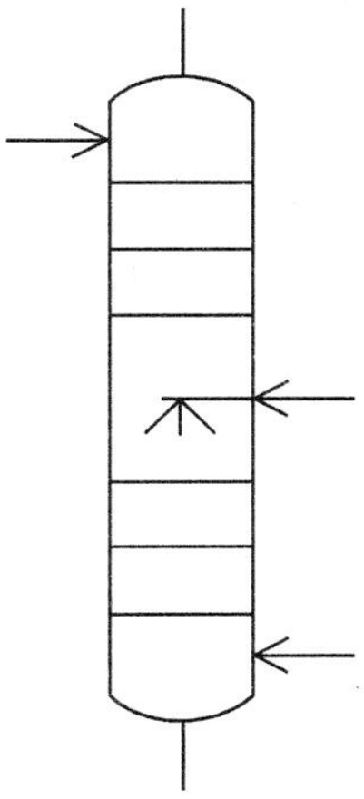 经加固带有解吸盘的 氨精馏塔
	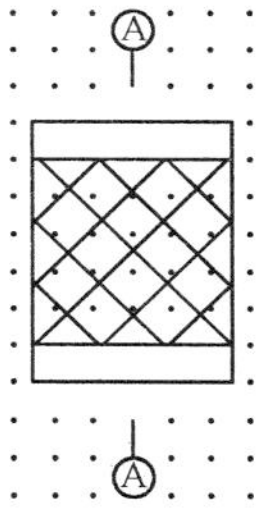 带有无规则装填物的容器 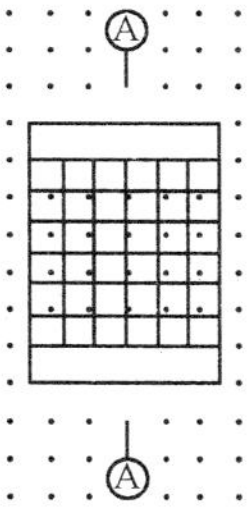 带有防溅平板或防溅挡板的容器	带有内置除雾器组的容器 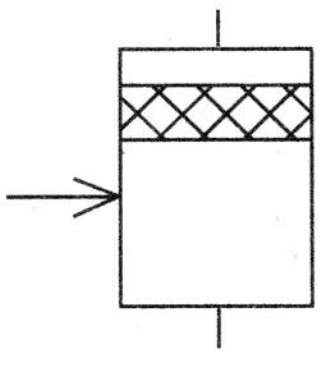 不规则排列，如除雾器组 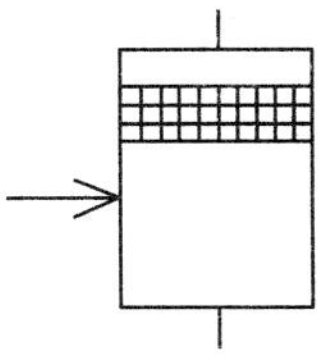 有规则排列，如挡板

表 1（续）

ISO 基本系列	图形符号 制冷系列	应用举例
10 组	加热或冷却装置	
加热或冷却用装置 燃烧系统，燃烧器	加套容器 插入式盘管	带有插入式盘管的容器 带有燃烧系统的容器，燃烧器 el. 带有外部电加热的容器
11 组	换热器 蒸汽发生器	
有交叉管线的换热器	带有固定管板的管束换热器，壳管式换热器 带有浮头端的管束 带有 U 形管的管束 套管式换热器	带有浮头端的管束换热器 带有 U 形管的管束换热器 带有风扇的翅片管换热器

表 1（续）

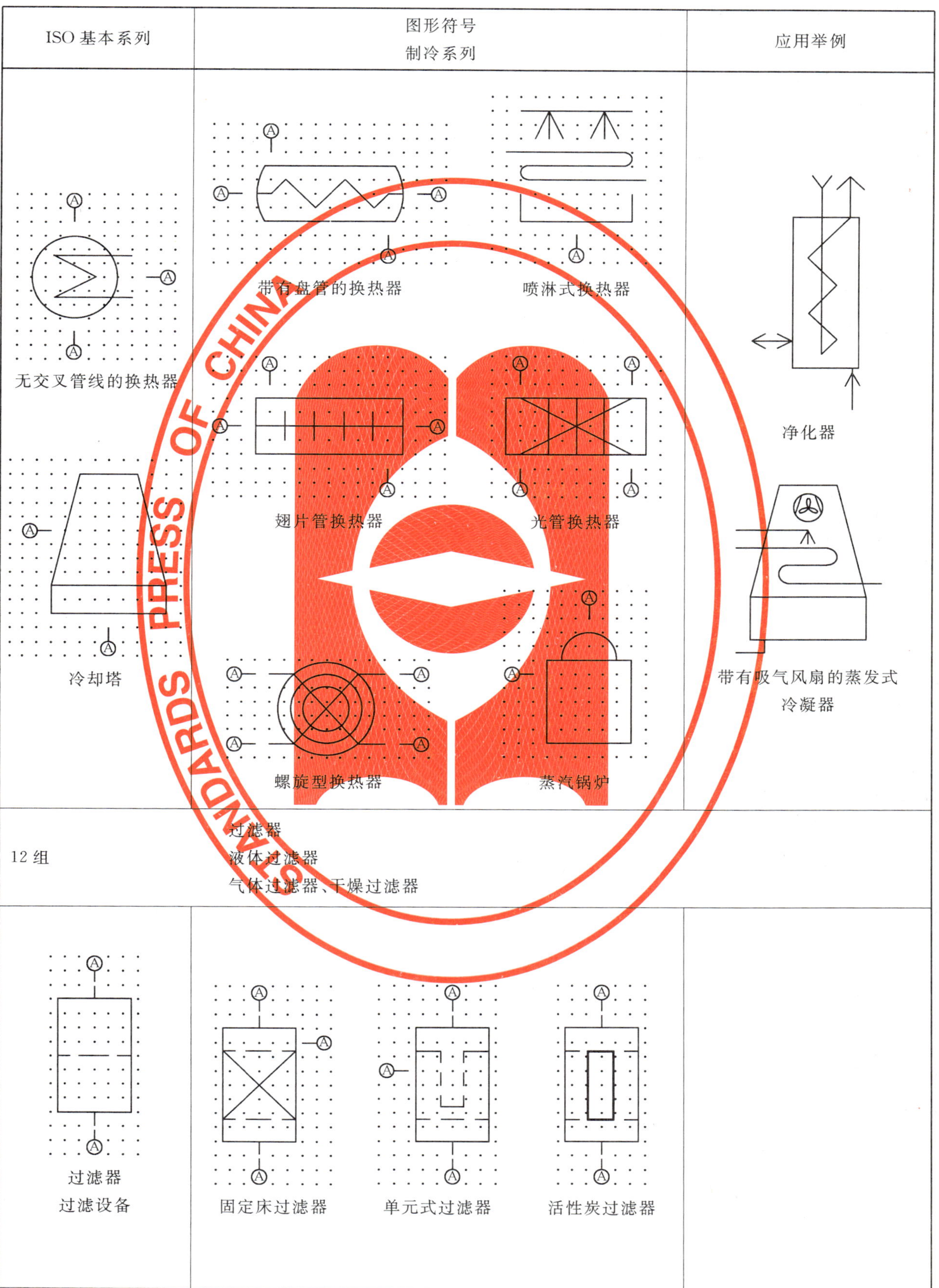

ISO 基本系列	图形符号 制冷系列	应用举例
无交叉管线的换热器 冷却塔	带有盘管的换热器 喷淋式换热器 翅片管换热器 光管换热器 螺旋型换热器 蒸汽锅炉	净化器 带有吸气风扇的蒸发式冷凝器
12 组	过滤器 液体过滤器 气体过滤器、干燥过滤器	
过滤器 过滤设备	固定床过滤器 单元式过滤器 活性炭过滤器	

表 1（续）

ISO 基本系列	图形符号 制冷系列	应用举例
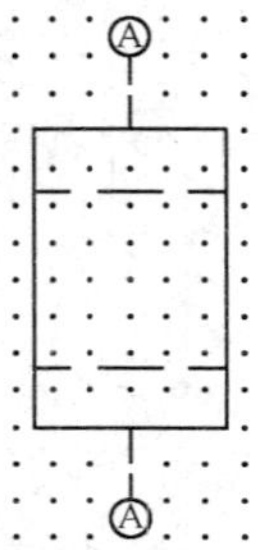 A A 液体过滤器 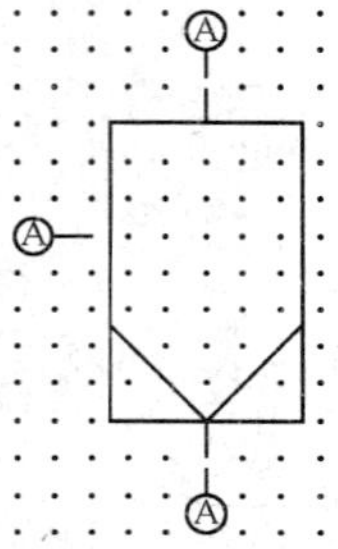 A A A 气体过滤器 空气过滤器	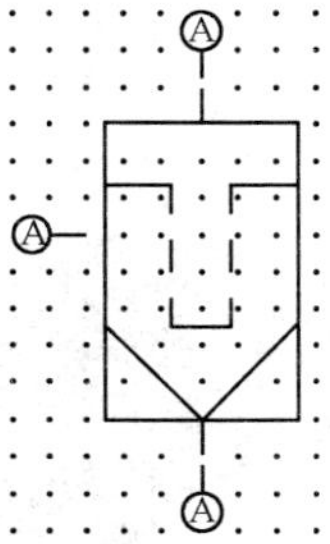 A A A 气体用袋式过滤器、过滤筒	
13 组	分离器	
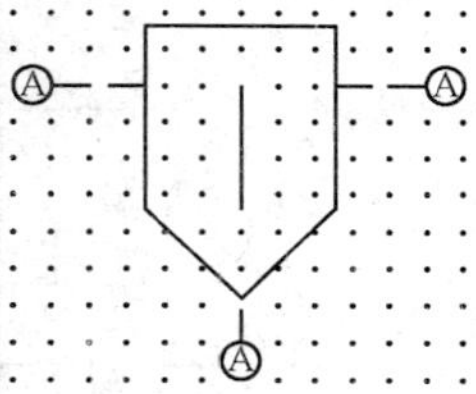 A A A 分离器	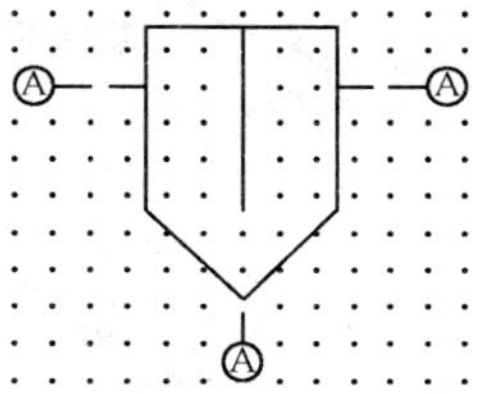 A A A 冲击式分离器	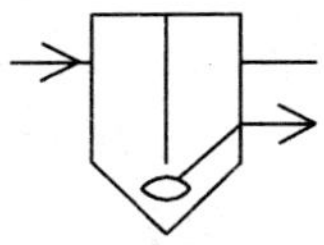 带有浮球排液的 油分离器
14 组	搅拌器	
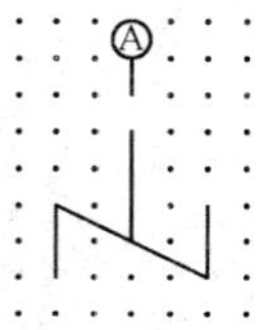 A 搅拌器	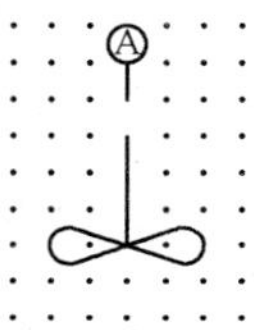 A 螺旋桨搅拌器	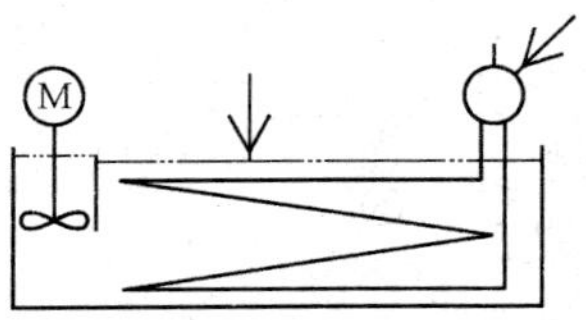 M 排管制冰系统中的电机 驱动搅拌器

表 1（续）

ISO 基本系列	图形符号 制冷系列	应用举例
15 组	液体泵	
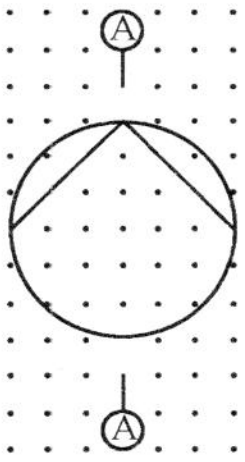 泵 箭头指示流动方向	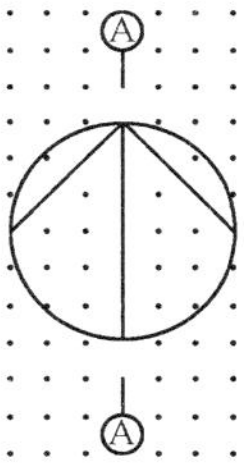 离心泵 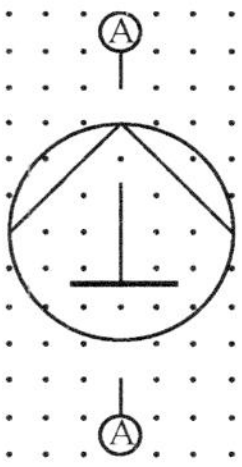　往复泵 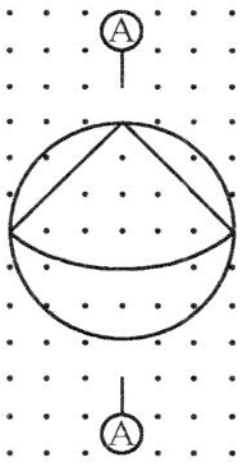　膜片泵 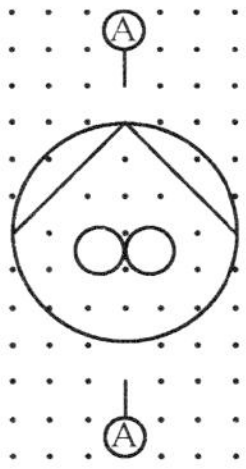 齿轮泵 　螺杆泵 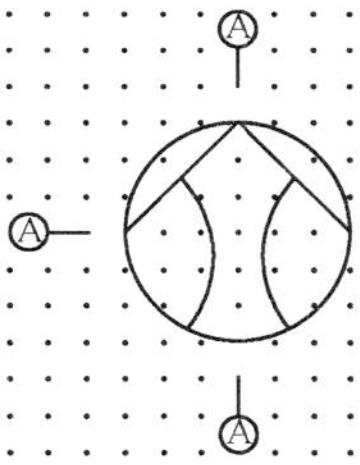　液体喷射泵	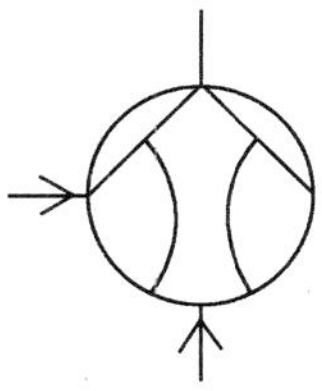 有工作流体供应的液体喷射泵 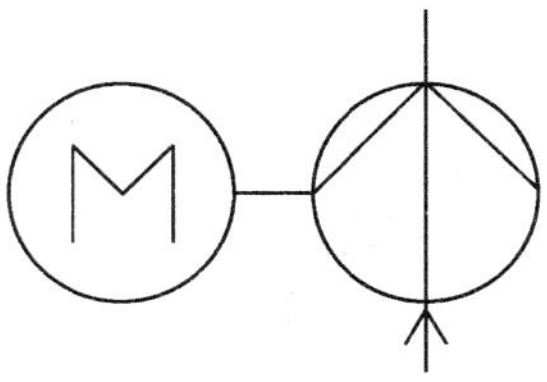 带电动机的离心泵 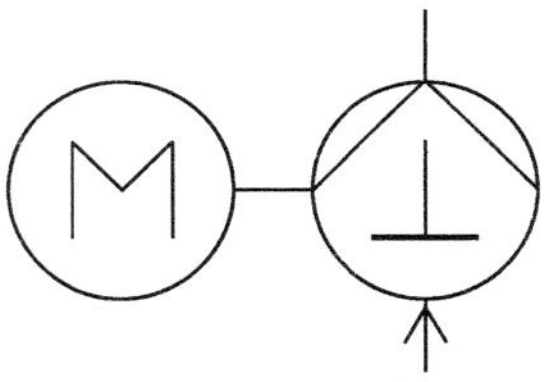 带电动机（外部轴密封）的往复泵 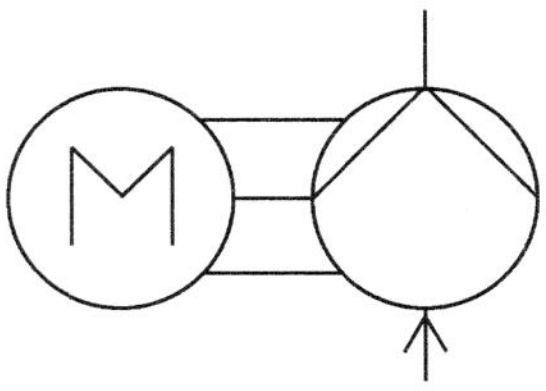 带封闭电动机（如屏蔽电动机）的离心泵

表 1（续）

ISO 基本系列	图形符号 制冷系列	应用举例
16 组	压缩机 真空泵 风　机	
压缩机 真空泵 收缩端指示流动方向 风扇	往复式压缩机 往复式真空泵 旋转活塞式压缩机 旋转活塞式真空泵 透平式压缩机 透平式真空泵 涡旋压缩机 滚动叶片式压缩机 旋转式压缩机，滚动叶片真空泵 螺杆式压缩机 液体环压缩机 液体环真空泵 喷射式压缩机 喷射式真空泵 离心风机 轴流或螺旋浆风机	带冷却的二级往复式压缩机 带电动机的螺杆式压缩机 全封闭或半封闭压缩机 全封闭或半封闭电动机压缩机，吸气冷却 有工作流体供应的喷射压缩机

表 1（续）

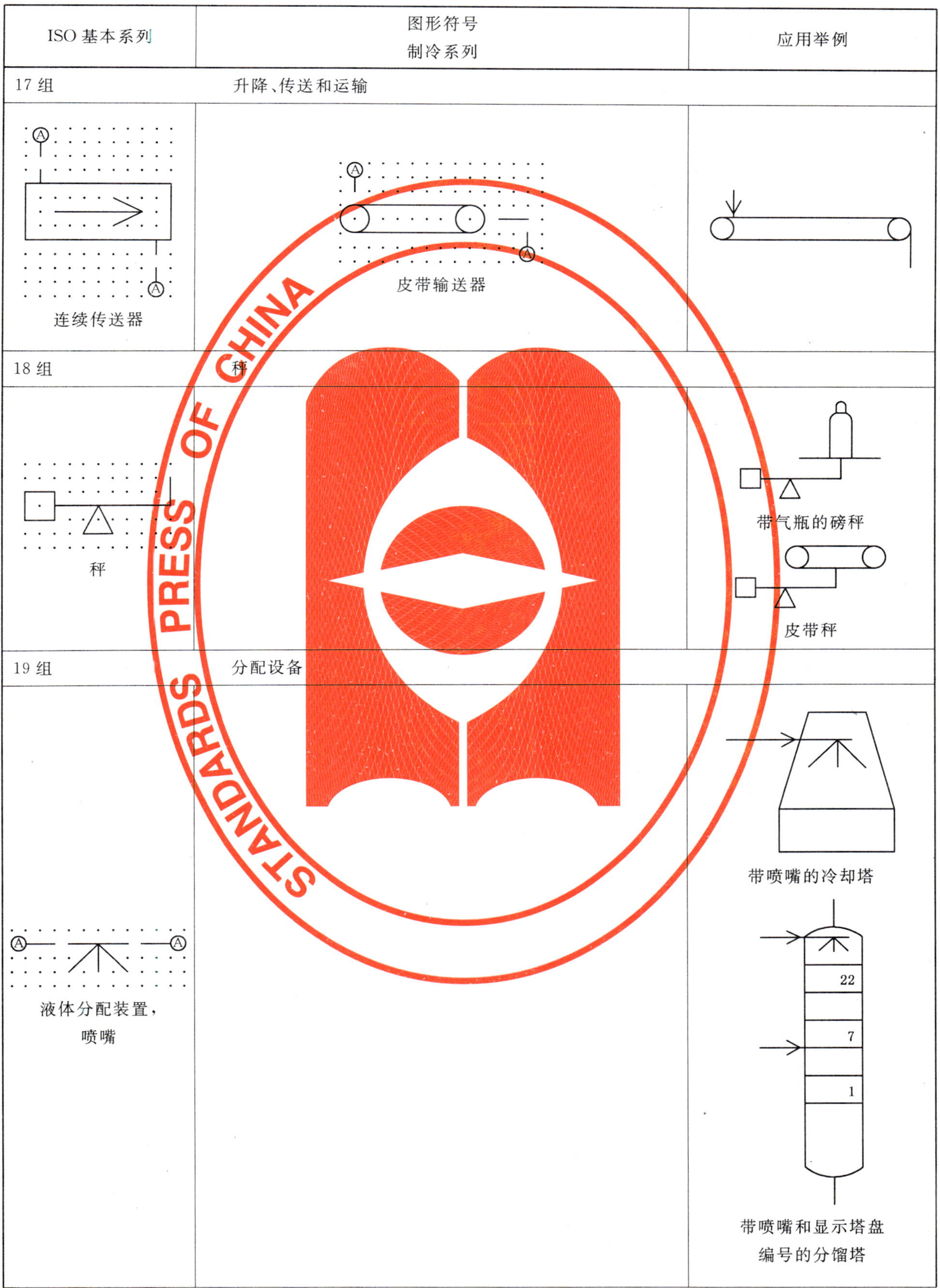

ISO 基本系列	图形符号 制冷系列	应用举例
17 组	升降、传送和运输	
连续传送器	皮带输送器	
18 组	秤	
秤		带气瓶的磅秤 皮带秤
19 组	分配设备	
液体分配装置，喷嘴		带喷嘴的冷却塔 带喷嘴和显示塔盘编号的分馏塔

表 1（续）

ISO 基本系列	图形符号 制冷系列	应用举例
20 组	电动机，发动机，驱动装置	
驱动器	电动机 内燃机 液压驱动 气压驱动 带工作流体的膨胀驱动，透平机	直流电动机 交流、三相电动机

附　录　A
（资料性附录）
制冷系统流程图图例

A.1　带有基本信息和附加信息的系统流程图图例参见图 A.1。

A.2　带有基本信息和附加信息的管路与仪表图图例参见图 A.2。

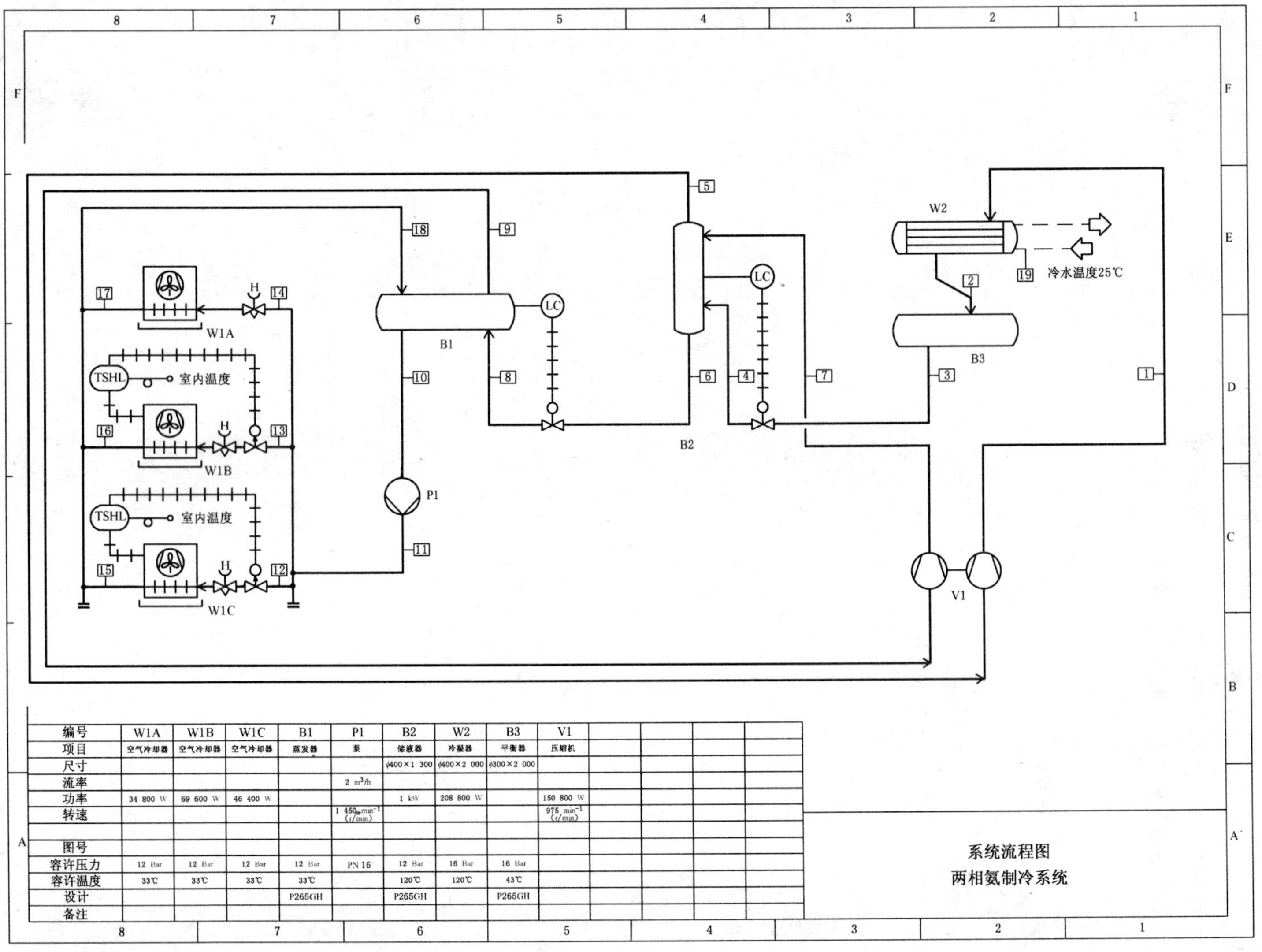

编号	W1A	W1B	W1C	B1	P1	B2	W2	B3	V1				
项目	空气冷却器	空气冷却器	空气冷却器	蒸发器	泵	储液器	冷凝器	平衡器	压缩机				
尺寸						φ400×1 300	φ400×2 000	φ300×2 000					
流率					2 m^3/h								
功率	34 800 W	69 600 W	46 400 W			1 kW	208 800 W		150 800 W				
转速					1 450 min^{-1} (r/min)				975 min^{-1} (r/min)				
图号													
容许压力	12 Bar	12 Bar	12 Bar	12 Bar	PN 16	12 Bar	16 Bar	16 Bar					
容许温度	33℃	33℃	33℃	33℃		120℃	120℃	43℃					
设计				P265GH		P265GH		P265GH					
备注													

图 A.1 带有基本信息和附加信息的系统流程图图例(尺寸已缩小)

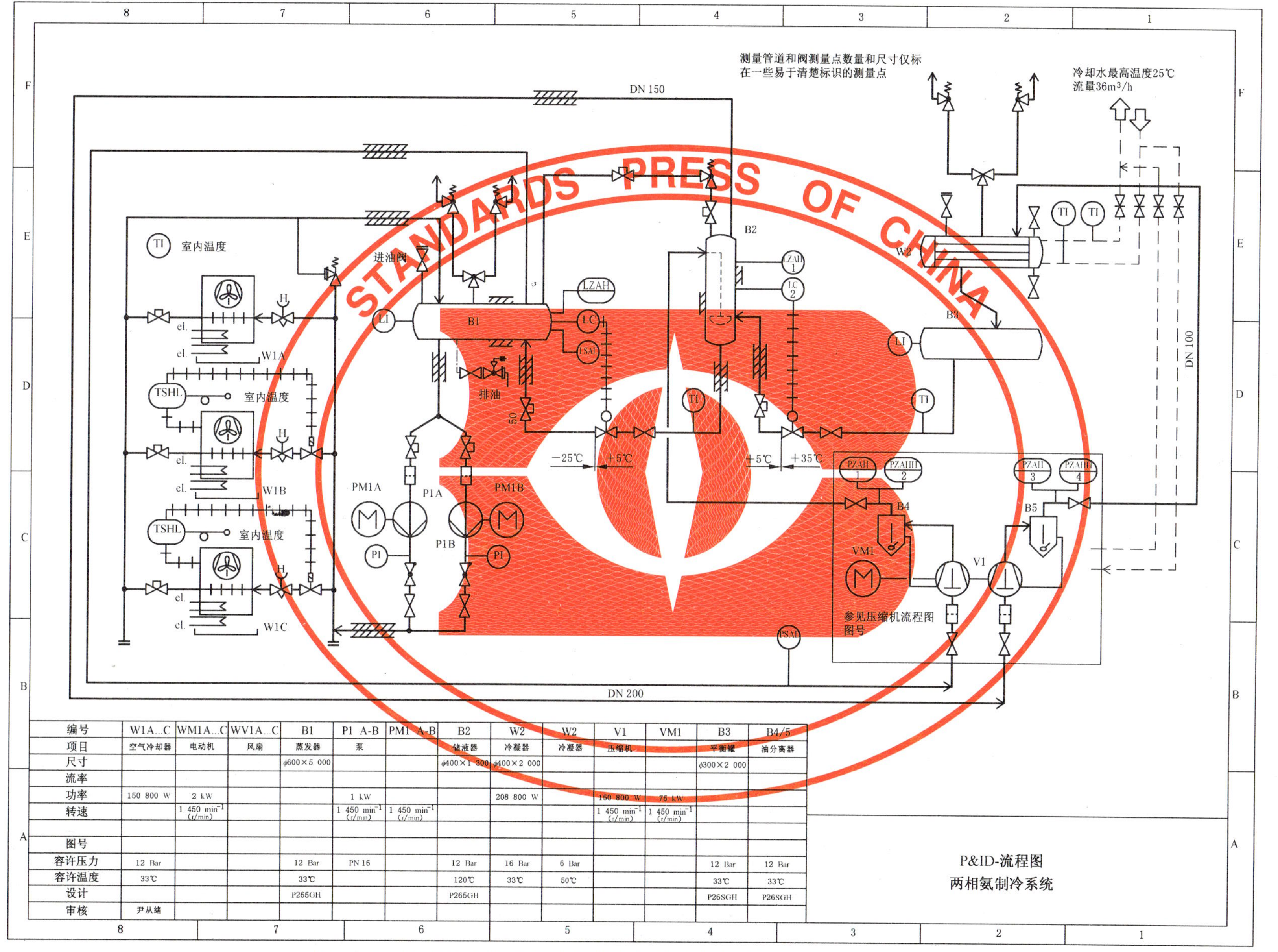

编号	W1A...C	WM1A...C	WV1A...C	B1	P1 A-B	PM1 A-B	B2	W2	W2	V1	VM1	B3	B4/5
项目	空气冷却器	电动机	风扇	蒸发器	泵		储液器	冷凝器	冷凝器	压缩机		平衡罐	油分离器
尺寸				φ600×5 000			φ400×1 300	φ400×2 000				φ300×2 000	
流率													
功率	150 800 W	2 kW			1 kW			208 800 W		150 800 W	75 kW		
转速		1 450 min^{-1} (r/min)			1 450 min^{-1} (r/min)	1 450 min^{-1} (r/min)				1 450 min^{-1} (r/min)	1 450 min^{-1} (r/min)		
图号													
容许压力	12 Bar			12 Bar	PN 16		12 Bar	16 Bar	6 Bar			12 Bar	12 Bar
容许温度	33℃			33℃			120℃	33℃	50℃			33℃	33℃
设计				P265GH			P265GH					P26SGH	P26SGH
审核	尹从绪												

图 A.2 带有基本信息和附加信息的管路与仪表图图例(尺寸已缩小)

附 录 B
（资料性附录）
字母代码、通用符号以及测量与控制符号示例

B.1 本附录包括了用于表示仪表功能的字母代码以及符合 ISO 3511-1 和 ISO 3511-2 的测量和控制符号示例。

B.2 用于表示测量功能的字母代码参见表 B.1。

表 B.1 用于表示测量功能的字母代码

1	2	3	4
	第一个字①		随后的字①
	被测量或初始变量⑤	调节器	显示或输出功能
A			报警
B			
C			控制
D	密度	差别	
E	全部电气变量②		
F	流动速率	比值	
G	计量，位置和长度		
H	手工操作的（手工启动的）⑥		
I			指示
J		扫描	
K	时间或时间表		
L	级⑥		
M	水分或湿度		
N	用户选择③		
O	用户选择③		
P	压力或真空		
Q	质量参数② 例如：分析、浓度、传导率	整合或合计	累计或总和
R	核辐射		记录
S	速度或频率		转换
T	温度		传送
U	多用变量④		
V	黏度		

表 B.1（续）

1	2	3	4
W	质量或力		
X	不分类的变量③		
Y	用户选择③		
Z			紧急或安全动作

注1：大写字体字符用于表示被测量的或初始的变量，随后的字符用于表示显示或输出功能。最好用大写字符表示调节器，但也可采用小写字符。

注2：用注释说明被测量的参数。

注3：用户需要表示被测量的或初始的变量，但尚未规定合适的字符，且要求这些字符在专门的合同书上重现，此时可采用配置给“用户选择”的字符，只要为一特殊的被测量的或初始的变量对这些字符进行标记或定义，并规定这些字符是专用的。用户需要表示被测量的或初始的变量。而这些变量可能用到一次或用到某种有限的程度，可采用字母X，只要能对它进行适当的标记或定义。

注4：在单个装置被许多代表不同变量的输入地方，可采用字母U代替一系列的首字母。

注5：在仪表可能有两个被测量的或初始的变量的地方，反映主要功能的字符代码位于首位，例如带有就地指示的压力开关为PIS。

注6：在需要表示高/最大值或低/最小值的地方，可采用字母H和L，并与仪表符号结合起来使用，参见表B.3。采用它们时，可将它们置于符号圈之内或在符号圈之外并于符号圈相邻。

B.3 通用符号参见表B.2。

表 B.2 通用符号

符 号	解 释
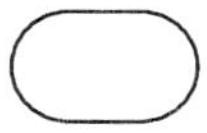	就地检测仪
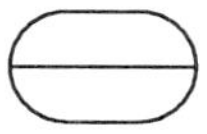	遥控面板
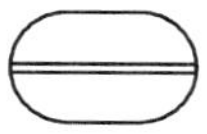	就地控制面板

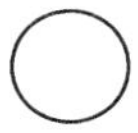

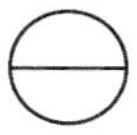

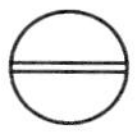

B.4 测量与控制符号范例参见表B.3。

表B.3 测量与控制符号范例

符 号	解 释
流动	
FZAL	安全流动开关设定点/报警最小值
液位	
LI	液位指示器
LS	液位开关
LT	液位变送器
LI	带读数的液位测量控制面板
LZAH	安全液位开关设定点/报警最大值
LZAL	安全液位开关设定点/报警最小值
压力	
PI	压力表
PDI	压差表
PISHL	带读数的压力开关(接触式压力表)
PT	压力变送器
PIT	压力变送器就地指示
PS	压力限制装置
PSH	高压限制装置
PSL	低压限制装置
PC	压力控制

表 B.3（续）

符号	解释
PZH	高压切断
PZHH	高压安全切断
PDZAH	压差安全开关设定点/报警最大值
PDZAL	压差安全开关设定点/报警最小值
PZAH	压力安全开关设定点/报警最大值
PZAL	压力安全开关设定点/报警最小值
质量	
QIA NH_3	带有指示和报警的氨气体浓度测量
温度	
TI	温度计
TT	温度变送器
TIT	带显示的温度变送器
TIR	带显示和记录的温度计控制面板
TSHL	温度开关
TISHL	带显示的温度开关(接触式温度计)
TZAH	温度安全开关设定点/报警最大值
TZAL	温度安全开关设定点/报警最小值

参 考 文 献

[1] ISO 128 技术制图 画法的一般规则.

ICS 27.200
J 73

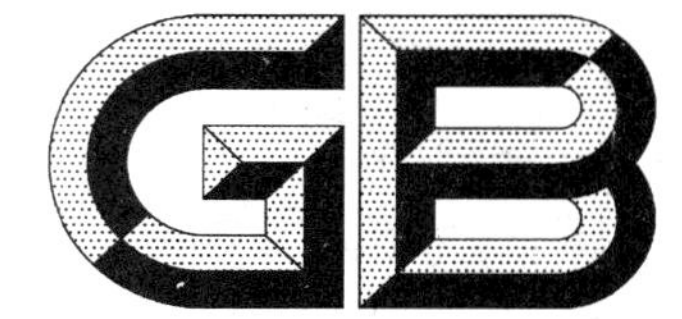

中华人民共和国国家标准

GB/T 23682—2009

制冷系统和热泵 软管件、隔震管和膨胀接头 要求、设计与安装

Refrigerating systems and heat pumps—Flexible pipe elements, vibration isolators and expansion joints—Requirements, design and installation

(EN 1736:2000,IDT)

2009-04-17 发布 2009-11-01 实施

中华人民共和国国家质量监督检验检疫总局
中国国家标准化管理委员会 发布

前　言

本标准等同采用欧洲标准化委员会标准 EN 1736:2000《制冷系统和热泵　软管件、隔震管和膨胀接头　要求、设计和安装》(英文版)。

为了便于使用,本标准作了下列编辑性修改:

——删除了原标准的前言、引言和资料性附录 A。

本标准由中华人民共和国商务部提出。

本标准由全国制冷标准化技术委员会(SAC/TC 119)归口并负责解释。

本标准起草单位:中国制冷学会、国内贸易工程设计研究院、诸暨市神通机电工业有限公司、宁波宏展空调器材有限公司。

本标准主要起草人:胡汪洋、常琳、刘长永、何华君、金建华、冯清清。

制冷系统和热泵
软管件、隔震管和膨胀接头
要求、设计与安装

1 范围

本标准规定了制冷系统和热泵的制冷剂回路中使用的软管件、隔震管和膨胀接头的要求、设计与安装。

本标准适用于制冷系统和热泵的制冷剂回路中的金属软管、金属挠管、非金属软管、隔震管、膨胀接头。

本标准不适用于仅偶尔受力超过弹性极限的软管(如:软管在修理过程中,或与自由转动或铰接的接头相连时)。

2 规范性引用文件

下列文件中的条款通过本标准的引用而成为本标准的条款。凡是注日期的引用文件,其随后所有的修改单(不包括勘误的内容)或修订版均不适用于本标准,然而,鼓励根据本标准达成协议的各方研究是否可使用这些文件的最新版本。凡是不注日期的引用文件,其最新版本适用于本标准。

EN 378-2 制冷系统和热泵 安全和环境要求 第2部分:设计、建造、试验、标识与文件编制

3 术语和定义

下列术语和定义适用于本标准。

3.1

软管件 flexible pipe element

连接有相对位移两点的任何形式的管道或管子。

注1:软管件包含3.2~3.4中定义的所有种类。

注2:软管件的结构中可包含塑胶隔层,该隔层或是内表面的内衬,或是管壁中的夹层。其主要作用是减少制冷剂气体的渗漏。

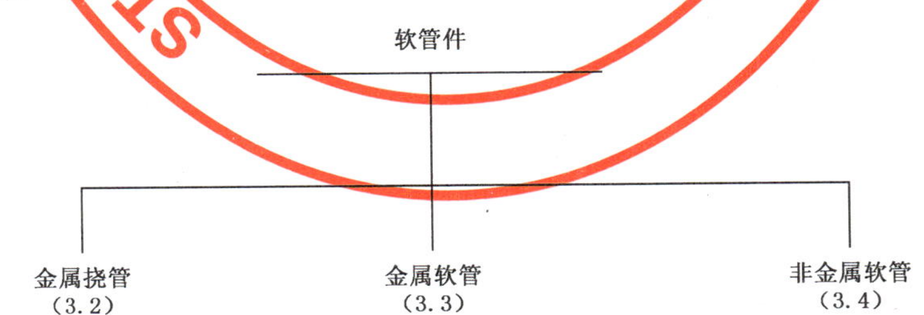

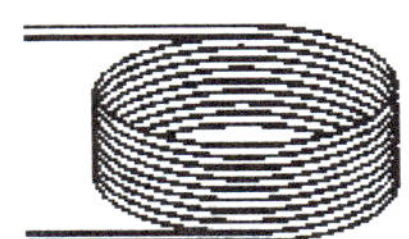

柔性与形状有关(例如盘管)　柔性与结构有关(例如波纹软管)　柔性与材料有关(例如合成橡胶)

图1 软管件类型

3.2

金属挠管　metallic flexible pipe(见图 1)

易于弯曲、小口径的管子,在制冷系统运行过程中能在其弹性极限范围内移动,例如:毛细管。

注:借助于该类管子呈柔性,可将管子进行弯曲,例如绕成盘状的毛细管。

3.3

金属软管　metallic flexible tube(见图 1)

在规定弹性极限内弯曲的管状软管件,它包含有金属制造的伸缩波纹管,其波纹可能呈环状或呈螺旋状。

注 1:金属软管可通过采用橡胶或塑胶覆盖的金属编织物强化,但当其在预定限度范围内弯曲时,整个管件的设计所受应力不应超过其弹性极限。

注 2:借助于管子的设计和构造,该类管子呈柔性,例如波纹管。

3.4

非金属软管　non-metallic flexible tube(见图 1)

在规定弹性极限内弯曲的管状软管件。

注 1:非金属软管的内孔可以是光滑的或是波纹形的,可对软管增加强度,以承受压力、真空或外部的影响。

注 2:借助于软管的材质,该类管子可呈柔性,例如合成橡胶。

注 3:非金属软管的分类如下:

A 类:管子在两层合成橡胶之间具有一层热塑隔层。增强的方法是把纺纱线或纤维织物粘附在管子和覆盖层上,外层是隔热和隔气的合成橡胶。

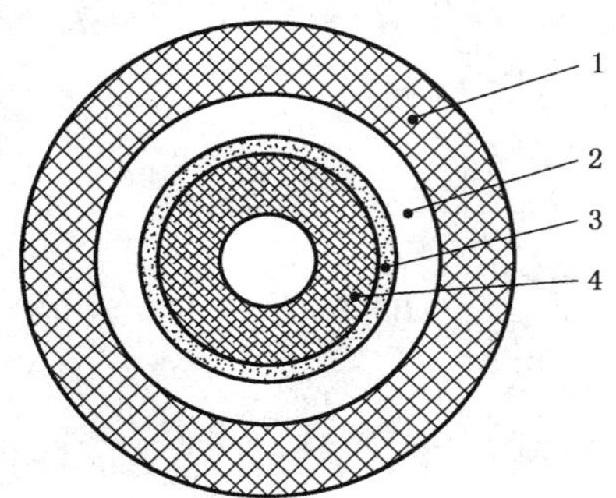

1——隔热和隔气合成橡胶;

2——纺纱线、绳或纤维织物增强层;

3——热塑隔层;

4——合成橡胶层。

B 类:管子有一层热塑内衬,且在两层合成橡胶之间有热塑隔层。增强的方法是把纺纱线、绳或纤维织物粘附在管子和覆盖层上,外层是隔热和隔气的合成橡胶。

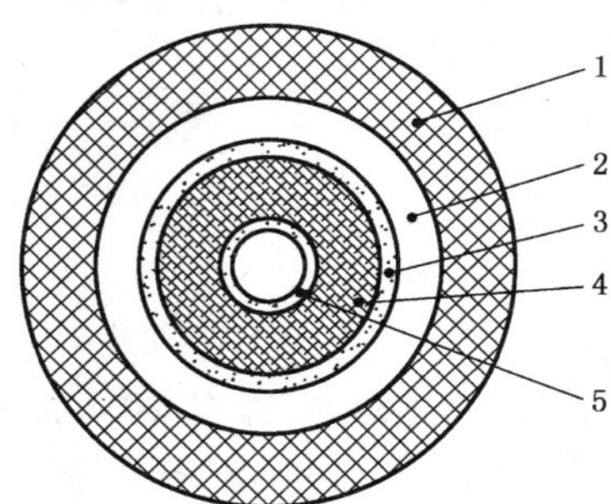

1——隔热和隔气合成橡胶;

2——纺纱线、绳或纤维织物增强层;

3——热塑隔层;

4——合成橡胶层;

5——热塑内衬。

C类:管子有一层整体合成橡胶。增强的方法是把纺纱线、绳或纤维织物粘附在管子和覆盖层上,外层是隔热和隔气的合成橡胶。

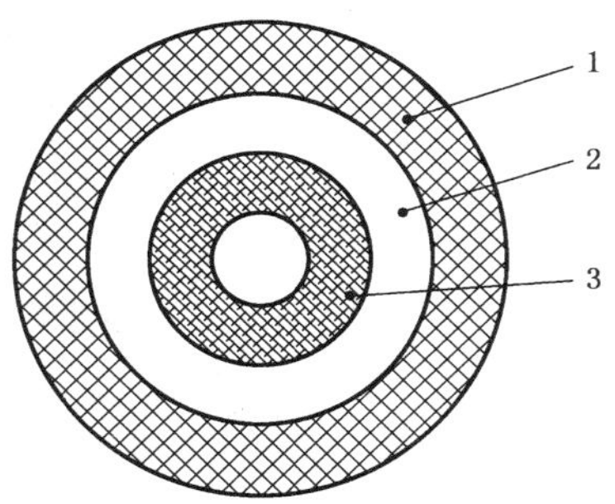

1——隔热和隔气合成橡胶;

2——纺纱线、绳或纤维织物增强层;

3——整体合成橡胶。

D类:管子有一层整体合成橡胶。增强的方法是把钢线粘附在合成橡胶层上,外层由纺纱线与合成橡胶粘结而成。

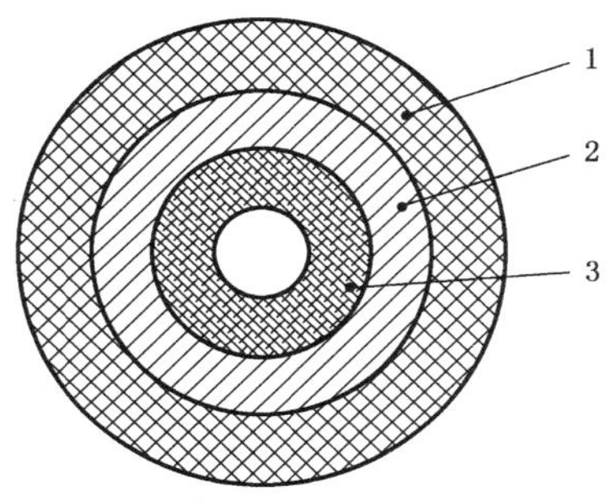

1——纺纱线与合成橡胶粘结而成的隔热层;

2——钢线增强层;

3——整体合成橡胶。

E类:管子有一层热塑层。增强的方法是把纺纱线、绳或纤维织物粘附在管子和覆盖层上,外层是隔热和隔气的合成橡胶。

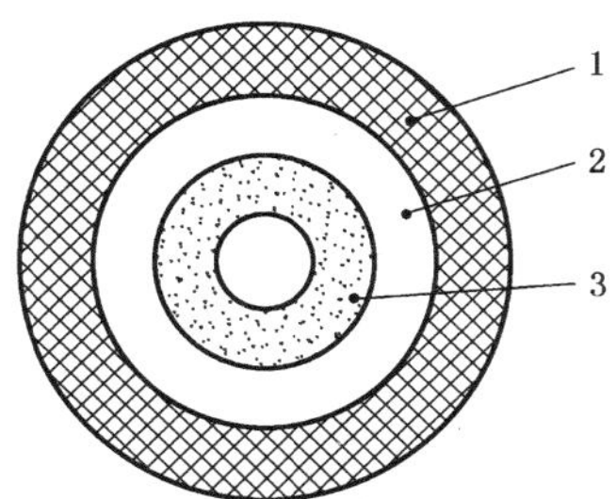

1——隔热和隔气合成橡胶;

2——纺纱线、绳或纤维织物增强层;

3——热塑层。

F类：管子有一层热塑内衬及相邻的合成橡胶层。增强的方法是把纺纱线、绳或纤维织物粘附在管子和覆盖层上，外层是隔热和隔气的合成橡胶。

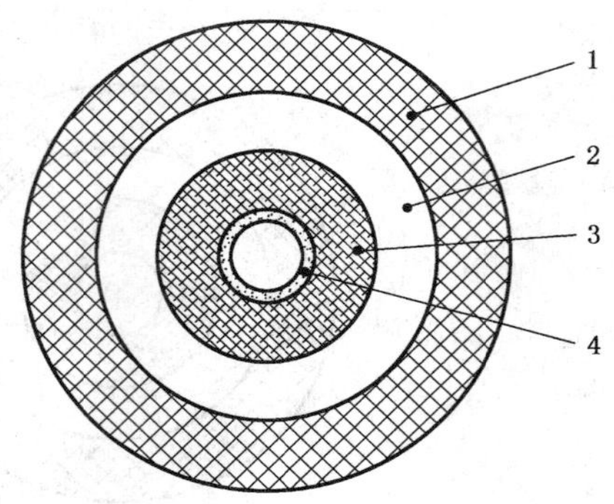

1——隔热和隔气合成橡胶；
2——纺纱线、绳或纤维织物增强层；
3——弹性层；
4——热塑内衬。

3.5

膨胀接头　expansion joint

利用其形状的有限移动来吸收热膨胀的管件，该移动要在其弹性极限内。

3.6

隔震管　vibration isolator

通常为金属构造的柔性短管，利用它可减小压缩机传到制冷系统其他部件或制冷系统其他部件传到压缩机的振动的影响。

4　应用

4.1　概述

4.1.1　制冷系统的设计与安装应做到：由软管件连接起来的组件因位移产生的应力不超过其弹性极限。

4.1.2　应按照制造厂的说明书安装。

4.1.3　只有在必要时才应使用软管件、隔震管和膨胀接头。

4.2　位移较大的软管件

注：该管件应满足较大位移的常规运动，可保证制冷装置的运行，如平板冻结装置。

4.2.1　位移较大的软管件应加以支撑和连接，支撑和连接的方式应使软管件的弯曲半径不小于制造厂规定的数值。

4.2.2　当不导电制冷剂以高速流经位移较大的软管件时，不应产生静电。

注：可通过使用防静电塑料连接来达到。

4.2.3　位移较大的软管件的安装，不应存在软管移动过程中与其外层及固定物件的磨损。

4.2.4　位移较大的软管件的制作与连接，表面或接头处应不易受冰冻的损伤。

4.2.5　生产位移较大的非金属挠管制造厂，应说明管件对水蒸气和适用制冷剂的渗透率(见第7章)。

4.3　周期性位移的软管件

注：该管件周期性地移动，以调整制冷系统部件之间的相对位移。

4.3.1　周期性移动的软管应加以支撑和连接，支撑和连接的方式应使软管的弯曲半径不小于制造厂规定的数值。

4.3.2　当不导电制冷剂以高速流经周期性位移的软管件时，不应产生静电。

注：可通过使用防静电塑料连接来达到。

4.3.3　周期性位移的软管件的安装，不应存在软管位移过程中与其外层及固定物件的磨损。

4.3.4　周期性位移的软管件的制作与连接，表面或接头处应不易受冰冻的损伤。

4.3.5 周期性位移的软管件制造厂，应说明管件对水蒸气和适用制冷剂的渗透率（见第7章）。

4.4 固定安装的软管件

注：通过吸收制冷系统部件间轻微的未对准或相对运动，该管件可减少安装中遇到的困难。

4.4.1 固定安装的软管件应加以支撑和连接，支撑和连接的方式应使软管件的弯曲半径不小于制造厂规定的数值。

4.4.2 当不导电制冷剂以高速流经固定安装的软管件时，不应产生静电。

注：可通过使用防静电塑料连接来达到。

4.4.3 固定安装的软管件的制造与连接，表面或接头处应不易受冰冻的损伤。

4.4.4 固定安装的非金属挠管制造厂，应说明管件对水蒸气和适用制冷剂的渗透率（见第7章）。

4.5 隔震管

注1：隔震管通常用作压缩机的吸气、排气连接，有时也用作蒸发器、冷凝器的连接。

注2：隔震管不适用于阻止气流脉动的传递。

4.5.1 隔震管安装时不应出现弯曲和扭曲的现象。

4.5.2 隔震管的安装，应能吸收来自运行压缩机的振动，也能调整弹簧悬挂式压缩机起动及停机过程中的位移。

4.5.3 在需要隔振之处，若多个组件不在同一平面内，则要确保隔震管的轴线能使所有组件适应。若有必要，需安装两个相互之间成直角连接的隔震管。

4.5.4 应把隔震管牢固地铰接在制冷系统固定管路的连接之处。

4.5.5 隔震管的安装与连接应使表面或接头处不受冰冻的损伤，隔震管不应垂直安装，除非隔震管上已紧固有一防水辅套。

4.5.6 应按照制造厂的说明书安装隔震管。

4.6 膨胀接头

注：膨胀接头用于吸收管道热膨胀产生的应力，避免压缩管道系统超过其弹性极限。膨胀接头可为波纹管，也可通过使用合适构造的管道系统产生适当的柔性（倾斜的、水平的、轴向的补偿运动）。

4.6.1 对于热膨胀作用很显著的系统，应采用膨胀接头或相应的方法来保护。

4.6.2 应对管路系统的自由膨胀进行计算，以确保所需的柔性度。

4.6.3 在采用膨胀接头处，管路系统应有固定的连接点和导向点。

注：作为一个压缩机、压力容器或其他额外的刚性装备与建筑结构的连接点，是膨胀和收缩发生的固定点。导向点对于防止管道在相反方向上的不可控运动是必须的。

4.6.4 对于隔热的管路系统，连接点应固定在管道上，导向点应位于隔热层的外表面。

4.6.5 波纹型膨胀接头的安装，不应使它们因受到内部压力而产生轴向位移造成损害。

4.6.6 波纹型膨胀接头，不应因管路横向位移而产生超剪切应力。

4.6.7 应防止波纹管螺纹圈内凝结水的冻结对波纹管的损坏。

注：可用低温的油脂或软膏来包装波纹管螺纹圈，在软膏上加上保温和水蒸气密封。

4.6.8 应按照制造厂的说明书安装膨胀接头。

4.7 金属挠管

4.7.1 金属挠管的材料，应是具有抗硬化的，或者经加工硬化处理后不出现质变。

4.7.2 金属挠管盘管不应在可预见的运行工况下发生共振。

注：金属挠管，通常内径较小，用于阻止从管道系统向控制器和安全设施传递的震动，这些管道通常弯曲成螺旋状以减少应力。

5 材料

所用的材料应适合于所用的制冷剂，能适应暴露的环境。低温下所用的材料应具有足够的柔性，不应在制冷系统的运行温度范围内变脆。

6 压力要求

6.1 软管件、隔震管和膨胀接头应能进行强度压力试验,其试验压力不小于配有软管件的制冷系统允许压力的 1.3 倍。软管件还应承受－0.096 MPa 的压力,且不受损。

6.2 软管件、隔震管和膨胀接头用于传热介质(载冷剂)时,应遵守 6.1 的规定。由于此时不应出现真空,因而不要求软管件承受指定的真空条件。

6.3 由型式试验确定的软管件、隔震管和膨胀接头的爆破压力,应小于管件规定设计压力的 3 倍或 1 MPa,取二者中的较大值。

注:用户应该意识到在运行状态下,压力要求、震动应力、未对准引起的应力、弯曲和扭曲、温度影响将会同时存在。

7 非金属软管的渗透率

7.1 为了确立允许渗透率(见表 1),应在下列工况下测量:

a) 温度为 32 ℃,压力为制冷剂的饱和蒸气压力;

b) 温度为 100 ℃,压力为 55 ℃时制冷剂饱和蒸气压力的等量值。

表 1 非金属软管允许渗透率

类型	渗透率 (32 ℃,饱和蒸气压力)	渗透率 (100 ℃,55 ℃时饱和蒸气压力)
带热塑隔层	每年 1 kg/m^2	每年 5 kg/m^2
无热塑隔层	每年 5 kg/m^2	每年 50 kg/m^2

7.2 非金属软管对于特定制冷剂的渗透率应在使用时越低越好。可允许渗透率不应使特定制冷剂产生局部危害,如毒性、燃烧性和使人窒息。制冷剂通过软管的渗透所引起的对环境影响的作用(全球变暖、臭氧损耗),应在使用时越低越好。

7.3 制造厂应指明所供非金属软管的类型(有无热塑隔层),以及软管对适用制冷剂的渗透率。

7.4 试验方法

7.4.1 在渗透率试验中,采用四个管组件。每根软管在两端之间的暴露长度至少为 500 mm,且每根软管有各自的名义直径。软管的一端接有充注阀,另一端有封顶接头,充注前应把试样抽真空。

7.4.2 按照 7.1 中规定的压力和温度,在相应的压力下,对其中的三个样品充注制冷剂。

7.4.3 第 4 个样品被用来测定软管内的质量损失。该组件也被密封,但不允许有制冷剂。

7.4.4 在进行试验前,采用一最低敏感度为每年 5 g 的检漏仪检测软管组件的泄漏。任何有泄漏的显示即被认为不合格。

7.4.5 四个试样中有三个试样内充制冷剂。试验时将四个试样弯曲,使其弯曲半径达到软管外径的 20 倍,试样弯曲的长度要与使用上达到的尽可能一致。

7.4.6 软管在 100 ℃±2 ℃环境温度下存放 96 h。

7.4.7 应每隔 24 h 测定 1 次软管组件内的质量损失。

7.4.8 应从充注制冷剂试样的质量中减去未充注软管组件的质量损失。

8 内部清洁度、内部湿度和水蒸气渗透率

8.1 所有内表面不应存在任何杂质,如锈斑、结垢、碎屑与其他类似的物质。在完成制造和测试后,软管件不应含有除保护液以外的任何液体,任何一种保护液也不应对制冷系统产生任何不利的影响。

8.2 在运输和贮存过程中,可采用安装防护盖、密封在防护罩布内或其他类似的方法。

8.3 供货时金属软管组件内容积含水量不应超过 30 g/m^3。

8.4 供货时非金属软管组件中的含水量不应超过 500 mg/m,其渗透率在温度(23±2)℃和相对湿度

(50±5)%条件下，含水量每年不应超过 10 mg/dm^2。

注：水渗透率的评估测试方法包括 Karl-Fischer 滴定法、称重法、电容湿度感应仪、镜像湿度计和 P_2O_5 方法等。

9 端部连接

9.1 非金属软管应具有与之安装紧固的端部接头，应采用紧固力大的适用接头来可靠地输送所有可能的负载，并防止软管拉出。

9.2 通过熔焊或铜焊，应把金属软管、膨胀接头和金属挠管连接到使用接头处，或直接连接到制冷剂管路。

注：在进行熔焊或铜焊时，应注意冷却这些软管件。

9.3 软管件应按照 EN 378-2 的要求连接到制冷管道中。

10 预充注软管件

预充注软管件，应装有自密封接头。当对软管件进行连接或拆卸时，制冷剂不会损失，且空气和湿气不会进入管内。

11 标识

11.1 软管件和配件应加以永久性的标识，标识应清晰易读，以便确定制造厂名、产品种类和尺寸。另外，非金属软管应标示生产日期。

11.2 本章不适用于毛细管。

12 文件编制

对于工厂制造的每一种类软管件和配件，根据要求应具备下列内容：

——制造厂的类型标识；

——管件种类；

——可允许压力；

——适用制冷剂；

——适用制冷剂的渗透率；

——依照第 8 章的水蒸气渗透率；

——本标准的标准号。

ICS 97.130.20
J 73

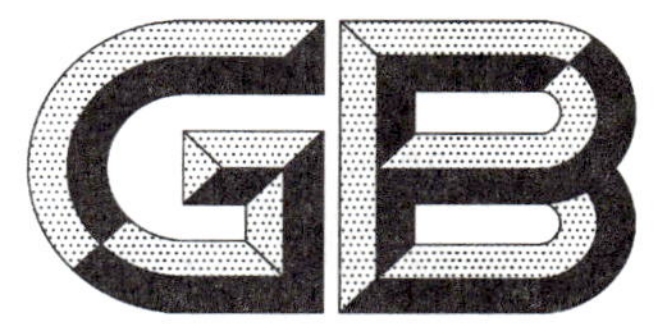

中华人民共和国国家标准

GB/T 23683—2009

制冷剂毛细管流量的试验方法

Method of testing flow capacity of refrigerant capillary tubes

2009-04-17 发布　　　　2009-11-01 实施

中华人民共和国国家质量监督检验检疫总局
中国国家标准化管理委员会　发布

前　言

本标准修改采用美国国家标准化协会/美国供暖制冷空调工程师学会标准 ANSI/ASHRAE Standard 28-1996(RA 2006)《制冷剂毛细管流量的试验方法》。

本标准作了下列技术性修改：

——为符合我国国情，将文中试验标准工况的 21 ℃改为 20 ℃，所修改的章条处为：第 4 章的 d)，5.2，6.3 和 7.1 的注，7.2 的 Q_s，第 10 章的 f)，11.6，第 12 章的 Q_s；

——为符合我国气压表检定规定，第 4 章所引用的“美国机械工程师协会标准 ASME Performance Test Codes，PTC 19.2-1987(R 2004)，Pressure Measurement”改为中国国家标准“JJG 272—2007《空盒气压表和空盒气压计检定规程》和 JJG 614—2004《二等标准水银气压表检定规程》”。

本标准作了下列编辑性修改：

——本标准删除了 ASHRAE 前言；

——本标准的第 1 章包含了 ANSI/ASHRAE Standard 28-1996 (RA 2006)的第 1 章和第 2 章，本标准的第 2 章为新增的“规范性引用文件”，其他章节编号与原标准相同；

——用小数点“.”代替作为小数点的逗号“,”；

——本标准删除了原标准中的英制单位表示，统一采用国际单位制。

本标准由中华人民共和国商务部提出。

本标准由全国制冷标准化技术委员会(SAC/TC 119)归口并负责解释。

本标准起草单位：中国制冷学会、西安交通大学、国家商用制冷设备质量监督检验中心。

本标准主要起草人：杨一凡、李连生、刘小朋、王威、肖杨。

制冷剂毛细管流量的试验方法

1 范围

本标准规定了制冷剂毛细管流量的两种实验室试验方法，即传统方法和替代方法，用来确定在制冷系统中起调节制冷剂作用的毛细管流量。两种方法都采用干燥氮气，提供可供比较的结果。如采用电子设备，选用替代方法更为方便。通过本标准的试验方法可得出毛细管中制冷剂的流动特性。但得出的结果并不表示制冷循环中制冷剂的实际流动特性。

本标准未规定毛细管内径的公差要求和氮气流量的偏差要求，但建议给出试验结果可接受的偏差范围。

2 规范性引用文件

下列文件中的条款通过本标准的引用而成为本标准的条款。凡是注日期的引用文件，其随后所有的修改单(不包括勘误的内容)或修订版均不适用于本标准，然而，鼓励根据本标准达成协议的各方研究是否可使用这些文件的最新版本。凡是不注日期的引用文件，其最新版本适用于本标准。

JJG 272—2007 空盒气压表和空盒气压计检定规程

JJG 614—2004 二等标准水银气压表检定规程

3 术语和定义

下列术语和定义适用于本标准。

3.1

毛细管 capillary tube

在制冷系统中，用于调节制冷剂流量及完成冷凝器和蒸发器之间的节流过程的一种小口径管子，通常内径小至 0.50 mm ID。

3.2

氮气流量 nitrogen capacity

体积流量，单位以升每秒(L/s)表示，等效为在规定入口压力下，且出口压力为标准大气压(101.325 kPa 绝对压力)时的干燥氮气的质量流量。

4 传统方法的装置

传统方法的试验装置按图 1 布置。装置是根据基本测量仪器(例如温度计、压力计)进行描述的，如有更精密的仪器能够满足本标准测量精度的需要，也可采用。

装置的基本部件包括：

a) 干燥氮气供给装置(1)，提供最小表压压力为 850 kPa、最高露点温度为 −32 ℃的干燥氮气；

b) 过滤器(2)，用于除去氮气供给管路中可能被忽略的固体和液体杂质；

c) 压力调节器(3)，用于使任何在 15 kPa～700 kPa 表压范围内的试验压力在试验过程中保持稳定(±5%或±7 kPa 甚至更小)；

d) 调温线圈(4)(如必要)，用于维持进入试验样本的氮气温度与装置的环境温度相同，应为 20 ℃±3 ℃；

e) 温度测量装置(5)，精度为±0.3 ℃，安装时应保证感温装置浸没在氮气流中，以准确测量流动氮气的温度；

f) 压力测量仪表(6)，最大量程为表压 175 kPa，精度为±0.7 kPa 或更小；

g) 压力测量仪表(7)，测量分度为 2 kPa 或更小，测量范围为表压 175 kPa～700 kPa；

h) 密封装置(8)，用于将测试样本(9)与氮气流连接，连接时不应增加流体阻力；

i) 气体流量计(10),校准到准确度为±0.5%,应采用湿式试验气体流量计,并配用温度计(11)和水柱压力计(12),以测量氮气的温度和压力;

注:测试的流量应在湿式试验气体流量计制造厂规定的量程范围,并且在被校准的流量范围内。可与精密体积标准比对,或者按照湿式试验气体流量计制造厂推荐的方法进行校准。

j) 气压计,按照国家检定规程进行校准(如:JJG 272—2007 和 JJG 614—2004);

k) 秒表或其他适合的计时仪表,精度和分辨率能达到 0.1 s。

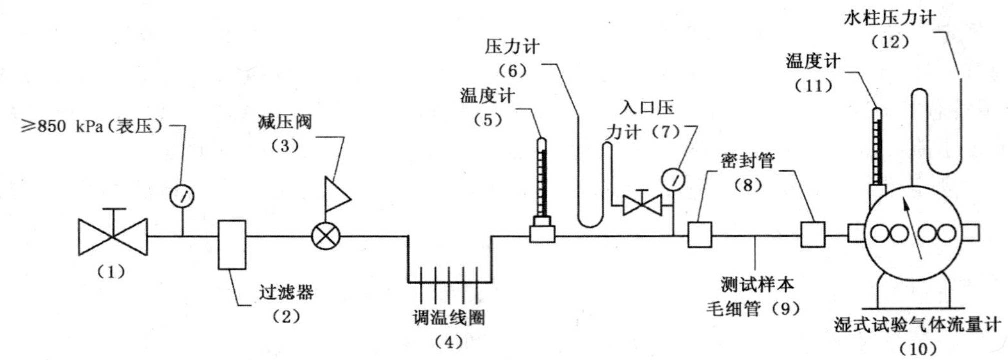

注:连接管和密封管的尺寸,应确保入口压力计和毛细管入口之间及毛细管出口和湿式试验气体流量计之间的压降可被忽略。

图 1 测定毛细管氮气流量的试验装置(传统方法)

5 传统方法的试验步骤

使用湿式试验气体流量计确定毛细管试件内氮气流量的试验按如下步骤进行。

5.1 毛细管按图 1 所示接入测试系统,除因设计考虑而另有要求外,毛细管应尽量呈直管状接入系统进行试验。如由于试验装置的局限性,试件必须呈盘管状或者进行弯曲,则弯曲的最小曲率半径不得小于 300 mm。

5.2 将试验装置的环境温度和调温盘管的温度调节至规定温度:20 ℃±3 ℃。

5.3 将入口压力调节至要求值,按图 2 选定不同长度和内径的毛细管的入口压力(如需测定多点氮气流量,参见 5.7)。

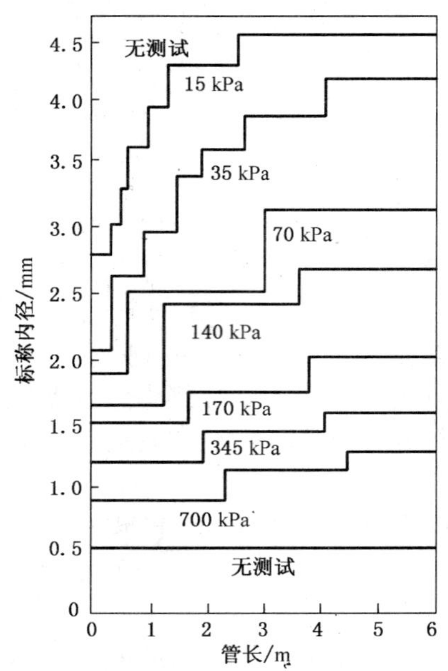

注:如图所示内径和样本管长,交点落入的区域即为待定的流量入口压力。

图 2 确定毛细管流量的入口压力(见 5.3)

5.4 允许氮气在指示器的两个整转数期间流经流量计。

5.5 按照制造厂推荐的方法，在需要时检查和调节湿式试验气体流量计的水位。

5.6 每次试验均应包括对使预先测定体积的氮气流过湿式试验气体流量计时所需时间(精确到 0.1 s)的测定。

5.7 如果需要得到多点的干燥氮气流量，应按照图 2 的指导在另外的进口压力值下确定氮气流量。

5.8 实验室标准的室内毛细管试验，应在设备安装完成并经过校准后进行，并应保持随后的设备检查。

6 传统方法记录的数据

6.1 每次试验中，在不小于 120 s 周期内，记录体积，所流过的体积不少于 30 L。

6.2 观测连续四次被测体积流过的时间，并计算每一次的流量。

6.3 记录环境温度、毛细管入口处的氮气温度及湿式试验气体流量计的压力和温度。

注：所有温度读数都应在 20 ℃±3 ℃的规定值范围内，湿式试验气体流量计上的压力值通常很小，难以读出。

6.4 记录气压表读数和气压表温度，并根据温度来修正气压表读数。

7 传统方法标准基的修正

7.1 按 6.2 得到四次流量的平均值，根据仪表的校准值修正这一平均值(见第 4 章的 i)项)。

注：这个流量值(被测流量，用 Q_m 表示)是在湿式试验气体流量计内的压力和温度下，被水蒸气所饱和的氮气的体积流量。该数值需要进行修正，第一次修正要得出，在试验时间内，在毛细管入口和出口的实际条件下的干燥氮气质量流量；第二次修正要得出，在毛细管出口压力为标准大气压(101.325 kPa 绝对压力)时，毛细管入口表压下干燥氮气的体积流量。总的修正是用 7.2 中的公式来完成的。由于氮气温度被控制在接近 20 ℃的标准状态，所以其温度不需要进行修正。

7.2 当体积是在标准温度和压力下测得时，采用公式(1)将被测毛细管的干燥氮气流量(Q_s)修正到毛细管出口处为标准大气压时的数值，并用升每秒(L/s)表示：

$$Q_s = Q_m\left(\frac{P_b + P_m - P_{vm}}{P_b + P_m}\right)\left(\frac{r_s^2 - 1}{r_t^2 - 1}\right)^{0.5} \qquad (1)$$

式中：

Q_s——根据 7.1 的定义，在 20 ℃，101.325 kPa 绝对压力条件下干燥氮气的体积流量，单位为升每秒(L/s)；

Q_m——仅按仪表的校准值进行修正的平均流量，单位为升每秒(L/s)，见 7.1；

P_m——通过水柱压力计测得的湿式试验气体流量计的压力，单位为千帕(kPa)，表压；

P_b——经修正的大气压力值，单位为千帕(kPa)，绝对压力；

P_{vm}——在湿式试验气体流量计温度下水的饱和压力，单位为千帕(kPa)，绝对压力，见图 3；

r_s——当毛细管的出口处为标准大气压时，通过毛细管的绝对压力比，无量纲：

$r_s = (P_{tg} + P_s)/P_s$；

P_{tg}——试验期间毛细管入口处的压力，单位为千帕(kPa)，表压；

P_s——标准大气压，101.325 千帕(kPa)，绝对压力；

r_t——在试验时间内通过毛细管的绝对压力比，无量纲：

$r_t = (P_{tg} + P_b)/(P_m + P_b)$。

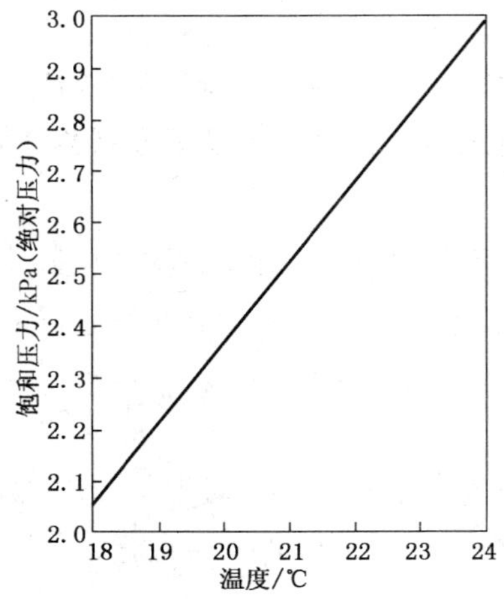

图 3　水的饱和压力(见 7.2)

8　数据表示

8.1　毛细管的干燥氮气流量数据应报告如下：

内径：______

长度：______

流量[1)]：______

入口压力：______

入口温度：______

8.2　若得到的是多点氮气流量，则应把它们用如图 4 所示的曲线表示。在表示结果的图上应注明"已修正到毛细管出口处为标准大气压(101.325 kPa 绝对压力)状态时的干燥氮气流量"的说明。

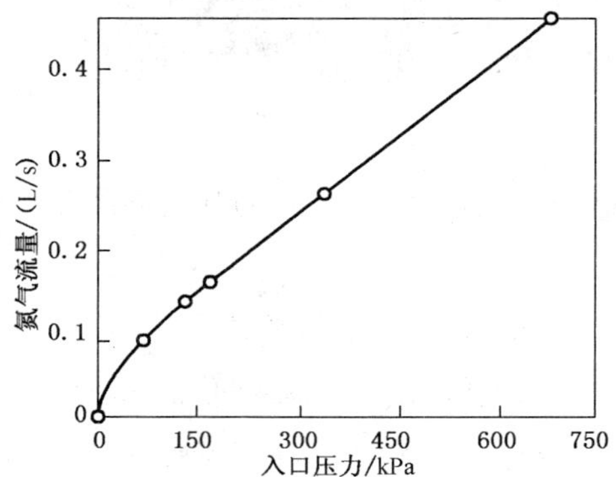

图 4　毛细管氮气流量的数据(多点法)

9　试验结果的允差

试验装置和试验步骤的允差为：当用同一个试验样本在不同实验室得到的流量之间的差值，除以两流量的平均值时，其偏差应不大于 3%。

1)　在标准状态下。

10 替代方法的装置

装置的布置按图5所示：

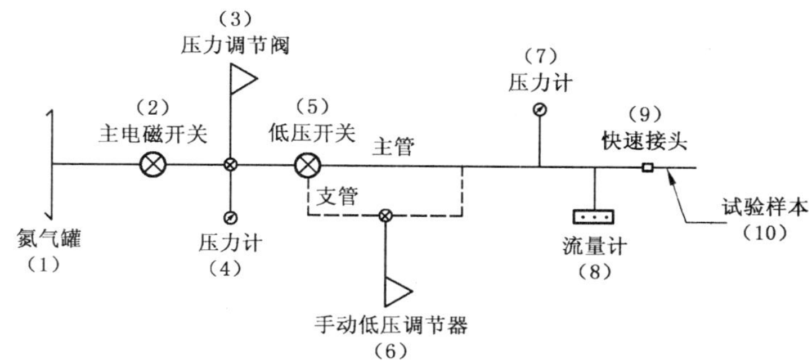

图5 测定毛细管样本中氮气流量的试验装置(替代方法)

a) 提供的干燥氮气(1)的压力应不小于850 kPa(表压)；

b) 主电磁开关(2)；

c) 可调压力控制器(3)，调整供给的压力，与压力测量装置(4)相连，范围为0～1 100 kPa表压；

d) 一个低压电磁开关(5)，量程为175 kPa～700 kPa表压，当使用标着“主要管路”的管线时，在关闭状态下入口压力测量为350 kPa～700 kPa表压；当入口压力测量值小于350 kPa表压时，电磁开关(5)接通，从而关闭主管路并直流流向低压调节器(6)来进行入口压力调节；

e) 压力计(7)，表压0～1 000 kPa，测试试验样本(10)的入口压力，压力测量精度应在±2 kPa或更小；

f) 质量流量计(8)，用来提供经标准大气压校准后的体积流输出，101.325 kPa绝对压力，20 ℃，0～0.5 L/s(标准状态)，质量流量计的精度应在±1%以内；

g) 试验样本的快速接头(9)，系统与试验样本的连接必须密闭，接头不应增加系统的流动阻力。

11 替代方法的试验步骤

确定毛细管样本中的氮气流量的试验应按如下步骤进行。

11.1 毛细管应按图5所示接入测试系统，除因设计考虑而另有要求外，毛细管应尽量呈直管状接入进行试验。如因测试装置的局限性，试件必须呈盘状或进行弯曲，则盘管或弯曲的最小曲率半径不得小于300 mm。

11.2 主电磁阀关闭或无流体时，按图5所示用快速接头安装试验样本。

11.3 把压力计(7)和流量计(8)调节到零点(按照制造商的说明)。

11.4 打开氮气供应装置(1)，打开主电磁开关(2)。

11.5 使用压力调节阀(3)，按照压力计(7)的指示数来调节入口压力。如果入口压力小于350 kPa，则打开低压电磁开关(5)的旁通主管路，引导氮流体通过低压调节器(6)来进行流量调节。所需的入口压力通过图2来确定。

11.6 在标准大气压101.325 kPa绝对压力和20 ℃时的氮气的体积流量应通过流量计(8)读出。流量读数应仅在流量计没有波动时读出。

11.7 数据表示见第8章。

11.8 实验室标准的室内毛细管试验，应在设备安装完成并经过校准后进行，并应保持随后的设备检查。

12 替代方法标准基的修正

当试验在非标准大气压(101.35 kPa绝对压力)下进行时，按11.6获得的流量应采用公式(2)修正到标准大气压下：

$$Q_s = Q_m \frac{P_s}{P_b}\left[\frac{(r_s^2 - 1)}{(r_t^2 - 1)}\right]^{0.5} \quad \cdots\cdots (2)$$

式中：

Q_s——在 20 ℃，101.325 kPa 绝对压力条件下干燥氮气的体积流量，单位为升每秒(L/s)；

Q_m——从仪表上读出的体积流量，单位为升每秒(L/s)，见 11.6；

P_b——经修正的大气压力值，单位为千帕(kPa)，绝对压力；

r_s——如果毛细管的出口处为标准大气压时，通过毛细管的绝对压力比，无量纲：

$r_s = (P_{tg} + P_s)/P_s$；

P_{tg}——试验期间毛细管入口处的压力，单位为千帕(kPa)，表压；

P_s——标准大气压，101.325 千帕(kPa)，绝对压力；

r_t——在试验时间内通过毛细管的绝对压力比，无量纲：

$r_t = (P_{tg} + P_b)/P_b$。

ICS 97.130.20
J 73

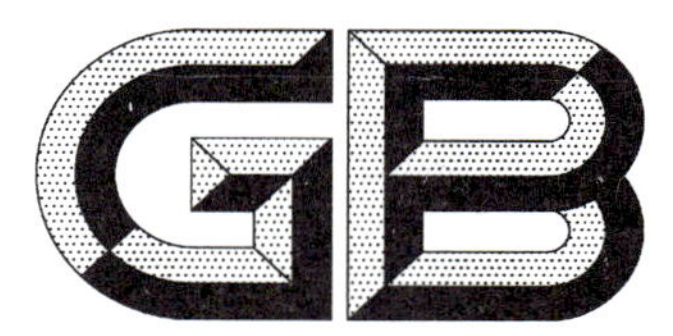

中华人民共和国国家标准

GB/T 23684—2009

液管制冷剂干燥器的试验方法

Method of testing liquid line refrigerant driers

2009-04-17 发布　　2009-11-01 实施

中华人民共和国国家质量监督检验检疫总局
中国国家标准化管理委员会　发布

前　言

本标准等同采用美国国家标准化协会/美国供暖制冷空调工程师学会标准 ANSI/ASHRAE Standard 63.1—1995 (RA 2001)《液管制冷剂干燥器的试验方法》。

本标准技术内容与 ANSI/ASHRAE Standard 63.1—1995 (RA 2001)一致。

本标准作了下列编辑性修改：

——在结构上本标准的第 1 章包含了 ANSI/ASHRAE Standard 63.1—1995 (RA 2001)的第 1 章和第 2 章，所有章条和内容与原标准顺序相同，编号有所不同；

——用小数点‘.’代替作为小数点的逗号‘,’；

——本标准删除了原标准中的英制单位表示，统一采用国际单位制；

——为了方便使用，在增加的附录 A 中列出了本标准引用标准的内容条款。

本标准的附录 A 为资料性附录。

本标准由中华人民共和国商务部提出。

本标准由全国制冷标准化技术委员会归口并负责解释。

本标准起草单位：中国制冷学会、西安交通大学、国家商用制冷设备质量监督检验中心。

本标准主要起草人：李连生、王从飞、刘小朋、常琳、肖杨。

液管制冷剂干燥器的试验方法

1 范围

本标准规定了确定液管制冷剂干燥器流量和含水量性能特性的试验方法。

本标准适用于使用干燥剂的干燥器。

由于干燥剂性能随其活性而变化，本标准所规定的含水量试验方法既适用于试验“新品干燥器”，也适用于内装按制造厂要求重新活化过的干燥剂的干燥器。

本标准适用于使用标准大气压力下沸点低于 20 ℃的卤代烃制冷剂的系统。

本标准不适用于干燥器的以下性能指标：

a) 干燥剂的物理特性；

b) 干燥器的化学特性；

c) 干燥器的吸水机理；

d) 干燥器的过滤能力；

e) 干燥器对酸的吸附；

f) 不用于液体管道的干燥器性能；

g) 干燥速度；

h) 由系统大小、潜在的冻结及化学活动问题对干燥器含水量的影响；

i) 油对干燥器性能的影响。

本标准未规定温度、平衡点干燥度、压降等标准工况，这些值可参考 ARI 710 标准(见附录 A)。

2 术语和定义

下列术语和定义适用于本标准。

2.1

干燥剂 desiccant

能够吸附水分的固体，且其本身不溶于所用的制冷剂工质。

2.2

干燥器 driers

一种装有干燥剂的装置。在制冷系统的液体管道中，主要用于吸附进入系统中的水分。

2.3

平衡点干燥度 equilibrium point dryness(EPD)

在特定温度下，与某特定干燥剂接触足够长时间达到平衡状态后的含水量。平衡点干燥度以制冷剂质量中所含百万分水的质量来表示。

2.4

压降 pressure drop

干燥器进口与出口制冷剂的压力差，单位：kPa。

2.5

流量 flow capacity

在额定压降下，特定制冷剂通过干燥器的质量流速。用液体温度为 43 ℃时每秒钟流过的制冷剂的质量来表示，单位：kg/s。

2.6

含水量 water capacity

在给定温度和EPD下，干燥器与特定制冷剂达到平衡时所吸附的水分质量。其数值用克或水滴数(按每克为20个水滴)来表示。

3 确定干燥器流量的标准试验方法

3.1 流量试验的原理

本试验的目的是准确地测定在额定压降下的制冷剂流过干燥器时的质量流量。试验需要用洁净的制冷剂和一个新的洁净的干燥器来进行。应注意到，在实际使用中，流量可能会减少，该流量的减少取决于干燥器受污染的程度。在制冷系统中完成这样的试验会涉及众多试验难点，因此设计出如图1所示的“液体泵试验回路”。

3.2 设备

流量试验所需要的装置如图1所示，对设备的要求和限制如下所述。

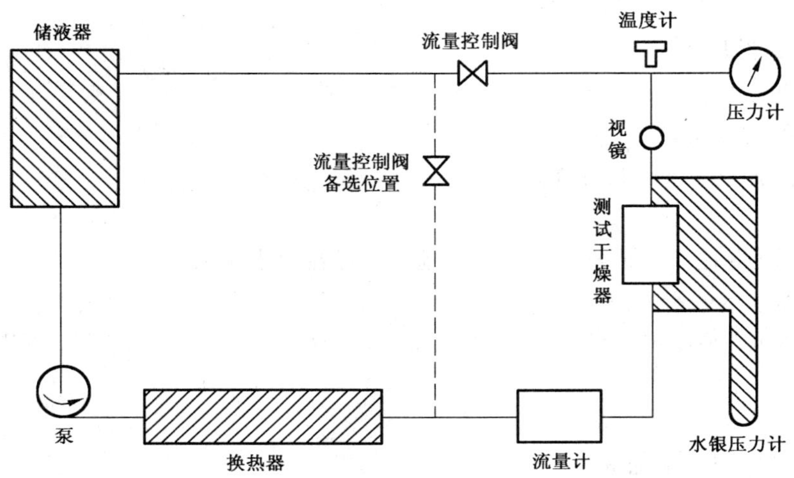

图1 液体泵试验回路示意图

3.2.1 管道和安装

系统所用的管道可以采用通用尺寸，能使系统试验能力改变，并能覆盖较大范围内的流量变化，以满足多种规格的干燥器试验的需要。然而，与干燥器相接的管道应与被测干燥器接头的尺寸相同，且在干燥器的上游和下游都应当有至少为管内径15倍长度的直管段。

3.2.2 泵

泵应能产生稳定、无脉动，并足以保证通过被测干燥器后制冷剂的压降至少为20 kPa或足以满足3.3要求的载流。

3.2.3 换热器

需采用一个换热器，以保持制冷剂温度在25 ℃～45 ℃范围内。

3.2.4 流量计

可使用任何通用型式的流量计，如孔板流量计、文丘里流量计、转子流量计或容积式流量计，但要求其结构和安装不产生过度的紊流，不过度干扰系统的稳定流动。流量计是试验装置中的关键部件，应进行校准，其流量测量误差应小于5%。

3.2.5 压力计

通过试验干燥器的压降应使用水银压力计或其他压力测试仪器测量，其最大误差不超过0.3 kPa。

由于水银顶部的制冷剂液柱的影响，水银压力计的读数应进行修正。测压孔应位于干燥器上游至少2倍管内径及干燥器下游至少10倍管内径的位置。测压孔应采用无毛刺的直径为2 mm的孔，当管径为6.4 mm或更小时，则应采用直径为1 mm的孔。

3.2.6 视液镜

应在被测干燥器的下游安装一个视液镜，以目测在制冷剂内有无闪发气体。

3.2.7 温度计

应于被测干燥器和测压孔的下游安装一个温度计来测量制冷剂的温度，其类型、刻度和安装应保证其测量温度的误差小于2 ℃。

3.2.8 流量调节阀

流过被测干燥器的制冷剂流量应可通过流量调节阀手动调节，以使压降值可在额定压降的50%～150%之间变化。

3.3 试验过程

根据上述限制条件安装被测干燥器、管道和测压孔，在系统中充灌足量特定制冷剂。从系统中除去不凝性气体(空气)，使制冷剂在回路中循环。调整流量调节阀，在额定压降的50%～150%范围内，至少选定5个不同的运行工况，并在每个工况稳定后记录其流量和压降数据。

3.4 试验数据的处理

3.4.1 按仪表的检定结果对观测到的流量数据进行修正，并将单位转换为kg/s。

3.4.2 对水银上部制冷剂液柱观测到的压降造成的影响进行修正，并将单位转换为kPa。基于额定压降下质量流量与制冷剂液体的密度的平方根成正比例的关系，根据制冷剂液体在试验温度与43 ℃下的密度差，对流量进行校正。

3.4.3 根据被测干燥器的各个运行工况的流量与压降，在log-log坐标图上的绘制坐标点，在这些坐标点之间进行插值，求出被测干燥器在额定压降下的流量。

3.5 数据的扩展

经验证明，基于在额定压降下的质量流量与液体制冷剂密度的平方根成正比的关系，通过简单计算即可扩展某种制冷剂的实验流量数据，从而确定其他常用制冷剂的数据。

4 干燥器含水量的标准试验方法

4.1 含水量试验的原理

本标准所规定的试验方法是对试验干燥器加入已知量的水，将干燥器保持在一恒定温度下，使制冷剂以非常缓慢的速度流过干燥器，然后在五氧化二磷干燥装置中用质量定量分析法确定流出的制冷剂的EPD。已证明在规定的缓慢流速下可以达到平衡状态。

为了对干燥器作出全面评价，有必要对几只干燥器中的每一只加入不同量的水，在不同的恒定温度下重复上述过程。这样就可作出EPD与含水量关系的定温曲线。对于该干燥器适用的每种制冷剂，都要重复上述整个试验过程。

4.2 装置

a) 灵敏度为0.1 mg、量程为200 g的分析天平，用以称量纳氏瓶(Nesbitt-type bulbs)的质量。

b) 灵敏度为1.0 g、量程为5 kg的天平，用以称量制冷剂供液瓶的质量。

c) 用于称量干燥器的天平，其量程应足以称量被测干燥器，其灵敏度小于加入干燥器的水的质量的3%。

d) 称量装置(图2)，由串联在一起的两个纳氏瓶和一个流量计组成。两个纳氏瓶中填充了相等质量的五氧化二磷及惰性物质组成的混合物，在干燥剂的上下两侧还有玻璃纤维层作为过滤网。第二个(后面的)瓶用来防止第一个瓶受湿气渗透，并通常在称量第一个瓶时用作平衡器。

e) 空气干燥串联装置，包括一只填充了五氧化二磷和惰性物质混合物的纳式瓶（见图 3）。可在纳式瓶的前面装几只预备干燥塔，并充满合适的干燥剂，以便去除空气中的大部分水分，使五氧化二磷塔的负荷减到最小（见图 3）。

f) 用于将水加入干燥器样品的封闭空气循环回路（见图 4），此回路配有泵和其他部件。泵应能以 0.5 L/s～1.0 L/s 的速率排出无油空气。

g) 容量约为 3L 的液体制冷剂供液钢瓶。这些钢瓶应经过适当的清洁、干燥和抽空处理。

h) 能将图 5 所示的装置维持在设定温度下，精度为±0.5 ℃，并且温度可以设为干燥剂适用温度范围内任意值的恒温槽或恒温箱。当恒温槽温度为室温以上时，应采用一加热罩将制冷剂供液钢瓶加热至高于槽温 3 ℃～6 ℃。整套装置可以置于一恒温箱内。

i) 装配图 5 所示的系统所需的金属管、喇叭口管件和阀门等。

j) 组装的设备应彻底干燥并进行防漏试验。

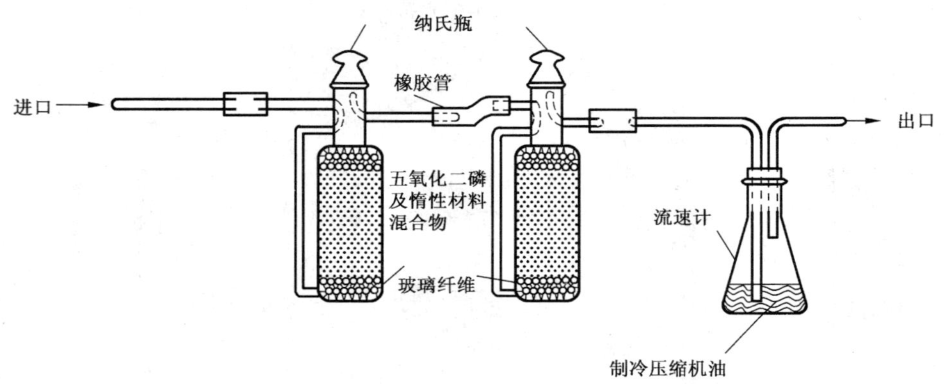

图 2 称量装置

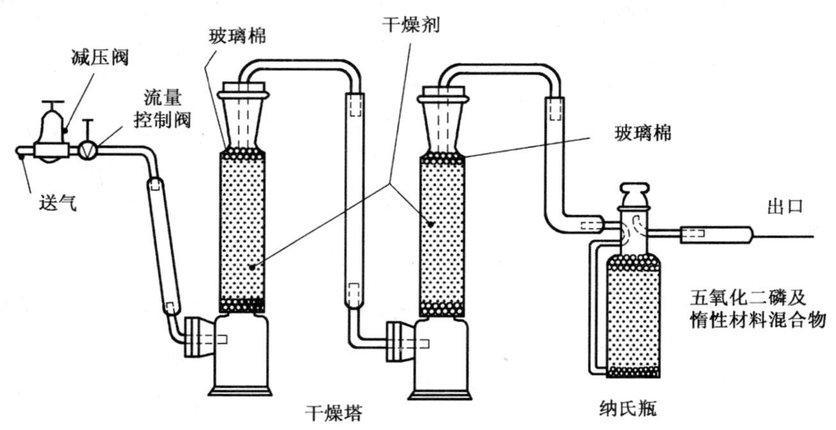

图 3 空气干燥装置

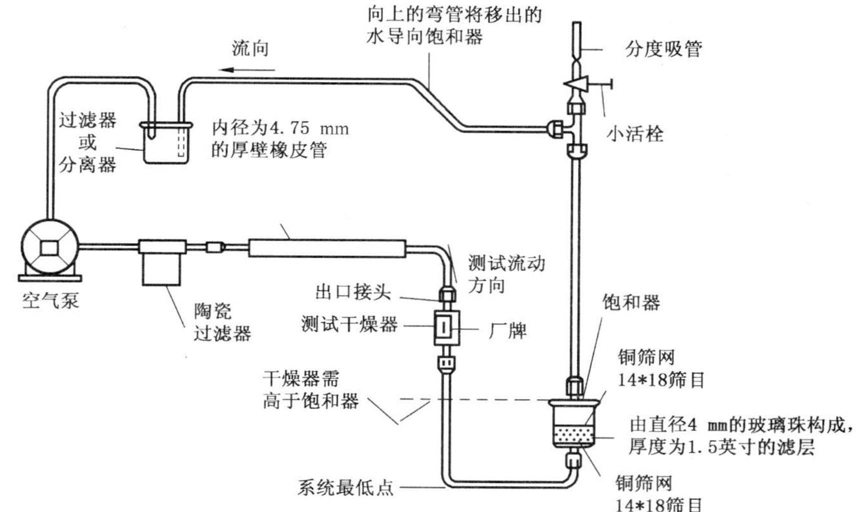

注：除特殊注明外，使用9.5 mm外径的金属管进行连接。

图4　对干燥器样品加入试验水量的装置

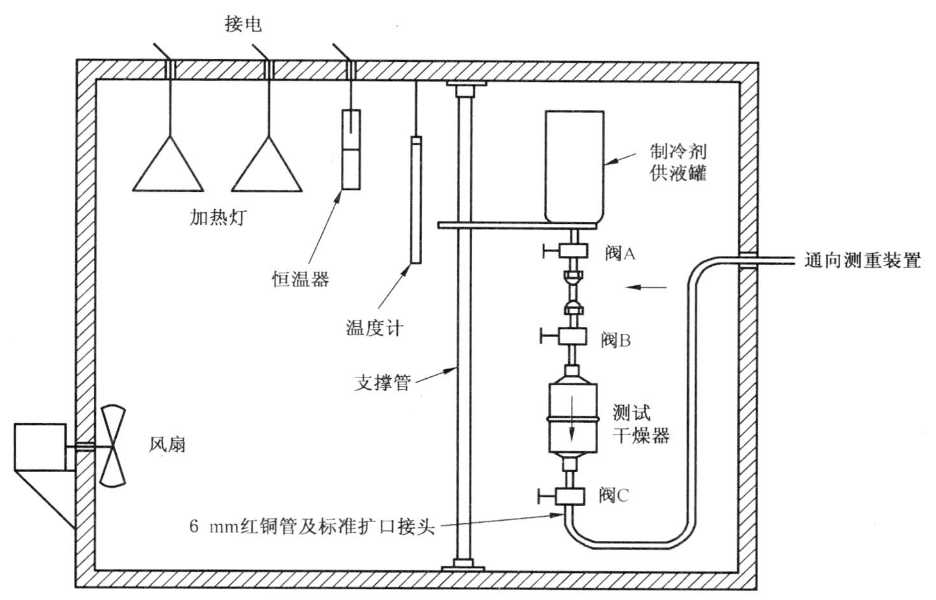

图5　恒温箱试验装置

4.3　被测干燥器的准备

将被测干燥器安装在图4所示的空气循环回路中。干燥器应竖直安装并逆于测试流向，即空气将通过正常的出口接头流入干燥器。把所要的水量加入饱和器。将整个空气循环回路装入保持在77 ℃±3 ℃的恒温箱内，运行循环泵至少24 h(此目的是使水均匀地分布于整个干燥器内)。

在此项工作前后都应称量试验干燥器，其质量差就是加入水的质量。称量的精度应保证最大误差为加入水量的3%。

试验前应采取的预防措施：

a)　由于一些挥发损失，例如干燥器外表面的水分挥发，都会在计算所加水量时造成误差，所以通常将干燥器在77 ℃下预先烘干几小时；

b) 由于水气可通过管件接头、密封等处泄漏和渗入干燥器，因此不应把加入饱和器的水量作为加入干燥器的水量。

4.4 制冷剂的制备

对于本试验中的干燥器，应该使用商业级的无油制冷剂。为了避免充灌时油从大型商用制冷剂钢瓶流入小型供液钢瓶，应当对小型供液钢瓶进行冷却，并充灌气态制冷剂。制冷剂充入供液钢瓶时应至少留出25%的容积以容纳蒸气。

4.5 EPD 的确定

4.5.1 将阀“B”和“C”连接到加了已知水量的被测干燥器上(见图5)，将被测干燥器竖直安装，出口在顶部，阀门“C”微启，使液体制冷剂从制冷剂供液钢瓶经阀门“B”流过干燥器，将空气从干燥器中排出。当液体制冷剂开始从阀门“C”排出时，关闭阀门“C”和“B”。

4.5.2 立即将被测干燥器安装在图5所示的装置上，开启阀门“A”和“B”并试漏。若阀门“B”和“C”关闭时间过长，会导致液体温度升高，有造成试验干燥器内部压力过高的危险，这种情况应予以避免。

注：制冷剂应按生产商规定的方向从供液钢瓶流经干燥器而至针形阀“C”。

4.5.3 稍微开启阀门“C”，使制冷剂以每秒 2 mL/s～5 mL/s 的速度流动，并保持一夜。

4.5.4 使空气流经干燥装置(图3)以得到干空气，使干空气以约 5 mL/s 的流量流经称量装置，保持足够长的时间，使之达到干燥平衡状态，纳氏瓶质量不变化就表示达到了干燥平衡状态。记录纳氏瓶的质量，在此次和以后称量纳氏瓶质量时要避免直接手持，应使用头部带平软木的夹子，并用软刷子将瓶外面的灰刷净。

4.5.5 关闭阀门“A”、“B”和“C”，拆下制冷剂供液钢瓶，称量并重新装好，将“称量装置”连接在管子的出口端。

4.5.6 将阀门“A”、“B”开足并稍微开启阀门“C”，使每秒有几个气泡的气体以不超过 30 g/h 的流量通过系统，可用流量计估测这个流量。当最少有 200 g 制冷剂流过吸收装置后，将所有的阀门关闭。

4.5.7 拆下制冷剂供液钢瓶，称量以确定所用制冷剂的质量。由于阀门“A”和“B”之间存留制冷剂，要对制冷剂质量进行修正。拆下称量装置并用约 5 mL/s 的干空气吹净，直到质量不变为止。称出称量装置的质量以确定所吸收的水量。

4.5.8 将五氧化二磷干燥装置吸收的水质量除以通过装置的制冷剂质量，按下式计算出制冷剂的 EPD：

$$\text{EPD} = \frac{\text{五氧化二磷所吸附的水量}}{\text{制冷剂质量}}$$

4.5.9 对于按上述方法确定的 EPD，被测干燥器的含水量即为所加入的水量(见4.3)。

4.5.10 在确定其他 EPD 下的含水量时，应重复测定 EPD(见4.5)多次，但要用不同量的水加入试验干燥器(见4.3)。在含水量-EPD 图表中这些结果点可以构成一条光滑曲线，并可用于确定任何规定 EPD 下的含水量。

4.6 平衡验证

在由干燥器、制冷剂和水组成的系统中是否达到平衡或发生了化学反应，应通过下述流程来验证。

在流程4.5结束后，将图5所示的配有的具有较高含水量的干燥器的装置，在 52 ℃下放置两周，然后再重复流程4.5。如新测得的 EPD 与原测定值相差 2×10^{-6} 或 10%以内，则证明已达到平衡。如得不到如上结果，应重复上述过程。如 EPD 有持续和显著的增加则表明干燥器已发生化学反应，并可作为干燥器报废的根据。

附 录 A
（资料性附录）
标准测试工况

A.1 对液管干燥器进行测试的标准测试工况如表 A.1 所示。

表 A.1 标准测试工况

制冷剂	标准测试工况	
	标准温度 ℃	EPD $\times 10^{-6}$
R22	24	60
	52	60
R-134a	24	50
	52	50
R-245fa	24	50
	52	50
R-404A	24	50
	52	50
R-407C	24	50
	52	50
R-410A	24	50
	52	50
R-507A	24	50
	52	50

制冷剂流量应在 6.9 kPa 的额定压降下测试。

注：本表中所有数据来源于 ARI 710-86 标准。

参 考 文 献

[1] ARI Standard 710-86，Liquid-Line Driers，Air-Conditioning and Refrigeration Institute，Arlington，VA，1986.

ICS 13.030.01
Z 01

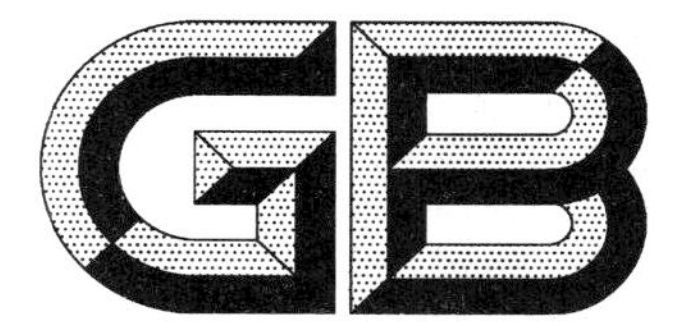

中华人民共和国国家标准

GB/T 23685—2009

废电器电子产品回收利用通用技术要求

General technical specifications of recovering for waste electrical and electronic equipment

2009-04-20 发布　　　　2009-12-01 实施

中华人民共和国国家质量监督检验检疫总局
中国国家标准化管理委员会　发布

前　言

本标准的附录A和附录B为规范性附录，附录C和附录D为资料性附录。

本标准由全国电工电子产品与系统的环境标准化技术委员会(SAC/TC 297)提出并归口。

本标准起草单位：中国标准化研究院、中国电子工程设计院、中国科学院生态环境研究中心、北京工业大学、北京航空航天大学、清华大学、中国再生资源回收利用协会、中国家用电器协会废旧电子电器再生利用分会、机械工业北京电工技术经济研究所、中国环境科学研究院、中国家用电器研究院、中国质量认证中心、上海新金桥工业废弃物管理有限公司。

本标准起草人：林翎、穆京祥、杨建新、李红旗、陈利、沈志刚、李金惠、富鸿钧、刘福中、陈妙农、周仲凡、张友良、骆明非、高东峰、陈健华、黄晨。

本标准为首次发布。

废电器电子产品回收利用通用技术要求

1　范围

本标准规定了废电器电子产品在收集、运输、贮存、处理和处置过程的资源有效利用和污染控制的技术要求和相关规定。

本标准适用于下列废电器电子产品：办公设备及计算机产品、通信设备、视听产品及广播电视设备、家用及类似用途电器产品、仪器仪表及测量监控产品、电动工具及电线电缆共七大类，并包括构成这些产品的所有零部件、元器件及材料(见附录A)。其他产品可参照执行。

本标准不适用于电池、照明器具及医疗电子电器设备等产品。

2　规范性引用文件

下列文件中的条款通过本标准的引用而成为本标准的条款。凡是注日期的引用文件，其随后所有的修改单(不包括勘误的内容)或修订版均不适用于本标准，然而，鼓励根据本标准达成协议的各方研究是否可使用这些文件的最新版本。凡是不注日期的引用文件，其最新版本适用于本标准。

GB 5842　液化石油气钢瓶(GB 5842—2006，ISO 4706：1989，NEQ)

GB 8978　污水综合排放标准

GB 12348　工业企业厂界环境噪声标准

GB 13015　含多氯联苯废物污染控制标准

GB/T 16288　塑料制品的标志(GB/T 16288—2008，ISO 11469：2000，MOD)

GB 16297　大气污染物综合排放标准

GB 18484　危险废物焚烧污染控制标准

GB 18597　危险废物贮存污染控制标准

GB 18599　一般工业固体废物贮存、处置场污染控制标准

GB/T 20861　废弃产品回收利用术语

HJ/T 181　废弃机电产品集中拆解利用处置区环境保护技术规范(试行)

3　术语和定义

GB/T 20861确立的以及下列术语和定义适用于本标准。

3.1

废电器电子产品　waste electrical and electronic equipment

不再具有原始使用价值且不能再继续使用的电器电子产品。

3.2

有害物质　hazardous substance

电器电子产品中含有的对人、动植物和环境等产生危害的物质或元素，包括铅(Pb)、汞(Hg)、镉(Cd)、六价铬(Cr^{6+})、多溴联苯(PBB)、多溴二苯醚(PBDE)、多氯联苯(PCB)、含有消耗臭氧层的物质以及国家规定的其他有害物质。

3.3

收集　collection

废电器电子产品聚集、分类和整理活动。

3.4

贮存　storage

为收集、运输、处理和处置的目的，在符合要求的特定场所暂时性存放废电器电子产品的活动。

3.5

拆解　disassembly

通过人工或机械方式将废电器电子产品进行拆卸、解体，以便于处理的活动。

3.6

再使用　reuse

废电器电子产品中的元(器)件、零(部)件继续使用或经清理、维修后继续用于原来用途的行为。

3.7

再生利用　recycling

对废电器电子产品进行处理，使之能够作为原材料重新利用的过程，但不包括能量的回收和利用。

3.8

回收利用　recovery

对废电器电子产品进行处理，使其中的元(器)件、零(部)件能够满足其原来的使用要求或用于其他用途的过程，包括对能量的回收和利用。

3.9

处理　treatment

对废电器电子产品进行除污、拆解、破碎及其再生利用的活动。

3.10

处置　disposal

采用焚烧、填埋或其他改变废弃物的物理、化学、生物特性的方法，达到减量化或者消除其危害性的活动，或者将废弃物最终置于符合环境保护规定要求的场所或者设施的活动。

3.11

回收处理企业　recycler

从事废电器电子产品回收处理企业活动的自然人、法人。

4　基本准则

4.1　资源利用最大化，环境污染最小化。

4.2　处理前应优先实现废电器电子产品中的零(部)件在符合相关标准要求下的再使用。

4.3　应按照再使用、再生利用和能量回收的顺序进行处理。

4.4　处理、处置应采取当前最佳可行技术及必要的措施，确保处理、处置时对人体影响和环境污染符合相关标准要求，并避免污染物影响到处理过程中的其他物品。

4.5　收集商、回收处理企业应建立废电器电子产品的统计信息管理系统，并保存有关数据，提供有关信息给主管部门、相关企业和机构。可参照附录C的格式建立统计信息档案。

4.6　严禁将废电器电子产品直接填埋或焚烧。

5　收集、运输及贮存

5.1　收集

5.1.1　禁止将废电器电子产品混入生活垃圾或工业固体废物中。

5.1.2　收集的废电器电子产品应按本标准5.3的要求进行贮存。

5.1.3　收集商应将收集的废电器电子产品交给有资质的企业拆解、处理。

5.1.4　收集过程中，应设置防护措施，避免溢散、泄漏、掉落、污染环境或危害人体健康。

5.2 运输

5.2.1 在运输前,应进行登记,需登记的内容可参考附录 D。

5.2.2 严禁运输过程中擅自对废电器电子产品采取任何形式的拆解、处理。

5.2.3 运送过程中,应设置防护措施,避免溢散、泄漏、掉落、污染环境或危害人体健康。

5.3 贮存

5.3.1 废电器电子产品贮存场地应符合 GB 18599 的相关规定,贮存危险废物的场地应符合GB 18597的相关规定。

5.3.2 贮存时应保证不得有污染物溢散、泄漏、污染地面等。

5.3.3 各种废电器电子产品应进行分类存放,在显要位置标识其种类名称。

5.3.4 贮存制冷剂的钢瓶应符合 GB 5842 的相关规定。

5.3.5 有可能溶出污染物的废电器电子产品的贮存应有防雨、防渗、遮盖的措施。

6 拆解

6.1 拆解含有液体(如润滑油等)废电器电子产品的场地应有防雨、防渗措施。

6.2 应预先拆解取出附录 B 所规定的零(部)件、元(器)件及材料,以及所有液体(如润滑油等)、电线等。

6.3 对预先取出的所有零(部)件、元(器)件及材料严禁丢弃,应按本标准的第 5 章、第 7 章进行处理和处置。

6.4 所有预先取出的液体应单独盛放,并作进一步的处理或处置。

6.5 所有取出的零(部)件、元(器)件及材料应贮存在适当的容器内,并清楚地标识;对需要特别安全处置的有害物质,必须按照危险废物特性分类进行收集、贮存。

7 前处理

7.1 一般规定

处理应在厂房内进行,地面应采取防止水、油类等液体渗透的措施,且应有对水、油类等液体的截流、收集设施。

7.2 特殊规定

7.2.1 废印制电路板处理

7.2.1.1 废印制电路板加热拆除元器件时,对加热工序产生的烟气应设置处理系统,控制烟气中含铅量及其他污染物含量符合 GB 16297 中的规定。

7.2.1.2 采用焚烧方法或热解方法处理废印制电路板时,必须设有烟气处理设施。采用焚烧方法处理时大气污染排放应符合 GB 18484 的规定;采用热解方法处理时大气污染物排放应符合 GB 16297 的规定。

7.2.1.3 当用化学方法处理废印制电路板时,应采用自动化程度高、密闭性良好、具有防化学药液外溢措施的设备进行处理;储存化学品或其他具有较强腐蚀性液体的设备、储罐,应设置必要的防溢出、防渗漏、事故报警装置等安全措施。

7.2.1.4 处理含卤化物阻燃剂的废印制电路板时,不能对环境造成污染。

7.2.1.5 处理废印制电路板过程中产生的废水应经废水处理系统处理,处理后的废水应循环再生利用,排放废水应符合 GB 8978 的规定。

7.2.1.6 处理废印制电路板过程中产生的含粉尘气体,应经过废气处理系统,处理后的废气应符合 GB 16297 的规定。

7.2.2 废弃阴极射线管(CRT)处理

7.2.2.1 处理阴极射线管(CRT)时,应先泄真空,防止发生意外事故。

7.2.2.2 处理彩色阴极射线管(CRT)将锥玻璃和屏玻璃分离时,应设有对操作人员的防护装置及相关污染物处理设备。

7.2.2.3 处理阴极射线管(CRT)时,应有防止含铅玻璃及其粉尘和屏玻璃上的荧光粉散落的措施,收集后应交给有资质的企业处置。

7.2.3 废弃光导鼓、成像组件和墨盒的处理

废弃墨盒宜在密闭的专用设备中处理,成像组件和光导鼓应在除尘条件下进行拆解或再生利用。含有硒合金或硫化镉涂层的废弃光导鼓应将涂层去除后进行再生利用。去除的涂层和墨粉、墨水等物质应收集,妥善贮存于密闭容器内,并应交给有资质的企业处置。

7.2.4 废塑料处理

7.2.4.1 禁止将废塑料直接填埋。

7.2.4.2 废塑料应优先按材料分类处理。

7.2.4.3 废塑料预处理过程中(清洗)产生的废水应经废水处理系统处理,处理后的废水应循环再生利用,排放废水应符合 GB 8978 的规定。

7.2.4.4 分选和破碎等环节产生的含粉尘气体,应经过废气处理系统,处理后的废气应符合 GB 16297 的规定。

7.2.5 废电线电缆类处理

7.2.5.1 处理废电线电缆,应将金属、塑料和橡胶分离,分别回收利用。

7.2.5.2 处理废电线电缆过程排放的废气必须设有烟气处理设施,当焚烧处理时应符合 GB 18484 的规定 ,其余处理应符合 GB 16297 的规定。排放的废水应符合 GB 8978 的规定。

7.2.6 废冰箱绝热层的处理

7.2.6.1 禁止随意拆解含有消耗臭氧层的氯氟烃(CFCs)、氢氟烃(HFCs)物质和含温室气体物质的氢氟烃(HFCs)的绝热层。应在专用的负压密闭设备中进行粉碎和分选。

7.2.6.2 处理含氯氟烃(CFCs)、碳氢化合物(HCs)和氢氟烃(HFCs)的聚氨酯硬质发泡材料时,应采取必要的防爆、防泄露、阻燃措施。

8 再生利用

8.1 废金属的再生利用

8.1.1 提取贵金属材料时,应做到溶液无泄漏,反应时产生的酸性气体必须经过处理,各项污染物排放应符合 GB 16297 的规定。废液经处理后各项污染物排放应符合 GB 8978 的规定。

8.1.2 废铜再生利用时排放的废气、废液经处理后各项污染物排放应符合 GB 16297、GB 8978 的规定。

8.1.3 废铝再生利用时排放的废气、废液经处理后各项污染物排放应符合 GB 16297、GB 8978 的规定。

8.1.4 再生利用的金属产品应符合国家相关金属产品质量的要求。

8.2 废塑料材料的再生利用

8.2.1 废电器电子产品处理后产生的废塑料应分类再生利用。

8.2.2 含阻燃剂的废塑料只能适用于含阻燃剂的塑料制品原料。

8.2.3 再生塑料制品或材料应符合相关产品质量标准,表面应标有再生利用标志。具体要求执行 GB/T 16288。

8.2.4 再生塑料制品或材料在生产过程中不得使用氟氯化碳类化合物作发泡剂,制造和人体接触的再生塑料制品或材料时,不得添加有毒、有害的化学助剂。

8.3 废玻璃材料的再生利用

8.3.1 处理后的阴极射线管(CRT)含铅玻璃的再生利用应按阴极射线管(CRT)原材料要求加工。

8.3.2 不能再生利用的阴极射线管(CRT)含铅玻璃不得随意丢弃,更不得用于制造日常生活使用的玻璃器皿。

8.3.3 处理后的阴极射线管(CRT)屏玻璃应按阴极射线管(CRT)屏玻璃要求加工,最大限度用于阴极射线管(CRT)玻壳的生产。

8.3.4 再生利用的废玻璃产品应符合国家相关玻璃产品要求。

8.4 其他废材料的再生利用

8.4.1 冰箱、空调用冷冻油

8.4.1.1 处理收集的冰箱、空调用冷冻油时排放的废气、废液经处理后各项污染物排放应符合 GB 16297、GB 8978 的规定。

8.4.1.2 冰箱、空调用冷冻油处理后应符合国家相关冷冻油产品要求。

8.4.2 冰箱、空调用制冷剂及发泡剂

8.4.2.1 处理收集的冰箱、空调用制冷剂时排放的废气、废液经处理后各项污染物排放应符合 GB 16297、GB 8978 的规定。

8.4.2.2 处理后制冷剂、发泡剂应符合国家相关产品要求。

8.4.3 墨粉

复印机、打印机使用后的废弃墨粉经干馏裂解系统处理时排放的废气、废液经处理后各项污染物排放应符合 GB 16297、GB 8978 的规定。

8.5 废电器电子产品再生利用应符合废弃产品再生利用率有关国家标准的要求。

9 处置

9.1 一般规定

9.1.1 对附录 B 要求取出的、不能处理的物质及处理过程中产生的不能再生利用的粉尘、污泥、废液及废渣等应分别处置,并符合相关环保标准要求。

9.1.2 对处置的固体废物应进行登记。

9.2 处理废弃印制电路板时产生的粉尘、污泥、废液、废渣应按危险废物处置。

9.3 含 CFC、HCFC、HFC 聚氨酯硬质发泡材料处理后的粉尘按一般工业固体废物处置。

9.4 处理阴极射线管(CRT)时产生的粉尘、污泥、废液、废渣应按危险废物处置。

9.5 硒合金鼓上含有砷化硒或硫化镉涂层去除后的粉尘应按危险废物处置。

9.6 拆解取出有害物的处置

9.6.1 含多氯联苯(PCBs)系列的电容器的处置应符合 GB 13015 的规定。

9.6.2 含汞及其化合物的废弃物应按危险废物处置。

9.6.3 含有石棉的部件及其废弃物应按危险废物处置。

9.6.4 润湿处理耐火陶瓷纤维的部件,应采取具有防止飞散的措施进行固化处理。

10 管理

10.1 回收处理企业应建立记录制度,记录内容见附录 C 统计信息表和附录 D 运输记录表。

10.2 拆解与处理企业有关废电器电子产品处理的记录、污染物排放监测记录以及其他相关记录应至少保存 3 年以上,并接受当地相关部门的检查。

10.3 回收处理企业应建立废水废气处理系统并定期监测排放的废水、废气中的污染物浓度。

10.4 回收处理企业应对厂界噪声定期进行监测,并符合 GB 12348 的要求。

10.5 回收处理企业应制定突发事件的处理程序,有完整的防护装备和措施,操作应遵守国家相关的职业安全卫生法规或标准。

10.6 新上岗操作人员或者在处理新的废弃物类型时，应进行岗前培训，或在技术部门人员的指导下进行。

10.7 回收处理企业必须具备相应的环保设施，包括：废水处理、废气处理、粉尘处理以及降低噪声等装置并达到国家相关污染物排放控制标准。

10.8 回收处理企业应符合 HJ/T 181 的要求。

附　录　A
（规范性附录）
本标准管理的废电器电子产品的类别及清单

废电器电子产品包括计算机产品、通信设备、视听产品及广播电视设备、家用及类似用途电器产品、仪器仪表及测量监控产品、电动工具和电线电缆共七类，并包括构成其产品的零（部）件、元（器）件及材料。

各类产品清单如下：

A.1　办公设备及计算机产品

——电子计算机整机产品；
——计算机网络产品；
——电子计算机外部设备产品；
——电子计算机配套产品；
——电子计算机应用产品；
——复印机、传真机等办公设备。

A.2　通信设备

——通信传输设备；
——通信交换设备；
——通信终端设备；
——移动通信设备及移动通信终端设备；
——其他通信设备。

A.3　视听产品及广播电视设备

——电视机；
——摄录像、激光视盘机等影视产品；
——音响产品；
——其他电子视听产品；
——广播电视制作、发射、传输设备；
——广播电视接收设备及器材；
——应用电视设备及其他广播电视设备。

A.4　家用及类似用途电器产品

——家用制冷电器产品；
——家用空气调节产品；
——家用厨房电器产品；
——家用清洁卫生电器产品；
——家用美容、保健电器产品；
——家用纺织加工、衣物护理电器产品；
——家用通风电器产品；
——运动和娱乐器械及玩具；

——商用电器设备；
——自动售卖机；
——其他家用电动产品。

A.5 仪器仪表及测量监控产品

——电工仪器仪表产品；
——电子测量仪器产品；
——监测控制产品；
——绘图、计算及测量仪器产品。

A.6 电动工具

——对木材、金属和其他材料进行加工的设备；
——用于铆接、打钉或拧紧或除去铆钉、钉子、螺丝或类似用途的工具；
——用于焊接或者类似用途的工具；
——通过其他方式对液体或气体物质进行喷雾、涂敷、驱散或其他处理的设备；
——用于割草或者其他园林活动的工具。

A.7 电线电缆

——电线电缆；
——光纤、光缆。

附 录 B
（规范性附录）
预先取出的零(部)件、元(器)件及材料

表 B.1 预先取出的零(部)件、元(器)件及材料表

序号	物质、元件及装置	考虑的危险源	说　明
1	含多氯联苯(PCB)系列的电容器	PCB、PCT	多氯二联苯(PCB)和多氯三联苯(PCT)常作电容器绝缘散热介质。大的电容器用于功率因素校正和类似的功能的电器上，小的电容器用在荧光和其他放电照明器以及用于家用电器上的分马力电机。大型家用电器用电容器的较多
2	电池	Hg、Pb、Cd 及易燃物	含有重金属，如铅、汞和镉等的电池、氧化汞电池、镍镉电池以及锂电池等
3	含镉的继电器、传感器、开关等电接触件	Cd	触点材料为银氧化镉(AgCdO)的电器等电接触件
4	含汞的开关	Hg	利用汞(水银)位置变化，使电器倾倒时起断电保护的开关、电接触器、温度计、自动调温装置、位置传感器和继电器
5	印制电路板	Pb、Cr、As、Br、Cl、Sb、Be	印制电路板含各种元器件；在 SMD 芯片电阻器、红外监测器和半导体中的镉；封装电子组件用锡铅焊料中的铅；管路件的原材料(纸张类)里的 Cd、Pb、Cr^{+6} 等
6	阴极射线管(CRT)	Pb	阴极射线管上含铅的玻璃
7	气体放电灯等背投光源	背投光源里的 Hg	液晶显示器的背投光源及投影系统的高压汞灯，必须先去除
8	含有卤化阻燃剂的塑料(电线电缆)	Br	既含有作阻燃剂的多溴联苯或多溴二苯醚又含有作稳定剂、脱模剂、颜料的铅与镉
9	CFCs，HCFCs 等或含有 HCs 的制冷剂	CFC，HCFC，HFC，HCs	制冷机、冰箱等的制冷回路中含有消耗臭氧层的制冷剂，如氯氟烃(CFC)、氢氯氟烃(HCFC)或氢氟烃(HFC)排入大气后，氯在平流层会分离出来，与臭氧分子作用，破坏臭氧层，必须先去除；而制冷剂氢氟烃(HFCs)的温室效应潜能(GWP)大于 15，也必须先去除
10	石棉废物及含有石棉废物的元件	粉尘	电子电器中用作保温，绝缘的石棉布、石棉绳、软板等石棉系列
11	色调剂、墨粉、液体墨、蜡状墨、彩色墨粉、油墨和墨水等	特殊碳黑和某些易造成污染的化学成分	在打印机、复印机和传真机等多种成像方式的办公设备中使用的色调剂、墨粉、液体墨、蜡状墨、彩色墨粉、油墨和墨水等，含有铅、镉、特殊碳黑以及某些易造成污染的化学成分

表 B.1(续)

序号	物质、元件及装置	考虑的危险源	说　　明
12	耐火陶瓷纤维(RCFs)的元件	玻璃状的硅酸盐纤维	用于家用电器中的加热器和干燥炉的内层。它们含有随意方向的碱性氧化物和碱土金属氧化物($Na_2O+K_2O+CaO+MgO+BaO$),其含量小于或等于18%(质量百分数)而与石棉有相同的性质
13	含有放射性物质的部件	离子化辐射	一些类型的烟尘探测器含有放射性元素
14	光导鼓	Cd, Se, As	如涂覆了砷化硒或硫化镉涂层的复印机光导鼓
注:随着科学技术的进步,电子电器产品的绿色设计、处理工艺和方法的改进,附录B所列物质、元器件及装置应进行修订。			

附　录　C
（资料性附录）
统计信息表

表 C.1　拆解统计信息表

登记日期　　年　　月　　日

单位名称		电话			传真	
地址		邮编			电子邮箱	
企业性质		职工人数		年产值(万元)		

废旧产品			拆解物(零部件及材料)					
名称	数量	总重(kg)	序号	名称	总重(kg)	是否 危险废物	去向(前处理/ 再生利用/处置)	去向企业名称
			1					
			2					
			3					
			4					
			5					
			6					
			7					
			8					
			9					
			10					
月总量			合计					
之前月份累计量 (不含当月)								
当年累计量								

表 C.2 前处理及回收处理统计信息表

登记日期　　年　　月　　日

单位名称		电话		传真	
地址		邮编		电子邮箱	
企业性质		职工人数		年产值(万元)	

最终废物			处置结果			
名　　称	数　　量	总重(kg)	序号	是否危险废物	总重(kg)	处置方式
			1			
			2			
			3			
			4			
			5			
			6			
			7			
			8			
			9			
			10			
			11			
			12			
			13			
			14			
			15			
月总量			合计			
之前月份累计量(不含当月)						
当年累计量						

表 C.3 处置统计信息表

登记日期　　年　　月　　日

单位名称		电话		传真	
地址		邮编		电子邮箱	
企业性质		职工人数		年产值(万元)	

最终废物			处置结果			
名　　称	数　　量	总重(kg)	序号	是否危险废物	总重(kg)	处置方式
			1			
			2			
			3			
			4			
			5			
			6			
			7			
			8			
			9			
			10			
			11			
			12			
			13			
			14			
			15			
月总量			合计			
之前月份累计量(不含当月)						
当年累计量						

附 录 D
（资料性附录）
运输记录表

表 D.1 运输记录表

登记日期　　年　　月　　日

单位名称		电话		传真	
地址		邮编		电子邮箱	
企业性质		职工人数		年产值(万元)	

运输工具	牌号	是否具有防水设施	
出发地点	出发日期	运达地点	运达日期

所运输废电器电子产品信息：

序号	名称	所属类别(或规格)	重量(kg)	数量	含危险废物名称	到货验收是否合格	验收人
1							
2							
3							
4							
5							

意外事件备忘：
